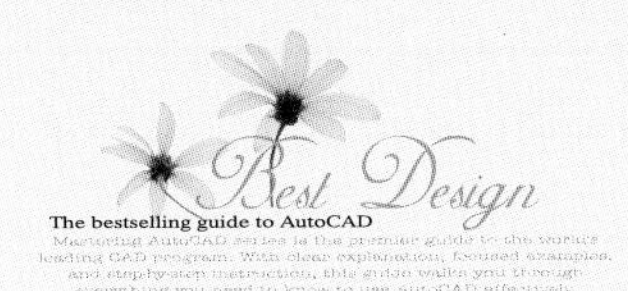

本书部分实例

某户型一层平面图

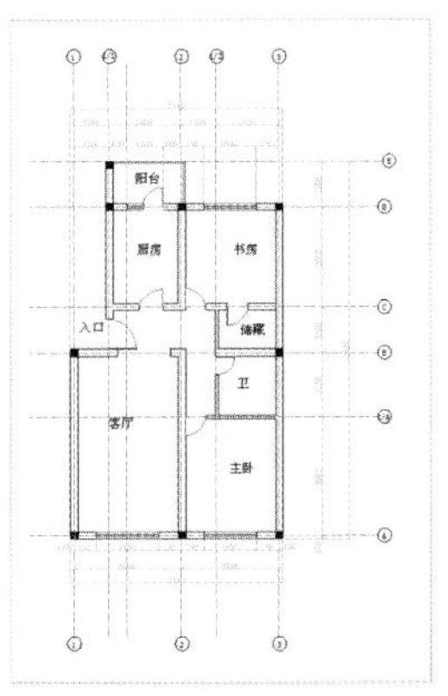
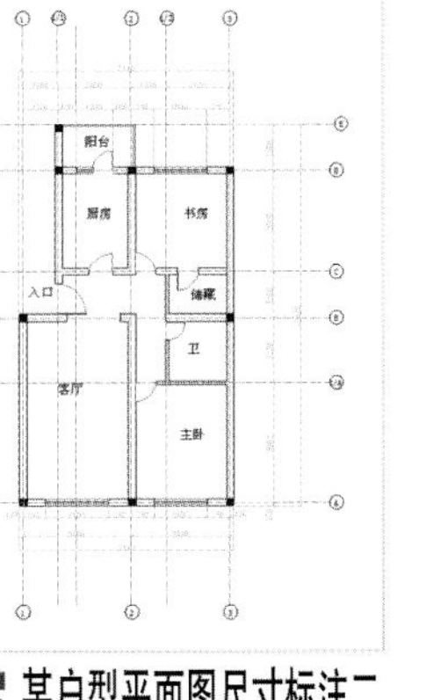

某户型平面图尺寸标注二

某户型屋顶平面图

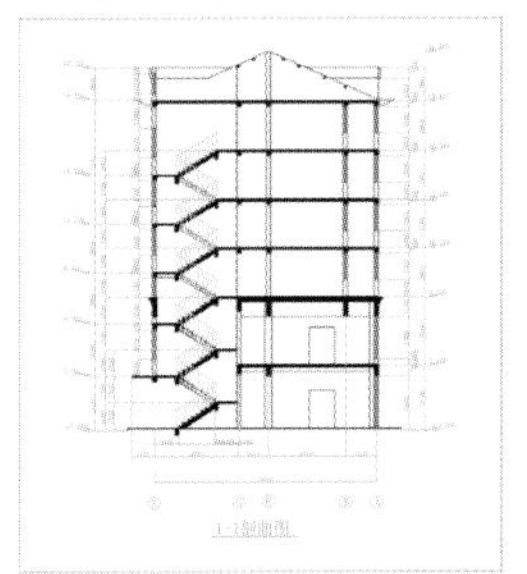

某商住楼1-1剖面图

某户型平面图尺寸标注

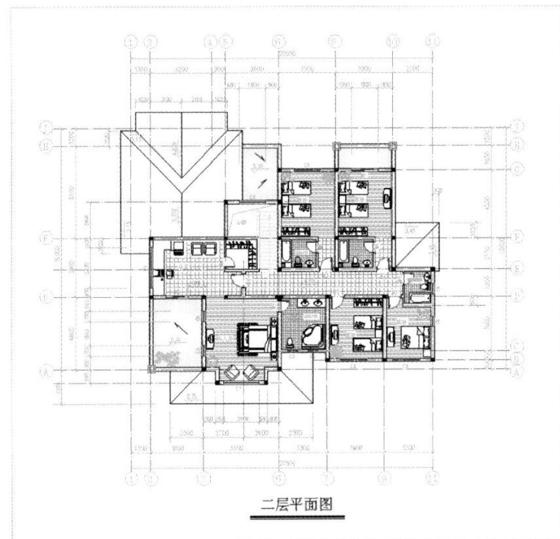

某户型二层平面图

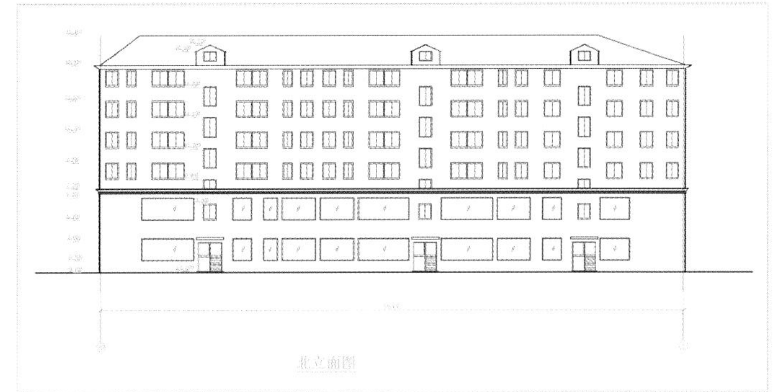

某商住楼北立面图

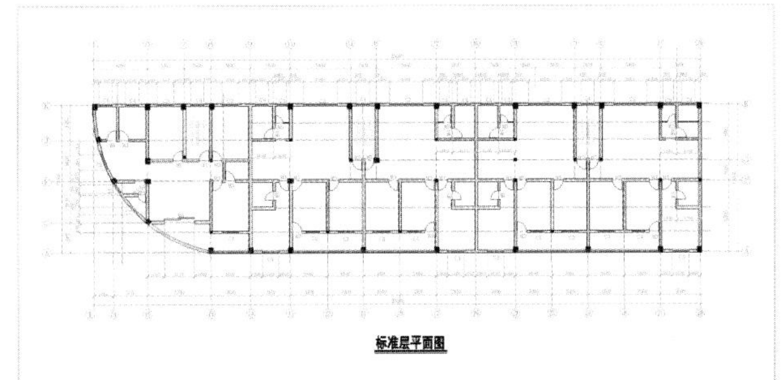

某商住楼标准层平面图

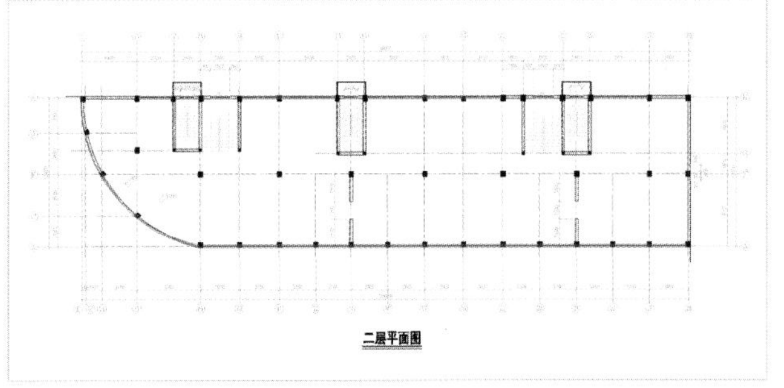

某商住楼二层平面图

AutoCAD 2024 中文版
建筑设计从入门到精通

本书部分实例

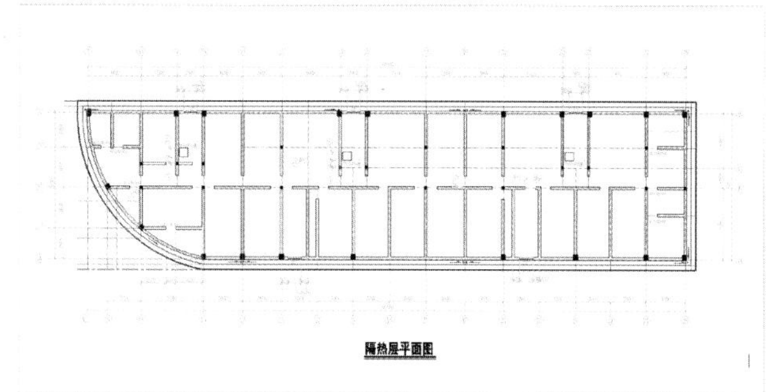

某商住楼隔热层平面图

某商住楼屋顶平面图

高层住宅建筑立面图

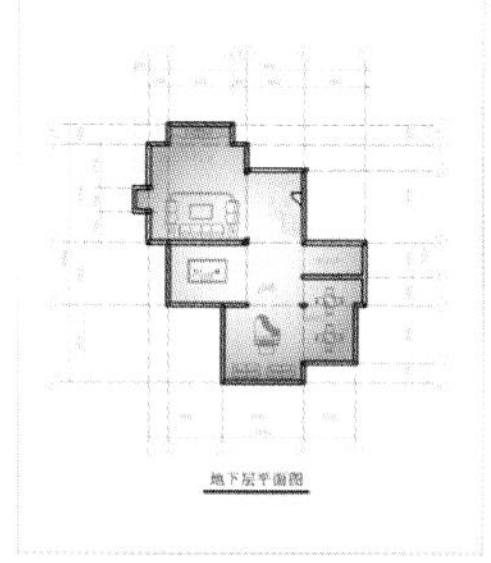

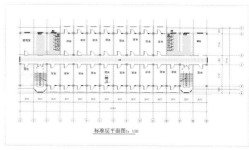

某户型地下层平面图

某宿舍楼标准层平面图

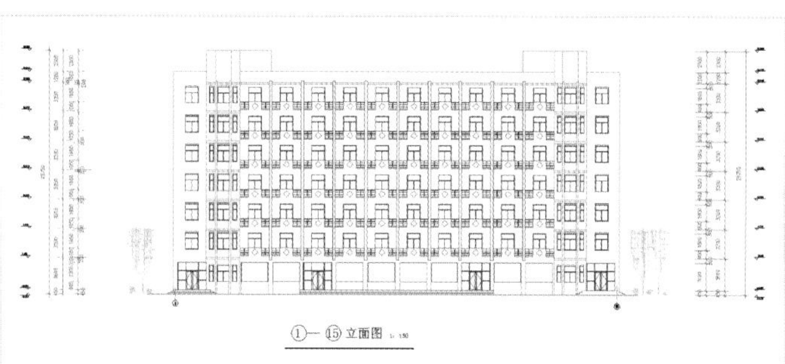
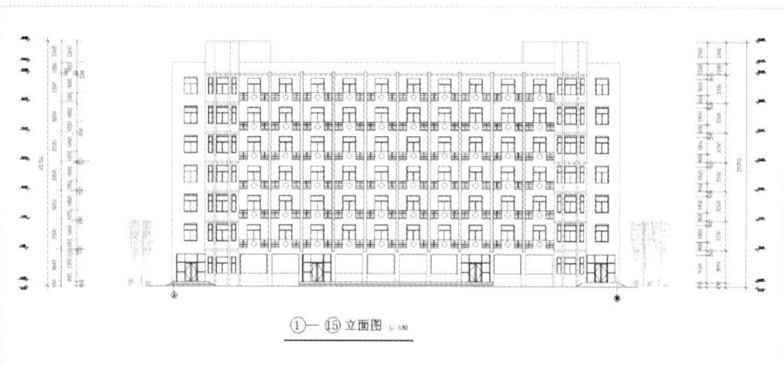

某宿舍楼立面图

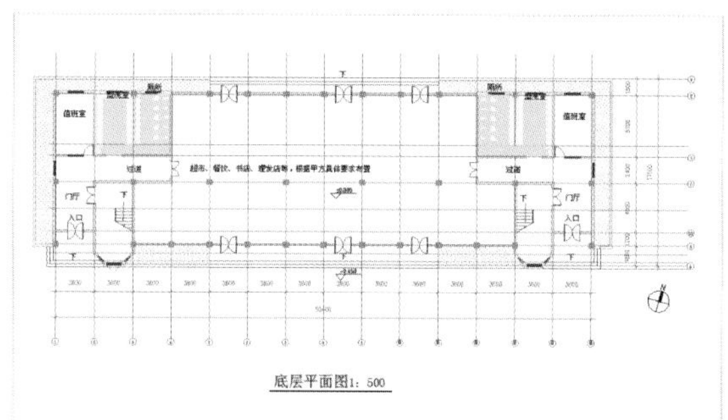

某宿舍楼底层平面图

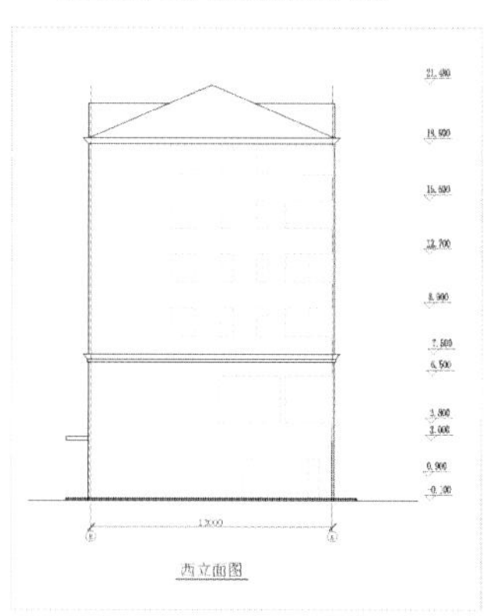

某商住楼西立面图

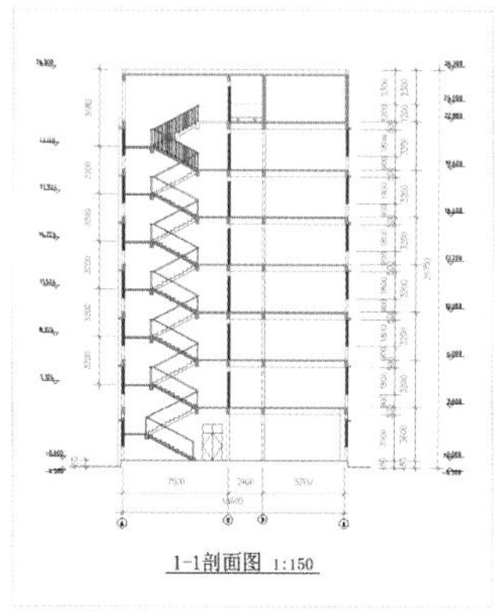

某宿舍楼剖面图

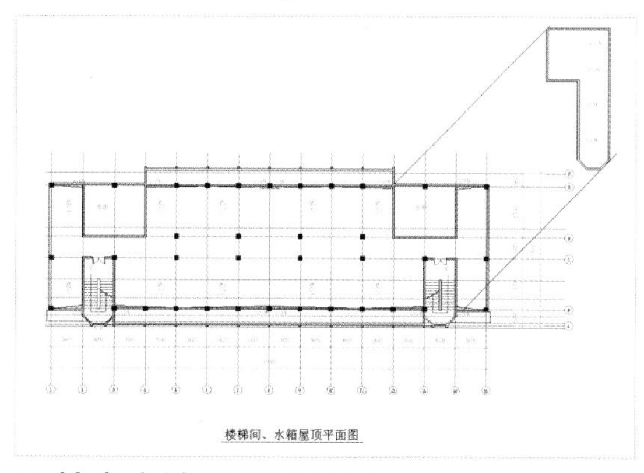

某宿舍楼屋顶平面图

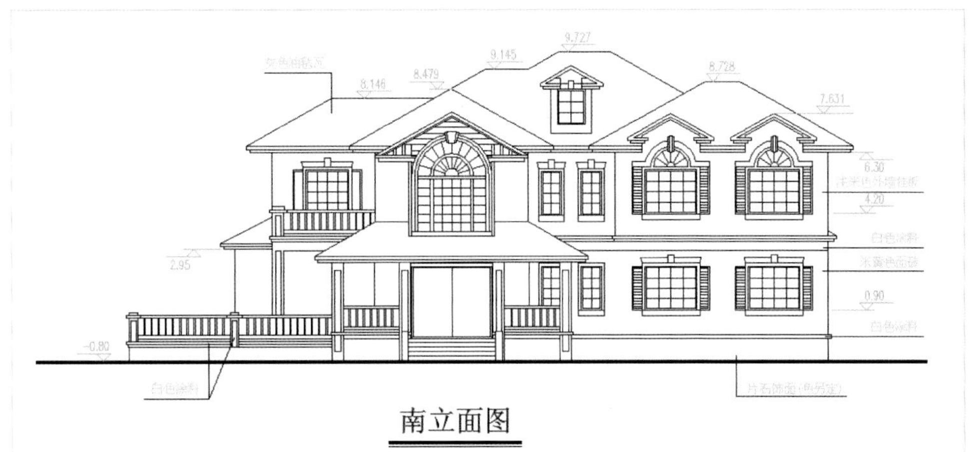

南立面图

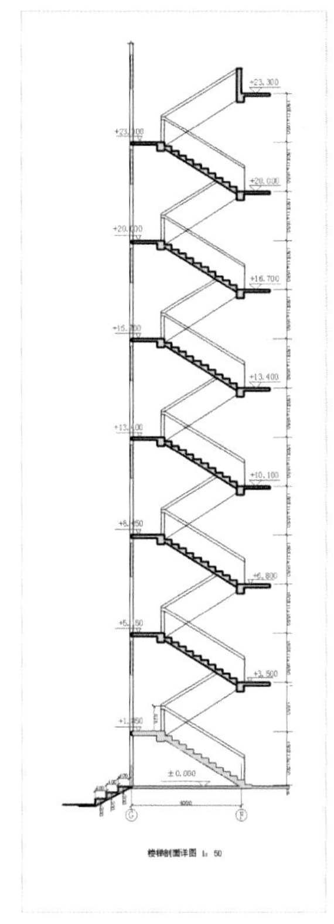

楼梯剖面详图

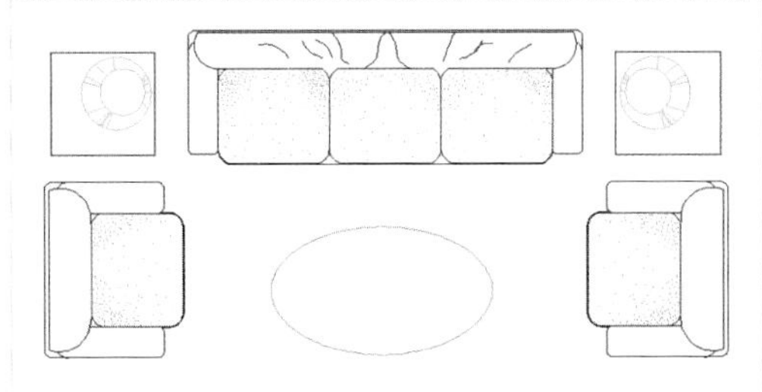

沙发茶几

台球桌

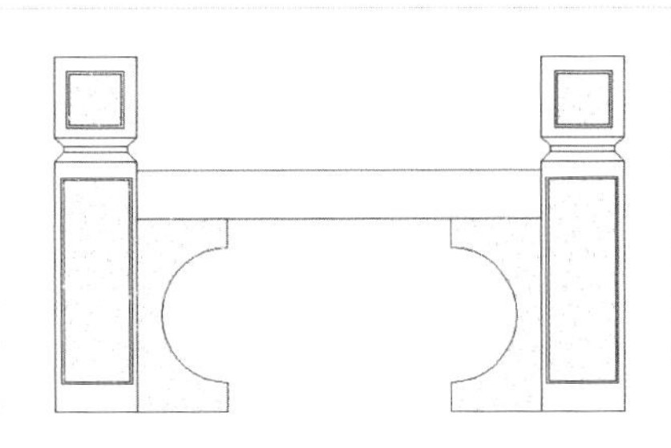

石栏杆

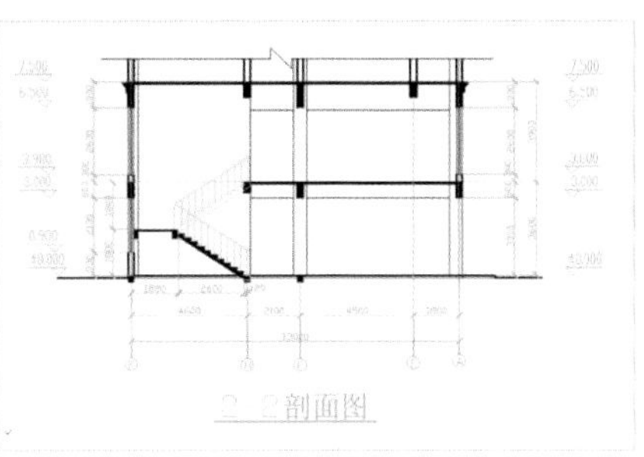

商住楼2-2剖面图

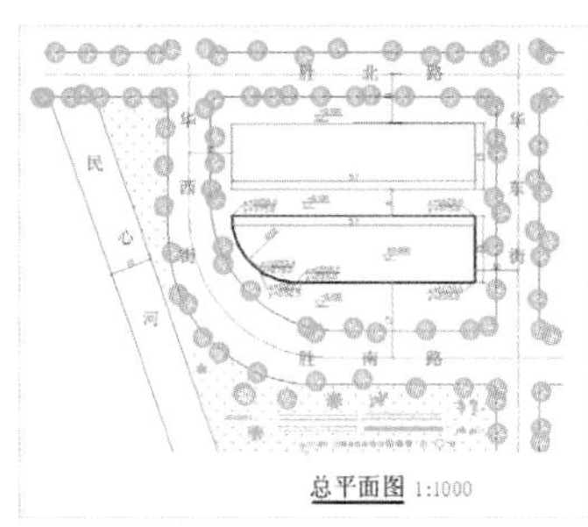

商住楼总平面图

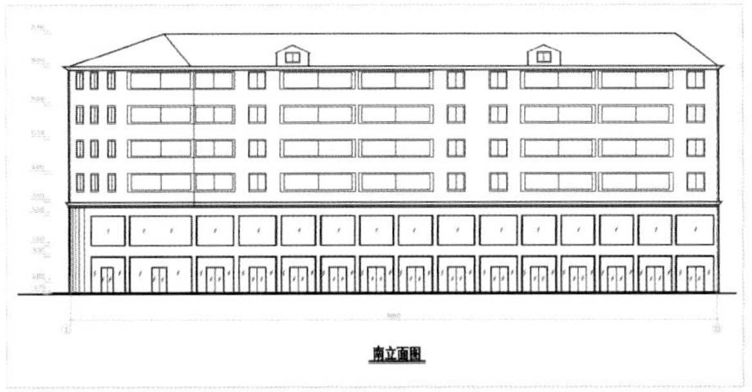

某商住楼南立面图

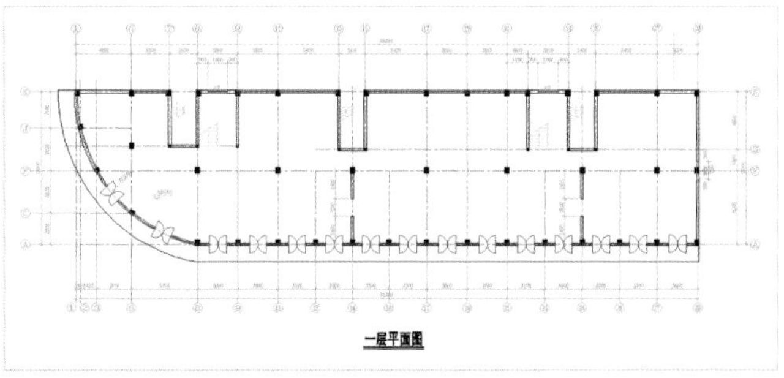

一层平面图

本书部分实例

AutoCAD 2024中文版建筑设计从入门到精通

CAD/CAM/CAE技术联盟　编著

清华大学出版社
北　京

内 容 简 介

本书讲述利用 AutoCAD 2024 进行建筑设计的过程和技巧，全书分 3 篇共 11 章：基础篇、精通篇和综合篇。其中，基础篇（第 1～5 章）介绍 AutoCAD 2024 入门、绘制二维图形、二维图形的编辑、辅助工具和建筑理论基础；精通篇（第 6～10 章）介绍绘制总平面图，以及绘制建筑平面图、建筑立面图、建筑剖面图和建筑详图的过程和技巧；综合篇（第 11 章）介绍绘制高层住宅建筑施工图的大型综合实例。此外，本书还附 1 章线上扩展学习内容，是绘制商住楼建筑施工图的大型综合实例。部分章的知识点配有实例讲解，使读者对知识点有更进一步的了解，并在部分章最后配有操作与实践，使读者能综合运用所学的知识点。

另外，本书配套资源中还配备了极为丰富的学习资源，具体内容如下。

（1）138 集高清同步教学视频，读者可像看电影一样轻松地学习本书的内容，然后对照书中实例进行练习。

（2）40 个经典中小型实例，2 个大型综合实例，使读者用实例学习上手更快，更专业。

（3）36 个实践练习，便于读者学以致用，会动手做才是硬道理。

（4）AutoCAD 疑难问题汇总、应用技巧大全、经典练习题、常用图块集、快捷键命令速查手册、快捷键速查手册、常用工具按钮速查手册，能极大地方便读者学习，提高学习和工作效率。

（5）附赠 6 套大型设计图集及其配套的长达 10 小时的视频讲解，可以让读者增强实战能力，拓宽视野。

（6）全书实例的源文件和素材，方便按照书中实例操作时直接调用。

本书适合入门级读者学习和使用，也适合有一定基础的读者作为参考用书，还可以作为职业教育的教材。

图书在版编目（CIP）数据

AutoCAD 2024 中文版建筑设计从入门到精通 / CAD/CAM/CAE 技术联盟编著. —北京：清华大学出版社，2024.1
（清华社“视频大讲堂”大系 CAD/CAM/CAE 技术视频大讲堂）
ISBN 978-7-302-65053-9

Ⅰ. ①A… Ⅱ. ①C… Ⅲ. ①建筑设计—计算机辅助设计—AutoCAD 软件 Ⅳ. ①TU201.4

中国国家版本馆 CIP 数据核字（2024）第 004531 号

责任编辑：贾小红
封面设计：秦　丽
版式设计：文森时代
责任校对：马军令
责任印制：曹婉颖

出版发行：清华大学出版社
网　址：https://www.tup.com.cn，https://www.wqxuetang.com
地　址：北京清华大学学研大厦 A 座　　邮　编：100084
社 总 机：010-83470000　　邮　购：010-62786544
投稿与读者服务：010-62776969，c-service@tup.tsinghua.edu.cn
质量反馈：010-62772015，zhiliang@tup.tsinghua.edu.cn
印 装 者：三河市东方印刷有限公司
经　销：全国新华书店
开　本：203mm×260mm　　印　张：24　　插　页：2　　字　数：710 千字
版　次：2024 年 1 月第 1 版　　印　次：2024 年 1 月第 1 次印刷
定　价：99.80 元

产品编号：102814-01

前　言

Preface

建筑行业是主要应用 AutoCAD 的领域之一。AutoCAD 也是我国建筑设计领域接受最早、应用最广泛的 CAD 软件之一，几乎成了建筑绘图的默认软件，在国内拥有广大的用户群体。AutoCAD 的教学是我国建筑学专业和相关专业 CAD 教学的重要组成部分。就现状来看：AutoCAD 主要用于绘制二维建筑图形（如平面图、立面图、剖面图、详图等），这些图形都是建筑设计文件中的主要组成部分；AutoCAD 三维功能也可用于建模、协助方案设计和推敲等，其矢量图形处理功能可用来进行一些技术参数的求解，如日照分析、地形分析、距离或面积的求解等，其他一些二维或三维效果图制作软件（如 Photoshop、3ds Max 等）也往往依赖于 AutoCAD 的设计成果。此外，AutoCAD 也为用户提供了良好的二次开发平台，便于自行定制适用于本专业的绘图格式和附加功能。由此看来，学好 AutoCAD 软件是建筑从业人员的必备业务技能。

一、编写目的

鉴于 AutoCAD 强大的功能和深厚的工程应用底蕴，我们力图编写一套全方位介绍 AutoCAD 在各个工程行业实际应用的书籍。具体就本书而言，我们不求事无巨细地将 AutoCAD 的知识点全面讲解清楚，而是针对本专业或本行业需要，利用 AutoCAD 大体知识脉络作为线索，以实例作为“抓手”，帮助读者掌握使用 AutoCAD 进行本行业工程设计的基本技能和技巧。

二、本书特点

☑　**专业性强**

本书的作者具有多年计算机辅助建筑设计领域的工作经验和教学经验，是国内 AutoCAD 图书出版界知名的作者。多年的教学工作使本书的作者能够准确地把握学生的心理与实际需求。本书是作者总结多年的设计经验和教学心得体会，历时多年精心准备编写而成的，力求全面细致地展现 AutoCAD 在建筑设计应用领域的各种功能和使用方法。

☑　**实例丰富**

本书除详细介绍基本建筑单元绘制方法外，同时还以别墅和宿舍楼为例，讲解在建筑设计中如何使用 AutoCAD 绘制总平面图、平面图、立面图、剖面图及详图等各种建筑图形，并在本书最后一章详细讲解高层住宅建筑施工图的绘制过程。通过书中的实例演练，读者可以找到学习 AutoCAD 建筑设计的捷径。

☑　**涵盖面广**

本书在有限的篇幅内，包罗 AutoCAD 常用的功能及常见的建筑设计讲解，涵盖建筑设计基本理论、AutoCAD 绘图基础知识、各种建筑设计图样绘制方法等。

☑　**突出技能提升**

本书从全面提升建筑设计与 AutoCAD 应用能力的角度出发，结合具体实例讲解如何使用

AutoCAD进行建筑工程设计，让读者在学习实例的过程中潜移默化地掌握AutoCAD软件的操作技巧，同时培养工程设计实践能力，从而独立完成各种建筑工程设计方案。

三、本书的配套资源

Note

本书提供了极为丰富的学习配套资源，以便读者在最短的时间内学会和掌握这项技术。读者可扫描封底的“文泉云盘”二维码，以获取下载方式。

1. 配套教学视频

针对本书实例专门制作了138集高清同步教学视频，读者可以扫描书中的二维码观看视频，像看电影一样轻松愉悦地学习本书内容，然后对照课本加以实践和练习。这可以大大提高读者的学习效率。

文泉云盘

2. AutoCAD应用技巧、疑难解答等资源

（1）AutoCAD疑难问题汇总：疑难解答的汇总，对入门者非常有用，可以帮助他们扫清学习障碍，少走弯路。

（2）AutoCAD应用技巧大全：汇集了AutoCAD绘图的各类技巧，对提高作图效率很有帮助。

（3）AutoCAD经典练习题：额外精选了不同类型的习题，只要读者认真练习，达到一定程度就可以实现从量变到质变的飞跃。

（4）AutoCAD常用图块集：汇集了在实际工作中积累的大量图块，读者可以直接使用它们，或者稍加改动就可以使用它们，这对于提高作图效率极有帮助。

（5）AutoCAD快捷键命令速查手册：汇集了AutoCAD常用快捷命令，读者应熟记它们以提高作图效率。

（6）AutoCAD快捷键速查手册：汇集了AutoCAD常用快捷键，通常绘图高手会直接使用快捷键进行操作。

（7）AutoCAD常用工具按钮速查手册：熟练掌握AutoCAD工具按钮的使用方法也是提高作图效率的途径之一。

3. 6套不同领域的大型设计图集及其配套的视频讲解

为了帮助读者拓宽视野，本书配套资源赠送了6套大型设计图纸集、图纸源文件，以及长达10小时的视频讲解。

4. 全书实例的源文件和素材

本书配套资源中包含实例和练习实例的源文件和素材，读者可以在安装AutoCAD 2024软件后，打开并使用它们。

5. 线上扩展学习内容

本书附赠1章线上扩展学习内容，是绘制商住楼建筑施工图的大型综合实例。学有余力的读者可以扫描“文泉云盘”二维码获取学习资源。

四、本书的服务

1. “AutoCAD 2024简体中文版”安装软件的获取

要按照本书的实例进行操作练习，以及使用AutoCAD 2024进行绘图，需要事先在计算机上安装AutoCAD 2024软件。读者可以登录官方网站联系购买正版AutoCAD 2024软件，或者使用其试用版。

2. 关于本书的技术问题或有关本书信息的发布

读者如果遇到有关本书的技术问题，可以扫描封底“文泉云盘”二维码，查看是否有已发布的相

关勘误/解疑文档。如果没有，可在页面下方寻找加入学习群的方式，联系我们。我们将尽快回复。

3．关于手机在线学习

读者可以扫描书后刮刮卡（需要刮开涂层）二维码，获取书中二维码的读取权限，再扫描书中二维码，可在手机中观看对应的教学视频，以充分利用碎片时间，提升学习效果。需要强调的是，书中给出的是实例的重点步骤，详细操作过程还需要读者通过视频学习和领会。

五、关于作者

本书由 CAD/CAM/CAE 技术联盟组织编写。CAD/CAM/CAE 技术联盟是一个集 CAD/CAM/CAE 技术研讨、工程开发、培训咨询和图书创作于一体的工程技术人员协作联盟，包含众多专职和兼职 CAD/CAM/CAE 工程技术专家。

CAD/CAM/CAE 技术联盟负责人由 Autodesk 中国认证考试中心首席专家担任，全面负责 Autodesk 中国官方认证考试大纲制定、题库建设、技术咨询和师资培训工作，成员精通 Autodesk 系列软件。其创作的很多教材已经成为国内具有引导性的旗帜作品，在国内相关专业方向图书创作领域具有举足轻重的地位。

六、致谢

在本书的写作过程中，清华大学出版社贾小红和艾子琪编辑给予了很大的帮助和支持，提出了很多中肯的建议，我们在此表示感谢。同时，我们要感谢清华大学出版社的其他编辑人员为本书的出版所付出的辛勤劳动。本书的成功出版是大家共同努力的结果，谢谢所有给予支持和帮助的人。

编　者

目 录

Contents

第1篇 基 础 篇

第1章 AutoCAD 2024 入门 2

1.1 操作界面 3

1.1.1 标题栏 3

1.1.2 绘图区 4

1.1.3 菜单栏 6

1.1.4 坐标系图标 8

1.1.5 工具栏 8

1.1.6 命令行窗口 10

1.1.7 布局标签 10

1.1.8 状态栏 11

1.1.9 滚动条 13

1.1.10 快速访问工具栏和交互信息工具栏 14

1.1.11 功能区 14

1.2 配置绘图系统 15

1.2.1 显示配置 15

1.2.2 系统配置 16

1.3 设置绘图环境 16

1.3.1 绘图单位设置 16

1.3.2 图形边界设置 17

1.4 文件管理 18

1.4.1 新建文件 18

1.4.2 打开文件 19

1.4.3 保存文件 20

1.4.4 另存为 21

1.5 基本输入操作 21

1.5.1 命令输入方式 21

1.5.2 命令的重复、撤销和重做 22

1.6 图层设置 22

1.6.1 建立新图层 22

1.6.2 设置图层 25

1.7 绘图辅助工具 27

1.7.1 精确定位工具 27

1.7.2 图形显示工具 31

1.8 操作与实践 33

1.8.1 熟悉操作界面 33

1.8.2 设置绘图环境 34

1.8.3 管理图形文件 34

第2章 绘制二维图形 35

（视频讲解：54 分钟）

2.1 绘制直线类对象 36

2.1.1 直线 36

2.1.2 实例——利用动态输入绘制标高符号 37

2.1.3 数据输入方法 38

2.1.4 实例——窗图形 39

2.1.5 构造线 40

2.2 绘制圆弧类对象 41

2.2.1 圆 41

2.2.2 实例——连环圆 42

2.2.3 圆弧 43

2.2.4 实例——梅花 44

2.2.5 圆环 46

2.2.6 椭圆与椭圆弧 47

2.2.7 实例——洗脸盆 48

2.3 绘制多边形和点 49

2.3.1 矩形 49

2.3.2 实例——台阶三视图 50

2.3.3 正多边形 52

2.3.4 点 52

Note

2.3.5 定数等分......53
2.3.6 定距等分......54
2.3.7 实例——楼梯......54
2.4 多段线......55
2.4.1 绘制多段线......55
2.4.2 实例——鼠标......56
2.5 样条曲线......57
2.5.1 绘制样条曲线......58
2.5.2 实例——雨伞......58
2.6 多线......60
2.6.1 定义多线样式......60
2.6.2 实例——定义多线样式......61
2.6.3 绘制多线......62
2.6.4 编辑多线......63
2.6.5 实例——墙体......64
2.7 图案填充......66
2.7.1 基本概念......66
2.7.2 图案填充的操作......67
2.7.3 渐变色的操作......69
2.7.4 编辑填充的图案......70
2.7.5 实例——小房子......71
2.8 操作与实践......76
2.8.1 绘制椅子......76
2.8.2 绘制浴缸......76
2.8.3 绘制花园一角......76

第3章 二维图形的编辑......77
（视频讲解：84分钟）
3.1 构造选择集......78
3.2 删除与恢复......80
3.2.1 “删除”命令......81
3.2.2 “恢复”命令......81
3.3 调整对象位置......81
3.3.1 移动......82
3.3.2 对齐......82
3.3.3 实例——管道对齐......82
3.3.4 旋转......83
3.4 利用一个对象生成多个对象......84
3.4.1 复制......84
3.4.2 实例——办公桌（一）......85
3.4.3 镜像......86
3.4.4 实例——办公桌（二）......87
3.4.5 阵列......88
3.4.6 实例——餐桌......89
3.4.7 偏移......90
3.4.8 实例——门......91
3.5 调整对象尺寸......92
3.5.1 缩放......93
3.5.2 修剪......93
3.5.3 实例——落地灯......95
3.5.4 延伸......96
3.5.5 实例——窗户图形......97
3.5.6 拉伸......97
3.5.7 拉长......98
3.5.8 打断......98
3.5.9 分解......99
3.5.10 合并......99
3.6 圆角及倒角......100
3.6.1 圆角......100
3.6.2 实例——沙发......101
3.6.3 倒角......102
3.6.4 实例——吧台......103
3.7 使用夹点功能进行编辑......104
3.7.1 夹点概述......104
3.7.2 使用夹点进行编辑......105
3.7.3 实例——花瓣......105
3.8 特性与特性匹配......106
3.8.1 修改对象属性......106
3.8.2 特性匹配......106
3.9 综合实例......107
3.9.1 会议桌......107
3.9.2 石栏杆......109
3.9.3 沙发茶几......111
3.10 操作与实践......114
3.10.1 绘制酒店餐桌椅......114
3.10.2 绘制台球桌......114

第4章 辅助工具......115
（视频讲解：57分钟）
4.1 文本标注......116
4.1.1 设置文本样式......116
4.1.2 单行文本标注......116

4.1.3 多行文本标注 118

4.2 文本编辑 121

4.2.1 多行文本编辑 121

4.2.2 实例——酒瓶 122

4.3 表格 123

4.3.1 设置表格样式 123

4.3.2 创建表格 124

4.3.3 编辑表格文字 126

4.3.4 实例——植物明细表 126

4.4 尺寸标注 129

4.4.1 设置尺寸样式 130

4.4.2 尺寸标注 133

4.4.3 实例——给户型平面图标注尺寸 136

4.5 查询工具 140

4.5.1 距离查询 140

4.5.2 面积查询 141

4.6 图块及其属性 141

4.6.1 图块操作 141

4.6.2 图块的属性 143

4.6.3 实例——标注标高符号 144

4.7 设计中心和工具选项板 146

4.7.1 设计中心 146

4.7.2 工具选项板 147

4.7.3 实例——居室布置平面图 148

4.8 综合实例——绘制 A3 图纸样板图形 150

4.9 操作与实践 156

4.9.1 创建施工说明 156

4.9.2 创建灯具规格表 156

4.9.3 创建居室平面图 157

4.9.4 创建 A4 样板图 158

第 5 章 建筑理论基础 159

5.1 概述 160

5.1.1 建筑设计概述 160

5.1.2 建筑设计过程简介 160

5.1.3 CAD 技术在建筑设计中的应用简介 161

5.1.4 学习应用软件的几点建议 163

5.2 建筑制图基本知识 164

5.2.1 建筑制图概述 164

5.2.2 建筑制图的要求及规范 165

5.2.3 建筑制图的内容及编排顺序 171

第 2 篇　精　通　篇

第 6 章 绘制总平面图 174

（视频讲解：137 分钟）

6.1 总平面图的绘制概述 175

6.1.1 总平面图的内容概括 175

6.1.2 总平面图的绘制步骤 175

6.2 地形图的处理及应用 175

6.2.1 地形图识读 175

6.2.2 地形图的格式、插入及处理 178

6.2.3 地形图应用操作举例 181

6.3 办公楼总平面图的绘制实例 183

6.3.1 单位及图层设置说明 183

6.3.2 建筑物布置 184

6.3.3 场地道路、广场、停车场、出入口、绿地等布置 186

6.4 办公楼总平面图的标注实例 189

6.4.1 尺寸、标高和坐标的标注 190

6.4.2 文字的标注 193

6.4.3 统计表格的制作 193

6.4.4 图名、图例及布图 197

6.5 某住宅小区总平面图的绘制实例 198

6.5.1 场地及建筑造型的绘制 200

6.5.2 小区道路等图形的绘制 205

6.5.3 标注文字和尺寸 207

6.5.4 各种景观造型的绘制 209

6.5.5 绿化景观布局的绘制 211

6.6 操作与实践 213

6.6.1 绘制信息中心总平面图 213

6.6.2 绘制幼儿园总平面图 214

Note

第7章　绘制建筑平面图............................215
（视频讲解：333分钟）
7.1　绘制建筑平面图的概述..................216
7.1.1　建筑平面图内容..........................216
7.1.2　建筑平面图类型..........................216
7.1.3　绘制建筑平面图的一般步骤.......216
7.2　绘制某别墅平面图的实例..............216
7.2.1　实例简介......................................217
7.2.2　地下层平面图..............................217
7.2.3　一层平面图..................................225
7.2.4　二层平面图..................................235
7.2.5　顶层平面图..................................243
7.3　绘制某宿舍楼平面图的实例..........248
7.3.1　实例简介......................................249
7.3.2　底层平面图..................................250
7.3.3　标准层平面图..............................254
7.3.4　屋顶平面图..................................257
7.4　操作与实践......................................260
7.4.1　绘制别墅首层平面图..................260
7.4.2　绘制别墅二层平面图..................261
7.4.3　绘制别墅屋顶平面图..................261

第8章　绘制建筑立面图............................262
（视频讲解：147分钟）
8.1　绘制建筑立面图的概述..................263
8.1.1　建筑立面图概念及图示内容.......263
8.1.2　建筑立面图的命名方式..............263
8.1.3　绘制建筑立面图的一般步骤.......263
8.2　绘制某别墅立面图的实例..............264
8.2.1　绘图环境......................................265
8.2.2　绘制南立面图..............................265
8.2.3　绘制西立面图..............................270
8.3　绘制某宿舍楼立面图的实例..........275
8.3.1　前期工作......................................276
8.3.2　底层立面图的绘制......................277
8.3.3　标准层立面图的绘制..................277
8.3.4　配景、标注文字及尺寸..............279
8.4　操作与实践......................................280
8.4.1　绘制别墅南立面图......................280
8.4.2　绘制别墅西立面图......................280
8.4.3　绘制别墅东立面图......................281
8.4.4　绘制别墅北立面图......................282

第9章　绘制建筑剖面图............................283
（视频讲解：85分钟）
9.1　绘制建筑剖面图的概述..................284
9.1.1　建筑剖面图概念及图示内容.......284
9.1.2　剖切位置及投射方向的选择.......284
9.1.3　绘制剖面图的一般步骤..............285
9.2　绘制某别墅剖面图的实例..............285
9.2.1　设置绘图环境..............................286
9.2.2　确定剖切位置和投射方向..........286
9.2.3　绘制定位辅助线..........................286
9.2.4　绘制剖面图..................................286
9.2.5　添加文字说明和标注..................287
9.3　绘制某宿舍楼剖面图的实例..........288
9.3.1　前期工作......................................290
9.3.2　绘制底层剖面图..........................290
9.3.3　绘制标准层剖面图......................291
9.3.4　绘制顶层剖面图..........................292
9.3.5　文字及尺寸的标注......................292
9.4　操作与实践......................................293
9.4.1　绘制别墅1-1剖面图...................293
9.4.2　绘制居民楼剖面图......................294

第10章　绘制建筑详图..............................295
（视频讲解：91分钟）
10.1　绘制建筑详图的概述....................296
10.1.1　建筑详图的概念及图示内容.....296
10.1.2　绘制详图的一般步骤.................297
10.2　绘制外墙身详图的实例................297
10.2.1　墙身节点①................................298
10.2.2　墙身节点②................................302
10.2.3　墙身节点③................................303
10.3　绘制楼梯间详图的实例................304
10.3.1　前期工作....................................306
10.3.2　平面图的制作............................306
10.3.3　剖面图的制作............................308
10.4　绘制卫生间放大图、门窗和玻璃幕墙详图的实例..............................309
10.4.1　卫生间放大图............................310

10.4.2 门窗及玻璃幕墙详图 311
10.5 绘制门窗表及门窗立面大样图的实例 312
10.5.1 绘制 MQ1 展开立面图 313
10.5.2 MQ3 展开立面图 316
10.5.3 LC1 展开立面图 318
10.6 操作与实践 322
10.6.1 绘制别墅墙身节点 1 322
10.6.2 绘制别墅墙身节点 2 322
10.6.3 绘制别墅墙身节点 3 323
10.6.4 绘制卫生间 4 放大图 324
10.6.5 绘制卫生间 5 放大图 324

Note

第 3 篇 综 合 篇

第 11 章 绘制高层住宅建筑施工图 326
（视频讲解：161 分钟）
11.1 高层住宅建筑平面图 327
11.1.1 绘制建筑平面图墙体 328
11.1.2 绘制建筑平面图门窗 332
11.1.3 绘制楼梯、电梯间等建筑空间平面图 334
11.1.4 建筑平面图家具的布置 337
11.2 高层住宅建筑立面图 339
11.2.1 绘制建筑标准层立面图轮廓 340
11.2.2 建筑整体立面图的创建 343
11.3 高层住宅建筑剖面图 344
11.3.1 绘制剖面图建筑楼梯造型 346
11.3.2 绘制剖面图整体楼层图形 348
11.4 高层住宅建筑详图 350
11.4.1 绘制楼梯踏步详图 350
11.4.2 绘制建筑节点详图 352
11.4.3 绘制楼梯剖面详图 355
11.5 操作与实践 359
11.5.1 绘制别墅二层建筑平面图 359
11.5.2 绘制别墅南立面图 360
11.5.3 绘制两室两厅户型剖面图 360
11.5.4 绘制厨房家具详图 361

扩展学习

扫码查看

AutoCAD 扩展学习内容

第 1 章　商住楼建筑施工图的绘制 1
（视频讲解：217 分钟）

1.1　商住楼总平面图 2

1.1.1　设置绘图参数 2

1.1.2　建筑物布置 2

1.1.3　场地道路、绿地等布置 3

1.1.4　各种标注 4

1.2　商住楼平面图 7

1.2.1　绘制一层平面图 8

1.2.2　绘制二层平面图 12

1.2.3　绘制标准层平面图 14

1.2.4　绘制隔热层平面图 17

1.2.5　绘制屋顶平面图 21

1.3　商住楼立面图 23

1.3.1　绘制南立面图 23

1.3.2　绘制北立面图 27

1.3.3　绘制西立面图 30

1.4　商住楼剖面图 32

1.4.1　绘制 1-1 剖面图 33

1.4.2　绘制 2-2 剖面图 39

1.5　操作与实践 43

1.5.1　绘制会议室建筑平面图 44

1.5.2　绘制会议室顶棚平面图 44

1.5.3　绘制会议室 A 立面图 45

1.5.4　绘制会议室剖面图 46

疑问解答

扫码查看

AutoCAD 疑难问题汇总

1. 如何替换找不到的原文字体？ 1
2. 如何删除顽固图层？ 1
3. 打开旧图遇到异常错误而中断退出，怎么办？ 1
4. 在 AutoCAD 中插入 Excel 表格的方法 1
5. 在 Word 文档中插入 AutoCAD 图形的方法 1
6. 将 AutoCAD 中的图形插入 Word 中时，有时会发现圆变成了正多边形，怎么办？ 1
7. 将 AutoCAD 中的图形插入 Word 中时的线宽问题 1
8. 选择技巧 2
9. 样板文件的作用是什么？ 2
10. 打开.dwg 文件时，系统弹出 AutoCAD Message 对话框，提示 Drawing file is not valid，告诉用户文件不能打开，怎么办？ 2
11. 在“多行文字（mtext）”命令中使用 Word 编辑文本 2
12. 将 AutoCAD 图导入 Photoshop 中的方法 3
13. 修改完 Acad.pgp 文件后，不必重新启动 AutoCAD，立刻加载刚刚修改过的 Acad.pgp 文件的方法 3
14. 从备份文件中恢复图形 3
15. 图层有什么用处？ 3
16. 尺寸标注后，图形中有时出现一些小的白点，却无法删除，为什么？ 4
17. AutoCAD 中的工具栏不见了，怎么办？ 4
18. 如何关闭 AutoCAD 中的*.bak 文件？ 4
19. 如何调整 AutoCAD 中绘图区左下方显示坐标的框？ 4
20. 绘图时没有虚线框显示，怎么办？ 4
21. 选取对象时拖动鼠标产生的虚框变为实框且选取后留下两个交叉的点，怎么办？ 4
22. 命令中的对话框变为命令提示行，怎么办？ 4
23. 为什么绘制的剖面线或尺寸标注线不是连续线型？ 4
24. 目标捕捉（osnap）有用吗？ 4
25. 在 AutoCAD 中有时有交叉点标记在鼠标单击处产生，怎么办？ 4
26. 怎样控制命令行回显是否产生？ 4
27. 快速查出系统变量的方法有哪些？ 4
28. 块文件不能打开及不能用另一些常用命令，怎么办？ 5
29. 如何实现对中英文菜单进行切换使用？ 5
30. 如何减少文件大小？ 5
31. 如何在标注时使标注离图有一定的距离？ 5
32. 如何将图中所有的 Standard 样式的标注文字改为 Simplex 样式？ 5
33. 重合的线条怎样突出显示？ 5
34. 如何快速变换图层？ 5
35. 在标注文字时，如何标注上下标？ 5
36. 如何标注特殊符号？ 6
37. 如何用 break 命令在一点处打断对象？ 6
38. 使用编辑命令时多选了某个图元，如何去掉？ 6
39. “!”键的使用 6
40. 图形的打印技巧 6
41. 质量属性查询的方法 6
42. 如何计算二维图形的面积？ 7
43. 如何设置线宽？ 7
44. 关于线宽的问题 7
45. Tab 键在 AutoCAD 捕捉功能中的巧妙利用 7
46. “椭圆”命令生成的椭圆是多段线还是实体？ 8
47. 模拟空间与图纸空间 8

Note

48. 如何画曲线？ 8
49. 怎样使用“命令取消”键？ 9
50. 为什么删除的线条又冒出来了？ 9
51. 怎样用 trim 命令同时修剪多条线段？ 9
52. 怎样扩大绘图空间？ 9
53. 怎样把图纸用 Word 打印出来？ 9
54. 命令前加“-”与不加“-”的区别 9
55. 怎样对两幅图进行对比检查？ 10
56. 多段线的宽度问题 10
57. 在模型空间里画的是虚线，打印出来也是虚线，可是怎么到了布局里打印出来就变成实线了呢？在布局里怎么打印虚线？ 10
58. 怎样把多条直线合并为一条？ 10
59. 怎样把多条线合并为多段线？ 10
60. 当 AutoCAD 发生错误强行关闭后重新启动 AutoCAD 时，出现以下现象：使用“文件”→“打开”命令无法弹出窗口，输出文件时也有类似情况，怎么办？ 10
61. 如何在修改完 Acad.LSP 后自动加载？ 10
62. 如何修改尺寸标注的比例？ 10
63. 如何控制实体显示？ 10
64. 鼠标中键的用法 11
65. 多重复制总是需要输入 M，如何简化？ 11
66. 对圆进行打断操作时的方向是顺时针还是逆时针？ 11
67. 如何快速为平行直线作相切半圆？ 11
68. 如何快速输入距离？ 11
69. 如何使变得粗糙的图形恢复平滑？ 11
70. 怎样测量某个图元的长度？ 11
71. 如何改变十字光标尺寸？ 11
72. 如何改变拾取框的大小？ 11
73. 如何改变自动捕捉标记的大小？ 12
74. 复制图形粘贴后总是离得很远，怎么办？ 12
75. 如何测量带弧线的多线段长度？ 12
76. 为什么“堆叠”按钮不可用？ 12
77. 面域、块、实体的概念分别是什么？ 12
78. 什么是 DXF 文件格式？ 12
79. 什么是 AutoCAD“哑图”？ 12
80. 低版本的 AutoCAD 怎样打开高版本的图？ 12
81. 开始绘图要做哪些准备？ 12
82. 如何使图形只能看而不能修改？ 12
83. 如何修改尺寸标注的关联性？ 13
84. 在 AutoCAD 中采用什么比例绘图好？ 13
85. 命令别名是怎么回事？ 13
86. 绘图前，绘图界限（limits）一定要设好吗？ 13
87. 倾斜角度与斜体效果的区别 13
88. 为什么绘制的剖面线或尺寸标注线不是连续线型？ 13
89. 如何处理手工绘制的图纸，特别是有很多过去手画的工程图样？ 13
90. 如何设置自动保存功能？ 14
91. 如何将自动保存的图形复原？ 14
92. 误保存覆盖了原图时，如何恢复数据？ 14
93. 为什么提示出现在命令行而不是弹出 Open 或 Export 对话框？ 14
94. 为什么当一幅图被保存时，文件浏览器中该文件的日期和时间不被刷新？ 14
95. 为什么不能显示中文？或输入的中文变成了问号？ 14
96. 为什么输入的文字高度无法改变？ 14
97. 如何改变已经存在的字体格式？ 14
98. 为什么工具条的按钮图标被一些笑脸代替了？ 15
99. 执行 plot 和 ase 命令后只能在命令行中出现提示，而没有弹出对话框，为什么？ 15
100. 打印出来的图形效果非常差，线条有灰度的差异，为什么？ 15
101. 粘贴到 Word 文档中的 AutoCAD 图形，打印出的线条太细，怎么办？ 16
102. 为什么有些图形能显示，但打印不出来？ 16

103. 按 Ctrl 键无效时怎么办？ 16
104. 填充无效时怎么办？ 16
105. 加选无效时怎么办？ 16
106. AutoCAD 命令三键还原的方法是什么？ 16
107. AutoCAD 表格制作的方法是什么？ 16
108. “旋转”命令的操作技巧是什么？ 17
109. 为什么在执行或不执行“圆角”和“斜角”命令时，图形没有变化？ 17
110. 栅格工具的操作技巧是什么？ 17
111. 怎么改变单元格的大小？ 17
112. 字样重叠，怎么办？ 17
113. 为什么有时要锁定块中的位置？ 17
114. 制图比例的操作技巧是什么？ 17
115. 线型的操作技巧是什么？ 18
116. 字体的操作技巧是什么？ 18
117. 设置图层的几个原则是什么？ 18
118. 设置图层时应注意什么？ 18
119. 样式标注应注意什么？ 18
120. 使用“直线（line）”命令时的操作技巧 18
121. 快速修改文字的方法是什么？ 19
122. 设计中心的操作技巧是什么？ 19
123. “缩放”命令应注意什么？ 19
124. AutoCAD 软件的应用介绍 19
125. 块的作用是什么？ 19
126. 如何简便地修改图样？ 19
127. 图块应用时应注意什么？ 20
128. 标注样式的操作技巧是什么？ 20
129. 图样尺寸及文字标注时应注意什么？ .. 20
130. 图形符号的平面定位布置操作技巧是什么？ 20
131. 如何核查和修复图形文件？ 20
132. 中、西文字高不等，怎么办？ 21
133. ByLayer（随层）与 ByBlock（随块）的作用是什么？ 21
134. 内部图块与外部图块的区别 21
135. 文件占用空间大，计算机运行速度慢，怎么办？ 21
136. 怎么在 AutoCAD 的工具栏中添加可用命令？ 21
137. 图案填充的操作技巧是什么？ 22
138. 有时不能打开 DWG 文件，怎么办？ 22
139. AutoCAD 中有时出现的 0 或 1 是什么意思？ 22
140. “偏移（offset）”命令的操作技巧是什么？ 22
141. 如何灵活使用动态输入功能？ 23
142. “镜像”命令的操作技巧是什么？ 23
143. 多段线的编辑操作技巧是什么？ 23
144. 如何快速调出特殊符号？ 23
145. 使用“图案填充（hatch）”命令时找不到范围，怎么解决，尤其是 DWG 文件本身比较大的时候？ 23
146. 在使用复制对象时误选某不该选择的图元时，怎么办？ 24
147. 如何快速修改文本？ 24
148. 用户在使用鼠标滚轮时应注意什么？ 24
149. 为什么有时无法修改文字的高度？ 24
150. 文件安全保护具体的设置方法是什么？ 24
151. AutoCAD 中鼠标各键的功能是什么？ 25
152. 用 AutoCAD 制图时，若每次画图都去设定图层，是很烦琐的，为此可以将其他图纸中设置好的图层复制过来，方法是什么？ 25
153. 如何制作非正交 90° 轴线？ 25
154. AutoCAD 中标准的制图要求是什么？ 25
155. 如何编辑标注？ 25
156. 如何灵活运用空格键？ 25
157. AutoCAD 中夹点功能是什么？ 25
158. 绘制圆弧时应注意什么？ 26
159. 图元删除的 3 种方法是什么？ 26
160. “偏移”命令的作用是什么？ 26
161. 如何处理复杂表格？ 26
162. 特性匹配功能是什么？ 26

Note

163. “编辑”→“复制”命令和“修改”→“复制”命令的区别是什么？............26
164. 如何将直线改变为点画线线型？..........26
165. “修剪”命令的操作技巧是什么？........27
166. 箭头的画法..27
167. 对象捕捉的作用是什么？....................27
168. 如何打开PLT文件？............................27
169. 如何输入圆弧对齐文字？....................27
170. 如何给图形文件“减肥”？..................27
171. 如何在AutoCAD中用自定义图案进行填充？..28
172. 关掉这个图层，却还能看到这个图层中的某些物体的原因是什么？..................28
173. 有时辛苦几天绘制的AutoCAD图会因为停电或其他原因突然打不开了，而且没有备份文件，怎么办？..............................28
174. 在建筑图中插入图框时如何调整图框大小？..29
175. 为什么AutoCAD中两个标注使用相同的标注样式，但标注形式却不一样？.......29
176. 如何利用Excel在AutoCAD中绘制曲线？..30
177. 在AutoCAD中怎样创建无边界的图案填充？..30
178. 为什么我的AutoCAD打开一个文件就启动一个AutoCAD窗口？....................31

AutoCAD 应用技巧大全

1. 选择技巧 1
2. AutoCAD 裁剪技巧 1
3. 如何在 Word 表格中引用 AutoCAD 的形位公差？ 1
4. 如何给 AutoCAD 工具栏添加命令及相应图标？ 1
5. AutoCAD 中如何计算二维图形的面积？ 2
6. AutoCAD 中字体替换技巧 2
7. AutoCAD 中特殊符号的输入 2
8. 模拟空间与图纸空间的介绍 3
9. Tab 键在 AutoCAD 捕捉功能中的巧妙利用 3
10. 在 AutoCAD 中导入 Excel 表格 4
11. 怎样扩大绘图空间？ 4
12. 图形的打印技巧 4
13. “!”键的使用 4
14. 在标注文字时，标注上下标的方法 5
15. 如何快速变换图层？ 5
16. 如何实现中英文菜单的切换和使用？ 5
17. 如何调整 AutoCAD 中绘图区左下方显示坐标的框？ 5
18. 为什么输入的文字高度无法改变？ 5
19. 在 AutoCAD 中怎么标注平方？ 5
20. 如何提高画图的速度？ 5
21. 如何关闭 AutoCAD 中的*.bak 文件？ 6
22. 如何将视口的边线隐去？ 6
23. 既然有“分解”命令，那反过来用什么命令？ 6
24. 为什么“堆叠”按钮不可用？ 6
25. 怎么将 AutoCAD 表格转换为 Excel 表格？ 6
26. “↑”和“↓”键的使用技巧 6
27. 如何减小文件体积？ 6
28. 图形里的圆不圆了，怎么办？ 6
29. 打印出来的字体是空心的，怎么办？ 6
30. 怎样消除点标记？ 6
31. 如何保存图层？ 6
32. 如何快速重复执行命令？ 7
33. 如何找回工具栏？ 7
34. 不是三键鼠标怎么进行图形缩放？ 7
35. 如何设置自动保存功能？ 7
36. 误保存覆盖了原图时，如何恢复数据？ 7
37. 怎样一次剪掉多条线段？ 8
38. 为什么不能显示汉字？或输入的汉字变成了问号？ 8
39. 如何提高打开复杂图形的速度？ 8
40. 为什么鼠标中键不能平移图形？ 8
41. 如何将绘制的复合线、TRACE 或箭头本应该实心的线变为空心？ 8
42. 如何快速实现一些常用的命令？ 8
43. 为什么输入的文字高度无法改变？ 8
44. 如何快速替换文字？ 8
45. 如何将打印出来的文字变为空心？ 8
46. 如何将粘贴过来的图形保存为块？ 8
47. 如何将 DWG 图形转换为图片形式？ 9
48. 如何查询绘制图形所用的时间？ 9
49. 如何给图形加上超链接？ 9
50. 为什么有些图形能显示，但打印不出来？ 9
51. 巧妙标注大样图 9
52. 测量面积的方法？ 9
53. 被炸开的字体怎么修改样式及大小？ 9
54. 填充无效时之解决办法 9
55. AutoCAD 命令三键还原 9
56. 如何将自动保存的图形复原？ 10
57. 画完椭圆之后，椭圆是以多段线显示的，怎么办？ 10
58. AutoCAD 中的动态块是什么？动态块有什么用？ 10

Note

59. AutoCAD 属性块中的属性文字不能显示，例如轴网的轴号不显示，为什么？ 10
60. 为什么在AutoCAD画图时光标不能连续移动？为什么移动光标时出现停顿和跳跃的现象？ 10
61. 命令行不见了，怎么打开？ 11
62. 图层的冻结跟开关有什么区别？ 11
63. 当从一幅图中将图块复制到另一幅图中时，AutoCAD会提示：_pasteclip 忽略块***的重复定义，为什么？ 11
64. AutoCAD中怎么将一幅图中的块插入另一幅图中（不用复制粘贴）？ 12
65. 在AutoCAD中插入外部参照时，并未改变比例或其他参数，但当双击外部参照弹出“参照编辑”对话框后，单击“确定”按钮，AutoCAD却提示“选定的外部参照不可编辑”，这是为什么呢？ 12
66. 自己定义的AutoCAD图块，为什么插入图块时图形离插入点很远？ 12
67. AutoCAD中的“分解”命令无效 12
68. 为什么在编辑AutoCAD参照时不能保存？编辑图块后不能保存，怎么办？ 13
69. 为什么在AutoCAD中只能选中一个对象，而不能累加选择多个对象？ 13
70. AutoCAD中的重生成（regen/re）是什么意思？重生成对画图速度有什么影响？ 13
71. 为什么有些图块不能编辑？ 13
72. AutoCAD的动态输入和命令行中输入坐标有什么不同？如何在AutoCAD中动态输入绝对坐标？ 14
73. AutoCAD中的捕捉和对象捕捉有什么区别？ 14
74. 如何识别DWG的不同版本？如何判断DWG文件是否因为版本高而无法打开？ 14
75. AutoCAD中怎么能提高填充的速度？ ...15
76. 怎样快速获取AutoCAD中图已有的填充图案及比例？ 15
77. 如何设置AutoCAD中十字光标的长度？怎样让十字光标充满图形窗口？ 15
78. 如何测量带弧线的多线段与多段线的长度？ 16
79. 如何等分几何形？如何将一个矩形内部等分为任意 $N \times M$ 个小矩形，或者将圆等分为 N 份，或者等分任意角？ 16
80. 我用的是A3彩打，在某些修改图纸中要求输出修改，但用全选后刷黑的情况下，很多部位不能修改颜色，如轴线编号圈圈、门窗洞口颜色等，如何修改？ 16
81. AutoCAD中如何把线改粗，并显示出来？ 16
82. 在AutoCAD中选择了一些对象后如不小心释放了，如何通过命令重新选择？ 16
83. 在AutoCAD中打开第一个施工图后，在打开第二个AutoCAD图时计算机死机，重新启动，第一个做的AutoCAD图打不开了，请问是什么原因，并有什么办法打开？ 16
84. 为何我输入的文字都是“躺下”的，该怎么调整？ 16
85. AutoCAD中的“消隐”命令怎么用？ 16
86. 如何实现图层上下叠放次序的切换？ 17
87. 面域、块、实体的概念分别是什么？能否把几个实体合成一个实体，然后选择的时候一次性选择这个合并的实体？ 17
88. 请介绍自定义AutoCAD的图案填充文件 17
89. 在建筑图中插入图框时不知怎样调整图框大小？ 17
90. 什么是矢量化？ 17
91. 是否有一种方法可以输出定数等分的点的坐标，而不用逐个点检查和记录坐标？ 17
92. 在图纸空间里将虚线比例设置好，并且能够看清，但是布局却是一条实线，打印出来也是实线，为什么？ 17
93. 在设置图形界限后，发现一个问题，有时即使将界限设置得非常大，在作图时也会立即到了边界，总是提示移动已到极限，是什么原因？ 18

94. 如何绘制任一点的多段线的切线和法线？.. 18
95. 请问有什么方法可以将矩形的图形变为平行四边形？我主要是想反映一个多面体的侧面，但又不想用三维的方法 18
96. 向右选择和向左选择有何区别？ 18
97. 为什么 AutoCAD 填充后看不到填充效果？为什么标注箭头变成了空心？ 18
98. 将 AutoCAD 图中的栅格打开了，却看不到栅格是怎么回事？ 18
99. U 是 UNDO 的快捷键吗？U 和 UNDO 有什么区别？ 18

Note

▶▶第1篇

基础篇

本篇主要介绍AutoCAD 2024的基础知识和建筑设计的一些基本理论。

通过本篇的学习，读者将掌握AutoCAD制图技巧，为学习后面的AutoCAD建筑设计打下初步的基础。

☑ 学习AutoCAD 2024的基础知识

☑ 学习建筑设计的基本理论

第1章 AutoCAD 2024入门

本章将循序渐进地讲解 AutoCAD 2024 绘图的基本知识，了解如何设置图形的系统参数，熟悉建立新的图形文件、打开已有文件的方法等，为后面进入系统学习奠定基础。

☑ 操作界面
☑ 配置绘图系统
☑ 设置绘图环境
☑ 文件管理
☑ 基本输入操作
☑ 图层设置
☑ 绘图辅助工具

任务驱动&项目案例

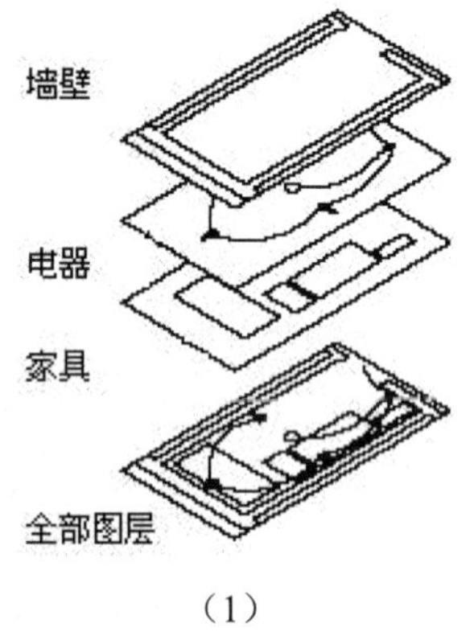

（1）

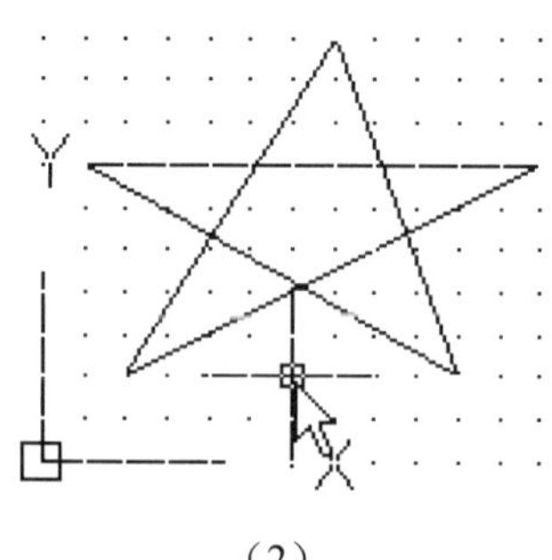

（2）

1.1 操作界面

AutoCAD 的操作界面是 AutoCAD 显示、编辑图形的区域。启动 AutoCAD 2024 中文版软件后的默认界面如图 1-1 所示。这个界面是 AutoCAD 2009 以后出现的新风格的界面，本书将采用 AutoCAD 默认风格的界面介绍。

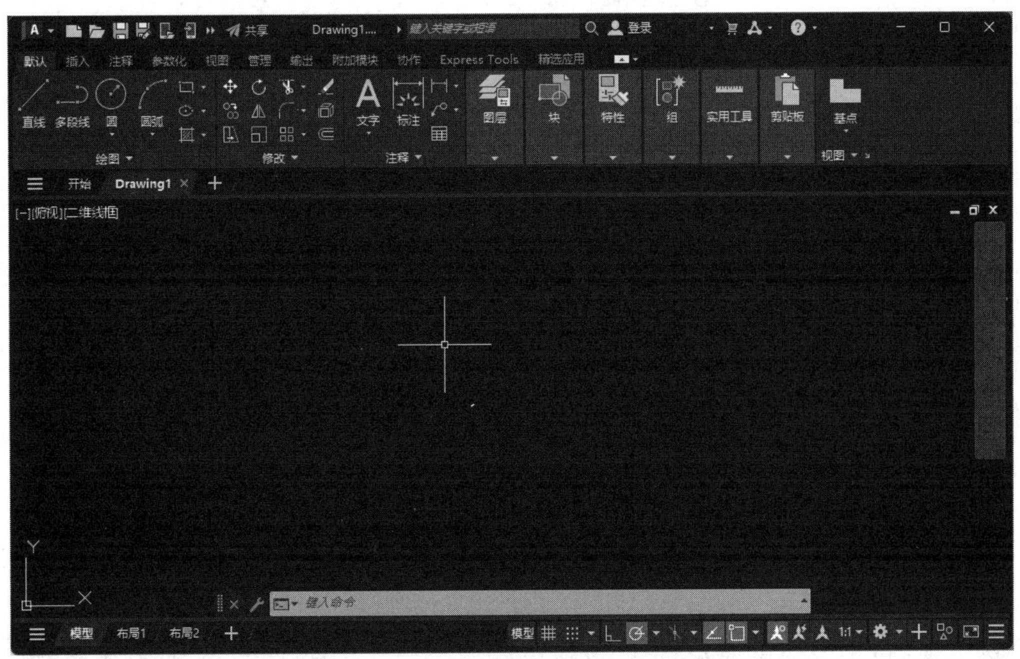

图 1-1　AutoCAD 2024 中文版软件的默认界面

一个完整的草图与注释操作界面包括标题栏、绘图区、菜单栏、坐标系图标、工具栏、命令行窗口、布局标签、状态栏、滚动条和快速访问工具栏等。

1.1.1 标题栏

标题栏位于 AutoCAD 2024 绘图窗口的最上端。在标题栏中，显示了系统当前正在运行的应用程序（AutoCAD 2024 和用户正在使用的图形文件）。在第一次启动 AutoCAD 时，在 AutoCAD 2024 绘图窗口的标题栏中，将显示 AutoCAD 2024 启动时自动创建并打开的图形文件的名称 Drawing1.dwg，如图 1-2 所示。

图 1-2　第一次启动 AutoCAD 2024 时的标题栏

注意： 安装 AutoCAD 2024 后，默认的界面如图 1-1 所示，在绘图区中右击，打开快捷菜单，如图 1-3 所示，①选择“选项”命令，打开“选项”对话框，②选择“显示”选项卡，③在“窗口元素”选项组中将“颜色主题”设置为“明”，如图 1-4 所示，④单击“确定”按钮，退出对话框，此时操作界面如图 1-5 所示。

Note

图 1-3　快捷菜单

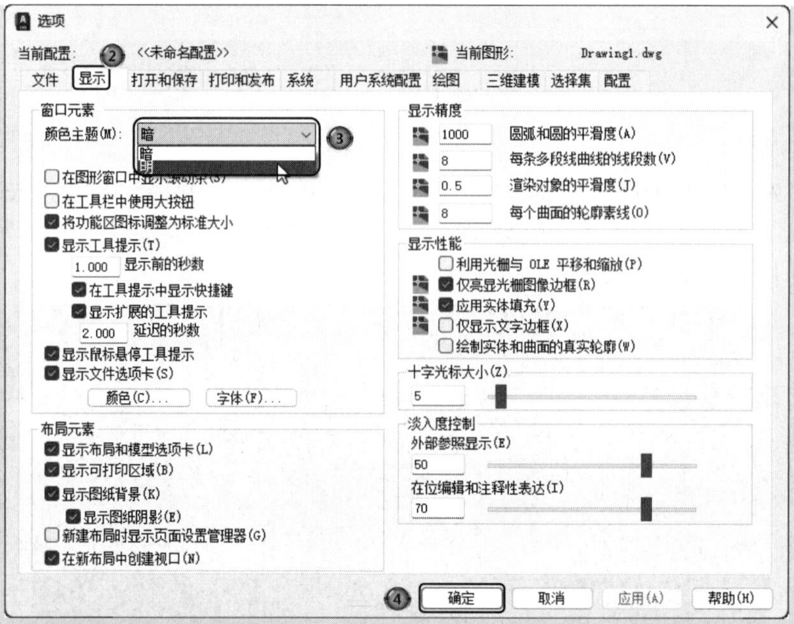

图 1-4　“选项”对话框

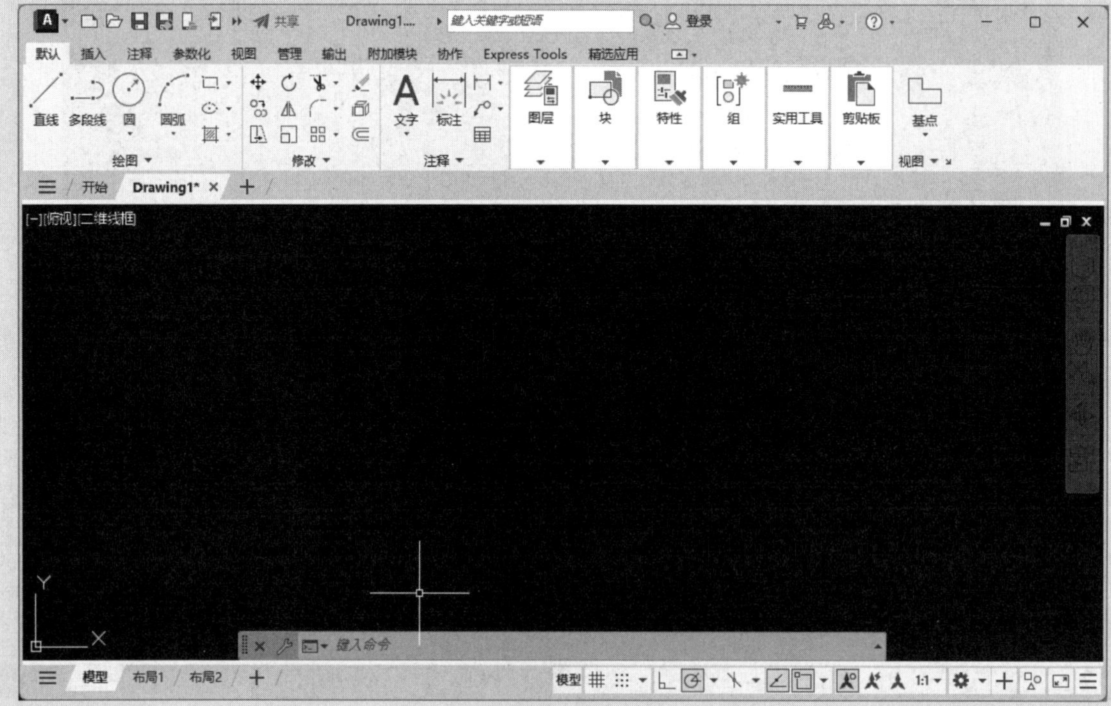

图 1-5　AutoCAD 2024 中文版的“明”操作界面

1.1.2　绘图区

绘图区是指标题栏下方的大片空白区域，是用户绘制图形的区域，用户完成一幅设计图形的主要工作是在绘图区中完成的。

在绘图区域中，还有一个类似光标的十字线，其交点反映了光标在当前坐标系中的位置。在 AutoCAD 中，将该十字线称为光标，AutoCAD 通过光标显示当前点的位置。十字线的方向与当前用户坐标系的 X 轴、Y 轴方向平行，对于十字线的长度，系统预设其为屏幕大小的 5%，如图 1-6 所示。

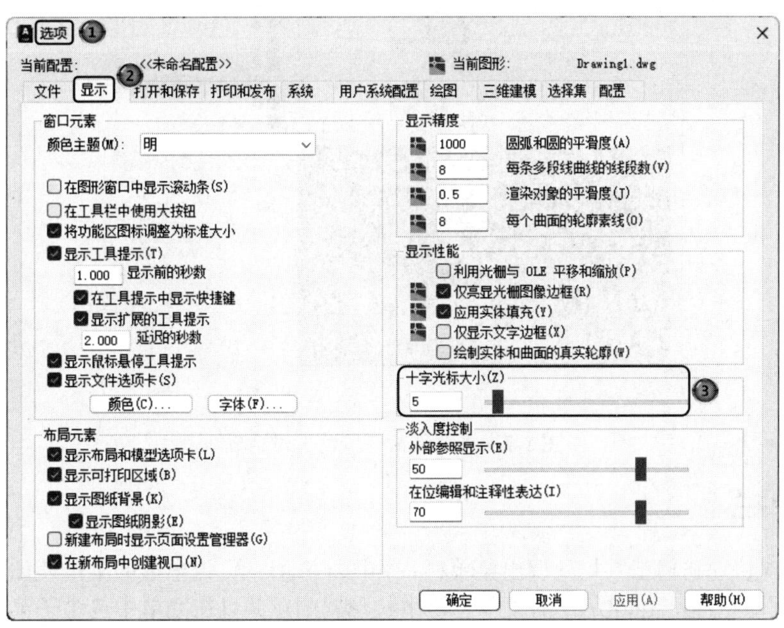

图 1-6 “选项”对话框中的“显示”选项卡

1. 修改图形窗口中十字光标的大小

系统预设光标的长度为屏幕大小的 5%，用户可以根据绘图的实际需要更改其大小。改变光标大小的方法如下。

在绘图窗口中选择菜单栏中的“工具”→“选项”命令，❶弹出“选项”对话框，❷选择“显示”选项卡，❸在“十字光标大小”选项组的文本框中直接输入数值，或者拖曳文本框后面的滑块，即可对十字光标的大小进行调整，如图 1-6 所示。

此外，用户还可以通过设置系统变量 CURSORSIZE 的值，实现对十字光标大小的更改。方法如下。

```
命令: CURSORSIZE↙
输入 CURSORSIZE 的新值 <5>:
```

在提示下输入新值即可，默认值为 5%。

2. 修改绘图窗口的颜色

在默认情况下，AutoCAD 2024 的绘图窗口是黑色背景、白色线条，这不符合多数用户的习惯，因此，修改绘图窗口颜色是多数用户都需要进行的操作。

修改绘图窗口颜色的步骤如下。

（1）在如图 1-6 所示的选项卡中单击“窗口元素”选项组中的“颜色”按钮，打开如图 1-7 所示的“图形窗口颜色”对话框。

（2）在“颜色”下拉列表框中选择需要的窗口颜色，然后单击“应用并关闭”按钮。通常按视觉习惯选择白色为窗口颜色。

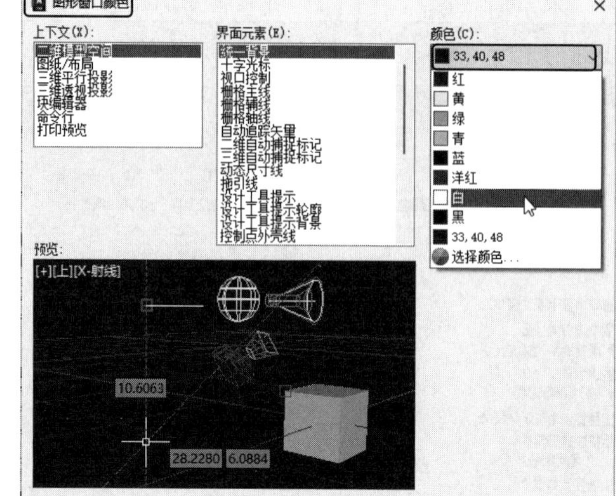

图 1-7 “图形窗口颜色”对话框

1.1.3 菜单栏

在 AutoCAD 快速访问工具栏处调出菜单栏，如图 1-8 所示，调出后的菜单栏如图 1-9 所示。同其他 Windows 程序一样，AutoCAD 的菜单也是下拉形式的，并且在菜单中包含子菜单。

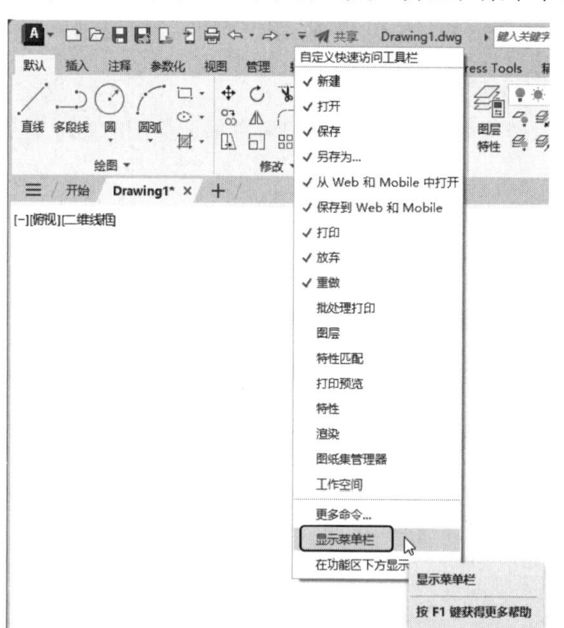

图 1-8 调出菜单栏

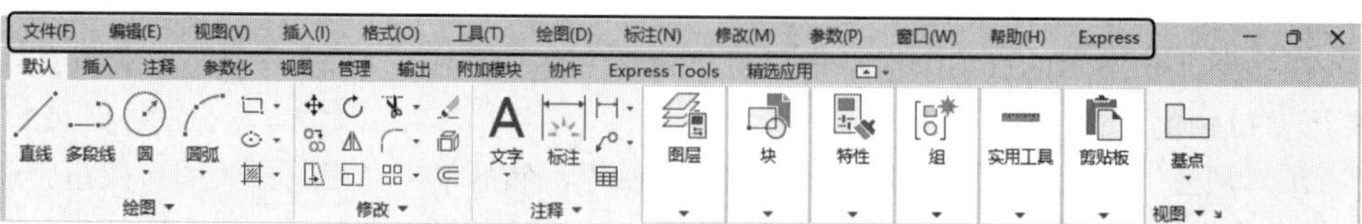

图 1-9 菜单栏显示界面

菜单栏位于 AutoCAD 2024 绘图窗口标题栏的下方，包含 13 个菜单，分别是“文件”“编辑”“视图”“插入”“格式”“工具”“绘图”“标注”“修改”“参数”“窗口”“帮助”“Express”。

一般来讲，AutoCAD 2024 下拉菜单中的命令分为以下 3 种。

☑ 带有小箭头的菜单命令：这种类型的命令后面带有子菜单，例如，❶单击“绘图”菜单，❷用鼠标指向其下拉菜单中的“圆弧”命令，❸屏幕上就会进一步下拉出“圆弧”子菜单中所包含的命令，如图 1-10 所示。

☑ 打开对话框的菜单命令：这种类型的命令，后面带有省略号，例如，单击菜单栏中的“格式”菜单，选择其下拉菜单中的“表格样式”命令，如图 1-11 所示。这时屏幕上就会打开对应的“表格样式”对话框，如图 1-12 所示。

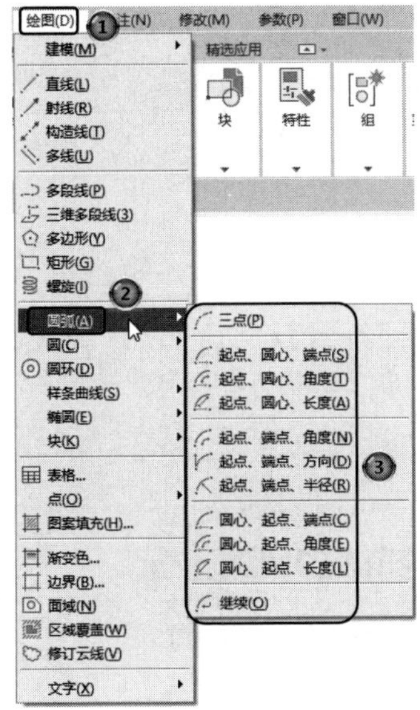

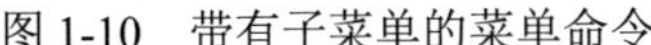

图 1-10　带有子菜单的菜单命令

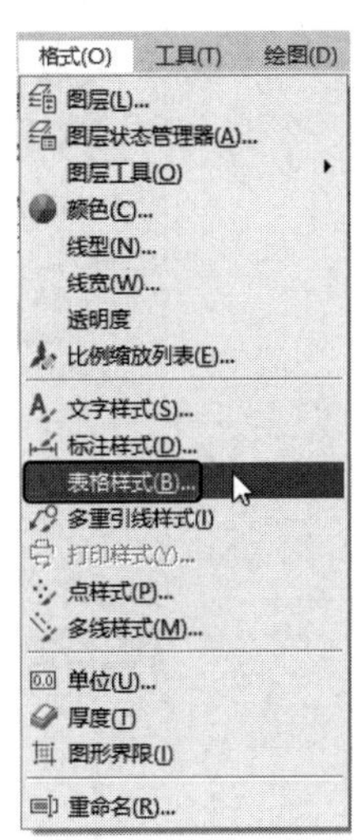

图 1-11　打开相应对话框的菜单命令

☑ 直接操作的菜单命令：这种类型的命令将直接进行相应的绘图或其他操作，例如，选择“视图”菜单中的“重生成”命令，系统将刷新显示所有视口，如图 1-13 所示。

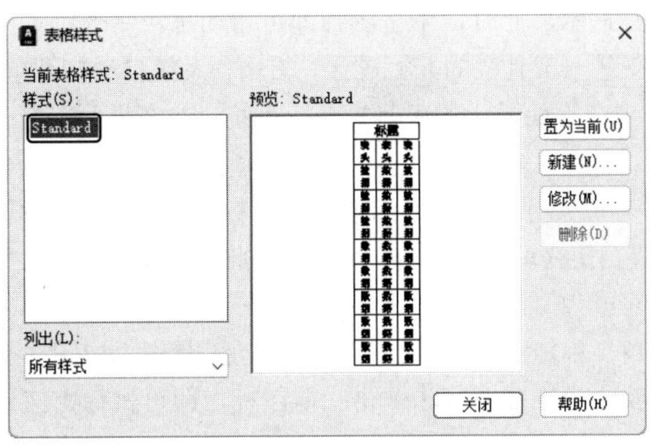

图 1-12　“表格样式”对话框

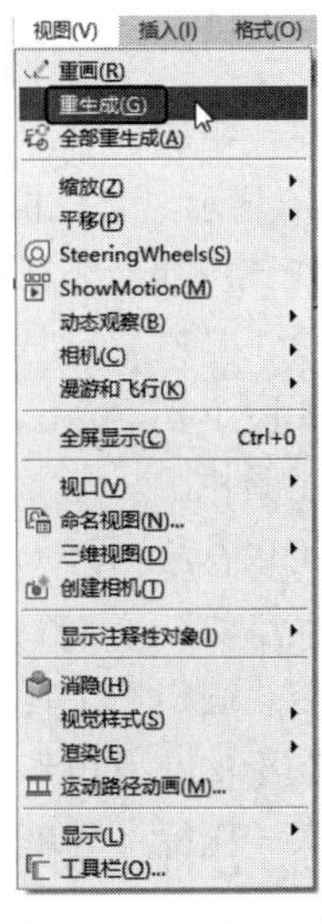

图 1-13　直接操作菜单命令

1.1.4 坐标系图标

Note

在绘图区域的左下角，有一个箭头指向图标，称为坐标系图标，表示用户绘图时正在使用的坐标系形式。根据工作需要，用户可以选择将其关闭，方法是选择❶“视图”→❷“显示”→❸“UCS图标”→❹“开”命令，如图1-14所示。

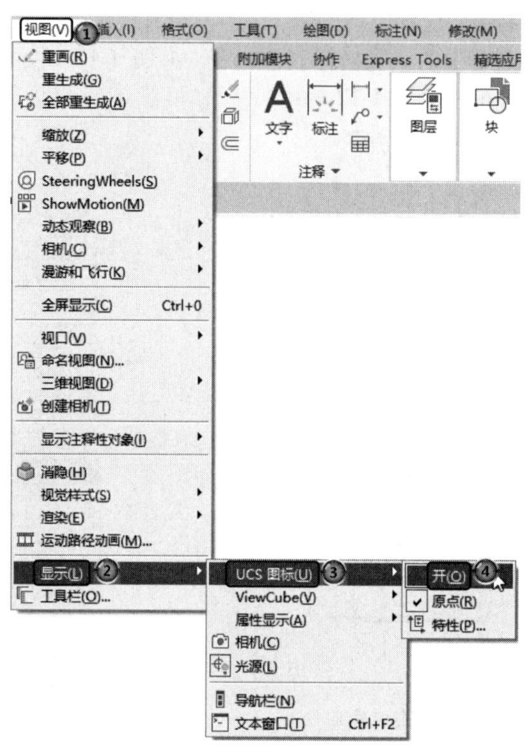

图1-14 “视图”菜单

1.1.5 工具栏

工具栏是一组图标型工具的集合，选择菜单栏中的❶“工具”→❷“工具栏”→❸AutoCAD命令，如图1-15所示。选择相应的工具栏命令，即可调出所需要的工具栏，将光标移动到某个图标上，稍停片刻即在该图标一侧显示相应的工具提示，此时，单击图标即可启动相应命令。

调出一个工具栏后，也可将光标放在任一工具栏的非标题区，右击，系统自动打开单独的工具栏标签列表，如图1-16所示。单击某一个未在界面显示的工具栏名，系统自动在界面上打开该工具栏；反之，关闭工具栏。

工具栏可以在绘图区“浮动”，如图1-17所示。此时显示该工具栏标题，用户可以关闭该工具栏，也可以拖曳“浮动”工具栏到图形区边界，使它变为“固定”工具栏，此时隐藏该工具栏标题。另外，用户还可以将“固定”工具栏拖出，使它成为“浮动”工具栏。

在有些图标的右下角带有一个小三角，单击该小三角会打开相应的工具栏，如图1-18所示。将光标移动到某一图标上并单击，该图标就成为当前图标。单击当前图标，即可执行相应命令。

图 1-15　调出工具栏

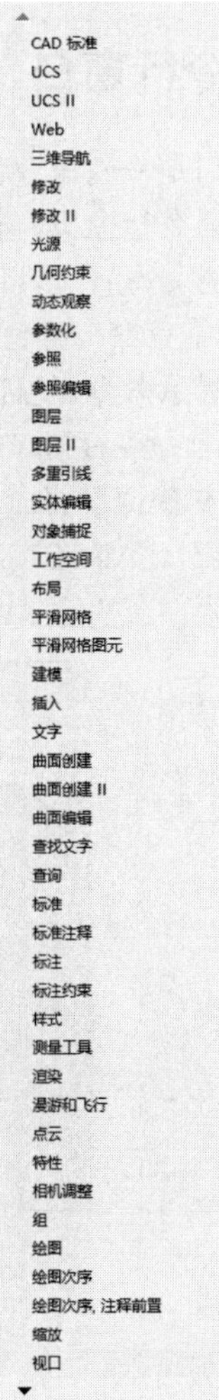

图 1-16　工具栏标签列表

图 1-17　“浮动”工具栏

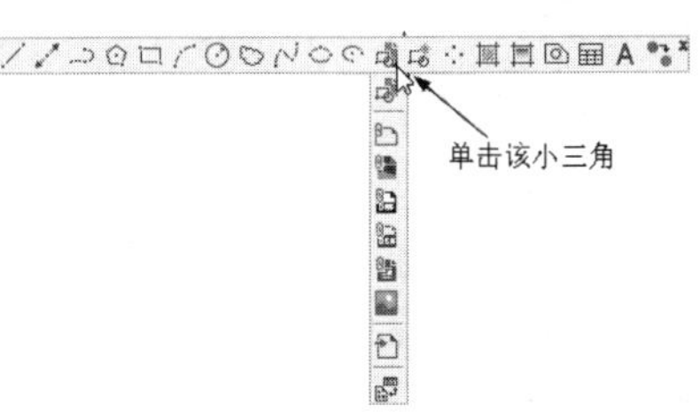

图 1-18　打开工具栏

Note

1.1.6 命令行窗口

命令行窗口是输入命令名和显示命令提示的区域，默认的命令行窗口布置在绘图区下方，是若干文本行。对于命令行窗口，有以下几点需要说明。

（1）移动拆分条，可以扩大或缩小命令行窗口。

（2）可以拖曳命令行窗口，使其布置在屏幕上的其他位置。默认情况下布置在图形窗口的下方。如果屏幕中不显示命令行窗口，则可以按 Ctrl+9 快捷键将其显示出来。

（3）对当前命令行窗口中输入的内容，可以按 F2 键用文本编辑的方法进行编辑，如图 1-19 所示（只有按 Ctrl+9 快捷键将命令行窗口隐藏时，按 F2 键才能打开 AutoCAD 文本窗口；否则将只显示命令和操作列表）。AutoCAD 文本窗口和命令行窗口相似，它可以显示当前 AutoCAD 进程中命令的输入和执行过程，在执行 AutoCAD 中的某些命令时，它会自动切换到文本窗口，列出有关信息。

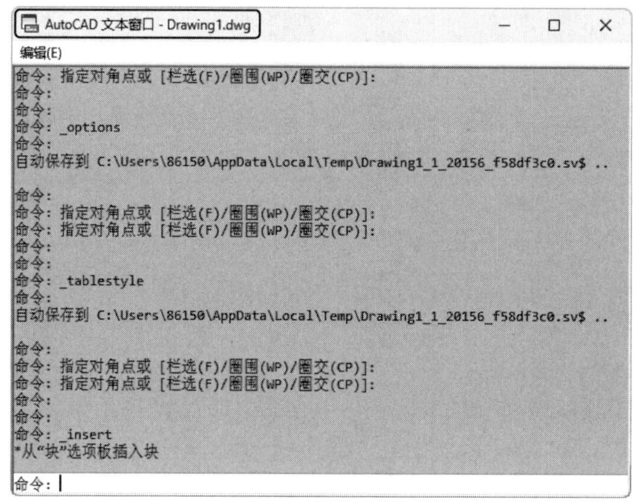

图 1-19 文本窗口

（4）AutoCAD 通过命令行窗口反馈各种信息，包括出错信息，因此，用户要时刻关注在命令行窗口中出现的信息。

1.1.7 布局标签

AutoCAD 2024 系统默认设定一个模型空间布局标签和“布局 1”“布局 2”两个图纸空间布局标签。

1. 布局

布局是系统为绘图设置的一种环境，包括图纸大小、尺寸单位、角度设定、数值精确度等，在系统预设的 3 个标签中，这些环境变量都保持默认设置。用户可根据实际需要改变这些变量的值。

2. 模型

AutoCAD 的空间分模型空间和图纸空间。模型空间就是通常所说的绘图环境，而在图纸空间中，用户可以创建被称为“浮动视口”的区域，以不同视图显示所绘图形。用户可以在图纸空间中调整浮动视口，并决定所包含视图的缩放比例。如果选择图纸空间，则可以打印多个视图，也可以打印任意布局的视图。

AutoCAD 2024 系统默认打开模型空间，用户可以单击选择需要的布局。

Note

1.1.8 状态栏

状态栏在操作界面的底部，依次有“坐标”“模型空间”等 30 个功能按钮，如图 1-20 所示。单击这些开关按钮，可以实现这些功能的开和关。通过部分按钮，用户也可以控制图形或绘图区的状态。

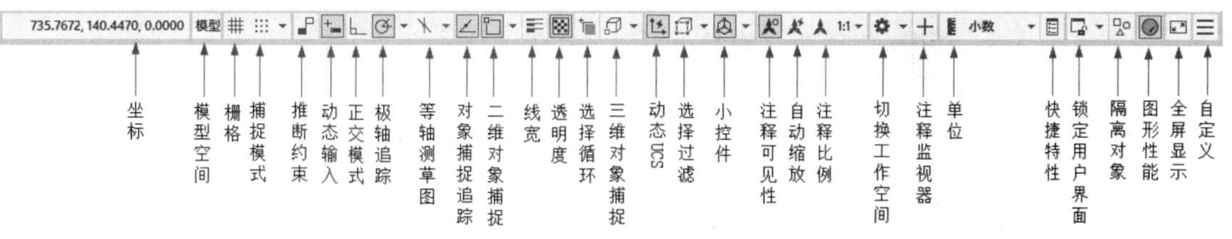

图 1-20　状态栏

注意： 默认情况下，不显示所有工具，可以通过状态栏上最右侧的按钮，选择要从“自定义”菜单显示的工具。状态栏上显示的工具可能会发生变化，具体取决于当前的工作空间以及当前显示的是“模型”选项卡还是“布局”选项卡。

下面对状态栏上的按钮做简单介绍。

（1）坐标：显示工作区鼠标放置点的坐标。

（2）模型空间：在模型空间与布局空间之间进行转换。

（3）栅格：栅格是覆盖整个坐标系（UCS）XY 平面的直线或点组成的矩形图案。使用栅格类似于在图形下放置一张坐标纸。利用栅格可以对齐对象，并直观显示对象之间的距离。

（4）捕捉模式：对象捕捉对于在对象上指定精确位置非常重要。不论何时提示输入点，都可以指定对象捕捉。默认情况下，当光标移到对象的对象捕捉位置时，将显示标记和工具提示。

（5）推断约束：自动在正在创建或编辑的对象与对象捕捉的关联对象或点之间应用约束。

（6）动态输入：在光标附近显示一个提示框（称之为“工具提示”），工具提示中显示对应的命令提示和光标的当前坐标值。

（7）正交模式：将光标限制在水平或垂直方向上移动，以便于精确地创建和修改对象。当创建或移动对象时，可以使用“正交”模式将光标限制在相对于用户坐标系（UCS）的水平或垂直方向上。

（8）极轴追踪：使用极轴追踪，光标将按指定角度进行移动。创建或修改对象时，可以使用“极轴追踪”显示由指定的极轴角度定义的临时对齐路径。

（9）等轴测草图：通过设定“等轴测捕捉/栅格”，系统可以很容易地沿 3 个等轴测平面之一对齐对象。尽管等轴测图形看似为三维图形，但它实际上是由二维图形表示的，因此不能期望提取三维距离和面积、从不同视点显示对象或自动消除隐藏线。

（10）对象捕捉追踪：使用对象捕捉追踪，系统可以沿着基于对象捕捉点的对齐路径进行追踪。已获取的点将显示一个小加号（+），一次最多可以获取 7 个追踪点。获取点之后，在绘图路径上移动光标，将显示相对于获取点的水平、垂直或极轴对齐路径，例如，可以基于对象端点、中点或者对象的交点，沿着某个路径选择一点。

（11）二维对象捕捉：使用执行对象捕捉设置（也称为对象捕捉），可以在对象上的精确位置指定捕捉点。选择多个选项后，将应用选定的捕捉模式，以返回距离靶框中心最近的点。按 Tab 键以在这些选项之间进行循环。

（12）线宽：分别显示对象所在图层中设置的不同宽度，而不是统一线宽。

（13）透明度：使用该命令，可调整绘图对象显示的明暗程度。

（14）选择循环：当一个对象与其他对象彼此接近或重叠时，准确地选择某一个对象是很困难的，使用选择循环的命令，单击“选择循环”按钮后，会弹出“选择集”列表框，其中列出了当单击时周

Note

围的所有对象，然后在列表中选择所需的对象。

（15）三维对象捕捉：三维中的对象捕捉与在二维中工作的方式类似，不同之处在于，在三维中可以投影对象捕捉。

（16）动态 UCS：在创建对象时使 UCS 的 XY 平面自动与实体模型上的平面临时对齐。

（17）选择过滤：根据对象特性或对象类型对选择集进行过滤。当按下图标后，只选择满足指定条件的对象，其他对象将被排除在选择集之外。

（18）小控件：帮助用户沿三维轴或平面移动、旋转或缩放一组对象。

（19）注释可见性：当图标亮显时表示显示所有比例的注释性对象；当图标变暗时表示仅显示当前比例的注释性对象。

（20）自动缩放：更改注释比例时，自动将比例添加到注释对象上。

（21）注释比例：单击注释比例右下角小三角符号，弹出注释比例列表，如图 1-21 所示。用户可以根据需要选择适当的注释比例。

（22）切换工作空间：进行工作空间转换。

（23）注释监视器：打开仅用于所有事件或模型文档事件的注释监视器。

（24）单位：指定线性和角度单位的格式和小数位数。

（25）快捷特性：控制快捷特性面板的使用与禁用。

✓ 1:1
1:2
1:4
1:5
1:8
1:10
1:16
1:20
1:30
1:40
1:50
1:100
2:1
4:1
8:1
10:1
100:1
自定义...
外部参照比例
百分比

图 1-21　注释比例

（26）锁定用户界面：单击该按钮，锁定工具栏、面板和可固定窗口的位置和大小。

（27）隔离对象：当选择隔离对象时，在当前视图中显示选定对象，所有其他对象都暂时隐藏；当选择隐藏对象时，在当前视图中暂时隐藏选定对象，所有其他对象都可见。

（28）图形性能：设定图形卡的驱动程序以及设置硬件加速的选项。

（29）全屏显示：该选项可以清除 Windows 窗口中的标题栏、功能区和选项板等界面元素，使 AutoCAD 的绘图窗口全屏显示，如图 1-22 所示。

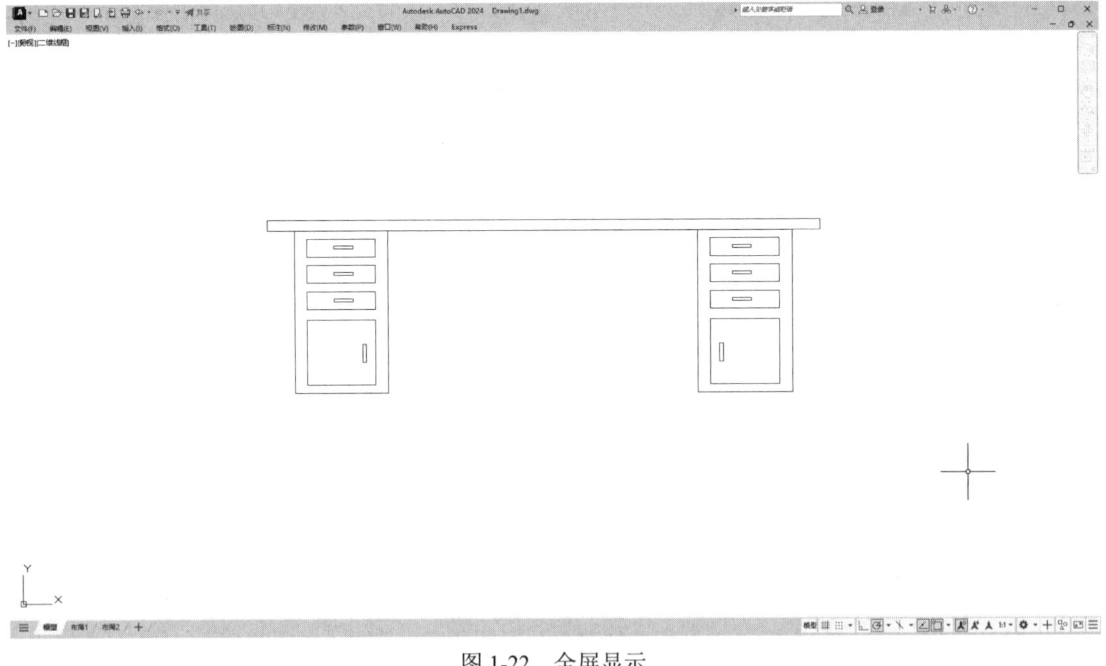

图 1-22　全屏显示

（30）自定义：状态栏可以提供重要信息，而无须中断工作流。使用 MODEMACRO 系统变量可

将应用程序所能识别的大多数数据显示在状态栏中。使用该系统变量的计算、判断和编辑功能可以完全按照用户的要求构造状态栏。

1.1.9　滚动条

打开的 AutoCAD 2024 默认界面是不显示滚动条的，需要把滚动条调出来，选择菜单栏中的“工具”→“选项”命令，❶系统打开“选项”对话框，❷选择“显示”选项卡，❸选中“窗口元素”选项组中的“在图形窗口中显示滚动条”复选框，如图 1-23 所示。

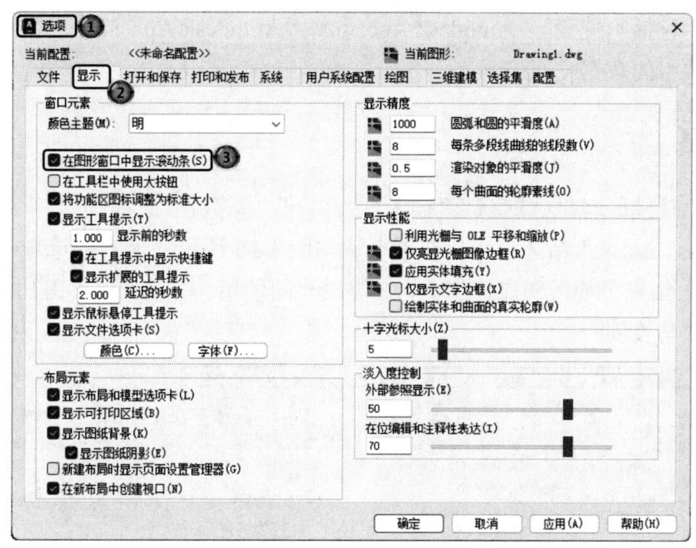

图 1-23　“选项”对话框中的“显示”选项卡

滚动条包括水平滚动条和垂直滚动条，用于左右或上下移动绘图窗口内的图形。用鼠标拖曳滚动条中的滑块或单击滚动条两侧的三角按钮，即可移动图形，如图 1-24 所示。

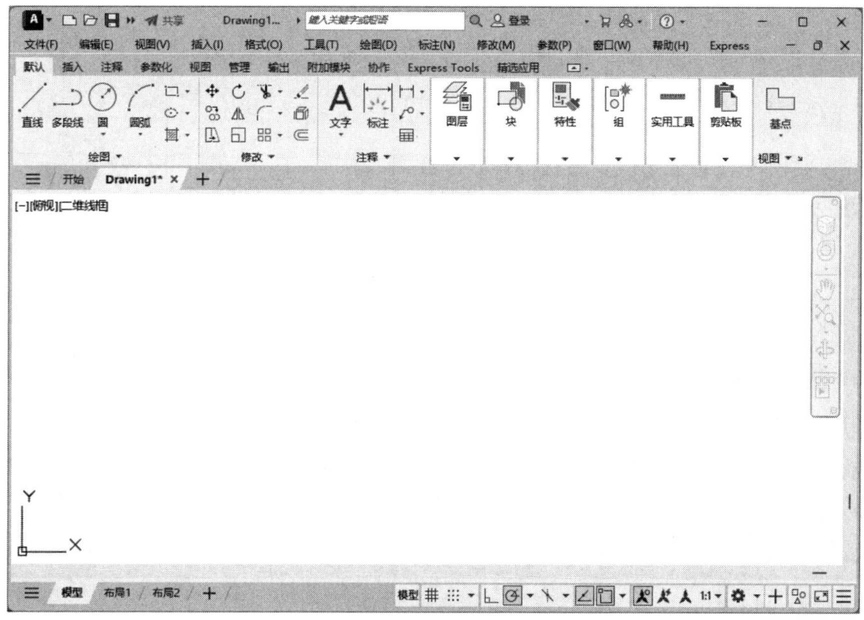

图 1-24　显示滚动条

1.1.10 快速访问工具栏和交互信息工具栏

1. 快速访问工具栏

快速访问工具栏包括“新建”“打开”“保存”“另存为”“放弃”“重做”“打印”等几个常用的工具。用户也可以单击本工具栏后面的下拉按钮设置需要的常用工具。

2. 交互信息工具栏

交互信息工具栏包括“搜索”“Autodesk Account”“Autodesk App Store”“保持连接”“单击此处访问帮助”等几个常用的数据交互访问工具。

1.1.11 功能区

在默认情况下，功能区包括“默认”“插入”“注释”“参数化”“视图”“管理”“输出”“附加模块”“协作”“Express Tools”“精选应用”选项卡，如图1-25所示（所有的选项卡显示面板如图1-26所示）。每个选项卡中集成了相关的操作工具，方便用户的使用。用户可以单击功能区选项后面的按钮控制功能的展开与收缩。

图1-25 默认情况下出现的选项卡

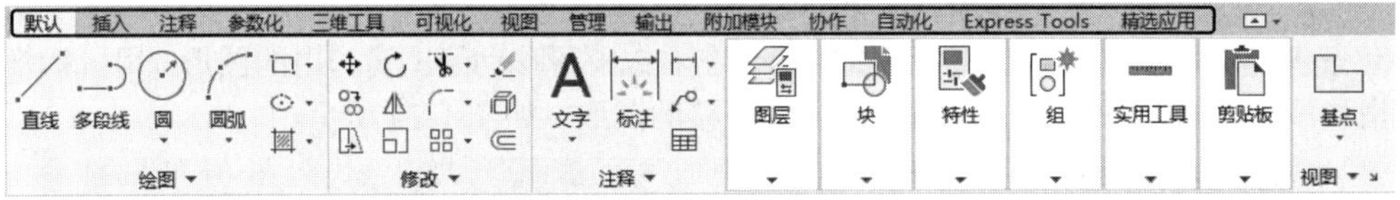

图1-26 所有的选项卡

1. 设置选项卡

将光标放在面板的任意位置处，然后右击，打开如图1-27所示的快捷菜单。单击某一个未在功能区显示的选项卡名，系统自动在功能区打开该选项卡；反之，关闭选项卡（调出面板的方法与调出选项板的方法类似，这里不再赘述）。

2. 选项卡中面板的“固定”与“浮动”

面板可以在绘图区“浮动”（见图1-28），将光标放到浮动面板的右上角位置处，显示“将面板返回到功能区”，如图1-29所示，单击此处，使它变为“固定”面板，也可以把“固定”面板拖出，使它成为“浮动”面板。

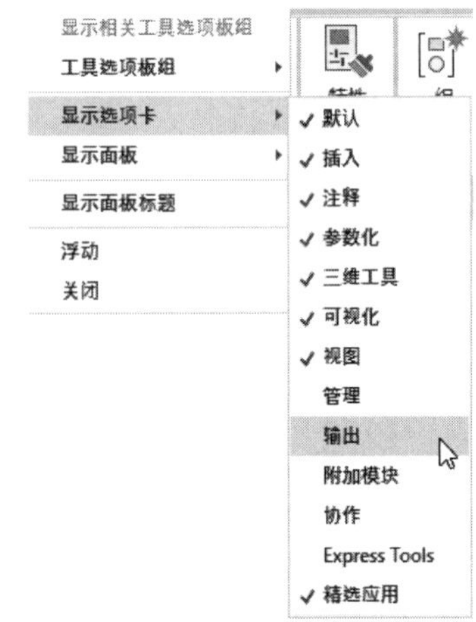

图1-27 快捷菜单

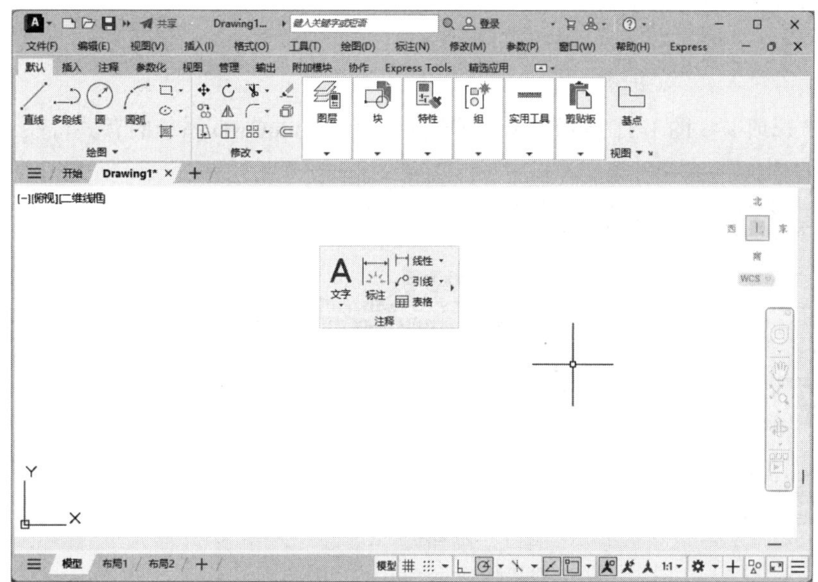

图 1-28 “浮动”面板

图 1-29 “固定”面板

1.2 配置绘图系统

一般来讲，使用 AutoCAD 2024 的默认配置就可以绘图，但为了使用定点设备或打印机，并提高绘图的效率，AutoCAD 推荐用户在开始作图前进行必要的配置。

1. 执行方式

☑ 命令行：PREFERENCES。

☑ 菜单栏：“工具”→“选项”。

☑ 快捷菜单：在工作区右击，在弹出的快捷菜单中选择“选项”命令，如图 1-30 所示。

图 1-30 选择“选项”命令

2. 操作步骤

执行上述命令后，将自动打开“选项”对话框。用户可以在该对话框中选择有关选项，对系统进行配置。下面只对其中主要的选项卡进行说明，其他配置选项在后面用到时再做具体介绍。

1.2.1 显示配置

“选项”对话框的第 2 个选项卡为“显示”选项卡，该选项卡可控制 AutoCAD 窗口的外观，包括设定屏幕菜单、滚动条显示与否、AutoCAD 的版面布局设置、各实体的显示精度，以及 AutoCAD 运行时其他各项性能参数的设定等。其界面如图 1-6 所示。

在设置实体显示分辨率时，请务必记住，显示质量越高，即分辨率越高，计算机计算的时间越长。因此将显示质量设置在一个合理的程度上是很重要的，千万不要将其设置得太高。

Note

1.2.2 系统配置

“选项”对话框的“系统”选项卡如图 1-31 所示，该选项卡用于设置 AutoCAD 系统的有关特性。

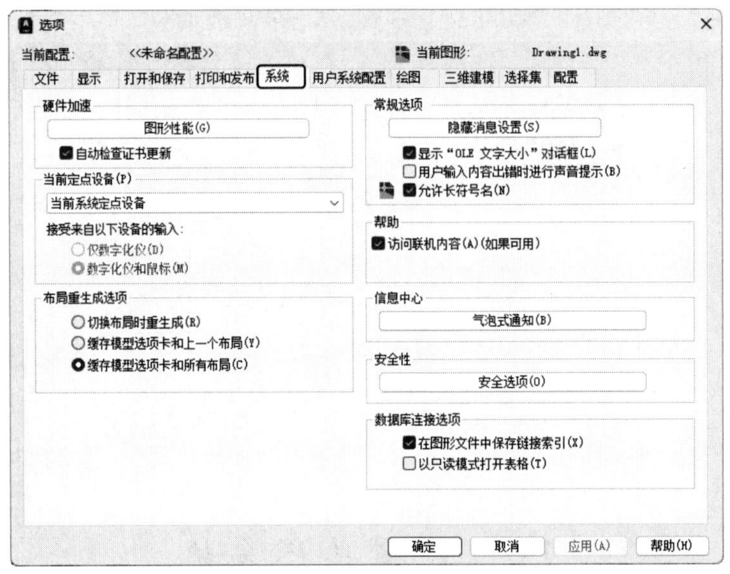

图 1-31 “系统”选项卡

☑ “当前定点设备”选项组：安装及配置定点设备，如数字化仪和鼠标。具体如何配置和安装，可参照定点设备的用户手册。

☑ “常规选项”选项组：确定是否选择系统配置的有关基本选项。

☑ “布局重生成选项”选项组：确定切换布局时是否重生成或缓存模型选项卡和布局。

☑ “数据库连接选项”选项组：确定数据库连接的方式。

1.3 设置绘图环境

由于每台计算机使用的显示器、输入设备和输出设备的类型不同，用户喜好的风格及计算机的目录设置也是不同的，因此每台计算机都是独特的。一般使用 AutoCAD 2024 的默认配置就可以绘图，但 AutoCAD 推荐用户在开始作图前先进行必要的配置。

1.3.1 绘图单位设置

1. 执行方式

☑ 命令行：DDUNITS（或 UNITS）。

☑ 菜单栏：“格式”→“单位”。

2. 操作步骤

执行上述命令后，弹出“图形单位”对话框，如图 1-32 所示。该对话框用于定义长度单位和角度格式。

3. 选项说明

☑ “长度”选项组：指定测量长度的当前单位及当前单位的精度。

☑ “角度”选项组：指定测量角度的当前单位、精度及旋转方向，默认方向为逆时针。

☑ “插入时的缩放单位”选项组：控制使用工具选项板（如 DesignCenter 或 i-drop）拖入当前图形块的测量单位。如果块或图形被创建时使用的单位与该选项指定的单位不同，则在插入这些块或图形时，将对其按比例进行缩放。插入比例是源块或图形使用的单位与目标图形使用的单位之比。如果插入块时不按指定单位进行缩放，则可选择“无单位”选项。

☑ “输出样例”选项组：显示当前输出的样例值。

☑ “光源”选项组：用于指定光源强度的单位。

☑ “方向”按钮：单击该按钮，可以在弹出的“方向控制”对话框中进行方向控制设置，如图 1-33 所示。

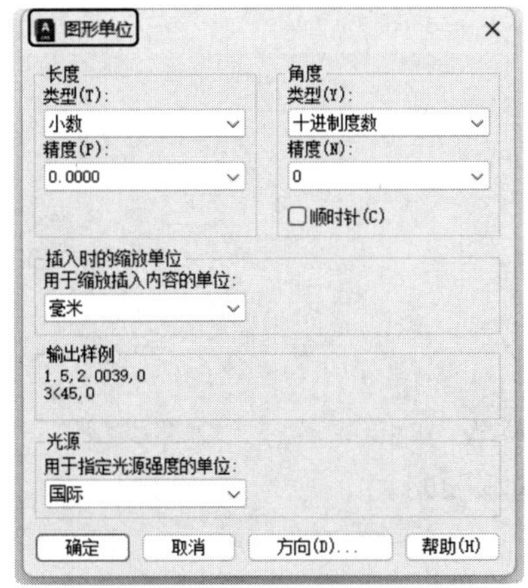

图 1-32 “图形单位”对话框

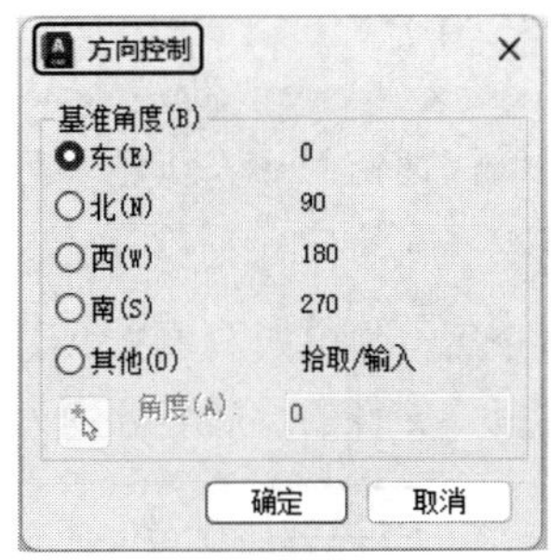

图 1-33 “方向控制”对话框

1.3.2 图形边界设置

1. 执行方式

☑ 命令行：LIMITS。

☑ 菜单栏：“格式”→“图形界限”。

2. 操作步骤

```
命令：LIMITS↙
重新设置模型空间界限：
指定左下角点或 [开(ON)/关(OFF)] <0.0000,0.0000>:（输入图形边界左下角的坐标后按 Enter 键）
指定右上角点 <12.0000,9.0000>:（输入图形边界右上角的坐标后按 Enter 键）
```

3. 选项说明

☑ 开(ON)：使绘图边界有效。系统把在绘图边界以外拾取的点视为无效。

☑ 关(OFF)：使绘图边界无效。用户可以在绘图边界以外拾取点或实体。

☑ 动态输入角点坐标：动态输入功能可以直接在屏幕上输入角点坐标，输入横坐标值后，按“,”（英文状态下输入）键，接着输入纵坐标值（见图 1-34）；也可以移动光标至所需位置后直接单击确定角点位置。

Note

图 1-34　动态输入

1.4　文件管理

本节将介绍文件管理的一些基本操作方法，包括新建文件、打开文件、保存文件、另存为等，这些都是进行 AutoCAD 2024 操作的基础知识。

1.4.1　新建文件

1. 执行方式

☑　命令行：NEW。

☑　菜单栏："文件"→"新建"。

☑　工具栏：快速访问→"新建"。

2. 操作步骤

执行上述命令后，弹出如图 1-35 所示的"选择样板"对话框，在"文件类型"下拉列表框中有 3 种格式的图形样板，文件的扩展名分别为.dwt、.dwg 和.dws。

图 1-35　"选择样板"对话框

3. 执行方式

☑　命令行：QNEW。

☑　工具栏：快速访问→"新建"。

4. 操作步骤

执行上述命令后，立即从所选的图形样板上创建新图形文件，而不显示任何对话框或提示。

在运行快速创建图形功能之前必须进行如下设置。

（1）将 FILEDIA 系统变量设置为 1，将 STARTUP 系统变量设置为 0。命令行提示与操作如下。

```
命令：FILEDIA↙
输入 FILEDIA 的新值 <1>：↙
命令：STARTUP↙
输入 STARTUP 的新值 <0>：↙
```

（2）在“选项”对话框中选择默认图形样板文件。方法是选择“工具”→“选项”命令，打开“选项”对话框，选择“文件”选项卡，单击标记为“样板设置”的节点，然后选择需要的样板文件路径，如图 1-36 所示。

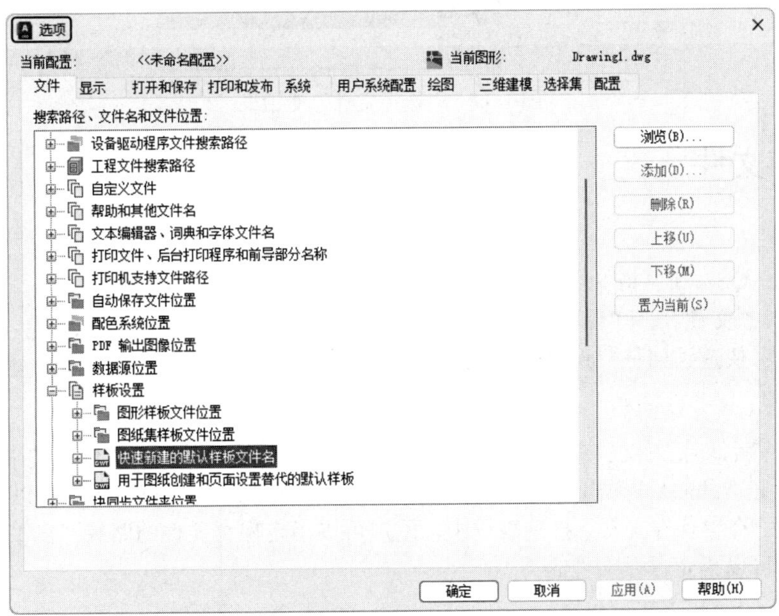

图 1-36 “选项”对话框的“文件”选项卡

1.4.2 打开文件

1. 执行方式

☑ 命令行：OPEN。

☑ 菜单栏：“文件”→“打开”。

☑ 工具栏：快速访问→“打开”📂。

2. 操作步骤

执行上述命令后，弹出如图 1-37 所示的“选择文件”对话框，在“文件类型”下拉列表框中可选择.dwg 文件、.dwt 文件、.dxf 文件和.dws 文件。其中，.dxf 文件是用文本形式存储的图形文件，能够被其他程序读取，许多第三方应用软件都支持.dxf 格式的文件。

Note

图 1-37 “选择文件”对话框

1.4.3 保存文件

1. 执行方式

☑ 命令行：QSAVE（或 SAVE）。

☑ 菜单栏：“文件”→“保存”。

☑ 工具栏：快速访问→“保存”。

2. 操作步骤

执行上述命令后，若文件已被命名，则 AutoCAD 自动保存该文件；若文件未被命名（即为默认名 Drawing1.dwg），则 AutoCAD 弹出如图 1-38 所示的“图形另存为”对话框，用户可以在其中对该文件进行命名和保存。在“保存于”下拉列表框中，用户可以指定保存文件的路径；在“文件类型”下拉列表框中，用户可以指定保存文件的类型。

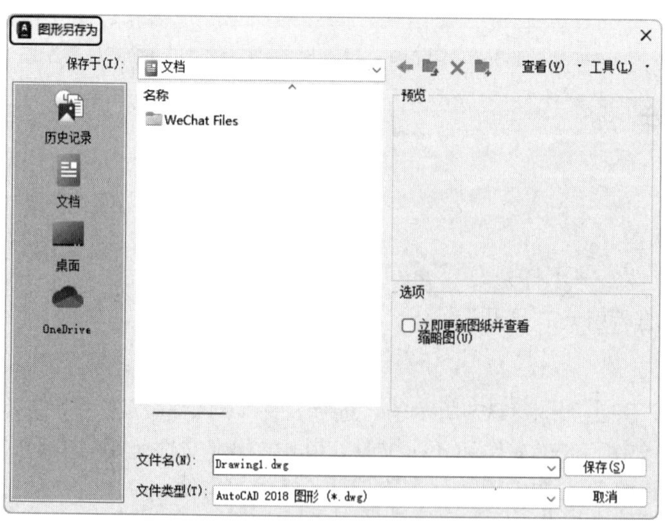

图 1-38 “图形另存为”对话框

Note

为了防止因意外操作或计算机系统故障导致正在绘制的图形文件丢失，可以对当前图形文件设置自动保存，操作步骤如下。

（1）利用系统变量 SAVEFILEPATH 设置所有“自动保存”文件的位置，如 C:\HU\。

（2）利用系统变量 SAVEFILE 存储“自动保存”文件名。该系统变量存储的文件是只读文件，用户可以从中查询自动保存的文件名。

（3）利用系统变量 SAVETIME 指定在使用“自动保存”时多长时间保存一次图形。

1.4.4　另存为

1．执行方式

☑ 命令行：SAVEAS。

☑ 菜单栏：“文件”→“另存为”。

☑ 工具栏：快速访问→“另存为”。

2．操作步骤

执行上述命令后，弹出如图 1-38 所示的“图形另存为”对话框。在该对话框中，用户可以对当前图形进行更名，并保存它。

1.5　基本输入操作

在 AutoCAD 中，有一些基本的输入操作方法，这些基本方法是进行 AutoCAD 绘图必备的基础知识，也是深入学习 AutoCAD 功能的前提。

1.5.1　命令输入方式

AutoCAD 交互绘图必须输入必要的指令和参数。有多种 AutoCAD 命令输入方式（以画直线为例）。

1．在命令行窗口中输入命令名

命令字符可以不区分大小写，如命令 LINE。执行命令时，在命令行提示中经常会出现命令选项，例如，输入绘制直线命令 LINE 后，命令行提示与操作如下。

```
命令：LINE↙
指定第一个点：（在屏幕上指定一点或输入一个点的坐标）
指定下一点或 [放弃(U)]：
```

选项中不带括号的提示为默认选项，因此可以直接输入直线段的起点坐标或在屏幕上指定一点，如果要选择其他选项，则应该首先输入该选项的标识字符，如“放弃”选项的标识字符 U，然后按系统提示输入数据即可。命令选项的后面有时还带有尖括号，尖括号内的数值为默认数值。

2．在命令行窗口中输入命令缩写形式

如 L（LINE）、C（CIRCLE）、A（ARC）、Z（ZOOM）、R（REDRAW）、M（MORE）、CO（COPY）、PL（PLINE）、E（ERASE）等。

3．选择“绘图”菜单中的“直线”命令

选择“直线”命令后，在状态栏中可以看到对应的命令说明及命令名。

4．单击工具栏中的对应图标

单击工具栏中的对应图标后，在状态栏中也可以看到对应的命令说明及命令名。

5. 在绘图区打开右键快捷菜单

如果之前刚使用过本次要输入的命令，可以在绘图区打开右键快捷菜单，在“最近的输入”子菜单中选择本次需要的命令，如图 1-39 所示。“最近的输入”子菜单中存储最近使用的几个命令，如果是经常重复使用的命令，使用这种方法就比较快速、简捷。

6. 在命令行窗口中直接按 Enter 键

用户如果想重复使用上次使用的命令，可以直接在命令行窗口中按 Enter 键，系统会立即重复执行他们上次使用的命令。这种方法适用于重复执行某个命令。

图 1-39 快捷菜单

1.5.2 命令的重复、撤销和重做

1. 命令的重复

在命令行窗口中按 Enter 键可重复调用上一个命令，无论上一个命令是完成了还是被取消了。

2. 命令的撤销

在命令执行的任何时刻都可以取消和终止命令的执行，执行方式如下。

☑ 命令行：UNDO。

☑ 菜单栏：“编辑”→“放弃”。

☑ 工具栏：快速访问→“放弃”。

☑ 快捷键：Esc。

3. 命令的重做

已被撤销的命令还可以恢复重做，其执行方式如下。

☑ 命令行：REDO。

☑ 菜单栏：“编辑”→“重做”。

☑ 工具栏：快速访问→“重做”。

“放弃”和“重做”命令可以一次执行多重放弃和重做操作。单击快速访问工具栏中的“放弃”按钮或“重做”按钮后面的小三角，可以选择要放弃或重做的操作，如图 1-40 所示。

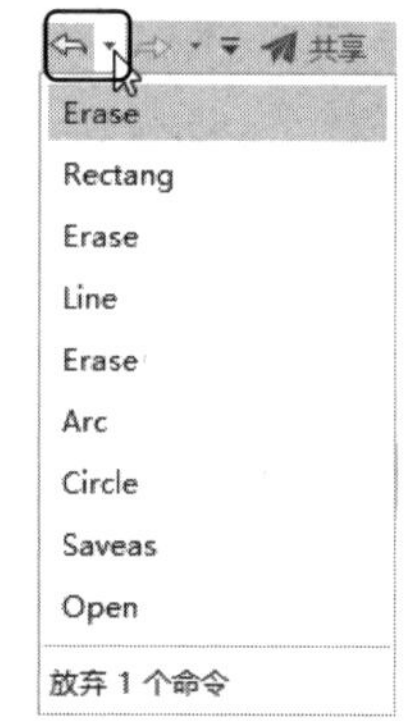

图 1-40 多重放弃或重做

1.6 图 层 设 置

AutoCAD 中的图层就如同在手工绘图中使用的重叠透明图纸，如图 1-41 所示，用户可以使用图层组织不同类型的信息。在 AutoCAD 中，图形的每个对象都位于一个图层上，所有图形对象都具有图层、颜色、线型和线宽 4 个基本属性。在绘制时，图形对象将创建在当前的图层上。每个 AutoCAD 文档中图层的数量是不受限制的，每个图层都有自己的名称。

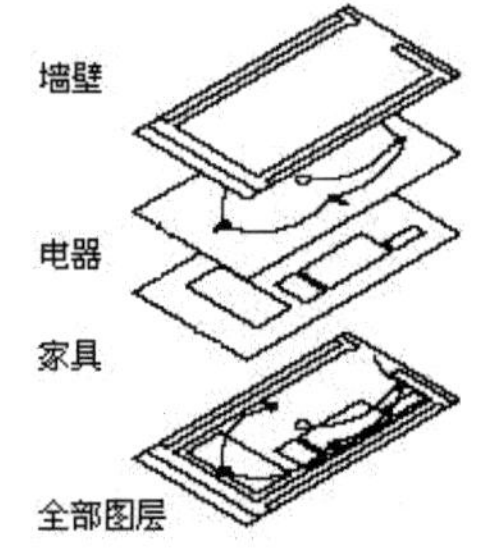

图 1-41 图层示意图

1.6.1 建立新图层

新建的 AutoCAD 文档中只能自动创建一个名为 0 的特殊图层。默认

情况下，图层 0 将被指定使用 7 号颜色、Continuous 线型、“默认”线宽及 NORMAL 打印样式，不能删除或重命名图层 0。通过创建新的图层，可以将类型相似的对象指定给同一个图层使其相关联，例如，可以将构造线、文字、标注和标题栏置于不同的图层上，并为这些图层指定通用特性。通过将对象分类放到各自的图层中，可以快速有效地控制对象的显示并对其进行更改。

1. 执行方式

☑ 命令行：LAYER。

☑ 菜单栏：“格式”→“图层”。

☑ 工具栏：“图层”→“图层特性管理器”，如图 1-42 所示。

图 1-42　“图层”工具栏

☑ 功能区：“默认”→“图层”→“图层特性”（见图 1-43）或“视图”→“选项板”→“图层特性”。

2. 操作步骤

执行上述命令后，弹出“图层特性管理器”选项板，如图 1-44 所示。

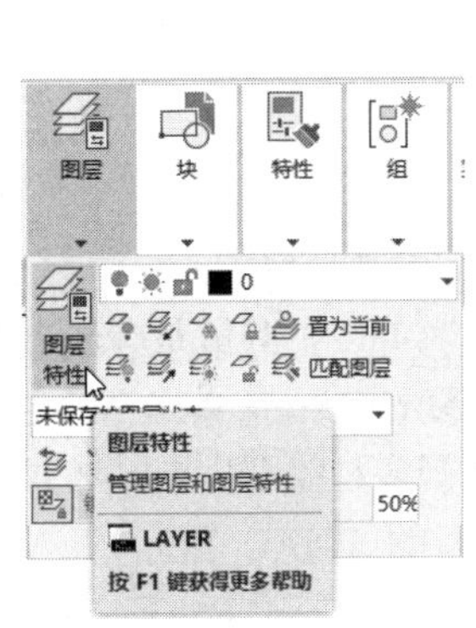

图 1-43　“图层”面板

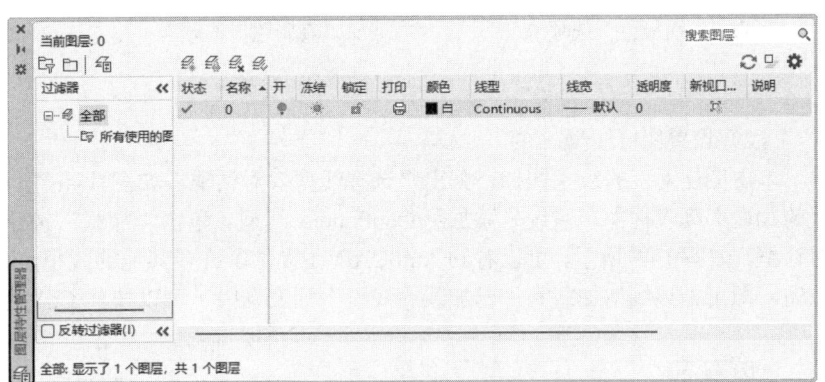

图 1-44　“图层特性管理器”选项板

单击“图层特性管理器”选项板中的“新建图层”按钮，建立新图层，默认的图层名为“图层 1”。可以根据绘图需要更改图层名，如改为“实体”图层、“中心线”图层或“标准”图层等。

在一个图形中可以创建的图层数及在每个图层中可以创建的对象数实际上是无限的。图层最长可使用 255 个字符的字母数字命名。图层特性管理器按名称的字母顺序排列图层。

注意： 如果要建立多个图层，无须重复单击“新建图层”按钮。更有效的方法是在建立一个新的图层“图层 1”后，改变图层名，在其后输入一个逗号“,”（在英文状态下输入），这样就会自动建立一个新图层“图层 1”，改变图层名，再输入一个逗号，又一个新的图层建立了，依次建立各个图层。也可以按两次 Enter 键，建立另一个新的图层，图层的名称也可以更改，直接双击图层名称，输入新的名称即可。

在每个图层的属性设置中，包括“图层名称”“关闭/打开图层”“冻结/解冻图层”“锁定/解锁图层”“图层线条颜色”“图层线条线型”“图层线条宽度”“透明度”“图层打印样式”“图层是否打印”“新视口冻结”“说明”12 个参数。下面讲述如何设置主要图层参数。

（1）设置图层线条颜色。

在工程制图中，整个图形包含多种不同功能的图形对象，如实体、剖面线与尺寸标注等，为了便

于直观地区分它们，可以针对不同的图形对象使用不同的颜色，如实体层使用白色、剖面线层使用青色等。

如果要改变图层的颜色，则可单击该图层对应的颜色图标，弹出“选择颜色”对话框，如图1-45所示。它是一个标准的颜色设置对话框，可以使用“索引颜色”“真彩色”“配色系统”3个选项卡来选择颜色。在“索引颜色”选项卡中，系统显示的RGB配比，即为Red（红）、Green（绿）和Blue（蓝）3种颜色的配色比例。

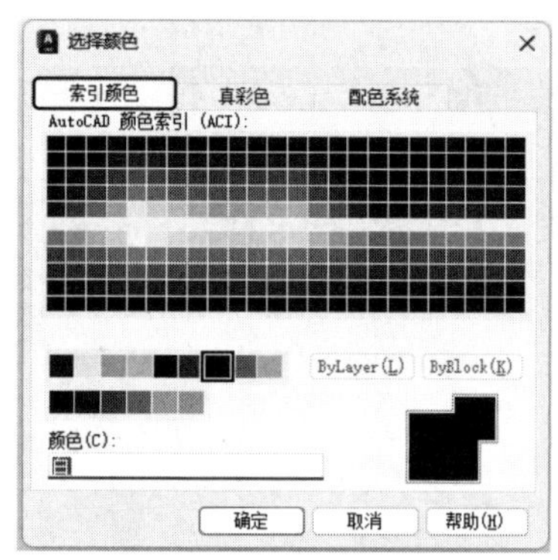

（a）“索引颜色”选项卡

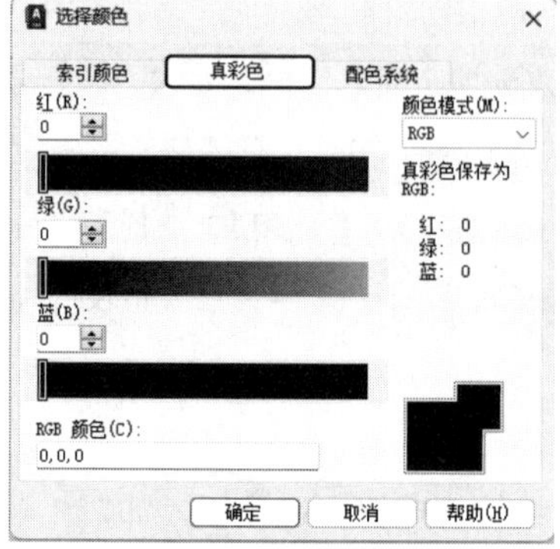

（b）“真彩色”选项卡

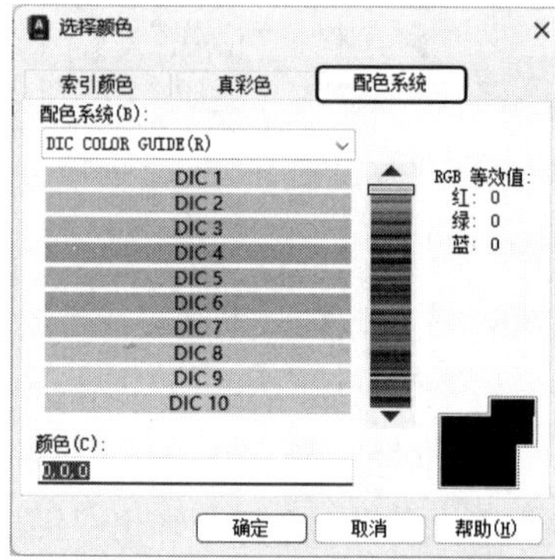

（c）“配色系统”选项卡

图1-45 “选择颜色”对话框

（2）设置图层线型。

单击图层对应的线型图标，弹出“选择线型”对话框，如图1-46所示。默认情况下，在“已加载的线型”列表框中，系统只添加了Continuous线型。单击“加载”按钮，打开“加载或重载线型”对话框，如图1-47所示，可以看到AutoCAD还提供了许多其他的线型，选择所需线型，单击“确定”按钮，即可把该线型加载到“已加载的线型”列表框中，可以按住Ctrl键选择多种线型后同时加载。

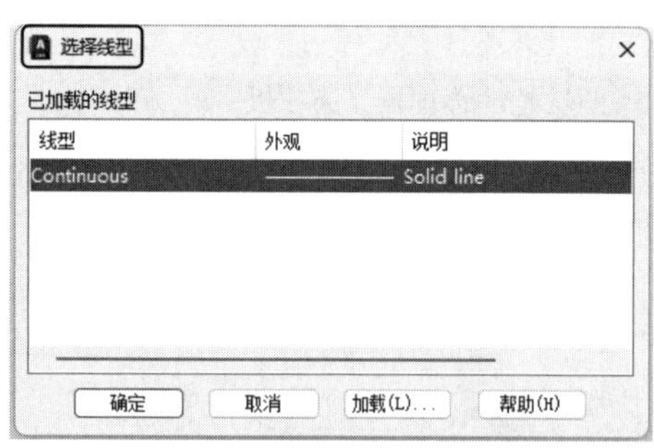

图1-46 “选择线型”对话框

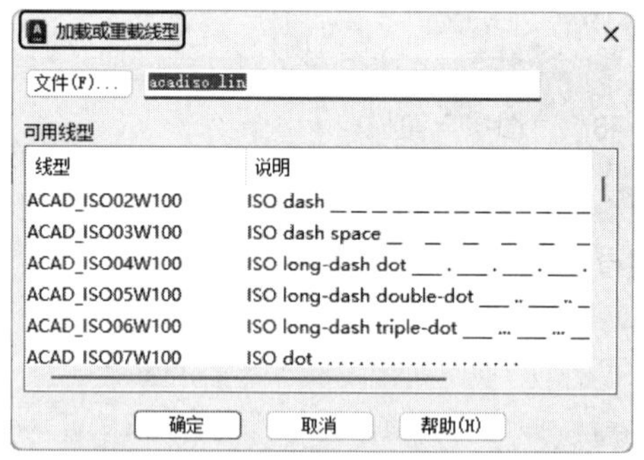

图1-47 “加载或重载线型”对话框

（3）设置图层线宽。

单击图层对应的线宽图标，弹出“线宽”对话框，如图1-48所示。选择一种线宽，单击“确定”按钮完成对图层线宽的设置。

图层线宽的默认值为0.25mm。当状态栏为“模型”状态时，显示的线宽同计算机的像素有关。线宽为0.00mm时，显示为一个像素的线宽。单击状态栏中的“线宽”按钮，屏幕上显示的线宽与实际线宽成比例，如图1-49所示，但线宽不会随着图形的放大和缩小而发生变化。“线宽”功能关闭时，不显示图形的线宽，图形的线宽均以默认宽度值显示。可以在“线宽”对话框中选择需要的线宽。

Note

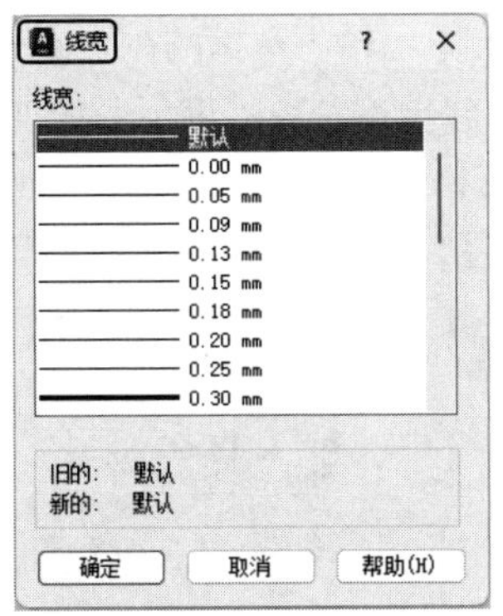

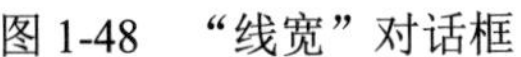
图 1-48 “线宽”对话框

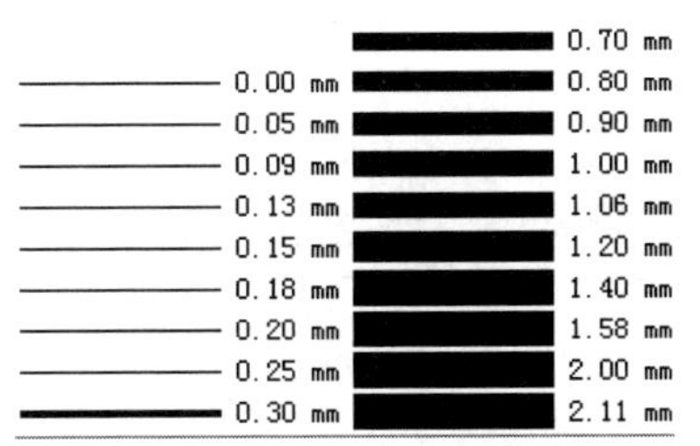

图 1-49 线宽显示效果图

1.6.2 设置图层

除上面讲述的通过“图层特性管理器”选项板设置图层的方法外，还有几种其他的简便方法可以设置图层的颜色、线宽、线型等参数。

1. 直接设置图层

可以直接通过命令行或菜单设置图层的颜色、线型、线宽。

（1）设置颜色的执行方式。

☑ 命令行：COLOR。

☑ 菜单栏：“格式”→“颜色”。

（2）操作步骤。

执行上述命令后，弹出“选择颜色”对话框，如图 1-45 所示。

（3）设置线型的执行方式。

☑ 命令行：LINETYPE。

☑ 菜单栏：“格式”→“线型”。

（4）操作步骤。

执行上述命令后，弹出“线型管理器”对话框，如图 1-50 所示。

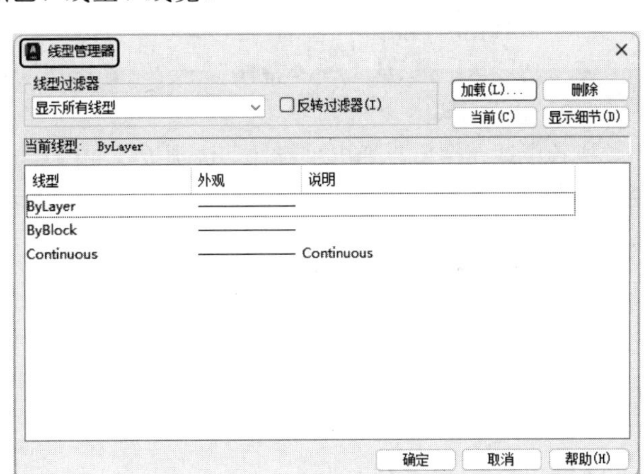

图 1-50 “线型管理器”对话框

（5）设置线宽的执行方式。

☑ 命令行：LINEWEIGHT 或 LWEIGHT。

☑ 菜单栏：“格式”→“线宽”。

（6）操作步骤。

执行上述命令后，弹出“线宽设置”对话框，如图 1-51 所示。该对话框的使用方法与图 1-48 所示的“线宽”对话框类似。

2. 使用“特性”面板设置图层

AutoCAD 提供了一个“特性”面板，如图 1-52 所示。用户能够控制和使用面板上的“对象特性”，快速地查看和改变所选对象的图层、颜色、线型和线宽等特性。“特性”面板上的图层颜色、线型、线宽和打印样式的控制增强了查看和编辑对象属性的命令。在绘图屏幕上选择任何对象都将在面板上自动显示它所在的图层、颜色、线型等属性。也可以在“特性”面板的颜色、线型、线宽、打印样

Note

式下拉列表框中选择需要的参数值。如果在颜色下拉列表框中选择“更多颜色”选项（见图 1-53），就会打开“选择颜色”对话框（见图 1-45）；同样，如果在线型下拉列表框中选择“其他”选项（见图 1-54），就会打开“线型管理器”对话框，如图 1-50 所示。

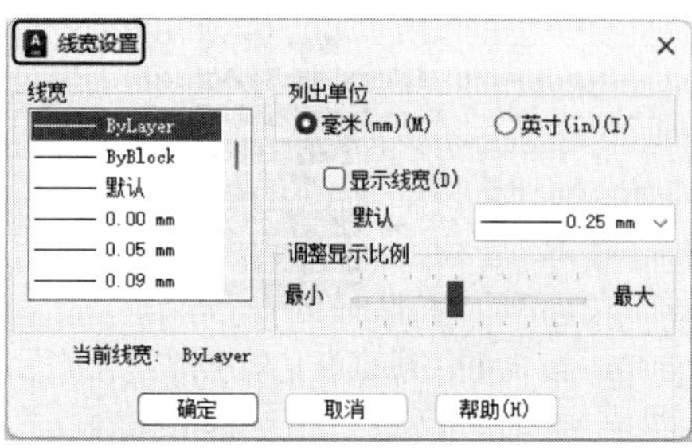

图 1-51　“线宽设置”对话框

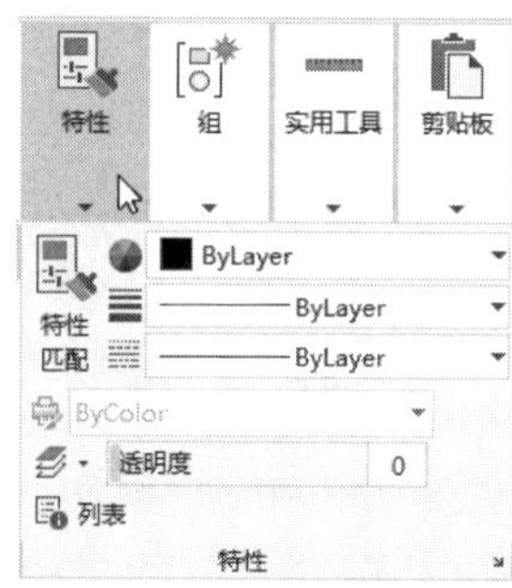

图 1-52　“特性”面板

3. 使用“特性”选项板设置图层

（1）执行方式。

☑　命令行：DDMODIFY 或 PROPERTIES。

☑　菜单栏：“修改”→“特性”。

☑　工具栏：“标准”→“特性”。

☑　功能区：“默认”→“特性”→“对话框启动器”。

（2）操作步骤。

执行上述命令后，弹出“特性”选项板，如图 1-55 所示，在该选项板中可以方便地设置或修改图层、颜色、线型、线宽等属性。

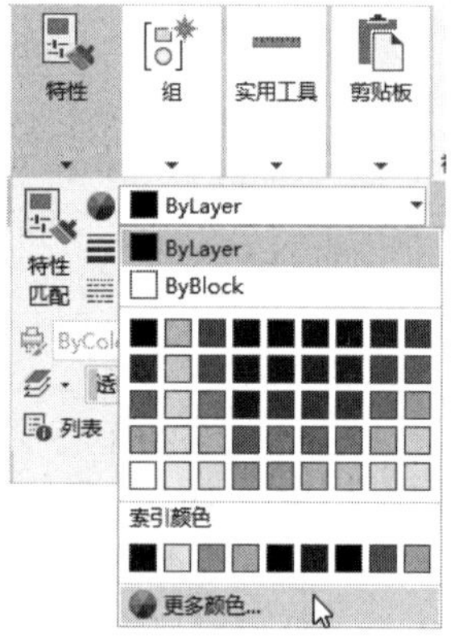

图 1-53　选择“更多颜色”选项

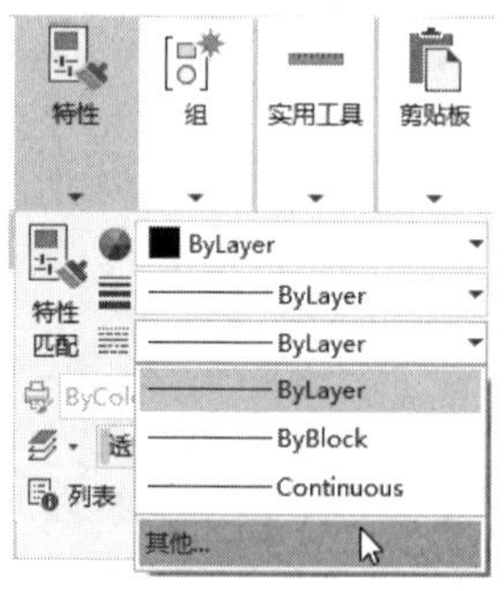

图 1-54　选择“其他”选项

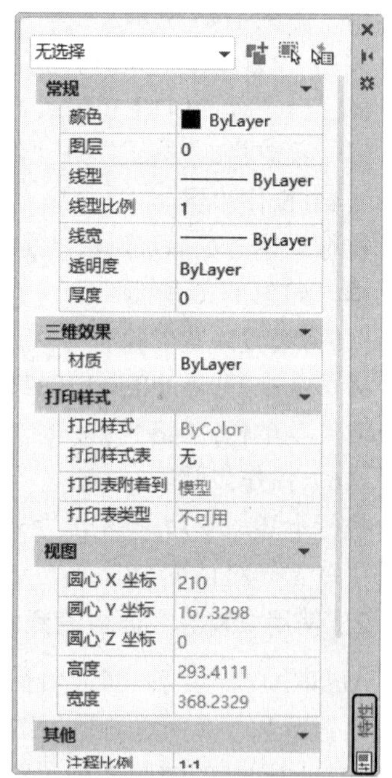

图 1-55　“特性”选项板

Note

1.7 绘图辅助工具

要想快速、顺利地完成图形绘制工作，有时需要借助一些辅助工具，如用于准确确定绘制位置的精确定位工具和调整图形显示范围与方式的显示工具等。下面将简要介绍这两种非常重要的辅助绘图工具。

1.7.1 精确定位工具

在绘制图形时，可以使用直角坐标和极坐标精确定位点，但是有些点（如端点、中心点等）的坐标我们是不知道的，要想精确地指定这些点是很难的，有时甚至是不可能的。AutoCAD 提供了辅助定位工具，使用这类工具可以很容易地在屏幕中捕捉这些点进行精确的绘图。

1. 栅格

AutoCAD 的栅格由有规则的点的矩阵组成，延伸到指定为图形界限的整个区域。使用栅格与在坐标纸上绘图十分相似，利用栅格可以对齐对象并直观地显示对象之间的距离。如果放大或缩小图形，可能需要调整栅格间距，使其更适合新的比例。虽然栅格在屏幕上是可见的，但它并不是图形对象，因此它不会被打印成图形中的一部分，也不会影响在何处绘图。

可以单击状态栏上的“栅格显示”按钮或按 F7 键打开或关闭栅格。启用栅格并设置栅格在 X 轴方向和 Y 轴方向上的间距的方法如下。

（1）执行方式。

☑ 命令行：DSETTINGS 或 DS，SE 或 DDRMODES。

☑ 菜单栏：“工具”→“绘图设置”。

☑ 快捷菜单：右击“栅格”按钮，在弹出的快捷菜单中选择“设置”命令。

（2）操作步骤。

执行上述命令，弹出“草图设置”对话框，如图 1-56 所示。

用户可改变栅格与图形界限的相对位置。默认情况下，栅格以图形界限的左下角为起点，沿着与坐标轴平行的方向填充整个由图形界限确定的区域。

注意： 如果栅格的间距设置得太小，当进行打开栅格操作时，AutoCAD 将在文本窗口中显示“栅格太密，无法显示”的提示信息，而不在屏幕上显示栅格点。当使用“缩放”命令时，如将图形缩放得很小，也会出现同样提示，不显示栅格。

捕捉可以使用户直接使用鼠标快速地定位目标点。捕捉有 4 种不同的形式，即栅格捕捉、极轴捕捉、对象捕捉和自动捕捉。

另外，可以使用 GRID 命令通过命令行方式设置栅格，功能与“草图设置”对话框类似。

2. 捕捉

捕捉是指 AutoCAD 可以生成一个隐藏分布于屏幕上的栅格，这种栅格能够捕捉光标，使光标只能落到其中的一个栅格点上。捕捉可分为“矩形捕捉”和“等轴测捕捉”两种类型。默认设置为“矩形捕捉”，即捕捉点的阵列类似于栅格，如图 1-57 所示，用户可以指定捕捉模式在 X 轴方向和 Y 轴方向上的间距，也可改变捕捉模式与图形界限的相对位置。捕捉与栅格的不同之处在于，捕捉间距的值必须为正实数，另外捕捉模式不受图形界限的约束。“等轴测捕捉”表示捕捉模式为等轴测模式，

Note

此模式是绘制正等轴测图时的工作环境，如图 1-58 所示。在“等轴测捕捉”模式下，栅格和光标十字线呈绘制等轴测图时的特定角度。

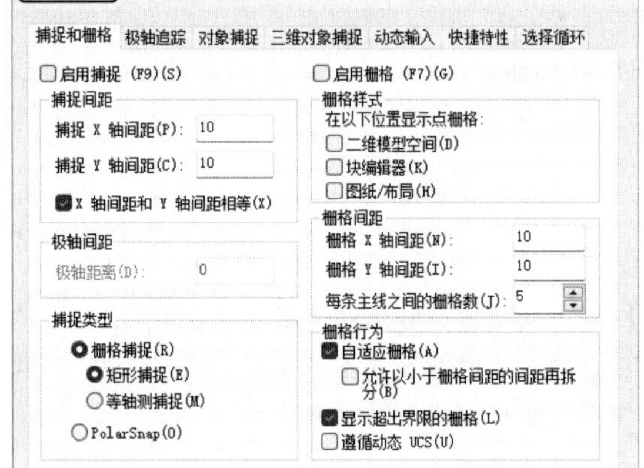

图 1-56 “草图设置”对话框

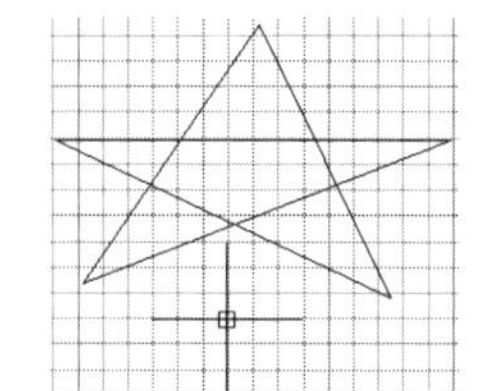

图 1-57 “矩形捕捉”模式

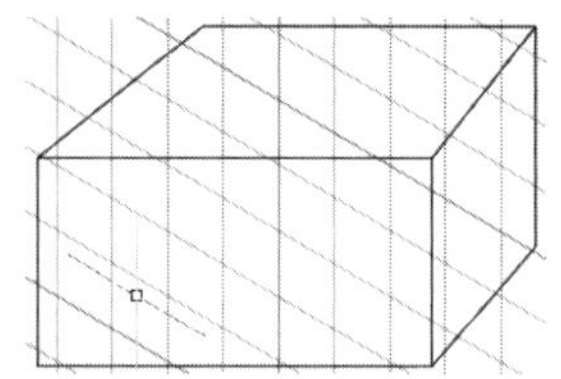

图 1-58 “等轴测捕捉”模式

在绘制图 1-57 和图 1-58 中的图形且输入参数点时，光标只能落在栅格点上。这两种模式的切换方法是，打开“草图设置”对话框，选择“捕捉和栅格”选项卡，在“捕捉类型”选项组中选中相应的单选按钮，即可在“矩形捕捉”模式与“等轴测捕捉”模式间切换。

3. 极轴捕捉

极轴捕捉是指在创建或修改对象时，按事先给定的角度增量和距离增量来追踪特征点，即捕捉相对于初始点且满足指定极轴距离和极轴角的目标点。

极轴追踪设置主要是设置追踪的距离增量和角度增量，以及与其相关联的捕捉模式。这些设置可以通过“草图设置”对话框中的“捕捉和栅格”和“极轴追踪”选项卡实现，如图 1-59 和图 1-60 所示。

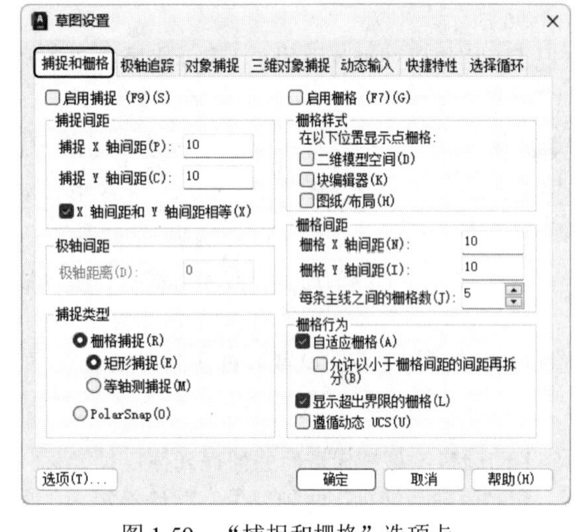

图 1-59 “捕捉和栅格”选项卡

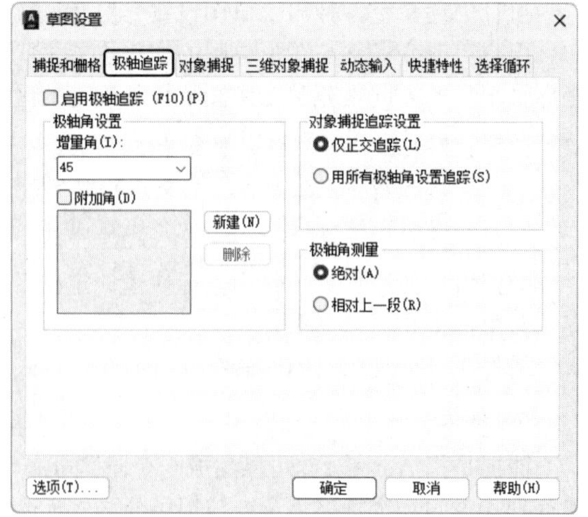

图 1-60 “极轴追踪”选项卡

（1）设置极轴距离。

在“草图设置”对话框的“捕捉和栅格”选项卡中，可以设置极轴距离，单位为毫米。绘图时，

光标将按指定的极轴距离增量进行移动。

（2）极轴角设置。

在“草图设置”对话框的“极轴追踪”选项卡（见图1-60）中，可以设置极轴角增量角。设置时，可以从“增量角”下拉列表框中选择90、45、30、22.5、18、15、10和5的极轴角增量，也可以直接输入指定其他角。移动光标时，如果接近极轴角，则将显示对齐路径和工具栏提示，例如，图1-61为当极轴角增量角分别被设置为30、60和90，移动光标时所显示的对齐路径。

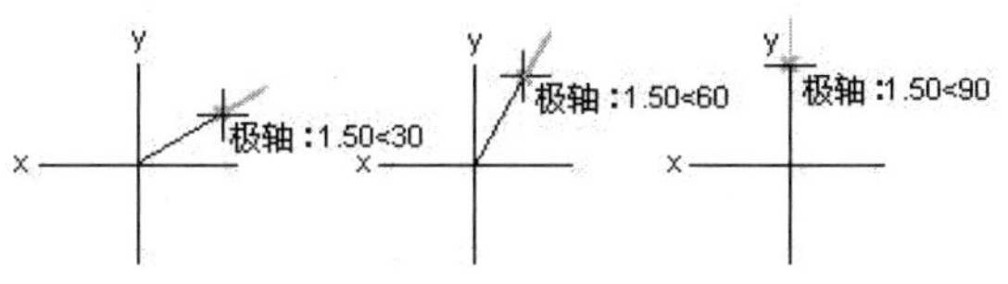

图1-61 设置极轴角度

“附加角”复选框用于设置极轴追踪时是否采用附加角追踪。选中该复选框，通过“新建”或“删除”按钮增加、删除附加角。

（3）对象捕捉追踪设置。

用于设置对象捕捉追踪的模式。如果选中“仅正交追踪”单选按钮，则当采用追踪功能时，系统仅在水平和垂直方向上显示追踪数据；如果选中“用所有极轴角设置追踪”单选按钮，则当采用追踪功能时，系统不仅可以在水平和垂直方向显示追踪数据，还可以在设置的极轴追踪角度与附加角度所确定的一系列方向上显示追踪数据。

（4）极轴角测量。

用于设置极轴角的角度测量采用的参考基准，“绝对”是相对水平方向逆时针测量，“相对上一段”则是以上一段对象为基准进行测量。

4. 对象捕捉

AutoCAD给所有的图形对象都定义了特征点，对象捕捉则是指在绘图过程中，通过捕捉这些特征点，迅速准确地将新的图形对象定位在现有对象的确切位置上，如圆的圆心、线段中点或两个对象的交点等。在AutoCAD中，可以通过单击状态栏中的“对象捕捉”按钮，或在“草图设置”对话框的“对象捕捉”选项卡中选中“启用对象捕捉”复选框，启用对象捕捉功能。

“对象捕捉”工具栏如图1-62所示，在绘图过程中，当系统提示需要指定点位置时，可以单击“对象捕捉”工具栏中相应的特征点按钮，再把光标移动到要捕捉对象的特征点附近，AutoCAD会自动提示并捕捉这些特征点，例如，如果需要用直线连接一系列圆的圆心，可以将“圆心”设置为对象捕捉点。如果有两个可能的捕捉点落在选择区域，AutoCAD将捕捉离光标中心最近的符合条件的点，还有可能指定点时需要检查哪一个对象捕捉有效，例如在指定位置有多个对象捕捉符合条件，在指定点之前，按Tab键可以遍历所有可能的点。

图1-62 “对象捕捉”工具栏

图1-63 “对象捕捉”快捷菜单

在需要指定点位置时，还可以按住Ctrl键或Shift键，右击，弹出“对象捕捉”快捷菜单，如图1-63所示。从该菜单中可以选择某一种特征点执行对象捕捉操作，把光标移动到要捕捉对象的特征点附近，即可捕捉到这些

特征点。

当需要指定点位置时，在命令行中输入相应特征点的关键字，按 Enter 键，然后把光标移动到要捕捉对象的特征点附近，即可捕捉到这些特征点。对象捕捉特征点的关键字如表 1-1 所示。

表 1-1　对象捕捉特征点的关键字

模　式	关 键 字	模　式	关 键 字	模　式	关 键 字
临时追踪点	TT	捕捉自	FROM	端点	END
中点	MID	交点	INT	外观交点	APP
延长线	EXT	圆心	CEN	象限点	QUA
切点	TAN	垂足	PER	平行线	PAR
节点	NOD	最近点	NEA	无捕捉	NON

注意：（1）对象捕捉不可单独使用，必须配合其他的绘图命令一起使用。仅当 AutoCAD 提示输入点时，对象捕捉才生效。如果试图在命令提示下使用对象捕捉，AutoCAD 将显示错误信息。

（2）对象捕捉只影响屏幕上可见的对象，包括锁定图层、布局视口边界和多段线上的对象，不能捕捉不可见的对象，如未显示的对象、关闭或冻结图层上的对象或虚线的空白部分。

5. 自动对象捕捉

在绘制图形的过程中，使用对象捕捉的频率非常高，如果每次在捕捉时都先选择捕捉模式，将使工作效率降低。出于此种考虑，AutoCAD 提供了自动对象捕捉模式。如果启用自动捕捉功能，当光标距指定的捕捉点较近时，系统会自动精确地捕捉这些特征点，并显示相应的标记及该捕捉的提示。选择“草图设置”对话框中的“对象捕捉”选项卡，选中“启用对象捕捉追踪”复选框，可以调用自动捕捉，如图 1-64 所示。

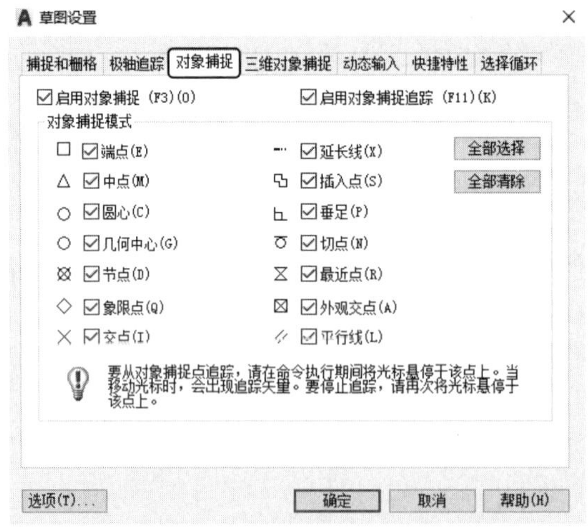

图 1-64　“对象捕捉”选项卡

注意：用户可以设置自己经常要用的捕捉方式。一旦设置了捕捉方式后，在每次运行时，所设定的目标捕捉方式就会被激活，而不是仅对一次选择有效。当同时使用多种捕捉方式时，系统将捕捉距光标最近，同时又满足多种目标捕捉方式之一的点。当光标距要获取的点非常近时，按 Shift 键将暂时不获取对象。

Note

6. 正交绘图

正交绘图模式即在命令的执行过程中，光标只能沿 X 轴或者 Y 轴移动，所有绘制的线段和构造线都将平行于 X 轴或 Y 轴，因此它们相互成 90° 相交，即正交。正交绘图对于绘制水平和垂直线非常有用，特别是当绘制构造线时。而且当捕捉模式为等轴测模式时，它还迫使直线平行于 3 个等轴测中的一个。

设置正交绘图可以直接单击状态栏中的“正交模式”按钮或按 F8 键，文本窗口中显示开/关提示信息；也可以在命令行中输入 ORTHO，开启或关闭正交绘图。

注意：“正交”模式将光标限制在水平或垂直（正交）轴上。因为不能同时打开“正交”模式和极轴追踪，所以当“正交”模式打开时，AutoCAD 会关闭极轴追踪。如果再次打开极轴追踪，那么 AutoCAD 就会关闭“正交”模式。

1.7.2　图形显示工具

对于一个较为复杂的图形而言，在观察整张图形时，通常无法对其局部细节进行查看和操作，而当在屏幕上显示一个细部时又看不到其他部分。为解决这类问题，AutoCAD 提供了缩放、平移、视图、鸟瞰视图和视口等一系列图形显示控制命令，可以用来任意地放大、缩小或移动屏幕上的图形，还可以同时从不同的角度、不同的部位来显示图形。AutoCAD 还提供了重画和重新生成命令来刷新屏幕、重新生成图形。

1. 图形缩放

图形缩放命令类似于照相机的镜头，可以放大或缩小屏幕所显示的范围，只改变视图的比例，但是对象的实际尺寸并不发生变化。当放大图形一部分的显示尺寸时，可以更清楚地查看这个区域的细节；相反，如果缩小图形的显示尺寸，则可以查看更大的区域，如整体浏览。

图形缩放功能在绘制大幅面机械图，尤其是装配图时非常有用，是使用频率最高的命令之一。这个命令可以透明地使用，也就是说，该命令可以在其他命令的执行过程中同时运行。当用户完成透明命令的操作时，AutoCAD 自动返回调用透明命令前正在运行的命令，执行图形缩放的方法如下。

（1）执行方式。

☑　命令行：ZOOM。

☑　菜单栏：“视图”→“缩放”。

☑　工具栏：“标准”→“窗口缩放”，如图 1-65 所示。

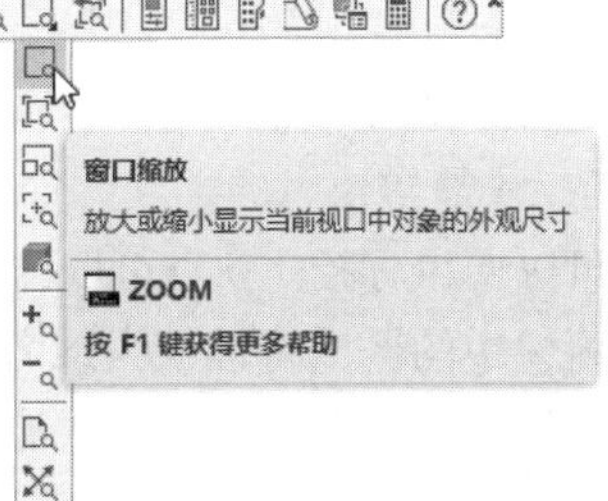

图 1-65　“缩放”工具栏

（2）操作步骤。

指定窗口的角点，输入比例因子 (nX 或 nXP)，或者 [全部(A)/中心(C)/动态(D)/范围(E)/上一

```
个(P)/比例(S)/窗口(W)/对象(O)] <实时>:
```

（3）选项说明。

☑ 实时：这是“缩放”命令的默认操作，即在输入 ZOOM 后，直接按 Enter 键，将自动执行实时缩放操作。实时缩放就是可以通过上下移动鼠标交替进行放大和缩小操作。在使用实时缩放时，系统显示一个“+”号或“-”号。当缩放比例接近极限时，AutoCAD 将不再与光标一起显示“+”号或“-”号。当需要从实时缩放操作中退出时，可按 Enter 键、Esc 键或是从菜单中选择 Exit 命令退出。

☑ 全部(A)：执行 ZOOM 命令后，在提示文字后输入 A，即可执行“全部(A)”缩放操作。不论图形有多大，该操作都将显示图形的边界或范围，即使对象不包括在边界以内，它们也将被显示，因此，使用“全部(A)”缩放操作，可查看当前视口中的整个图形。

☑ 中心(C)：通过确定一个中心点，该选项可以定义一个新的显示窗口。操作过程中需要指定中心点及输入比例或高度。默认新的中心点就是视图的中心点，默认的输入高度就是当前视图的高度，直接按 Enter 键后，图形将不会被放大。输入比例，数值越大时，图形放大倍数就越大，也可以在数值后面紧跟一个 X，如 3X，表示在放大时不是按照绝对值变化，而是按相对于当前视图的相对值缩放。

☑ 动态(D)：通过操作一个表示视口的视图框，可以确定需要显示的区域。选择该选项，在绘图窗口中出现一个小的视图框，按住鼠标左键左右移动可以改变该视图框的大小，定形后释放左键，再按住鼠标左键移动视图框，确定图形中的放大位置，系统将清除当前视口并显示一个特定的视图选择屏幕。这个特定屏幕由有关当前视图及有效视图的信息构成。

☑ 范围(E)：可以使图形缩放至整个显示范围。图形的范围由图形所在的区域构成，剩余的空白区域将被忽略。应用这个选项，图形中所有的对象都尽可能地被放大。

☑ 上一个(P)：在绘制复杂的图形时，有时需要放大图形的一部分以进行细节的编辑。当编辑完成后，有时希望返回前一个视图。这个操作可以使用“上一个(P)”选项来实现。当前视口由“缩放”命令的各种选项或移动视图、视图恢复、平行投影或透视命令引起的任何变化，系统都将做保存。每一个视口最多可以保存 10 个视图。连续使用“上一个(P)”选项可以恢复前 10 个视图。

☑ 比例(S)：提供了 3 种使用方法。在提示信息下，直接输入比例系数，AutoCAD 将按照此比例因子放大或缩小图形的尺寸。如果在比例系数后面加一个 X，则表示相对于当前视图计算的比例因子。使用比例因子的第三种方法就是相对于图形空间，例如，可以在图纸空间中阵列布排或打印模型的不同视图。为了使每个视图都与图纸空间单位成比例，可以使用“比例(S)”选项，每个视图可以有单独的比例。

☑ 窗口(W)：是最常使用的选项。通过确定一个矩形窗口的两个对角来指定需要缩放的区域，对角点可以由鼠标指定，也可以输入坐标确定。指定窗口的中心点将成为新的显示屏幕的中心点，窗口中的区域将被放大或者缩小。调用 ZOOM 命令时，可以在没有选择任何选项的情况下，利用鼠标在绘图窗口中直接指定缩放窗口的两个对角点。

☑ 对象(O)：缩放以便尽可能大地显示一个或多个选定的对象并使其位于视图的中心。可以在启动 ZOOM 命令前后选择对象。

注意： 这里所提到的诸如放大、缩小或移动的操作，仅仅是对图形在屏幕上的显示进行控制，图形本身并没有任何改变。

2. 图形平移

当图形幅面大于当前视口时（例如，使用图形缩放命令将图形放大），如果需要在当前视口之外观察或绘制一个特定区域，则可以使用图形平移命令来实现。平移命令能够将在当前视口以外的图形的一部分移进来查看或编辑，但不会改变图形的缩放比例。执行图形平移的方法如下。

☑ 命令行：PAN。

☑ 菜单栏："视图"→"平移"。

☑ 工具栏："标准"→"实时平移"。

☑ 快捷菜单：在绘图窗口中右击，在弹出的快捷菜单中选择"平移"命令。

激活"平移"命令后，光标将变成一只"小手"，可以在绘图窗口中任意移动，表示当前正处于平移模式。单击并按住鼠标左键将光标锁定在当前位置，即"小手"已经抓住图形，然后拖曳图形，使其移动到所需位置上，释放鼠标左键将停止平移图形。可以反复按住鼠标左键，拖曳，松开，将图形平移到其他位置上。

"平移"命令预先定义了一些不同的菜单选项与按钮，它们可用于在特定方向上平移图形，在激活"平移"命令后，这些选项可以从菜单"视图"→"平移"→"*"命令中调用。

☑ 实时：该选项是"平移"命令中最常用的选项，也是默认选项，前面提到的平移操作都是指实时平移，通过鼠标的拖曳来实现任意方向上的平移。

☑ 点：该选项要求确定位移量，这就需要确定图形移动的方向和距离。可以通过输入点的坐标或用鼠标指定点的坐标来确定位移。

☑ 左：该选项移动图形使屏幕左部的图形进入显示窗口中。

☑ 右：该选项移动图形使屏幕右部的图形进入显示窗口中。

☑ 上：该选项向底部平移图形后，使屏幕顶部的图形进入显示窗口中。

☑ 下：该选项向顶部平移图形后，使屏幕底部的图形进入显示窗口中。

1.8 操作与实践

通过本章的学习，读者对 AutoCAD 的基础知识有了大致的了解。本节通过几个操作练习使读者进一步掌握本章的知识要点。

1.8.1 熟悉操作界面

1. 目的要求

操作界面是用户绘制图形的平台，操作界面的各个部分都有其独特的功能，熟悉操作界面有助于用户方便、快速地进行绘图。本例要求读者了解操作界面各部分的功能，掌握改变绘图区颜色和光标大小的方法，并能够熟练地打开、移动和关闭工具栏。

2. 操作提示

（1）启动 AutoCAD 2024，进入操作界面。

（2）调整操作界面大小。

（3）设置绘图区颜色与光标大小。

（4）打开、移动、关闭工具栏。

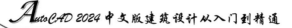

（5）尝试同时利用命令行、菜单命令和工具栏绘制一条线段。

1.8.2　设置绘图环境

Note

1. 目的要求

任何一个图形文件都有一个特定的绘图环境，包括图形边界、绘图单位、角度等。设置绘图环境通常有两种方法，即设置向导和单独的命令设置方法。通过学习设置绘图环境，读者可以加深对图形总体环境的理解。

2. 操作提示

（1）选择菜单栏中的“文件”→“新建”命令，打开“选择样板”对话框，单击“打开”按钮，进入绘图界面。

（2）选择菜单栏中的“格式”→“图形界限”命令，设置界限为“(0,0)，(297,210)”，在命令行窗口中可以重新设置模型空间界限。

（3）选择菜单栏中的“格式”→“单位”命令，打开“图形单位”对话框，设置长度类型为“小数”，精度为 0.00；角度类型为“十进制度数”，精度为 0；用于缩放插入内容的单位为“毫米”，用于指定光源强度的单位为“国际”；角度方向为“顺时针”。

1.8.3　管理图形文件

1. 目的要求

图形文件管理包括文件的新建、打开、保存、加密、退出等。本例要求读者熟练掌握 DWG 文件的赋名保存、自动保存、加密及打开的方法。

2. 操作提示

（1）启动 AutoCAD 2024，进入操作界面。
（2）打开一张已经保存过的图形。
（3）进行自动保存设置。
（4）尝试在图形上绘制任意图线。
（5）将图形以新的名称保存。
（6）退出该图形。

第2章 绘制二维图形

二维图形是指在二维平面空间内绘制的图形，主要由一些图形元素组成，如点、直线、圆弧、圆、椭圆、矩形、多边形、多段线、样条曲线、多线等几何元素。AutoCAD提供了大量的绘图工具，可以帮助用户完成二维图形的绘制。本章主要内容包括直线、圆弧、多边形、点、多段线、样条曲线、多线和图案填充等。

- ☑ 绘制直线类对象
- ☑ 绘制圆弧类对象
- ☑ 绘制多边形和点
- ☑ 多段线
- ☑ 样条曲线
- ☑ 多线
- ☑ 图案填充

任务驱动&项目案例

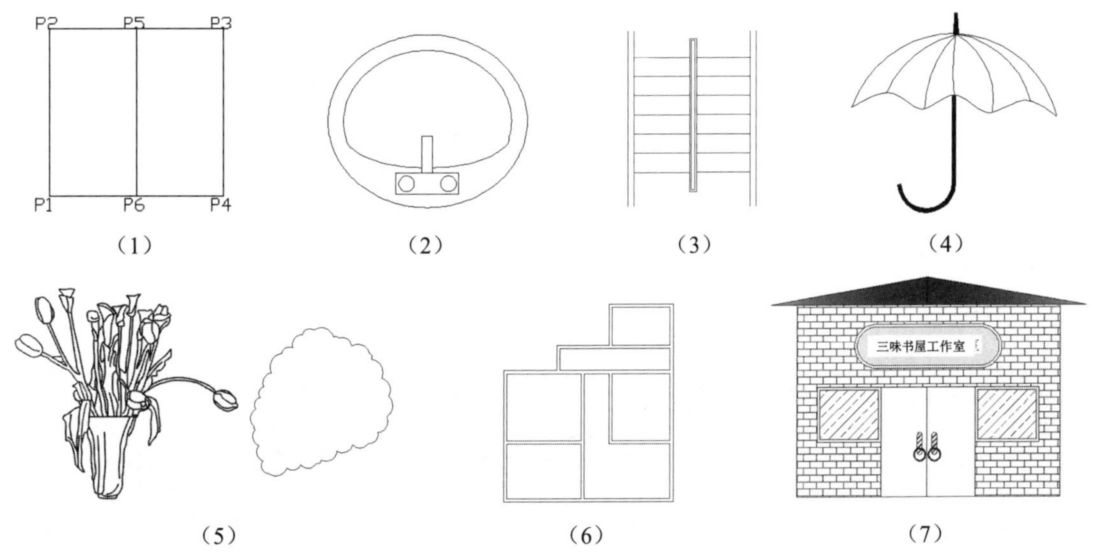

（1）　（2）　（3）　（4）

（5）　（6）　（7）

2.1 绘制直线类对象

Note

AutoCAD 2024 提供了 5 种直线类对象，包括直线、射线、构造线、多线和多段线。本节主要介绍直线和构造线的画法。

2.1.1 直线

单击“绘图”工具栏中的“直线”按钮后，用户只需给定起点和终点，即可画出一条线段。一条线段即是一个图元。在 AutoCAD 中，图元是最小的图形元素，不能再被分解。一张图形是由若干个图元组成的。

1. 执行方式

☑ 命令行：LINE。
☑ 菜单栏：“绘图”→“直线”，如图 2-1 所示。
☑ 工具栏：“绘图”→“直线”⁄，如图 2-2 所示。
☑ 功能区：❶“默认”→❷“绘图”→❸“直线”⁄，如图 2-3 所示。

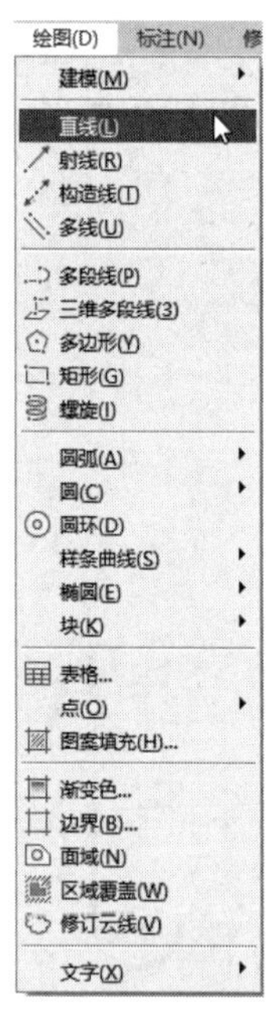

图 2-1 “绘图”菜单

图 2-2 “绘图”工具栏

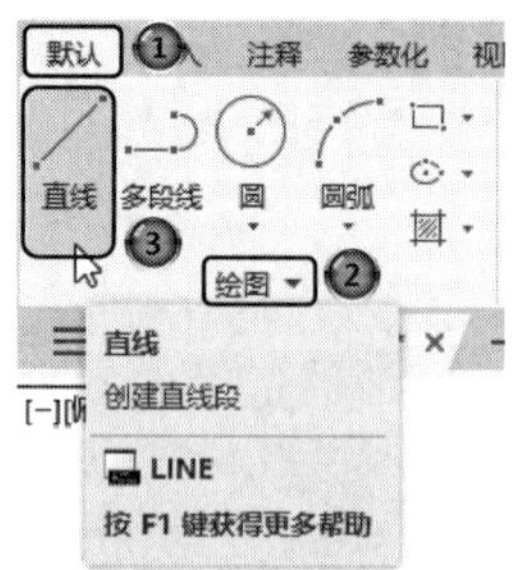

图 2-3 “绘图”面板

2. 操作步骤

```
命令：LINE↙
指定第一个点：(输入直线段的起点，用鼠标指定点或者指定点的坐标)
指定下一点或[放弃(U)]：(输入直线段的端点)
指定下一点或[放弃(U)]：(输入下一条直线段的端点。输入 U 表示放弃前面的输入；右击，在弹出的快捷菜单中选择“确认”命令，或按 Enter 键结束命令)
指定下一点或[闭合(C)/放弃(U)]：(输入下一条直线段的端点，或输入 C 使图形闭合，结束命令)
```

3. 选项说明

（1）在响应“指定下一点:”时，若输入 U，或右击后在弹出的快捷菜单中选择“放弃”命令，则可取消刚刚画出的线段。连续输入 U 并按 Enter 键，即可连续取消相应的线段。

（2）在命令行的“命令:”提示下输入 U，则取消上次执行的命令。

（3）在响应“指定下一点:”时，若输入 C，或右击后在弹出的快捷菜单中选择“闭合”命令，可以使绘制的图形封闭并结束操作，也可以直接输入长度值，绘制定长的直线段。

（4）若要画水平线和铅垂线，可按 F8 键进入正交模式。

（5）若要准确画线到某一特定点，可启用对象捕捉工具。

（6）利用 F6 键切换坐标形式，便于确定线段的长度和角度。

（7）在命令行窗口中输入命令时，可输入某一命令的缩写字母，例如，输入 L（LINE）即可执行“直线”命令来绘制直线，这样执行有关命令更加快捷。

（8）若要绘制带宽度信息的直线，可从“特性”选项板的“线宽控制”列表框中选择线的宽度。

（9）若设置动态数据输入方式（单击状态栏上的 DYN 按钮），则可以动态输入坐标值或长度值。下面的命令同样可以设置动态数据输入方式，效果与非动态数据输入方式类似。除了特别需要，以后不再强调，而只按非动态数据输入方式输入相关数据。

2.1.2　实例——利用动态输入绘制标高符号

本实例主要练习执行“直线”命令后，在动态输入功能下绘制标高符号流程图，如图 2-4 所示。

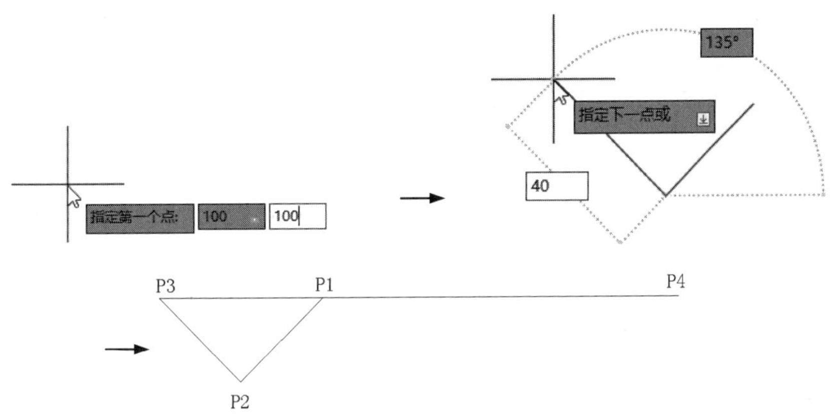

图 2-4　绘制标高符号的流程图

（1）系统默认打开“动态输入”功能，如果动态输入没有打开，单击状态栏中的“动态输入”按钮，打开“动态输入”功能。单击“默认”选项卡“绘图”面板中的“直线”按钮，在动态输入框中输入第一点坐标为（100,100），如图 2-5 所示，按 Enter 键确认 P1 点。

（2）拖曳鼠标，然后在动态输入框中输入长度为 40，按 Tab 键切换到角度输入框，输入角度为 135，如图 2-6 所示，按 Enter 键确认 P2 点。

（3）拖曳鼠标，在鼠标位置为 135° 时，动态输入 40，如图 2-7 所示，按 Enter 键确认 P3 点。

（4）拖曳鼠标，然后在动态输入框中输入相对直角坐标（@180,0），按 Enter 键确认 P4 点，如图 2-8 所示；也可以拖曳鼠标，在鼠标位置为 0° 时，动态输入 180，如图 2-9 所示，按 Enter 键确认 P4 点，则完成绘制。

Note

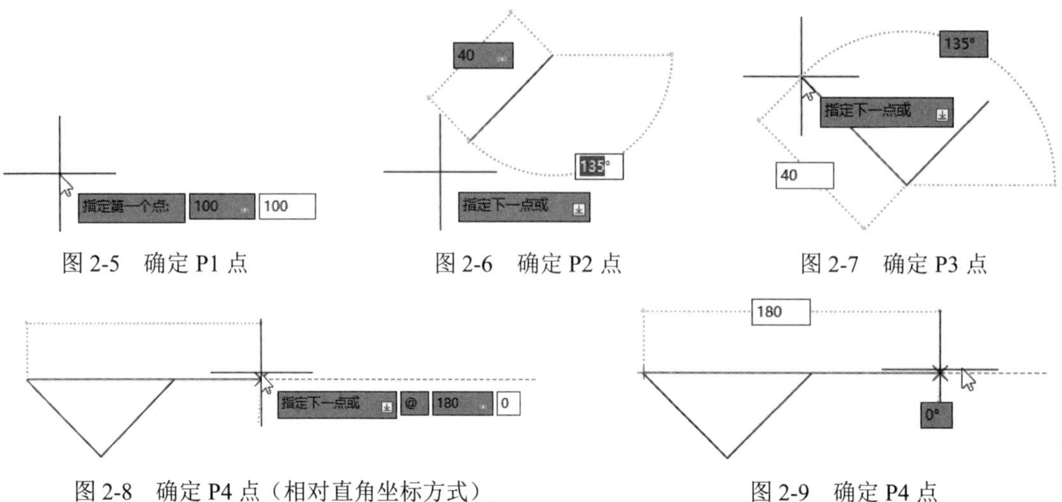

图 2-5 确定 P1 点　　图 2-6 确定 P2 点　　图 2-7 确定 P3 点

图 2-8 确定 P4 点（相对直角坐标方式）　　图 2-9 确定 P4 点

2.1.3 数据输入方法

在 AutoCAD 2024 中，点的坐标可以用直角坐标、极坐标、球面坐标和柱面坐标表示，每一种坐标又分别具有两种坐标输入方式，即绝对坐标和相对坐标。其中，直角坐标和极坐标最为常用，下面主要介绍它们的输入。

（1）直角坐标法。用点的 X、Y 坐标值表示的坐标。

例如，在命令行窗口中的输入点的坐标提示下输入“15,18”，则表示输入了一个 X、Y 的坐标值分别为 15、18 的点，此为绝对坐标输入方式，表示该点的坐标是相对于当前坐标原点的坐标值，如图 2-10（a）所示；如果输入“@10,20”，则为相对坐标输入方式，表示该点的坐标是相对于前一点的坐标值，如图 2-10（b）所示。

（2）极坐标法。用长度和角度表示的坐标，只能用来表示二维点的坐标。

在绝对坐标输入方式下，表示为“长度<角度”，如“25<50”，其中长度为该点到坐标原点的距离，角度为该点至原点的连线与 X 轴正向的夹角，如图 2-10（c）所示。

在相对坐标输入方式下，表示为“@长度<角度”，如“@25<45”，其中长度为该点到前一点的距离，角度为该点至前一点的连线与 X 轴正向的夹角，如图 2-10（d）所示。

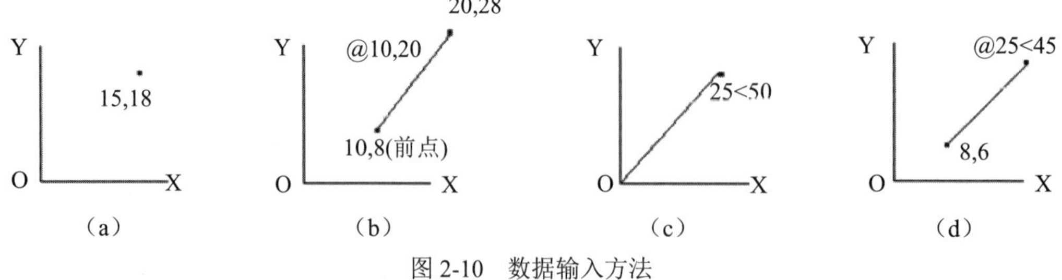

图 2-10 数据输入方法

（3）动态数据输入。

单击状态栏中的“动态输入”按钮，系统打开动态输入功能，可以在屏幕上动态地输入某些参数数据。例如，绘制直线时，在光标附近，会动态地显示“指定第一个点:”，以及后面的坐标框，当前显示的是光标所在位置，可以输入数据，两个数据之间以逗号“,”（在英文状态下输入）隔开，如图 2-11 所示。指定第一个点后，系统动态显示直线的角度，同时要求输入线段长度值，如图 2-12 所示，其输入效果与“@长度<角度”方式相同。

下面分别讲述点与距离值的输入方法。

（1）点的输入。绘图过程中，常需要输入点的位置，AutoCAD 提供了如下几种输入点的方式。

☑ 用键盘直接在命令行窗口中输入点的坐标。直角坐标有两种输入方式，即“X,Y”（点的绝对坐标值，如“100,50”）和“@X,Y”（相对于前一点的相对坐标值，如“@50,-30”）。坐标值均相对于当前的用户坐标系。极坐标的输入方式为“长度<角度”（其中，长度为点到坐标原点的距离，角度为原点至该点连线与 X 轴的正向夹角，如“20<45”）或“@长度<角度”（相对于前一点的相对极坐标，如“@50 <-30”）。

☑ 用鼠标等定标设备移动光标并单击在屏幕上直接取点。

☑ 用目标捕捉方式捕捉屏幕上已有图形的特殊点（如端点、中点、中心点、插入点、交点、切点、垂足点等）。

☑ 直接输入距离：先用光标拖拉出橡筋线确定方向，然后用键盘输入距离，这样有利于准确控制对象的长度等参数。如要绘制一条长为 10mm 的线段，命令行提示与操作如下。

```
命令：LINE↙
指定第一个点：(在绘图区指定一点)
指定下一点或 [放弃(U)]:
```

这时在屏幕上移动鼠标指明线段的方向（但不要单击确认），如图 2-13 所示，然后在命令行中输入 10，这样就在指定方向上准确地绘制出了长度为 10mm 的线段。

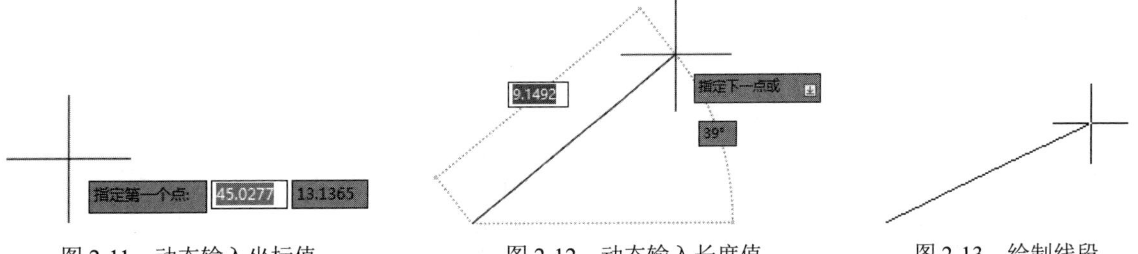

图 2-11　动态输入坐标值　　图 2-12　动态输入长度值　　图 2-13　绘制线段

（2）距离值的输入。在 AutoCAD 2024 命令中，有时需要提供高度、宽度、半径、长度等距离值。AutoCAD 2024 提供了两种输入距离值的方式：一种是用键盘在命令行窗口中直接输入数值；另一种是在屏幕上拾取两点，以两点的距离值定出所需数值。

2.1.4　实例——窗图形

视频讲解

本实例利用“直线”命令绘制线段，从而绘制出窗图形，绘制流程如图 2-14 所示。

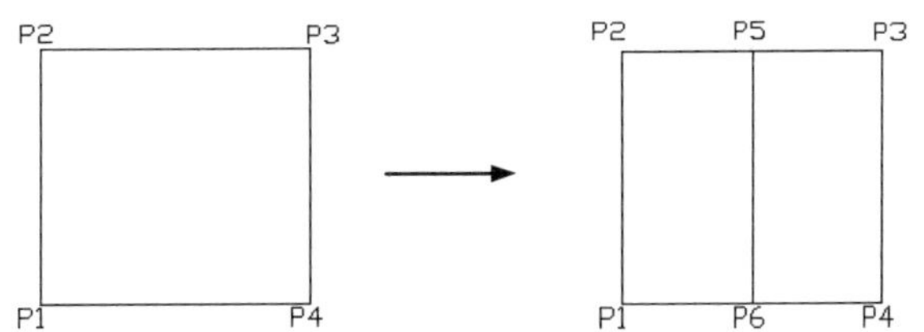

图 2-14　绘制窗图形的流程

（1）单击状态栏中的“动态输入”按钮，关闭“动态输入”功能。单击“默认”选项卡“绘图”面板中的“直线”按钮，绘制窗外框。命令行提示与操作如下。

Note

```
命令: _line↙
指定第一个点: 120,120↙ (P1)
指定下一点或 [放弃(U)]: 120,400↙ (P2)
指定下一点或 [放弃(U)]: 420,400↙ (P3)
指定下一点或 [闭合(C)/放弃(U)]: 420,120↙ (P4)
指定下一点或 [闭合(C)/放弃(U)]: 120,120↙ (P1)
指定下一点或 [闭合(C)/放弃(U)]: ↙
```

结果如图 2-15 所示。

（2）单击“默认”选项卡“绘图”面板中的“直线”按钮╱，绘制窗棱线。命令行提示与操作如下。

```
命令: ↙（直接按 Enter 键表示重复执行上次命令）
指定第一个点: 270,400↙ (P5)
指定下一点或 [放弃(U)]: 270,120↙ (P6)
指定下一点或 [放弃(U)]: ↙
```

结果如图 2-16 所示。

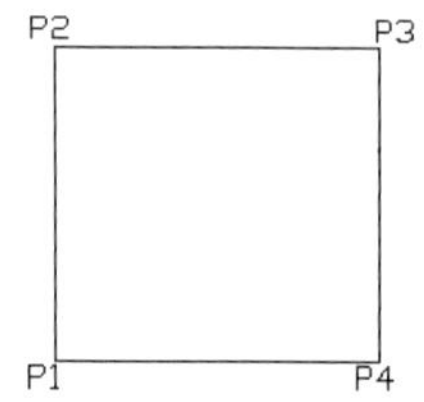

图 2-15　绘制连续线段

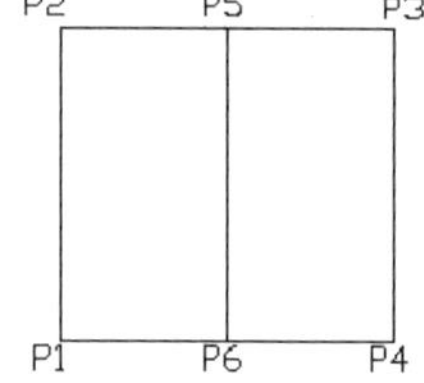

图 2-16　绘制线段

注意：（1）一般每个命令有 4 种执行方式，这里只给出了命令行执行方式，其他 3 种执行方式的操作方法与命令行执行方式相同。

（2）命令前加一条下画线表示是采用非命令行输入方式执行命令，其效果与命令行输入方式一样。

（3）坐标中的逗号必须在英文状态下输入，否则会出错。

2.1.5　构造线

构造线是指在两个方向上无限延长的直线。构造线主要用作绘图时的辅助线。当绘制多视图时，为了保持投影关系，可先画出若干条构造线，再以构造线为基准画图。

1. 执行方式

☑　命令行：XLINE。

☑　菜单栏：“绘图”→“构造线”。

☑　工具栏：“绘图”→“构造线”。

☑　功能区：“默认”→“绘图”→“构造线”。

2. 操作步骤

```
命令: XLINE↙
指定点或 [水平(H)/垂直(V)/角度(A)/二等分(B)/偏移(O)]:（给出点 1）
指定通过点:（给定通过点 2，绘制一条双向无限长直线）
指定通过点:（继续指定点并绘制线，如图 2-17 (a) 所示，按 Enter 键结束）
```

3. 选项说明

（1）执行选项中有“指定点”“水平”“垂直”“角度”“二等分”“偏移”6 种方式可以绘制构造线，分别如图 2-17 所示。

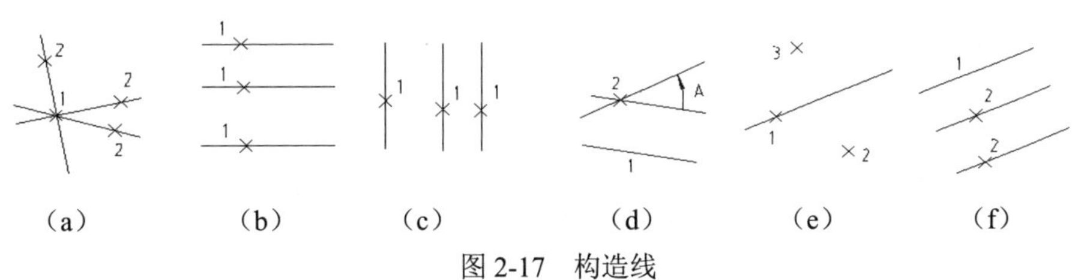

（a）（b）（c）（d）（e）（f）

图 2-17　构造线

（2）构造线可以模拟手工作图中的辅助作图线，用特殊的线型显示，在绘图输出时可不进行输出。构造线常用于辅助作图的定位线。

2.2　绘制圆弧类对象

AutoCAD 2024 提供了圆、圆弧、圆环、椭圆和椭圆弧 5 种圆弧对象。

2.2.1　圆

AutoCAD 2024 提供了多种画圆方式，可根据不同需要选择不同的方法。

1. 执行方式

☑　命令行：CIRCLE。
☑　菜单栏：“绘图”→“圆”。
☑　工具栏：“绘图”→“圆”。
☑　功能区：“默认”→“绘图”→“圆”。

2. 操作步骤

```
命令：CIRCLE↙
指定圆的圆心或[三点(3P)/两点(2P)/切点、切点、半径(T)]：(指定圆心)
指定圆的半径或[直径(D)]：(直接输入半径数值或用鼠标指定半径长度)
```

3. 选项说明

☑　三点(3P)：用指定圆周上 3 点的方法画圆。依次输入 3 个点，即可绘制一个圆。
☑　两点(2P)：根据直径的两端点画圆。依次输入两个点，即可绘制一个圆，两点间的距离为圆的直径。
☑　切点、切点、半径(T)：先指定两个相切对象，然后给出半径画圆。

图 2-18 为指定不同相切对象绘制的圆。

注意： 相切对象可以是直线、圆、圆弧、椭圆等，这种绘制圆的方式在圆弧连接中经常使用。

（1）圆与圆相切的 3 种情况分析。绘制一个圆与另外两个圆相切，切圆决定选择切点的位置和切圆半径的大小。图 2-19 是一个圆与另外两个圆相切的 3 种情况，其中图 2-19（a）为一个圆与另外两个圆外切时切点的选择情况；图 2-19（b）为一个圆与一个圆内切而与另一个圆外切时切点的选择

Note

情况；图 2-19（c）为一个圆与另外两个圆内切时切点的选择情况。假定 3 种情况下的条件相同，后两种情况对切圆半径的大小有限制，半径太小时不能出现内切情况。

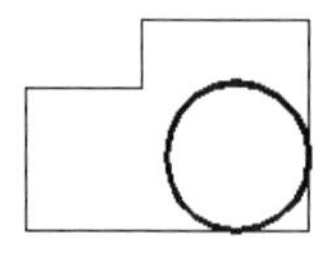
（a）三点(3P)

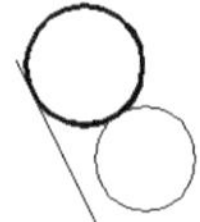
（b）两点(2P)

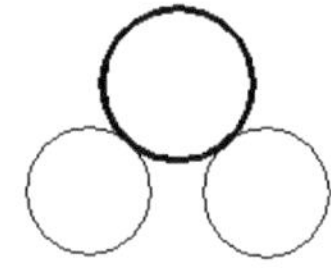
（c）切点、切点、半径(T)

图 2-18　圆与另外两个对象相切

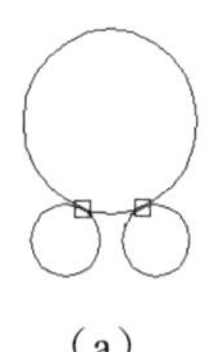
（a）

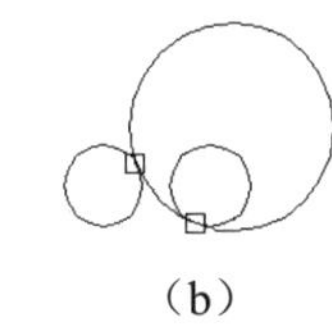
（b）

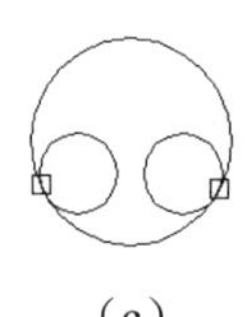
（c）

图 2-19　相切类型

（2）绘制圆。单击“默认”选项卡“绘图”面板中的“圆”按钮，显示出绘制圆的 6 种方法。其中，“相切、相切、相切”用于选择 3 个相切对象以绘制圆。

视频讲解

2.2.2　实例——连环圆

本实例利用“圆”命令绘制相切圆，进而绘制出连环圆，绘制流程如图 2-20 所示。

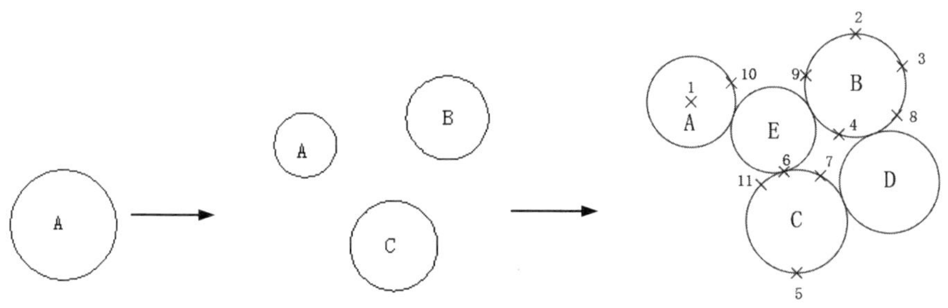

图 2-20　绘制连环圆的流程

（1）单击“默认”选项卡“绘图”面板中的“圆”按钮，绘制 A 圆。命令行提示与操作如下。

```
命令：CIRCLE↙
指定圆的圆心或 [三点(3P)/两点(2P)/切点、切点、半径(T)]：150,160↙（即 1 点）
指定圆的半径或 [直径(D)]：40↙（画出 A 圆）
```

结果如图 2-21 所示。

（2）单击“默认”选项卡“绘图”面板中的“圆”按钮，绘制 B 圆。命令行提示与操作如下。

```
命令：CIRCLE↙
指定圆的圆心或 [三点(3P)/两点(2P)/切点、切点、半径(T)]：3P↙（三点画圆方式，或在动态输入模式下，单击下拉箭头按钮，打开动态菜单，如图 2-22 所示，选择“三点”选项）
指定圆上的第一个点：300,220↙（即 2 点）
指定圆上的第二个点：340,190↙（即 3 点）
指定圆上的第三个点：290,130↙（即 4 点）（画出 B 圆）
```

（3）单击“默认”选项卡“绘图”面板中的“圆”按钮⊘，绘制 C 圆。命令行提示与操作如下。

```
命令：CIRCLE↙
指定圆的圆心或 [三点(3P)/两点(2P)/切点、切点、半径(T)]: 2P↙（两点画圆方式）
指定圆直径的第一个端点：250,10↙（即 5 点）
指定圆直径的第二个端点：240,100↙（即 6 点）（画出 C 圆）
```

结果如图 2-23 所示。

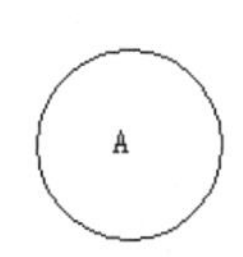

图 2-21　绘制 A 圆

图 2-22　动态菜单

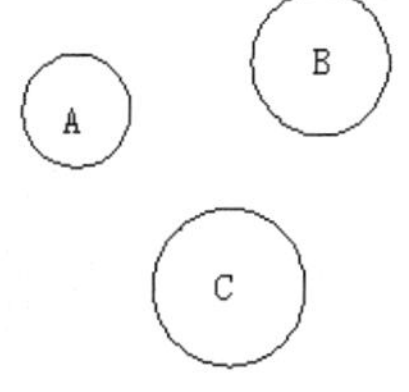

图 2-23　绘制 C 圆

（4）单击“默认”选项卡“绘图”面板中的“圆”按钮⊘，绘制 D 圆。命令行提示与操作如下。

```
命令：CIRCLE↙
指定圆的圆心或 [三点(3P)/两点(2P)/切点、切点、半径(T)]: t↙（切点、切点、半径画圆方式，系统自动打开“切点”捕捉功能）
指定对象与圆的第一个切点：（在 7 点附近选中 C 圆）
指定对象与圆的第二个切点：（在 8 点附近选中 B 圆）
指定圆的半径：<45.2769>: 45↙（画出 D 圆）
```

（5）选择菜单栏中的“绘图”→“圆”→“相切、相切、相切”命令，绘制 E 圆。命令行提示与操作如下。

```
命令：_circle
指定圆的圆心或 [三点(3P)/两点(2P)/切点、切点、半径(T)]: _3p↙
指定圆上的第一个点：（打开状态栏上的“对象捕捉”按钮） _tan 到（即 9 点）
指定圆上的第二个点：_tan 到（即 10 点）
指定圆上的第三个点：_tan 到（即 11 点）（画出 E 圆）
```

最后完成的图形如图 2-24 所示。

（6）单击快速访问工具栏中的“保存”按钮，在打开的“图形另存为”对话框中输入文件名并保存即可。

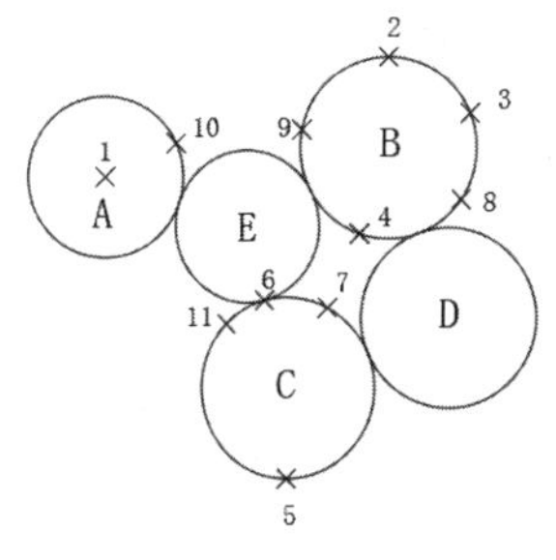

图 2-24　连环圆

2.2.3　圆弧

AutoCAD 2024 提供了多种画圆弧的方法，可根据不同的情况选择不同的方式。

1. 执行方式

☑　命令行：ARC（A）。
☑　菜单栏：“绘图”→“圆弧”。
☑　工具栏：“绘图”→“圆弧”⌒。
☑　功能区：“默认”→“绘图”→“圆弧”⌒。

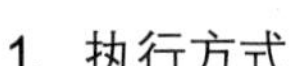

2. 操作步骤

```
命令：ARC↙
指定圆弧的起点或 [圆心(C)]：(指定起点)
指定圆弧的第二个点或 [圆心(C)/端点(E)]：(指定第二点)
指定圆弧的端点：(指定端点)
```

3. 选项说明

（1）用命令行方式画圆弧时可以根据系统提示选择不同的选项，具体功能和使用“绘图”菜单中的“圆弧”子菜单提供的 11 种方式相似，如图 2-25 所示。

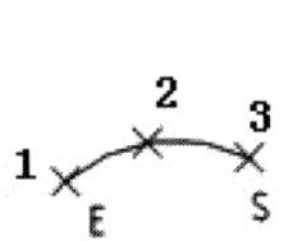

（a）三点

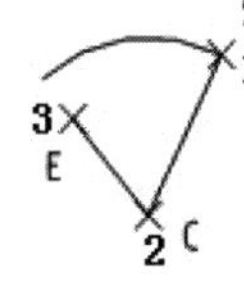

（b）起点、圆心、端点

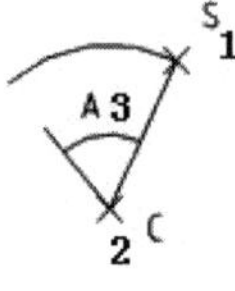

（c）起点、圆心、角度

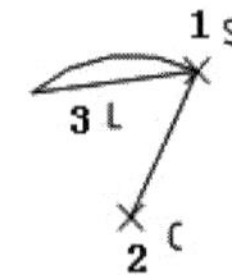

（d）起点、圆心、长度

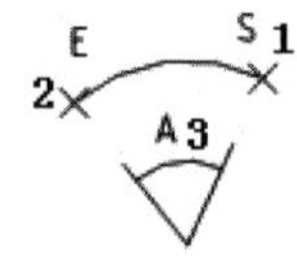

（e）起点、端点、方向

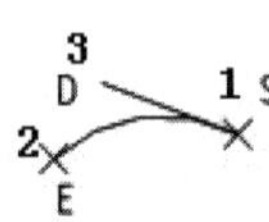

（f）起点、端点、方向

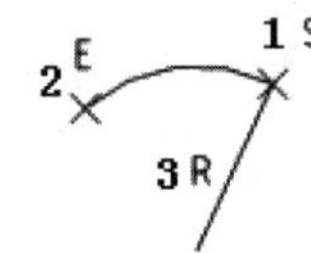

（g）起点、端点、半径

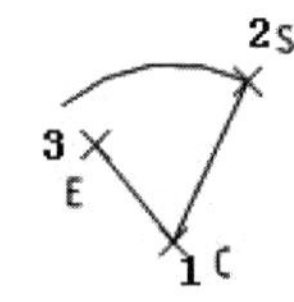

（h）圆心、起点、端点

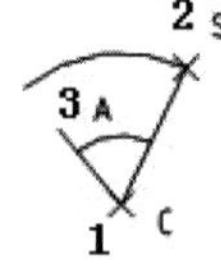

（i）圆心、起点、角度

（j）圆心、起点、长度

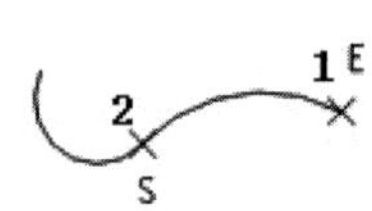

（k）连续

图 2-25　11 种绘制圆弧的方法

（2）需要强调的是“连续”方式，绘制的圆弧与上一线段或圆弧相切，继续画圆弧段，因此提供端点即可。

视频讲解

2.2.4　实例——梅花

本实例利用“圆弧”命令绘制梅花，绘制流程如图 2-26 所示。

图 2-26　绘制梅花的流程

（1）单击“默认”选项卡“绘图”面板中的“圆弧”按钮，绘制第一段圆弧。命令行提示与

操作如下。

```
命令：ARC↙
指定圆弧的起点或 [圆心(C)]: 140,110↙
指定圆弧的第二个点或 [圆心(C)/端点(E)]: E↙
指定圆弧的端点：@40<180↙
指定圆弧的中心点(按住 Ctrl 键以切换方向)或 [角度(A)/方向(D)/半径(R)]: R↙
指定圆弧的半径(按住 Ctrl 键以切换方向): 20↙
```

结果如图 2-27 所示。

（2）单击“默认”选项卡“绘图”面板中的“圆弧”按钮，绘制第二段圆弧。命令行提示与操作如下。

```
命令：ARC↙
指定圆弧的起点或 [圆心(C)]:(用鼠标指定刚才绘制圆弧的端点 1)
指定圆弧的第二个点或 [圆心(C)/端点(E)]: E↙
指定圆弧的端点：@40<252↙
指定圆弧的中心点(按住 Ctrl 键以切换方向)或 [角度(A)/方向(D)/半径(R)]: A↙
指定夹角(按住 Ctrl 键以切换方向): 180↙
```

结果如图 2-28 所示。

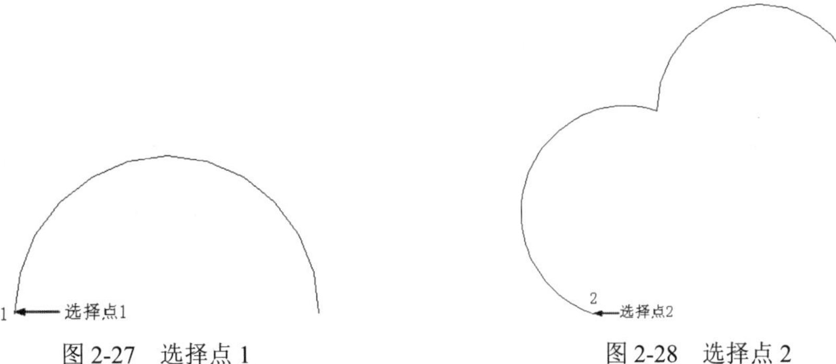

图 2-27　选择点 1　　图 2-28　选择点 2

（3）单击“默认”选项卡“绘图”面板中的“圆弧”按钮，绘制第三段圆弧，命令行提示与操作如下。

```
命令：ARC↙
指定圆弧的起点或 [圆心(C)]:(用鼠标指定刚才绘制圆弧的端点 2)
指定圆弧的第二个点或 [圆心(C)/端点(E)]: C↙
指定圆弧的圆心：@20<324↙
指定圆弧的端点(按住 Ctrl 键以切换方向)或[角度(A)/弦长(L)]: A↙
指定夹角(按住 Ctrl 键以切换方向): 180↙
```

结果如图 2-29 所示。

（4）单击“默认”选项卡“绘图”面板中的“圆弧”按钮，绘制第四段圆弧。命令行提示与操作如下。

```
命令：ARC↙
指定圆弧的起点或 [圆心(C)]:(用鼠标指定刚才绘制圆弧的端点 3)
指定圆弧的第二个点或 [圆心(C)/端点(E)]: C↙
```

```
指定圆弧的圆心：@20<36↙
指定圆弧的端点(按住 Ctrl 键以切换方向)或 [角度(A)/弦长(L)]：L↙
指定弦长(按住 Ctrl 键以切换方向)：40↙
```

结果如图 2-30 所示。

（5）单击“默认”选项卡“绘图”面板中的“圆弧”按钮，绘制第五段圆弧。命令行提示与操作如下。

```
命令：ARC↙
指定圆弧的起点或 [圆心(C)]：(用鼠标指定刚才绘制圆弧的端点 4)
指定圆弧的第二个点或 [圆心(C)/端点(E)]：E↙
指定圆弧的端点：(用鼠标指定绘制圆弧的起点)
指定圆弧的中心点(按住 Ctrl 键以切换方向)或 [角度(A)/方向(D)/半径(R)]：D↙
指定圆弧起点的相切方向(按住 Ctrl 键以切换方向)：@20<20↙
```

最终的图形如图 2-31 所示。

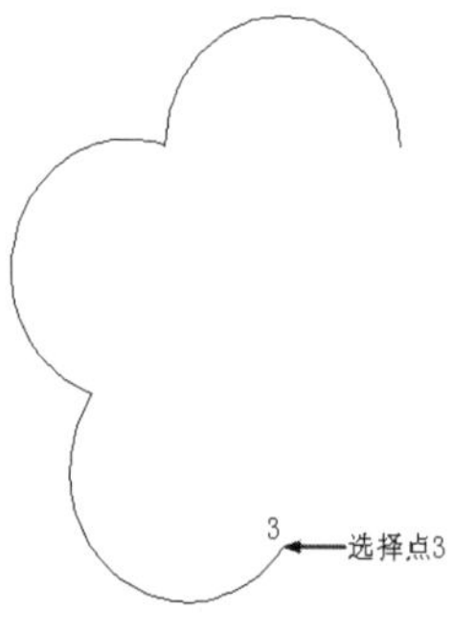

图 2-29　选择点 3

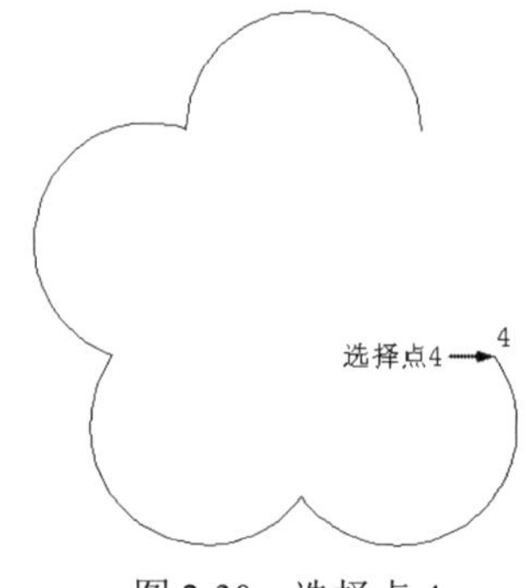

图 2-30　选择点 4

图 2-31　圆弧组成的梅花图案

2.2.5　圆环

可以通过指定圆环的内、外直径绘制圆环，也可以绘制填充圆。图 2-32 中的车轮就是用“圆环”命令绘制的。

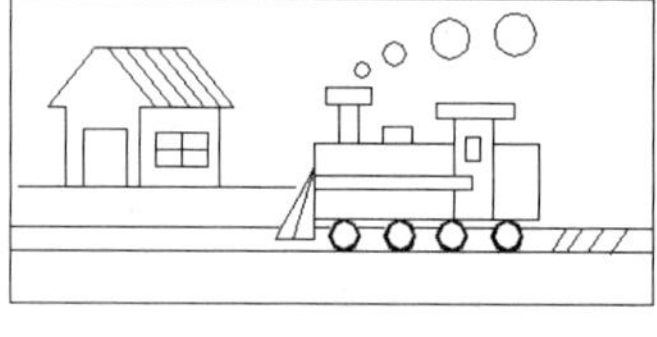

图 2-32　车轮

1. 执行方式

☑ 命令行：DONUT。

☑ 菜单栏：“绘图”→“圆环”。

☑ 功能区：“默认”→“绘图”→“圆环”。

2. 操作步骤

```
命令：DONUT↙
指定圆环的内径 <默认值>：(指定圆环内径)
指定圆环的外径 <默认值>：(指定圆环外径)
指定圆环的中心点或 <退出>：(指定圆环的中心点)
指定圆环的中心点或 <退出>：(继续指定圆环的中心点，则继续绘制相同内外径的圆环。用 Enter 键、空格键或右击结束命令，如图 2-33（a）所示)
```

3. 选项说明

（1）若指定内径为 0，则画出实心填充圆，如图 2-33（b）所示。

Note

（2）使用 FILL 命令可以控制圆环是否填充。命令行提示与操作如下。

```
命令：FILL↙
输入模式 [开(ON)/关(OFF)] <开>：(选择“开(ON)”选项表示填充，选择“关(OFF)”选项表示不填充，如图 2-33（c）所示)
```

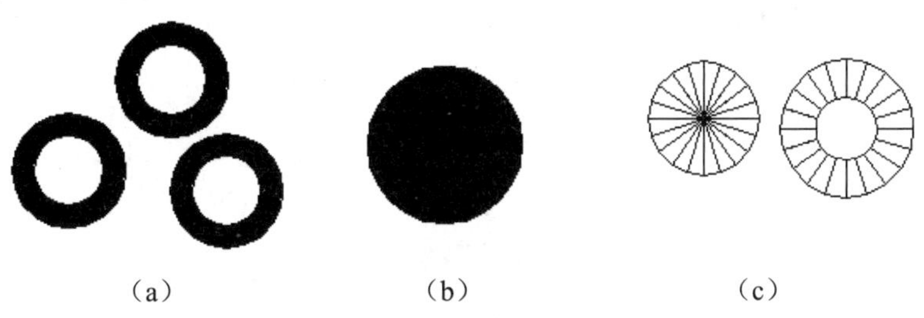

（a）　　（b）　　（c）

图 2-33　绘制圆环

2.2.6　椭圆与椭圆弧

椭圆也是一种典型的封闭曲线图形，圆在某种意义上可以看成是椭圆的特例。椭圆在工程图形中的应用不多，只在某些特殊造型，如室内设计单元中的浴盆、桌子等造型或机械造型中杆状结构的截面形状等图形中才会出现。

1. 执行方式

☑ 命令行：ELLIPSE。

☑ 菜单栏：“绘图”→“椭圆”或“绘图”→“圆弧”。

☑ 工具栏：“绘图”→“椭圆”或“绘图”→“椭圆弧”。

☑ 功能区：“默认”→“绘图”→“轴，端点”。

2. 操作步骤

```
命令：ELLIPSE↙
指定椭圆的轴端点或 [圆弧(A)/中心点(C)]：(指定轴端点 1，如图 2-34 所示)
指定轴的另一个端点：(指定轴端点 2，如图 2-34 所示)
指定另一条半轴长度或 [旋转(R)]：
```

3. 选项说明

☑ 指定椭圆的轴端点：根据两个端点定义椭圆的第一条轴。第一条轴的角度确定了整个椭圆的角度。第一条轴既可以定义椭圆的长轴，也可以定义椭圆的短轴。

☑ 旋转(R)：通过绕第一条轴旋转圆来创建椭圆。相当于将一个圆绕椭圆轴翻转一个角度后的投影视图，如图 2-35 所示。

☑ 中心点(C)：通过指定的中心点创建椭圆。

☑ 圆弧(A)：用于创建一段椭圆弧。与单击“绘图”工具栏中的“椭圆弧”按钮功能相同。其中，第一条轴的角度确定了椭圆弧的角度。第一条轴既可以定义椭圆弧长轴，也可以定义椭圆弧短轴。选择该选项，系统继续提示。具体操作如下。

```
指定椭圆弧的轴端点或 [中心点(C)]：(指定端点或输入 C)
指定轴的另一个端点：(指定另一端点)
指定另一条半轴长度或 [旋转(R)]：(指定另一条半轴长度或输入 R)
```

```
指定起点角度或 [参数(P)]:(指定起始角度或输入 P)
指定端点角度或 [参数(P)/夹角(I)]:
```

其中，各选项含义介绍如下。

➢ 角度：指定椭圆弧端点的两种方式之一，光标和椭圆中心点连线与水平线的夹角为椭圆端点位置的角度，如图 2-36 所示。

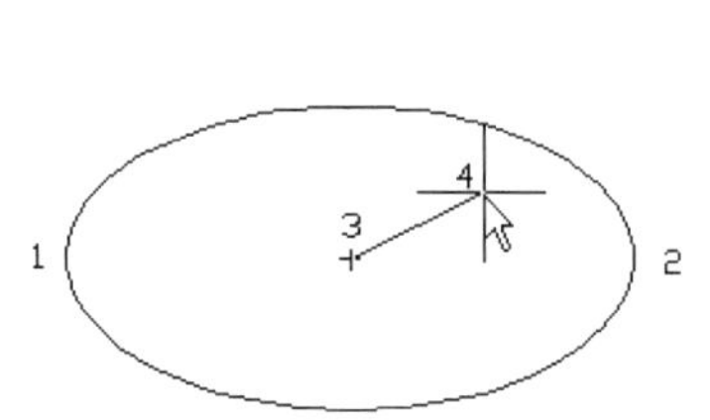

图 2-34 椭圆

长轴
长轴
旋转角

图 2-35 旋转

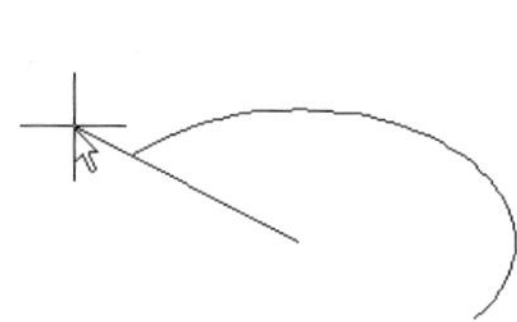

图 2-36 椭圆弧

➢ 参数(P)：指定椭圆弧端点的另一种方式，该方式同样是指定椭圆弧端点的角度，但通过以下矢量参数方程式创建椭圆弧。

$$p(u) = c + a\cos(u) + b\sin(u)$$

式中，c 是椭圆的中心点，a 和 b 分别是椭圆的长轴和短轴，u 为光标与椭圆中心点连线的夹角。

➢ 夹角(I)：定义从起始角度开始的包含角度。

视频讲解

2.2.7 实例——洗脸盆

本实例主要介绍椭圆和椭圆弧绘制方法的具体应用。首先利用前面学到的知识绘制水龙头和旋钮，然后利用椭圆和椭圆弧绘制洗脸盆内沿和外沿，绘制流程如图 2-37 所示。

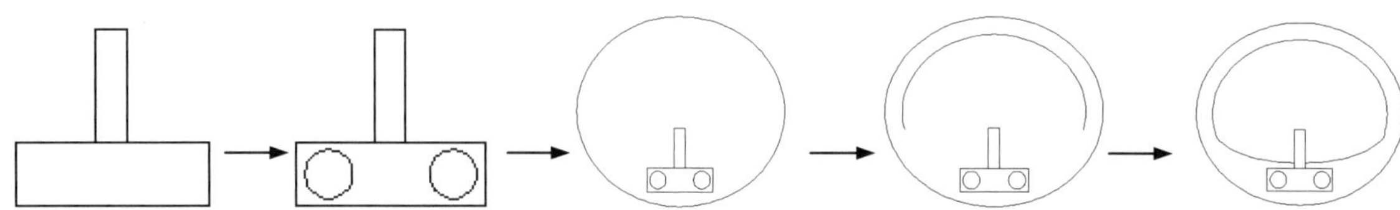

图 2-37 绘制洗脸盆的流程

（1）单击“默认”选项卡“绘图”面板中的“直线”按钮╱，绘制水龙头，结果如图 2-38 所示。

（2）单击“默认”选项卡“绘图”面板中的“圆”按钮⊙，绘制两个水龙头旋钮，结果如图 2-39 所示。

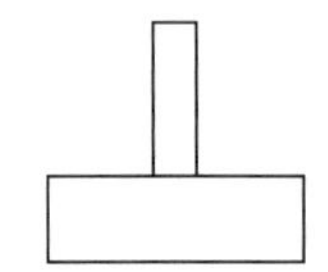

图 2-38 绘制水龙头

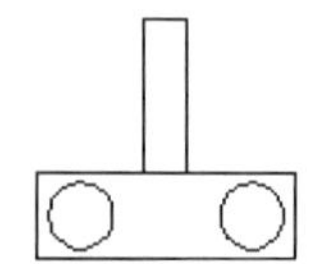

图 2-39 绘制旋钮

（3）单击“默认”选项卡“绘图”面板中的“轴，端点”按钮◯，绘制脸盆外沿。命令行提示与操作如下。

```
命令: _ellipse↙
指定椭圆的轴端点或 [圆弧(A)/中心点(C)]:(用鼠标指定椭圆轴端点)
```

```
指定轴的另一个端点：(用鼠标指定另一个端点)
指定另一条半轴长度或 [旋转(R)]：(用鼠标在屏幕上拉出另一条半轴长度)
```

结果如图 2-40 所示。

（4）单击“默认”选项卡“绘图”面板中的“椭圆弧”按钮，绘制脸盆部分内沿。命令行提示与操作如下。

```
命令：_ellipse↙
指定椭圆的轴端点或 [圆弧(A)/中心点(C)]：a↙
指定椭圆弧的轴端点或 [中心点(C)]：C↙
指定椭圆弧的中心点：(捕捉上一步绘制的椭圆中心点)
指定轴的端点：(适当指定一点)
指定另一条半轴长度或 [旋转(R)]：R↙
指定绕长轴旋转的角度：(用鼠标指定椭圆轴端点)
指定起点角度或 [参数(P)]：(用鼠标拉出起始角度)
指定端点角度或 [参数(P)/夹角(I)]：(用鼠标拉出终止角度)
```

结果如图 2-41 所示。

（5）单击“默认”选项卡“绘图”面板中的“圆弧”按钮，绘制脸盆内沿其他部分，最终结果如图 2-42 所示。

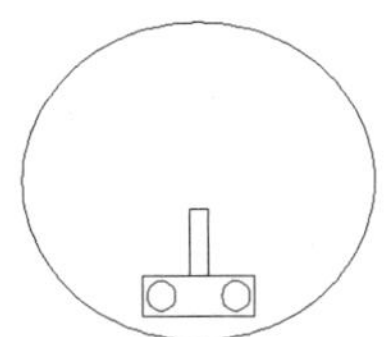

图 2-40　绘制脸盆外沿

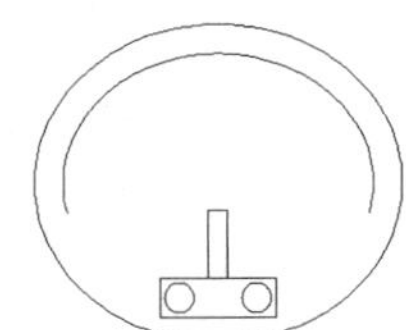

图 2-41　绘制脸盆部分内沿

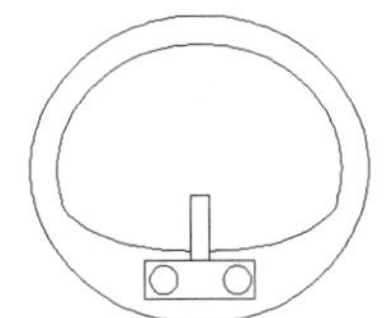

图 2-42　洗脸盆图形

2.3　绘制多边形和点

AutoCAD 2024 提供了直接绘制矩形和正多边形的方法，还提供了点、等分点、测量点的绘制方法，可根据需要进行选择。

2.3.1　矩形

用户可以直接绘制矩形，也可以对矩形进行倒角或倒圆角，还可以改变矩形的线宽。

1. 执行方式

☑　命令行：RECTANG（REC）。
☑　菜单栏：“绘图”→“矩形”。
☑　工具栏：“绘图”→“矩形”。
☑　功能区：“默认”→“绘图”→“矩形”。

2. 操作步骤

```
命令：RECTANG↙
指定第一个角点或 [倒角(C)/标高(E)/圆角(F)/厚度(T)/宽度(W)]：(指定一点)
指定另一个角点或 [面积(A)/尺寸(D)/旋转(R)]：
```

Note

3. 选项说明

☑ 第一个角点：通过指定两个角点确定矩形，如图 2-43（a）所示。

☑ 倒角(C)：指定倒角距离，绘制带倒角的矩形，如图 2-43（b）所示，每一个角点的逆时针和顺时针方向的倒角可以相同，也可以不同。其中，第一个倒角距离是指角点逆时针方向倒角距离，第二个倒角距离是指角点顺时针方向倒角距离。

☑ 标高(E)：指定矩形标高（Z 坐标），即把矩形画在标高为 Z、与 XOY 坐标面平行的平面上，并作为后续矩形的标高值。

☑ 圆角(F)：指定圆角半径，绘制带圆角的矩形，如图 2-43（c）所示。

☑ 厚度(T)：指定矩形的厚度，如图 2-43（d）所示。

☑ 宽度(W)：指定线宽，如图 2-43（e）所示。

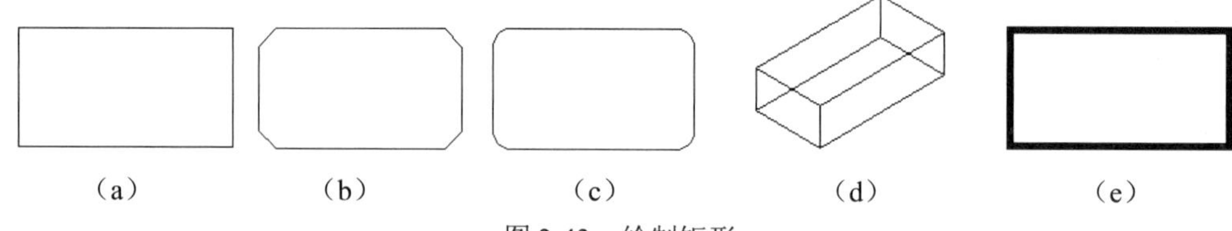

（a）　（b）　（c）　（d）　（e）

图 2-43　绘制矩形

☑ 面积(A)：指定面积和长或宽创建矩形。选择该选项，系统提示如下。

```
输入以当前单位计算的矩形面积 <20.0000>:（输入面积值）
计算矩形标注时依据 [长度(L)/宽度(W)] <长度>:（按 Enter 键或输入 W）
输入矩形长度 <4.0000>:（指定长度或宽度）
```

指定长度或宽度后，系统自动计算另一个维度后绘制出矩形。如果矩形被倒角或圆角，则在长度或宽度计算中会考虑此设置，如图 2-44 所示。

☑ 尺寸(D)：使用长和宽创建矩形。第二个指定点将矩形定位在与第一角点相关的 4 个位置之一内。

☑ 旋转(R)：旋转所绘制矩形的角度。选择该选项，系统提示如下。

```
指定旋转角度或 [拾取点(P)] <45>:（指定角度）
指定另一个角点或 [面积(A)/尺寸(D)/旋转(R)]:（指定另一个角点或选择其他选项）
```

指定旋转角后，系统按指定角创建矩形，如图 2-45 所示。

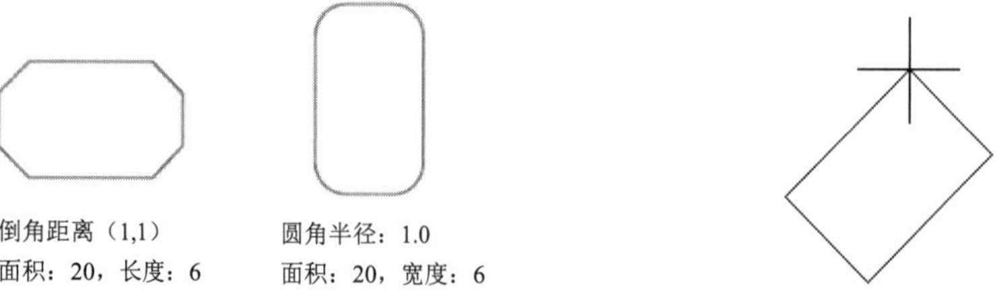

图 2-44　按面积绘制矩形　　图 2-45　按指定旋转角创建矩形

视频讲解

2.3.2　实例——台阶三视图

本实例利用“矩形”和“直线”命令绘制台阶三视图（俯视图、主视图、左视图），绘制流程如图 2-46 所示。

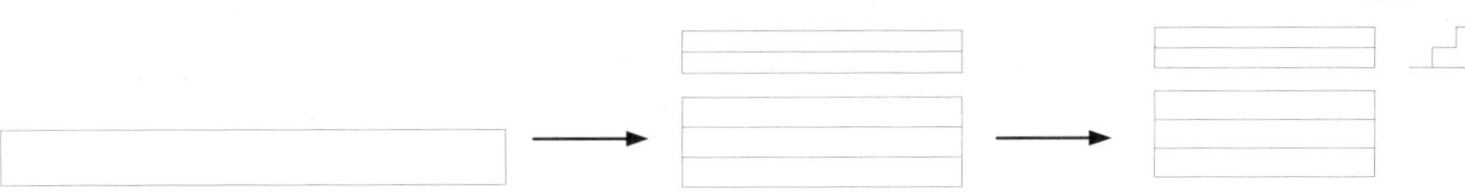

图 2-46　台阶三视图的绘制流程

（1）单击“默认”选项卡“绘图”面板中的“矩形”按钮□，绘制矩形。命令行提示与操作如下。

```
命令: _rectang↙
指定第一个角点或 [倒角(C)/标高(E)/圆角(F)/厚度(T)/宽度(W)]: 0,0↙
指定另一个角点或 [面积(A)/尺寸(D)/旋转(R)]: @2000,210↙
```

绘制结果如图 2-47 所示。

图 2-47　绘制矩形

（2）单击“默认”选项卡“绘图”面板中的“矩形”按钮□，绘制台阶俯视图。命令行提示与操作如下。

```
命令: _rectang↙
指定第一个角点或 [倒角(C)/标高(E)/圆角(F)/厚度(T)/宽度(W)]: 0,210↙
指定另一个角点或 [面积(A)/尺寸(D)/旋转(R)]: @2000,210↙
命令: _rectang↙
指定第一个角点或 [倒角(C)/标高(E)/圆角(F)/厚度(T)/宽度(W)]: 0,420↙
指定另一个角点或 [面积(A)/尺寸(D)/旋转(R)]: @2000,210↙
```

绘制结果如图 2-48 所示。

（3）单击“默认”选项卡“绘图”面板中的“矩形”按钮□，绘制台阶主视图。命令行提示与操作如下。

```
命令: _rectang↙
指定第一个角点或 [倒角(C)/标高(E)/圆角(F)/厚度(T)/宽度(W)]: 0,950↙
指定另一个角点或 [面积(A)/尺寸(D)/旋转(R)]:@2000,150↙
命令: _rectang↙
指定第一个角点或 [倒角(C)/标高(E)/圆角(F)/厚度(T)/宽度(W)]: 0,950↙
指定另一个角点或 [面积(A)/尺寸(D)/旋转(R)]:@2000,-150↙
```

绘制结果如图 2-49 所示。

（4）单击“默认”选项卡“绘图”面板中的“直线”按钮╱，绘制台阶左视图。命令行提示与操作如下。

```
命令: _line↙
指定第一个点: 2300,800↙
指定下一点或 [放弃(U)]: @210,0↙
指定下一点或 [放弃(U)]: @0,150↙
指定下一点或 [闭合(C)/放弃(U)]: @210,0↙
指定下一点或 [闭合(C)/放弃(U)]: @0,150↙
指定下一点或 [闭合(C)/放弃(U)]: @210,0↙
指定下一点或 [闭合(C)/放弃(U)]: @0,-300↙
指定下一点或 [闭合(C)/放弃(U)]: c↙
```

绘制结果如图 2-50 所示。

图 2-48　绘制台阶俯视图

图 2-49　绘制台阶主视图

图 2-50　台阶三视图

2.3.3　正多边形

在 AutoCAD 2024 中可以绘制边数为 3～1024 的正多边形，非常方便。

1. 执行方式

☑ 命令行：POLYGON。
☑ 菜单栏："绘图"→"多边形"。
☑ 工具栏："绘图"→"多边形"⌂。
☑ 功能区："默认"→"绘图"→"多边形"⌂。

2. 操作步骤

```
命令：POLYGON↙
输入侧边数 <4>:（指定多边形的边数，默认值为 4）
指定正多边形的中心点或 [边(E)]:（指定中心点）
输入选项 [内接于圆(I)/外切于圆(C)] <I>:（指定是内接于圆或外切于圆，I 表示内接于圆，如图 2-51（a）所示；C 表示外切于圆，如图 2-51（b）所示）
指定圆的半径：（指定外切圆或内接圆的半径）
```

3. 选项说明

如果选择"边(E)"选项，则只要指定多边形的一条边，系统就会按逆时针方向创建该正多边形，如图 2-51（c）所示。

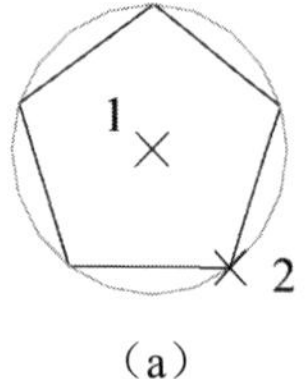

（a）

（b）

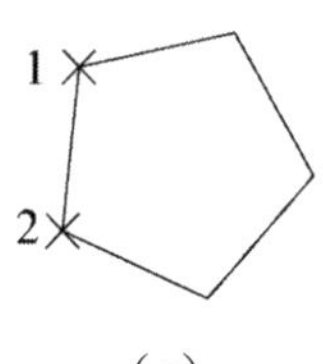

（c）

图 2-51　画正多边形

2.3.4　点

1. 执行方式

☑ 命令行：POINT。
☑ 菜单栏："绘图"→"点"→"单点"/"多点"。
☑ 工具栏："绘图"→"点"⁘。
☑ 功能区："默认"→"绘图"→"多点"⁘。

2. 操作步骤

```
命令：POINT↙
当前点模式：PDMODE=0  PDSIZE=0.0000
指定点：（指定点所在的位置）
```

3. 选项说明

（1）通过菜单方法操作，“单点”命令表示只输入一个点，“多点”命令表示可输入多个点，如图 2-52 所示。

（2）可以打开状态栏中的“对象捕捉”开关，设置点捕捉模式，帮助用户拾取点。

（3）点在图形中的表示样式共有 20 种。可选择菜单栏中的“格式”→“点样式”命令，在打开的“点样式”对话框中进行设置，如图 2-53 所示。

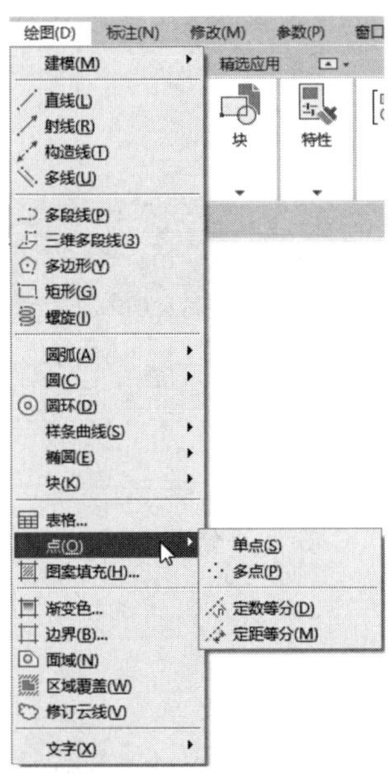

图 2-52　“点”子菜单

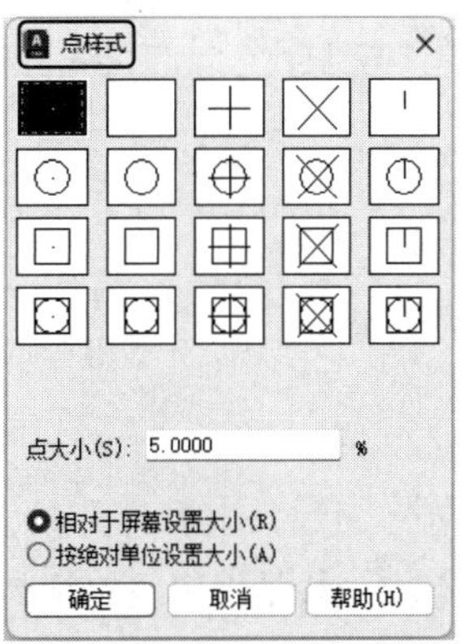

图 2-53　“点样式”对话框

2.3.5　定数等分

有时需要把某个线段或曲线按一定的份数进行等分。这一点在手工绘图中很难实现，但在 AutoCAD 中可以通过相关命令轻松完成。

1. 执行方式

☑ 命令行：DIVIDE（DIV）。

☑ 菜单栏：“绘图”→“点”→“定数等分”。

☑ 功能区：“默认”→“绘图”→“定数等分”。

2. 操作步骤

```
命令：DIVIDE↙
选择要定数等分的对象：(选择要等分的实体)
输入线段数目或[块(B)]：[指定实体的等分数，绘制结果如图 2-54（a）所示]
```

3. 选项说明

（1）等分数范围为 2～32767。

（2）在等分点处按当前点样式设置画出等分点。

（3）在第二个提示行中选择“块(B)”选项时，表示在等分点处插入指定的块（BLOCK）。

Note

2.3.6 定距等分

和定数等分类似，有时需要把某个线段或曲线以给定的长度为单元进行等分。在 AutoCAD 2024 中，可以通过相关命令来完成。

1. 执行方式

☑ 命令行：MEASURE（ME）。

☑ 菜单栏："绘图"→"点"→"定距等分"。

☑ 功能区："默认"→"绘图"→"定距等分" 。

2. 操作步骤

```
命令：MEASURE↙
选择要定距等分的对象：(选择要设置等分点的实体)
指定线段长度或 [块(B)]：[指定分段长度，绘制结果如图 2-54（b）所示]
```

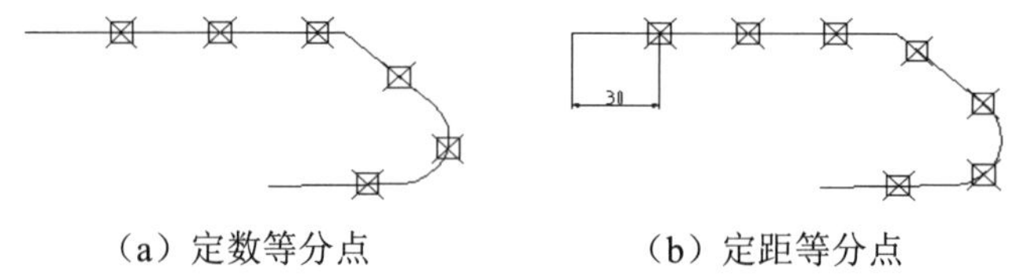

（a）定数等分点　　（b）定距等分点

图 2-54　绘制等分点

3. 选项说明

（1）设置的起点一般是指定线的绘制起点。

（2）在第二个提示行中选择"块(B)"选项时，表示在等分点处插入指定的块，后续操作与 2.3.5 节等分点类似。

（3）在等分点处，按当前点样式绘制出等分点。

（4）最后一个测量段的长度不一定等于指定分段长度。

视频讲解

2.3.7 实例——楼梯

本实例利用"直线"命令绘制墙体与扶手，利用"定数等分"命令将扶手线等分，再利用"直线"命令根据等分点绘制台阶，从而绘制出楼梯，绘制流程如图 2-55 所示。

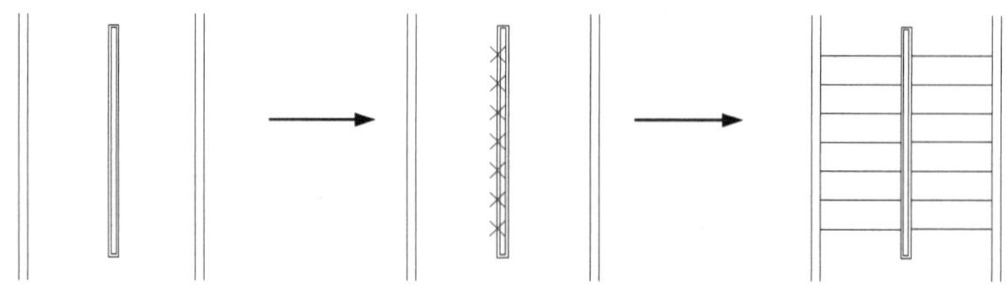

图 2-55　绘制楼梯的流程

（1）单击"默认"选项卡"绘图"面板中的"直线"按钮 和"矩形"按钮 ，绘制墙体和扶手（或单击快速访问工具栏中的"打开"按钮，打开"选择文件"对话框，找到源文件下的"原图"图形，单击"打开"按钮，打开绘制的墙体与扶手），如图 2-56 所示。

（2）设置点样式。选择菜单栏中的"格式"→"点样式"命令，在打开的"点样式"对话框中

选择 X 样式，如图 2-57 所示。

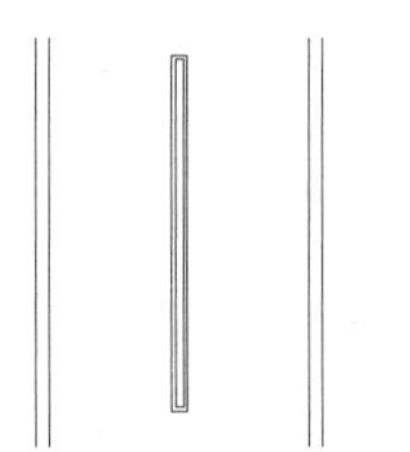

图 2-56　绘制墙体与扶手

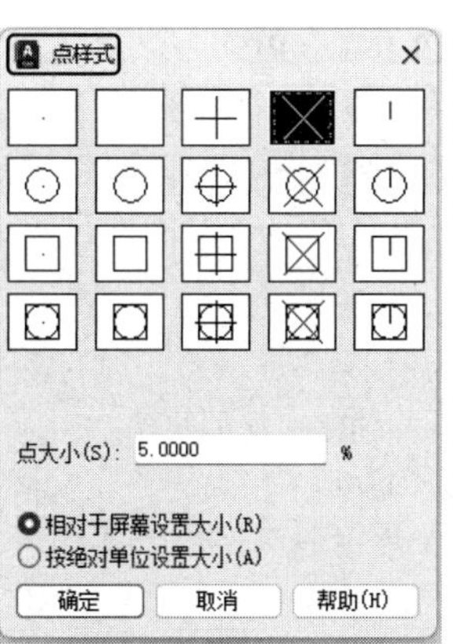

图 2-57　“点样式”对话框

（3）单击“默认”选项卡“绘图”面板中的“定数等分”按钮，以左边扶手外面线段为对象，数目为 8 进行等分，命令行提示与操作如下。

```
命令: _divide↙
选择要定数等分的对象: 选择“左边扶手外面线段”
输入线段数目或 [块(B)]: 8↙
```

结果如图 2-58 所示。

（4）单击“默认”选项卡“绘图”面板中的“直线”按钮，分别以等分点为起点，以左边墙体上的点为终点绘制水平线段，如图 2-59 所示。选择绘制的点，按 Delete 键将其删除，如图 2-60 所示。

使用相同的方法绘制另一侧楼梯，结果如图 2-61 所示。

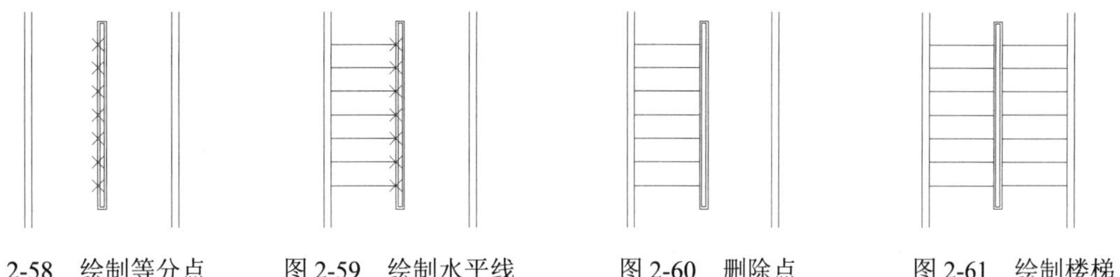

图 2-58　绘制等分点　　图 2-59　绘制水平线　　图 2-60　删除点　　图 2-61　绘制楼梯

2.4　多　段　线

多段线是由宽窄相同或不同的线段和圆弧组合而成的。图 2-62 为利用多段线绘制的图形。用户可以使用 PEDIT（多段线编辑）命令对多段线进行各种编辑。

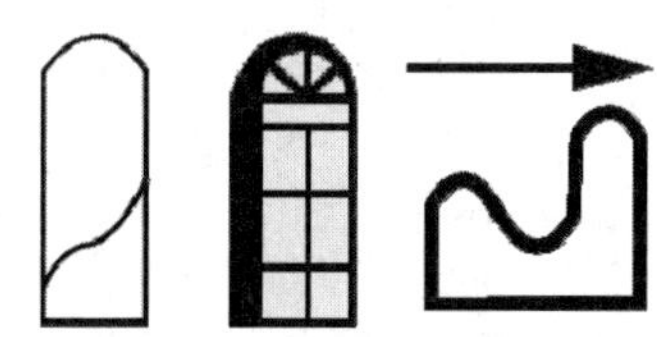

图 2-62　用多段线绘制的图形

2.4.1　绘制多段线

多段线是由宽窄相同或不同的线段和圆弧组合而成的。

Note

1. 执行方式

☑ 命令行：PLINE（PL）。
☑ 菜单栏："绘图"→"多段线"。
☑ 工具栏："绘图"→"多段线"。
☑ 功能区："默认"→"绘图"→"多段线"。

2. 操作步骤

```
命令：PLINE↙
指定起点：（指定多段线的起点）
当前线宽为 0.0000
指定下一个点或 [圆弧(A)/半宽(H)/长度(L)/放弃(U)/宽度(W)]：（指定多段线的下一点）
```

3. 选项说明

☑ 圆弧(A)：该选项可以使 PLINE 命令由绘制直线方式变为绘制圆弧方式，并给出绘制圆弧的提示如下。

```
指定圆弧的端点(按住 Ctrl 键以切换方向)或 [角度(A)/圆心(CE)/闭合(CL)/方向(D)/半宽(H)/直线(L)/半径(R)/第二个点(S)/放弃(U)/宽度(W)]:
```

其中，"闭合(CL)"选项是指系统从当前点到多段线的起点以当前宽度画一条直线，构成封闭的多段线，并结束 PLINE 命令的执行。

☑ 半宽(H)：用于确定多段线的半宽度。
☑ 长度(L)：确定多段线的长度。
☑ 放弃(U)：可以删除多段线中刚画出的直线段（或圆弧段）。
☑ 宽度(W)：确定多段线的宽度，操作方法与"半宽(H)"选项类似。

2.4.2 实例——鼠标

视频讲解

本实例利用"多段线"和"直线"命令绘制鼠标，绘制流程如图 2-63 所示。

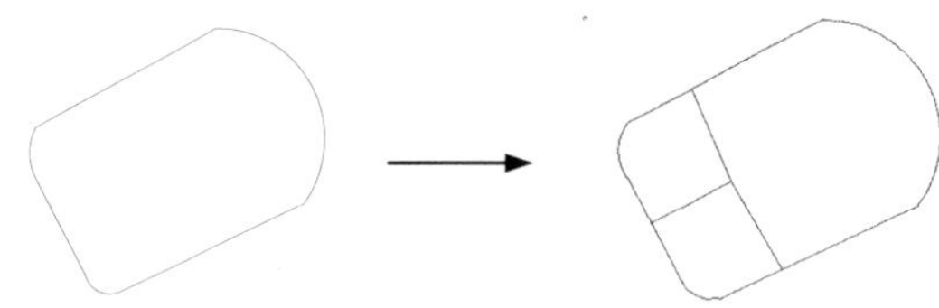

图 2-63 绘制鼠标的流程

（1）单击"默认"选项卡"绘图"面板中的"多段线"按钮，绘制鼠标轮廓线。命令行提示与操作如下。

```
命令：_pline↙
指定起点：2.5,50↙
当前线宽为 0.0000
指定下一个点或 [圆弧(A)/半宽(H)/长度(L)/放弃(U)/宽度(W)]：59,80↙
指定下一点或 [圆弧(A)/闭合(C)/半宽(H)/长度(L)/放弃(U)/宽度(W)]：a↙
指定圆弧的端点(按住 Ctrl 键以切换方向)或 [角度(A)/圆心(CE)/闭合(CL)/方向(D)/半宽(H)/直线(L)/半径(R)/第二个点(S)/放弃(U)/宽度(W)]：s↙
指定圆弧上的第二个点：89.5,62↙
```

```
指定圆弧的端点: 86.6,26.7↙
指定圆弧的端点(按住 Ctrl 键以切换方向)或 [角度(A)/圆心(CE)/闭合(CL)/方向(D)/半宽(H)/直线(L)/半径(R)/第二个点(S)/放弃(U)/宽度(W)]: l↙
指定下一点或 [圆弧(A)/闭合(C)/半宽(H)/长度(L)/放弃(U)/宽度(W)]: 29,0↙
指定下一点或 [圆弧(A)/闭合(C)/半宽(H)/长度(L)/放弃(U)/宽度(W)]: a↙
指定圆弧的端点(按住 Ctrl 键以切换方向)或 [角度(A)/圆心(CE)/闭合(CL)/方向(D)/半宽(H)/直线(L)/半径(R)/第二个点(S)/放弃(U)/宽度(W)]: 18,5.3↙
指定圆弧的端点(按住 Ctrl 键以切换方向)或 [角度(A)/圆心(CE)/闭合(CL)/方向(D)/半宽(H)/直线(L)/半径(R)/第二个点(S)/放弃(U)/宽度(W)]: l↙
指定下一点或 [圆弧(A)/闭合(C)/半宽(H)/长度(L)/放弃(U)/宽度(W)]: 2.5,34.6↙
指定下一点或 [圆弧(A)/闭合(C)/半宽(H)/长度(L)/放弃(U)/宽度(W)]: a↙
指定圆弧的端点(按住 Ctrl 键以切换方向)或 [角度(A)/圆心(CE)/闭合(CL)/方向(D)/半宽(H)/直线(L)/半径(R)/第二个点(S)/放弃(U)/宽度(W)]: cl↙
```

绘制结果如图 2-64 所示。

（2）单击“默认”选项卡“绘图”面板中的“直线”按钮╱，绘制鼠标左右键。命令行提示与操作如下。

```
命令: _line↙
指定第一个点: 47.2,8.5↙
指定下一点或 [放弃(U)]: 32.4,33.6↙
指定下一点或 [放弃(U)]: 21.3,60.2↙
指定下一点或 [闭合(C)/放弃(U)]: ↙
命令: LINE↙
指定第一个点: 32.4,33.6↙
指定下一点或 [放弃(U)]: 9,21.7↙
指定下一点或 [放弃(U)]: ↙
```

最终结果如图 2-65 所示。

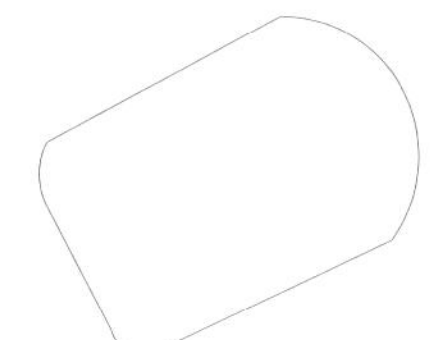

图 2-64　绘制鼠标轮廓线

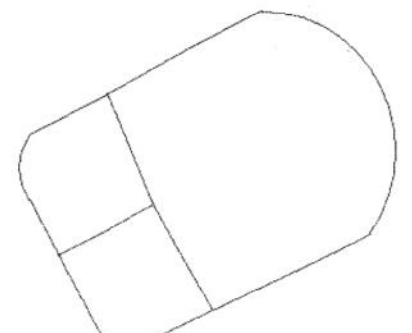

图 2-65　鼠标图形

注意：（1）利用 PLINE 命令可以画出不同宽度的直线、圆和圆弧，但在实际绘制工程图时，通常不是利用 PLINE 命令画出具有宽度信息的图形，而是用 LINE、ARC、CIRCLE 等命令画出不具有（或具有）宽度信息的图形。

（2）多段线是否显示填充受 FILL 命令的控制。执行 FILL 命令，输入 OFF，即可使填充显示处于关闭状态。

2.5　样条曲线

样条曲线常用于绘制不规则的轮廓，如窗帘的皱褶等。

2.5.1 绘制样条曲线

Note

1. 执行方式

☑ 命令行：SPLINE。
☑ 菜单栏："绘图"→"样条曲线"。
☑ 工具栏："绘图"→"样条曲线"。
☑ 功能区："默认"→"绘图"→"样条曲线拟合"。

2. 操作步骤

```
命令：SPLINE↙
当前设置：方式=拟合    节点=弦
指定第一个点或 [方式(M)/节点(K)/对象(O)]：(指定一点或选择方括号中的选项)
输入下一个点或 [起点切向(T)/公差(L)]：
输入下一个点或 [端点相切(T)/公差(L)/放弃(U)]：
```

3. 选项说明

☑ 方式(M)：控制是使用拟合点还是使用控制点创建样条曲线，会因用户选择的是使用拟合点创建样条曲线的选项还是使用控制点创建样条曲线的选项而异。
☑ 节点(K)：指定节点参数化，它会影响曲线在通过拟合点时的形状。
☑ 对象(O)：将二维或三维的二次或三次样条曲线的拟合多段线转换为等价的样条曲线，然后（根据 DELOBJ 系统变量的设置）删除该拟合多段线。
☑ 起点切向(T)：基于切向创建样条曲线。
☑ 端点相切(T)：停止基于切向创建曲线。可通过指定拟合点继续创建样条曲线。
☑ 公差(L)：指定样条曲线可以偏离指定拟合点的距离，公差值 0（零）要求生成的样条曲线直接通过拟合点。公差应用于除起点和端点外的所有拟合点。

2.5.2 实例——雨伞

视频讲解

本实例利用"圆弧"与"样条曲线"命令绘制伞的外框与底边，再利用"圆弧"命令绘制伞面辐条，最后利用"多段线"命令绘制伞顶与伞把，绘制流程如图 2-66 所示。

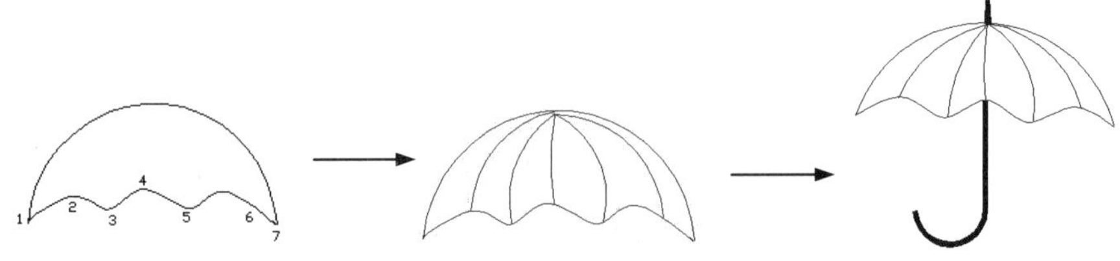

图 2-66　绘制雨伞的流程

（1）单击"默认"选项卡"绘图"面板中的"圆弧"按钮，绘制伞的外框。命令行提示与操作如下。

```
命令：ARC↙
指定圆弧的起点或 [圆心(C)]：C↙
指定圆弧的圆心：(在屏幕上指定圆心)
```

```
指定圆弧的起点：(在屏幕上圆心位置右边指定圆弧的起点)
指定圆弧的端点(按住 Ctrl 键以切换方向)或 [角度(A)/弦长(L)]: A↙
指定夹角(按住 Ctrl 键以切换方向): 180↙（注意角度的逆时针转向）
```

Note

（2）单击“默认”选项卡“绘图”面板中的“样条曲线拟合”按钮，绘制伞的底边。命令行提示与操作如下。

```
命令: SPLINE↙
当前设置: 方式=拟合    节点=弦
指定第一个点或 [方式(M)/节点(K)/对象(O)]:（指定样条曲线的第一个点 1，如图 2-67 所示）
输入下一个点或 [起点切向(T)/公差(L)]: 指定下一点:（指定样条曲线的下一个点 2）
输入下一个点或 [端点相切(T)/公差(L)/放弃(U)]:（指定样条曲线的下一个点 3）
输入下一个点或 [端点相切(T)/公差(L)/放弃(U)/闭合(C)]:（指定样条曲线的下一个点 4）
输入下一个点或 [端点相切(T)/公差(L)/放弃(U)/闭合(C)]:（指定样条曲线的下一个点 5）
输入下一个点或 [端点相切(T)/公差(L)/放弃(U)/闭合(C)]:（指定样条曲线的下一个点 6）
输入下一个点或 [端点相切(T)/公差(L)/放弃(U)/闭合(C)]:（指定样条曲线的下一个点 7）
输入下一个点或 [端点相切(T)/公差(L)/放弃(U)/闭合(C)]:
```

（3）单击“默认”选项卡“绘图”面板中的“圆弧”按钮，绘制伞面辐条。命令行提示与操作如下。

```
命令: ARC↙
指定圆弧的起点或 [圆心(C)]:（在圆弧大约正中点 8 位置指定圆弧的起点，如图 2-68 所示）
指定圆弧的第二个点或 [圆心(C)/端点(E)]:（在点 9 位置指定圆弧的第二个点）
指定圆弧的端点:（在点 2 位置指定圆弧的端点）
```

重复“圆弧”命令绘制其他伞面辐条，绘制结果如图 2-69 所示。

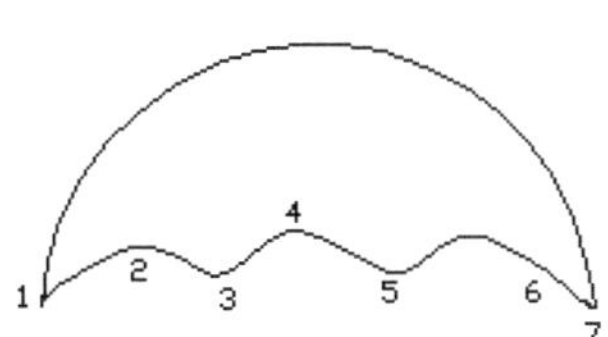

图 2-67　绘制伞边

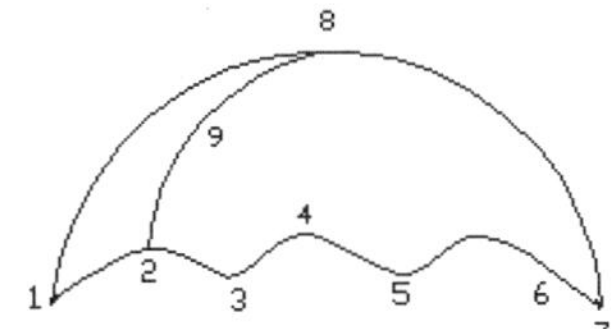

图 2-68　指定圆弧的起点

图 2-69　绘制伞面辐条

（4）单击“默认”选项卡“绘图”面板中的“多段线”按钮，绘制伞顶和伞把。命令行提示与操作如下。

```
命令: PLINE↙
指定起点:（在图 2-68 的点 8 位置处指定伞顶起点）
当前线宽为 3.0000
指定下一个点或 [圆弧(A)/半宽(H)/长度(L)/放弃(U)/宽度(W)]: W↙
指定起点宽度 <3.0000>: 4↙
指定端点宽度 <4.0000>: 2↙
指定下一个点或 [圆弧(A)/半宽(H)/长度(L)/放弃(U)/宽度(W)]:（指定伞顶终点）
指定下一点或 [圆弧(A)/闭合(C)/半宽(H)/长度(L)/放弃(U)/宽度(W)]: U↙（位置不合适，取消）
指定下一个点或 [圆弧(A)/半宽(H)/长度(L)/放弃(U)/宽度(W)]:（重新在向上适当位置处指定伞顶终点）
```

Note

```
指定下一点或 [圆弧(A)/闭合(C)/半宽(H)/长度(L)/放弃(U)/宽度(W)]:(右击确认)
命令: PLINE↙
指定起点:(在图2-68点8正下方的点4位置附近指定伞把起点)
当前线宽为 2.0000
指定下一个点或 [圆弧(A)/半宽(H)/长度(L)/放弃(U)/宽度(W)]: H↙
指定起点半宽 <1.0000>: 1.5↙
指定端点半宽 <1.5000>: ↙
指定下一个点或 [圆弧(A)/半宽(H)/长度(L)/放弃(U)/宽度(W)]:(向下适当位置指定下一点)
指定下一点或 [圆弧(A)/闭合(C)/半宽(H)/长度(L)/放弃(U)/宽度(W)]: A↙
指定圆弧的端点(按住 Ctrl 键以切换方向)或 [角度(A)/圆心(CE)/闭合(CL)/方向(D)/半宽(H)/直线(L)/半径(R)/第二个点(S)/放弃(U)/宽度(W)]:(指定圆弧的端点)
指定圆弧的端点(按住 Ctrl 键以切换方向)或 [角度(A)/圆心(CE)/闭合(CL)/方向(D)/半宽(H)/直线(L)/半径(R)/第二个点(S)/放弃(U)/宽度(W)]:(右击确认)
```

最终绘制的图形如图2-70所示。

图2-70　雨伞图形

2.6　多　　线

多线是指由多条平行线构成的直线，连续绘制的多线是一个图元。多线内的直线线型可以相同，也可以不同，图2-71给出了几种多线形式。多线常用于建筑图的绘制。在绘制多线前应该对多线样式进行定义，然后用定义的样式绘制多线。

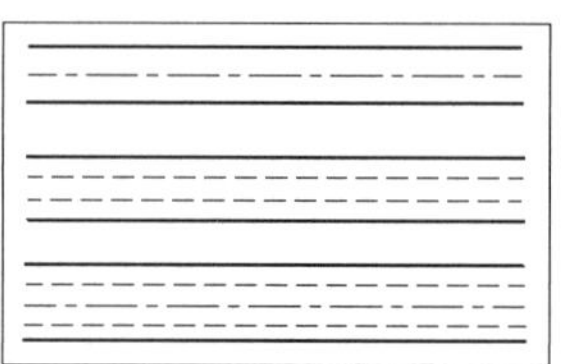

图2-71　多线

2.6.1　定义多线样式

使用“多线样式”命令绘制多线时，首先应对多线的样式进行设置，其中包括多线的数量，以及每条线之间的偏移距离等。

1. 执行方式

☑ 命令行：MLSTYLE。
☑ 菜单栏：“格式”→“多线样式”。

2. 操作步骤

```
命令: MLSTYLE↙
```

执行上述命令后，打开如图2-72所示的“多线样式”对话框。在该对话框中，用户可以对多线样式进行定义、保存和加载等操作。

Note

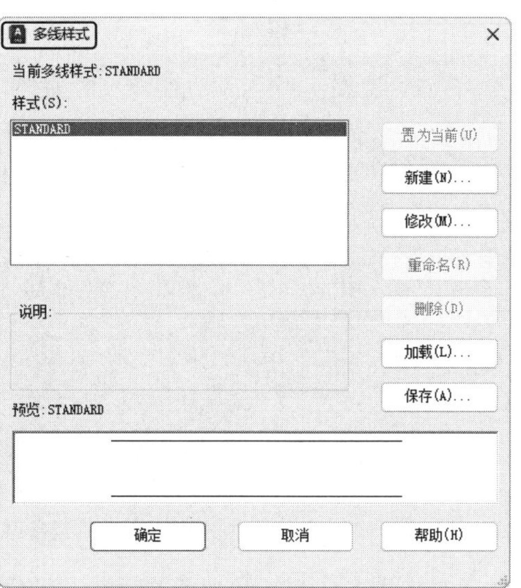

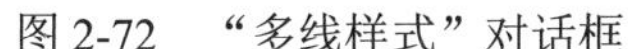

图 2-72　“多线样式”对话框

2.6.2　实例——定义多线样式

视频讲解

利用“多线样式”命令打开“多线样式”对话框，然后设置参数并绘制，过程如图 2-73 所示。

图 2-73　定义多线样式

（1）选择菜单栏中的“格式”→“多线样式”命令，打开“多线样式”对话框。

（2）单击“新建”按钮，打开“创建新的多线样式”对话框，如图 2-74 所示。

（3）在“新样式名”文本框中输入 THREE，单击“继续”按钮，打开“新建多线样式：THREE”对话框，如图 2-75 所示。

图 2-74 “创建新的多线样式”对话框

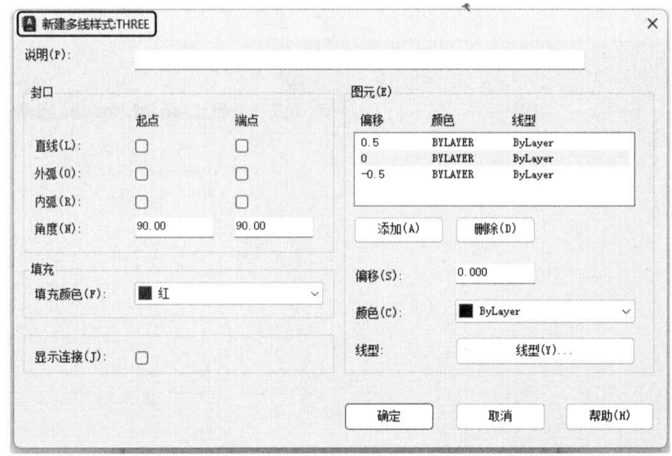

图 2-75 “新建多线样式:THREE”对话框

（4）在“封口”选项组中可以设置多线起点和端点的特性，包括以直线、外弧还是内弧封口，以及封口线段或圆弧的角度。

（5）在“填充颜色”下拉列表框中可以选择多线填充的颜色。

（6）在“图元”选项组中可以设置组成多线元素的特性。单击“添加”按钮，可以为多线添加元素；反之，单击“删除”按钮，可以为多线删除元素。在“偏移”文本框中可以设置选中元素的位置偏移值。在“颜色”下拉列表框中可以为选中的元素选择颜色。单击“线型”按钮，可以为选中的元素设置线型。

（7）设置完毕后，单击“确定”按钮，返回“多线样式”对话框中，在“样式”列表框中会显示刚才设置的多线样式名，选择该样式，单击“置为当前”按钮，则将此多线样式设置为当前样式，下面的预览框中会显示出当前多线样式。

（8）单击“确定”按钮，完成多线样式的设置。

2.6.3 绘制多线

多线应用的一个最主要的场合是建筑墙线的绘制，在后面的学习中会通过相应的实例帮助读者进一步体会。

1. 执行方式

☑ 命令行：MLINE。

☑ 菜单栏：“绘图”→“多线”。

2. 操作步骤

```
命令：MLINE↙
当前设置：对正=上，比例=20.00，样式=STANDARD
指定起点或 [对正(J)/比例(S)/样式(ST)]：(指定起点)
指定下一点：(给定下一点)
指定下一点或 [放弃(U)]：(继续给定下一点，绘制线段。输入 U，则放弃前一段的绘制；右击或按 Enter 键，结束命令)
指定下一点或 [闭合(C)/放弃(U)]：(继续给定下一点，绘制线段。输入 C，则闭合线段，结束命令)
```

3. 选项说明

☑ 指定起点：执行该选项后（即输入多线的起点），系统会以当前的线型样式、比例和对正方式绘制多线。默认状态下，多线的形式是距离为 1 的平行线。

☑ 对正(J)：用来确定绘制多线的基准（上、无、下）。

☑ 比例(S)：用来确定所绘制的多线相对于定义的多线的比例系数，默认为 1.00。

☑ 样式(ST)：用来确定绘制多线时所使用的多线样式，默认样式为 STANDARD。执行该选项后，根据系统提示，输入定义过的多线样式名称，或输入“?”显示已有的多线样式。

2.6.4 编辑多线

利用编辑多线命令，可以创建和修改多线样式。

1. 执行方式

☑ 命令行：MLEDIT。

☑ 菜单栏：“修改”→“对象”→“多线”。

2. 操作步骤

执行上述命令后，打开“多线编辑工具”对话框，如图 2-76 所示。利用该对话框可以创建或修改多线的模式。该对话框中分 4 列显示了示例图形。其中，第 1 列管理十字交叉形式的多线，第 2 列管理 T 形多线，第 3 列管理拐角接合点和节点，第 4 列管理多线被剪切或连接的形式。选择某个示例图形，即可调用该项编辑功能。

下面以“十字打开”为例介绍多线编辑方法——把选择的两条多线进行打开交叉。选择该选项后，出现如下提示。

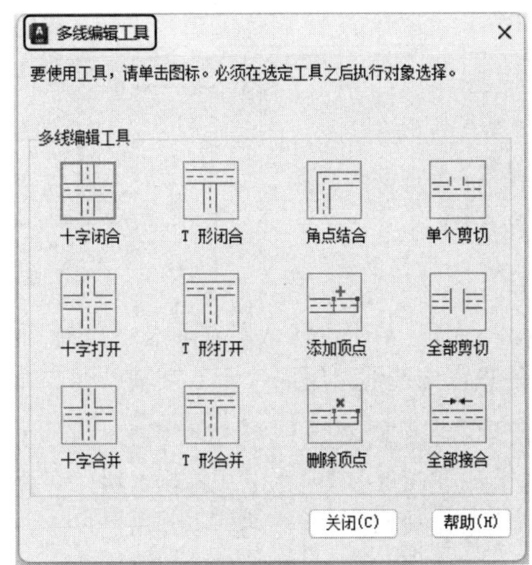

图 2-76　“多线编辑工具”对话框

```
选择第一条多线：(选择第一条多线)
选择第二条多线：(选择第二条多线)
```

选择完毕后，第二条多线被第一条多线横断交叉。系统继续提示如下。

```
选择第一条多线或[放弃(U)]：
```

可以继续选择多线进行操作（选择“放弃(U)”选项会撤销前次操作）。操作过程和执行结果如图 2-77 所示。

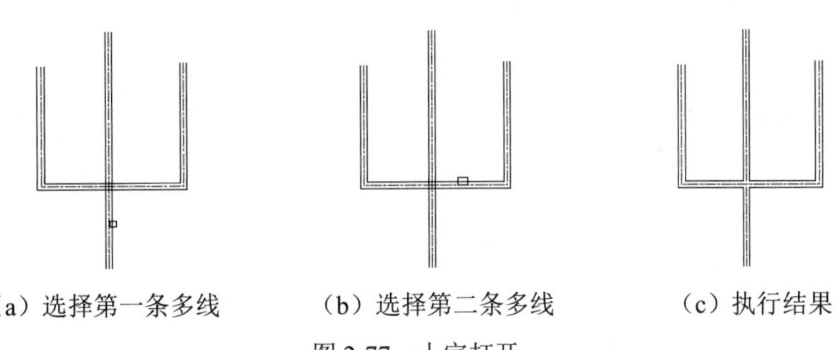

（a）选择第一条多线　　（b）选择第二条多线　　（c）执行结果

图 2-77　十字打开

视频讲解

Note

2.6.5 实例——墙体

本实例利用“构造线”与“偏移”命令绘制辅助线，再利用“多线样式”和“多线”命令绘制墙线，最后编辑多线得到所需图形，绘制流程如图 2-78 所示。

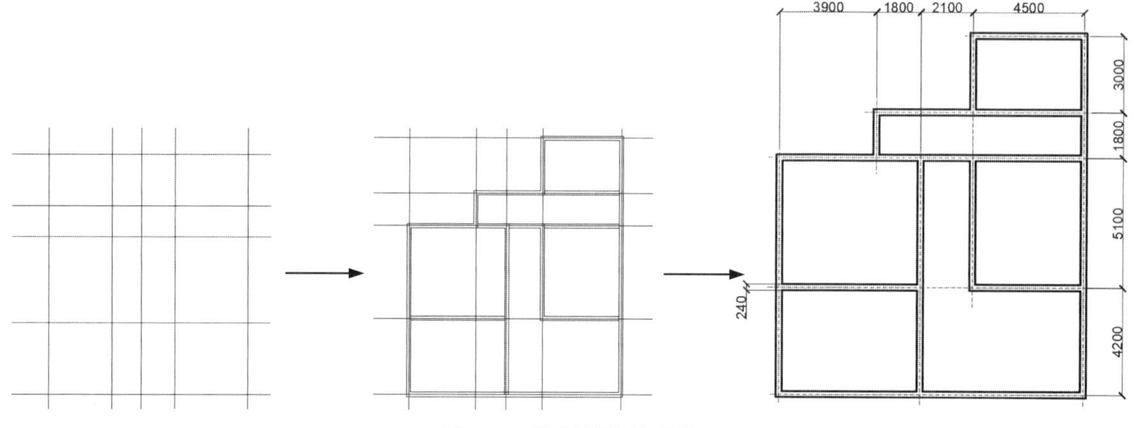

图 2-78 绘制墙体的流程

（1）单击“默认”选项卡“绘图”面板中的“构造线”按钮⤢，分别绘制一条水平构造线和一条竖直构造线，组成“十”字辅助线。命令行提示与操作如下。

```
命令: _xline↙
指定点或 [水平(H)/垂直(V)/角度(A)/二等分(B)/偏移(O)]: h↙
指定通过点:(适当指定一点)
指定通过点: ↙
命令: _xline↙
指定点或 [水平(H)/垂直(V)/角度(A)/二等分(B)/偏移(O)]: v↙
指定通过点:(适当指定一点)
指定通过点: ↙
```

结果如图 2-79 所示。

（2）单击“默认”选项卡“绘图”面板中的“构造线”按钮⤢，绘制辅助线。命令行提示与操作如下。

```
命令: XLINE↙
指定点或 [水平(H)/垂直(V)/角度(A)/二等分(B)/偏移(O)]: O↙
指定偏移距离或 [通过(T)] <通过>: 4200↙
选择直线对象:(选择刚绘制的水平构造线)
指定向哪侧偏移:(在水平构造线的上方单击)
选择直线对象:(继续选择刚绘制的水平构造线)
…
```

重复“构造线”命令，将偏移的水平构造线依次向上偏移 5100、1800 和 3000，绘制的水平构造线如图 2-80 所示；重复“构造线”命令，将竖直构造线依次向右偏移 3900、1800、2100 和 4500，结果如图 2-81 所示。

图 2-79　“十”字辅助线　　　图 2-80　水平方向的主要辅助线

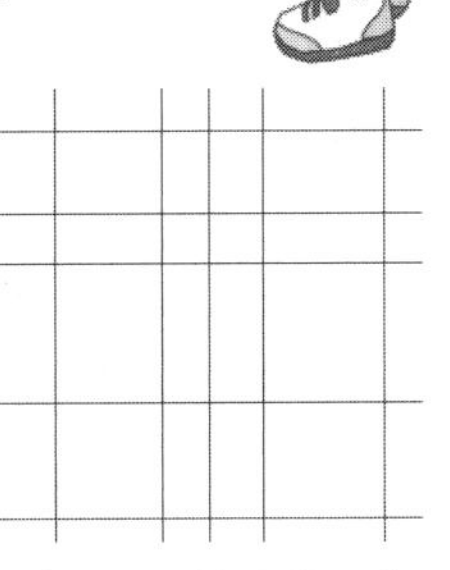

图 2-81　辅助线网格

（3）选择菜单栏中的“格式”→“多线样式”命令，打开“多线样式”对话框，在其中单击“新建”按钮，打开“创建新的多线样式”对话框，在“新样式名”文本框中输入“墙体线”，单击“继续”按钮。

（4）打开“新建多线样式:墙体线”对话框，在其中进行如图 2-82 所示的设置。

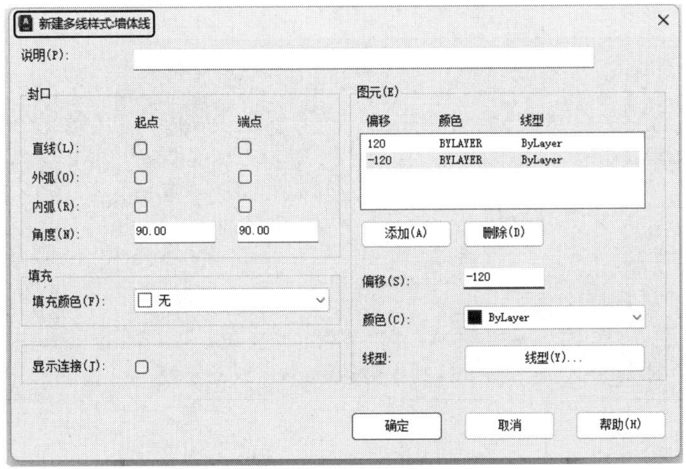

图 2-82　设置多线样式

（5）选择菜单栏中的“绘图”→“多线”命令，绘制多线墙体。命令行提示与操作如下。

```
命令: MLINE↙
当前设置: 对正=上, 比例=20.00, 样式=墙体线
指定起点或 [对正(J)/比例(S)/样式(ST)]: S↙
输入多线比例 <20.00>: 1↙
当前设置: 对正=上, 比例=1.00, 样式=墙体线
指定起点或 [对正(J)/比例(S)/样式(ST)]: J↙
输入对正类型 [上(T)/无(Z)/下(B)] <上>: Z↙
当前设置: 对正=无, 比例=1.00, 样式=墙体线
指定起点或 [对正(J)/比例(S)/样式(ST)]:(在绘制的辅助线交点上指定一点)
指定下一点:(在绘制的辅助线交点上指定下一点)
指定下一点或 [放弃(U)]:(在绘制的辅助线交点上指定下一点)
指定下一点或 [闭合(C)/放弃(U)]:(在绘制的辅助线交点上指定下一点)
…
指定下一点或 [闭合(C)/放弃(U)]: C↙
```

重复“多线”命令，根据辅助线网格绘制多线，绘制结果如图 2-83 所示。

（6）选择菜单栏中的“修改”→“对象”→“多线”命令，打开“多线编辑工具”对话框，如

图 2-84 所示。选择其中的“T 形打开”选项，确认后，命令行提示与操作如下。

```
命令：MLEDIT↙
选择第一条多线：(选择多线)
选择第二条多线：(选择多线)
选择第一条多线或 [放弃(U)]：(选择多线)
…
选择第一条多线或 [放弃(U)]：↙
```

重复“多线”命令，继续进行多线编辑，最终结果如图 2-85 所示。

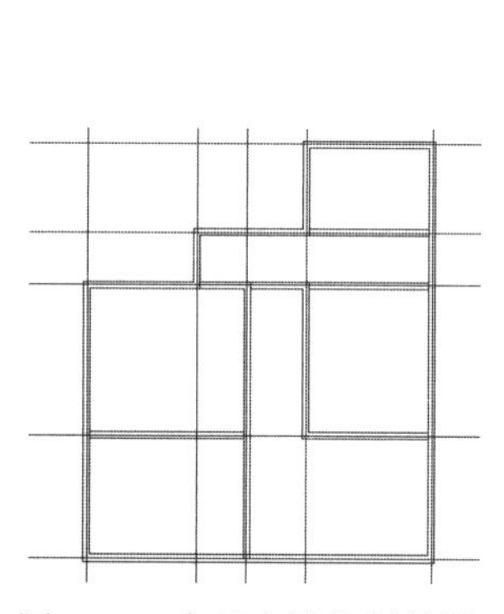

图 2-83　全部多线绘制结果

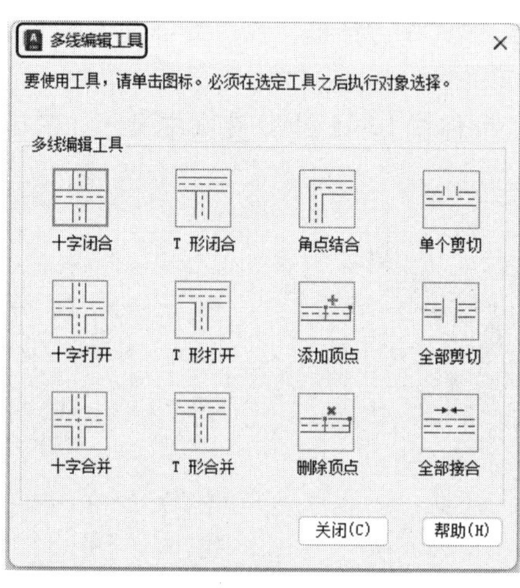

图 2-84　“多线编辑工具”对话框

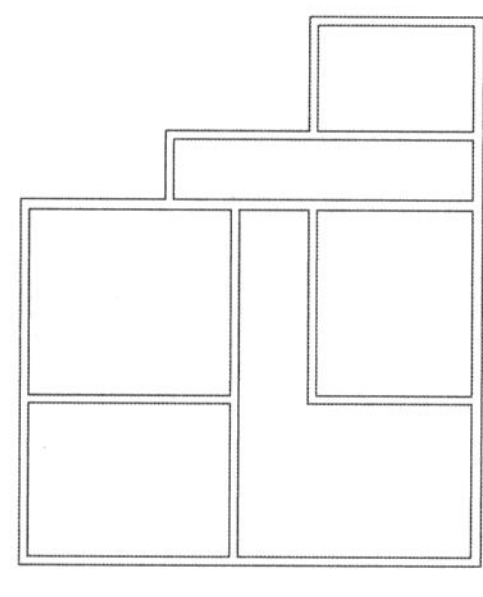

图 2-85　墙体

2.7　图 案 填 充

当需要用一个重复的图案（pattern）填充一个区域时，可以使用“图案填充”命令建立一个相关联的填充阴影对象，即图案填充。

2.7.1　基本概念

1. 图案边界

当进行图案填充时，首先要确定填充图案的边界。定义边界的对象只能是直线、双向射线、单向射线、多义线、样条曲线、圆弧、圆、椭圆、椭圆弧、面域等对象或用这些对象定义的块，而且作为边界的对象在当前屏幕上必须全部可见。

2. 孤岛

在进行图案填充时，把位于总填充域内的封闭区域称为孤岛，如图 2-86 所示。在用 BHATCH 命令填充时，AutoCAD 允许以拾取点的方式确定填充边界，即在希望填充的区域内任意取一点，AutoCAD 会自动确定出填充边界，同时也确定该边界内的岛。如果

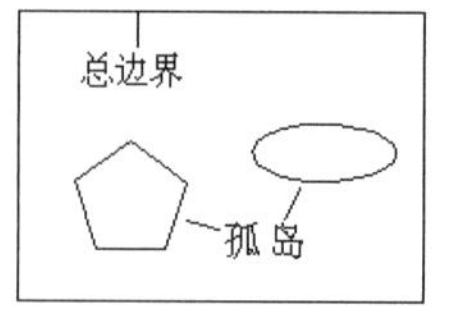

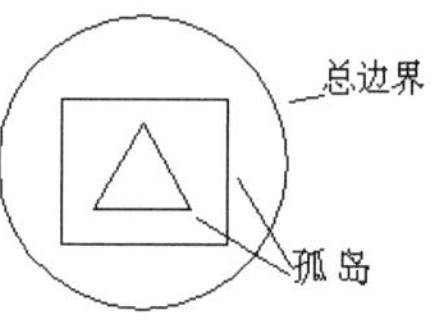

图 2-86　孤岛

用户是以选取对象的方式确定填充边界，则必须确切地选取这些岛，相关知识将在 2.7.2 节介绍。

3. 填充方式

在进行图案填充时，需要控制填充的范围，AutoCAD 系统为用户设置了以下 3 种填充方式实现对填充范围的控制，如图 2-87 所示。

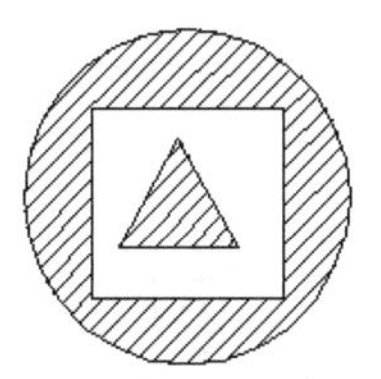

（a）普通方式

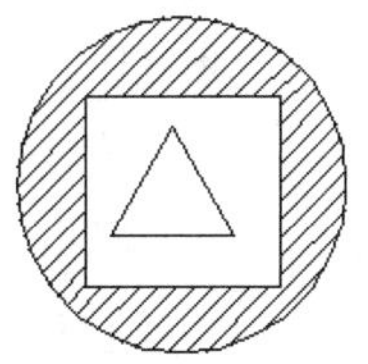

（b）最外层方式

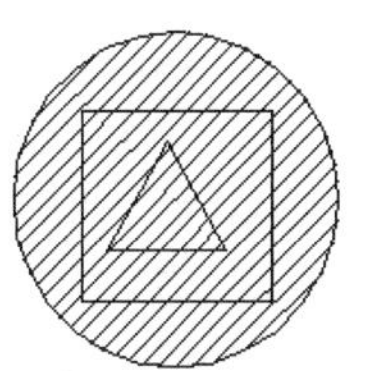

（c）忽略方式

图 2-87 填充方式

☑ 普通方式：该方式从边界开始，由每条填充线或每个填充符号的两端向里画，遇到内部对象与之相交时，填充线或符号断开，直到遇到下一次相交时再继续画。采用这种方式时，要避免剖面线或符号与内部对象的相交次数为奇数。该方式为系统内部的默认方式。

☑ 最外层方式：该方式从边界向里画剖面符号，只要在边界内部与对象相交，剖面符号由此断开而不再继续画。

☑ 忽略方式：该方式忽略边界内的对象，所有内部结构都被剖面符号覆盖。

2.7.2 图案填充的操作

在 AutoCAD 2024 中，可以对图形进行图案填充，图案填充是在“图案填充创建”选项卡中进行设置和操作的。

1. 执行方式

☑ 命令行：BHATCH。

☑ 菜单栏：“绘图”→“图案填充”。

☑ 工具栏：“绘图”→“图案填充”。

☑ 功能区：“默认”→“绘图”→“图案填充”。

2. 操作步骤

执行上述命令后，系统弹出如图 2-88 所示的“图案填充创建”选项卡。

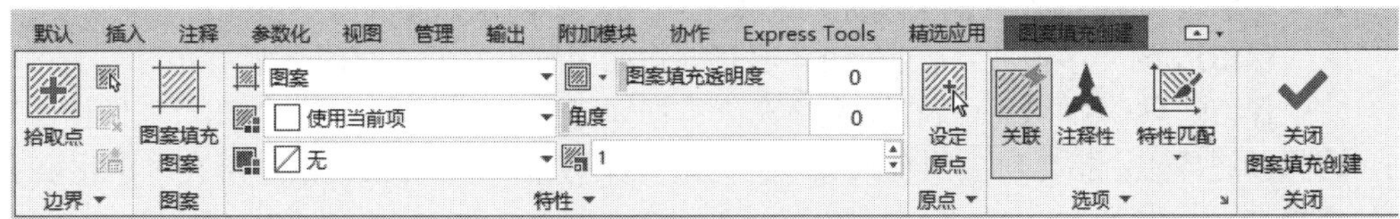

图 2-88 “图案填充创建”选项卡

3. 选项说明

（1）“边界”面板。

☑ 拾取点：通过选择由一个或多个对象形成的封闭区域内的点，确定图案填充边界，如图 2-89 所示。指定内部点时，可以随时在绘图区域中右击以显示包含多个选项的快捷菜单。

☑ 选择边界对象：指定基于选定对象的图案填充边界。使用该选项时，不会自动检测内部对象，必须选择选定边界内的对象，以按照当前孤岛检测样式填充这些对象，如图 2-90 所示。

Note

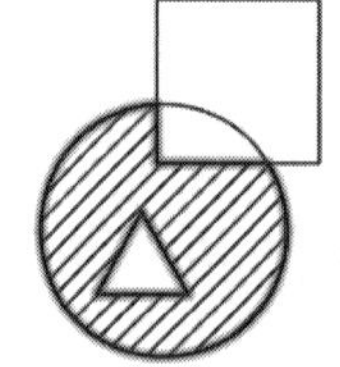
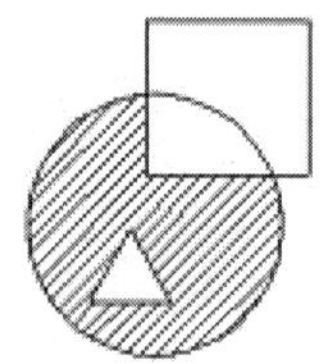

（a）选择一点　　（b）填充区域　　（c）填充结果

图 2-89　边界确定

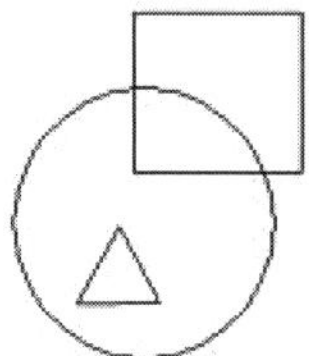
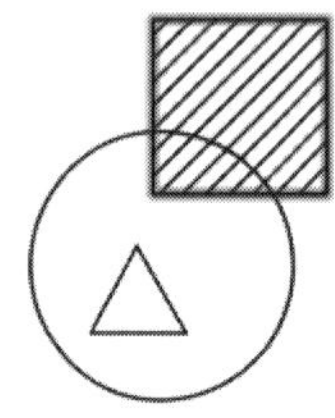
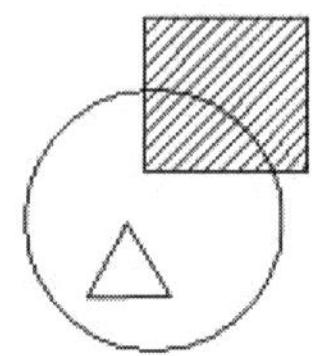

（a）原始图形　　（b）选取边界对象　　（c）填充结果

图 2-90　选取边界对象

☑　删除边界对象：从边界定义中删除之前添加的任何对象，如图 2-91 所示。

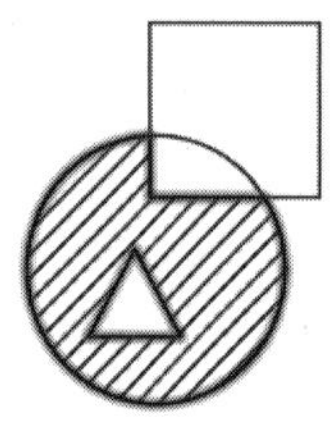
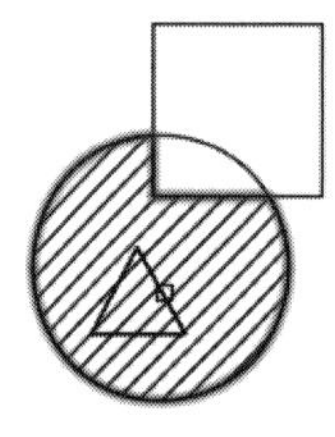
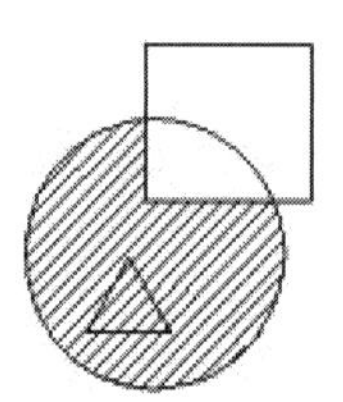

（a）选取边界对象　　（b）删除边界　　（c）填充结果

图 2-91　删除“岛”后的边界

☑　重新创建边界：围绕选定的图案填充或填充对象创建多段线或面域，并使其与图案填充对象相关联（可选）。

☑　显示边界对象：选择构成选定关联图案填充对象的边界的对象，使用显示的夹点可修改图案填充边界。

☑　保留边界对象指定如何处理图案填充边界对象，包括如下选项。

- ➢　不保留边界：（仅在图案填充创建期间可用）不创建独立的图案填充边界对象。
- ➢　保留边界 - 多段线：（仅在图案填充创建期间可用）创建封闭图案填充对象的多段线。
- ➢　保留边界 - 面域：（仅在图案填充创建期间可用）创建封闭图案填充对象的面域对象。

☑　选择新边界集：指定对象的有限集（称为边界集），以便通过创建图案填充时的拾取点进行计算。

（2）“图案”面板。

显示所有预定义和自定义图案的预览图像。

（3）“特性”面板。

☑　图案填充类型：指定是使用纯色、渐变色、图案还是用户定义的填充。

☑　图案填充颜色：替代实体填充或填充图案的当前颜色。

☑　背景色：指定填充图案背景的颜色。

☑　图案填充透明度：设定新图案填充或填充的透明度，替代当前对象的透明度。

☑ 图案填充角度：指定图案填充或填充的角度。

☑ 填充图案比例：放大或缩小预定义或自定义填充图案 。

☑ 相对图纸空间：（仅在布局中可用）相对于图纸空间单位缩放填充图案。使用该选项，可很容易地做到以适合于布局的比例显示填充图案。

☑ 双向：（仅当“图案填充类型”设定为“用户定义”时可用）将绘制第二组直线，与原始直线成 90° 角，从而构成交叉线。

☑ ISO 笔宽：（仅对于预定义的 ISO 图案可用）基于选定的笔宽缩放 ISO 图案。

（4）“原点”面板。

☑ 设定原点：直接指定新的图案填充原点。

☑ 左下：将图案填充原点设定在图案填充边界矩形范围的左下角。

☑ 右下：将图案填充原点设定在图案填充边界矩形范围的右下角。

☑ 左上：将图案填充原点设定在图案填充边界矩形范围的左上角。

☑ 右上：将图案填充原点设定在图案填充边界矩形范围的右上角。

☑ 中心：将图案填充原点设定在图案填充边界矩形范围的中心。

☑ 使用当前原点：将图案填充原点设定在 HPORIGIN 系统变量中存储的默认位置。

☑ 存储为默认原点：将新图案填充原点的值存储在 HPORIGIN 系统变量中。

（5）“选项”面板。

☑ 关联：指定图案填充或填充为关联图案填充。关联的图案填充或填充在用户修改其边界对象时将会更新。

☑ 注释性：指定图案填充为注释性。此特性会自动完成缩放注释过程，从而使注释能够以正确的大小在图纸上进行打印或显示。

☑ 特性匹配。

　➢ 使用当前原点：使用选定图案填充对象（除图案填充原点外）设定图案填充的特性。

　➢ 使用源图案填充的原点：使用选定图案填充对象（包括图案填充原点）设定图案填充的特性。

☑ 允许的间隙：设定将对象用作图案填充边界时可以忽略的最大间隙。默认值为 0，此值指定对象必须为封闭区域而没有间隙。

☑ 创建独立的图案填充：控制当指定了几个单独的闭合边界时，是创建单个图案填充对象，还是创建多个图案填充对象。

☑ 孤岛检测。

　➢ 普通孤岛检测：从外部边界向内填充。如果遇到内部孤岛，填充将关闭，直到遇到孤岛中的另一个孤岛。

　➢ 外部孤岛检测：从外部边界向内填充。该选项仅填充指定的区域，不会影响内部孤岛。

　➢ 忽略孤岛检测：忽略所有内部的对象，填充图案时将通过这些对象。

☑ 绘图次序：为图案填充或填充指定绘图次序，选项包括不指定、后置、前置、置于边界之后和置于边界之前。

（6）“关闭”面板。

☑ 关闭“图案填充创建”：退出 HATCH 并关闭上下文选项卡，也可以按 Enter 键或 Esc 键退出 HATCH。

2.7.3 渐变色的操作

在 AutoCAD 2024 中，对图形进行渐变色图案填充和图案填充一样，都是在“图案填充创建”选项卡中进行设置和操作的。打开“图案填充创建”选项卡，主要有如下 4 种方法。

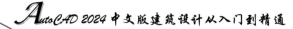

☑ 命令行：GRADIENT。
☑ 菜单栏：“绘图”→“渐变色”。
☑ 工具栏：“绘图”→“渐变色”。
☑ 功能区：“默认”→“绘图”→“渐变色”。

执行上述命令后，系统打开如图 2-92 所示的“图案填充创建”选项卡，各面板中的按钮含义与图案填充的类似，这里不再赘述。

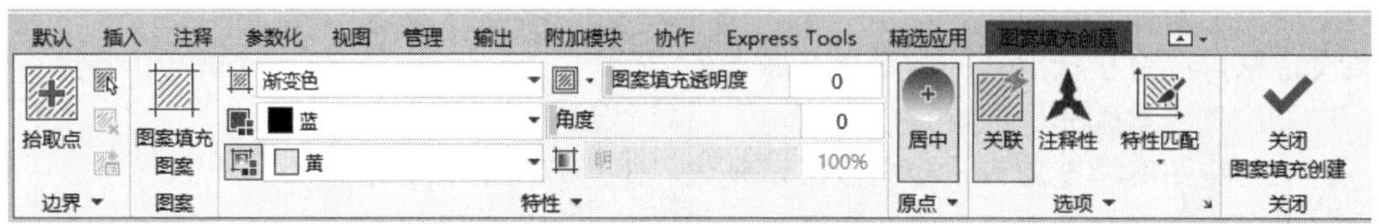

图 2-92 “图案填充创建”选项卡

2.7.4 编辑填充的图案

在对图形对象进行图案填充后，还可以对填充图案进行编辑操作，如更改填充图案的类型、比例等。更改填充图案主要有如下 6 种方法。

☑ 命令行：HATCHEDIT。
☑ 菜单栏：“修改”→“对象”→“图案填充”。
☑ 工具栏：“修改 II”→“编辑图案填充”。
☑ 功能区：“默认”→“修改”→“编辑图案填充”。
☑ 快捷菜单：选中填充的图案并右击，在打开的快捷菜单中选择“图案填充编辑”命令，如图 2-93 所示。
☑ 快捷方法：直接选择填充的图案，打开“图案填充编辑器”选项卡，如图 2-94 所示。

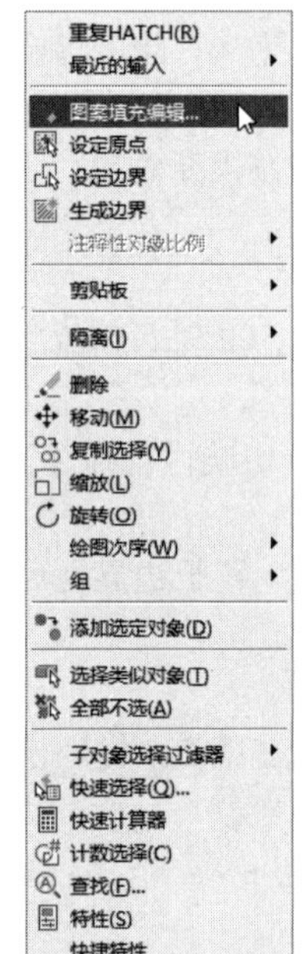

图 2-93 快捷菜单

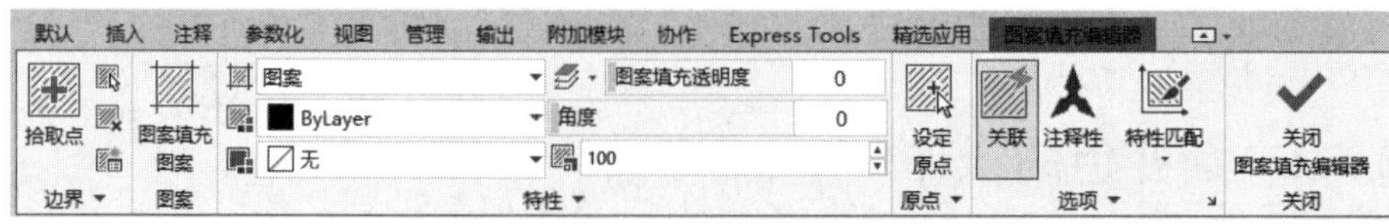

图 2-94 “图案填充编辑器”选项卡

Note

2.7.5　实例——小房子

本实例利用“直线”命令绘制屋顶和外墙轮廓，再利用“矩形”“圆环”“多段线”“多行文字”命令绘制门、门把手、门环、窗户、牌匾，最后利用“图案填充”命令填充图案，绘制流程如图 2-95 所示。

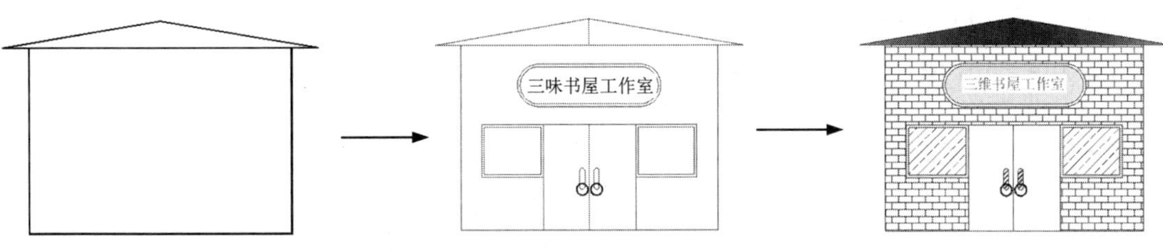

图 2-95　绘制小房子的流程

（1）单击“默认”选项卡“绘图”面板中的“直线”按钮╱，以{（0,500）、（600,500）}为端点坐标绘制直线。

重复使用“直线”命令，单击状态栏中的“对象捕捉”按钮□，捕捉绘制好的直线的中点为起点坐标，以（@0,50）为第二点坐标绘制直线。连接各端点，完成屋顶轮廓的绘制，结果如图 2-96 所示。

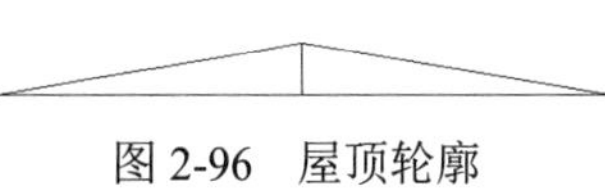

图 2-96　屋顶轮廓

（2）单击“默认”选项卡“绘图”面板中的“矩形”按钮□，以（50,500）为第一角点坐标，以（@500,-350）为第二角点坐标绘制墙体轮廓，结果如图 2-97 所示。

单击状态栏中的“线宽”按钮☰，结果如图 2-98 所示。

（3）绘制门。

❶ 单击“默认”选项卡“绘图”面板中的“矩形”按钮□，以墙体底面中点作为第一角点坐标，以（@90,200）为第二角点坐标绘制右边的门；重复使用“矩形”命令，以墙体底面中点作为第一角点坐标，以（@-90,200）为第二角点坐标绘制左边的门，结果如图 2-99 所示。

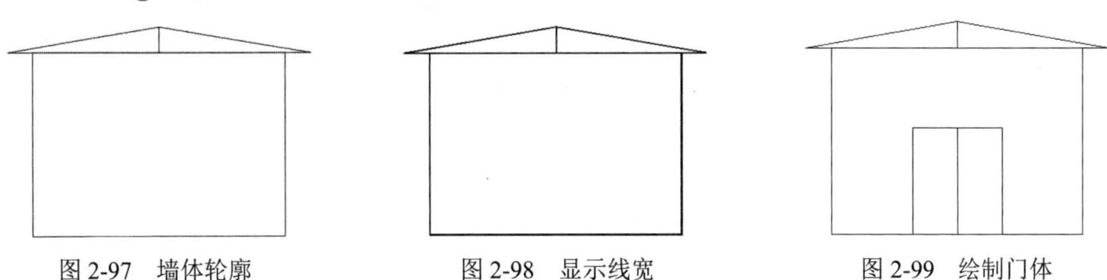

图 2-97　墙体轮廓　　图 2-98　显示线宽　　图 2-99　绘制门体

❷ 单击“默认”选项卡“绘图”面板中的“矩形”按钮□，在适当的位置处绘制一个长度为 10、高度为 40、倒圆半径为 5 的矩形作为门把手。命令行提示与操作如下。

```
命令: RECTANG↙
指定第一个角点或 [倒角(C)/标高(E)/圆角(F)/厚度(T)/宽度(W)]: f↙
指定矩形的圆角半径 <0.0000>: 5↙
指定第一个角点或 [倒角(C)/标高(E)/圆角(F)/厚度(T)/宽度(W)]:(在图中合适位置处选取一点)
指定另一个角点或 [面积(A)/尺寸(D)/旋转(R)]: @10,40↙
```

重复使用“矩形”命令，绘制另一个门把手，结果如图 2-100 所示。

❸ 选择菜单栏中的“绘图”→“圆环”命令，在适当的位置处绘制两个内径均为 20、外径均为 24 的圆环作为门环。命令行提示与操作如下。

```
命令: DONUT↙
指定圆环的内径 <30.0000>: 20↙
指定圆环的外径 <35.0000>: 24↙
指定圆环的中心点或 <退出>:(适当指定一点)
指定圆环的中心点或 <退出>:(适当指定一点)
指定圆环的中心点或 <退出>: ↙
```

Note

结果如图 2-101 所示。

（4）单击“默认”选项卡“绘图”面板中的“矩形”按钮▭，绘制外玻璃窗，指定门的左上角点为第一个角点坐标，指定（@-120,-100）为第二角点坐标；接着指定门的右上角点为第一个角点坐标，指定（@120,-100）为第二角点坐标。

重复使用“矩形”命令，以（205,345）为第一角点坐标、以（@-110,-90）为第二角点坐标绘制左边内玻璃窗；以（505,345）为第一角点坐标、以（@-110,-90）为第二角点坐标绘制右边的内玻璃窗，结果如图 2-102 所示。

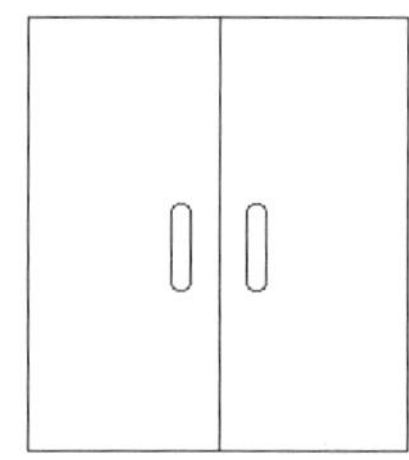

图 2-100　绘制门把手

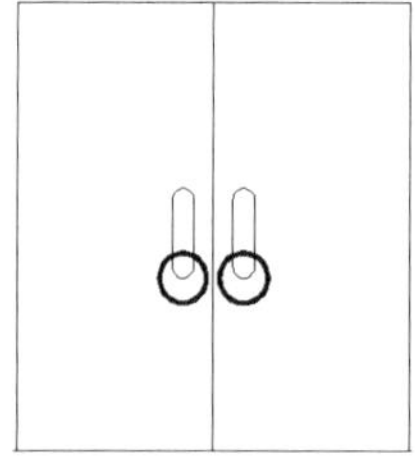

图 2-101　绘制门环

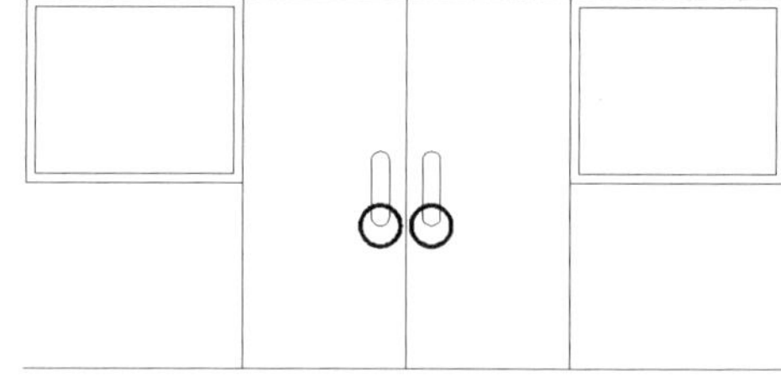

图 2-102　绘制窗户

（5）单击“默认”选项卡“绘图”面板中的“多段线”按钮⊃，绘制牌匾。命令行提示与操作如下。

```
命令: _pline↙
指定起点:200,375
当前线宽为 0.0000
指定下一个点或 [圆弧(A)/半宽(H)/长度(L)/放弃(U)/宽度(W)]: @200,0↙
指定下一点或 [圆弧(A)/闭合(C)/半宽(H)/长度(L)/放弃(U)/宽度(W)]: a↙
指定圆弧的端点(按住 Ctrl 键以切换方向)或 [角度(A)/圆心(CE)/闭合(CL)/方向(D)/半宽(H)/直线(L)/半径(R)/第二个点(S)/放弃(U)/宽度(W)]: a↙
指定夹角: 180↙
指定圆弧的端点(按住 Ctrl 键以切换方向)或 [圆心(CE)/半径(R)]: r↙
指定圆弧的半径: 40↙
指定圆弧的弦方向(按住 Ctrl 键以切换方向) <291>: 90↙
指定圆弧的端点(按住 Ctrl 键以切换方向)或 [角度(A)/圆心(CE)/闭合(CL)/方向(D)/半宽(H)/直线(L)/半径(R)/第二个点(S)/放弃(U)/宽度(W)]: l↙
指定下一点或 [圆弧(A)/闭合(C)/半宽(H)/长度(L)/放弃(U)/宽度(W)]: @-200,0↙
指定下一点或 [圆弧(A)/闭合(C)/半宽(H)/长度(L)/放弃(U)/宽度(W)]: a↙
指定圆弧的端点(按住 Ctrl 键以切换方向)或 [角度(A)/圆心(CE)/闭合(CL)/方向(D)/半宽(H)/直线(L)/半径(R)/第二个点(S)/放弃(U)/宽度(W)]: a↙
指定夹角: 180↙
指定圆弧的端点(按住 Ctrl 键以切换方向)或 [圆心(CE)/半径(R)]: r↙
指定圆弧的半径: 40↙
指定圆弧的弦方向(按住 Ctrl 键以切换方向) <291>: -90↙
```

```
指定圆弧的端点(按住 Ctrl 键以切换方向)或 [角度(A)/圆心(CE)/闭合(CL)/方向(D)/半宽(H)/直线(L)/半径(R)/第二个点(S)/放弃(U)/宽度(W)]:
```

重复使用“多段线”命令，绘制牌匾的轮廓，结果如图 2-103 所示。

（6）单击“默认”选项卡“注释”面板中的“多行文字”按钮A，输入牌匾中的文字。命令行提示与操作如下。

```
命令: MTEXT↙
当前文字样式: "Standard"  文字高度: 2.5  注释性: 否
指定第一角点:(用光标拾取第一点后，屏幕上显示一个矩形文本框)
指定对角点或 [高度(H)/对正(J)/行距(L)/旋转(R)/样式(S)/宽度(W)]:(拾取另一点作为对角点)
```

此时将打开多行文字编辑器，输入书店的名称，并设置字体的属性，即可完成牌匾的绘制，如图 2-104 所示。

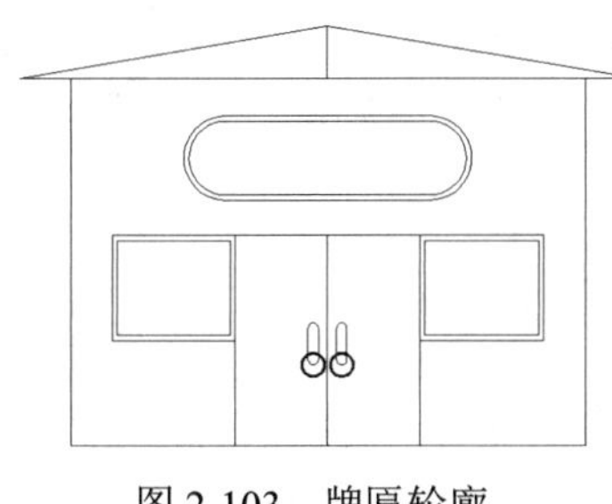

图 2-103　牌匾轮廓

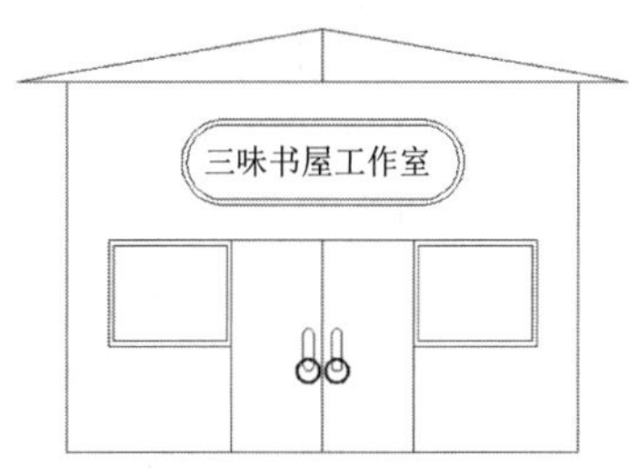

图 2-104　牌匾

（7）图案的填充主要包括 5 部分，即墙面、玻璃窗、门把手、牌匾和屋顶的填充。单击“默认”选项卡“绘图”面板中的“图案填充”按钮▨，选择适当的图案，即可分别填充完成这 5 部分图形。

❶ 单击“默认”选项卡“绘图”面板中的“图案填充”按钮▨，打开“图案填充创建”选项卡。单击“选项”面板下的↘按钮，打开“图案填充和渐变色”对话框，单击对话框右下角的⊙按钮展开对话框，在“孤岛”选项组中选择“外部”孤岛显示样式，如图 2-105 所示。

在“图案填充和渐变色”对话框中设置“类型”为“预定义”，单击“图案”下拉列表框后面的…按钮，打开“填充图案选项板”对话框，选择“其他预定义”选项卡中的 BRICK 图案，如图 2-106 所示。

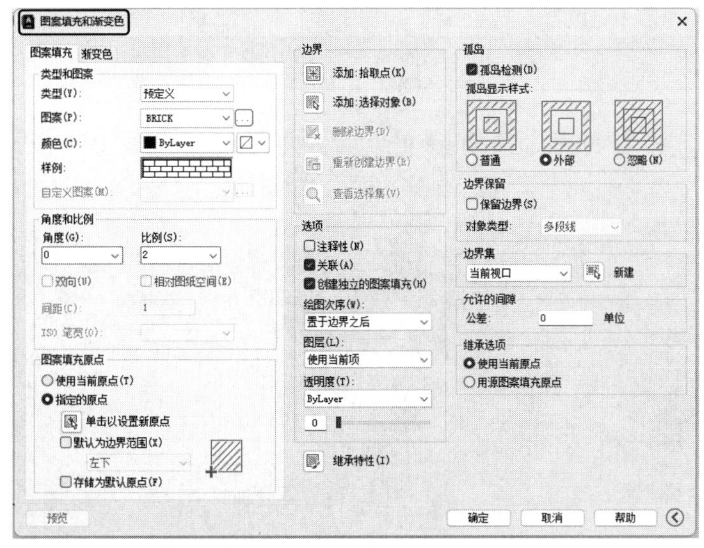

图 2-105　“图案填充和渐变色”对话框

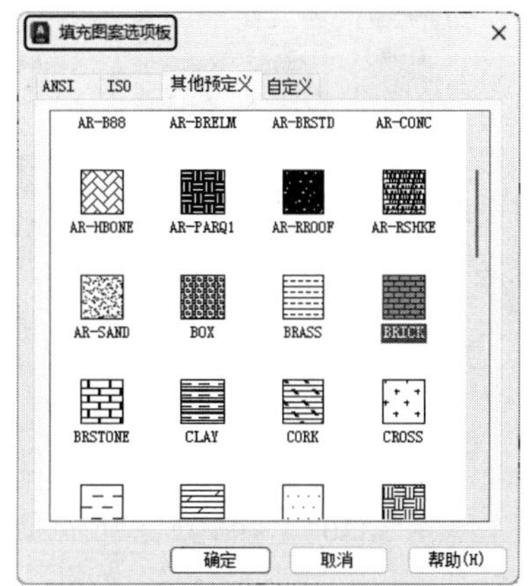

图 2-106　选择适当的图案

Note

在“填充图案选项板”对话框中单击“确定”按钮，返回“图案填充和渐变色”对话框中，将“比例”设置为 2。单击⊠按钮，切换到绘图平面，在墙面区域中选取一点，按 Enter 键，完成墙面的填充，如图 2-107 所示。

❷ 用同样的方法，选择“图案填充”选项卡中的 STEEL 图案，将其比例设置为 4，选择窗户区域进行填充，结果如图 2-108 所示。

❸ 用同样的方法，选择“图案填充”选项卡中的 ANSI34 图案，将其比例设置为 0.4，选择门把手区域进行填充，结果如图 2-109 所示。

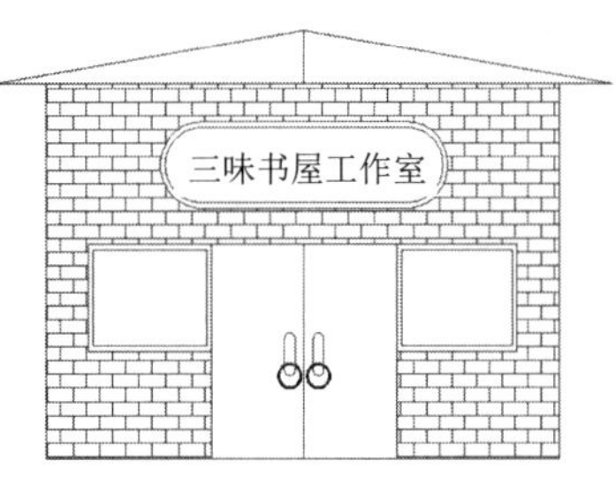

图 2-107　完成墙面的填充

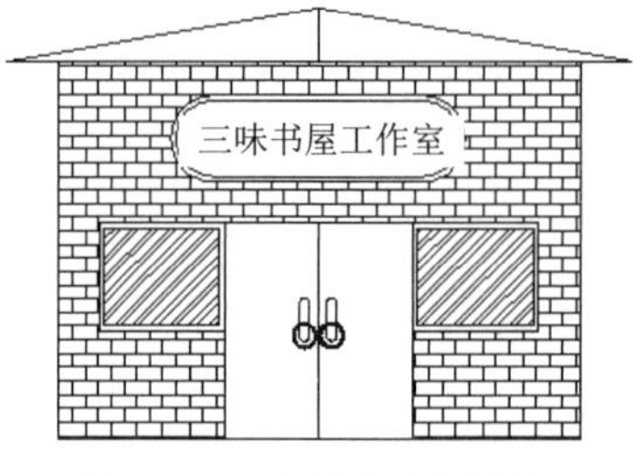

图 2-108　完成窗户的填充

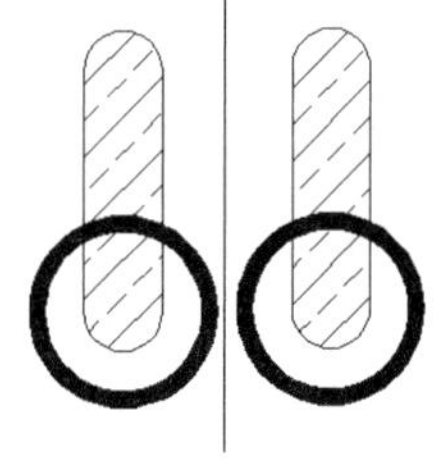

图 2-109　完成门把手的填充

❹ 单击“默认”选项卡“绘图”面板中的“渐变色”按钮▭，打开“图案填充创建”选项卡，单击“选项”面板中的↘按钮，打开“图案填充和渐变色”对话框，如图 2-110 所示。在“颜色”选项组中选中“单色”单选按钮，单击显示框后面的…按钮，打开“选择颜色”对话框，选择金黄色，如图 2-111 所示。单击“确定”按钮，返回“图案填充和渐变色”对话框的“渐变色”选项卡中，在颜色渐变方式样板中选择左下角的过渡模式。单击“添加:拾取点”按钮⊠，切换到绘图平面，在牌匾区域中选取一点，按 Enter 键，完成牌匾的填充，如图 2-112 所示。

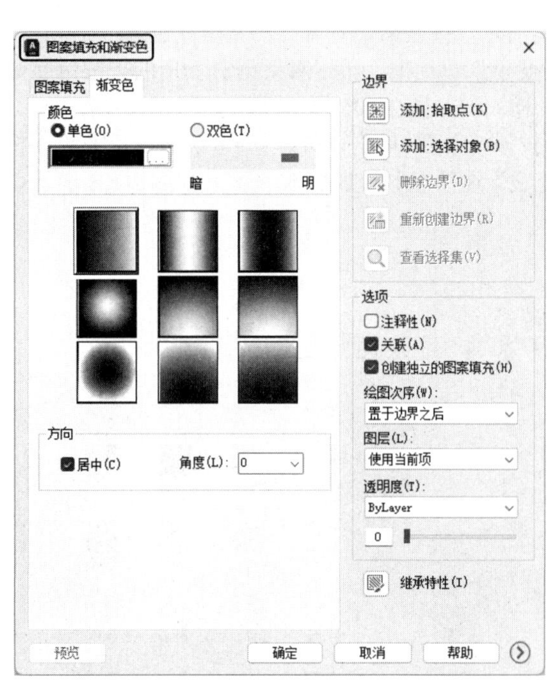

图 2-110　“图案填充和渐变色”对话框

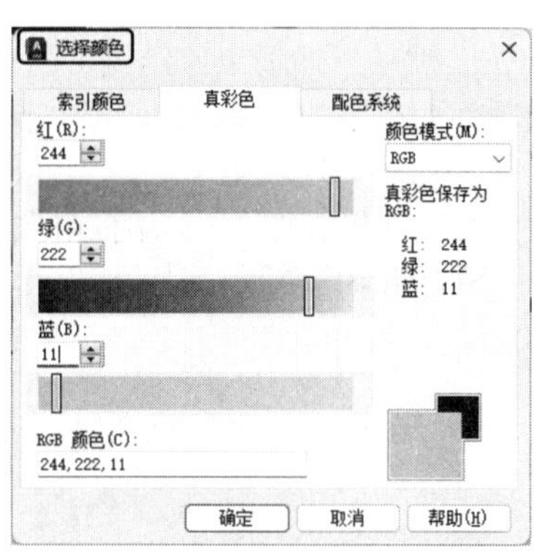

图 2-111　“选择颜色”对话框

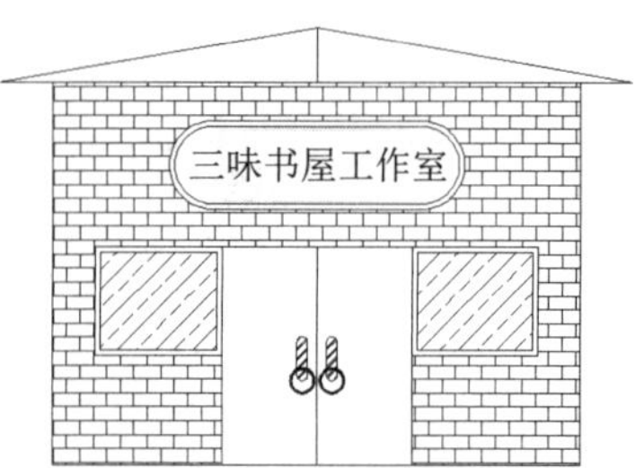

图 2-112　完成牌匾的填充

完成牌匾的填充后，发现不需要填充金黄色渐变，这时可以在填充区域中双击，系统将打开“图

案填充编辑器”选项卡，单击“选项”面板中的↘按钮，打开“图案填充和渐变色”对话框，将颜色渐变滑块移动到中间位置，如图 2-113 所示，单击“确定”按钮，完成牌匾填充图案的修改，如图 2-114 所示。

图 2-113　“图案填充和渐变色”对话框

图 2-114　编辑填充图案

❺ 采用相同的方法，打开“图案填充和渐变色”对话框的“渐变色”选项卡，选中“双色”单选按钮，分别设置“颜色 1”和“颜色 2”为红色和绿色，选择一种颜色过渡方式，如图 2-115 所示。选择屋顶区域并对其进行填充，结果如图 2-116 所示。

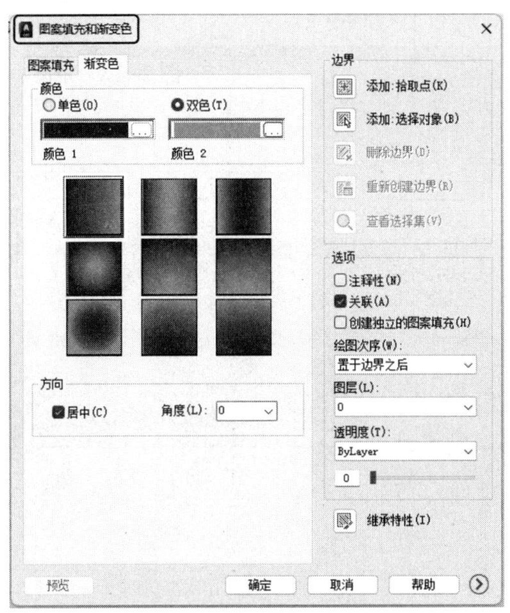

图 2-115　设置屋顶填充颜色

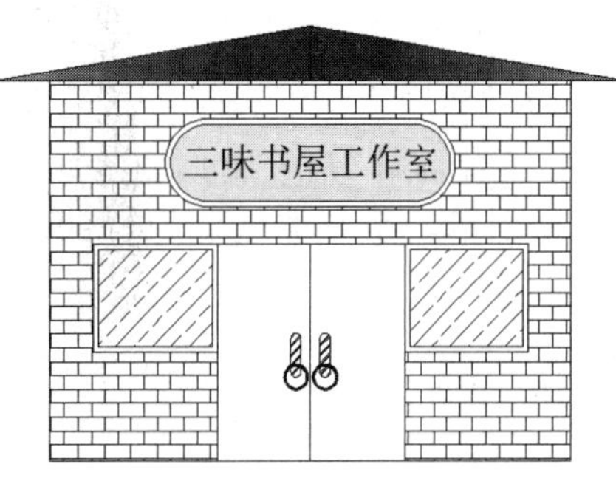

图 2-116　小房子

2.8 操作与实践

通过本章的学习，读者对不同二维图形的绘制方法有了大致的了解。本节通过 3 个操作练习使读者进一步掌握本章知识要点。

2.8.1 绘制椅子

1. 目的要求

本例反复利用“圆”“圆弧”“直线”命令绘制椅子，使读者灵活掌握圆的绘制方法，如图 2-117 所示。

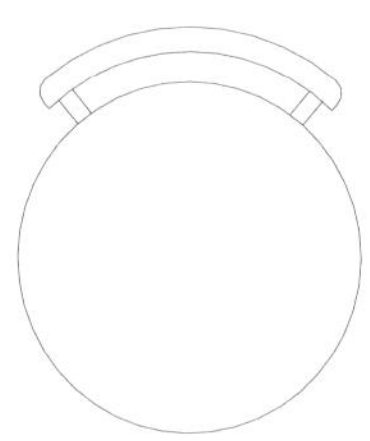

图 2-117 椅子

2. 操作提示

（1）绘制圆。

（2）绘制圆弧。

（3）绘制直线。

（4）绘制圆弧。

2.8.2 绘制浴缸

1. 目的要求

本例利用“多段线”命令绘制浴缸外沿，再利用“椭圆”等命令绘制内沿，如图 2-118 所示。本例要求读者掌握相关命令的使用方法。

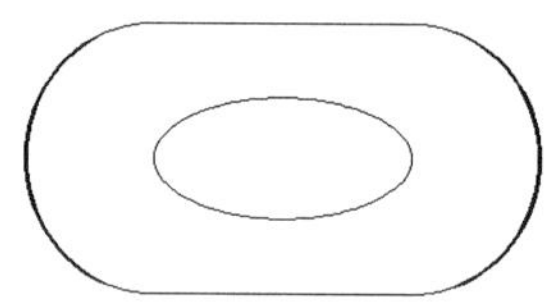

图 2-118 浴缸

2. 操作提示

（1）利用“多段线”命令绘制外沿。

（2）利用“椭圆”等命令绘制内沿。

2.8.3 绘制花园一角

1. 目的要求

本例绘制如图 2-119 所示的图形。为了做到准确无误，读者需要灵活掌握各种命令的绘制方法。

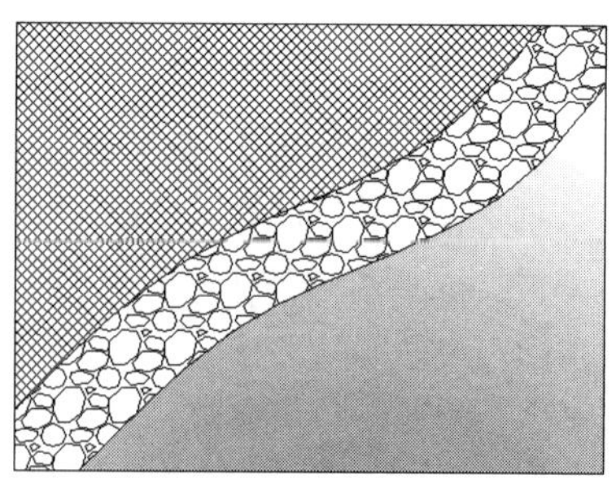

图 2-119 花园一角

2. 操作提示

（1）分别利用“矩形”和“样条曲线”命令绘制花园外形。

（2）图案填充。分别选用不同的填充类型和图案类型进行填充。

第3章 二维图形的编辑

二维图形的编辑操作配合绘图命令的使用可以进一步完成复杂图形对象的绘制，并可使用户合理安排和组织图形，保证绘图准确，减少重复，因此，对编辑命令的熟练掌握和使用有助于提高设计和绘图的效率。

- ☑ 构造选择集
- ☑ 删除与恢复
- ☑ 调整对象位置
- ☑ 利用一个对象生成多个对象
- ☑ 调整对象尺寸
- ☑ 圆角及倒角
- ☑ 使用夹点功能进行编辑
- ☑ 特性与特性匹配

任务驱动&项目案例

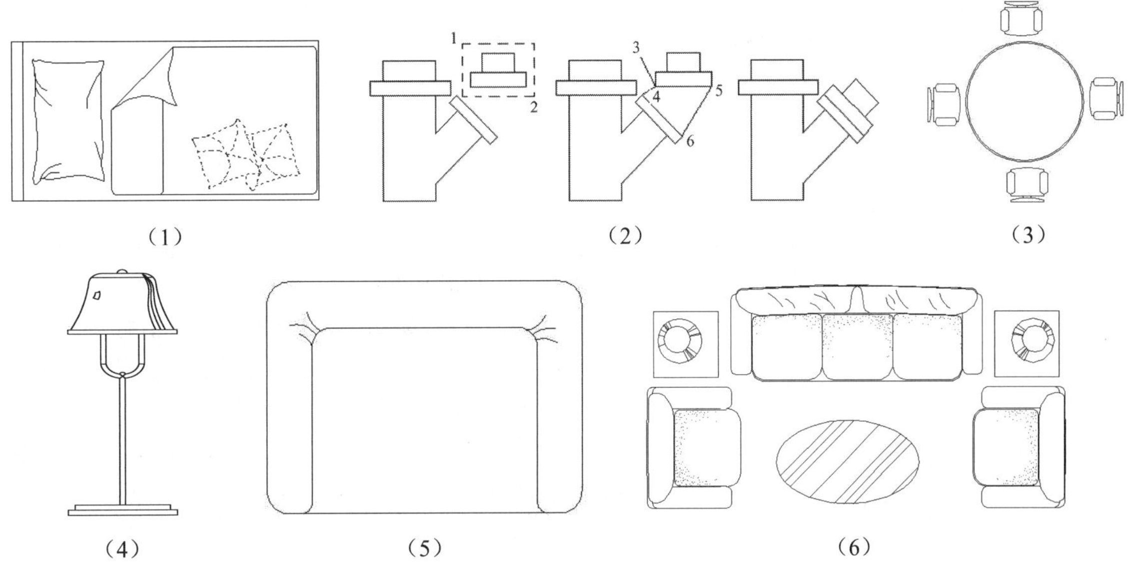

(1)　(2)　(3)

(4)　(5)　(6)

3.1 构造选择集

Note

在绘图过程中常会涉及对象的选择，如何才能更快、更好地选择对象。本节主要介绍构造选择集的具体方法。

当用户执行某个编辑命令时，命令行提示如下。

```
选择对象:
```

此时，系统要求用户从屏幕上选择要进行编辑的对象，即构造选择集，并且光标的形状由十字光标变成了一个小方框（即拾取框）。编辑对象时需要构造对象的选择集。选择集可以是单个的对象，也可以由多个对象组成。可以在执行编辑命令之前构造选择集，也可以在选择编辑命令之后构造选择集。

可以使用下列任意一种方法构造选择集。

（1）先选择一个编辑命令，然后选择对象并按 Enter 键，结束操作。

（2）输入 SELECT，然后选择对象并按 Enter 键，结束操作。

（3）用定点设备选择对象，然后调用编辑命令。

下面结合 SELECT 命令说明选择对象的方法。

SELECT 命令可以单独使用，也可以在执行其他编辑命令时被自动调用，此时屏幕提示如下。

```
选择对象:
```

等待用户以某种方式选择对象作为回答。AutoCAD 2024 提供了多种选择方式，可以输入“?”查看这些选择方式。输入“?”后，出现如下提示。

```
需要点或窗口(W)/上一个(L)/窗交(C)/框(BOX)/全部(ALL)/栏选(F)/圈围(WP)/圈交(CP)/编组(G)/添加(A)/删除(R)/多个(M)/前一个(P)/放弃(U)/自动(AU)/单个(SI)/子对象(SU)/对象(O):
选择对象:
```

上面各选项含义介绍如下。

☑ 点：点是系统默认的一种对象选择方式，用拾取框直接选择对象，选中的目标以高亮显示。选中一个对象后，命令行提示仍然是“选择对象:”，用户可以继续选择。选择后按 Enter 键，以结束对象的选择。选择模式和拾取框的大小可以通过“选项”对话框进行设置，操作如下：选择菜单栏中的“工具”→“选项”命令，打开“选项”对话框，然后选择“选择集”选项卡，如图 3-1 所示。利用该选项卡可以设置选择模式和拾取框的大小。

☑ 窗口(W)：使用由两个对角顶点确定的矩形窗口选取位于其范围内部的所有图形，与边界相交的对象不会被选中。指定对角顶点时用户应该按照从左向右的顺序，如图 3-2 所示。

☑ 上一个(L)：在“选择对象:”提示下输入 L 后按 Enter 键，系统会自动选取最后绘出的一个对象。

☑ 窗交(C)：该方式与上述“窗口”方式类似，区别在于，它不但选择矩形窗口内部的对象，也选中与矩形窗口边界相交的对象。选择的对象如图 3-3 所示。

☑ 框(BOX)：使用时，系统根据用户在屏幕上给出的两个对角点的位置自动引用“窗口”或“窗交”选择方式。若从左向右指定对角点，为“窗口”方式；反之为“窗交”方式。

☑ 全部(ALL)：选取图面上的所有对象。

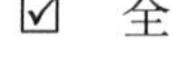

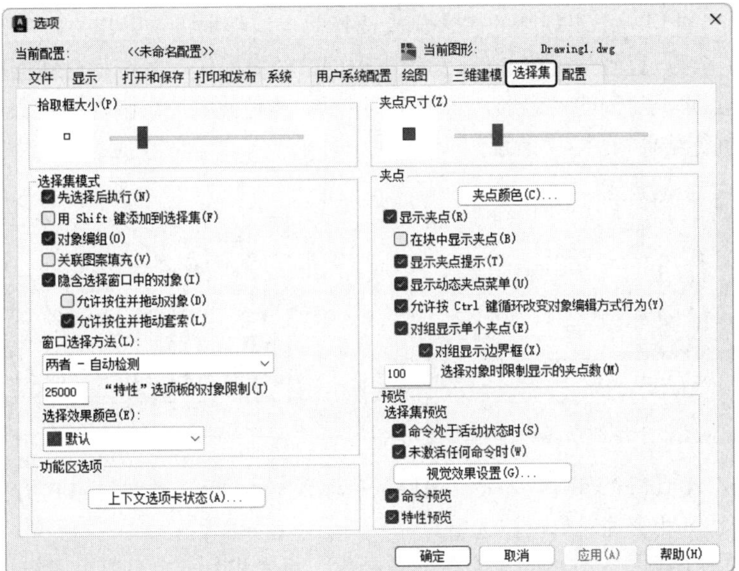

图 3-1　“选择集”选项卡

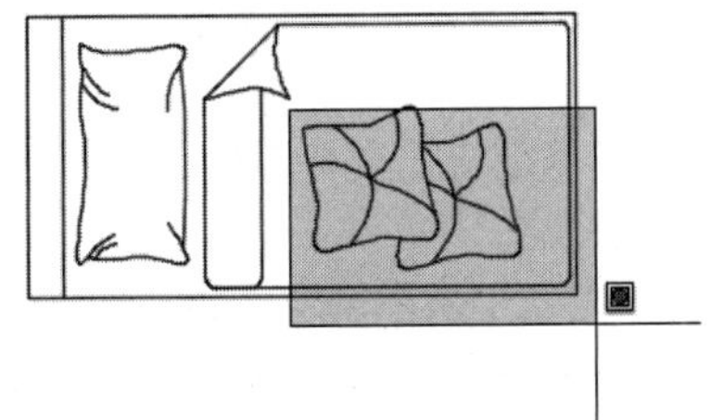

（a）选择窗口（深色覆盖部分）

（b）选择后的图形

图 3-2　“窗口”对象选择方式

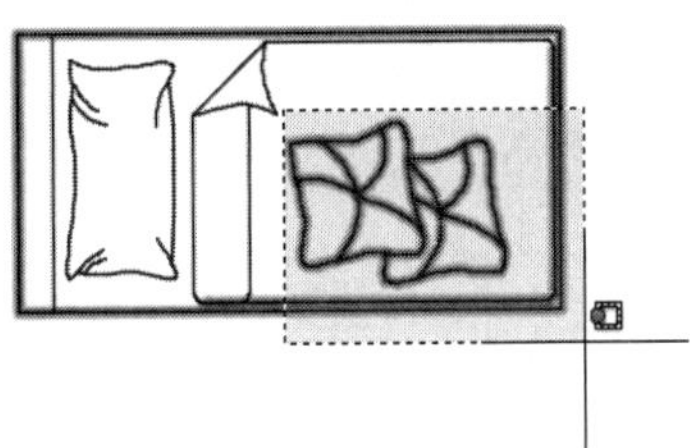

（a）选择窗口（深色覆盖部分）

（b）选择后的图形

图 3-3　“窗交”对象选择方式

☑ 栏选(F)：临时绘制一些直线，这些直线不必构成封闭图形，如图 3-4 所示。凡是与这些直线相交的对象均被选中。执行结果如图 3-5 所示。

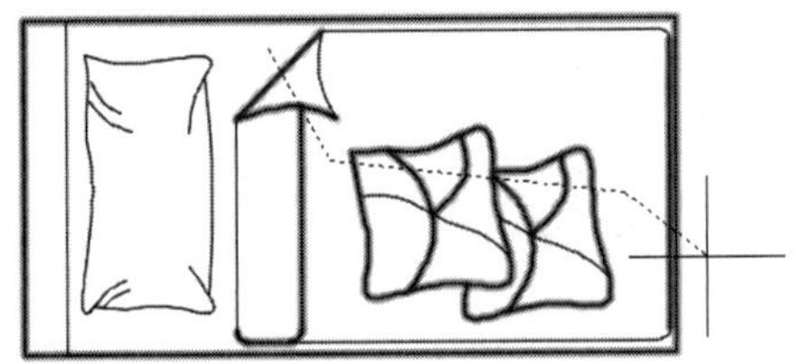

图 3-4　选择栏（图中虚线）

图 3-5　栏选后的图形

Note

☑ 圈围(WP)：使用一个不规则的多边形来选择对象。根据提示，用户顺次输入构成多边形所有顶点的坐标，直到最后按 Enter 键做出空回答结束操作，系统将自动连接第一个顶点与最后一个顶点形成封闭的多边形，如图 3-6 所示。凡是被多边形围住的对象均被选中（不包括边界）。执行结果如图 3-7 所示。

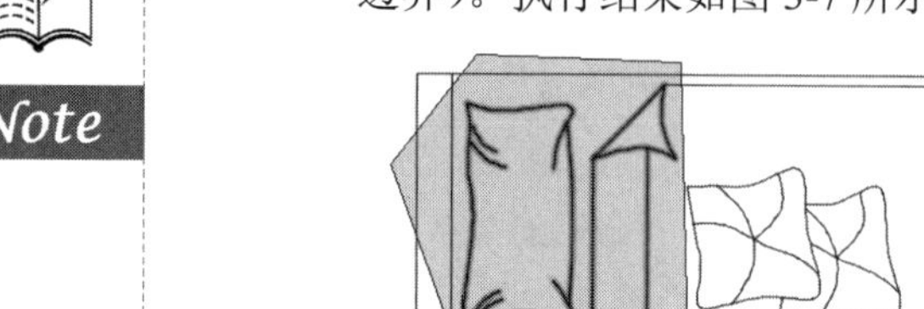

图 3-6　选择窗口（图中十字线所拉出深色多边形）

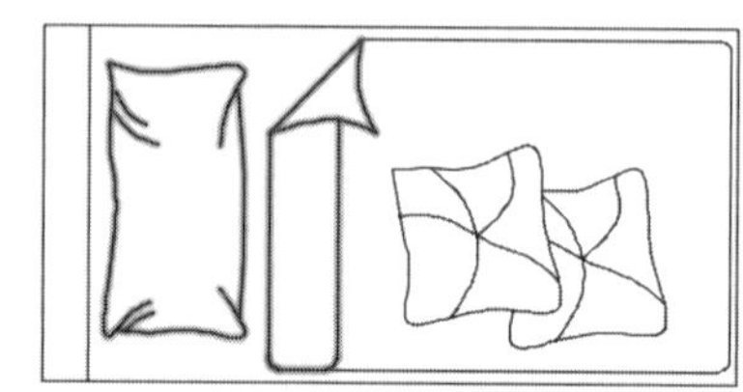

图 3-7　圈围后的图形

☑ 圈交(CP)：类似于“圈围”方式，在提示后输入 CP，后续操作与 WP 方式相同。区别在于与多边形边界相交的对象也被选中。

☑ 编组(G)：使用预先定义的对象组作为选择集。事先将若干个对象组成组，用组名引用。

☑ 添加(A)：添加下一个对象到选择集中，也可用于从移走模式（REMOVE）到选择模式的切换。

☑ 删除(R)：按住 Shift 键选择对象可以从当前选择集中移走该对象。对象由高亮显示状态变为正常状态。

☑ 多个(M)：指定多个点，不高亮显示对象。这种方法可以加快在复杂图形上的对象选择过程。若两个对象交叉，指定交叉点两次则可以选中这两个对象。

☑ 前一个(P)：用关键字 P 回答“选择对象:”的提示，则把上次编辑命令最后一次构造的选择集或最后一次使用 SELECT（DDSELECT）命令预置的选择集作为当前选择集。这种方法适用于对同一选择集进行多种编辑操作。

☑ 放弃(U)：用于取消加入选择集中的对象。

☑ 自动(AU)：选择结果视用户在屏幕上的选择操作而定。如果选中单个对象，则该对象即为自动选择的结果；如果选择点落在对象内部或外部的空白处，系统会提示如下。

```
指定对角点：
```

此时，系统会采取一种窗口的选择方式。对象被选中后，变为虚线形式并高亮显示。

注意： 若矩形框从左向右定义，即第一个选择的对角点为左侧的对角点，则矩形框内部的对象被选中，框外部及与矩形框边界相交的对象不会被选中；若矩形框从右向左定义，则矩形框内部及与矩形框边界相交的对象都会被选中。

☑ 单个(SI)：选择指定的第一个对象或对象集，而不继续提示进行进一步的选择。

☑ 子对象(SU)：使用户可以逐个选择原始形状，这些形状是复合实体的一部分或三维实体上的顶点、边和面。

☑ 对象(O)：结束选择子对象的功能。使用户可以使用对象选择方法。

3.2　删除与恢复

在绘图过程中常会出错，难免需要进行删除和恢复操作，如何更便捷地减少一些不必要的麻烦

呢？本节主要介绍“删除”和“恢复”命令。

3.2.1　“删除”命令

如果所绘制的图形不符合要求或绘制错了，则可以使用“删除”（ERASE）命令把它删除。

1. 执行方式

☑ 命令行：ERASE。

☑ 菜单栏：❶“修改”→❷“删除”，如图 3-8 所示。

☑ 工具栏：“修改”→“删除”，如图 3-9 所示。

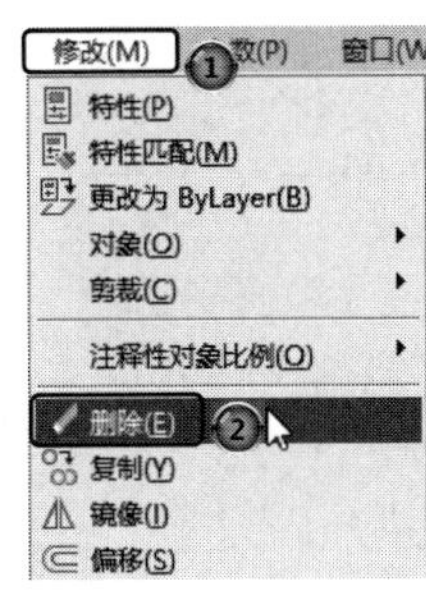

图 3-8　“修改”菜单

图 3-9　“修改”工具栏

☑ 功能区：“默认”→“修改”→“删除”。

☑ 快捷菜单：删除。

2. 操作步骤

可以先选择对象，调用“删除”命令，也可以先调用“删除”命令，再选择对象。选择对象时可以使用前面介绍的各种选择对象的方法。

当选择多个对象时，多个对象都被删除；若选择的对象属于某个对象组，则该对象组中的所有对象都被删除。

3.2.2　“恢复”命令

若不小心误删除了图形，可以使用“恢复”（OOPS）命令恢复误删除的对象。

1. 执行方式

☑ 命令行：OOPS 或 U。

☑ 工具栏：快速访问→“放弃”。

☑ 快捷键：Ctrl+Z。

2. 操作步骤

```
命令：OOPS↙
```

3.3　调整对象位置

调整对象位置是指按照指定要求改变当前图形或图形中某部分的位置，主要包括“移动”“对齐”“旋转”命令。

3.3.1 移动

移动对象是将对象位置平移，而不改变对象的方向和大小。如果要精确地移动对象，需要配合使用捕捉、坐标、夹点和对象捕捉模式。

1. 执行方式

☑ 命令行：MOVE。
☑ 菜单栏："修改"→"移动"。
☑ 工具栏："修改"→"移动"✥。
☑ 功能区："默认"→"修改"→"移动"✥。
☑ 快捷菜单：移动。

2. 操作步骤

```
命令：MOVE↙
选择对象：(选择对象)
指定基点或 [位移(D)] <位移>：(指定基点或移至点)
指定第二个点或 <使用第一个点作为位移>：
```

3. 选项说明

(1) 如果在"指定第二个点或<使用第一个点作为位移>:"提示下不输入内容而按 Enter 键，则第一次输入的值为相对坐标（@X,Y）。选择的对象从它当前的位置以第一次输入的坐标为位移量而移动。

(2) 可以使用夹点进行移动。当对所操作的对象选取基点后，按空格键以切换到"移动"模式。

3.3.2 对齐

用户可以通过移动、旋转或倾斜一个对象来使该对象与另一个对象对齐。"对齐"命令既适用于三维对象，也适用于二维对象。

1. 执行方式

☑ 命令行：ALIGN。
☑ 菜单栏："修改"→"三维操作"→"对齐"。

2. 操作步骤

```
命令：ALIGN↙
选择对象：(选择要对齐的对象)
指定第一个源点：
指定第一个目标点：
指定第二个源点：
指定第二个目标点：
指定第三个源点或 <继续>：
是否基于对齐点缩放对象？ [是(Y)/否(N)] <否>：
```

3.3.3 实例——管道对齐

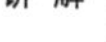

本实例利用 ALIGN 命令中的"窗口(W)"选择框选择要对齐的对象来对齐管道段，绘制流程图如图 3-10 所示。

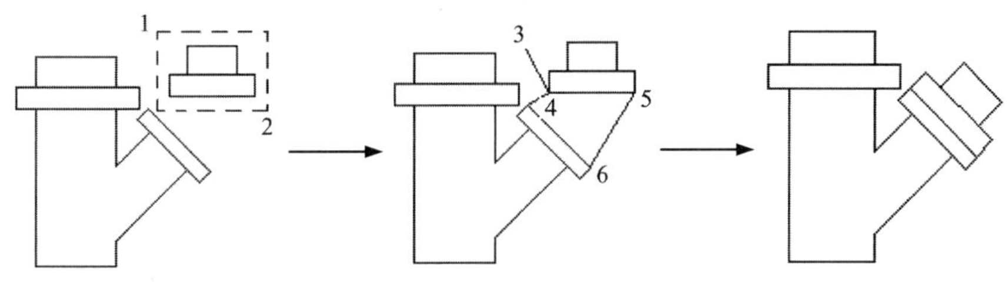

图 3-10　管道对齐的绘制流程

（1）在命令行中输入 ALIGN。

（2）用“窗口(W)”选择框选择要对齐的对象，如图 3-11（a）所示。

（3）指定第一个源点，如图 3-11（b）中所示的点 3，然后指定第一个目标点，如图 3-11（b）中所示的点 4。

（4）指定第二个源点，如图 3-11（b）中所示的点 5，然后指定第二个目标点，如图 3-11（b）中所示的点 6。按 Enter 键，此时系统提示如下。

```
是否基于对齐点缩放对象？[是(Y)/否(N)]<否>：
```

（5）输入 Y，并按 Enter 键，即可缩放对象并使对齐点对齐，如图 3-11（c）所示。

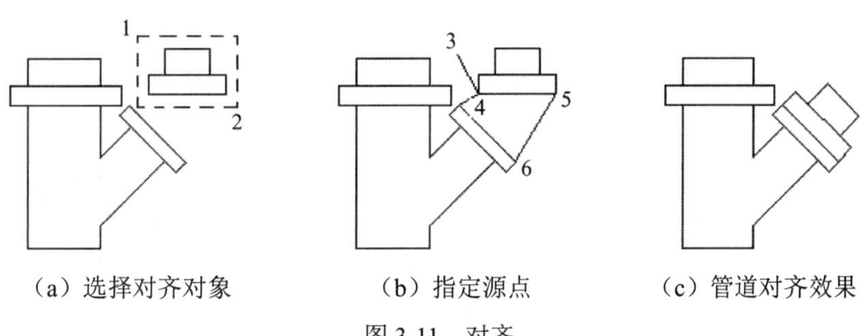

（a）选择对齐对象　　（b）指定源点　　（c）管道对齐效果

图 3-11　对齐

3.3.4　旋转

旋转是将所选对象绕指定点（即基点）旋转至指定的角度，以便调整对象的位置。

1. 执行方式

☑ 命令行：ROTATE。
☑ 菜单栏：“修改”→“旋转”。
☑ 工具栏：“修改”→“旋转”。
☑ 功能区：“默认”→“修改”→“旋转”。
☑ 快捷菜单：旋转。

2. 操作步骤

```
命令：ROTATE↙
UCS 当前的正角方向：ANGDIR=逆时针　ANGBASE=0
选择对象：(选择要旋转的对象)
指定基点：(指定旋转的基点，在对象内部指定一个坐标点)
指定旋转角度或 [复制(C)/参照(R)] <0>：(指定旋转角度或其他选项)
```

Note

3. 选项说明

☑ 复制(C)：选择该选项，旋转对象的同时保留源对象，如图 3-12 所示。

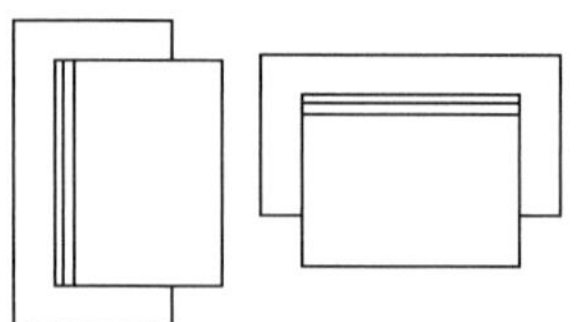

（a）旋转前　　（b）旋转后

图 3-12　复制旋转图

☑ 参照(R)：采用参考方式旋转对象时，系统提示如下。

```
指定参照角 <0>:（指定要参考的角度，默认值为 0）
指定新角度或 [点(P)]:（输入旋转后的角度值）
```

操作完毕后，对象被旋转至指定的角度位置。

注意：可以用拖曳鼠标的方法旋转对象。选择对象并指定基点后，从基点到当前光标位置会出现一条连线，移动鼠标，选择的对象会动态地随着该连线与水平方向夹角的变化而旋转，按 Enter 键确认旋转操作，如图 3-13 所示。

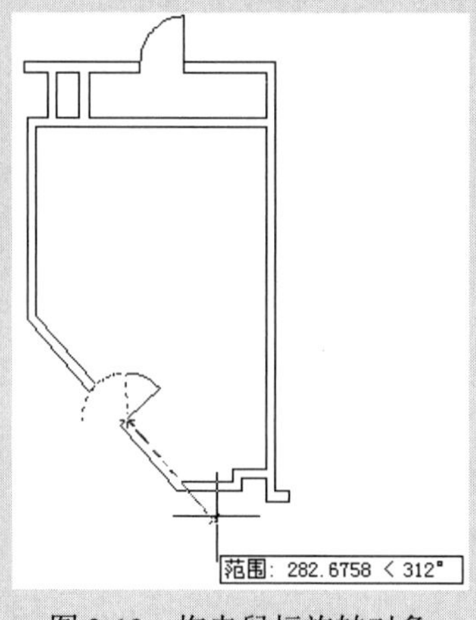

图 3-13　拖曳鼠标旋转对象

3.4　利用一个对象生成多个对象

本节将详细介绍 AutoCAD 2024 的复制类命令。利用这些编辑功能，可以方便地编辑绘制的图形。

3.4.1　复制

根据需要，可以将选择的对象复制一次，也可以复制多次（即多重复制）。在复制对象时，需要创建一个选择集，并为复制对象指定一个起点和终点，这两点分别称为基点和第二个位移点，可位于图形内的任何位置处。

1. 执行方式

☑ 命令行：COPY。
☑ 菜单栏："修改"→"复制"。
☑ 工具栏："修改"→"复制"。
☑ 功能区："默认"→"修改"→"复制"。
☑ 快捷菜单：复制选择。

2. 操作步骤

```
命令：COPY↙
选择对象：(选择要复制的对象)
```

使用前面介绍的选择对象的方法选择一个或多个对象，按 Enter 键结束选择操作。系统继续提示如下。

```
指定基点或 [位移(D)/模式(O)]<位移>：(指定基点或位移)
指定第二个点或[阵列(A)]<使用第一个点作为位移>:
```

3. 选项说明

☑ 位移(D)：直接输入位移值，表示以选择对象时的拾取点为基准，以拾取点坐标为移动方向纵横比，以移动指定位移后确定的点为基点。例如，选择对象时拾取点坐标为（2,3)，输入位移为 5，则表示以（2,3）点为基准，沿纵横比为 3∶2 的方向移动 5 个单位所确定的点为基点。
☑ 模式(O)：控制是否自动重复该命令。图 3-14 为将脸盆复制后形成的洗手间图形。

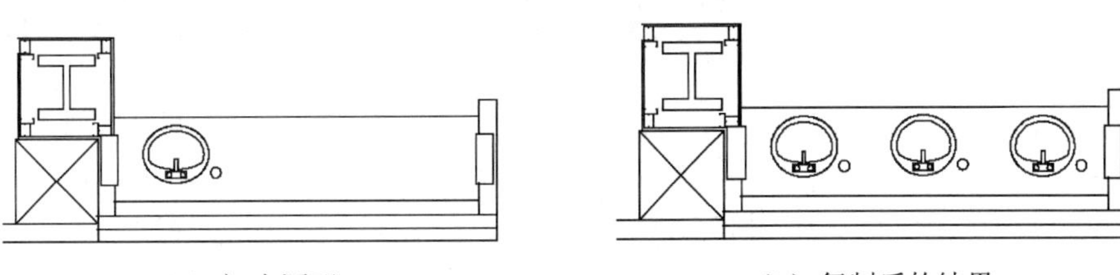

（a）初步图形　　（b）复制后的结果

图 3-14　洗手间

使用第一个点作为位移：将第一个点当作相对于 X、Y、Z 的位移。例如，如果指定基点为（2,3)，并在下一个提示下按 Enter 键，则该对象从它当前的位置开始在 X 方向上移动两个单位，在 Y 方向上移动 3 个单位。

3.4.2　实例——办公桌（一）

视频讲解

本实例利用"矩形"命令绘制一侧的桌柜，再利用"矩形"命令绘制桌面，最后利用"复制"命令创建另一侧的桌柜。绘制流程如图 3-15 所示。

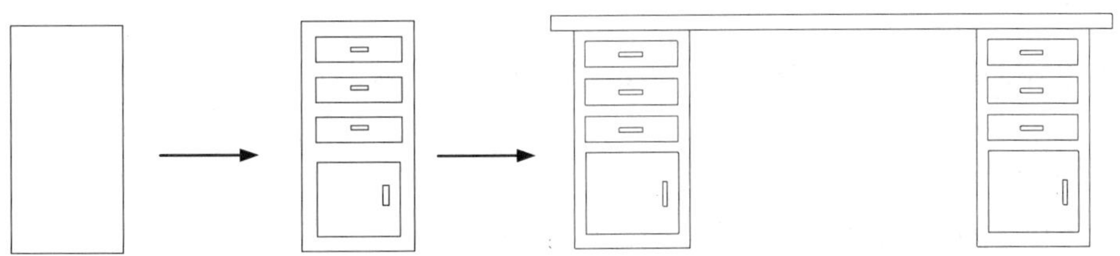

图 3-15　办公桌（一）的绘制流程

（1）单击“默认”选项卡“绘图”面板中的“矩形”按钮▭，在合适的位置处绘制矩形，如图 3-16 所示。

（2）单击“默认”选项卡“绘图”面板中的“矩形”按钮▭，在合适的位置处绘制一系列的矩形，结果如图 3-17 所示。

（3）单击“默认”选项卡“绘图”面板中的“矩形”按钮▭，在合适的位置处绘制一系列的矩形，结果如图 3-18 所示。

图 3-16　绘制矩形 1

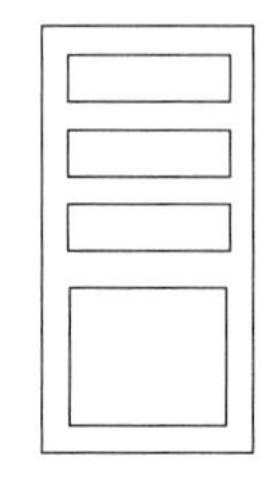

图 3-17　绘制矩形 2

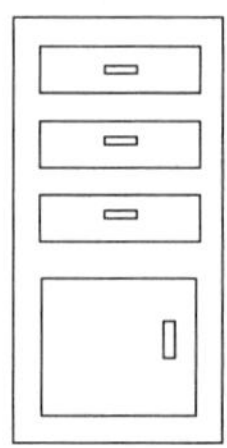

图 3-18　绘制矩形 3

（4）单击“默认”选项卡“绘图”面板中的“矩形”按钮▭，在合适的位置处绘制一个矩形，结果如图 3-19 所示。

（5）单击“默认”选项卡“修改”面板中的“复制”按钮，将办公桌左边的一系列矩形复制到右边，完成办公桌的绘制。命令行提示与操作如下。

```
命令：COPY↙
选择对象：(选取左边的一系列矩形)
选择对象：↙
当前设置：复制模式=多个
指定基点或 [位移(D)/模式(O)] <位移>:
指定第二个点或 [阵列(A)] <使用第一个点作为位移>：(选取左边的一系列矩形任意指定一点)
指定第二个点或 [阵列(A)/退出(E)/放弃(U)] <退出>：(打开状态栏上的“正交”开关，在右侧适当位置处选取一点)
```

结果如图 3-20 所示。

图 3-19　绘制矩形 4

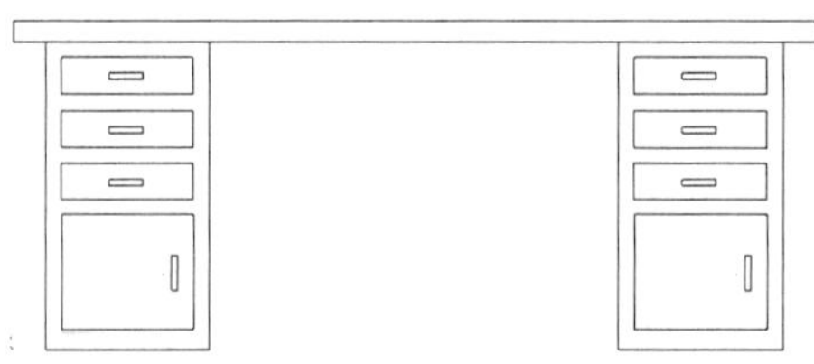

图 3-20　完成办公桌（一）的绘制

3.4.3　镜像

将指定的对象按给定的镜像线做对称复制，即镜像。镜像操作适用于对称图形，是一种常用的编辑方法。

1. 执行方式

☑　命令行：MIRROR。

☑　菜单栏：“修改”→“镜像”。

☑　工具栏："修改"→"镜像"⚠。

☑　功能区："默认"→"修改"→"镜像"⚠。

2. 操作步骤

```
命令：MIRROR↙
选择对象：(选择要镜像的对象)
指定镜像线的第一点：(指定镜像线的第一个点)
指定镜像线的第二点：(指定镜像线的第二个点)
要删除源对象吗？[是(Y)/否(N)] <否>：(确定是否删除源对象)
```

指定两点确定一条镜像线，所选择的对象以该线为镜像线进行镜像。包含该线的镜像平面与用户坐标系统的 XY 平面垂直，即镜像操作工作在与用户坐标系统的 XY 平面平行的平面上。

3.4.4　实例——办公桌（二）

本实例利用"矩形"命令绘制一侧的桌柜，再利用"矩形"命令绘制桌面，最后利用"镜像"命令创建另一侧的桌柜，绘制流程如图 3-21 所示。

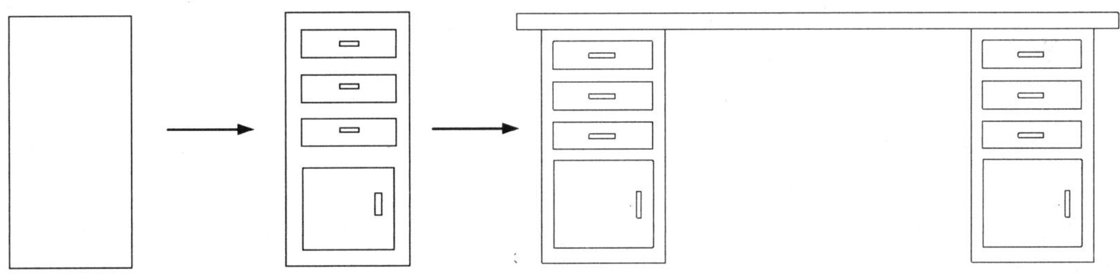

图 3-21　绘制办公桌（二）的流程

（1）单击"默认"选项卡"绘图"面板中的"矩形"按钮▭，在合适的位置处绘制矩形，如图 3-22 所示。

（2）单击"默认"选项卡"绘图"面板中的"矩形"按钮▭，在合适的位置处绘制一系列的矩形，结果如图 3-23 所示。

（3）单击"默认"选项卡"绘图"面板中的"矩形"按钮▭，在合适的位置处绘制一系列的矩形，结果如图 3-24 所示。

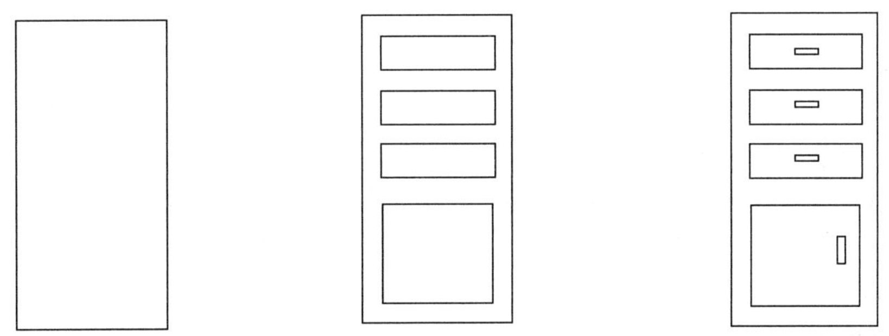

图 3-22　绘制矩形 1　　图 3-23　绘制矩形 2　　图 3-24　绘制矩形 3

（4）单击"默认"选项卡"绘图"面板中的"矩形"按钮▭，在合适的位置处绘制一个矩形，结果如图 3-25 所示。

（5）单击“默认”选项卡“修改”面板中的“镜像”按钮⚠，将左边的一系列矩形以桌面矩形的顶边中点和底边中点连线为轴镜像。命令行提示与操作如下。

Note

```
命令：MIRROR↙
选择对象：(选取左边的一系列矩形）↙
选择对象：↙
指定镜像线的第一点：选择桌面矩形的底边中点↙
指定镜像线的第二点：选择桌面矩形的顶边中点↙
要删除源对象吗？[是(Y)/否(N)] <否>：↙
```

结果如图 3-26 所示。读者可以比较用“复制”命令和“镜像”命令绘制办公桌，看哪种方法更快捷。

图 3-25　绘制矩形 4

图 3-26　完成办公桌（二）的绘制

3.4.5　阵列

阵列是指按环形或矩形排列形式复制对象或选择集。对于环形阵列，可以控制复制对象的数目和是否旋转对象；对于矩形阵列，可以控制行和列的数目及间距。图 3-27 为矩形阵列和环形阵列的示例。

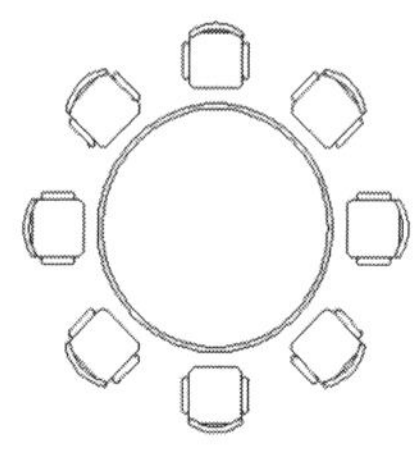
（a）环形阵列

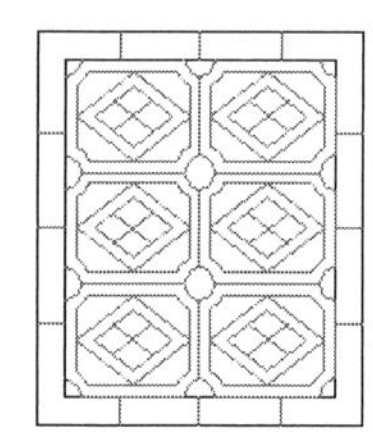
（b）矩形阵列

图 3-27　阵列

1. 执行方式

☑ 命令行：ARRAY。
☑ 菜单栏：“修改”→“阵列”。
☑ 工具栏：“修改”→“矩形阵列”▦或“环形阵列”⁘或“路径阵列”⸞。
☑ 功能区：“默认”→“修改”→“阵列”▦/⁘/⸞。

2. 操作步骤

```
命令：ARRAY↙
选择对象：(使用对象选择方法）
输入阵列类型 [矩形(R)/路径(PA)/极轴(PO)] <矩形>：PA↙
类型=路径 关联=是
选择路径曲线：(使用一种对象选择方法）
```

```
选择夹点以编辑阵列或 [关联(AS)/方法(M)/基点(B)/切向(T)/项目(I)/行(R)/层(L)/对齐项目(A)/Z 方向(Z)/退出(X)] <退出>: i↙
指定沿路径的项目之间的距离或 [表达式(E)] <1293.769>:(指定距离)
最大项目数=5
指定项目数或 [填写完整路径(F)/表达式(E)] <5>:(输入数目)
选择夹点以编辑阵列或 [关联(AS)/方法(M)/基点(B)/切向(T)/项目(I)/行(R)/层(L)/对齐项目(A)/Z 方向(Z)/退出(X)] <退出>:
```

3. 选项说明

☑ 切向(T)：控制选定对象是否将相对于路径的起始方向重定向（旋转），然后移动到路径的起点处。

☑ 表达式(E)：使用数学公式或方程式获取值。

☑ 基点(B)：指定阵列的基点。

☑ 关联(AS)：指定是否在阵列中创建项目作为关联阵列对象，或作为独立对象。

☑ 项目(I)：编辑阵列中的项目数。

☑ 行(R)：指定阵列中的行数和行间距，以及它们之间的增量标高。

☑ 层(L)：指定阵列中的层数和层间距。

☑ 对齐项目(A)：指定是否对齐每个项目以与路径的方向相切。对齐相对于第一个项目的方向〔“Z 方向(Z)”选项〕。

☑ Z 方向(Z)：控制是否保持项目的原始 Z 方向或沿三维路径自然倾斜项目。

☑ 退出(X)：退出命令。

3.4.6 实例——餐桌

视频讲解

本实例利用“直线”“圆弧”命令绘制椅子，再利用“圆”命令绘制餐桌，最后利用“环形阵列”命令创建其余椅子，绘制流程如图 3-28 所示。

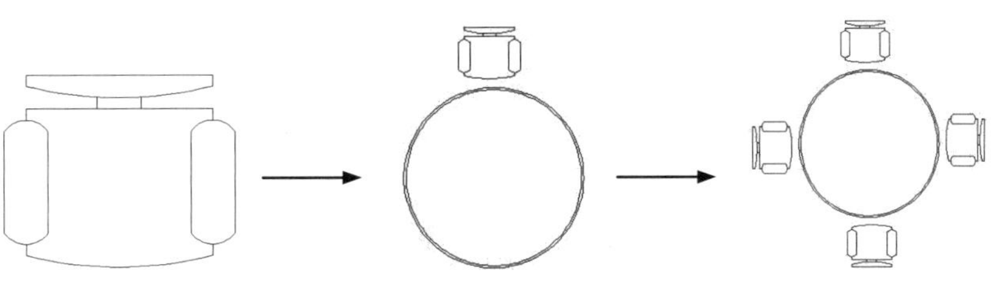

图 3-28　绘制餐桌的流程

（1）单击“默认”选项卡“绘图”面板中的“直线”按钮╱，绘制直线，结果如图 3-29 所示。

（2）单击“默认”选项卡“修改”面板中的“复制”按钮，复制直线。命令行提示与操作如下。

```
命令：COPY↙
选择对象：(选择左边短竖线)
选择对象：↙
当前设置：复制模式=多个
指定基点或 [位移(D)/模式(O)] <位移>:(捕捉横线段左端点)
指定第二个点或 [阵列(A)] <使用第一个点作为位移>:(捕捉横线段右端点)
```

结果如图 3-30 所示。

（3）单击“默认”选项卡“绘图”面板中的“直线”按钮╱和“圆弧”按钮◜，绘制靠背，结果如图 3-31 所示。

Note

（4）单击“默认”选项卡“绘图”面板中的“直线”按钮╱和“圆弧”按钮◜，绘制扶手，结果如图 3-32 所示。

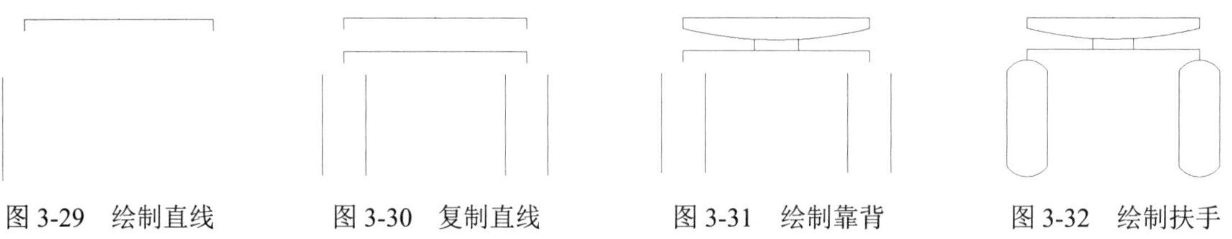

图 3-29　绘制直线　　图 3-30　复制直线　　图 3-31　绘制靠背　　图 3-32　绘制扶手

（5）细化图形。完成椅子轮廓的绘制，结果如图 3-33 所示。

（6）单击“默认”选项卡“绘图”面板中的“圆”按钮⊙和“修改”面板中的“偏移”按钮⋐，绘制两个同心圆，结果如图 3-34 所示。

（7）单击“默认”选项卡“修改”面板中的“移动”按钮✥，将椅子移动到合适的位置处，结果如图 3-35 所示。

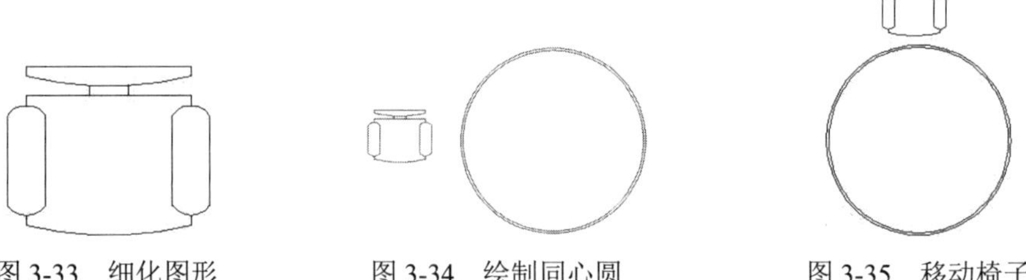

图 3-33　细化图形　　图 3-34　绘制同心圆　　图 3-35　移动椅子

（8）单击“默认”选项卡“修改”面板中的“环形阵列”按钮⁘，阵列椅子，结果如图 3-28 所示。命令行提示与操作如下。

```
命令：_arraypolar
选择对象：(选择椅子图形)
类型=极轴　关联=否
指定阵列的中心点或 [基点(B)/旋转轴(A)]：(选择餐桌中心点)
选择夹点以编辑阵列或 [关联(AS)/基点(B)/项目(I)/项目间角度(A)/填充角度(F)/行(ROW)/层(L)/旋转项目(ROT)/退出(X)] <退出>: AS
创建关联阵列 [是(Y)/否(N)] <否>: N
选择夹点以编辑阵列或 [关联(AS)/基点(B)/项目(I)/项目间角度(A)/填充角度(F)/行(ROW)/层(L)/旋转项目(ROT)/退出(X)] <退出>: I
输入阵列中的项目数或 [表达式(E)] <6>: 4
选择夹点以编辑阵列或 [关联(AS)/基点(B)/项目(I)/项目间角度(A)/填充角度(F)/行(ROW)/层(L)/旋转项目(ROT)/退出(X)] <退出>: F
指定填充角度(+=逆时针、-=顺时针)或 [表达式(EX)] <360> (阵列的角度为默认的 360°，此时直接按 Enter 键)
```

3.4.7　偏移

偏移是根据确定的距离和方向，在不同的位置处创建一个与选择对象相似的新对象。可以偏移的

对象包括直线、圆弧、圆、二维多段线、椭圆、椭圆弧、参照线、射线和平面样条曲线等。

1. 执行方式

☑ 命令行：OFFSET。
☑ 菜单栏："修改"→"偏移"。
☑ 工具栏："修改"→"偏移"⋐。
☑ 功能区："默认"→"修改"→"偏移"⋐。

2. 操作步骤

```
命令：OFFSET↙
当前设置：删除源=否　图层=源　OFFSETGAPTYPE=0
指定偏移距离或 [通过(T)/删除(E)/图层(L)] <通过>:（指定距离值）
选择要偏移的对象，或 [退出(E)/放弃(U)] <退出>:（选择要偏移的对象，按 Enter 键结束操作）
指定要偏移的那一侧上的点，或 [退出(E)/多个(M)/放弃(U)] <退出>:（指定偏移方向）
```

3. 选项说明

☑ 指定偏移距离：输入一个距离值，或按 Enter 键使用当前的距离值，系统将该距离值作为偏移距离，如图 3-36 所示。

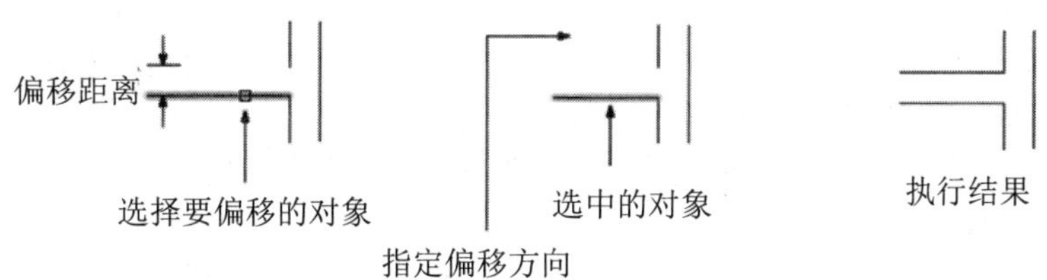

图 3-36　指定距离偏移对象

☑ 通过(T)：指定偏移的通过点，选择该选项后出现如下提示。

```
选择要偏移的对象，或 [退出(E)/放弃(U)] <退出>:（选择要偏移的对象，按 Enter 键结束操作）
指定通过点或 [退出(E)/多个(M)/放弃(U)] <退出>:（指定偏移对象的一个通过点）
```

操作完毕后，系统根据指定的通过点绘出偏移对象，如图 3-37 所示。

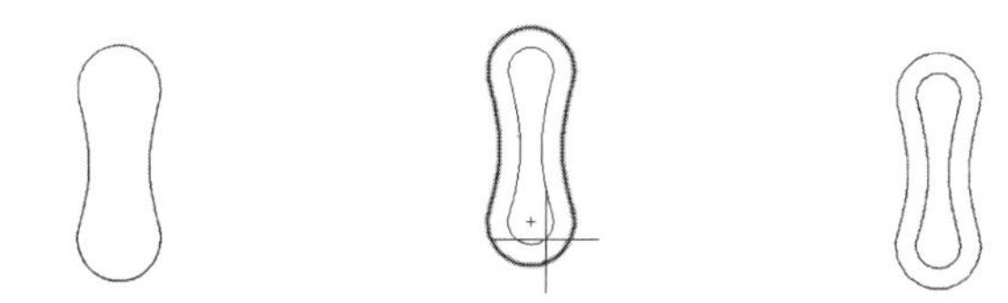

（a）要偏移的对象　（b）指定通过点　（c）执行结果

图 3-37　指定通过点偏移对象

3.4.8　实例——门

本实例利用"矩形"命令绘制外框，利用"偏移"命令创建内框，再利用"直线""偏移""矩形"命令绘制窗口，绘制流程如图 3-38 所示。

（1）将图形界面缩放至适当大小。

（2）单击"默认"选项卡"绘图"面板中的"矩形"按钮▭，绘制角点坐标分别为（0,0）和

（@900,2400）的矩形，绘制结果如图 3-39 所示。

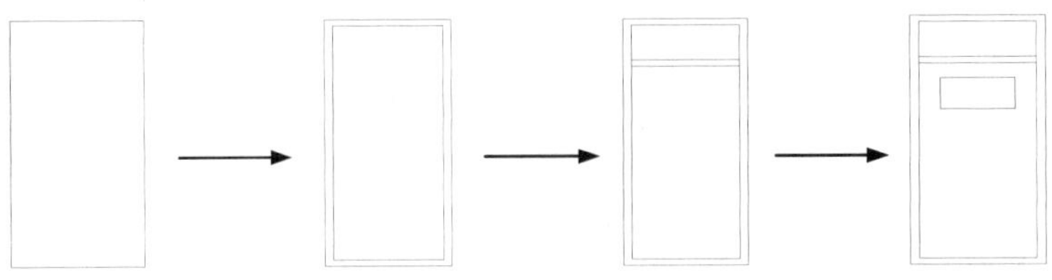

图 3-38　绘制门的流程

（3）单击“默认”选项卡“修改”面板中的“偏移”按钮⊆，将步骤（2）中绘制的矩形向内偏移。命令行提示与操作如下。

```
命令: _offset↙
当前设置: 删除源=否  图层=源  OFFSETGAPTYPE=0
指定偏移距离或 [通过(T)/删除(E)/图层(L)] <通过>: 60↙
选择要偏移的对象，或 [退出(E)/放弃(U)] <退出>:（选择上述矩形）
指定要偏移的那一侧上的点，或 [退出(E)/多个(M)/放弃(U)] <退出>:（选择矩形内侧）
选择要偏移的对象，或 [退出(E)/放弃(U)] <退出>:
```

绘制结果如图 3-40 所示。

（4）单击“默认”选项卡“绘图”面板中的“直线”按钮／，绘制端点坐标分别为（60,2000）和（@780,0）的直线，绘制结果如图 3-41 所示。

（5）单击“默认”选项卡“修改”面板中的“偏移”按钮⊆，将步骤（4）中绘制的直线向下偏移。命令行提示与操作如下。

```
命令: _offset↙
指定偏移距离或 [通过(T)/删除(E)/图层(L)] <通过>: 60↙
选择要偏移的对象，或 [退出(E)/放弃(U)] <退出>:（选择上述绘制的直线）
指定要偏移的那一侧上的点，或 [退出(E)/多个(M)/放弃(U)] <退出>:（选择直线下方）
选择要偏移的对象，或 [退出(E)/放弃(U)] <退出>: ↙
```

绘制结果如图 3-42 所示。

（6）单击“默认”选项卡“绘图”面板中的“矩形”按钮□，绘制角点坐标分别为（200,1500）和（700,1800）的矩形，绘制结果如图 3-43 所示。

图 3-39　绘制矩形　图 3-40　偏移操作　图 3-41　绘制直线　图 3-42　偏移操作　图 3-43　完成门的绘制

3.5　调整对象尺寸

调整对象尺寸是在对指定对象进行编辑后，使编辑对象的几何尺寸发生改变，包括缩放、修剪、延伸、拉伸、拉长、打断等命令。

Note

3.5.1　缩放

缩放是使对象整体放大或缩小，通过指定一个基点和比例因子来缩放对象。

1. 执行方式

☑　命令行：SCALE。
☑　菜单栏："修改"→"缩放"。
☑　工具栏："修改"→"缩放" 。
☑　功能区："默认"→"修改"→"缩放" 。
☑　快捷菜单：缩放。

2. 操作步骤

```
命令: SCALE↙
选择对象:(选择要缩放的对象)
指定基点:(指定缩放操作的基点)
指定比例因子或 [复制(C)/参照(R)] <1.0000>:
```

3. 选项说明

（1）采用参考方式缩放对象时，系统提示如下。

```
指定参照长度 <1.0000>:(指定参考长度值)
指定新长度或 [点(P)]<1.0000>:(指定新长度值)
```

若新长度值大于参考长度值，则放大对象；否则缩小对象。操作完毕后，系统以指定的点为基点、按指定的比例因子缩放对象。如果选择"点(P)"选项，则指定两点来定义新的长度。

（2）可以用拖曳鼠标的方法缩放对象。选择对象并指定基点后，从基点到当前光标位置会出现一条连线，线段的长度即为比例大小。移动鼠标，选择的对象会动态地随着连线长度的变化而缩放，按 Enter 键确认缩放操作。

（3）选择"复制(C)"选项时，可以复制缩放对象，即缩放对象时保留源对象，如图 3-44 所示。

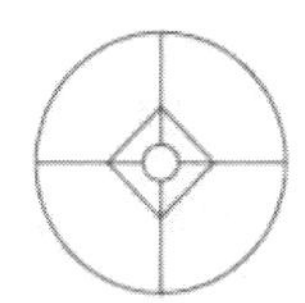

（a）缩放前

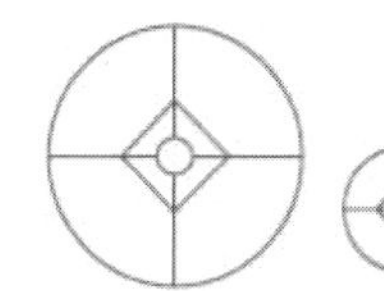

（b）缩放后

图 3-44　复制缩放

3.5.2　修剪

修剪是用指定的边界（由一个或多个对象定义的剪切边）修剪指定的对象，剪切边可以是直线、圆弧、圆、多段线、椭圆、样条曲线、构造线、射线和图纸空间中的视口。

1. 执行方式

☑　命令行：TRIM。
☑　菜单栏："修改"→"修剪"。
☑　工具栏："修改"→"修剪" 。

☑ 功能区："默认"→"修改"→"修剪"✂。

2. 操作步骤

```
命令：TRIM↙
当前设置：投影=UCS，边=无，模式=标准
选择剪切边...
选择对象或 [模式(O)] <全部选择>：(选择用作修剪边界的对象)
选择要修剪的对象，或按住 Shift 键选择要延伸的对象或[剪切边(T)/栏选(F)/窗交(C)/模式(O)/投影(P)/边(E)/删除(R)]：
```

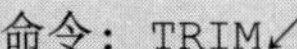

3. 选项说明

（1）在选择对象时，如果按住 Shift 键，那么系统自动将"修剪"命令转换成"延伸"命令，"延伸"命令将在 3.5.4 节介绍。

（2）选择"边(E)"选项时，可以选择对象的修剪方式。

☑ 延伸(E)：延伸边界进行修剪，在此方式下，如果剪切边没有与要修剪的对象相交，系统会延伸剪切边直至与对象相交，然后将其修剪掉，如图 3-45 所示。

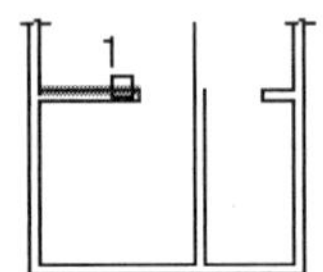

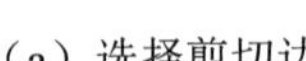

（a）选择剪切边

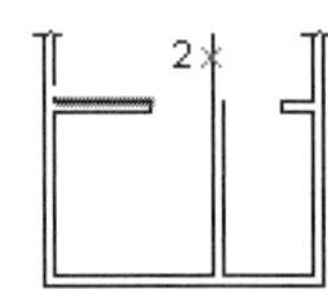

（b）选择要修剪的对象

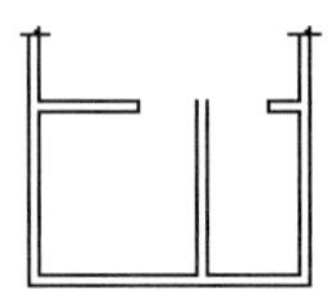

（c）修剪后的结果

图 3-45 延伸方式修剪对象

☑ 不延伸(N)：不延伸边界修剪对象，只修剪与剪切边相交的对象。

（3）选择"栏选(F)"选项时，系统以栏选的方式选择被修剪对象，如图 3-46 所示。

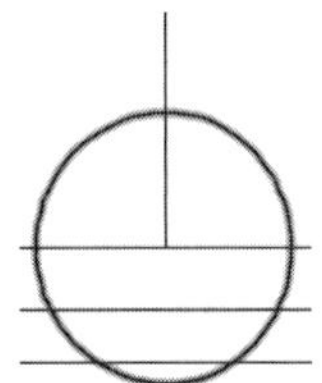

（a）选择剪切边

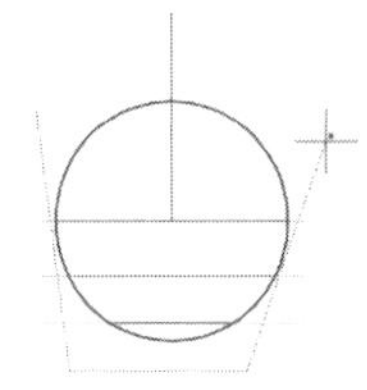

（b）使用栏选选定的要修剪的对象

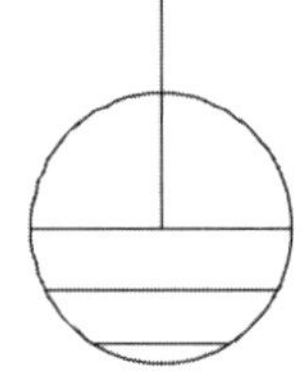

（c）结果

图 3-46 栏选方式修剪对象

（4）选择"窗交(C)"选项时，系统以窗交方式选择被修剪对象，如图 3-47 所示。

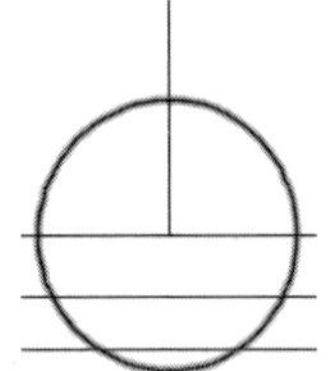

（a）使用窗交选择选定的边

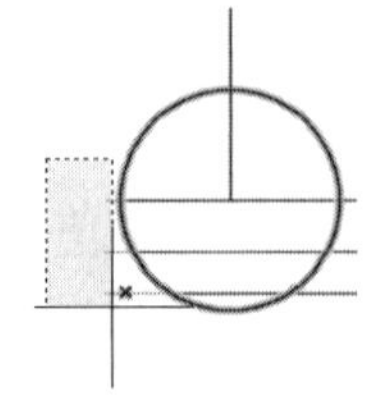

（b）选定要修剪的对象

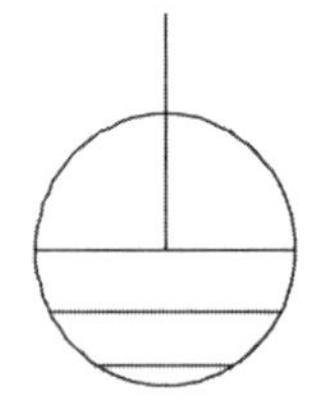

（c）结果

图 3-47 窗交方式修剪对象

（5）被选择的对象可以互为边界和被修剪对象，此时系统会在选择的对象中自动判断边界。

3.5.3 实例——落地灯

本实例利用“矩形”“镜像”“圆弧”命令绘制灯架，再利用“圆弧”“直线”“修剪”等命令绘制连接处，最后利用“样条曲线”“直线”“圆弧”命令创建灯罩，绘制流程如图 3-48 所示。

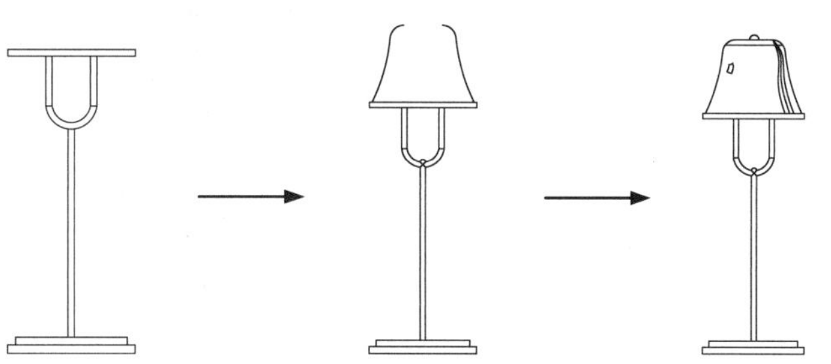

图 3-48　绘制落地灯的流程

（1）单击“默认”选项卡“绘图”面板中的“矩形”按钮，绘制轮廓线。单击“默认”选项卡“修改”面板中的“镜像”按钮，使轮廓线左右对称，如图 3-49 所示。

（2）单击“默认”选项卡“绘图”面板中的“圆弧”按钮和“修改”面板中的“偏移”按钮，绘制两条圆弧，分别捕捉矩形的角点为端点，其中在绘制下面的圆弧时，捕捉中间矩形上边的中点为中间点，如图 3-50 所示。

（3）单击“默认”选项卡“绘图”面板中的“直线”按钮和“圆弧”按钮，绘制灯柱上的结合点，如图 3-51 所示。

（4）单击“默认”选项卡“修改”面板中的“修剪”按钮，修剪多余的图线。命令行提示与操作如下。

```
命令: _trim↙
当前设置：投影=UCS，边=无，模式=标准
选择剪切边...
选择对象或 [模式(O)] <全部选择>: ↙（选择修剪边界对象，如图 3-51 所示）
选择对象: ↙（选择修剪边界对象）
选择对象: ↙
选择要修剪的对象，或按住 Shift 键选择要延伸的对象或 [剪切边(T)/栏选(F)/窗交(C)/模式(O)/投影(P)/边(E)/删除(R)]: ↙（选择修剪对象，如图 3-51 所示）
```

修剪结果如图 3-52 所示。

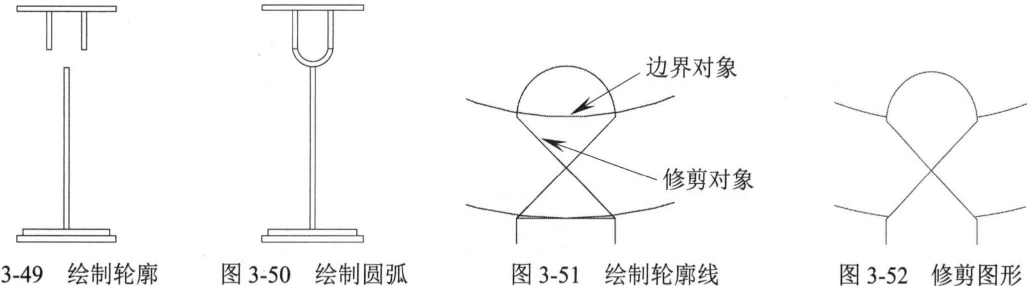

图 3-49　绘制轮廓　　图 3-50　绘制圆弧　　图 3-51　绘制轮廓线　　图 3-52　修剪图形

（5）单击“默认”选项卡“绘图”面板中的“样条曲线拟合”按钮和“修改”面板中的“镜像”按钮，绘制灯罩轮廓线，如图 3-53 所示。

Note

（6）单击“默认”选项卡“绘图”面板中的“直线”按钮，补齐灯罩轮廓线，捕捉对应样条曲线端点为直线端点，如图3-54所示。

（7）单击“默认”选项卡“绘图”面板中的“圆弧”按钮，绘制灯罩顶端的突起，如图3-55所示。

（8）单击“默认”选项卡“绘图”面板中的“样条曲线拟合”按钮，绘制灯罩上的装饰线，最终结果如图3-56所示。

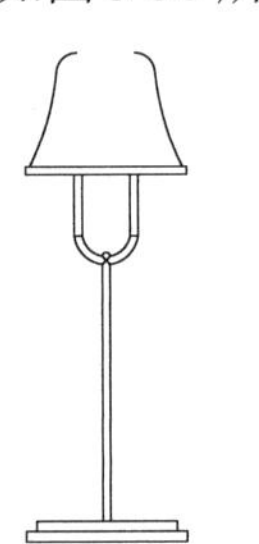
图3-53　绘制灯罩轮廓线

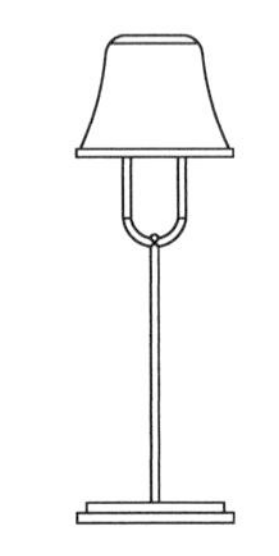
图3-54　绘制直线

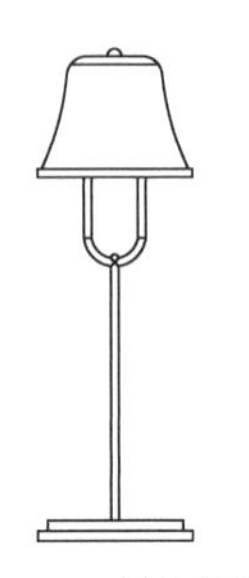
图3-55　绘制圆弧

图3-56　完成落地灯

3.5.4　延伸

延伸是指将对象延伸至另一个对象的边界线（或隐含边界线）。

1. 执行方式

☑ 命令行：EXTEND。
☑ 菜单栏：“修改”→“延伸”。
☑ 工具栏：“修改”→“延伸”。
☑ 功能区：“默认”→“修改”→“延伸”。

2. 操作步骤

```
命令：EXTEND↙
当前设置：投影=UCS，边=无，模式=标准
选择边界边...
选择对象或[模式(O)] <全部选择>：(选择边界对象，若直接按 Enter 键，则选择所有对象作为可能的边界对象)
选择要延伸的对象，或按住 Shift 键选择要修剪的对象或[边界边(B)/栏选(F)/窗交(C)/模式(O)/投影(P)/边(E)]：(选择需要延伸的对象)
```

3. 选项说明

（1）如果要延伸的对象是样条曲线拟合的多段线，则延伸后会在多段线的控制框上增加新节点；如果要延伸的对象是锥形的多段线，则AutoCAD 2024会修正延伸端的宽度，使多段线从起始端平滑地延伸至新的终止端；如果延伸操作导致终止端的宽度可能为负值，则取宽度值为0，如图3-57所示。

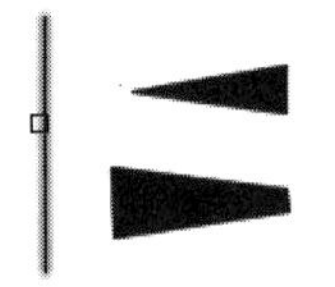
（a）选择边界对象

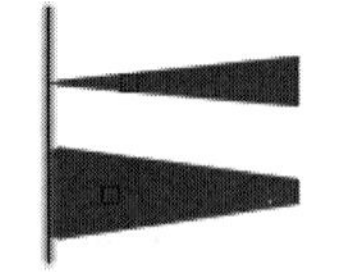
（b）选择要延伸的多段线

（c）延伸后的结果

图3-57　延伸对象

（2）切点也可以作为延伸边界。

（3）选择对象时，如果按住 Shift 键，系统就自动将“延伸”命令转换成“修剪”命令。

3.5.5　实例——窗户图形

本实例利用“矩形”“直线”命令绘制窗户的大致轮廓，再利用“延伸”命令将分割线延伸至矩形顶部，绘制流程如图 3-58 所示。

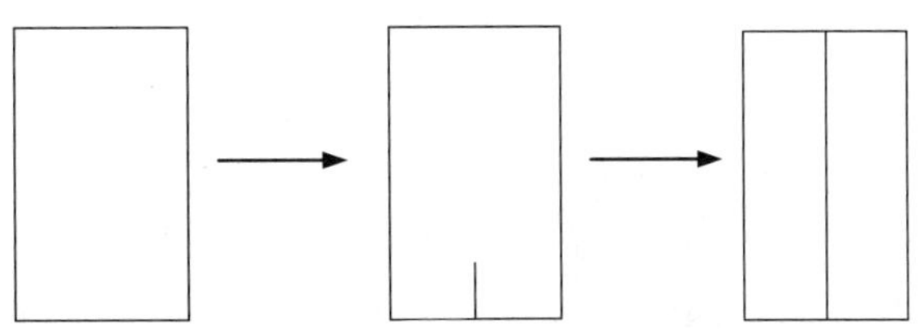

图 3-58　绘制窗户图形的流程

（1）单击“默认”选项卡“绘图”面板中的“矩形”按钮▭，绘制角点坐标分别为（100,100）和（300,500）的矩形，如图 3-59 所示。

（2）单击“默认”选项卡“绘图”面板中的“直线”按钮╱，绘制端点坐标为（200,100）和（200,200）的直线，如图 3-60 所示。

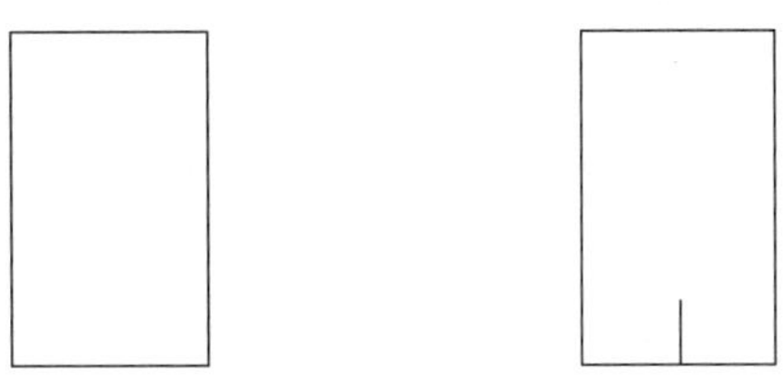

图 3-59　绘制矩形　　　　图 3-60　绘制窗户分割线

（3）单击“默认”选项卡“修改”面板中的“延伸”按钮→|，将直线延伸至矩形最上面的边上。命令行提示与操作如下。

```
命令： _extend↙
当前设置：投影=UCS，边=无,模式=标准
选择边界边...
选择对象或 [模式(O)] <全部选择>：(选择矩形最上面的边)
选择对象：↙
选择要延伸的对象,或按住Shift键选择要修剪的对象或 [边界边(B)/栏选(F)/窗交(C)/模式(O)/投影(P)/边(E)]：(选择直线)
```

绘制完成的结果如图 3-58 所示。

3.5.6　拉伸

拉伸是指拖拉选择的对象，使对象的形状发生改变。若要拉伸对象，首先要用交叉窗口或交叉多边形选择要拉伸的对象，然后指定拉伸的基点和位移量。

1. 执行方式

☑　命令行：STRETCH。

☑ 菜单栏："修改"→"拉伸"。
☑ 工具栏："修改"→"拉伸"。
☑ 功能区："默认"→"修改"→"拉伸"。

2. 操作步骤

Note

```
命令：STRETCH↙
以交叉窗口或交叉多边形选择要拉伸的对象...
选择对象：C↙
指定第一个角点：
指定对角点：（采用交叉窗口的方式选择要拉伸的对象）
指定基点或 [位移(D)] <位移>：（指定拉伸的基点）
指定第二个点或 <使用第一个点作为位移>：（指定拉伸的移至点）
```

此时，若指定第二个点，系统将根据这两点决定矢量拉伸对象。若直接按Enter键，则会把第一个点作为X轴和Y轴的分量值。拉伸（STRETCH）完全包含在交叉窗口内的顶点和端点，以及部分包含在交叉窗口内的对象。

3.5.7 拉长

非闭合的直线、圆弧、多段线、椭圆弧和样条曲线的长度可以通过拉长改变，也可以改变圆弧的角度。

1. 执行方式

☑ 命令行：LENGTHEN。
☑ 菜单栏："修改"→"拉长"。
☑ 功能区："默认"→"修改"→"拉长"。

2. 操作步骤

```
命令：LENGTHEN↙
选择要测量的对象或 [增量(DE)/百分比(P)/总计(T)/动态(DY)] <总计(T)>：（选定对象）
当前长度：30.5001↙（给出选定对象的长度，如果选择圆弧，则还将给出圆弧的包含角）
选择要测量的对象或 [增量(DE)/百分比(P)/总计(T)/动态(DY)] <总计(T)>：DE↙ [选择拉长或缩短的方式，如选择"增量(DE)"方式]
输入长度增量或 [角度(A)] <0.0000>：10↙（输入长度增量数值。如果选择圆弧段，则可输入A给定角度增量）
选择要修改的对象或 [放弃(U)]：（选定要修改的对象，进行拉长操作）
选择要修改的对象或 [放弃(U)]：（继续选择，按Enter键结束命令）
```

3. 选项说明

☑ 增量(DE)：用来指定一个增加的长度或角度。
☑ 百分比(P)：按对象总长的百分比来改变对象的长度。
☑ 总计(T)：指定对象总的绝对长度或包含的角度。
☑ 动态(DY)：用拖曳鼠标的方法动态地改变对象的长度。

3.5.8 打断

打断是通过指定点删除对象的一部分或将对象分段。

Note

1. 执行方式

☑ 命令行：BREAK。
☑ 菜单栏："修改"→"打断"。
☑ 工具栏："修改"→"打断"。
☑ 功能区："默认"→"修改"→"打断"。

2. 操作步骤

```
命令：BREAK↙
选择对象：(选择要打断的对象)
指定第二个打断点或 [第一点(F)]：(指定第二个断开点或输入 F)
```

3. 选项说明

（1）如果选择"第一点(F)"，AutoCAD 2024 将丢弃前面的第一个选择点，重新提示用户指定两个断开点。

（2）打断对象时，需要确定两个断点。可以将选择对象处作为第一个断点，然后指定第二个断点，还可以先选择整个对象，然后指定两个断点。

（3）如果仅想将对象在某点打断，则可直接应用"修改"工具栏中的"打断于点"按钮。

（4）"打断"命令主要用于删除断点之间的对象，因为某些删除操作是不能由 ERASE 和 TRIM 命令完成的。例如，圆的中心线和对称中心线过长时可利用打断操作进行删除。

3.5.9　分解

利用"分解"命令可以将由多个对象组合的图形（如多段线、矩形、多边形和图块等）进行分解。

1. 执行方式

☑ 命令行：EXPLODE。
☑ 菜单栏："修改"→"分解"。
☑ 工具栏："修改"→"分解"。
☑ 功能区："默认"→"修改"→"分解"。

2. 操作步骤

```
命令：EXPLODE↙
选择对象：(选择要分解的对象)
```

选择一个对象后，该对象会被分解。系统将继续提示该行信息，允许分解多个对象。

EXPLODE 命令可以对块、二维多段线、宽多段线、三维多段线、复合线、多文本、区域等进行分解。选择的对象不同，分解的结果就不同。

3.5.10　合并

合并功能可以将直线、圆、椭圆弧和样条曲线等独立的线段合并为一个对象，如图 3-61 所示。

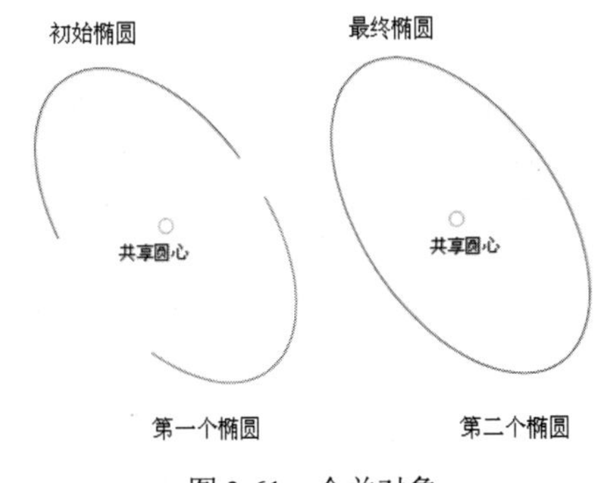

图 3-61　合并对象

Note

1. 执行方式

☑ 命令行：JOIN。
☑ 菜单栏："修改"→"合并"。
☑ 工具栏："修改"→"合并"。
☑ 功能区："默认"→"修改"→"合并"。

2. 操作步骤

```
命令：JOIN↙
选择源对象或要一次合并的多个对象：（选择一个对象）
选择要合并的对象：（选择另一个对象）
```

3.6 圆角及倒角

本节主要介绍"圆角"和"倒角"命令的用法。

3.6.1 圆角

圆角是通过一个指定半径的圆弧光滑地连接两个对象，可以进行圆角的对象有直线、非圆弧的多段线、样条曲线、构造线、射线、圆、圆弧和椭圆。圆角半径由 AutoCAD 自动计算。

1. 执行方式

☑ 命令行：FILLET。
☑ 菜单栏："修改"→"圆角"。
☑ 工具栏："修改"→"圆角"。
☑ 功能区："默认"→"修改"→"圆角"。

2. 操作步骤

```
命令：FILLET↙
当前设置：模式=修剪，半径=0.0000
选择第一个对象或 [放弃(U)/多段线(P)/半径(R)/修剪(T)/多个(M)]：（选择第一个对象或其他选项）
选择第二个对象，或按住 Shift 键选择对象以应用角点或[半径(R)]：（选择第二个对象）
```

3. 选项说明

☑ 多段线(P)：在一条二维多段线的两段直线段的节点处插入圆滑的弧。选择多段线后，系统会根据指定的圆弧半径将多段线各顶点用圆滑的弧连接起来。
☑ 半径(R)：确定圆角半径。
☑ 修剪(T)：确定在圆角连接两条边时是否修剪这两条边，如图 3-62 所示。

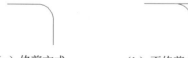

（a）修剪方式　　（b）不修剪方式

图 3-62　圆角连接

视频讲解

☑ 多个(M)：同时对多个对象进行圆角编辑，而不必重新启用命令。按住 Shift 键并选择两条直线，可以快速创建零距离倒角或零半径圆角。

3.6.2 实例——沙发

本实例利用“矩形”“直线”“分解”“圆角”“延伸”“修剪”等命令绘制沙发，绘制流程如图 3-63 所示。

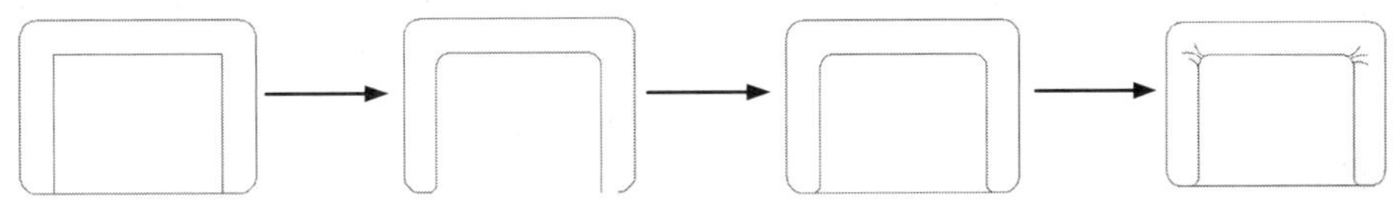

图 3-63 绘制沙发的流程

（1）单击“默认”选项卡“绘图”面板中的“矩形”按钮▭，绘制圆角为 10，第一角点坐标为（20,20），长度、宽度分别为 140、100 的矩形沙发的外框。

（2）单击“默认”选项卡“绘图”面板中的“直线”按钮╱，绘制连续线段，坐标分别为（40,20）、（@0,80）、（@100,0）、（@0,-80），绘制结果如图 3-64 所示。

（3）单击“默认”选项卡“修改”面板中的“分解”按钮和“圆角”按钮，绘制沙发的大体轮廓。命令行提示与操作如下。

```
命令：EXPLODE↙
选择对象：（选择外部倒圆矩形）
选择对象：↙
命令：FILLET↙
当前设置：模式=修剪，半径=6.0000
选择第一个对象或 [放弃(U)/多段线(P)/半径(R)/修剪(T)/多个(M)]:M
选择第一个对象或 [放弃(U)/多段线(P)/半径(R)/修剪(T)/多个(M)]:（选择内部四边形左边的竖直线）
选择第二个对象，或按住 Shift 键选择对象以应用角点或 [半径(R)]:（选择内部四边形上边的水平线）
选择第一个对象或 [放弃(U)/多段线(P)/半径(R)/修剪(T)/多个(M)]:（选择内部四边形右边的竖直线）
选择第二个对象，或按住 Shift 键选择对象以应用角点或 [半径(R)]:（选择内部四边形上边的水平线）
选择第一个对象或 [放弃(U)/多段线(P)/半径(R)/修剪(T)/多个(M)]: ↙
```

（4）单击“默认”选项卡“修改”面板中的“圆角”按钮，对内部四边形的左下角进行圆角处理，绘制结果如图 3-65 所示。

（5）单击“默认”选项卡“修改”面板中的“延伸”按钮→|，绘制沙发的大体轮廓。命令行提示与操作如下。

```
命令：EXTEND↙
当前设置：投影=UCS，边=无，模式=标准
选择边界边...
选择对象或 <全部选择>：（选择右下角的圆弧）
选择对象：↙
```

选择要延伸的对象，或按住 Shift 键选择要修剪的对象，或 [栏选(F)/窗交(C)/投影(P)/边(E)/放弃(U)]：(选择图 3-65 左端的短水平线)

选择要延伸的对象，或按住 Shift 键选择要修剪的对象，或 [栏选(F)/窗交(C)/投影(P)/边(E)/放弃(U)]：↙

Note

（6）单击“默认”选项卡“修改”面板中的“圆角”按钮，对内部四边形的右下端进行圆角处理。

（7）单击“默认”选项卡“绘图”面板中的“直线”按钮，绘制沙发底边，绘制结果如图 3-66 所示。

（8）单击“默认”选项卡“绘图”面板中的“圆弧”按钮，绘制沙发褶皱。在沙发拐角位置处绘制 6 条圆弧，结果如图 3-67 所示。

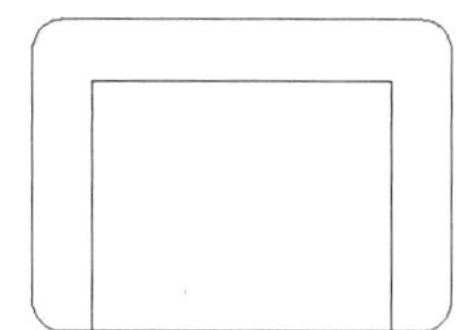

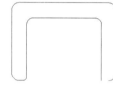

图 3-64　绘制初步轮廓

图 3-65　绘制倒圆角

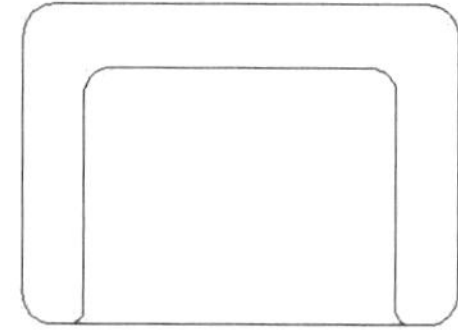

图 3-66　完成倒圆角

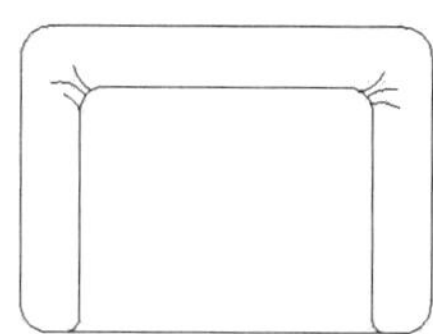

图 3-67　完成沙发的绘制

3.6.3　倒角

倒角是通过延伸（或修剪）使两个不平行的线型对象相交或利用斜线连接。例如，对由直线、多段线、参照线和射线等构成的图形对象进行倒角。AutoCAD 采用两种方法确定连接两个线型对象的斜线。

1. 指定斜线距离

斜线距离是指从被连接的对象与斜线的交点到被连接的两个对象可能的交点之间的距离，如图 3-68 所示。

2. 指定斜线角度和斜线距离

采用这种方法用斜线连接对象时，需要输入两个参数，即斜线与一个对象的斜线距离和斜线与另一个对象的夹角，如图 3-69 所示。

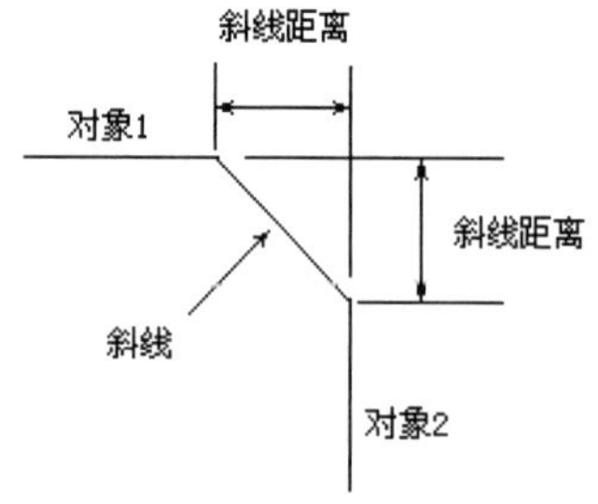

图 3-68　斜线距离

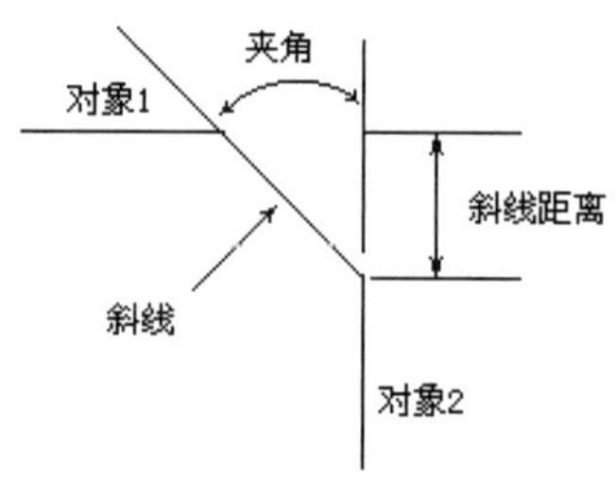

图 3-69　斜线距离与夹角

（1）执行方式。

☑　命令行：CHAMFER。

☑　菜单栏：“修改”→“倒角”。

☑　工具栏：“修改”→“倒角”。

☑　功能区：“默认”→“修改”→“倒角”。

（2）操作步骤。

```
命令：CHAMFER↙
(“修剪”模式) 当前倒角距离 1=0.0000，距离 2=0.0000
选择第一条直线或 [放弃(U)/多段线(P)/距离(D)/角度(A)/修剪(T)/方式(E)/多个(M)]：(选择第一条直线或其他选项)
选择第二条直线，或按住 Shift 键选择选择直线以应用角点或[距离(D)/角度(A)/方法(M)]：(选择第二条直线)
```

（3）选项说明。

❶ 若设置的倒角距离太大或倒角角度无效，系统会给出错误提示信息。

❷ 当两个倒角距离均为 0 时，CHAMFER 命令会使选定的两条直线相交，但不产生倒角。

❸ 执行“倒角”命令后，系统提示中各选项的含义如下。

☑　多段线(P)：对多段线的各个交叉点进行倒角。

☑　距离(D)：确定倒角的两个斜线距离。

☑　角度(A)：选择第一条直线的斜线距离和第一条直线的倒角角度。

☑　修剪(T)：用来确定倒角时是否对相应的倒角边进行修剪。

☑　方式(E)：用于确定是按“距离(D)”方式还是按“角度(A)”方式进行倒角。

☑　多个(M)：同时对多个对象进行倒角编辑。

3.6.4　实例——吧台

本实例首先利用“直线”“偏移”命令绘制吧台轮廓，然后利用“倒角”“镜像”命令细化吧台轮廓，再利用“圆”“圆弧”“矩形阵列”命令绘制椅子，绘制流程如图 3-70 所示。

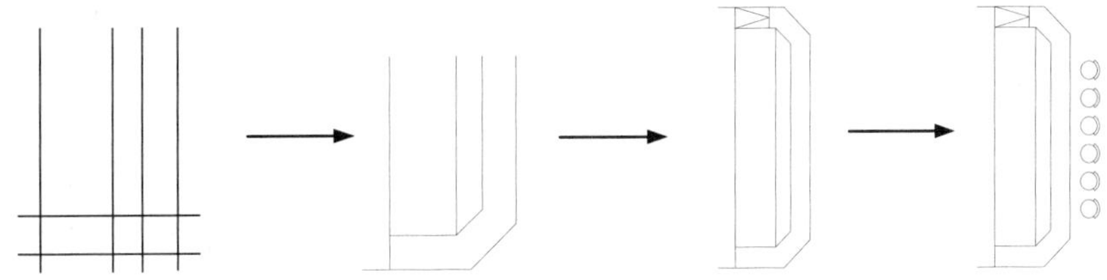

图 3-70　绘制吧台的流程

（1）选择菜单栏中的“格式”→“图形界限”命令，设置图幅为 297mm×210mm。

（2）单击“默认”选项卡“绘图”面板中的“直线”按钮╱，分别绘制一条长度为 25 的水平直线和一条长度为 30 的竖直直线，结果如图 3-71 所示。单击“默认”选项卡“修改”面板中的“偏移”按钮⊆，将竖直直线分别向右偏移 12、4、6，将水平直线向上偏移 6，结果如图 3-72 所示。

（3）单击“默认”选项卡“修改”面板中的“倒角”按钮╭，对图形进行倒角处理。命令行提示与操作如下。

```
命令：CHAMFER↙
(“修剪”模式) 当前倒角距离 1=0.0000，距离 2=0.0000
选择第一条直线或 [放弃(U)/多段线(P)/距离(D)/角度(A)/修剪(T)/方式(E)/多个(M)]：d↙
指定第一个倒角距离 <0.0000>：6↙
指定第二个倒角距离 <6.0000>：↙
选择第一条直线或 [放弃(U)/多段线(P)/距离(D)/角度(A)/修剪(T)/方式(E)/多个(M)]：(选择最右侧的线)
```

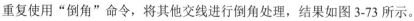

Note

选择第二条直线，或按住 Shift 键选择直线以应用角点或[距离(D)/角度(A)/方法(M)]：(选择最下侧的水平线)

重复使用“倒角”命令，将其他交线进行倒角处理，结果如图 3-73 所示。

（4）单击“默认”选项卡“修改”面板中的“镜像”按钮，对图形进行镜像处理，结果如图 3-74 所示。

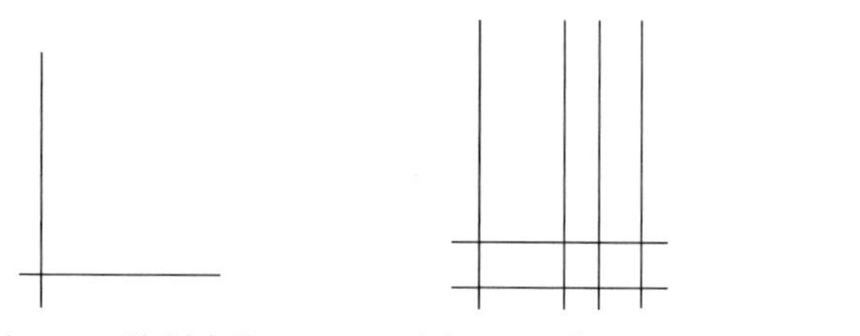

图 3-71　绘制直线　　图 3-72　偏移处理

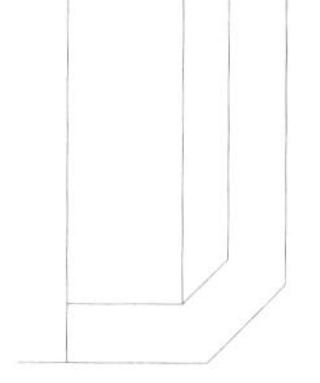

图 3-73　倒角处理

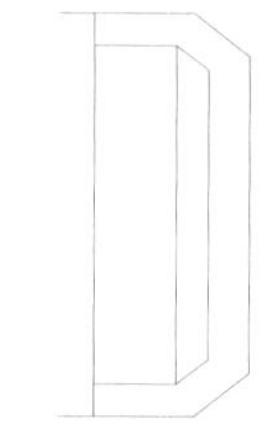

图 3-74　镜像处理

（5）单击“默认”选项卡“绘图”面板中的“直线”按钮，绘制门，结果如图 3-75 所示。

（6）单击“默认”选项卡“绘图”面板中的“圆”按钮、“圆弧”按钮和“多段线”按钮，绘制座椅，结果如图 3-76 所示。

（7）单击“默认”选项卡“修改”面板中的“矩形阵列”按钮，选择矩形阵列方式，选择座椅为阵列对象，设置阵列行数为 6，列数为 1，行间距为-6，结果如图 3-77 所示。

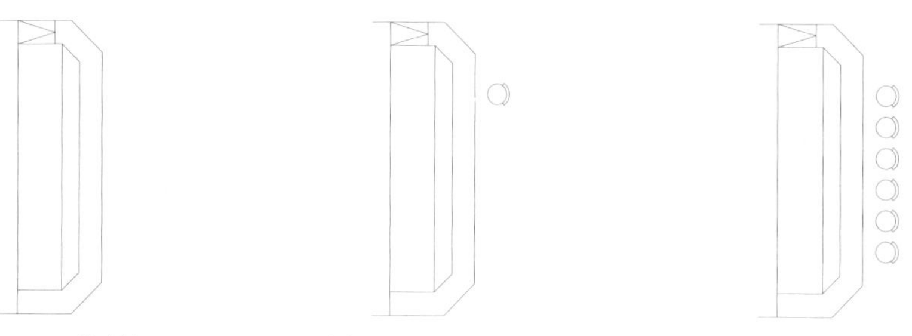

图 3-75　绘制门　　图 3-76　绘制座椅　　图 3-77　完成吧台的绘制

（8）选择菜单栏中的“文件”→“另存为”命令，将绘制完成的图形以“吧台.dwg”为文件名保存在指定的路径中。

3.7　使用夹点功能进行编辑

使用夹点功能可以方便地进行移动、旋转、缩放、拉伸等编辑操作，这是编辑对象时非常方便和快捷的方法。

3.7.1　夹点概述

在使用“先选择后编辑”方式选择对象时，可选取欲编辑的对象，或按住鼠标左键拖出一个矩形框，框住欲编辑的对象。松开后，所选择的对象上出现若干个小正方形，同时对象高亮显示。这些小正方形称为夹点，如图 3-78 所示。夹点表示了对象的控制位置。夹点的大小及颜色可以在图 3-1 所示的“选项”对话框中进行调整。若要移去夹

图 3-78　夹点

点，可按 Esc 键。若要从夹点选择集中移去指定对象，在选择对象时按住 Shift 键即可。

3.7.2　使用夹点进行编辑

使用夹点功能编辑对象需要选择一个夹点作为基点，方法是将十字光标的中心对准夹点，然后单击，此时夹点即成为基点，并且显示为红色小方块。利用夹点进行编辑的模式有“拉伸”“移动”“旋转”“比例”或“镜像”。可以用空格键、Enter 键或快捷菜单（右击弹出的快捷菜单）循环切换这些模式。

下面以图 3-79 所示的图形为例说明使用夹点进行编辑的方法，操作步骤如下。

（1）选择图形，显示夹点，如图 3-79（a）所示。

（2）选取图形右下角夹点。命令行提示如下。

```
指定拉伸点或 [基点(B)/复制(C)/放弃(U)/退出(X)]:
```

移动鼠标拉伸图形，如图 3-79（b）所示。

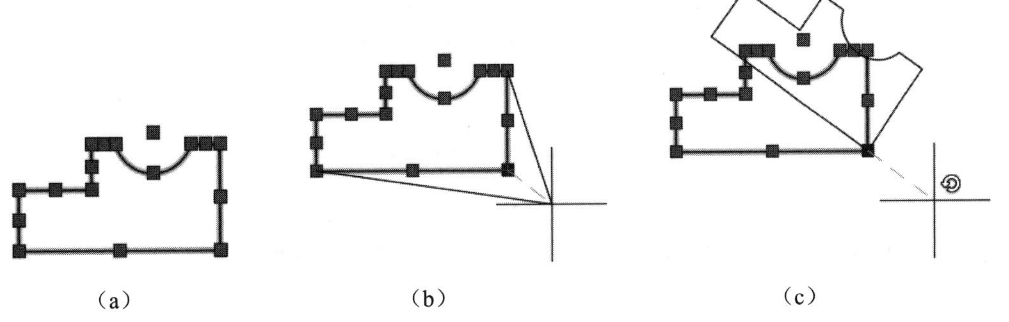

（a）　　（b）　　（c）

图 3-79　利用夹点编辑图形

（3）右击，在弹出的快捷菜单中选择“旋转”命令，将编辑模式从“拉伸”切换到“旋转”。

（4）指定旋转基点，然后拖曳鼠标，指定旋转角度后单击，即可使图形旋转。

有关拉伸、移动、旋转、比例和镜像的编辑功能，以及利用夹点进行编辑的详细内容可以参见下面相应的章节。

3.7.3　实例——花瓣

视频讲解

本实例利用“椭圆”命令绘制花瓣，在夹点的旋转模式下进行花瓣的多重复制操作，绘制流程如图 3-80 所示。

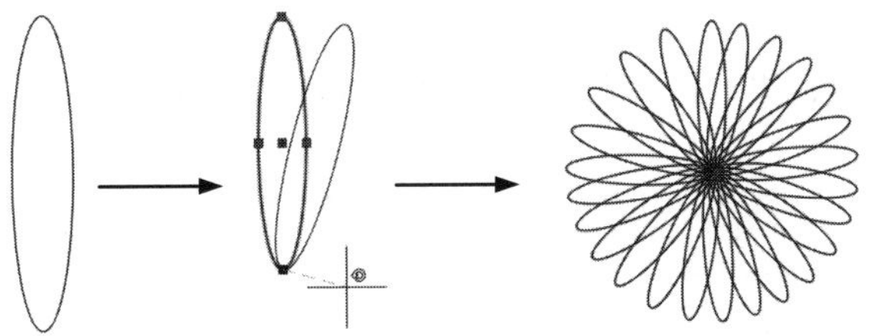

图 3-80　绘制花瓣的流程

（1）单击“默认”选项卡“绘图”面板中的“椭圆”按钮，绘制一个椭圆形，如图 3-81（a）

所示。

（2）选择要旋转的椭圆。

（3）将椭圆最下端的夹点作为基点。

（4）按空格键，切换到旋转模式。

（5）输入 C 并按 Enter 键。

（6）将对象旋转到一个新位置并单击，此时该对象被复制并围绕基点旋转，如图 3-81（b）所示。

（7）旋转并单击以便复制多个对象，按 Enter 键结束操作，结果如图 3-81（c）所示。

Note

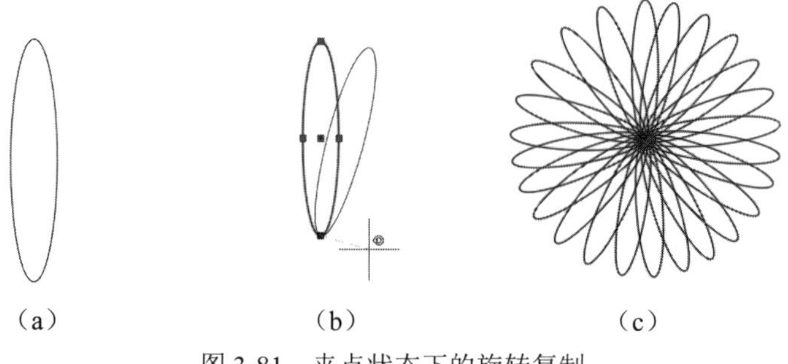

（a）　　　　（b）　　　　（c）

图 3-81　夹点状态下的旋转复制

3.8　特性与特性匹配

在对图形进行编辑时，还可以对图形对象本身的某些特性进行编辑，从而方便地绘制图形。

3.8.1　修改对象属性

1. 执行方式

☑　命令行：DDMODIFY 或 PROPERTIES。

☑　菜单栏："修改"→"特性"。

☑　工具栏："标准"→"特性"。

☑　功能区："默认"→"特性"→"对话框启动器"。

2. 操作步骤

```
命令: DDMODIFY↙
```

打开"特性"选项板，如图 3-82 所示，利用该选项板可以方便地设置或修改对象的各种属性。

不同的对象属性其种类和值不同，修改属性值后，对象将被赋予新的属性。

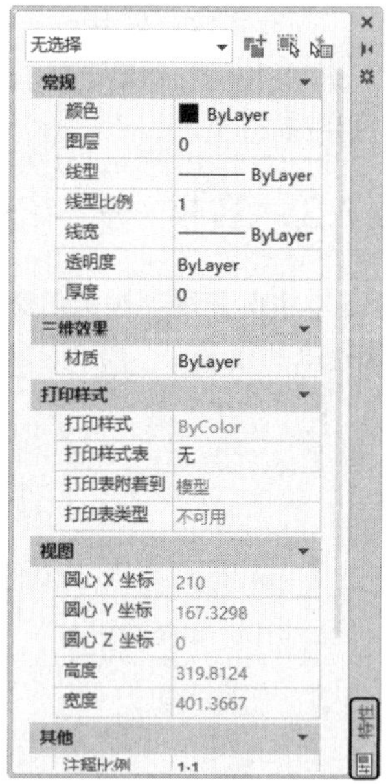

图 3-82　"特性"选项板

3.8.2　特性匹配

特性匹配是将一个对象的某些或所有特性复制到另一个或多个对象上。可以复制的特性包括颜色、图层、线型、线型比例、厚度及标注、文字和图案填充特性。特性匹配的命令是 MATCHPROP。

Note

1. 执行方式

☑　命令行：MATCHPROP。

☑　菜单栏："修改"→"特性匹配"。

2. 操作步骤

```
命令：MATCHPROP↙
选择源对象：（选择源对象）
选择目标对象或 [设置(S)]：（选择目标对象）
```

图 3-83（a）为两个不同属性的对象，以左边的圆为源对象，对右边的矩形进行属性匹配，结果如图 3-83（b）所示。

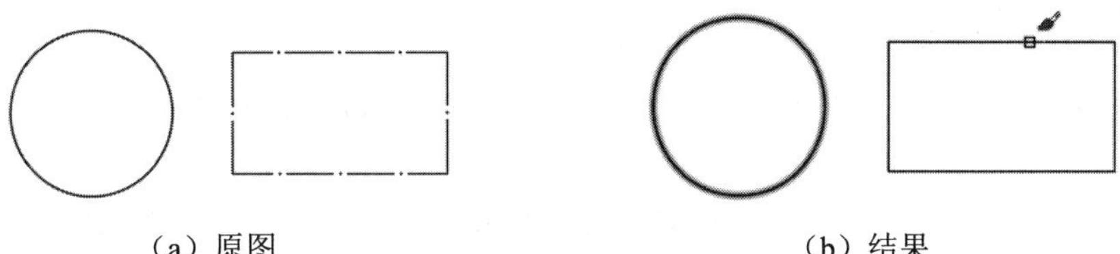

（a）原图　　（b）结果

图 3-83　特性匹配

3.9　综合实例

在前面学习的基础上，为了使读者能综合运用"绘图""编辑"命令绘制出复杂的图形，本节给出几个综合实例，以提高读者的绘图水平。

3.9.1　会议桌

视频讲解

本实例的会议桌如图 3-84 所示，它包括椅子和桌子两部分，图形较复杂，包含大量的弧线，并且还涉及沿弧线阵列的问题。

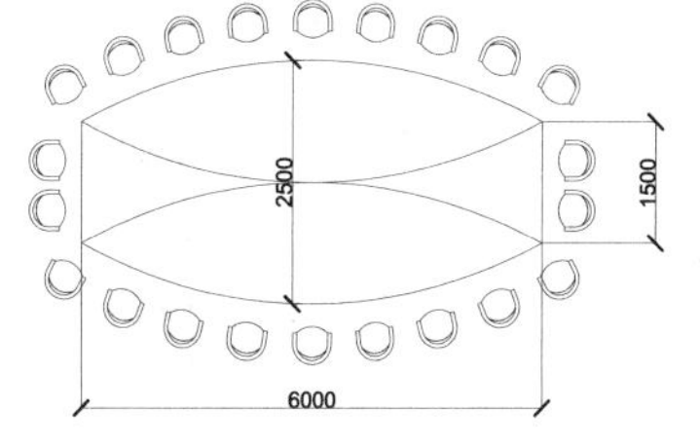

图 3-84　会议桌

（1）单击"默认"选项卡"绘图"面板中的"直线"按钮╱，绘制出两条长度为 1500 的竖直直线 1、2，它们之间的距离为 6000，如图 3-85 所示。

（2）单击"默认"选项卡"绘图"面板中的"直线"按钮╱，绘制直线 3，连接它们的中点，如图 3-86 所示。

（3）单击"默认"选项卡"修改"面板中的"偏移"按钮⋐，将直线 3 分别向上、下两侧偏移 1500，绘制出直线 4、5，如图 3-87 所示。

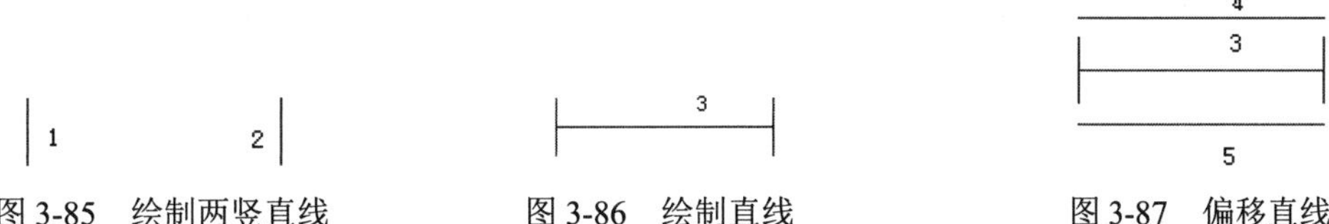

图 3-85　绘制两竖直线　　图 3-86　绘制直线　　图 3-87　偏移直线

（4）单击"默认"选项卡"绘图"面板中的"圆弧"按钮⌒，依次捕捉 ABC、DEF，绘制出两条弧线，如图 3-88 所示。

Note

（5）单击“默认”选项卡“绘图”面板中的“圆弧”按钮，绘制出内部的两条弧线，如图 3-89 所示。

（6）单击“默认”选项卡“修改”面板中的“删除”按钮，将辅助线删除，完成桌面的绘制，如图 3-90 所示。

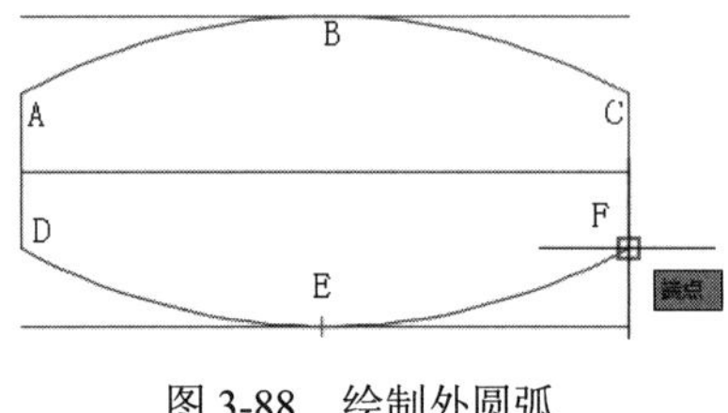

图 3-88　绘制外圆弧

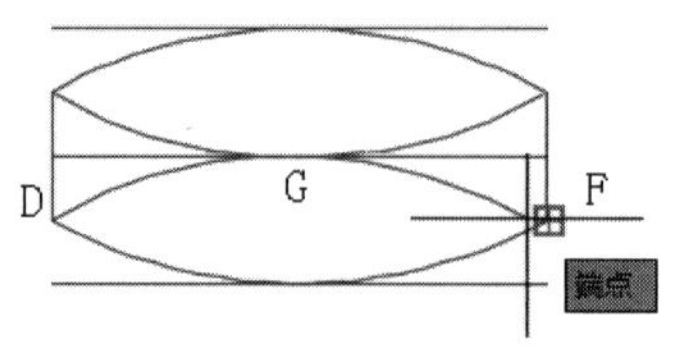

图 3-89　绘制内弧线

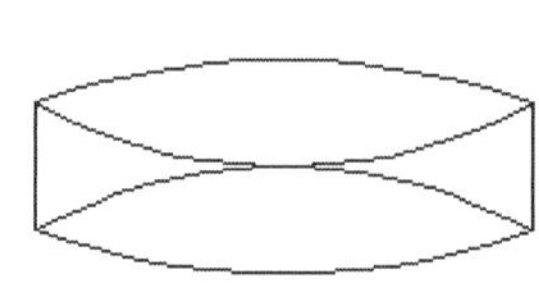
图 3-90　删除辅助线

（7）单击“默认”选项卡“绘图”面板中的“多段线”按钮，在适当位置处单击一点为起点，然后在命令行提示下依次输入（@0,-140）、A、S、（@250,-250）（@250,250）、L、（@0,140），结果如图 3-91 所示。

（8）单击“默认”选项卡“修改”面板中的“偏移”按钮，将多段线向内偏移 50 得到内边缘，结果如图 3-92 所示。

（9）单击“默认”选项卡“绘图”面板中的“圆弧”按钮，分别绘制坐垫的外边缘和内边缘，结果如图 3-93 所示。

图 3-91　绘制椅子轮廓

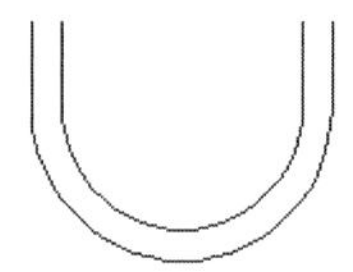
图 3-92　偏移多段线

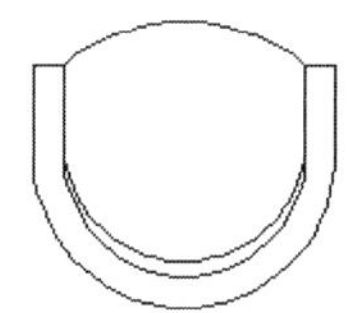
图 3-93　椅子坐垫

（10）对齐椅子。选择菜单栏中的“修改”→“三维操作”→“对齐”命令，当命令行提示“选择对象”时，在屏幕上拉出矩形选框将椅子图形全部选中。命令行提示与操作如下。

```
命令：ALIGN↙
选择对象：指定对角点：找到 6 个
选择对象：↙
指定第一个源点：(选择椅子外边缘弧线中点为第一个源点，如图 3-94 所示)
指定第一个目标点：(选择桌子边缘弧线中点为第一个目标点，然后按 Enter 键，结果如图 3-95 所示)
```

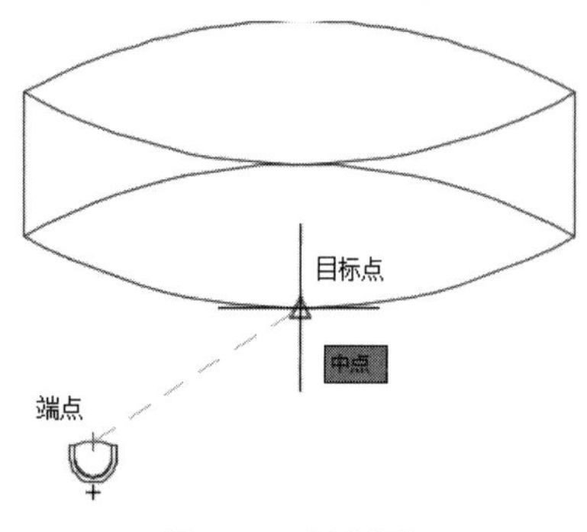

图 3-94　过程图

图 3-95　对齐后的椅子

（11）将椅子竖直向下移出一定距离，使它不紧贴桌子边缘，然后右击桌子边缘圆弧，在弹出的快捷菜单中选择“特性”命令，弹出其“特性”选项板，记下其圆心坐标和总角度，如图 3-96 所示。

说明：记下圆心坐标和总角度以备阵列时用，读者绘图的位置不可能和笔者完全一样，所以圆心坐标不会与图中圆心坐标相同。

（12）单击“默认”选项卡“修改”面板中的“环形阵列”按钮，阵列对象为上述选中的椅子图形。设置阵列中心点为刚才记下的圆心坐标，数量为 5，填充角度为 28°。

（13）阵列后的椅子如图 3-97 所示。其余的周边椅子可以继续用“阵列”命令完成，但需注意阵列角度的正负取值，也可以用“镜像”命令来实现，这里不再赘述。

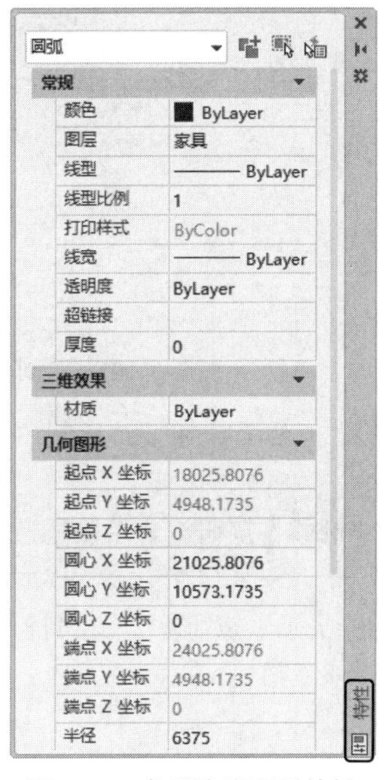

图 3-96　桌子边缘圆弧特性

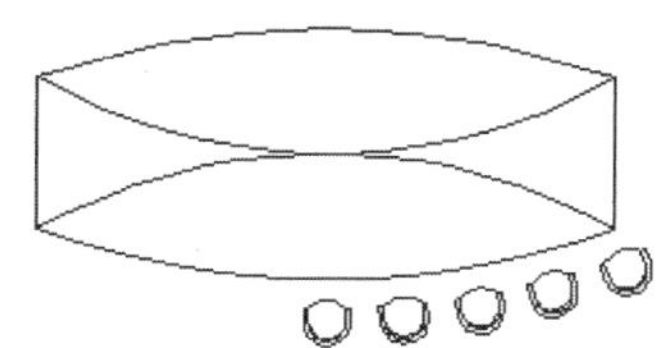

图 3-97　阵列结果

3.9.2　石栏杆

视频讲解

本实例利用“矩形”“偏移”“直线”“镜像”“修剪”等命令绘制石栏杆的主视图，绘制流程如图 3-98 所示。

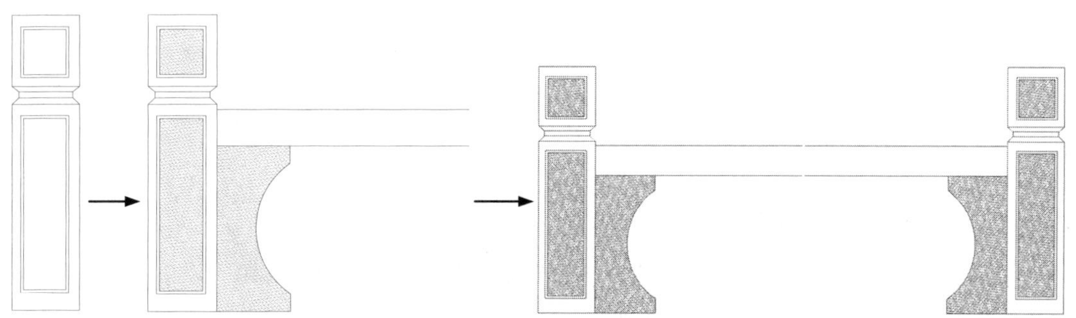

图 3-98　石栏杆的绘制流程

（1）绘制矩形。单击“默认”选项卡“绘图”面板中的“矩形”按钮□，绘制适当尺寸的5个矩形，注意上下两个嵌套矩形的宽度大致相等，如图3-99所示。

（2）偏移处理。单击“默认”选项卡“修改”面板中的“偏移”按钮⊆，选择嵌套在内的两个矩形，设置适当的偏移距离，偏移方向为矩形内侧，绘制结果如图3-100所示。

（3）绘制直线。单击“默认”选项卡“绘图”面板中的“直线”按钮╱，连接中间小矩形4个角点与上下两个矩形的对应角点，绘制结果如图3-101所示。

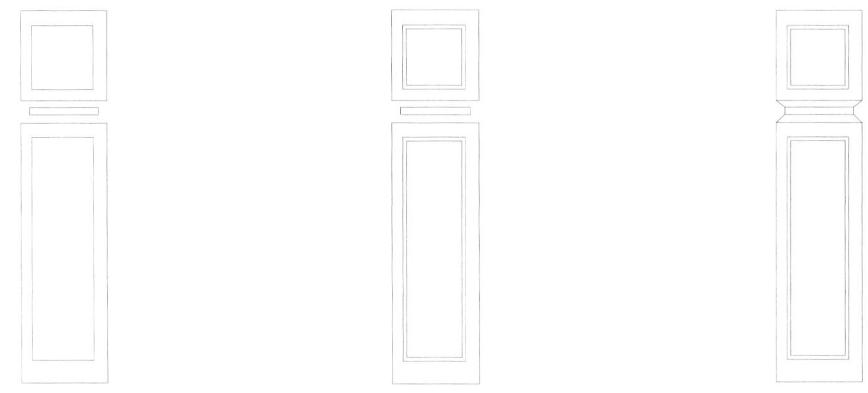

图3-99　绘制矩形　　图3-100　偏移处理　　图3-101　绘制直线1

（4）绘制直线。单击“默认”选项卡“绘图”面板中的“直线”按钮╱，绘制3条直线，如图3-102所示。

（5）绘制圆弧。单击“默认”选项卡“绘图”面板中的“圆弧”按钮╭，绘制适当大小的圆弧，绘制结果如图3-103所示。

（6）复制直线。单击“默认”选项卡“修改”面板中的“复制”按钮，复制右上水平直线并向上移动适当距离，结果如图3-104所示。

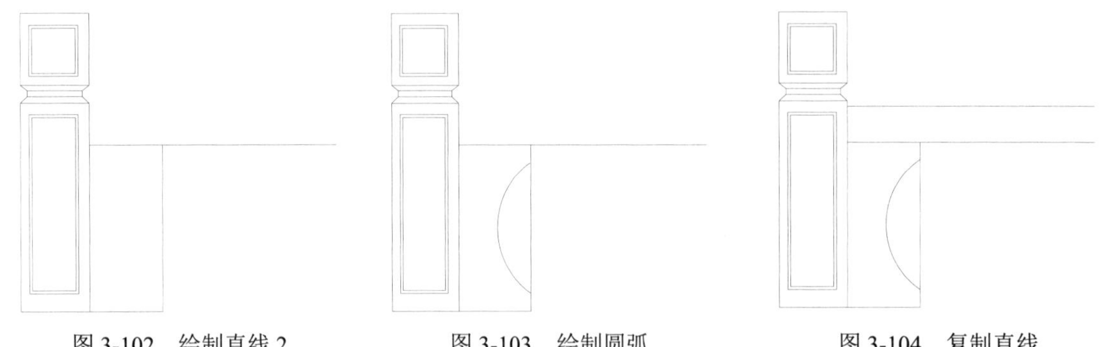

图3-102　绘制直线2　　图3-103　绘制圆弧　　图3-104　复制直线

（7）修剪直线。单击“默认”选项卡“修改”面板中的“修剪”按钮，将圆弧右边直线段修剪掉，结果如图3-105所示。

（8）图案填充。单击“默认”选项卡“绘图”面板中的“图案填充”按钮，选择填充材料为AR-SAND，填充比例为5，在所需填充区域中拾取任意一点进行填充，结果如图3-106所示。

（9）镜像处理。单击“默认”选项卡“修改”面板中的“镜像”按钮△，以最右端两直线的端点连线的直线为轴，对所有图形进行镜像处理，结果如图3-98所示。

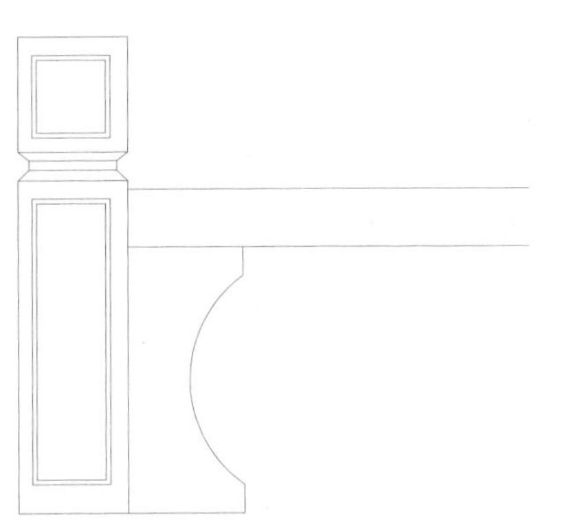

图 3-105　修剪直线

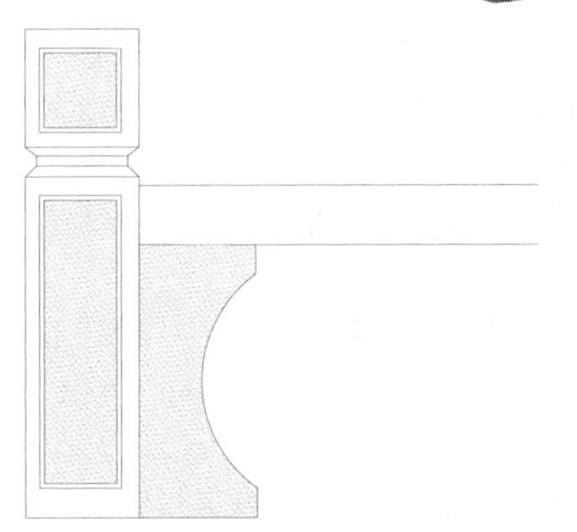

图 3-106　填充图形

3.9.3　沙发茶几

视频讲解

本实例将绘制沙发茶几，其中主要用到“直线”“圆弧”“椭圆”“镜像”等命令，绘制流程如图 3-107 所示。

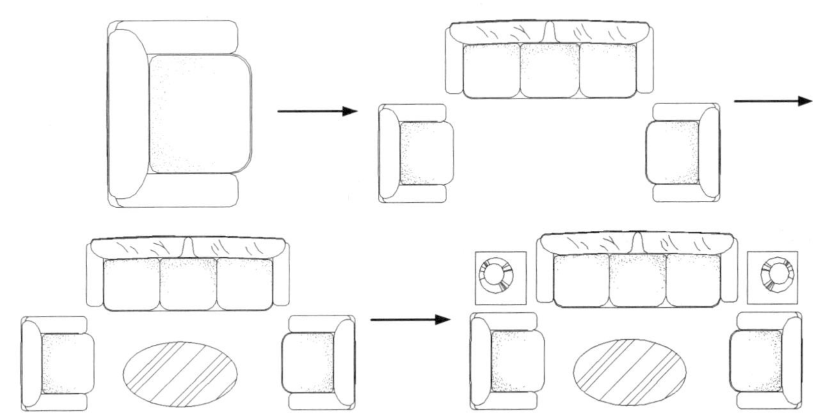

图 3-107　绘制沙发茶几的流程

（1）单击“默认”选项卡“绘图”面板中的“直线”按钮╱，绘制其中单个沙发面的 4 边，如图 3-108 所示。

（2）单击“默认”选项卡“绘图”面板中的“圆弧”按钮⌒，将沙发面 4 边连接起来，得到完整的沙发面，如图 3-109 所示。

（3）单击“默认”选项卡“绘图”面板中的“直线”按钮╱，绘制侧面扶手，如图 3-110 所示。

（4）单击“默认”选项卡“绘图”面板中的“圆弧”按钮⌒，绘制侧面扶手弧边线，如图 3-111 所示。

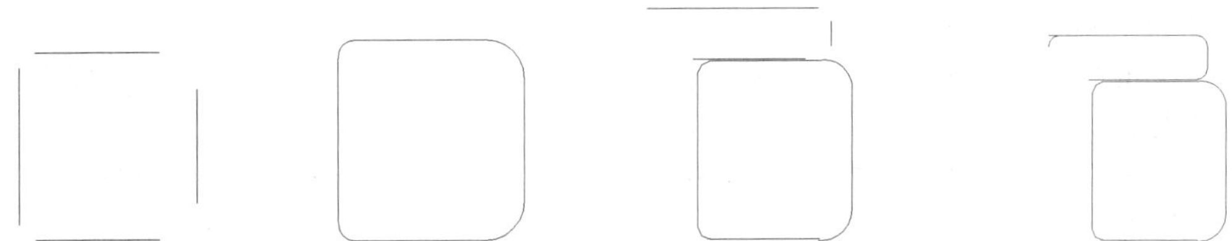

图 3-108　创建沙发面 4 边　图 3-109　连接边角　图 3-110　绘制侧面扶手　图 3-111　绘制侧面扶手弧边线

（5）单击“默认”选项卡“修改”面板中的“镜像”按钮，镜像绘制另一侧的扶手轮廓，如图3-112所示。

图3-112　创建另一侧扶手

（6）单击“默认”选项卡“绘图”面板中的“圆弧”按钮和“修改”面板中的“镜像”按钮，绘制沙发背部扶手轮廓，如图3-113所示。

（7）单击“默认”选项卡“绘图”面板中的“圆弧”按钮、“直线”按钮和“修改”面板中的“镜像”按钮，继续完善沙发背部扶手轮廓，如图3-114所示。

（8）单击“默认”选项卡“修改”面板中的“偏移”按钮，对沙发面造型进行修改，使其更为形象，如图3-115所示。

（9）单击“默认”选项卡“绘图”面板中的“多点”按钮，在沙发座面上绘制点，细化沙发面造型，如图3-116所示。命令行提示与操作如下。

```
命令：POINT↙
当前点模式：PDMODE=99　PDSIZE=25.0000（系统变量的PDMODE、PDSIZE设置数值）
指定点：(使用鼠标在屏幕上直接指定点的位置，或直接输入点的坐标)
```

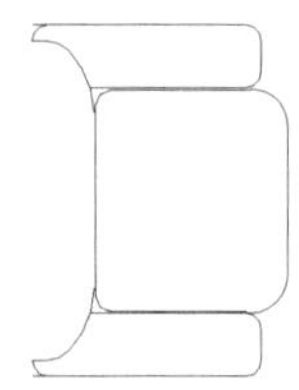
图3-113　创建背部扶手

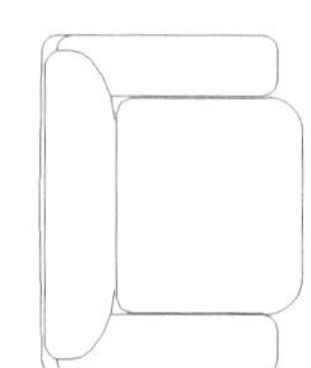
图3-114　完善背部扶手

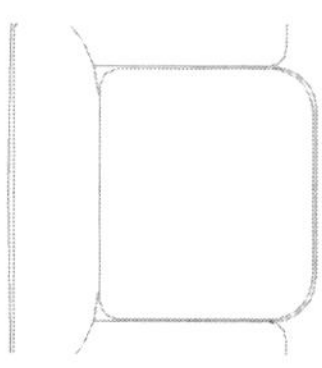
图3-115　修改沙发面

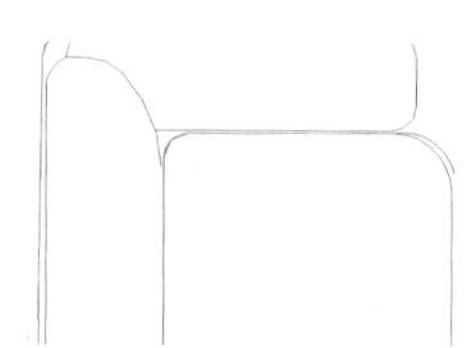
图3-116　细化沙发面

（10）单击“默认”选项卡“修改”面板中的“镜像”按钮，进一步细化沙发面造型，使其更为形象，如图3-117所示。

（11）采用相同的方法，绘制3人座的沙发造型，如图3-118所示。

（12）单击“默认”选项卡“绘图”面板中的“直线”按钮、“圆弧”按钮和“修改”面板中的“镜像”按钮，绘制扶手造型，如图3-119所示。

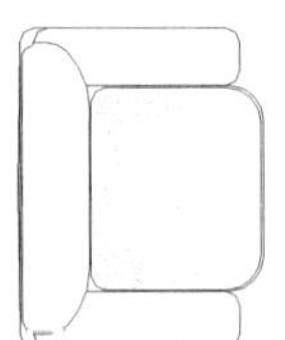
图3-117　完善沙发面

图3-118　绘制3人座沙发

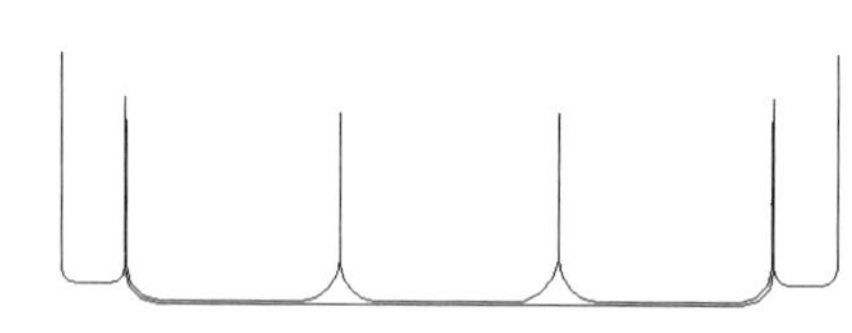
图3-119　绘制沙发扶手

（13）单击“默认”选项卡“绘图”面板中的“圆弧”按钮和“直线”按钮，绘制3人座沙发背部造型，如图3-120所示。

（14）单击“默认”选项卡“绘图”面板中的“多点”按钮，对3人座沙发面造型进行细化，如图3-121所示。

（15）单击“默认”选项卡“修改”面板中的“移动”按钮，调整两个沙发造型的位置，结果如图3-122所示。

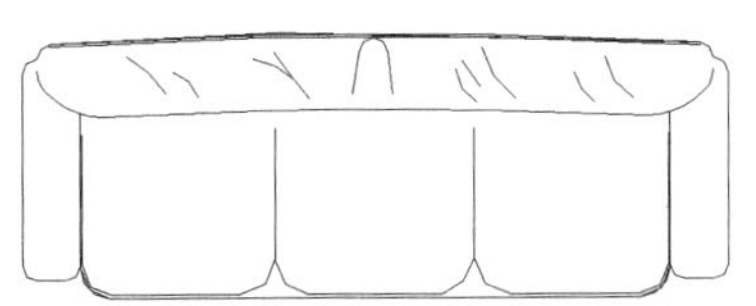

图 3-120　建立 3 人座沙发背部

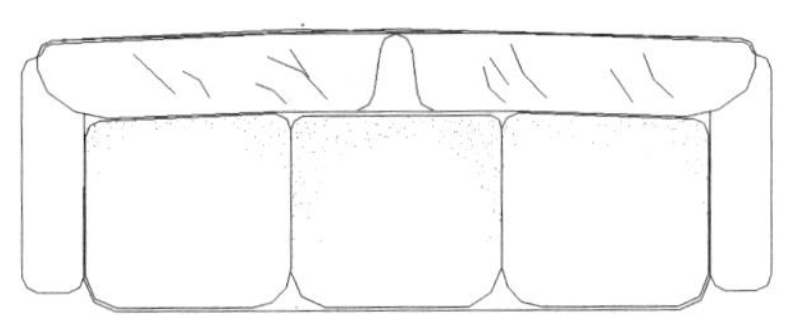

图 3-121　细化 3 人座沙发面

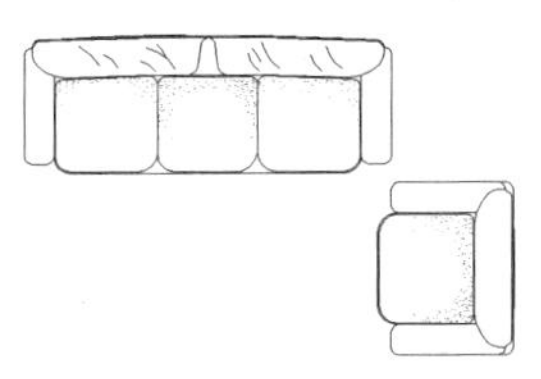

图 3-122　调整沙发位置

（16）单击“默认”选项卡“修改”面板中的“镜像”按钮，对单个沙发进行镜像，得到沙发组造型，如图 3-123 所示。

（17）单击“默认”选项卡“绘图”面板中的“椭圆”按钮，绘制一个椭圆，建立椭圆形的茶几造型，如图 3-124 所示。

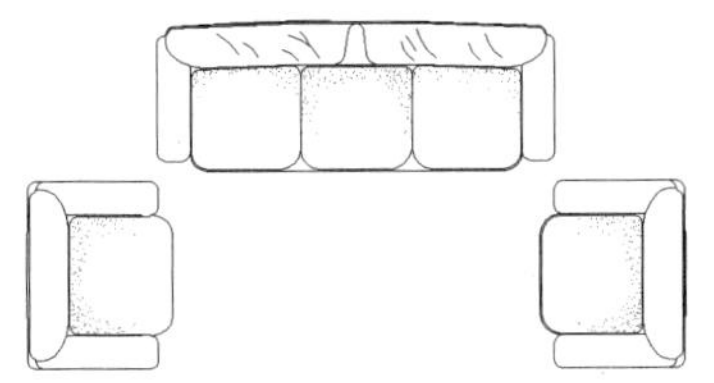

图 3-123　沙发组

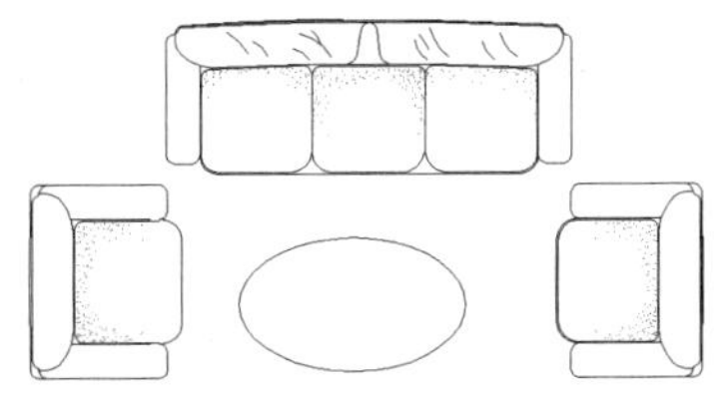

图 3-124　建立椭圆形茶几

（18）单击“默认”选项卡“绘图”面板中的“图案填充”按钮，对茶几进行图案填充，如图 3-125 所示。

（19）单击“默认”选项卡“绘图”面板中的“多边形”按钮，绘制沙发之间的桌面造型，如图 3-126 所示。

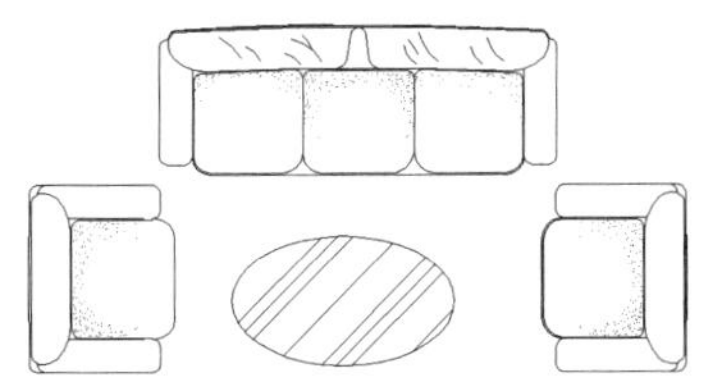

图 3-125　填充茶几图案

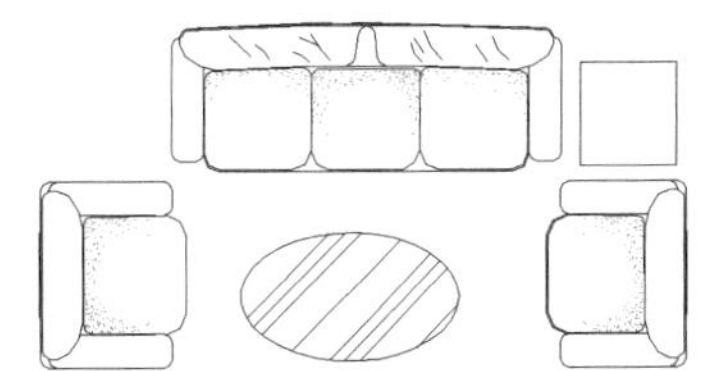

图 3-126　绘制一个正方形

（20）单击“默认”选项卡“绘图”面板中的“圆”按钮，绘制两个大小和圆心位置均不相同的圆形，如图 3-127 所示。

（21）单击“默认”选项卡“绘图”面板中的“直线”按钮，绘制随机斜线，形成灯罩效果，如图 3-128 所示。

（22）单击“默认”选项卡“修改”面板中的“镜像”按钮，对图形进行镜像复制，得到两个沙发桌面灯造型，如图 3-129 所示。

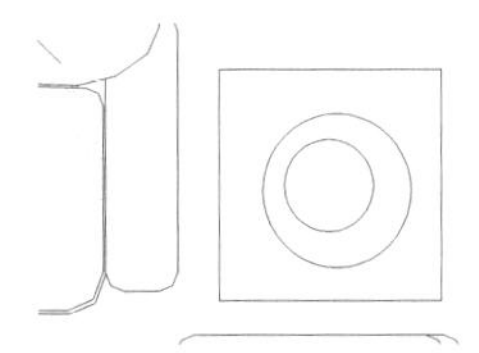

图 3-127　绘制两个圆形

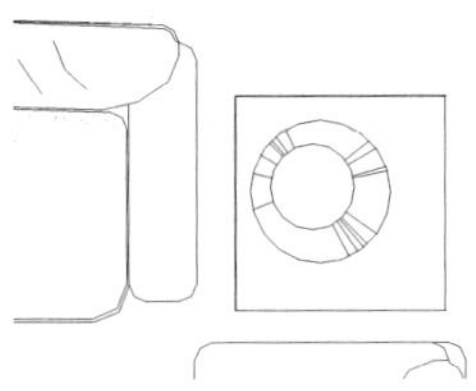

图 3-128　创建灯罩

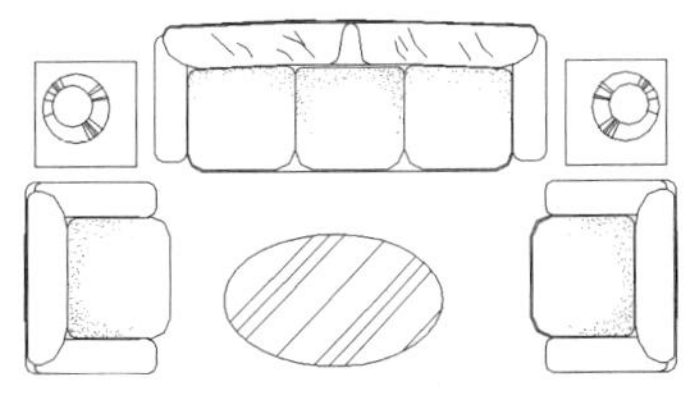

图 3-129　创建另一侧造型

Note

3.10　操作与实践

通过本章的学习，读者对二维图形编辑的相关知识有了大致的了解，本节通过两个操作练习使读者进一步掌握本章知识要点。

3.10.1　绘制酒店餐桌椅

1. 目的要求

本例主要用到“直线”“偏移”“圆角”“修剪”“阵列”命令绘制餐桌椅，如图3-130所示。本例要求读者掌握相关命令的使用方法。

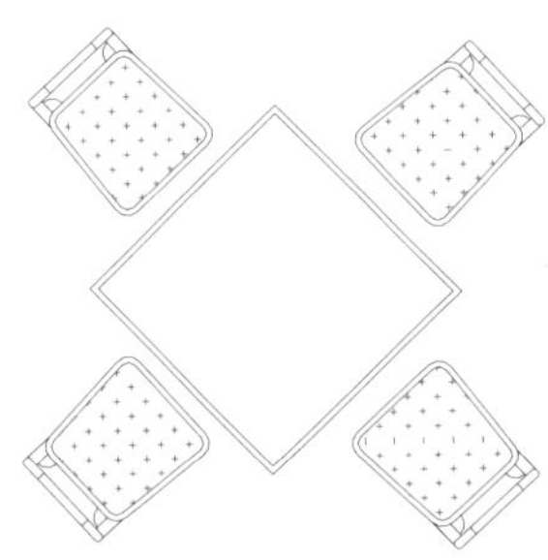

图3-130　酒店餐桌椅

2. 操作提示

（1）绘制椅子。

（2）绘制桌子。

（3）对椅子使用“阵列”等命令进行摆放。

3.10.2　绘制台球桌

1. 目的要求

本例主要用到了“矩形”“圆”“圆角”命令绘制台球桌，如图3-131所示。本例要求读者掌握相关命令的使用方法。

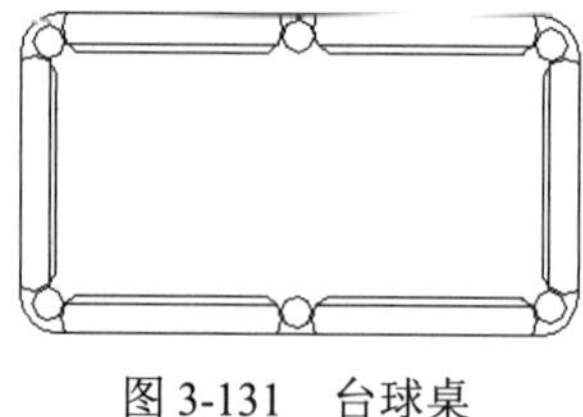

图3-131　台球桌

2. 操作提示

（1）绘制矩形。

（2）绘制圆。

（3）圆角处理。

辅助工具

文字注释是图形中很重要的一部分内容，在进行各种设计时，通常不仅要绘出图形，还要在图形中标注一些文字。图表在AutoCAD图形中也会大量被应用，如明细表、参数表和标题栏等。尺寸标注是绘图设计过程中相当重要的一个环节。

在绘图设计过程中，经常会遇到一些重复出现的图形（如建筑设计中的桌椅、门窗等），如果每次都重新绘制这些图形，不仅会造成大量的重复工作，而且存储这些图形及其信息也会占据相当大的磁盘空间。这时可以将重复出现的图形定义为图块，需要时可以把图块插入图中，这样就可避免重复工作，提高绘图效率并节省磁盘空间。

- ☑ 文本标注
- ☑ 文本编辑
- ☑ 表格
- ☑ 尺寸标注
- ☑ 查询工具
- ☑ 图块及其属性
- ☑ 设计中心和工具选项板

任务驱动&项目案例

（1）

苗木名称	数量	规格	苗木名称	数量	规格	苗木名称	数量	规格
落叶松	32	10cm	红叶	3	15cm	金叶女贞		20棵/m2丛植H=500
银杏	44	15cm	法国梧桐	10	20cm	紫叶小柴		20棵/m2丛植H=500
元宝枫	5	6m(冠径)	油松	4	8cm	草坪		2－3个品种混播
樱花	3	10cm	三角枫	26	10cm			
合欢	8	12cm	睡莲	20				
玉兰	27	15cm						
龙爪槐	30	8cm						

（2）

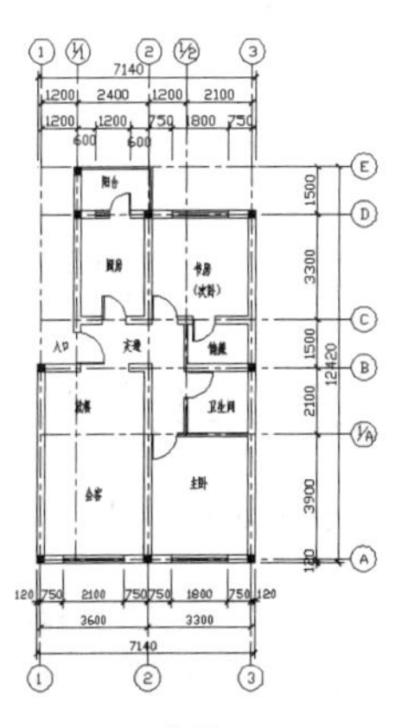

（3）

4.1 文 本 标 注

文本是建筑图形的基本组成部分，在图签、说明、图纸目录等地方都要用到文本。本节讲述文本标注的基本方法。

4.1.1 设置文本样式

1. 执行方式

☑ 命令行：STYLE 或 DDSTYLE。
☑ 菜单栏："格式"→"文字样式"。
☑ 工具栏："文字"→"文字样式"。
☑ 功能区："默认"→"注释"→"文字样式"或"注释"→"文字"→"对话框启动器"。

2. 操作步骤

执行上述命令，打开"文字样式"对话框，如图 4-1 所示。利用该对话框可以新建文字样式或修改当前文字样式，图 4-2～图 4-4 为各种文字样式。

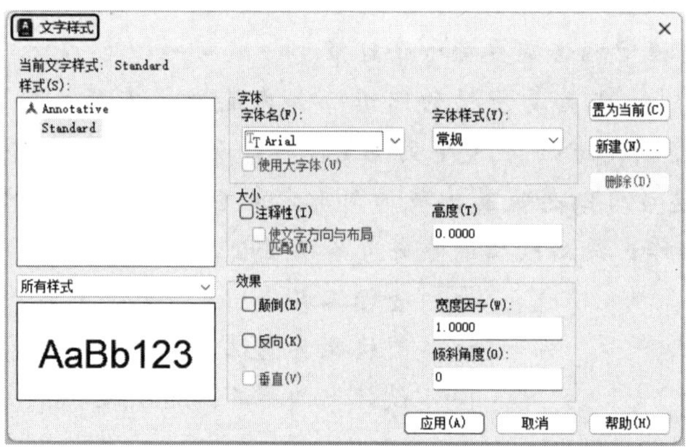

图 4-1 "文字样式"对话框

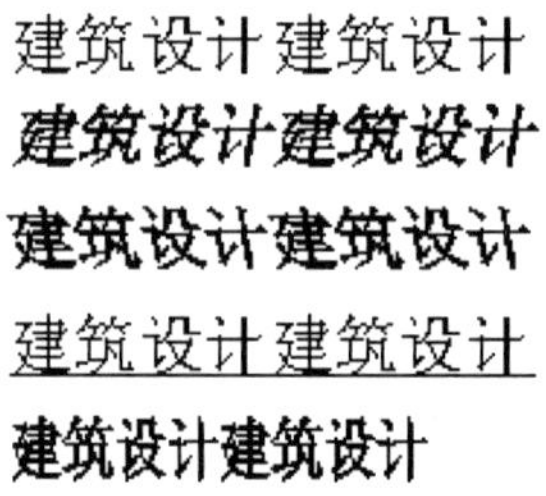

建筑设计建筑设计
建筑设计建筑设计
建筑设计建筑设计
建筑设计建筑设计
建筑设计建筑设计

图 4-2 同一字体的不同样式

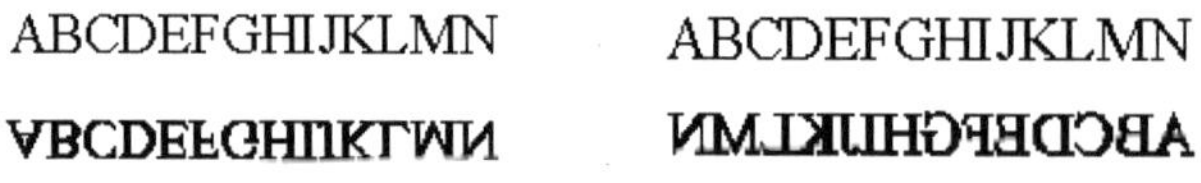

ABCDEFGHIJKLMN

ABCDEFGHIJKLMN

（a）

ABCDEFGHIJKLMN

ABCDEFGHIJKLMN

（b）

图 4-3 文字倒置标注与反向标注

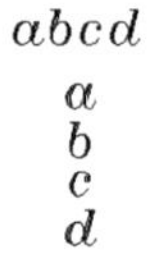

abcd
a
b
c
d

图 4-4 垂直标注文字

4.1.2 单行文本标注

1. 执行方式

☑ 命令行：TEXT 或 DTEXT。
☑ 菜单栏："绘图"→"文字"→"单行文字"。
☑ 工具栏："文字"→"单行文字"A。

☑ 功能区："默认"→"注释"→"单行文字"A或"注释"→"文字"→"单行文字"A。

2. 操作步骤

```
命令：TEXT↙
当前文字样式"Standard"文字高度： 2.5000 注释性： 否 对正： 左
指定文字的起点或 [对正(J)/样式(S)]：
```

3. 选项说明

（1）指定文字的起点：在此提示下直接在作图屏幕上选取一点作为文本的起始点。命令行提示如下。

```
指定高度 <0.2000>：(确定字符的高度)
指定文字的旋转角度 <0>：(确定文本行的倾斜角度)
```

（2）对正(J)：在上面的提示下输入 J，用来确定文本的对齐方式，对齐方式决定文本的哪一部分与所选的插入点对齐。选择该选项，命令行提示如下。

```
输入选项 [左(L)/居中(C)/右(R)/对齐(A)/中间(M)/布满(F)/左上(TL)/中上(TC)/右上(TR)/左中(ML)/正中(MC)/右中(MR)/左下(BL)/中下(BC)/右下(BR)]：
```

在上述提示下选择一个选项作为文本的对齐方式。当文本串水平排列时，AutoCAD 为标注文本串定义了如图 4-5 所示的顶线、中线、基线和底线；各种对齐方式如图 4-6 所示，图中大写字母对应上述提示中的各命令。下面以"对齐"为例进行简要说明。

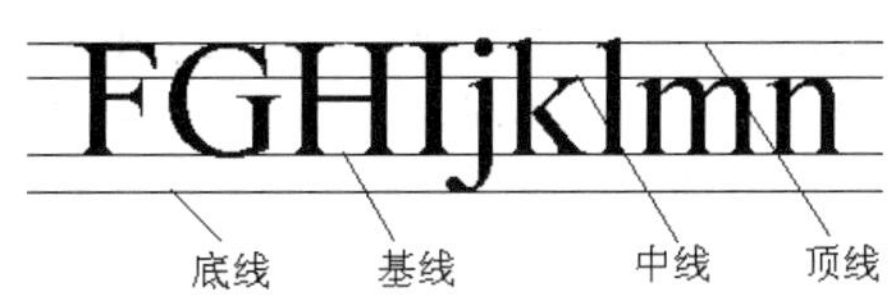

图 4-5　文本行的底线、基线、中线和顶线

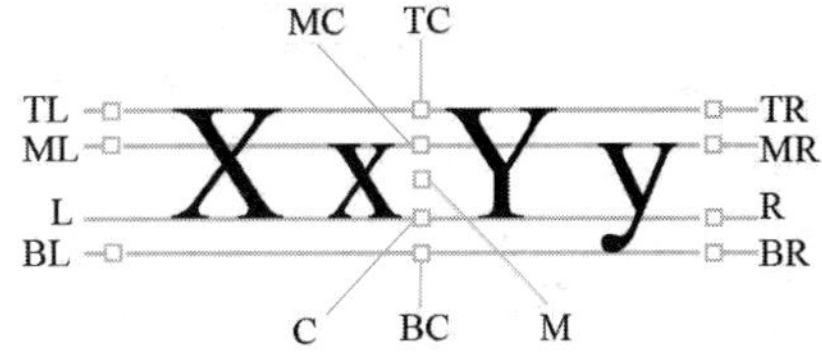

图 4-6　文本的对齐方式

在实际绘图时，有时需要标注一些特殊字符，如直径符号、上画线或下画线、温度符号等，由于这些符号不能直接通过键盘输入，AutoCAD 提供了一些控制码用来实现这些要求。控制码用两个百分号（%%）加一个字符构成，常用的控制码如表 4-1 所示。

表 4-1　AutoCAD 常用控制码

符　号	功　能	符　号	功　能
%%o	上画线	\U+0278	电相角
%%u	下画线	\U+E101	流线
%%d	"度数"符号	\U+2261	恒等于
%%p	"正/负"符号	\U+E102	界碑线
%%c	"直径"符号	\U+2260	不相等
%%%	百分号%	\U+2126	欧姆
\U+2248	几乎相等	\U+03A9	欧米加
\U+2220	角度	\U+214A	地界线
\U+E100	边界线	\U+2082	下标 2
\U+2104	中心线	\U+00B2	平方
\U+0394	差值	\U+00B3	立方

4.1.3　多行文本标注

Note

1. 执行方式

☑　命令行：MTEXT。
☑　菜单栏："绘图"→"文字"→"多行文字"。
☑　工具栏："绘图"→"多行文字"A或"文字"→"多行文字"A。
☑　功能区："默认"→"注释"→"多行文字"A或"注释"→"文字"→"多行文字"A。

2. 操作步骤

执行上述命令，在命令行提示"指定第一角点:"后指定矩形框的第一个角点。在命令行提示"指定对角点或[高度(H)/对正(J)/行距(L)/旋转(R)/样式(S)/宽度(W)/栏(C)]:"后指定矩形框的另一个角点。

3. 选项说明

（1）指定对角点：直接在屏幕上拾取一个点作为矩形框的第二个角点，AutoCAD 以这两个点为对角点形成一个矩形区域，其宽度作为将来要标注的多行文本的宽度，而且第一个点作为第一行文本顶线的起点。响应后 AutoCAD 打开"文字编辑器"选项卡和多行文字编辑器，可利用此编辑器输入多行文本并对其格式进行设置。关于选项卡中各选项的含义与编辑器功能，稍后再详细介绍。

（2）对正(J)：确定所标注文本的对齐方式。这些对齐方式与 TEXT 命令中的各对齐方式相同，在此不再重复。选择一种对齐方式后按 Enter 键，AutoCAD 回到上一级提示。

（3）行距(L)：确定多行文本的行间距，这里所说的行间距是指相邻两文本行的基线之间的垂直距离。选择该选项，在命令行提示"输入行距类型[至少(A)/精确(E)]<至少(A)>:"下有两种方式确定行间距，即"至少"方式和"精确"方式。在"至少"方式下，AutoCAD 根据每行文本中最大的字符自动调整行间距；在"精确"方式下，AutoCAD 给多行文本赋予一个固定的行间距。可以直接输入一个确切的间距值，也可以输入 nx 的形式，其中 n 是一个具体数，表示行间距设置为单行文本高度的 n 倍，而单行文本高度是本行文本字符高度的 1.66 倍。

（4）旋转(R)：确定文本行的倾斜角度。选择该选项，在命令行提示"指定旋转角度<0>:"下输入角度值后按 Enter 键，返回"指定对角点或[高度(H)/对正(J)/行距(L)/旋转(R)/样式(S)/宽度(W)]:"提示下。

（5）样式(S)：确定当前的文字样式。

（6）宽度(W)：指定多行文本的宽度。可在屏幕上拾取一点，将其与前面确定的第一个角点组成的矩形框的宽度作为多行文本的宽度，也可以输入一个数值，精确设置多行文本的宽度。

（7）栏(C)：可以将多行文字对象的格式设置为多栏。可以指定栏和栏之间的宽度、高度及栏数，以及使用夹点编辑栏宽和栏高。其中提供了 3 个栏选项，即"不分栏""静态栏""动态栏"。

高手支招：在创建多行文本时，只要指定文本行的起始点和宽度后，AutoCAD 就会打开"文字编辑器"选项卡和多行文字编辑器，如图 4-7 和图 4-8 所示。该编辑器与 Microsoft Word 编辑器界面相似，事实上该编辑器与 Word 编辑器在某些功能上趋于一致。这样既增强了多行文字的编辑功能，又能使用户更熟悉和方便地使用。

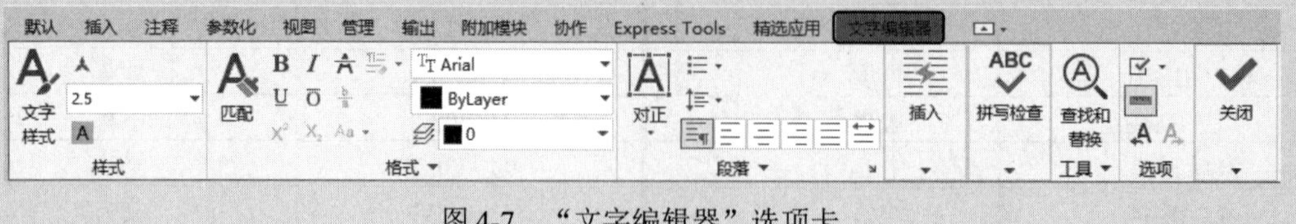

图 4-7　"文字编辑器"选项卡

图 4-8　多行文字编辑器

“文字编辑器”选项卡用来控制文本文字的显示特性。可以在输入文本文字前设置文本的特性，也可以改变已输入的文本文字特性。要改变已有文本文字的显示特性，首先应选择要修改的文本，选择文本的方式有以下 3 种。

❶ 将光标定位到文本文字开始处，按住鼠标左键，拖曳到文本末尾。

❷ 双击某个文字，则该文字被选中。

❸ 3 次单击鼠标，则选中全部内容。

下面介绍“文字编辑器”选项卡中部分选项的功能。

☑ “文字高度”下拉列表框：用于确定文本的字符高度，可在文本编辑器中输入新的字符高度，也可从该下拉列表框中选择已设定过的高度值。

☑ “加粗”按钮**B**和“斜体”按钮*I*：用于设置文字的加粗或斜体效果，但这两个按钮只对 TrueType 字体有效。

☑ “删除线”按钮：用于在文字上添加水平删除线。

☑ “上画线”按钮Ō和“下画线”按钮U̲：用于设置或取消文字的上下画线。

☑ “堆叠”按钮：为层叠或非层叠文本按钮，用于层叠所选的文本文字，也就是创建分数形式。当文本中某处出现“/”“^”或“#”3 种层叠符号之一时，选中需要层叠的文字，才可层叠文本，二者缺一不可。符号左边的文字作为分子，右边的文字作为分母进行层叠。AutoCAD 提供了如下 3 种分数形式。

➢ 如果选中“abcd/efgh”后单击该按钮，则得到如图 4-9（a）所示的分数形式。

➢ 如果选中“abcd^efgh”后单击该按钮，则得到如图 4-9（b）所示的形式，此形式多用于标注极限偏差。

➢ 如果选中“abcd # efgh”后单击该按钮，则创建斜排的分数形式，如图 4-9（c）所示。

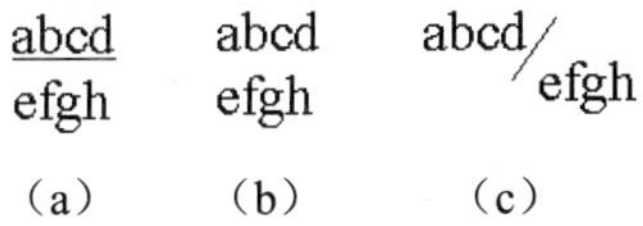

abcd/efgh (分数线)	abcd efgh	abcd/efgh (斜排)
（a）	（b）	（c）

图 4-9　文本层叠

如果选中已经层叠的文本对象后单击“层叠”按钮，则恢复到非层叠形式。

☑ “倾斜角度”（0/）文本框：用于设置文字的倾斜角度。

举一反三： 倾斜角度与斜体效果是两个不同的概念，前者可以设置任意倾斜角度，后者是在任意倾斜角度的基础上设置斜体效果，如图 4-10 所示。第一行倾斜角度为 0°，非斜体效果；第二行倾斜角度为 12°，非斜体效果；第三行倾斜角度为 12°，斜体效果。

都市农夫
都市农夫
都市农夫

图 4-10　倾斜角度与斜体效果

☑ “符号”按钮@：用于输入各种符号。单击此按钮，系统打开符号列表，如图 4-11 所示，可以从中选择符号，输入文本中。

☑ “字段”按钮：用于插入一些常用或预设字段。单击该按钮，系统打开“字段”对话框，如图 4-12 所示，用户可从中选择字段，插入标注文本中。

☑ “追踪”下拉列表框：用于增大或减小选定字符之间的空间。1.0 表示设置常规间距，设置的值大于 1.0 表示增大间距，设置的值小于 1.0 表示减小间距。

☑ “宽度因子”下拉列表框：用于扩展或收缩选定字符。1.0 表示设置代表此字体中字母的

常规宽度，可以增大该宽度或减小该宽度。

图 4-11　符号列表

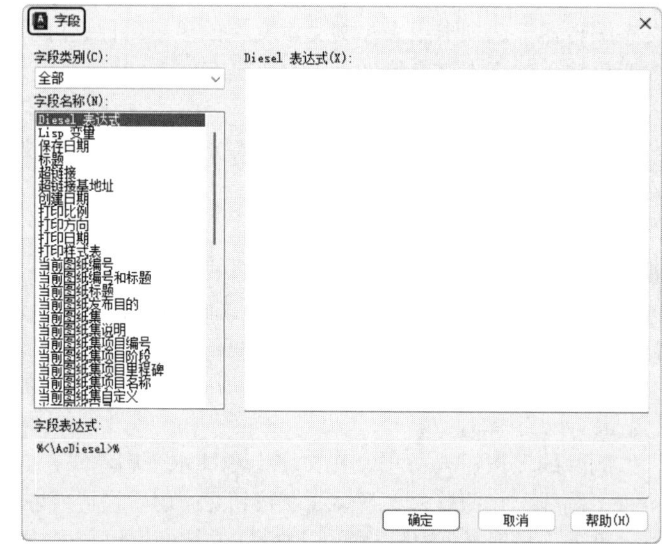

图 4-12　“字段”对话框

☑　“上标”按钮X^2：将选定文字转换为上标，即在输入线的上方设置稍小的文字。

☑　“下标”按钮X_2：将选定文字转换为下标，即在输入线的下方设置稍小的文字。

☑　“清除格式”下拉列表：删除选定字符的字符格式，或删除选定段落的段落格式，或删除选定段落中的所有格式。

☑　关闭：如果选择该选项，将从应用了列表格式的选定文字中删除字母、数字和项目符号。不更改缩进状态。

☑　以数字标记：应用将带有句点的数字用于列表中的项的列表格式。

☑　以字母标记：应用将带有句点的字母用于列表中的项的列表格式。如果列表含有的项多于字母中含有的字母，则可以使用双字母继续序列。

☑　以项目符号标记：应用将项目符号用于列表中的项的列表格式。

☑　启动：在列表格式中启动新的字母或数字序列。如果选定的项位于列表中间，那么选定项下面的未选中的项也将成为新列表的一部分。

☑　继续：将选定的段落添加到上面最后一个列表中，然后继续序列。如果选择了列表项而非段落，那么选定项下面的未选中的项将继续序列。

☑　允许自动项目符号和编号：在输入时应用列表格式。以下字符可以用作字母和数字后的标点并不能用作项目符号：句点（.）、逗号（,）、右括号（)）、右尖括号（>）、右方括号（]）和右花括号（}）。

☑　允许项目符号和列表：如果选择该选项，那么列表格式将应用到外观类似列表的多行文字对象中的所有纯文本。

☑　拼写检查：确定输入时拼写检查处于打开还是关闭状态。

☑　编辑词典：显示“词典”对话框，从中可添加或删除在拼写检查过程中使用的自定义词典。

☑　标尺：在编辑器顶部显示标尺。拖曳标尺末尾的箭头可更改文字对象的宽度。列模式处于活

动状态时，还显示高度和列夹点。

☑ 段落：为段落和段落的第一行设置缩进。指定制表位和缩进，控制段落对齐方式、段落间距和段落行距，如图 4-13 所示。

☑ 输入文字：选择该选项，系统打开“选择文件”对话框，如图 4-14 所示。选择任意 ASCII 或 RTF 格式的文件。输入的文字保留原始字符格式和样式特性，但可以在多行文字编辑器中编辑和格式化输入的文字。选择要输入的文本文件后，可以替换选定的文字或全部文字，或在文字边界内将插入的文字附加到选定的文字中。输入文字的文件必须小于 32KB。

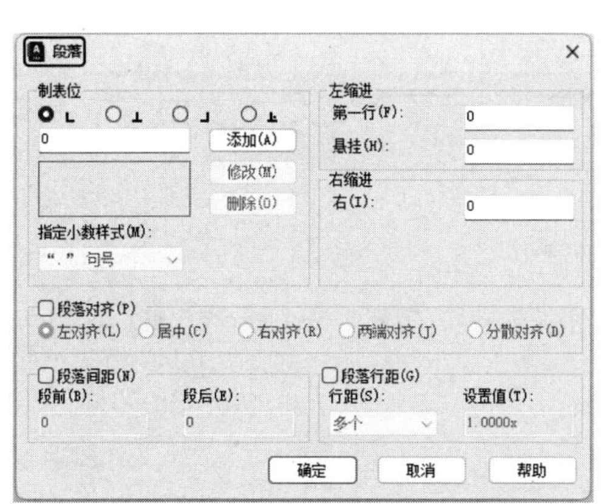

图 4-13 “段落”对话框

图 4-14 “选择文件”对话框

☑ 编辑器设置：显示“文字格式”工具栏的选项列表。有关详细信息，请参见编辑器设置。

高手支招： 多行文字是由任意数目的文字行或段落组成的，布满指定的宽度，还可以沿垂直方向无限延伸。多行文字中，无论行数是多少，单个编辑任务中创建的每个段落集将构成单个对象；用户可对其进行移动、旋转、删除、复制、镜像或缩放操作。

4.2 文本编辑

4.2.1 多行文本编辑

1. 执行方式

☑ 命令行：DDEDIT。

☑ 菜单栏：“修改”→“对象”→“文字”→“编辑”。

☑ 工具栏：“文字”→“编辑” 。

☑ 快捷菜单：“修改多行文字”或“编辑文字”。

2. 操作步骤

```
命令：DDEDIT↙
TEXTEDIT
当前设置：编辑模式 = Multiple
选择注释对象或 [放弃(U)/模式(M)]：(选择要编辑的文字)
```

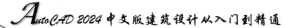

选择相应的菜单项，或在命令行中输入 DDEDIT 命令后按 Enter 键，在命令行提示“选择注释对象或[放弃(U)]:”后选择要编辑的文字。

4.2.2 实例——酒瓶

视频讲解

本实例利用“多段线”命令绘制酒瓶一侧的轮廓，再利用“镜像”命令得到另一侧的轮廓，最后利用“直线”“椭圆”“多行文字”等命令完善图形，绘制流程如图 4-15 所示。

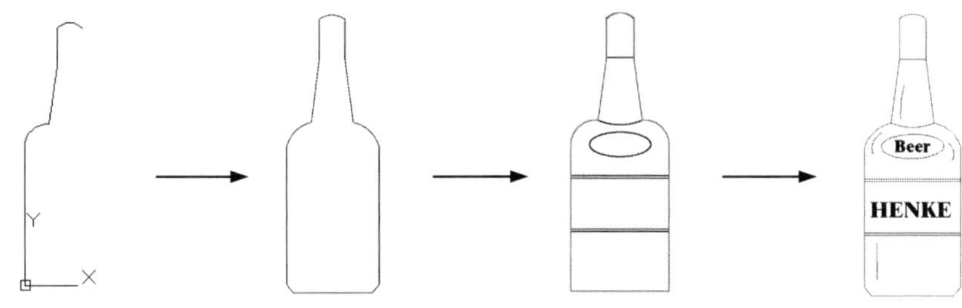

图 4-15　绘制酒瓶的流程

（1）选择菜单栏中的“格式”→“图层”命令，打开“图层特性管理器”选项板，新建 3 个图层。

❶“1”图层，颜色为绿色，其余属性默认。

❷“2”图层，颜色为白色，其余属性默认。

❸“3”图层，颜色为蓝色，其余属性默认。

（2）选择菜单栏中的“视图”→“缩放”→“圆心”命令，将图形界面缩放至适当大小。

（3）将当前图层设置为“3”图层，选择菜单栏中的“绘图”→“多段线”命令。在命令行提示下依次输入（40,0）、（@-40,0）、（@0,119.8）、A、（22,139.6）、L、（29,190.7）、（29,222.5）、A、S、（40,227.6）、（51.2,223.3），绘制结果如图 4-16 所示。

（4）选择菜单栏中的“修改”→“镜像”命令，镜像绘制的多段线，指定镜像线的第一点和第二点的坐标分别为（40,0）、（40,10），然后单击“默认”选项卡“修改”面板中的“修剪”按钮，修剪图形，绘制结果如图 4-17 所示。

（5）将“2”图层设置为当前图层，单击“默认”选项卡“绘图”面板中的“直线”按钮，绘制坐标为{（0,94.5）、（@80,0）}、{（0,48.6）、（@80,0）}、{（29,190.7）、（@22,0）}、{（0,50.6）、（@80,0）}、{（0,92.5）、（@80,0）}的直线，绘制结果如图 4-18 所示。

（6）单击“默认”选项卡“绘图”面板中的“轴，端点”按钮，指定中心点坐标为（40,120），轴端点坐标为（@25,0），轴长度为（@0,10）；单击“默认”选项卡“绘图”面板中的“圆弧”按钮，以三点方式绘制坐标依次为（22,139.6）、（40,136）、（58,139.6）的圆弧，绘制结果如图 4-19 所示。

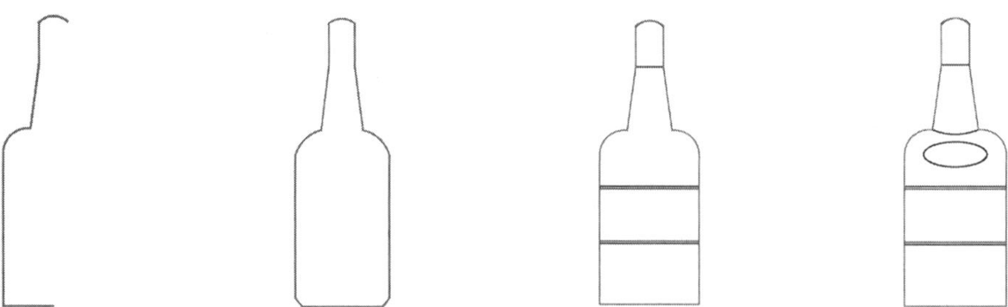

图 4-16　绘制多段线　　图 4-17　镜像处理　　图 4-18　绘制直线　　图 4-19　绘制椭圆和圆弧

（7）将“1”图层设置为当前图层，单击“默认”选项卡“注释”面板中的“多行文字”按钮A，系统打开“文字编辑器”选项卡，如图 4-20 所示，设置文字高度分别为 10 和 13，输入文字。

（8）单击“默认”选项卡“绘图”面板中的“圆弧”按钮，在瓶子的适当位置处绘制纹络，结果如图 4-21 所示。

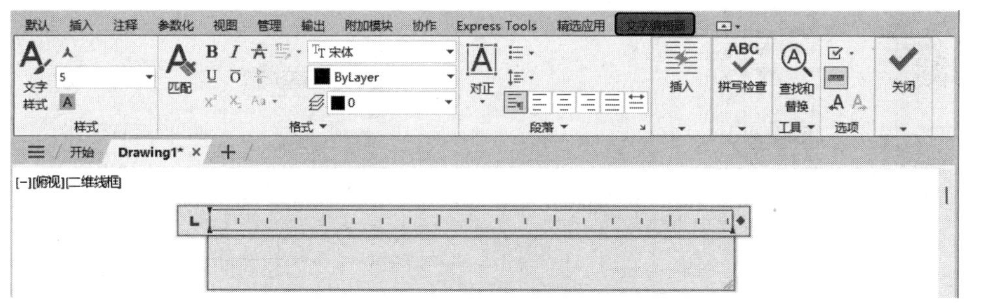

图 4-20 “文字编辑器”选项卡

图 4-21 绘制纹络

4.3 表 格

在早期的版本中，要绘制表格必须采用绘制图线或图线结合“偏移”或“复制”等编辑命令来完成，这样的操作过程烦琐而复杂，不利于提高绘图效率。从 AutoCAD 2005 开始，新增加了一个“表格”绘图功能，有了该功能，创建表格就变得非常容易，用户可以直接插入设置好样式的表格，而无须绘制由单独的图线组成的栅格。

4.3.1 设置表格样式

1. 执行方式

☑ 命令行：TABLESTYLE。
☑ 菜单栏：“格式”→“表格样式”。
☑ 工具栏：“样式”→“表格样式管理器”。
☑ 功能区：“默认”→“注释”→“表格样式”或“注释”→“表格”→“对话框启动器”。

2. 操作步骤

执行上述命令，打开“表格样式”对话框，如图 4-22 所示。

3. 选项说明

（1）“新建”按钮：单击“新建”按钮，打开“创建新的表格样式”对话框，如图 4-23 所示。输入新的表格样式名后，单击“继续”按钮，打开“新建表格样式:Standard 副本”对话框，从中可以定义新的表格样式，如图 4-24 所示。“新建表格样式:Standard 副本”对话框的“单元格式”下拉列表中包含“数据”“表头”“标题”3 个选项，分别控制表格中数据、列标题和总标题的有关参数，如图 4-25 所示。

图 4-26 所示的数据文字样式为 Standard，文字高度为 4.5，文字颜色为“红色”，填充颜色为“黄色”，对齐方式为“右下”；没有表头行，标题文字样式为 Standard，文字高度为 6，文字颜色为“蓝色”，填充颜色为“无”，对齐方式为“正中”；表格方向为“向下”，水平单元边距和垂直单元边距都为 1.5 的表格样式。

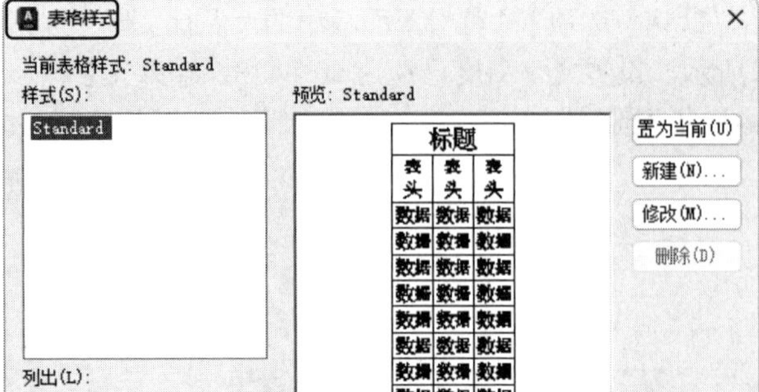

图 4-22 “表格样式”对话框

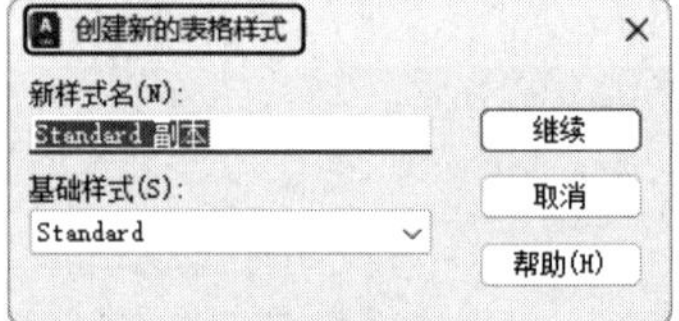

图 4-23 “创建新的表格样式”对话框

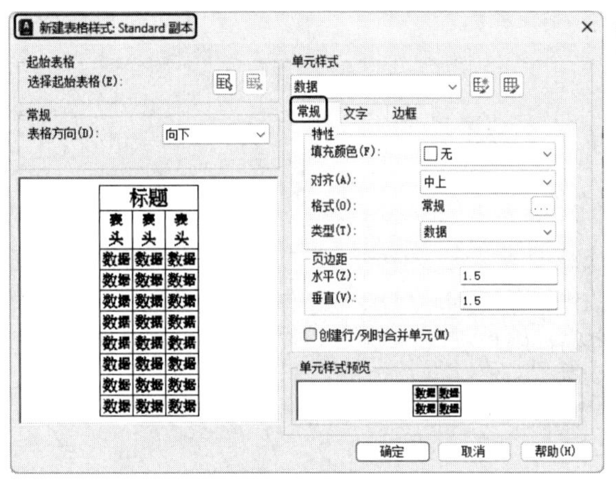

（a）“常规”选项卡

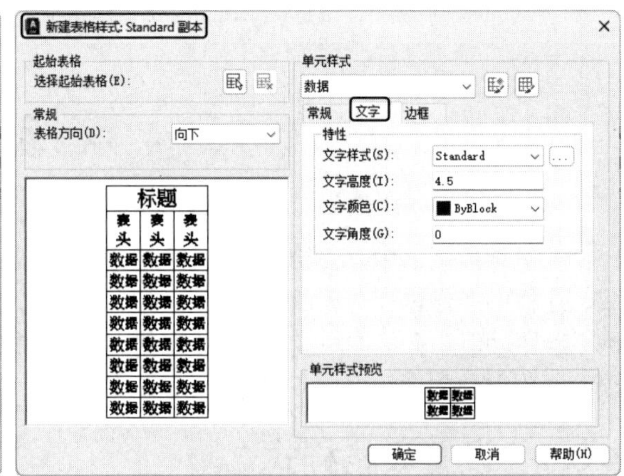

（b）“文字”选项卡

图 4-24 “新建表格样式:Standard 副本”对话框

标题		
表头	表头	表头
数据	数据	数据
数据	数据	数据
数据	数据	数据
数据	数据	数据
数据	数据	数据
数据	数据	数据

图 4-25 表格样式

标题		
数据	数据	数据
数据	数据	数据
数据	数据	数据
数据	数据	数据
数据	数据	数据
数据	数据	数据
数据	数据	数据
数据	数据	数据
数据	数据	数据

图 4-26 表格示例

（2）“修改”按钮：对当前表格样式进行修改，方式与新建表格样式相同。

4.3.2 创建表格

1. 执行方式

☑ 命令行：TABLE。

☑ 菜单栏：“绘图”→“表格”。

☑　工具栏："绘图"→"表格"▦。

☑　功能区："默认"→"注释"→"表格"▦或"注释"→"表格"→"表格"▦。

2. 操作步骤

执行上述命令，打开"插入表格"对话框，如图 4-27 所示。

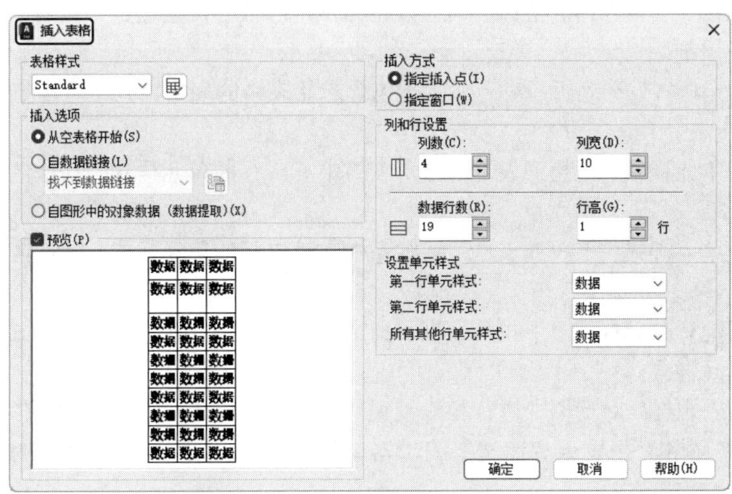

图 4-27　"插入表格"对话框

3. 选项说明

（1）"表格样式"选项组：在要从中创建表格的当前图形中选择表格样式。通过单击下拉列表框旁边的下拉按钮▦，用户可以创建新的表格样式。

（2）"插入选项"选项组：指定插入表格的方式。

☑　"从空表格开始"单选按钮：创建可以手动填充数据的空表格。

☑　"自数据链接"单选按钮：从外部电子表格中的数据创建表格。

☑　"自图形中的对象数据（数据提取）"单选按钮：启动"数据提取"向导。

（3）"预览"选项组：显示当前表格样式的样例。

（4）"插入方式"选项组：指定表格位置。

☑　"指定插入点"单选按钮：指定表格左上角的位置。可以使用定点设备，也可以在命令提示下输入坐标值。如果表格样式将表格的方向设置为由下而上读取，则插入点位于表格的左下角。

☑　"指定窗口"单选按钮：指定表格的大小和位置。可以使用定点设备，也可以在命令提示下输入坐标值。选中该单选按钮时，行数、列数、列宽和行高取决于窗口的大小以及列和行设置。

（5）"列和行设置"选项组：设置列和行的数目和大小。

☑　"列数"数值框：选中"指定窗口"单选按钮并指定列宽时，"自动"选项将被选定，且列数由表格的宽度控制。如果已指定包含起始表格的表格样式，则可以选择要添加到此起始表格的其他列的数量。

☑　"列宽"数值框：指定列的宽度。当选中"指定窗口"单选按钮并指定列数时，则选定"自动"选项，且列宽由表格的宽度控制。最小列宽为一个字符。

☑　"数据行数"数值框：指定行数。选中"指定窗口"单选按钮并指定行高时，则选定"自动"

选项，且行数由表格的高度控制。带有标题行和表格头行的表格样式最少应有 3 行。最小行高为一个文字行。如果已指定包含起始表格的表格样式，则可以选择要添加到此起始表格的其他数据行的数量。

☑ “行高”数值框：按照行数指定行高。文字行高基于文字高度和单元边距，这两项均在表格样式中设置。选中“指定窗口”单选按钮并指定行数时，则选定“自动”选项，且行高由表格的高度控制。

Note

（6）“设置单元样式”选项组：对于那些不包含起始表格的表格样式，可指定新表格中行的单元格式。

☑ “第一行单元样式”下拉列表框：指定表格中第一行的单元样式。默认情况下，使用标题单元样式。

☑ “第二行单元样式”下拉列表框：指定表格中第二行的单元样式。默认情况下，使用表头单元样式。

☑ “所有其他行单元样式”下拉列表框：指定表格中所有其他行的单元样式。默认情况下，使用数据单元样式。

在上面的“插入表格”对话框中进行相应设置后，单击“确定”按钮，系统在指定的插入点或窗口自动插入一个空表格，并显示多行文字编辑器，用户可以逐行逐列输入相应的文字或数据，如图 4-28 所示。

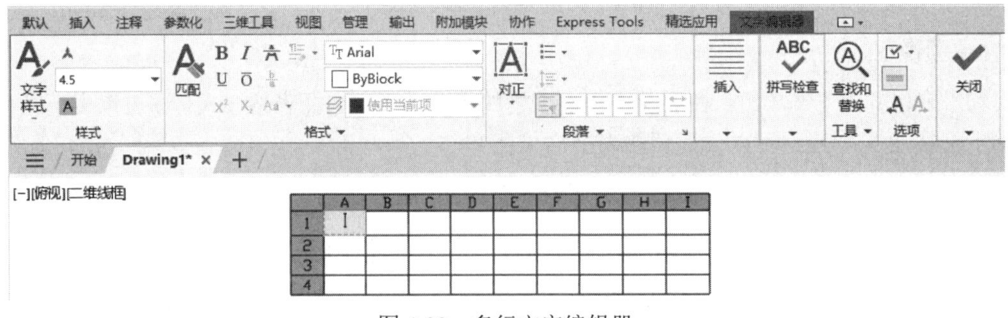

图 4-28　多行文字编辑器

4.3.3　编辑表格文字

1. 执行方式

☑ 命令行：TABLEDIT。

☑ 定点设备：表格内双击。

☑ 快捷菜单：编辑单元文字。

2. 操作步骤

执行上述命令，打开如图 4-28 所示的多行文字编辑器，用户可以对指定表格单元的文字进行编辑。

4.3.4　实例——植物明细表

视频讲解

本实例是通过对表格样式的设置确定表格样式，再将表格插入图形中并输入相关文字，最后调整表格宽度，绘制流程如图 4-29 所示。

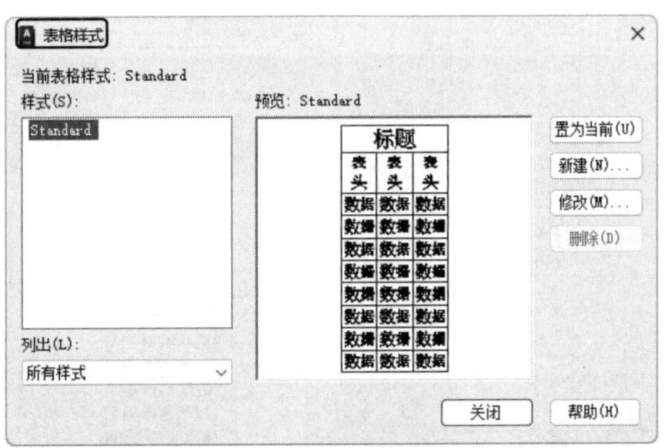

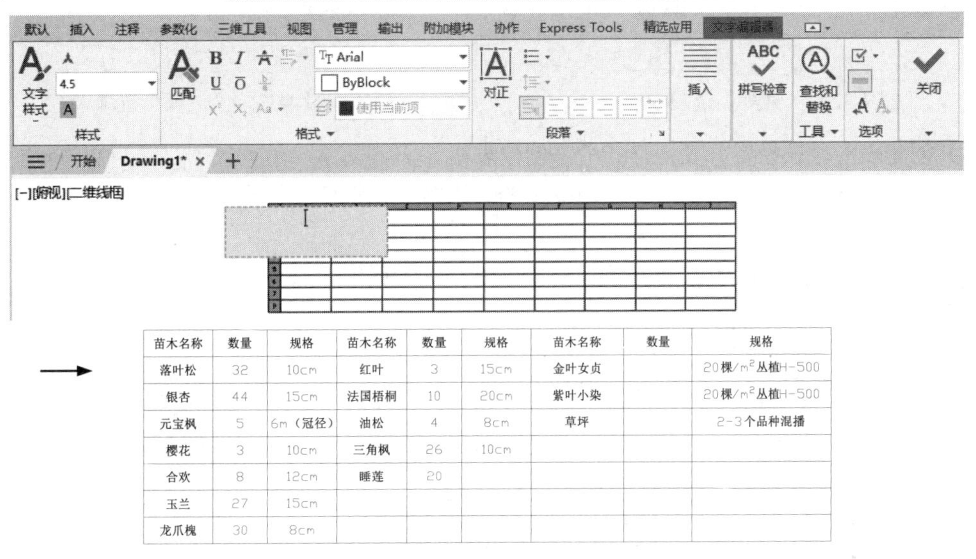

苗木名称	数量	规格	苗木名称	数量	规格	苗木名称	数量	规格
落叶松	32	10cm	红叶	3	15cm	金叶女贞		20棵/m^{2}丛植H-500
银杏	44	15cm	法国梧桐	10	20cm	紫叶小染		20棵/m^{2}丛植H-500
元宝枫	5	6m（冠径）	油松	4	8cm	草坪		2-3个品种混播
樱花	3	10cm	三角枫	26	10cm			
合欢	8	12cm	睡莲	20				
玉兰	27	15cm						
龙爪槐	30	8cm						

图 4-29　绘制植物明细表的流程

（1）单击“默认”选项卡“注释”面板中的“表格样式”按钮，打开“表格样式”对话框，如图 4-30 所示。

（2）单击“新建”按钮，打开“创建新的表格样式”对话框，如图 4-31 所示。在其中输入新的表格名称后，单击“继续”按钮，打开“新建表格样式:Standard 副本”对话框，“常规”选项卡的设置如图 4-32 所示。“边框”选项卡按如图 4-33 所示进行设置。创建好表格样式后，确定并关闭“表格样式”对话框。

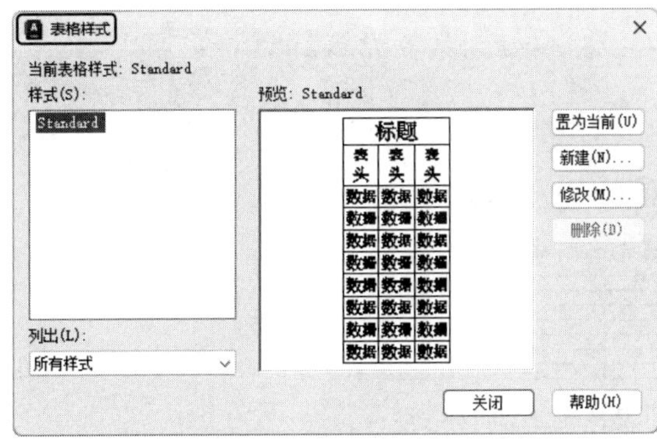

图 4-30　“表格样式”对话框

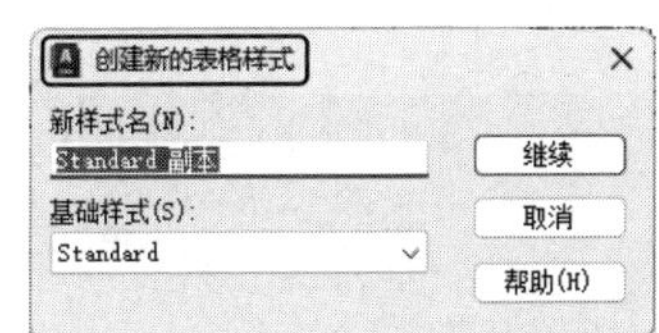

图 4-31　“创建新的表格样式”对话框

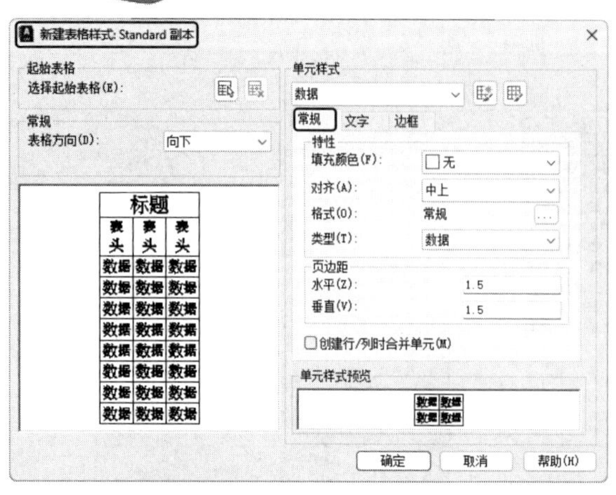

图 4-32 “常规”选项卡

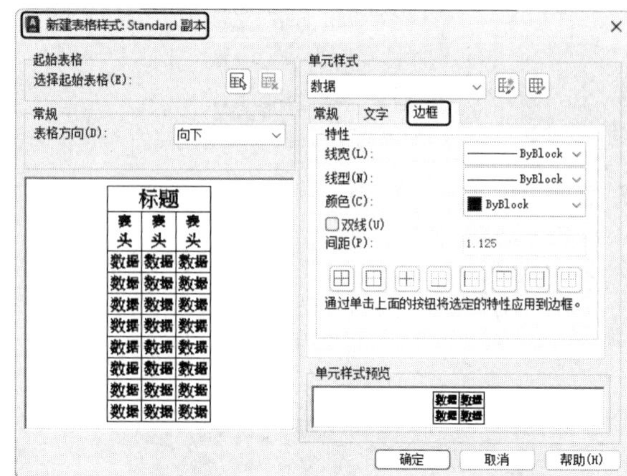

图 4-33 “边框”选项卡

（3）创建表格。在设置好表格样式后，创建表格。

（4）单击“默认”选项卡“注释”面板中的“表格”按钮，打开“插入表格”对话框，设置如图 4-34 所示。

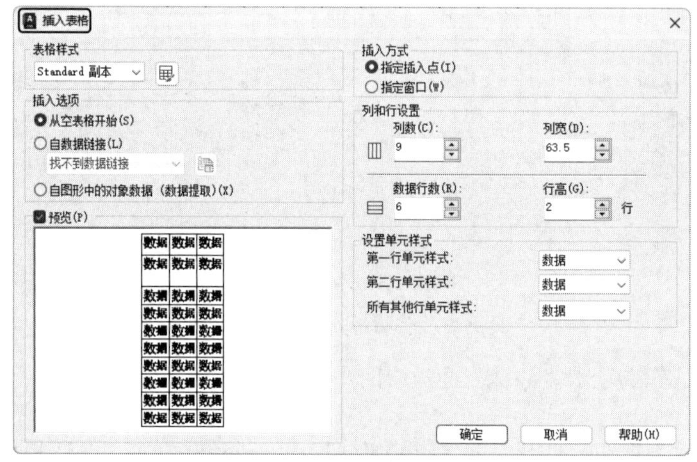

图 4-34 “插入表格”对话框

（5）单击“确定”按钮，系统在指定的插入点或窗口中自动插入一个空表格，并显示多行文字编辑器，用户可以逐行逐列地输入相应的文字或数据，如图 4-35 所示。

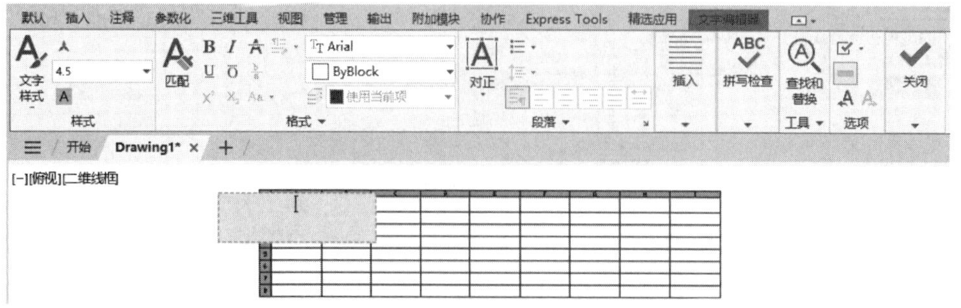

图 4-35 多行文字编辑器

（6）当对编辑完成的表格需要进行修改时，可用 TABLEDIT 命令来完成（也可在要修改的表格

上右击，在弹出的快捷菜单中选择“输入文字”命令，如图 4-36 所示)。命令行提示如下。

命令：TABLEDIT↙
拾取表格单元：(鼠标选取需要修改文本的表格单元)

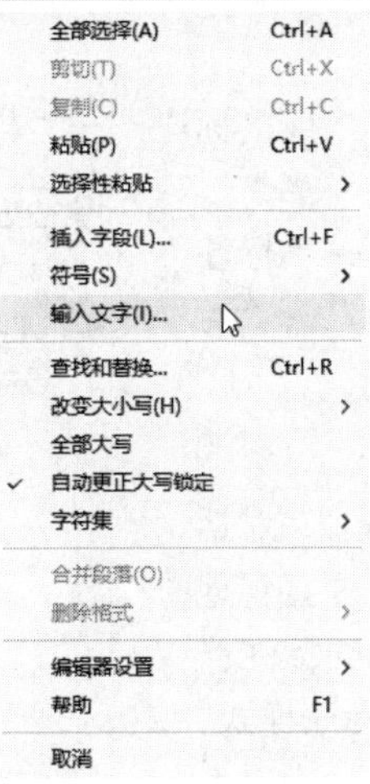

图 4-36　快捷菜单

多行文字编辑器会再次出现，用户可以进行修改。

注意：在插入后的表格中选择某一个单元格，单击后出现钳夹点，用户可以通过移动钳夹点改变单元格的大小，如图 4-37 所示。

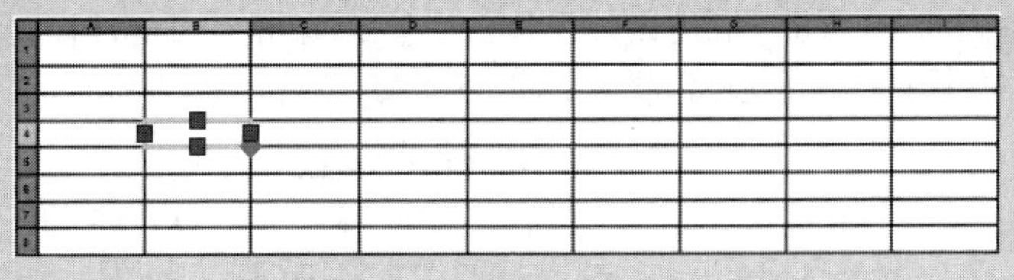

图 4-37　改变单元格大小

最后，完成的植物明细表如图 4-38 所示。

苗木名称	数量	规格	苗木名称	数量	规格	苗木名称	数量	规格
落叶松	32	10cm	红叶	3	15cm	金叶女贞		20棵/m^2丛植H-500
银杏	44	15cm	法国梧桐	10	20cm	紫叶小染		20棵/m^2丛植H-500
元宝枫	5	6m(冠径)	油松	4	8cm	草坪		2-3个品种混播
樱花	3	10cm	三角枫	26	10cm			
合欢	8	12cm	睡莲	20				
玉兰	27	15cm						
龙爪槐	30	8cm						

图 4-38　植物明细表

4.4　尺寸标注

本节中与尺寸标注相关命令的菜单方式集中在“标注”菜单中，工具栏方式集中在“标注”工具栏中。

Note

4.4.1 设置尺寸样式

1. 执行方式

☑ 命令行：DIMSTYLE。

☑ 菜单栏："格式"→"标注样式"或"标注"→"样式"。

☑ 工具栏："标注"→"标注样式"。

☑ 功能区："默认"→"注释"→"标注样式"或"注释"→"标注"→"对话框启动器"。

2. 操作步骤

执行上述命令，打开"标注样式管理器"对话框，如图 4-39 所示。利用该对话框可方便直观地定制和浏览尺寸标注样式，包括产生新的标注样式、修改已存在的样式、设置当前尺寸标注样式、样式重命名及删除一个已有样式等。

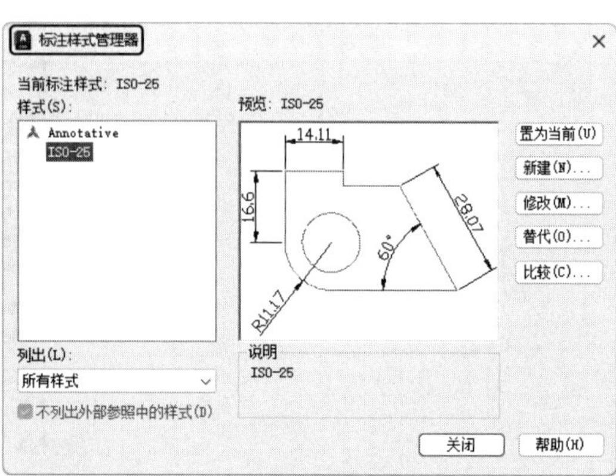

图 4-39 "标注样式管理器"对话框

3. 选项说明

（1）"置为当前"按钮：单击"置为当前"按钮，把在"样式"列表框中选中的样式设置为当前样式。

（2）"新建"按钮：定义一个新的尺寸标注样式。单击"新建"按钮，AutoCAD 打开"创建新标注样式"对话框，如图 4-40 所示。利用该对话框可创建一个新的尺寸标注样式，单击"继续"按钮，可利用打开的如图 4-41 所示的"新建标注样式:副本 ISO-25"对话框对新样式的各项特性进行设置。

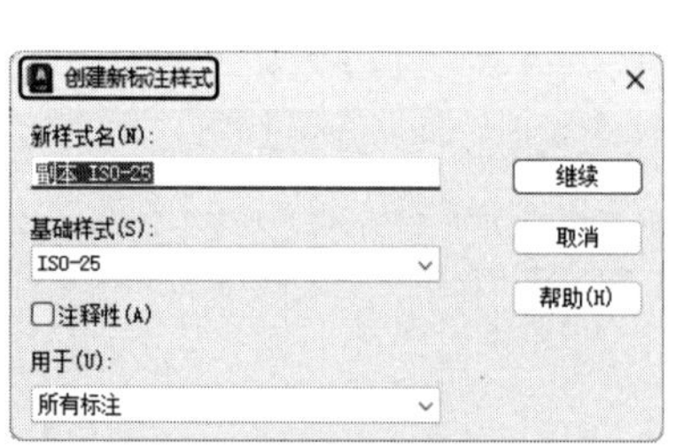

图 4-40 "创建新标注样式"对话框

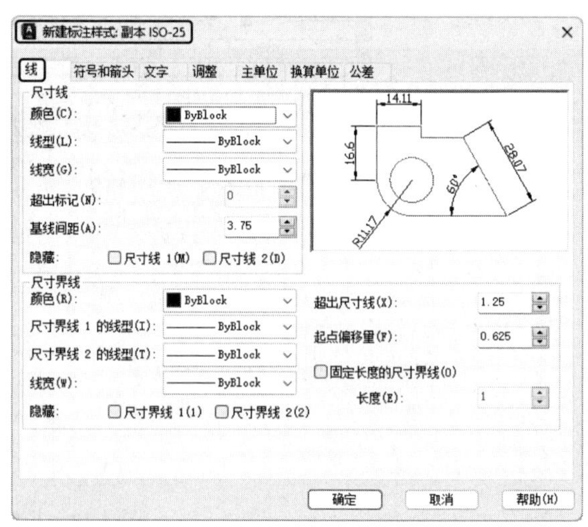

图 4-41 "新建标注样式:副本 ISO-25"对话框

在图 4-41 所示的"新建标注样式:副本 ISO-25"对话框中有 7 个选项卡，分别介绍如下。

☑ "线"选项卡：对尺寸线、尺寸界线的形式和特性各个参数进行设置，包括尺寸线的颜色、线型、线宽、超出标记、基线间距等参数，尺寸界线的颜色、线宽、超出尺寸线、起点偏移量、隐藏等参数。

☑　“符号和箭头”选项卡：主要对箭头、圆心标记、弧长符号和半径折弯标注的形式和特性参数进行设置，如图 4-42 所示。包括箭头的大小、引线、形状等参数及圆心标记的类型和大小等参数。

☑　“文字”选项卡：对文字的外观、位置、对齐方式等各个参数进行设置，如图 4-43 所示。包括文字外观的文字样式、文字颜色、填充颜色、文字高度、分数高度比例和是否绘制文字边框等参数，文字位置的垂直、水平和从尺寸线偏移量等参数。对齐方式有水平、与尺寸线对齐、ISO 标准 3 种方式。图 4-44 为尺寸在垂直方向上放置的 4 种不同情形，图 4-45 为尺寸在水平方向上放置的 5 种不同情形。

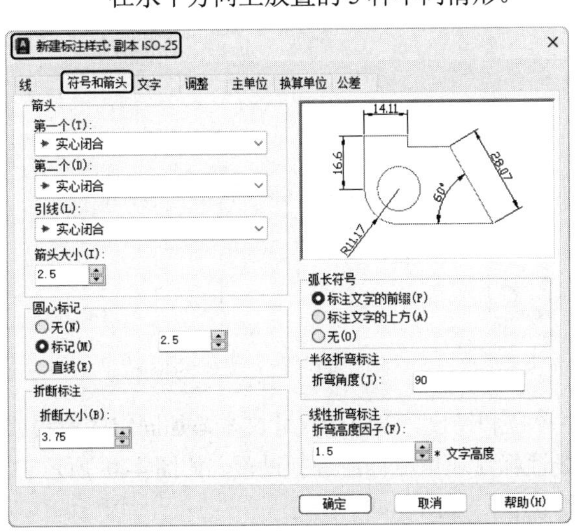

图 4-42　“符号和箭头”选项卡

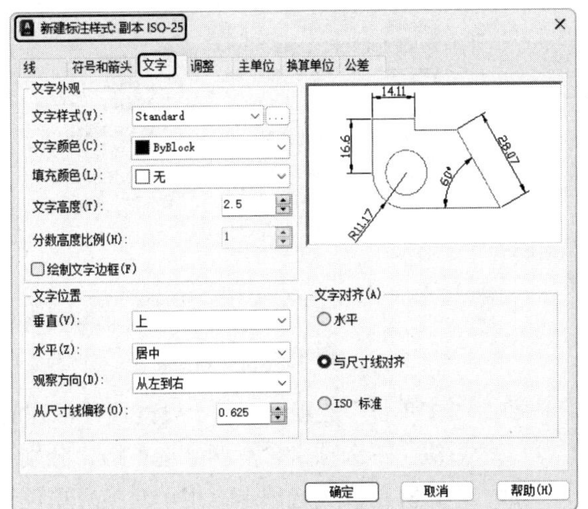

图 4-43　“文字”选项卡

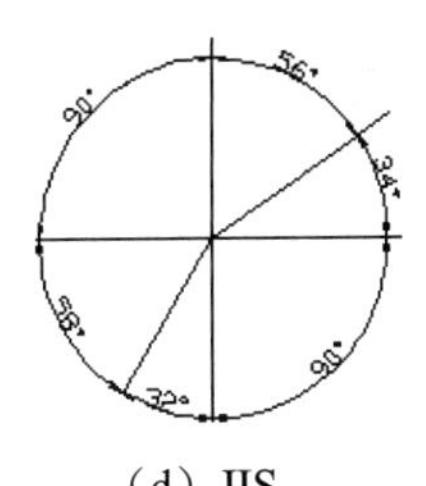

（a）置中　（b）上方　（c）外部　（d）JIS

图 4-44　尺寸文本在垂直方向的放置

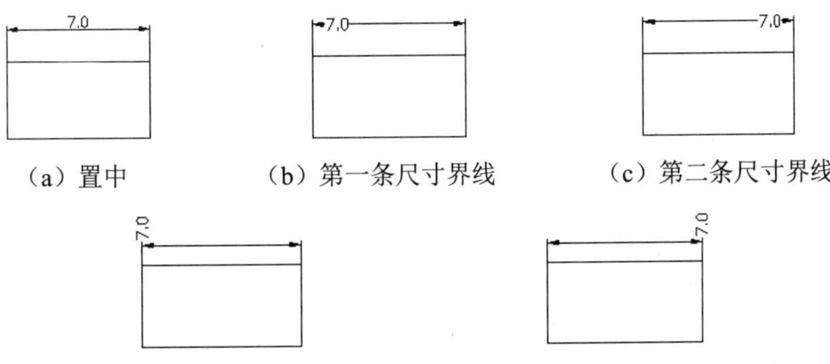

（a）置中　（b）第一条尺寸界线　（c）第二条尺寸界线

（d）第一条尺寸界线上方　（e）第二条尺寸界线上方

图 4-45　尺寸文本在水平方向的放置

Note

☑ “调整”选项卡：对调整选项、文字位置、标注特征比例、优化等各个参数进行设置，如图 4-46 所示。包括调整选项选择、文字不在默认位置时的放置位置、标注特征比例选择，以及调整尺寸要素位置等参数。图 4-47 为文字不在默认位置时的放置位置的 3 种不同情形。

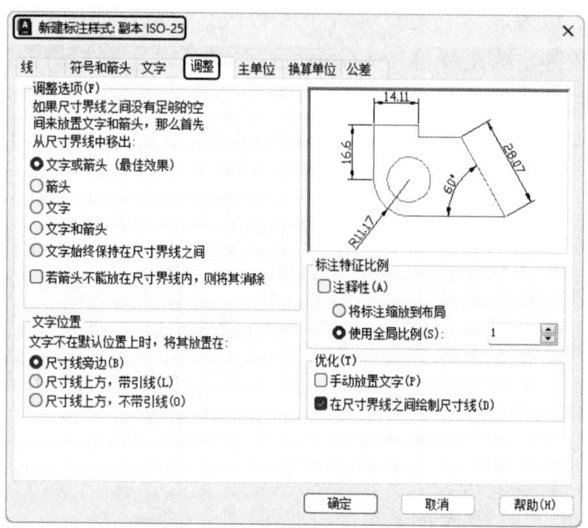

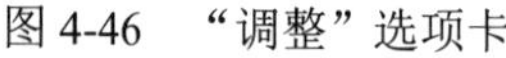
图 4-46 “调整”选项卡

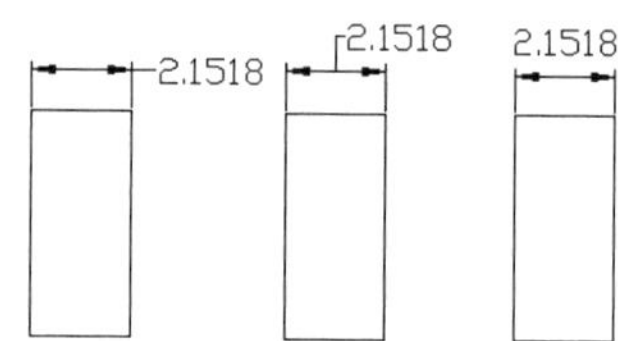

图 4-47 尺寸文本的位置

☑ “主单位”选项卡：用于设置尺寸标注的主单位和精度，以及给尺寸文本添加固定的前缀或后缀。本选项卡含有两个选项组，分别对线性标注和角度标注进行设置，如图 4-48 所示。

☑ “换算单位”选项卡：用于对换算单位进行设置，如图 4-49 所示。

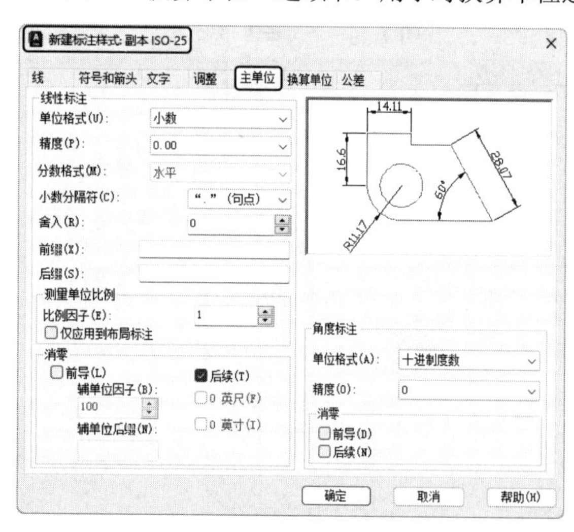

图 4-48 “主单位”选项卡

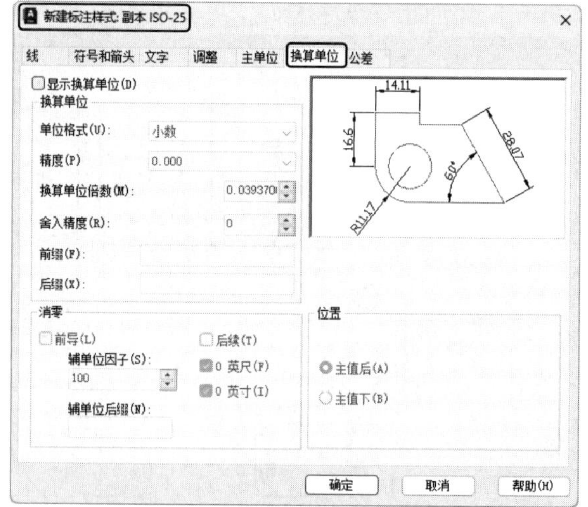

图 4-49 “换算单位”选项卡

☑ “公差”选项卡：用于对尺寸公差进行设置，如图 4-50 所示。其中，“方式”下拉列表框中列出了 AutoCAD 提供的 5 种标注公差的形式，用户可从中选择。这 5 种形式分别是“无”“对称”“极限偏差”“极限尺寸”“基本尺寸”，其中“无”表示不标注公差。其余 4 种标注情况如图 4-51 所示。可在“精度”下拉列表框、“上偏差”数值框、“下偏差”数值框、“高度比例”数值框、“垂直位置”下拉列表框中分别输入或选择相应的参数值。

Note

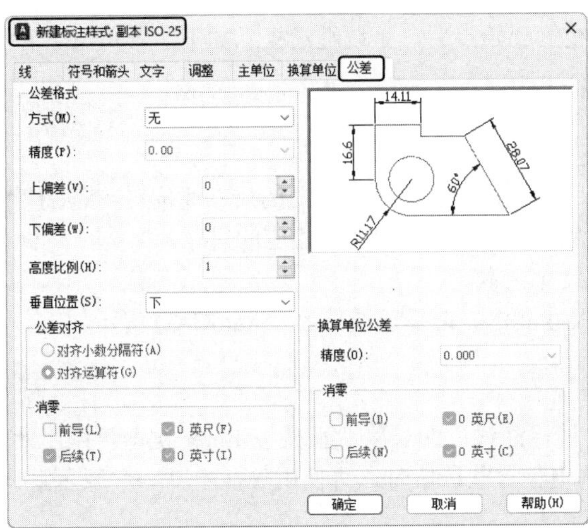

图 4-50 “公差”选项卡

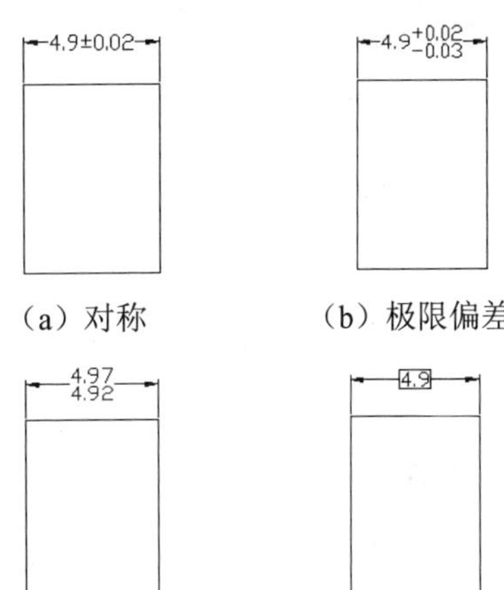

（a）对称　（b）极限偏差

（c）极限尺寸　（d）基本尺寸

图 4-51 公差标注的形式

注意： 系统自动在上偏差数值前加一个“+”号，在下偏差数值前加一个“-”号。如果上偏差是负值或下偏差是正值，就需要在输入的偏差值前加负号。如下偏差是+0.005，则需要在“下偏差”数值框中输入“-0.005”。

（3）“修改”按钮：修改一个已存在的尺寸标注样式。单击该按钮，AutoCAD 弹出“修改标注样式”对话框，该对话框中的各选项与“新建标注样式”对话框中的选项完全相同，可以对已有标注样式进行修改。

（4）“替代”按钮：设置临时覆盖尺寸标注样式。单击该按钮，AutoCAD 打开“替代当前样式”对话框，该对话框中的各选项与“新建标注样式”对话框中的选项完全相同，用户可改变选项的设置以覆盖原来的设置，但这种修改只对指定的尺寸标注起作用，而不影响当前尺寸变量的设置。

（5）“比较”按钮：比较两个尺寸标注样式在参数上的区别或浏览一个尺寸标注样式的参数设置。单击该按钮，AutoCAD 打开“比较标注样式”对话框，如图 4-52 所示。可以把比较结果复制到剪贴板上，然后粘贴到其他的 Windows 应用软件上。

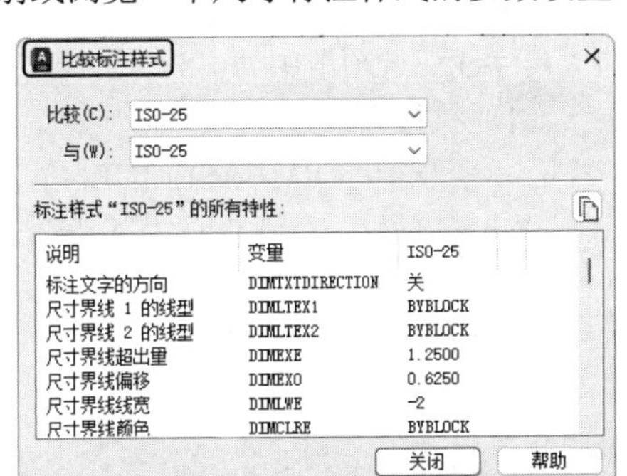

图 4-52 “比较标注样式”对话框

4.4.2 尺寸标注

1. 线性标注

（1）执行方式。

☑ 命令行：DIMLINEAR。

☑ 菜单栏：“标注”→“线性”。

☑ 工具栏：“标注”→“线性”。

☑ 功能区：“默认”→“注释”→“线性”或“注释”→“标注”→“线性”。

（2）操作步骤。

```
命令: DIMLINEAR↙
指定第一个尺寸界线原点或 <选择对象>:
```

在上述提示下有两种选择，直接按 Enter 键选择要标注的对象或指定尺寸界线的起始点，再按

Enter 键并选择要标注的对象或指定两条尺寸界线的起始点后，系统继续提示如下。

```
指定尺寸线位置或 [多行文字(M)/文字(T)/角度(A)/水平(H)/垂直(V)/旋转(R)]:
```

Note

（3）选项说明。

☑ 指定尺寸线位置：确定尺寸线的位置。用户可移动鼠标选择合适的尺寸线位置，然后按 Enter 键或单击，AutoCAD 则自动测量所标注线段的长度并标注出相应的尺寸。

☑ 多行文字(M)：用多行文本编辑器确定尺寸文本。

☑ 文字(T)：在命令行提示下输入或编辑尺寸文本。选择该选项后，AutoCAD 提示如下。

```
输入标注文字 <默认值>:
```

其中的默认值是 AutoCAD 自动测量得到的被标注线段的长度，直接按 Enter 键即可采用此长度值，也可输入其他数值代替默认值。当尺寸文本中包含默认值时，可使用尖括号“<>”表示默认值。

☑ 角度(A)：确定尺寸文本的倾斜角度。

☑ 水平(H)：水平标注尺寸，不论标注什么方向的线段，尺寸线均水平放置。

☑ 垂直(V)：垂直标注尺寸，不论被标注线段沿什么方向，尺寸线总保持垂直。

☑ 旋转(R)：输入尺寸线旋转的角度值，旋转标注尺寸。

对齐标注的尺寸线与所标注的轮廓线平行；坐标尺寸标注点的纵坐标或横坐标；角度标注两个对象之间的角度；直径或半径标注圆或圆弧的直径或半径；圆心标记则标注圆或圆弧的中心或中心线，具体由“新建（修改）标注样式”对话框“符号和箭头”选项卡中的“圆心标记”选项组决定。这 5 种尺寸标注与线性标注类似。

2. 基线标注

基线标注用于产生一系列基于同一条尺寸界线的尺寸标注，适用于长度尺寸标注、角度标注和坐标标注等。在使用基线标注方式之前，应该先标注出一个相关的尺寸，如图 4-53 所示。基线标注的两条平行尺寸线间距由“基线间距”数值框中的值决定〔在“新建（修改）标注样式”对话框的“线”选项卡的“尺寸线”选项组中〕。

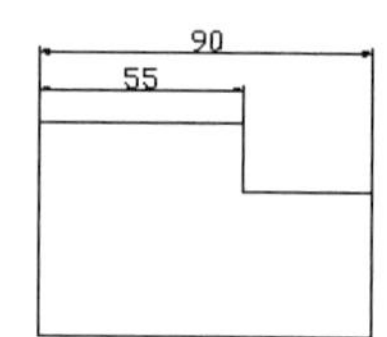

图 4-53　基线标注

（1）执行方式。

☑ 命令行：DIMBASELINE。

☑ 菜单栏：“标注”→“基线”。

☑ 工具栏：“标注”→“基线”。

☑ 功能区：“注释”→“标注”→“基线”。

（2）操作步骤。

```
命令: DIMBASELINE↙
指定第二个尺寸界线原点或 [选择(S)/放弃(U)] <选择>:
```

直接确定另一个尺寸的第二条尺寸界线的起点，AutoCAD 以上次标注的尺寸为基准标注，标注相应尺寸。

直接按 Enter 键，系统提示如下。

```
选择基准标注:(选取作为基准的尺寸标注)
```

连续标注又叫尺寸链标注，用于产生一系列连续的尺寸标注，后一个尺寸标注均把前一个标注的第二条尺寸界线作为它的第一条尺寸界线。与基线标注一样，在使用连续标注方式之前，应该先标注

出一个相关的尺寸。其标注过程与基线标注类似，如图 4-54 所示。

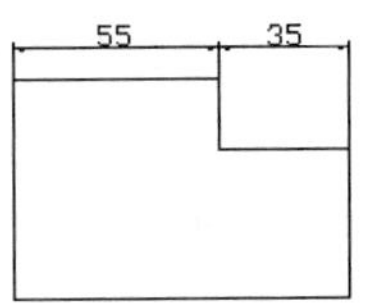

图 4-54　连续标注

Note

3. 快速标注

快速尺寸标注命令 QDIM 使用户可以交互地、动态地、自动化地进行尺寸标注。在 QDIM 命令中可以同时选择多个圆或圆弧标注直径或半径，也可同时选择多个对象进行基线标注和连续标注，选择一次即可完成多个标注，因此可节省时间，提高工作效率。

（1）执行方式。

☑ 命令行：QDIM。
☑ 菜单栏："标注"→"快速标注"。
☑ 工具栏："标注"→"快速标注"。
☑ 功能区："注释"→"标注"→"快速标注"。

（2）操作步骤。

```
命令：QDIM↙
关联标注优先级=端点
选择要标注的几何图形：(选择要标注尺寸的多个对象后按 Enter 键)
指定尺寸线位置或 [连续(C)/并列(S)/基线(B)/坐标(O)/半径(R)/直径(D)/基准点(P)/编辑(E)/设置(T)] <连续>:
```

（3）选项说明。

☑ 指定尺寸线位置：直接确定尺寸线的位置，按默认尺寸标注类型标注相应的尺寸。
☑ 连续(C)：产生一系列连续标注的尺寸。
☑ 并列(S)：产生一系列交错的尺寸标注，如图 4-55 所示。
☑ 基线(B)：产生一系列基线标注的尺寸。后面的"坐标(O)""半径(R)""直径(D)"选项的含义与其相同。
☑ 基准点(P)：为基线标注和连续标注指定一个新的基准点。
☑ 编辑(E)：对多个尺寸标注进行编辑。系统允许对已存在的尺寸标注添加或移去尺寸点。选择该选项，系统提示如下。

```
指定要删除的标注点或 [添加(A)/退出(X)] <退出>:
```

在上述提示下确定要移去的点之后按 Enter 键，AutoCAD 对尺寸标注进行更新。图 4-56 为将图 4-55 中的中间 4 个标注点删除后的尺寸标注。

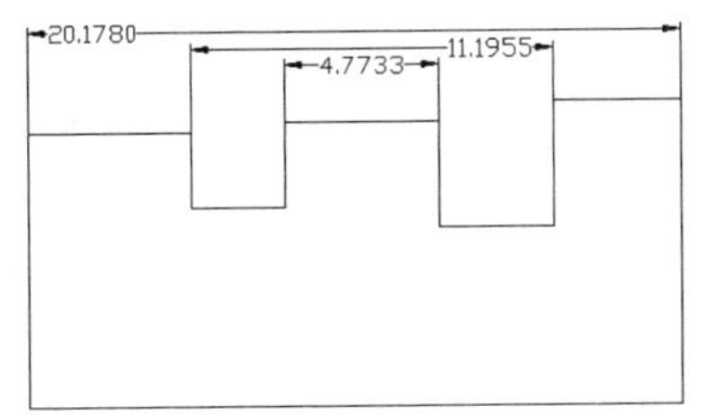

图 4-55　交错尺寸标注

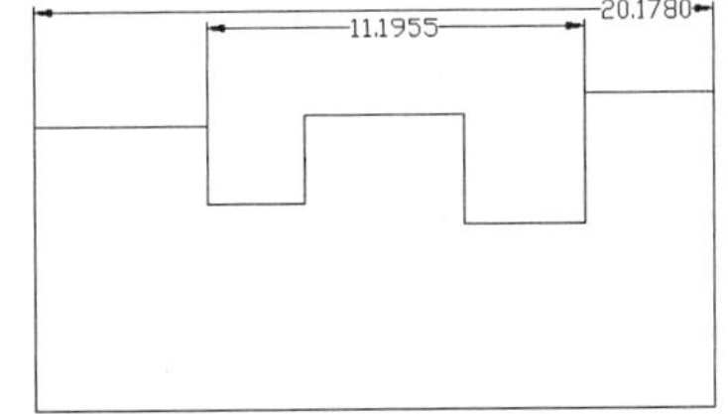

图 4-56　删除标注点

4. 引线标注

（1）执行方式。

命令行：QLEADER。

（2）操作步骤。

```
命令：QLEADER↙
指定第一个引线点或 [设置(S)] <设置>:
指定下一点：(输入指引线的第二点)
指定下一点：(输入指引线的第三点)
指定文字宽度 <0.0000>：(输入多行文本的宽度)
输入注释文字的第一行 <多行文字(M)>：(输入单行文本或按 Enter 键打开多行文字编辑器输入多行文本)
输入注释文字的下一行：(输入另一行文本)
输入注释文字的下一行：(输入另一行文本或按 Enter 键)
```

也可以在上面的操作过程中选择“设置(S)”选项，打开“引线设置”对话框（见图 4-57）进行相关参数设置。“形位公差”对话框如图 4-58 所示。

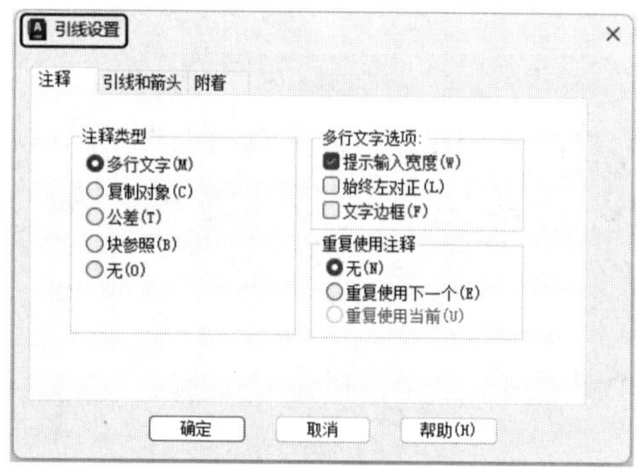

图 4-57 “引线设置”对话框

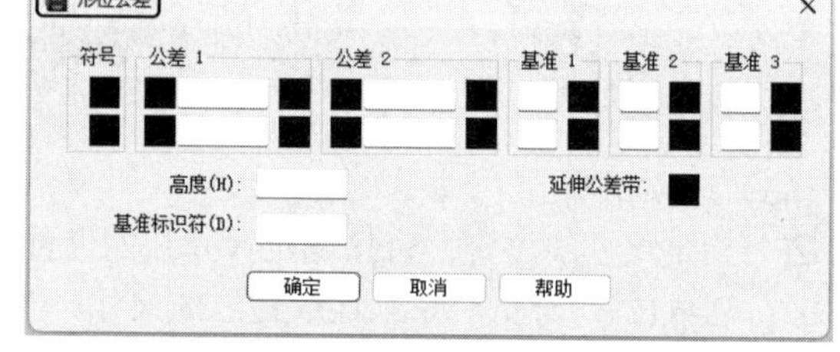

图 4-58 “形位公差”对话框

另外，还有一个名为 LEADER 的命令也可以进行引线标注，与 QLEADER 命令类似，这里不再赘述。

视频讲解

4.4.3 实例——给户型平面图标注尺寸

本实例利用“直线”“矩形”“偏移”等命令绘制居室平面图，再利用“线性”命令进行尺寸标注，绘制流程如图 4-59 所示。

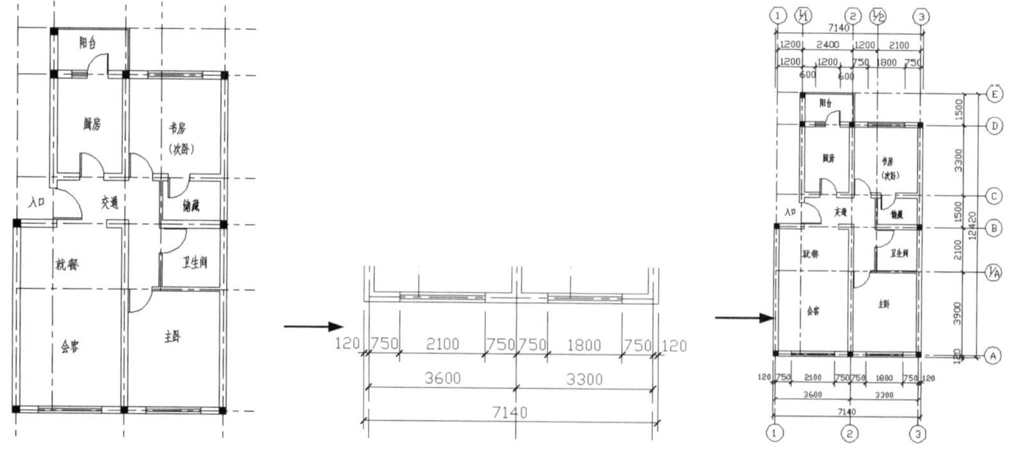

图 4-59 给户型平面图标注尺寸的流程

（1）打开本书配套资源中的“源文件\4\户型平面图.dwg”文件，如图 4-60 所示。

（2）单击“默认”选项卡“图层”面板中的“图层特性”按钮，在弹出的“图层特性管理器”选项板中建立“尺寸”图层，“尺寸”图层参数如图 4-61 所示，并将该图层设置为当前图层。

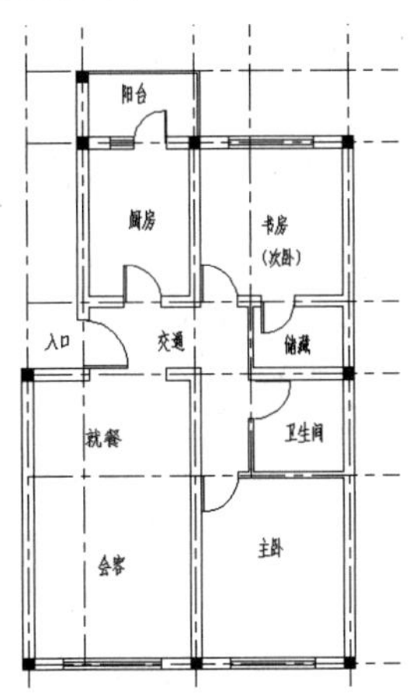

图 4-60　户型平面图

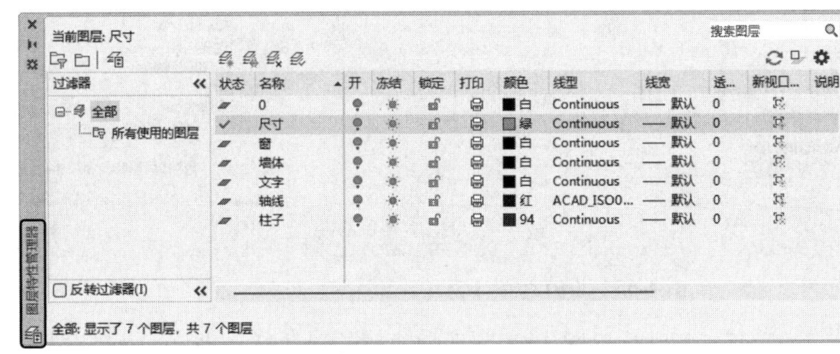

图 4-61　“尺寸”图层参数

（3）标注样式设置。标注样式的设置应该与绘图比例相匹配。如前面所述，该平面图以实际尺寸绘制，并以 1∶100 的比例输出，现在对标注样式进行如下设置。

❶ 单击“默认”选项卡“注释”面板中的“标注样式”按钮，打开“标注样式管理器”对话框，单击“新建”按钮，打开“创建新标注样式”对话框，新建一个标注样式，并将其命名为“建筑”，单击“继续”按钮，如图 4-62 所示。

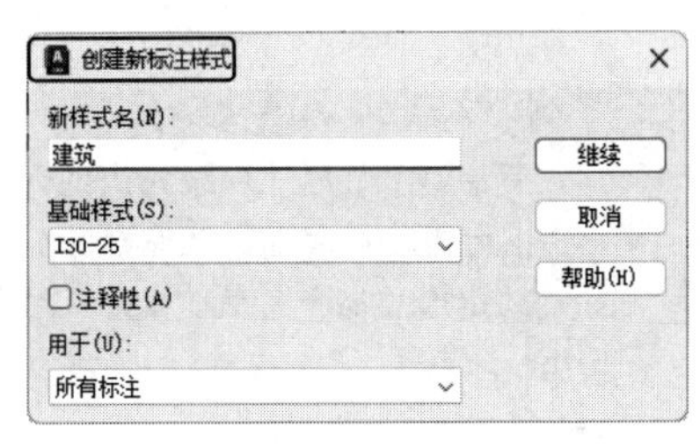

图 4-62　在“创建新标注样式”对话框中设置新样式

❷ 将“建筑”样式中的参数按如图 4-63～图 4-66 所示逐项进行设置。单击“确定”按钮后返回“标注样式管理器”对话框中，将“建筑”样式置为当前，如图 4-67 所示。

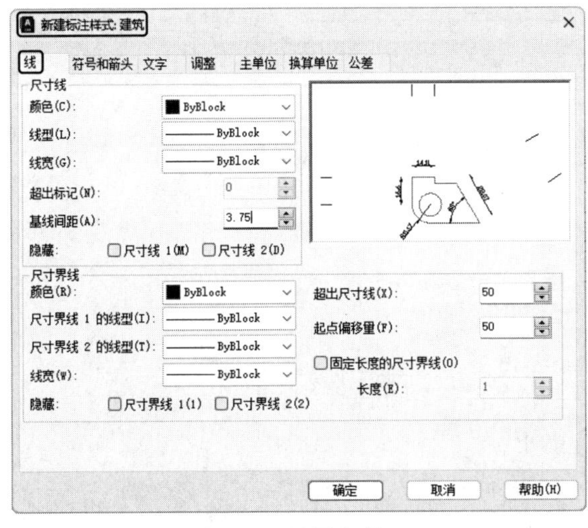

图 4-63　设置参数 1

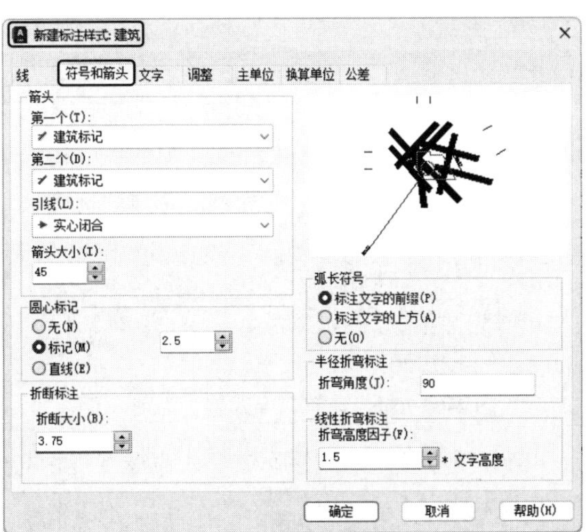

图 4-64　设置参数 2

Note

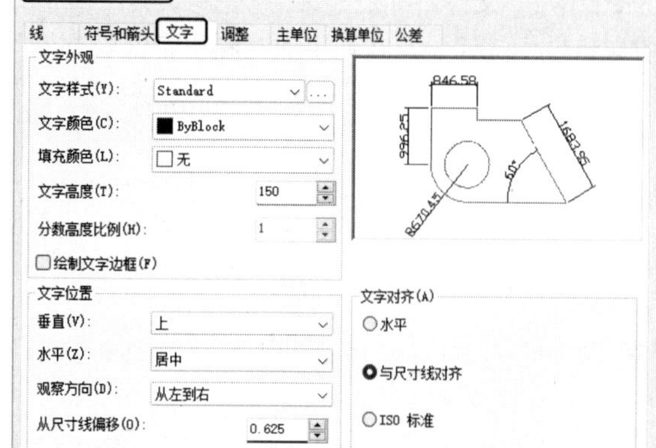

图 4-65　设置参数 3

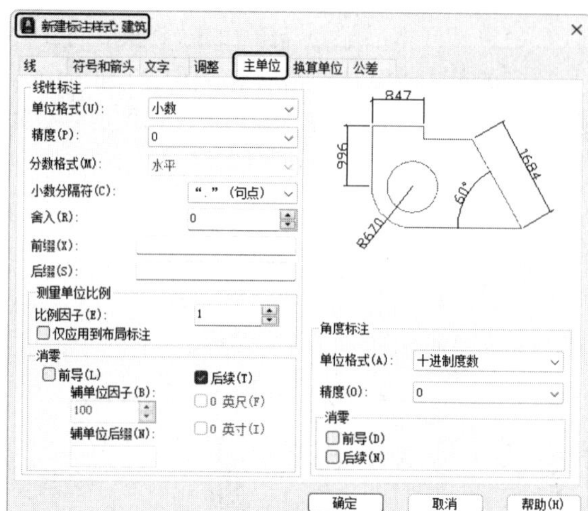

图 4-66　设置参数 4

（4）尺寸标注。以图 4-68 所示的底部的尺寸标注为例。该部分尺寸分为 3 道，第一道为墙体宽度及门窗宽度，第二道为轴线间距，第三道为总尺寸。

❶ 第一道尺寸线的绘制。

☑ 单击“默认”选项卡“注释”面板中的“线性”按钮，命令行提示与操作如下。

```
命令: _dimlinear↙
指定第一个尺寸界线原点或 <选择对象>:（利用“对象捕捉”单击图 4-68 中的 A 点）
指定第二条尺寸界线原点:（捕捉 B 点）
指定尺寸线位置或 [多行文字(M)/文字(T)/角度(A)/水平(H)/垂直(V)/旋转(R)]: @0,-1200↙
（按 Enter 键）
```

结果如图 4-69 所示。上述操作也可以在捕捉 A、B 两点后直接向外拖曳来确定尺寸线的放置位置。

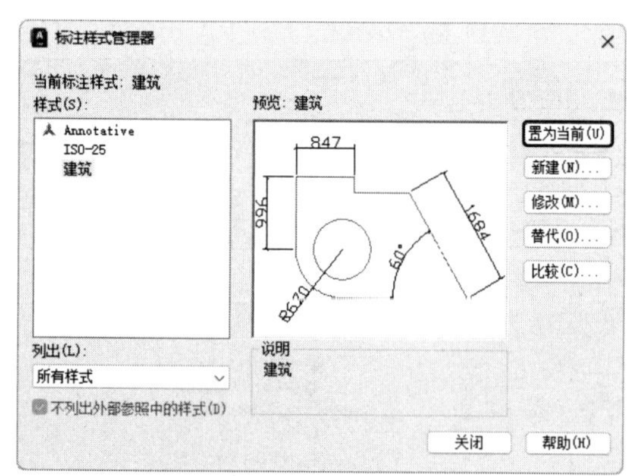

图 4-67　将“建筑”样式置为当前

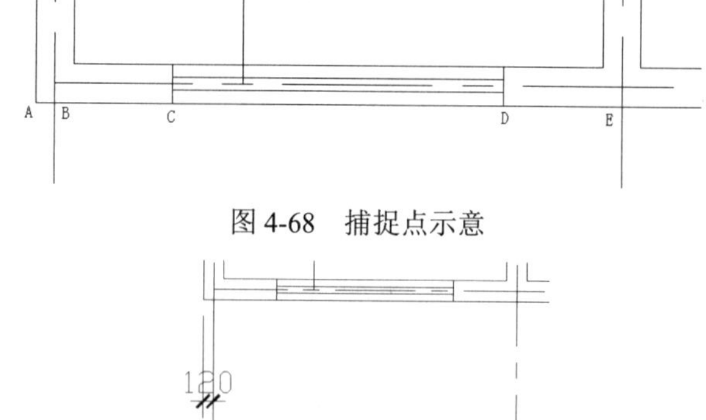

图 4-68　捕捉点示意

图 4-69　尺寸 1

☑ 重复使用“线性”命令，命令行提示与操作如下。

```
命令: _dimlinear↙
指定第一条尺寸界线原点或 <选择对象>:（单击图 4-68 中的 B 点）
指定第二条尺寸界线原点:（捕捉 C 点）
```

```
指定尺寸线位置或 [多行文字(M)/文字(T)/角度(A)/水平(H)/垂直(V)/旋转(R)]: @0,-1200↙
(按 Enter 键，也可以直接捕捉上一道尺寸线位置)
```

结果如图 4-70 所示。

☑　采用同样的方法依次绘出第一道尺寸的全部，结果如图 4-71 所示。

此时发现，图 4-71 中的尺寸“120”与“750”字样出现重叠，现在将它移开。单击“120”，则该尺寸处于选中状态；再用鼠标单击中间的蓝色方块标记，将“120”字样移至外侧适当位置后，单击“确定”按钮。采用同样的方法处理右侧的“120”字样，结果如图 4-72 所示。

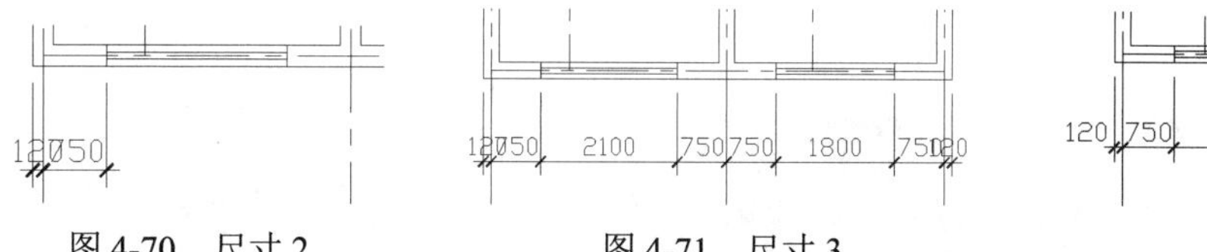

图 4-70　尺寸 2　　图 4-71　尺寸 3

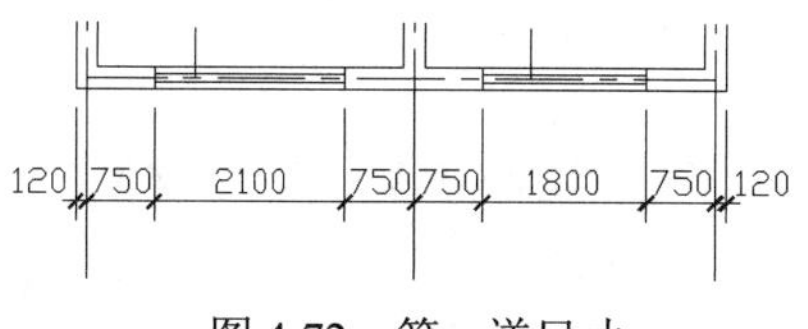

图 4-72　第一道尺寸

注意： 处理字样重叠的问题也可以在标注样式中进行相关设置，这样计算机会自动处理，但处理效果有时不太理想，也可以通过单击“标注”工具栏中的“编辑标注文字”按钮来调整文字位置，读者可以尝试一下。

❷ 第二道尺寸线的绘制。单击“默认”选项卡“注释”面板中的“线性”按钮，命令行提示与操作如下。

```
命令: _dimlinear↙
指定第一个尺寸界线原点或 <选择对象>:(捕捉如图 4-68 所示的 A 点)
指定第二条尺寸界线原点:(捕捉 B 点)
指定尺寸线位置或 [多行文字(M)/文字(T)/角度(A)/水平(H)/垂直(V)/旋转(R)]: @0,-800↙
(按 Enter 键)
```

结果如图 4-73 所示。

重复使用上述命令，分别捕捉 B 点、C 点，完成第二道尺寸的绘制，结果如图 4-74 所示。

❸ 第三道尺寸线的绘制。单击“默认”选项卡“注释”面板中的“线性”按钮，命令行提示与操作如下。

```
命令: _dimlinear↙
指定第一个尺寸界线原点或 <选择对象>:(捕捉左下角的外墙角点)
指定第二条尺寸界线原点:(捕捉右下角的外墙角点)
指定尺寸线位置或 [多行文字(M)/文字(T)/角度(A)/水平(H)/垂直(V)/旋转(R)]: @0,-2800↙
(按 Enter 键)
```

结果如图 4-75 所示。

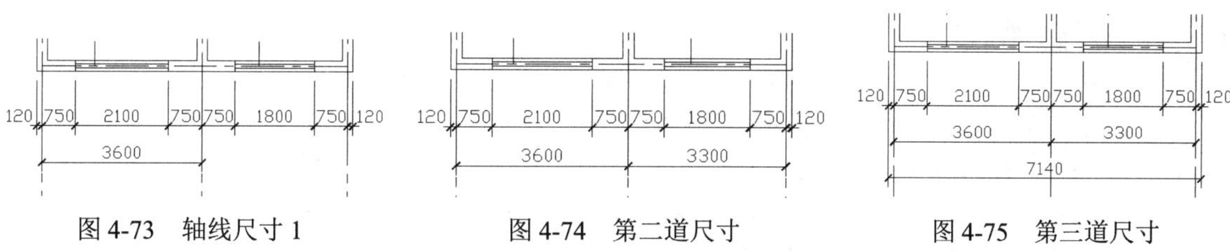

图 4-73　轴线尺寸 1　　图 4-74　第二道尺寸　　图 4-75　第三道尺寸

（5）轴号标注。根据规范要求，横向轴号一般用阿拉伯数字 1、2、3…标注，纵向轴号一般用

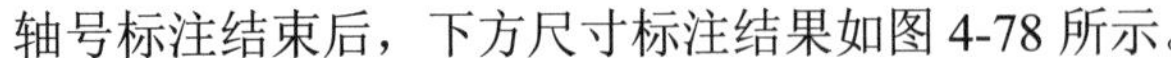

Note

字母A、B、C…标注。

在轴线端绘制一个直径为800的圆，在图的中央标注一个数字“1”，字高为300，如图4-76所示。将该轴号图例复制到其他轴线端，并修改圈内的数字。

双击数字，打开“文字编辑器”选项卡，如图4-77所示，输入修改的数字后，单击“关闭”按钮。

轴号标注结束后，下方尺寸标注结果如图4-78所示。

采用上述整套的尺寸标注方法，完成其他方向的尺寸标注，结果如图4-79所示。

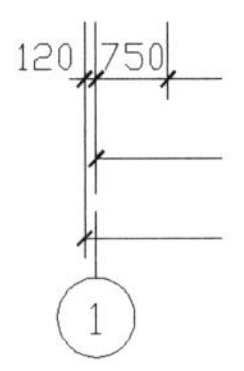

图4-76　轴号1

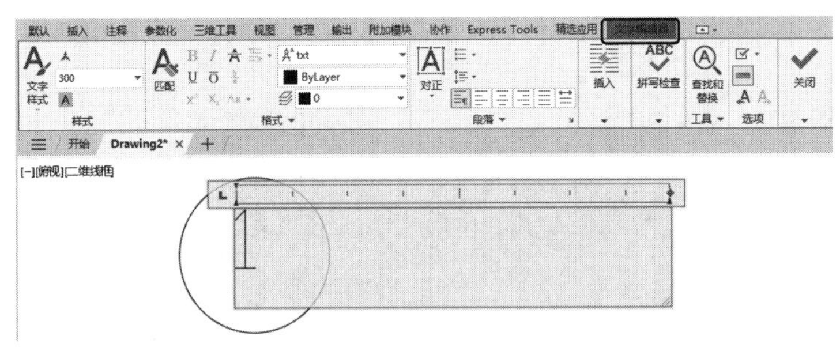

图4-77　“文字编辑器”选项卡

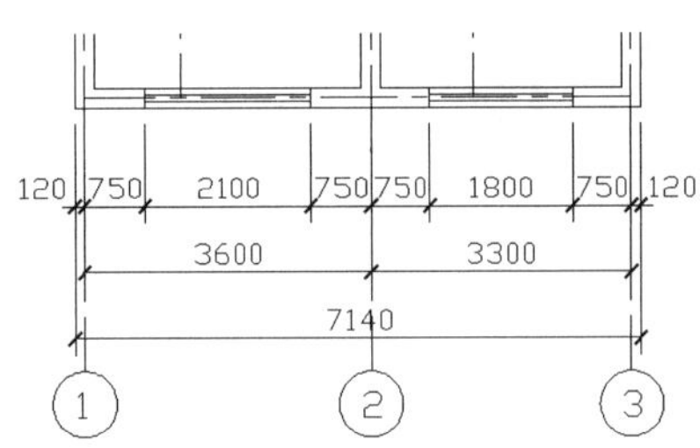

图4-78　下方尺寸标注结果

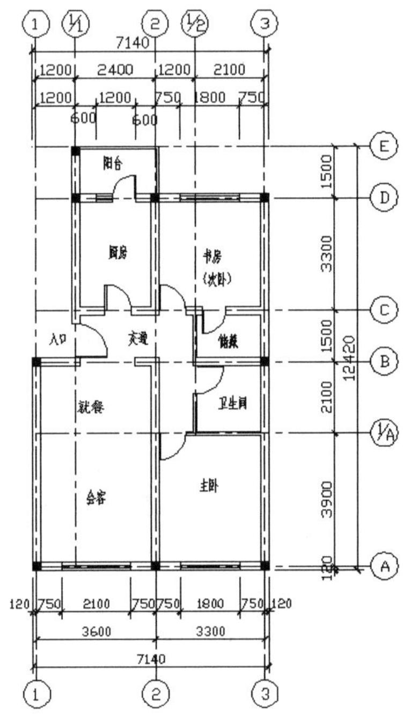

图4-79　尺寸标注结束

4.5　查询工具

为方便用户及时了解图形信息，AutoCAD提供了很多查询工具，下面对“距离”“面积”两个查询工具进行简要说明。

4.5.1　距离查询

1. 执行方式

☑　命令行：MEASUREGEOM。

☑　菜单栏：“工具”→“查询”→“距离”。

☑　工具栏：“查询”→“距离”。

☑　功能区：“默认”→“实用工具”→“距离”。

2. 操作步骤

```
        命令：MEASUREGEOM↙
        输入一个选项 [距离(D)/半径(R)/角度(A)/面积(AR)/体积(V)/快速(Q)/模式(M)/退出(X)]
<距离>：D
        指定第一点：指定点
        指定第二个点或 [多个点(M)]：指定第二点或输入 m 表示多个点
        距离=1.2964，XY 平面中的倾角=0，与 XY 平面的夹角=0
        X 增量=1.2964，Y 增量=0.0000，Z 增量=0.0000
        输入一个选项 [距离(D)/半径(R)/角度(A)/面积(AR)/体积(V)/快速(Q)/模式(M)/退出(X)]
<距离>：退出
```

3. 选项说明

多个点(M)：如果使用该选项，将基于现有直线段和当前橡皮线即时计算总距离。

4.5.2 面积查询

1. 执行方式

☑ 命令行：MEASUREGEOM。

☑ 菜单栏："工具"→"查询"→"面积"。

☑ 工具栏："查询"→"面积"。

☑ 功能区："默认"→"实用工具"→"面积"。

2. 操作步骤

```
        命令：MEASUREGEOM↙
        输入一个选项 [距离(D)/半径(R)/角度(A)/面积(AR)/体积(V)/快速(Q)/模式(M)/退出(X)]
<距离>：AR
        指定第一个角点或 [对象(O)/增加面积(A)/减少面积(S)/退出(X)] <对象(O)>：选择选项
```

3. 选项说明

在工具选项板中，系统设置了一些常用图形的选项卡，这些选项卡可以方便用户绘图。

☑ 指定第一个角点：计算由指定点所定义的面积和周长。

☑ 增加面积(A)：打开"加"模式，从总面积中增加指定的面积，并在定义区域时即时保持总面积平衡。

☑ 减少面积(S)：从总面积中减去指定的面积。

4.6 图块及其属性

把一组图形对象组合成图块加以保存，需要时可以把图块作为一个整体以任意比例和旋转角度插入图中任意位置处，这样不仅避免了大量的重复工作，提高了绘图速度和工作效率，而且节省了磁盘空间。

4.6.1 图块操作

1. 图块定义

在使用图块时，首先要定义图块。

Note

（1）执行方式。

☑ 命令行：BLOCK。

☑ 菜单栏："绘图"→"块"→"创建命令"。

☑ 工具栏："绘图"→"创建块"。

☑ 功能区："插入"→"块定义"→"创建块"。

（2）操作步骤。

执行上述命令，打开如图4-80所示的"块定义"对话框。利用该对话框指定定义对象和基点以及其他参数，可定义图块并命名。

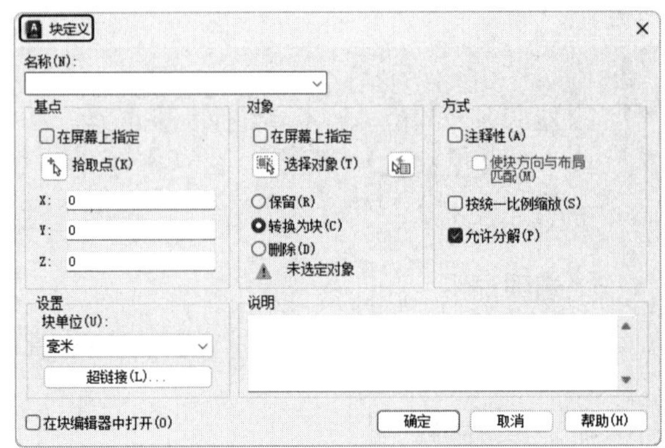

图4-80 "块定义"对话框

2. 图块保存

（1）执行方式。

命令行：WBLOCK。

（2）操作步骤。

执行上述命令，打开如图4-81所示的"写块"对话框。利用该对话框可以把图形对象保存为图块或把图块转换成图形文件。

3. 图块插入

（1）执行方式。

☑ 命令行：INSERT。

☑ 菜单栏："插入"→"块选项板"。

☑ 工具栏："插入"→"插入块"或"绘图"→"插入块"。

☑ 功能区："插入"→"块"→"插入"，下拉菜单如图4-82所示。

（2）操作步骤。

执行上述命令，选择"最近使用的块"选项，系统弹出"块"选项板，如图4-83所示。

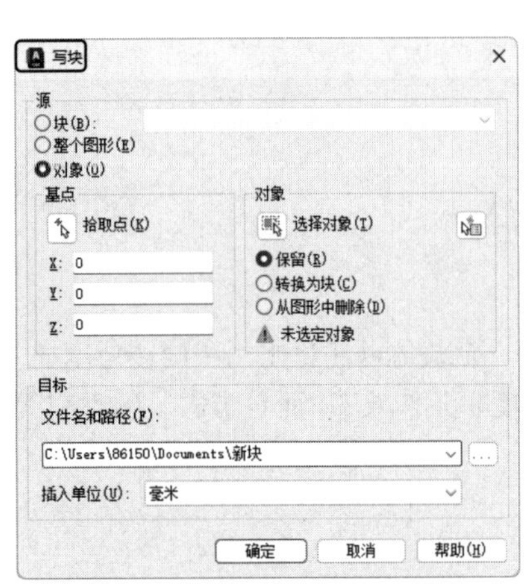

图4-81 "写块"对话框

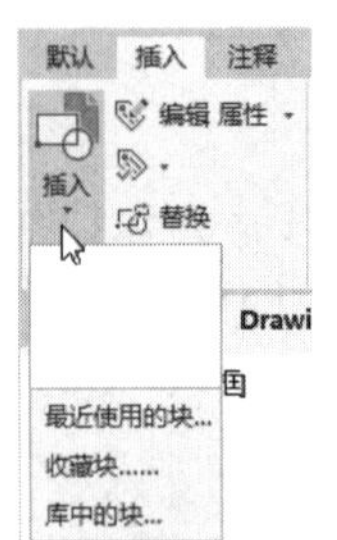

图4-82 "插入"下拉菜单

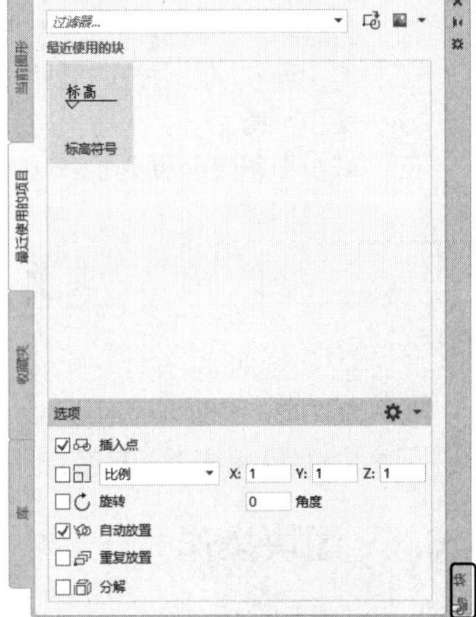

图4-83 "块"选项板

Note

4.6.2　图块的属性

1. 属性定义

（1）执行方式。

☑　命令行：ATTDEF。

☑　菜单栏："绘图"→"块"→"定义属性"。

☑　功能区："插入"→"块定义"→"定义属性"。

（2）操作步骤。

执行上述命令，打开"属性定义"对话框，如图 4-84 所示。

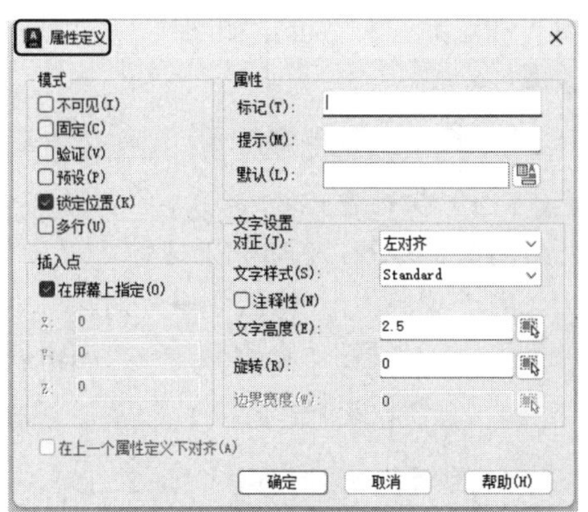

图 4-84　"属性定义"对话框

（3）选项说明。

❶ "模式"选项组。

☑　"不可见"复选框：选中该复选框，属性为不可见显示方式，即插入图块并输入属性值后，属性值在图中并不显示出来。

☑　"固定"复选框：选中该复选框，属性值为常量，即属性值在定义属性时给定，在插入图块时，AutoCAD 不再提示输入属性值。

☑　"验证"复选框：选中该复选框，当插入图块时，AutoCAD 重新显示属性值让用户验证该值是否正确。

☑　"预设"复选框：选中该复选框，当插入图块时，AutoCAD 自动把事先设置好的默认值赋予属性，而不再提示输入属性值。

☑　"锁定位置"复选框：选中该复选框，当插入图块时，AutoCAD 锁定块参照中属性的位置。解锁后，属性可以相对于使用夹点编辑的块的其他部分移动，并且可以调整多行属性的大小。

☑　"多行"复选框：指定属性值可以包含多行文字。

❷ "属性"选项组。

☑　"标记"文本框：输入属性标签。属性标签可由除空格和感叹号以外的所有字符组成。AutoCAD 自动把小写字母改为大写字母。

☑　"提示"文本框：输入属性提示。属性提示是插入图块时 AutoCAD 要求输入属性值的提示。如果不在该文本框中输入文本，则以属性标签作为提示。如果在"模式"选项组中选中"固定"复选框，即设置属性为常量，则不需要设置属性提示。

☑　"默认"文本框：设置默认的属性值。可把使用次数较多的属性值作为默认值，也可不设默认值。

其他各选项组比较简单，这里不再赘述。

2. 修改属性定义

（1）执行方式。

☑　命令行：DDEDIT。

☑　菜单栏："修改"→"对象"→"文字"→"编辑"。

（2）操作步骤。

```
命令: DDEDIT↙
TEXTEDIT
当前设置: 编辑模式 = Multiple
选择注释对象或 [放弃(U)/模式(M)]:
```

在上述提示下选择要修改的属性定义，AutoCAD 打开“编辑属性定义”对话框，如图 4-85 所示。可以在该对话框中修改属性定义。

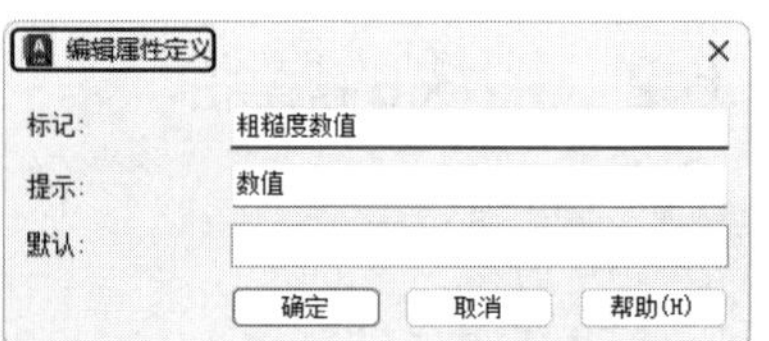

图 4-85 “编辑属性定义”对话框

3. 图块属性编辑

（1）执行方式。

☑ 命令行：EATTEDIT。

☑ 菜单栏：“修改”→“对象”→“属性”→“单个”。

☑ 工具栏：“修改 II”→“编辑属性”。

（2）操作步骤。

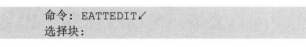

```
命令: EATTEDIT↙
选择块:
```

选择块后，打开“增强属性编辑器”对话框，如图 4-86 所示。通过该对话框不仅可以编辑属性值，还可以编辑属性的文字选项，图层、线型、颜色等特性值。

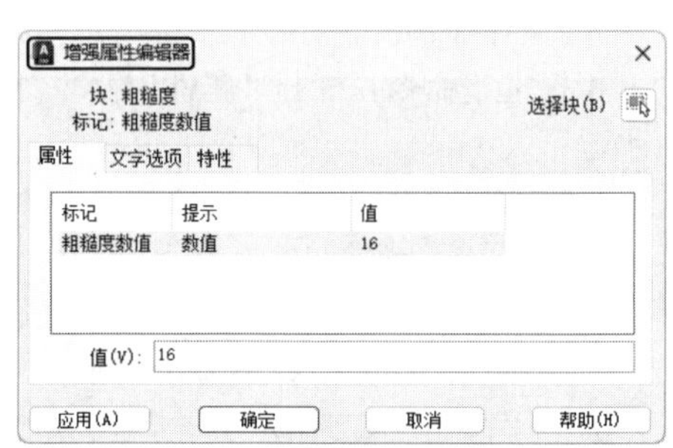

图 4-86 “增强属性编辑器”对话框

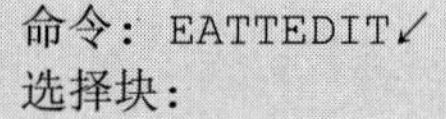

视频讲解

4.6.3 实例——标注标高符号

本实例利用“直线”命令绘制标高符号，再利用“定义属性”和“写块”命令创建标高符号图块，最后将标高符号插入打开的图形中，绘制流程如图 4-87 所示。

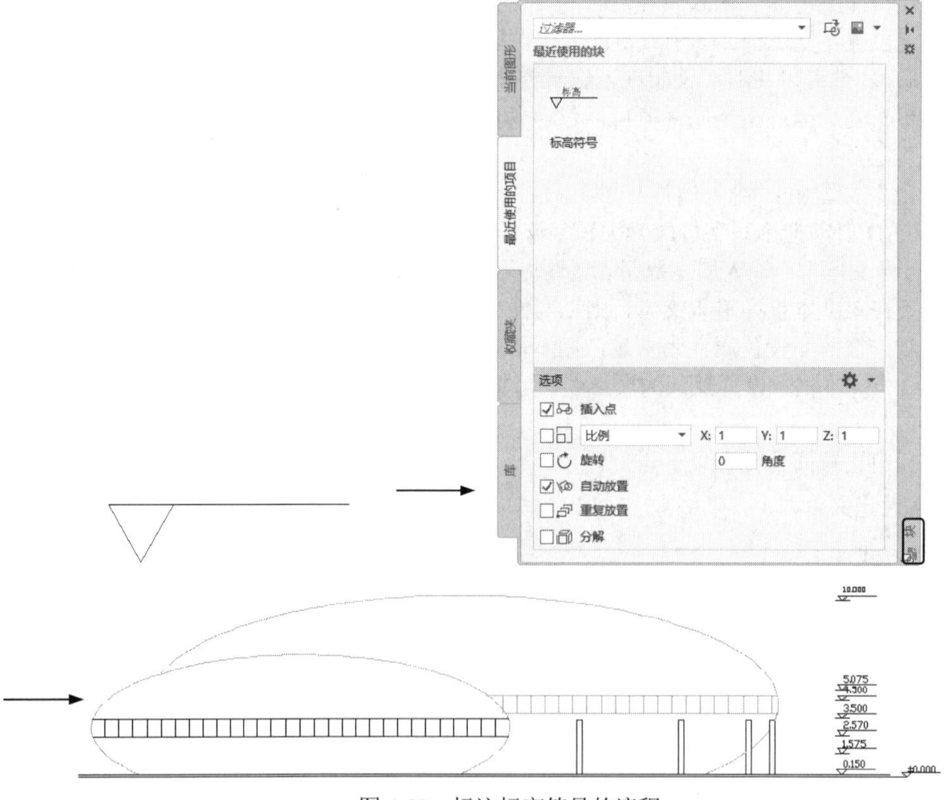

图 4-87 标注标高符号的流程

（1）单击“默认”选项卡“绘图”面板中的“直线”按钮╱，绘制如图 4-88 所示的标高符号图形。

图 4-88　绘制标高符号

（2）选择菜单栏中的“绘图”→“块”→“定义属性”命令，打开“属性定义”对话框，在其中进行如图 4-89 所示的设置，其中模式为“验证”，插入点为“在屏幕上指定”，确认并退出，在屏幕上指定标高符号水平线中点为插入点。

Note

（3）在命令行中输入 WBLOCK，打开“写块”对话框，如图 4-90 所示。拾取图 4-88 图形下的尖点为基点，以此图形为对象，输入图块名称并指定路径，确认并退出。

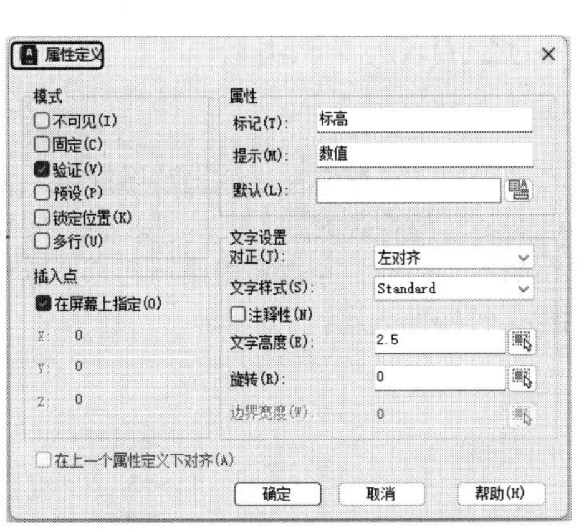

图 4-89　“属性定义”对话框

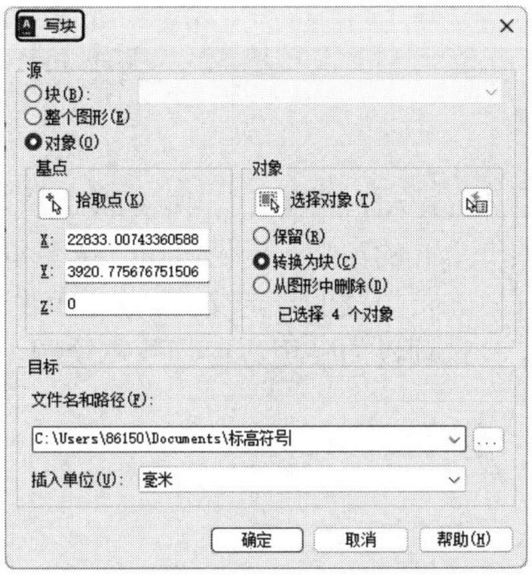

图 4-90　“写块”对话框

（4）选择“默认”选项卡“块”面板“插入”下拉菜单中的“最近使用的块”选项，系统弹出“块”选项板，如图 4-91 所示，选择刚刚保存的新块，在屏幕上指定插入点和旋转角度，单击“确定”按钮，打开如图 4-92 所示的“编辑属性”对话框，输入标高数值为 0.150，这时就完成了一个标高的标注。

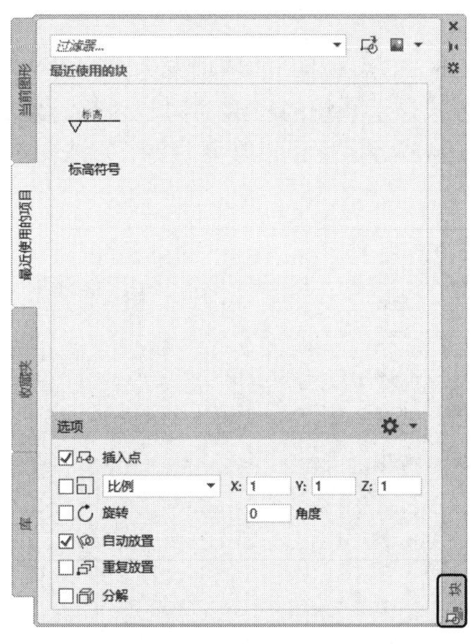

图 4-91　“块”选项板

图 4-92　“编辑属性”对话框

（5）继续插入标高符号图块，并输入不同的属性值作为标高数值，直到完成所有标高符号的标注，如图 4-93 所示。

Note

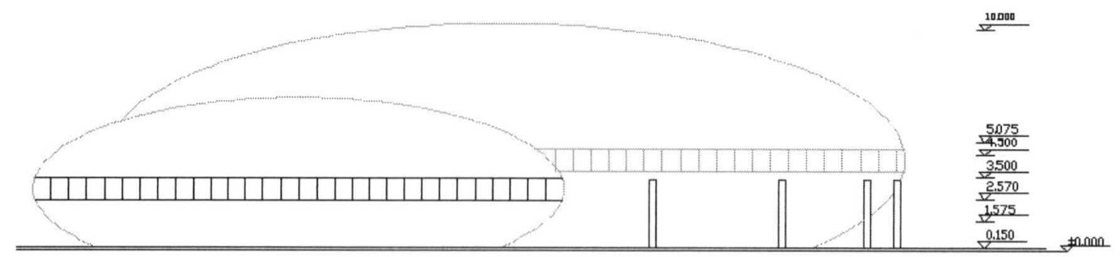

图 4-93　标注标高

4.7　设计中心和工具选项板

使用 AutoCAD 2024 设计中心可以很容易地组织设计内容，并把它拖曳到当前图形中。工具选项板是选项卡形式的窗口，提供组织、共享和放置块及填充图案的有效方法。工具选项板还可以包含由第三方开发人员提供的自定义工具，也可以利用设置中的组织内容，并将其创建为工具选项板。设计中心与工具选项板的使用方便了用户绘图，同时也加快了绘图的效率。

4.7.1　设计中心

1. 启动设计中心

（1）执行方式。

☑　命令行：ADCENTER。

☑　菜单栏：“工具”→“设计中心”。

☑　工具栏：“标准”→“设计中心”。

☑　功能区：“视图”→“选项板”→“设计中心”。

☑　快捷键：Ctrl+2。

（2）操作步骤。

执行上述命令，打开设计中心。第一次启动设计中心时，默认打开的选项卡为“文件夹”，内容显示区采用大图标显示，左边的资源管理器采用树视图方式显示系统的树形结构，浏览资源的同时，在内容显示区显示所浏览资源的有关细目或内容，如图 4-94 所示。也可以搜索资源，方法与 Windows 资源管理器类似。

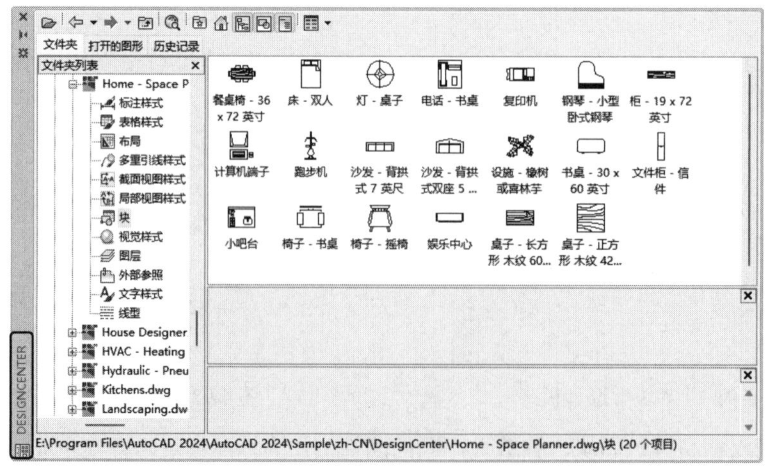

图 4-94　AutoCAD 2024 设计中心的资源管理器和内容显示区

2. 利用设计中心插入图形

设计中心的最大优点是可以将系统文件夹中的 DWG 图形作为图块插入当前图形中。

（1）从查找结果列表框中选择要插入的对象，双击对象。

（2）右击，在打开的快捷菜单中选择“插入块”命令，打开“插入”对话框，可以在该对话框中设置插入点、比例、旋转角度等数值，如图 4-95 所示，设置完成后，单击“确定”按钮，被选择的对象就可以根据指定的参数插入图形中。

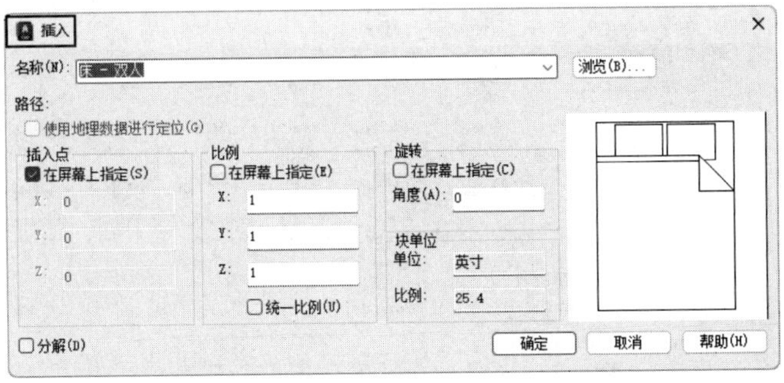

图 4-95　“插入”对话框

4.7.2　工具选项板

1. 打开工具选项板

（1）执行方式。

☑　命令行：TOOLPALETTES。

☑　菜单栏：“工具”→“选项板”→“工具选项板”。

☑　工具栏：“标准”→“工具选项板”。

☑　功能区：“视图”→“选项板”→“工具选项板”。

☑　快捷键：Ctrl+3。

（2）操作步骤。

执行上述操作后，系统自动打开工具选项板，如图 4-96 所示。右击，在弹出的快捷菜单中选择“新建选项板”命令，如图 4-97 所示。此时系统新建一个空白选项板，可以命名该选项板，如图 4-98 所示。

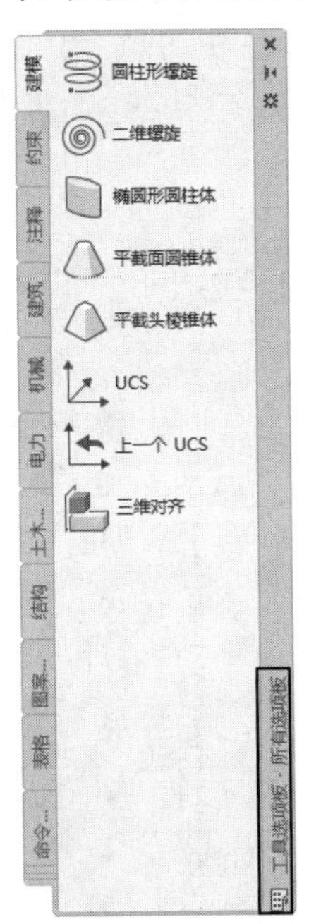

图 4-96　工具选项板

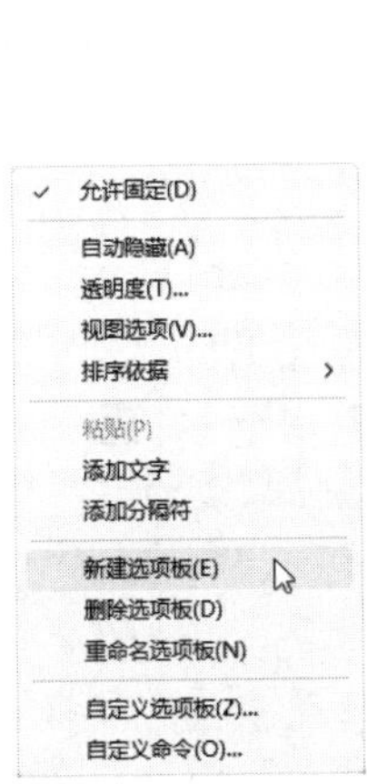

图 4-97　快捷菜单

图 4-98　新建选项板

2. 将设计中心内容添加到工具选项板中

在 DesignCenter 文件夹上右击，在弹出的快捷菜单中选择“创建块的工具选项板”命令，如图 4-99 所示。设计中心中存储的图元出现在工具选项板中新建的 DesignCenter 选项卡上，如图 4-100

所示。这样就可以将设计中心与工具选项板结合起来，建立一个快捷方便的工具选项板。

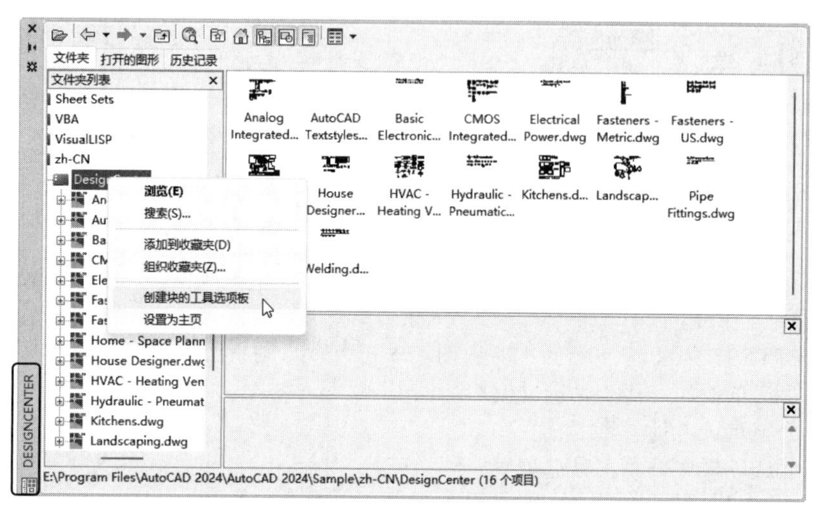

图 4-99　快捷菜单

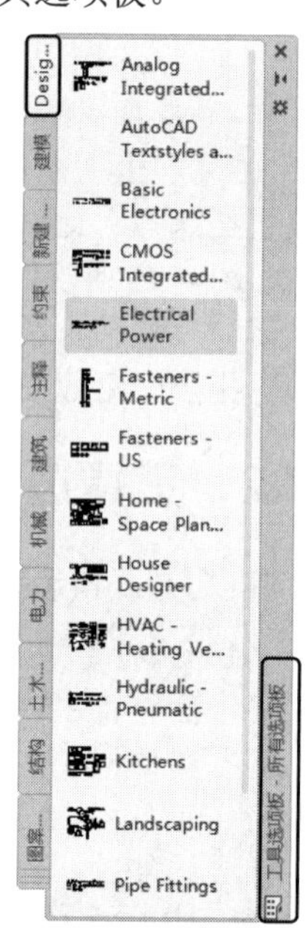

图 4-100　创建工具选项板

3. 利用工具选项板绘图

只需要将工具选项板中的图形单元拖曳到当前图形中，该图形单元就以图块的形式被插入当前图形中。图 4-101 为将工具选项板“建筑”选项卡中的“床-双人床”图形单元拖曳到当前图形中的效果。

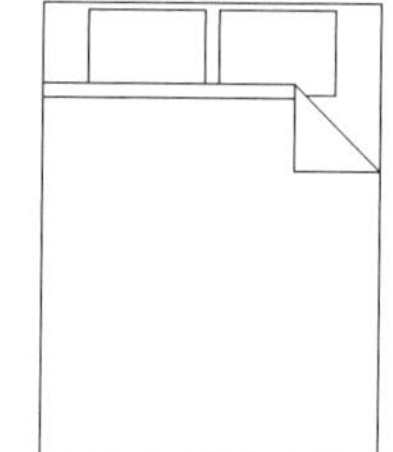

图 4-101　双人床

4.7.3　实例——居室布置平面图

视频讲解

本实例利用“直线”“圆弧”等命令绘制主图平面图，再利用设计中心和工具选项板辅助绘制居室室内布置平面图，绘制流程如图 4-102 所示。

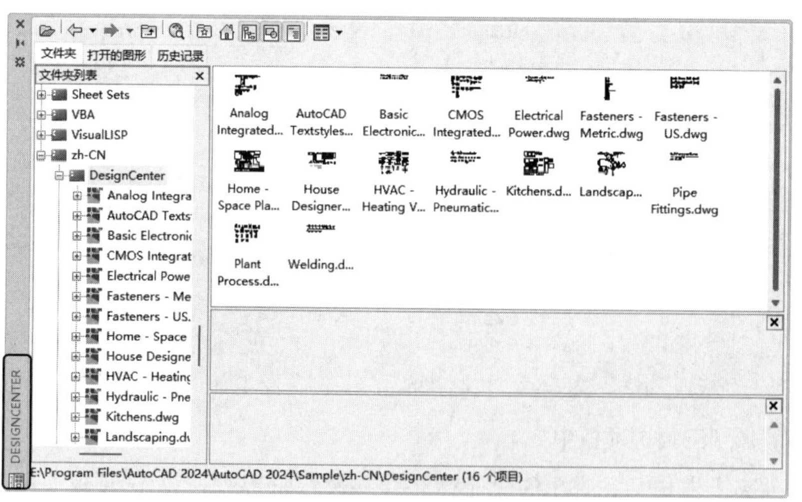

图 4-102　绘制居室布置平面图的流程

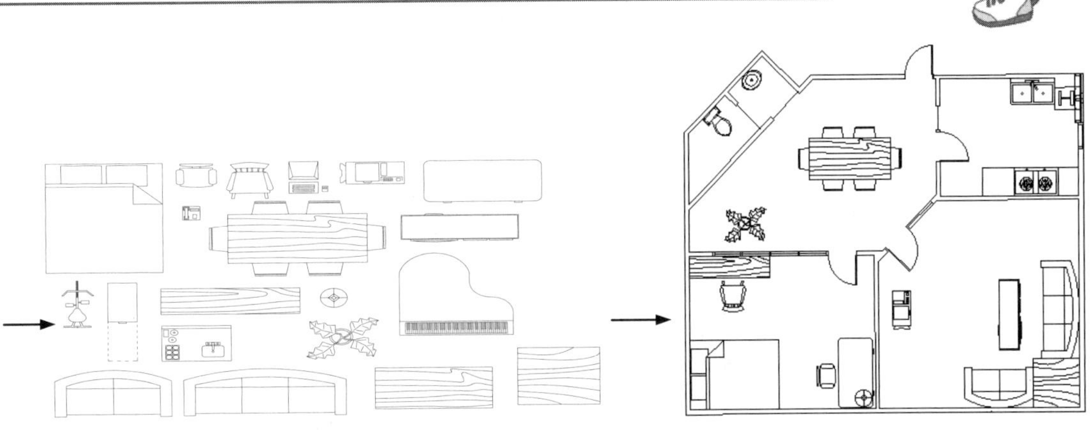

图 4-102 绘制居室布置平面图的流程（续）

（1）利用学过的绘图命令与编辑命令，绘制住房结构截面图。其中，进门为餐厅，左手为厨房，右手为卫生间，正对为客厅，客厅左边为卧室。

（2）单击“视图”选项卡“选项板”面板中的“工具选项板”按钮，打开工具选项板。在工具选项板菜单中选择“新建工具选项板”命令，建立新的工具选项板选项卡。在“新建工具选项板”对话框的名称文本框中输入“住房”，按 Enter 键，新建“住房”选项卡。

（3）单击“视图”选项卡“选项板”面板中的“设计中心”按钮，打开设计中心，将设计中心中存储的 Kitchens、House Designer、Home-Space Planner 图块拖曳到工具选项板的“住房”选项卡上，如图 4-103 所示。

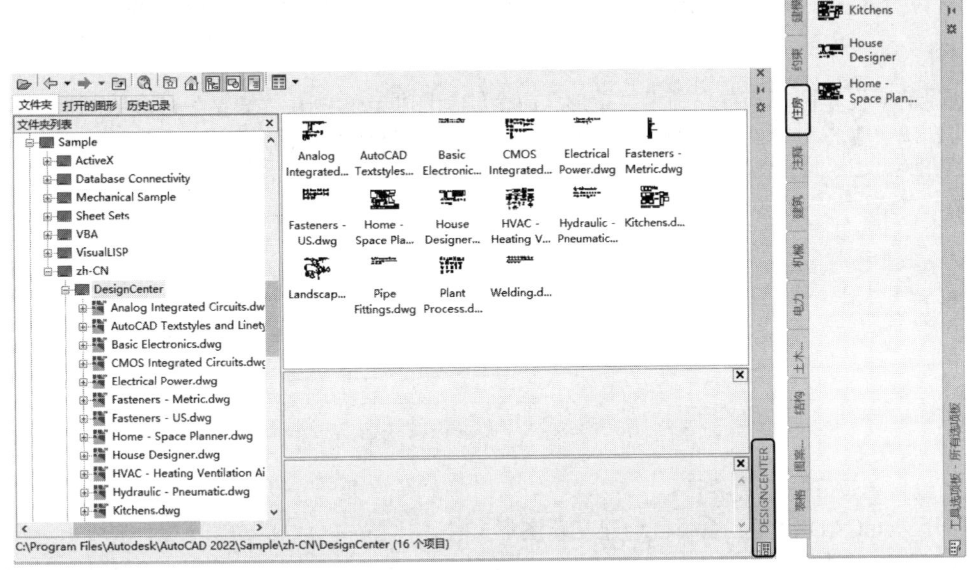

图 4-103 向工具选项板中插入设计中心中储存的图块

（4）布置餐厅。将工具选项板中的 Home-Space Planner 图块拖曳到当前图形中，单击“默认”选项卡“修改”面板中的“缩放”按钮，调整所插入的图块与当前图形的相对大小，如图 4-104 所示。对该图块进行分解操作，将 Home-Space Planner 图块分解成单独的小图块集。将图块集中的“饭桌”图块和“植物”图块拖曳到餐厅的适当位置处，如图 4-105 所示。

（5）重复步骤（4）中的方法布置居室其他房间。

最终绘制的结果如图 4-106 所示。

Note

图 4-104　将 Home-Space Planner 图块拖曳到当前图形中

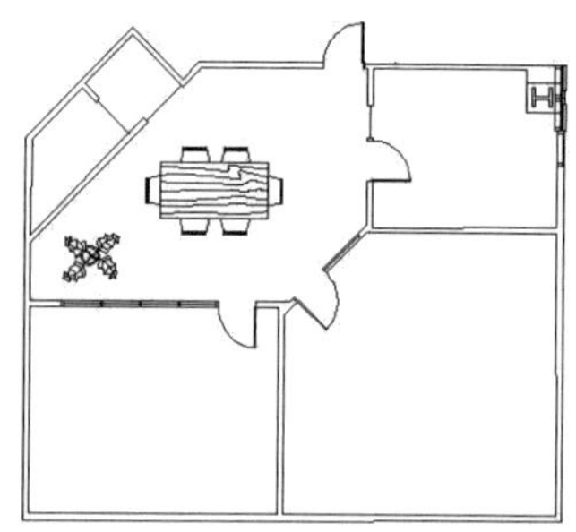

图 4-105　布置餐厅

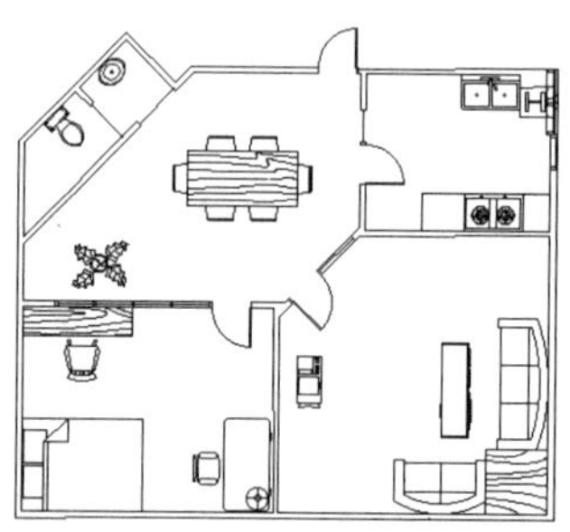

图 4-106　居室布置平面图

4.8　综合实例——绘制A3图纸样板图形

视频讲解

在创建前应设置图幅，首先利用“矩形”命令绘制图框，再利用“表格”命令绘制标题栏和会签栏，最后利用“多行文字”命令输入文字并调整，绘制流程如图 4-107 所示。

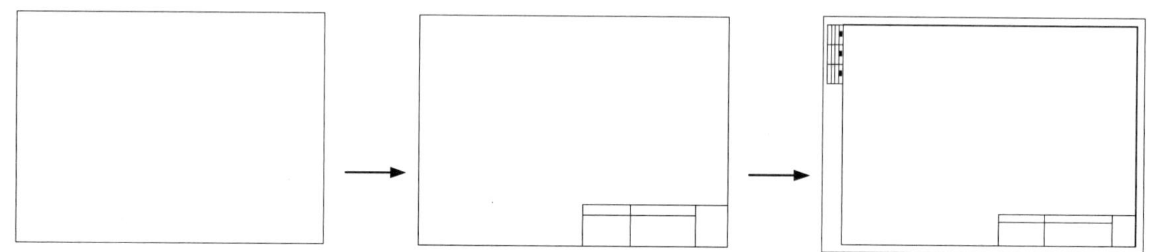

图 4-107　绘制 A3 图纸样板图形的流程

（1）设置单位和图形边界。

❶ 打开 AutoCAD 程序，系统自动建立新图形文件。

❷ 设置单位。选择菜单栏中的“格式”→“单位”命令，打开“图形单位”对话框，如图 4-108 所示。设置长度的类型为“小数”，精度为 0，角度的类型为“十进制度数”，精度为 0，系统默认逆时针方向为正，单击“确定”按钮。

❸ 设置图形边界。国标对图纸的幅面大小做了严格规定，这里按国标 A3 图纸幅面设置图形边界。A3 图纸的幅面为 420mm×297mm，命令行提示与操作如下。

```
命令：LIMITS↙
重新设置模型空间界限：
指定左下角点或 [开(ON)/关(OFF)] <0.0000,0.0000>：↙
```

```
指定右上角点 <12.0000,9.0000>: 420,297↙
```

（2）设置图层。

❶ 设置图层名称。单击“默认”选项卡“图层”面板中的“图层特性”按钮，打开“图层特性管理器”选项板，如图 4-109 所示。单击“新建图层”按钮，建立不同名称的新图层，分别存放不同的图线或图形的不同部分。

Note

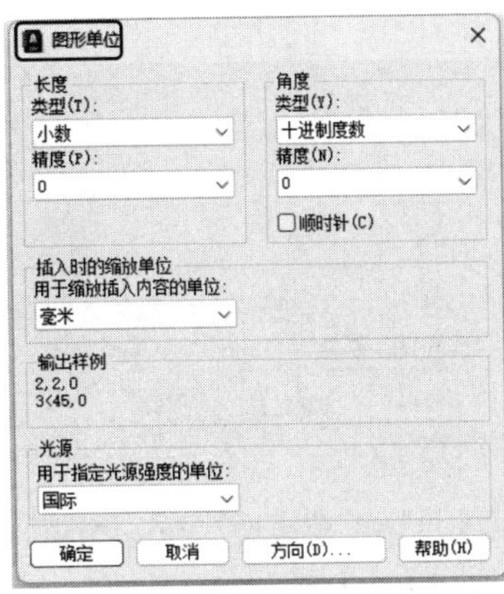

图 4-108 “图形单位”对话框

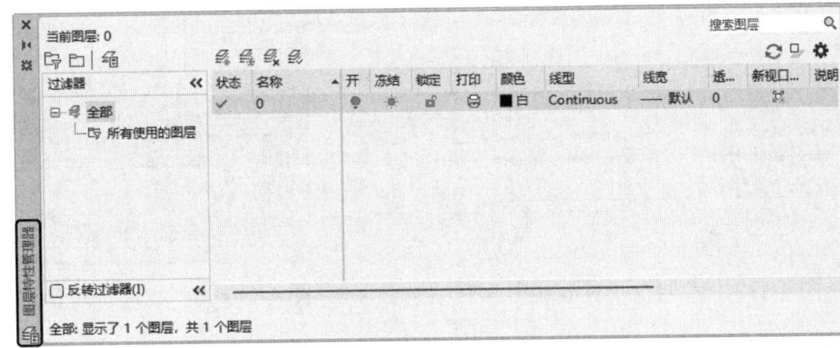

图 4-109 “图层特性管理器”选项板

❷ 设置图层颜色。为了区分不同图层上的图线，增加图形不同部分的对比性，可以在“图层特性管理器”选项板中单击相应图层“颜色”栏下的颜色色块，在打开的如图 4-110 所示的“选择颜色”对话框中选择需要的颜色。

❸ 设置线型。在常用的工程图样中，通常要用到不同的线型，这是因为不同的线型表示不同的含义。在“图层特性管理器”选项板中单击“线型”栏下的线型选项，打开“选择线型”对话框，如图 4-111 所示。在该对话框中选择对应的线型，如果在“已加载的线型”列表框中没有需要的线型，可以单击“加载”按钮，打开“加载或重载线型”对话框加载线型，如图 4-112 所示。

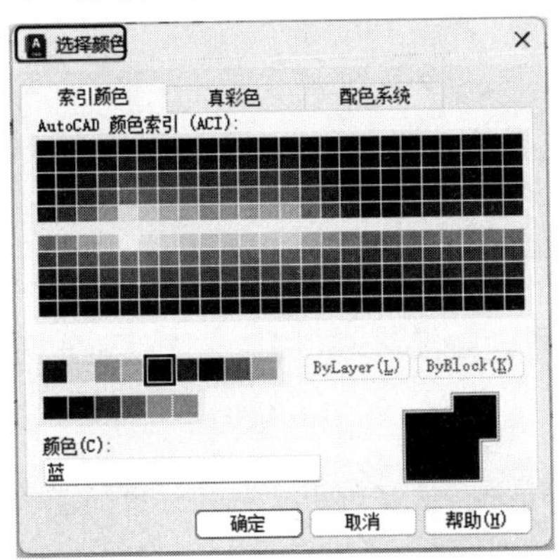

图 4-110 “选择颜色”对话框

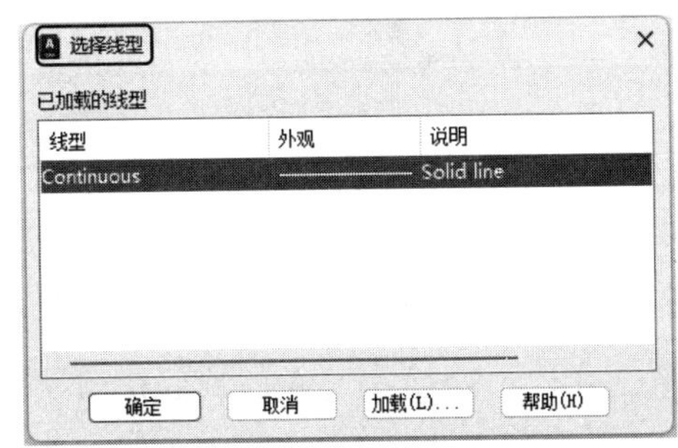

图 4-111 “选择线型”对话框

❹ 设置线宽。在工程图纸中，不同的线宽表示不同的含义，因此也要对不同图层的线宽界线进行设置，在“图层特性管理器”选项板中单击“线宽”栏下的线宽选项，在打开的“线宽”对话框中选择适当的线宽，如图 4-113 所示。需要注意的是，应尽量保持细线与粗线之间的比例大约为 1∶2。

（3）设置文本样式。下面列出一些本练习中的格式，可按如下约定进行设置：一般注释的文字高度为 7mm，零件名称的文字高度为 10mm，标题栏和会签栏中其他文字的高度为 5mm，尺寸文字的高度为 5mm，线型比例为 1，图纸空间线型比例为 1，单位为十进制，小数点后 0 位，角度为小数

Note

点后 0 位。

可以生成 4 种文字样式，分别用于一般注释、标题块中零件名、标题块注释及尺寸标注。

❶ 单击“默认”选项卡“注释”面板中的“文字样式”按钮A，打开“文字样式”对话框，单击“新建”按钮，打开“新建文字样式”对话框，如图 4-114 所示，接受默认的“样式 1”文字样式名，单击“确定”按钮退出。

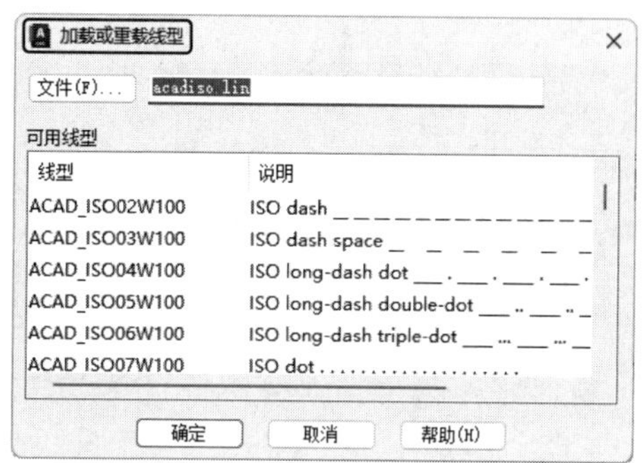

图 4-112　“加载或重载线型”对话框

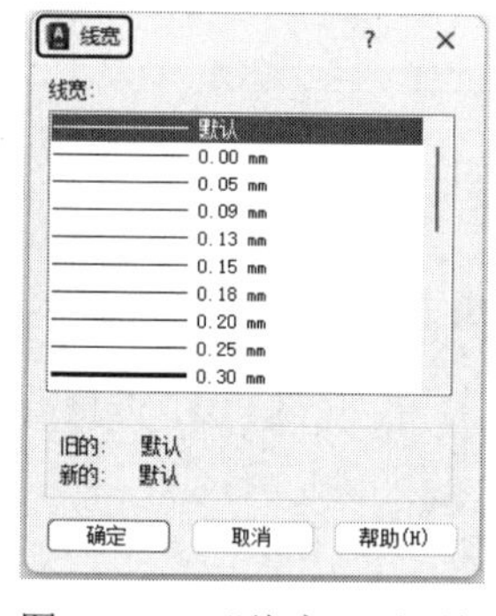

图 4-113　“线宽”对话框

图 4-114　“新建文字样式”对话框

❷ 之后系统返回“文字样式”对话框，在“字体名”下拉列表框中选择“宋体”选项，将“高度”设置为 5，将“宽度因子”设置为 0.7，如图 4-115 所示。单击“应用”按钮，再单击“关闭”按钮。其他文字样式设置与之类似，此处不再赘述。

视频讲解

（4）绘制图框。单击“默认”选项卡“绘图”面板中的“矩形”按钮□，绘制角点坐标为（25,10）和（410, 287）的矩形，如图 4-116 所示。

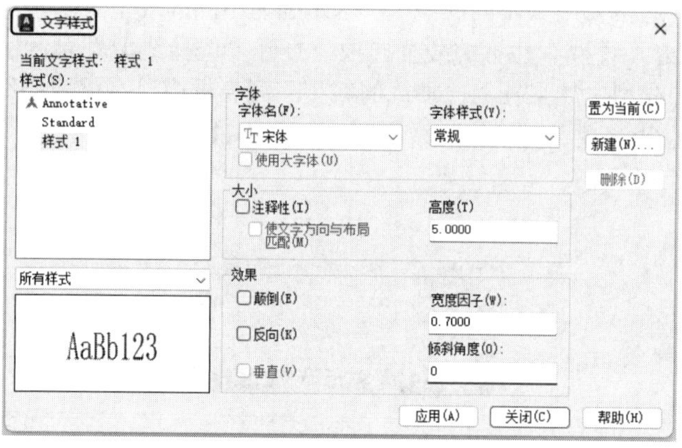

图 4-115　“文字样式”对话框

图 4-116　绘制矩形

注意： 国家标准规定 A3 图纸的幅面大小是 420mm×297mm，这里留出了带装订边的图框到图纸边界的距离。

（5）绘制标题栏。标题栏示意图如图 4-117 所示，由于分隔线不整齐，因此可以先绘制一个 9×4（每个单元格的尺寸是 20×10）的标准表格，然后在此基础上编辑或合并单元格。

❶ 单击“默认”选项卡“注释”面板中的“表格样式”按钮，打开“表格样式”对话框，如图 4-118 所示。

❷ 单击“修改”按钮，打开“修改表格样式:Standard”对话框，在“单元样式”下拉列表框中选择“数据”选项，在其下面的“文字”选项卡中将“文字高度”设置为 6，如图 4-119 所示；打开“常规”选项卡，将“页边距”选项组中的“水平”和“垂直”都设置为 1，如图 4-120 所示。

图 4-117　标题栏示意图

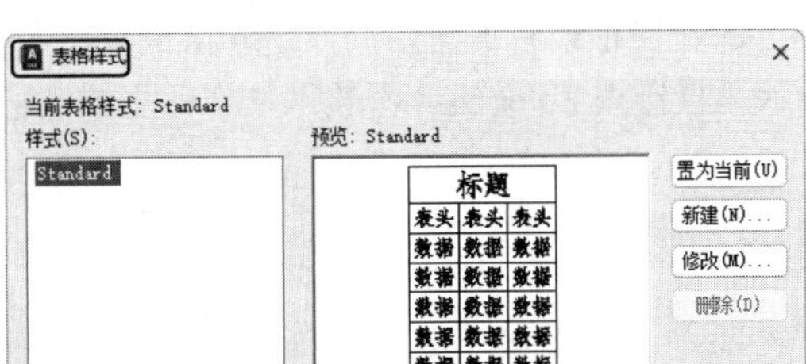

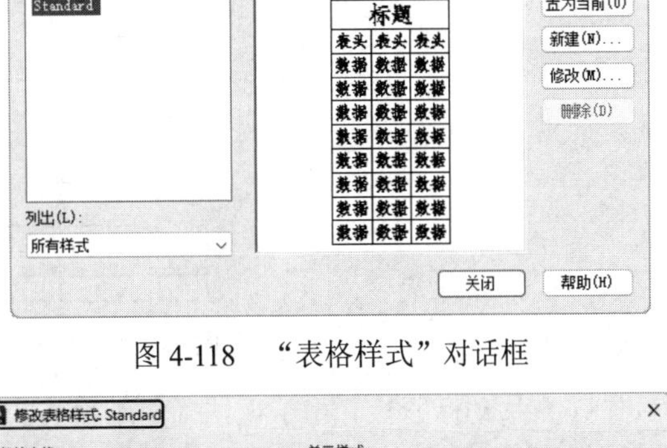

图 4-118　“表格样式”对话框

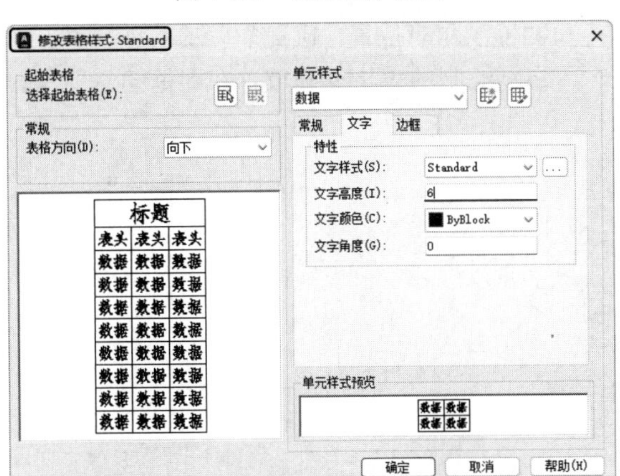

图 4-119　“修改表格样式:Standard”对话框

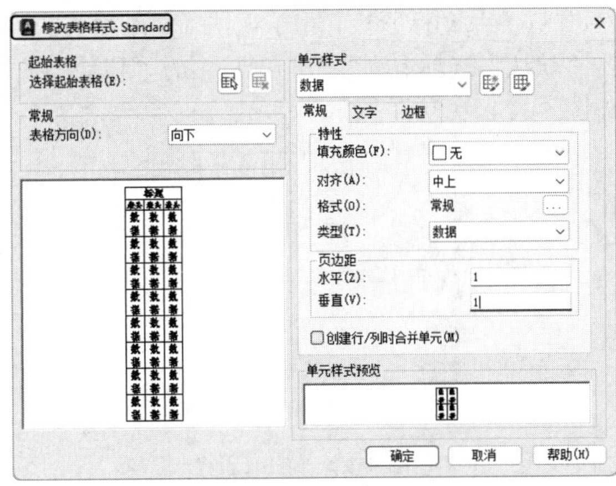

图 4-120　设置“常规”选项卡

注意：表格的行高=文字高度+2×垂直页边距，此处设置为 6+2×1=8。

❸ 返回“表格样式”对话框中，单击“关闭”按钮退出。

❹ 单击“默认”选项卡“注释”面板中的“表格”按钮▦，打开“插入表格”对话框。在“列和行设置”选项组中将“列数”设置为 9，将“列宽”设置为 20，将“数据行数”设置为 2（加上标题行和表头行共 4 行），将“行高”设置为 1 行（即为 8）；在“设置单元样式”选项组中，将“第一行单元样式”“第二行单元样式”“所有其他行单元样式”都设置为“数据”，如图 4-121 所示。

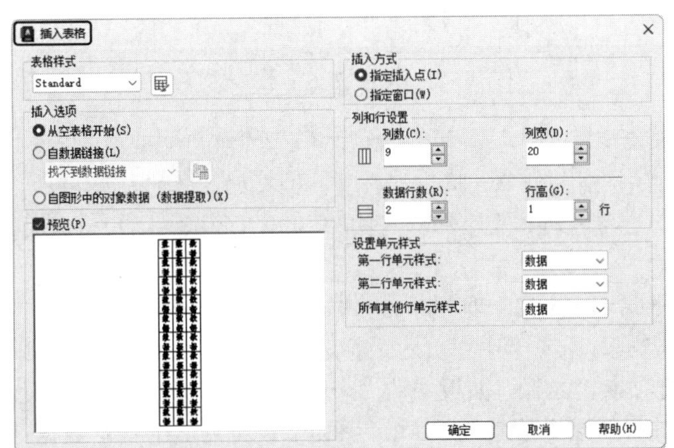

图 4-121　“插入表格”对话框

Note

❺ 在图框线右下角附近指定表格位置，系统生成表格，同时打开表格和文字编辑器，如图 4-122 所示。直接按 Enter 键，不输入文字，生成表格，如图 4-123 所示。

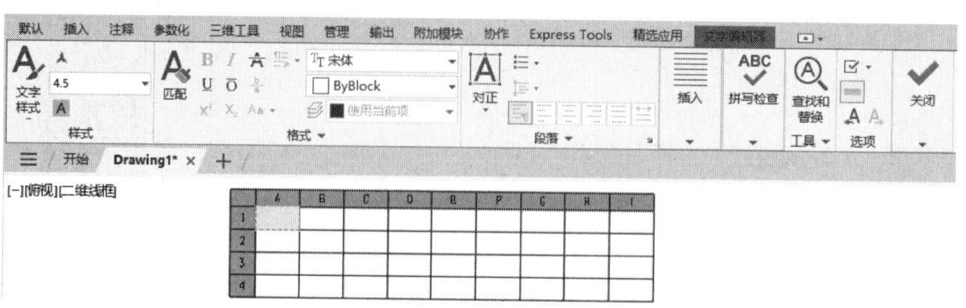

图 4-122 “文字编辑器”选项卡和表格

（6）移动标题栏。由于无法确定刚生成的标题栏与图框的相对位置，因此需要移动标题栏。单击“默认”选项卡“修改”面板中的“移动”按钮✥，将刚绘制的表格准确放置在图框的右下角，如图 4-124 所示。

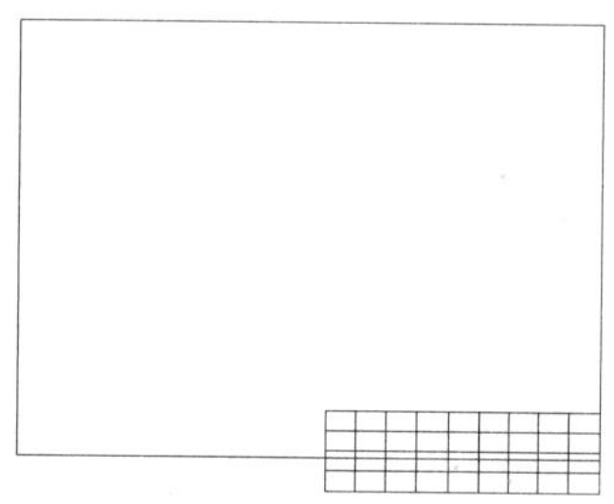

图 4-123 生成表格

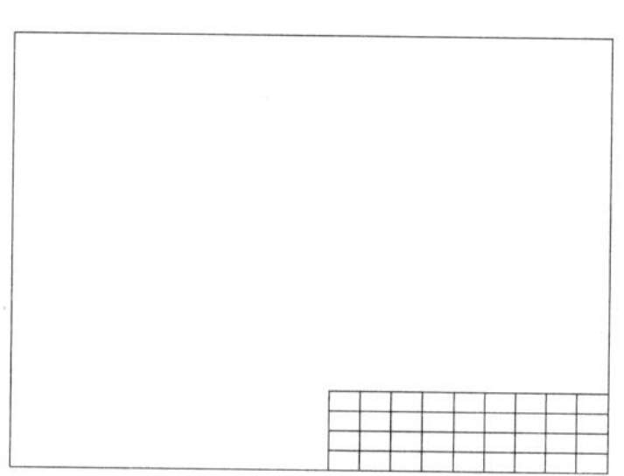

图 4-124 移动表格

（7）编辑标题栏表格。

❶ 单击标题栏表格 A 单元格，按住 Shift 键，同时选择 B 和 C 单元格，在表格编辑器中单击“合并单元”按钮右侧的下三角按钮，在弹出的下拉菜单中选择“合并全部”命令，如图 4-125 所示。

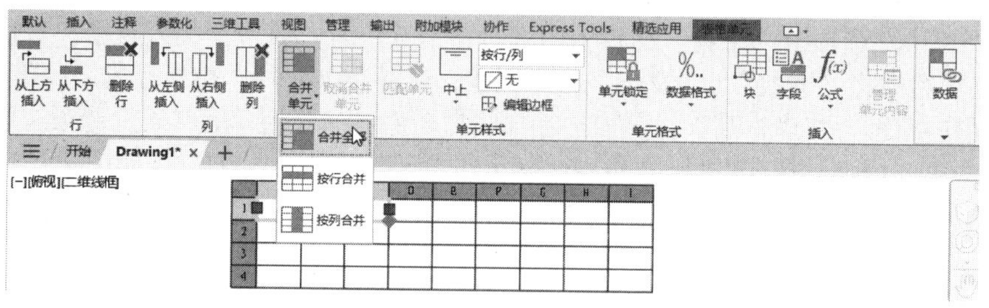

图 4-125 合并单元格

❷ 重复使用上述方法，对其他单元格进行合并，结果如图 4-126 所示。

（8）绘制会签栏。会签栏具体大小和样式如图 4-127 所示。用户可以采取与标题栏相同的绘制方法绘制会签栏。

视频讲解

❶ 在“修改表格样式:Standard”对话框的“文字”选项卡中，将“文字高度”设置为 4，如图 4-128 所示；再将“常规”选项卡中“页边距”选项组中的“水平”和“垂直”都设置为 0.5。

❷ 单击“默认”选项卡“注释”面板中的“表格”按钮，打开“插入表格”对话框，在“列和行设置”选项组中，将“列数”设置为 3，将“列宽”设置为 25，将“数据行数”设置为 2，将“行高”设置为 1 行；在“设置单元样式”选项组中，将“第一行单元样式”“第二行单元样式”“所有其

他行单元样式”都设置为“数据”，如图 4-129 所示。

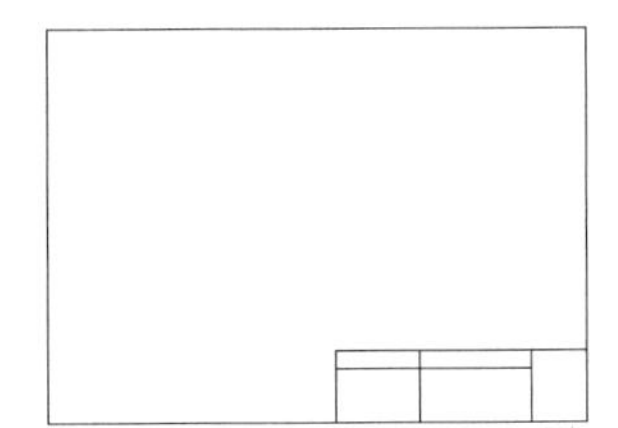

图 4-126　完成标题栏单元格编辑

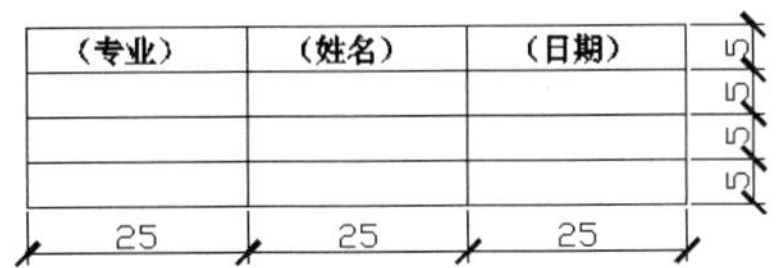

图 4-127　会签栏示意图

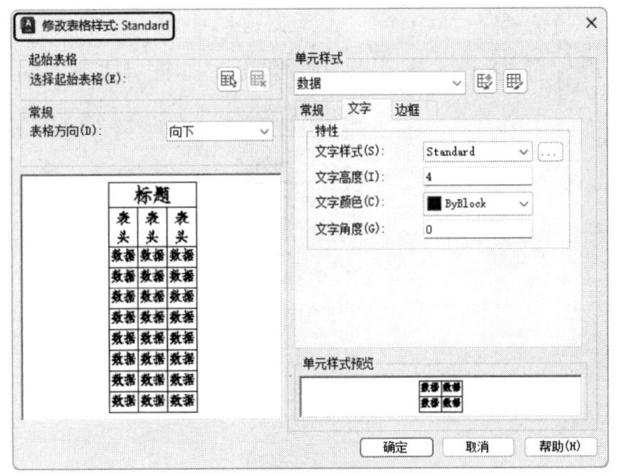

图 4-128　设置表格样式

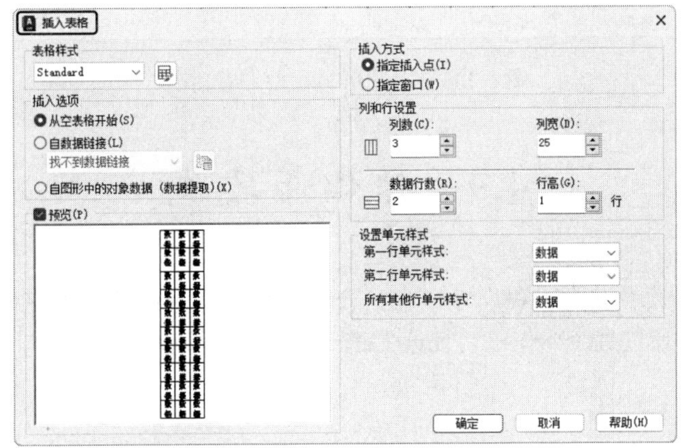

图 4-129　设置表格行和列

❸ 在表格中输入文字，结果如图 4-130 所示。

（9）旋转和移动会签栏。

❶ 单击“默认”选项卡“修改”面板中的“旋转”按钮，旋转会签栏，结果如图 4-131 所示。

❷ 将会签栏移动到图框的左上角，结果如图 4-132 所示。

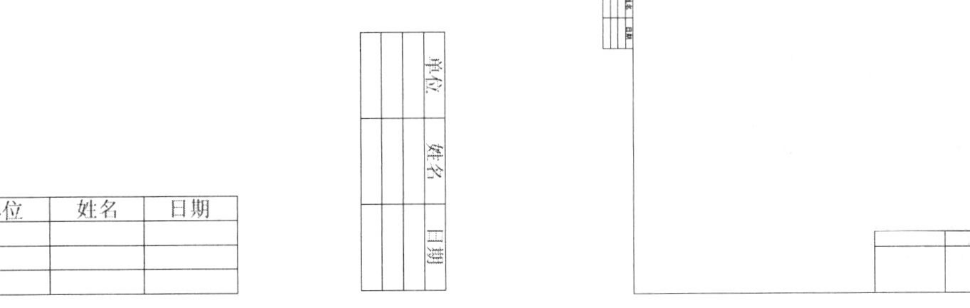

图 4-130　会签栏的绘制　　图 4-131　旋转会签栏　　图 4-132　绘制完成的样板图

（10）绘制外框。单击“默认”选项卡“绘图”面板中的“矩形”按钮，在最外侧绘制一个

420mm×297mm 的外框，最终完成样板图的绘制，如图 4-107 所示。

（11）保存样板图。选择菜单栏中的“文件”→“另存为”命令，打开“图形另存为”对话框，将图形保存为.dwg 格式的文件即可，如图 4-133 所示。

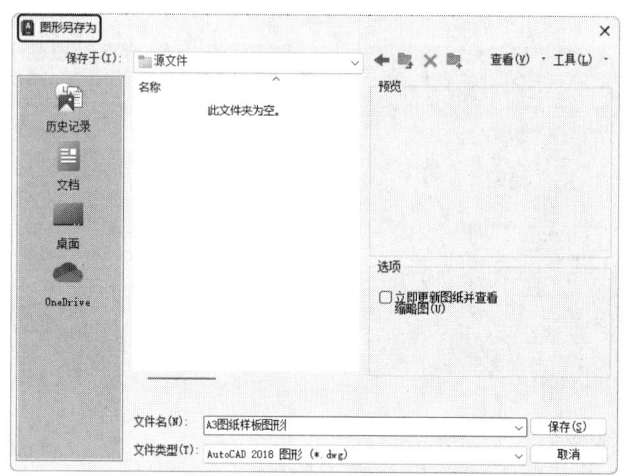

图 4-133　“图形另存为”对话框

4.9　操作与实践

通过本章的学习，读者对文本和尺寸标注、表格的绘制、查询工具的使用、图块的应用等知识有了大致的了解，本节通过几个操作练习使读者进一步掌握本章知识要点。

4.9.1　创建施工说明

1. 目的要求

调用文字命令写入文字，如图 4-134 所示。通过本例的练习，读者应掌握文字标注的一般方法。

施工说明

1. 冷水管采用镀锌管，管径均为DN15；热水管采用PPR管，管径均为DN15。
2. 管道铺设在墙内（或地坪下）50米处。
3. 施工时注意与土建的配合。

图 4-134　施工说明

2. 操作提示

（1）输入文字内容。

（2）编辑文字。

4.9.2　创建灯具规格表

1. 目的要求

本例在定义了表格样式后再利用“表格”命令绘制表格，最后将表格内容添加完整，如图 4-135 所示。通过本例的练习，读者应掌握表格的创建方法。

Note

主要灯具表						
序号	图例	名　称	型号规格	单位	数量	备　注
1		地埋灯	70WX1	套	120	
2		投光灯	120WX1	套	26	照树投光灯
3		投光灯	150WX1	套	58	照雕塑投光灯
4		路灯	250WX1	套	36	H=12.0m
5		广场灯	250WX1	套	4	H=12.0m
6		庭院灯	1400WX1	套	66	H=4.0m
7		草坪灯	50WX1	套	130	H=1.0m
8		定制台式工艺灯	方钢架圆墨色喷漆1600X1600X800　节能灯　27WX2	套	32	
9		水中灯	J12V100WX1	套	75	
10						
11						

图 4-135　灯具规格表

2. 操作提示

（1）定义表格样式。

（2）创建表格。

（3）添加表格内容。

4.9.3　创建居室平面图

1. 目的要求

利用“直线”“圆弧”“修剪”“偏移”等绘图命令绘制居室平面图，再利用设计中心和工具选项板辅助绘制居室室内布置平面图，如图 4-136 所示。读者应掌握设计中心和工具选项板的使用方法及尺寸标注的方法。

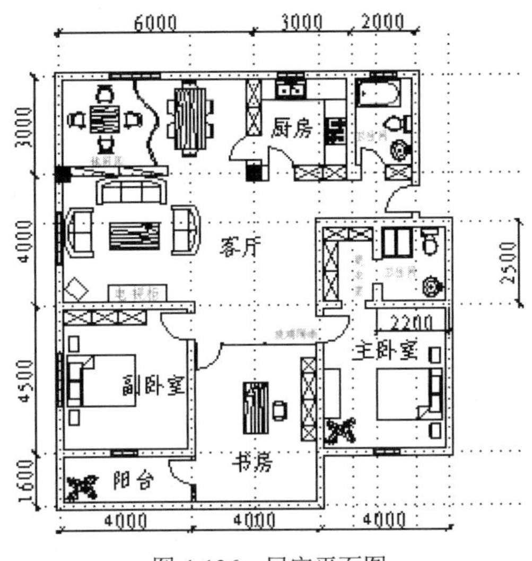

图 4-136　居室平面图

2. 操作提示

（1）绘制居室平面图。

（2）利用设计中心和工具选项板插入布置图块。

（3）标注尺寸。

Note

4.9.4 创建 A4 样板图

1. 目的要求

利用“矩形”“直线”“修剪”“偏移”等绘图命令绘制 A4 样板图，然后调用文字命令写入文字，如图 4-137 所示。通过本例的练习，读者应掌握样板图的创建方法。

图 4-137　A4 样板图

2. 操作提示

（1）绘制样板图图框。

（2）绘制标题栏。

（3）添加文字内容。

第5章 建筑理论基础

在国内，AutoCAD 软件在建筑设计中的应用是非常广泛的，掌握好该软件，是每位建筑学子必不可少的技能。为了让读者能够顺利地学习和掌握这些知识和技能，在正式讲解之前有必要对建筑设计工作的特点、建筑设计过程及 AutoCAD 在此过程中大致充当的角色做初步了解。此外，不管是手工绘图还是计算机绘图，都要运用常用的建筑制图知识，遵照国家有关制图标准、规范来进行，因此，在正式讲解 AutoCAD 绘图之前，也有必要对这部分知识和要点做一个简要介绍。

☑ 概述　　☑ 建筑制图基本知识

任务驱动&项目案例

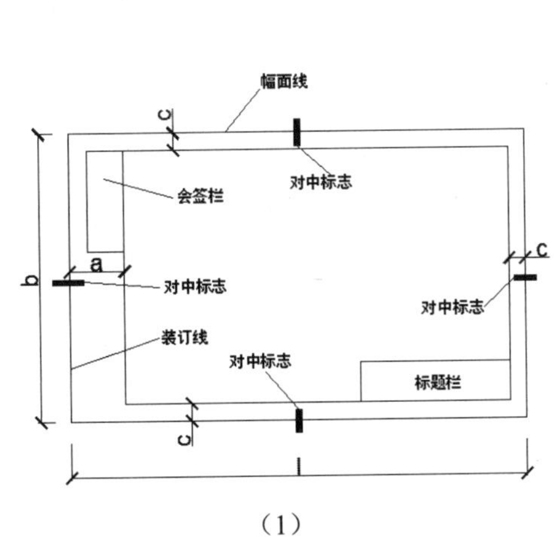

（1）

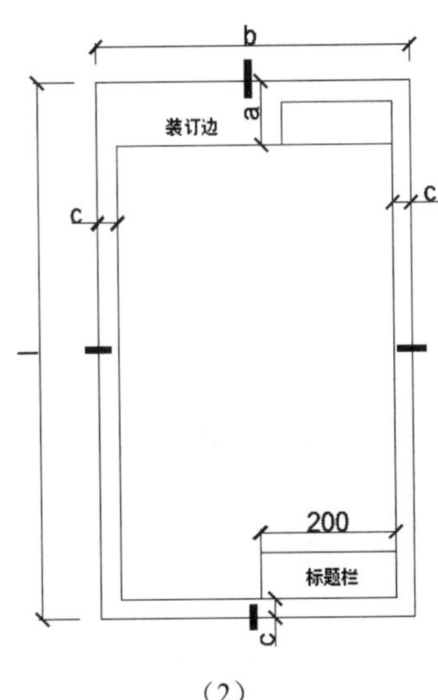

（2）

5.1 概　　述

首先，本节从分析建筑要素的复杂性和特殊性入手，进而说明建筑设计工作的特点和复杂性。其次，简要介绍设计过程中各阶段的特点和主要任务，使读者对建筑设计业务有大概的了解。最后，着重说明CAD（computer aided design）及AutoCAD软件在建筑设计过程中的应用情况，旨在让读者把握好CAD软件在建筑设计中所扮演的角色，从而找准方向，有的放矢地学习。

5.1.1 建筑设计概述

人们一般认为的建筑是指，人类通过物质、技术手段建造起来，在适应自然条件的基础上，力图满足自身活动需求的各种空间环境。小到住宅、村舍，大到宫殿、寺庙，以及现代各种公共空间，如政府、学校、医院、商场等，都可以归到建筑之列。建设活动是人类生产活动中的一个重要组成部分，而建筑设计又是建设活动中的一个重要环节。广义上的建筑设计包括建筑专业设计、结构专业设计、设备专业设计及概预算的设计工作。狭义上的建筑设计仅仅指其中的建筑专业设计部分，在本书中提到的建筑设计也基本上指这方面。

建筑包括功能、物质技术条件、形象和历史文化内涵等基本要素，其类型及特征受物质技术条件、经济条件、社会生产关系和文化发展状况等因素影响很大。有人说，建筑是技术和艺术的完美结合；有人说，建筑是凝固的音乐；有人说，建筑是历史文化的载体；有人说，建筑是一种羁绊的艺术。古罗马著名建筑师维特鲁维把经济、适用、美观定为建筑作品普遍追求的目标。20世纪50年代，我国曾制定“实用、经济、在可能条件下注意美观”的建筑方针；后来，业界又开展了经济、适用、美观的相关讨论。无论怎样，建筑作品的产生，体现着多学科、多层次的交叉融合。相应地，建筑设计既体现技术设计特征，也表现着艺术创作的特点；既要满足经济适用的要求，又要不逊于思想文化的传达。

不同历史时期，建筑类型及特点不尽相同。由于社会的发展、工业文明的不断推进，世界建筑业从20世纪至今表现出了前所未有的蓬勃势头。各种各样的建筑类型日益增多，人们对建筑功能的需求日益增强，各种建筑功能日益复杂化。在这样的形势下，建筑设计的难度和复杂程度已不是一个人或一门专业能够总揽全部，也不是过去凭借个人经验和意识、绘绘图纸就能实现。建筑设计往往需要综合考虑建筑功能、形式、造价、自然条件、社会环境、历史文化等因素，系统分析各因素之间的必然联系及其对建筑作品的贡献程度等。目前的建筑设计一般都要在专业团队共同协作和不同专业之间协同配合的条件下才能最终完成。

尽管计算机不可能全部代替人脑，但借助计算机进行辅助设计已经是必经之路。尽管目前计算机技术在建筑设计领域的应用普遍停留在制图和方案表现上，但各种辅助设计软件已是设计人员不可或缺的工具，它们为设计人员减轻了工作量，提高了设计速度。在这一点上，辅助设计软件是功不可没的，因此对于建筑学子来说，掌握一项计算机绘图技能是非常有必要的。

5.1.2 建筑设计过程简介

建筑设计过程一般分为方案设计、初步设计、施工图设计3个阶段。对于技术要求简单的民用建筑工程，经有关主管部门同意，并且合同中有不做初步设计的约定，可在方案审批后直接进入施工图设计。在《建筑工程设计文件编制深度规定》（2016年版）文件中对各阶段设计文件的深度做了具体的规定。

1. 方案设计阶段

方案设计是在明确设计任务书和建设方要求的前提下，遵照国家有关设计标准和规范，综合考虑建筑的功能、空间、造型、环境、材料、技术等因素，做出一个设计方案，形成一定形式的方案设计文件。方案设计文件总体上包括设计说明书、总图、建筑设计图纸及设计委托或合同规定的透视图、鸟瞰图、模型或模拟动画等方面。方案设计文件一方面要向建设方展示设计思想和方案成果，最大限度地突出方案的优势；另一方面，还要满足下一步编制初步设计的需要。

2. 初步设计阶段

初步设计是方案设计和施工图设计之间承前启后的阶段。它在方案设计的基础上，吸取各方面的意见和建议，推敲、完善、优化设计方案，初步考虑结构布置、设备系统和工程概算，进一步解决各工种之间的技术协调问题，最终形成初步设计文件。初步设计文件总体上包括设计说明书、设计图纸和工程概算书 3 个部分，其中包括设备表、材料表内容。

3. 施工图设计阶段

施工图设计是在方案设计和初步设计的基础上，综合建筑、结构、设备各个工种的具体要求，将它们反映在图纸上，完成建筑、结构、设备全套图纸，目的在于满足设备材料采购、非标准设备制作和施工的要求。施工图设计文件总体上包括所有专业设计图纸和合同要求的工程预算书。建筑专业设计文件应包括图纸目录、施工图设计说明、设计图纸（包括总图、平面图、立面图、剖面图、大样图、节点详图）、计算书。计算书由设计单位存档。

5.1.3　CAD 技术在建筑设计中的应用简介

1. CAD 技术及 AutoCAD 软件

CAD 即“计算机辅助设计”，是指发挥计算机的潜力，使它在各类工程设计中起辅助设计作用的技术总称，不单指哪一种软件。CAD 技术一方面可以在工程设计中协助完成计算、分析、综合、优化、决策等工作；另一方面可以协助技术人员绘制设计图纸，完成一些归纳、统计工作。在此基础上，还有一个 CAAD 技术，即“计算机辅助建筑设计”（computer aided architectural design），它是专门开发用于建筑设计的计算机技术。由于建筑设计工作的复杂性和特殊性（不像结构设计属于纯技术工作），就国内目前建筑设计实践状况来看，CAAD 技术的大量应用主要还是在图纸的绘制方面，但也有一些具有三维功能的软件，在方案设计阶段用来协助推敲。

AutoCAD 软件是美国 Autodesk 公司开发研制的计算机辅助软件，它在世界工程设计领域使用相当广泛，目前已成功应用到建筑、机械、服装、气象、地理等领域。自 1982 年推出第一个版本以后，不断改进升级，本书以目前应用最广泛的 AutoCAD 2024 版本为基础进行讲解，其界面如图 5-1 所示。AutoCAD 是我国建筑设计领域最早接受的 CAD 软件，几乎成了默认绘图软件，主要用于绘制二维建筑图形。此外，AutoCAD 为客户提供了良好的二次开发平台，便于用户自行定制适用于本专业的绘图格式和附加功能。目前，国内专门研制开发基于 AutoCAD 的建筑设计软件的公司只有少量几家。

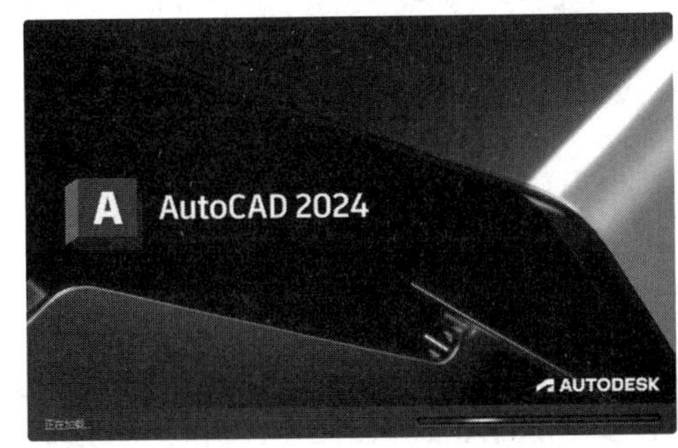

图 5-1　AutoCAD 2024

2. CAD 软件在建筑设计各阶段的应用情况

建筑设计应用到的 CAD 软件较多，主要包括二维矢量图形绘制软件、方案设计推敲软件、建模及渲

Note

染软件、效果图后期制作软件等。

（1）二维矢量图形的绘制。

二维图形的绘制包括总图、平面图、立面图、剖面图、大样图、节点详图等。AutoCAD 因其优越的矢量绘图功能，被广泛用于方案设计、初步设计和施工图设计全过程的二维图形的绘制。方案阶段，它生成扩展名为.dwg 的矢量图形文件，可以将它导入 Autodesk 3ds Max、Autodesk VIZ 等软件（见图 5-2 和图 5-3）中以协助建模。可以输出为位图文件，导入 Photoshop 等图像处理软件中进一步制作平面表现图。

图 5-2　3ds Max 2024

图 5-3　Autodesk VIZ

（2）方案设计推敲。

AutoCAD、Autodesk 3ds Max、Autodesk VIZ 的三维功能可以用来协助体块分析和空间组合分析。此外，一些能够较为方便快捷地建立三维模型，便于在方案推敲时快速处理平、立、剖及空间之间关系的 CAD 软件正逐渐被设计者熟悉和接受，如 SketchUp Pro、ArchiCAD（见图 5-4 和图 5-5）等，它们兼具二维、三维和渲染功能。

图 5-4　SketchUp Pro 2023

图 5-5　ArchiCAD 26

（3）建模及渲染。

这里所说的建模是指为制作效果图准备的精确模型。常见的建模软件有 AutoCAD、Autodesk 3ds Max、Autodesk VIZ 等。应用 AutoCAD 可以进行准确建模，但是它的渲染效果较差，一般需要导入 Autodesk 3ds Max、Autodesk VIZ 等软件中赋材质、设置灯光，而后渲染，而且需要处理好导入前后的接口问题。Autodesk 3ds Max 和 Autodesk VIZ 都是功能强大的三维建模软件，二者的界面基本相同。不同的是，Autodesk 3ds Max 面向普遍的三维动画制作，而 Autodesk VIZ 是 AutoDesk 公司专门为建

筑、机械等行业定制的三维建模及渲染软件，取消了建筑、机械行业不必要的功能，增加了门窗、楼梯、栏杆、树木等造型模块和环境生成器，Autodesk VIZ 4.2 以上的版本还集成了 Lightscape 的灯光技术，弥补了 Autodesk 3ds Max 的灯光技术的欠缺。Autodesk 3ds Max、Autodesk VIZ 具有良好的渲染功能，是建筑效果图制作的首选软件。

就目前的状况来看，Autodesk 3ds Max、Autodesk VIZ 建模仍然需要借助 AutoCAD 绘制的二维平、立、剖面图为参照来完成。

（4）后期制作。

☑ 效果图后期处理：模型渲染以后图像一般都不会十分完美，需要进行后期处理，包括修改、调色、配景、添加文字等。在此环节上，Adobe 公司开发的 Photoshop 是一款首选的图像后期处理软件，如图 5-6 所示。

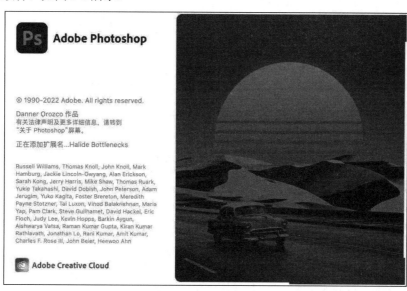

图 5-6 Photoshop 2023

此外，方案阶段用 AutoCAD 绘制的总图和平面图、立面图、剖面图及各种分析图也常在 Photoshop 中做套色处理。

☑ 方案文档排版：为了满足设计深度要求，以及满足建设方或标书的要求，同时也希望突出自己方案的特点，使自己的方案能够脱颖而出，方案文档排版工作是相当重要的，它包括封面、目录、设计说明制作及方案设计图所在各页的制作。在此环节上可以用 Adobe InDesign，也可以直接用 Photoshop 或其他平面设计软件。

☑ 演示文稿制作：若需要将设计方案做成演示文稿进行汇报，比较简单的软件是 PowerPoint，其次可以使用 Flash、Authorware 等软件。

在建筑设计过程中还可能用到其他软件，如文字处理软件 Word、数据统计分析软件 Excel 等。至于一些计算程序，如节能计算、日照分析等，则根据具体需要灵活采用。

5.1.4 学习应用软件的几点建议

（1）无论学习何种应用软件，都应该注意两点：一是熟悉计算机的思维方式，即大致了解计算机系统是如何运作的；二是学会跟计算机交流，即在操作软件的过程中，学会阅读屏幕上不断显示的内容，并做出相应的回应。把握这两点，有利于快速地学会一种新软件，有利于在操作中独立解决问题。

（2）在看教材的同时，一定要多上机实践。在上机中发现问题，再结合书本解决问题，不要一味地埋在书本里。书本里的描述始终不可能全部涵盖软件的所有环节。

（3）同一个功能的实现，往往有多种操作途径，刚开始学习时，可以对它们做适当的了解。之后选择适合自己、方便快捷的途径进行操作。本书后面介绍的一些绘图操作方法，不一定是最好的，但希望给读者提供一个解决问题的思路。

（4）像 AutoCAD、Autodesk 3ds Max、Autodesk VIZ 这样的复杂软件，学习的难度比较大，但无论多复杂的软件，都是由基本操作、简单操作组合而成的。如果读者下决心学好它，那就要沉住气，循序渐进、由简到难，熟能生巧。

（5）学会用 F1 键帮助功能。帮助功能中的描述往往比较生硬拗口，适应后阅读起来就会方便很多。

5.2 建筑制图基本知识

建筑设计图纸是交流设计思想、传达设计意图的技术文件。尽管 AutoCAD 功能强大，但它毕竟不是专门为建筑设计定制的软件，一方面需要在用户的正确操作下才能实现其绘图功能；另一方面需要用户遵循统一制图规范，在正确的制图理论及方法的指导下操作，才能生成合格的图纸。因此，即使在当今大量采用计算机绘图的形势下，仍然有必要掌握基本绘图知识。因此，本节会将必备的制图知识做个简单介绍，已掌握该部分内容的读者可跳过此部分。

5.2.1 建筑制图概述

1. 建筑制图的概念

建筑图纸是建筑设计人员用来表达设计思想、传达设计意图的技术文件，是方案投标、技术交流和建筑施工的要件。建筑制图是根据正确的制图理论及方法，按照国家统一的建筑制图规范将设计思想和技术特征清晰、准确地表现出来。建筑图纸包括方案图、初设图、施工图等类型。国家标准《房屋建筑制图统一标准》（GB/T 50001—2017）、《总图制图标准》（GB/T 50103—2010）、《建筑制图标准》（GB/T 50104—2010）是建筑专业手工制图和计算机制图的依据。

2. 建筑制图的方式

建筑制图有手工制图和计算机制图两种方式。手工制图又分为徒手绘制和工具绘制两种。

手工制图应该是建筑师必须掌握的技能，也是学习 AutoCAD 软件或其他绘图软件的基础。手工制图体现出一种绘图素养，直接影响计算机图面的质量，而其中的徒手绘画，则往往是建筑师职场上的闪光点和敲门砖，不可偏废。采用手工制图的方式可以绘制全部的图纸文件，但是需要花费大量的精力和时间。计算机制图是指操作计算机绘图软件画出所需图形，并形成相应的图形电子文件，可以进一步通过绘图仪或打印机将图形文件输出，形成具体的图纸过程。计算机制图快速、便捷，便于文档存储和图纸的重复利用，可以提高设计效率。因此，目前手绘主要用在方案设计的前期，而后期成品方案图及初设图、施工图都采用计算机绘制完成。

总之，这两种技能同等重要，不可偏废。本书将重点讲解应用 AutoCAD 2024 绘制建筑图的方法和技巧，对于手工制图不做具体介绍。读者若需要加强这项技能，可以参看其他有关书籍。

3. 建筑制图程序

建筑制图的程序与建筑设计的程序相对应。从整个设计过程来看，遵循方案图、初设图、施工图的顺序来进行。后面阶段的图纸在前一阶段的基础上做深化、修改和完善。就每个阶段来看，一般遵循平面图、立面图、剖面图、详图的过程来绘制。至于每种图样的制图程序，将在后面章节结合 AutoCAD 操作来讲解。

Note

5.2.2　建筑制图的要求及规范

1. 图幅、标题栏及会签栏

图幅即图面的大小，分为横式和立式两种。根据国家标准的规定，按图面长和宽的大小确定图幅的等级。建筑常用的图幅有 A0（也称 0 号图幅，其余类推）、A1、A2、A3 及 A4，每种图幅的长宽尺寸如表 5-1 所示，表中的尺寸代号意义如图 5-7 和图 5-8 所示。

表 5-1　图幅标准（mm）

尺 寸 代 号	图 幅 代 号				
	A0	A1	A2	A3	A4
b×*l*	841×1189	594×841	420×594	297×420	210×297
c	10			5	
a	25				

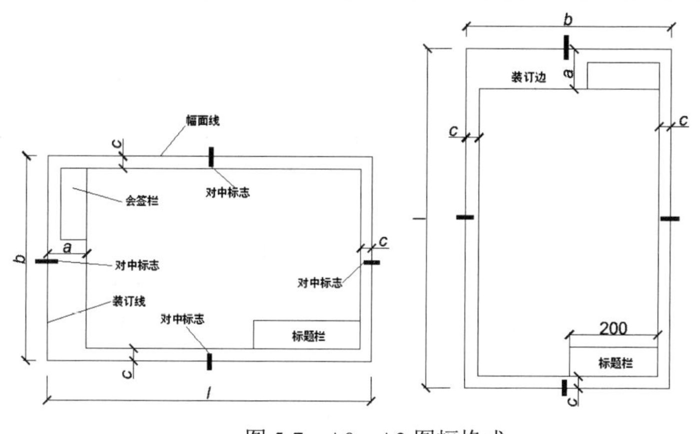

图 5-7　A0～A3 图幅格式

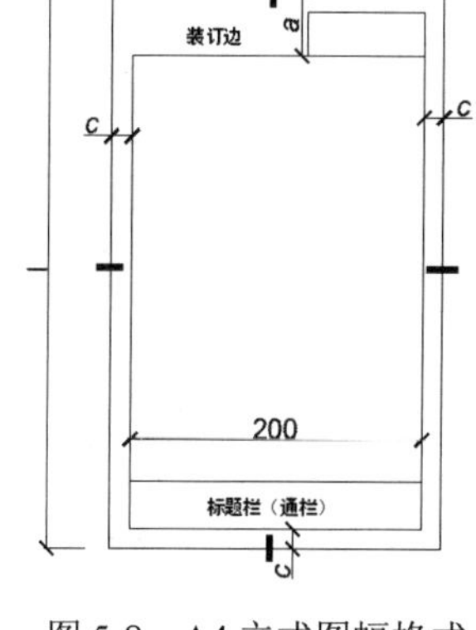

图 5-8　A4 立式图幅格式

A0～A3 图纸可以在长边加长，但短边一般不应加长，加长尺寸如表 5-2 所示。如有特殊需要，可采用 *b*×*l*=841×891 或 1189×1261 的幅面。

表 5-2　图纸长边加长尺寸（mm）

图　　幅	长 边 尺 寸	长边加长后尺寸
A0	1189	1486　1635　1783　1932　2080　2230　2378
A1	841	1051　1261　1471　1682　1892　2102
A2	594	743　891　1041　1189　1338　1486　1635　1783　1932　2080
A3	420	630　841　1051　1261　1471　1682　1892

此外，需要微缩复制的图纸，其一条边上应附有一段准确米制尺度，4 条边上均附有对中标志。米制尺度的总长应为 100mm，分格应为 10mm。对中标志应画在图纸各边长的中点处，线宽应为 0.35mm，输入框内应为 5mm。

标题栏包括设计单位名称、工程名称区、签字区、图名区及图号区等内容。一般标题栏格式如

Note

图 5-9 所示，虽然现在不少设计单位采用自己个性化的标题栏格式，但是仍必须包括这几项内容。

会签栏是为各工种负责人审核后签名用的表格，它包括专业、姓名、日期等内容，如图 5-10 所示。对于不需要会签的图纸，可以不设此栏。

设计单位名称 | 工程名称区 | 图号区
签字区 | 图名区
180
40(30,50)

图 5-9　标题栏格式

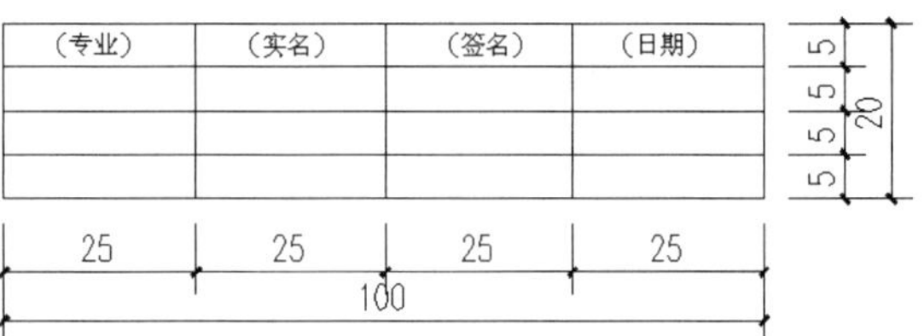

图 5-10　会签栏格式

2. 线型要求

建筑图纸主要由各种线条构成，不同的线型表示不同的对象和不同的部位，代表不同的含义。为了使图面能够清晰、准确、美观地表达设计思想，工程实践中采用了一套常用的线型，并规定了它们的使用范围，如表 5-3 所示。

表 5-3　常用线型统计表

名　称	线　型		线　宽	适 用 范 围
实线	粗	———	b	（1）平、剖面图中被剖切的主要建筑构造（包括构配件）的轮廓线 （2）建筑立面图或室内立面图的外轮廓线 （3）建筑构造详图中被剖切的主要部分的轮廓线 （4）建筑构配件详图中的外轮廓线 （5）平、立、剖面的剖切符号
	中	———	$0.5b$	小于 $0.7b$ 的图形线、尺寸线、尺寸界线、索引符号、标高符号、详图材料做法引出线、粉刷线、保温层线、地面、墙面的高差分界线等
	细	———	$0.25b$	图例填充线、家具线、纹样线等
虚线	中	- - - - - -	$0.5b$	投影线、小于 $0.5b$ 的不可见轮廓线
	细	- - - - - -	$0.25b$	图例填充线、家具线等
点画线	细	—-—-—	$0.25b$	轴线、构配件的中心线、对称线等
折断线	细	—\/—	$0.25b$	省画图样时的断开界线
波浪线	细	～～～	$0.25b$	构造层次的断开界线，有时也表示省略画出时的断开界线

图线宽度 b，宜从下列线宽中选取：2.0mm、1.4mm、1.0mm、0.7mm、0.5mm、0.35mm。不同的 b 值产生不同的线宽组。在同一张图纸内，各不同线宽组中的细线，可以统一采用较细的线宽组中的细线。对于需要微缩的图纸，线宽不宜小于或等于 0.18mm。

3. 尺寸标注

尺寸标注的一般原则如下。

（1）尺寸标注应力求准确、清晰、美观大方。同一张图纸中，标注风格应保持一致。

（2）尺寸线应尽量标注在图样轮廓线以外，从内到外依次标注从小到大的尺寸，并且不能将大

尺寸标在内，而小尺寸标在外，如图 5-11 所示。

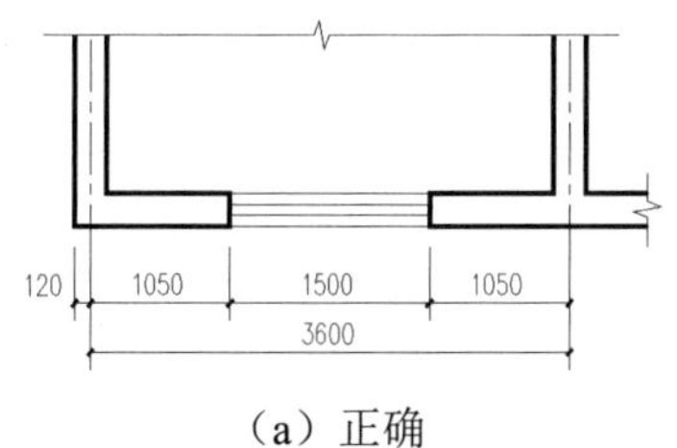

（a）正确

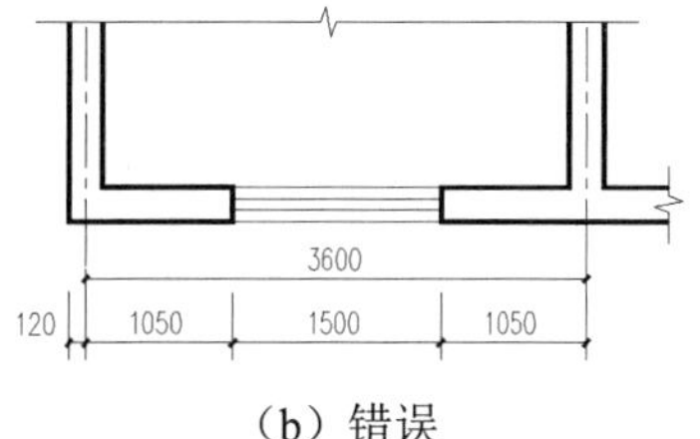

（b）错误

图 5-11 尺寸标注正误对比

（3）最内一道尺寸线与图样轮廓线之间的距离不应小于 10mm，两道尺寸线之间的距离一般为 7～10mm。

（4）尺寸界线朝向图样的端头距图样轮廓的距离应大于或等于 2mm，不宜直接与之相连。

（5）在图线拥挤的地方，应合理安排尺寸线的位置，但不宜与图线、文字及符号相交；可以考虑将轮廓线用作尺寸界线，但不能作为尺寸线。

（6）室内设计图中连续重复的构配件等，当不易标明定位尺寸时，可在总尺寸的控制下，定位尺寸不用数值而用“均分”或“EQ”字样表示，如图 5-12 所示。

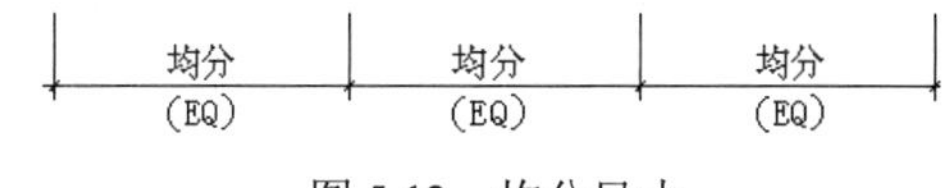

图 5-12 均分尺寸

4. 文字说明

在一张完整的图纸中用图线方式表现得不充分和无法用图线表示的地方，就需要进行文字说明，如设计说明、材料名称、构配件名称、构造做法、统计表及图名等。文字说明是图纸内容的重要组成部分，制图规范对文字标注中的字体、字的大小、字体与字号搭配等方面做了一些具体规定。

（1）一般原则。字体端正，排列整齐，清晰准确，美观大方，避免过于个性化的文字标注。

（2）字体。一般标注推荐采用仿宋字，如大标题、图册封面、地形图等的汉字，也可书写成其他字体，但应易于辨认。

字型示例如下。

仿宋：建筑（小四）建筑（四号）建筑（二号）

黑体：**建筑（四号）建筑（小二）**

楷体：建筑 建筑（二号）

字母、数字及符号：0123456789abcdefghijk% @ 或 *0123456789abcdefghijk%@*

（3）字的大小。标注的文字高度要适中。同一类型的文字采用同一大小的字。较大的字用于概括性的说明内容，较小的字用于细致的说明内容。文字的字高应从 3.5mm、5mm、7mm、10mm、14mm、20mm 系列中选用。如需要书写更大的字，其高度应按 $\sqrt{2}$ 的比值递增。注意字体及大小搭配的层次感。

5. 常用图示标志

（1）详图索引符号及详图符号。

平面图、立面图、剖面图中，在需要另设详图表示的部位标注一个索引符号，以表明该详图的位

置，这个索引符号即是详图索引符号。详图索引符号采用细实线绘制，圆圈直径为10mm。图5-13（d）～图5-13（f）用于索引剖面详图，当详图就在本张图纸中时，采用图5-13（a）所示的形式；详图不在本张图纸中时，采用图5-13（b）～图5-13（g）所示的形式；如果某整张图都是该部位索引的详图，则采用图5-13（h）所示的形式来表示图集整页索引。

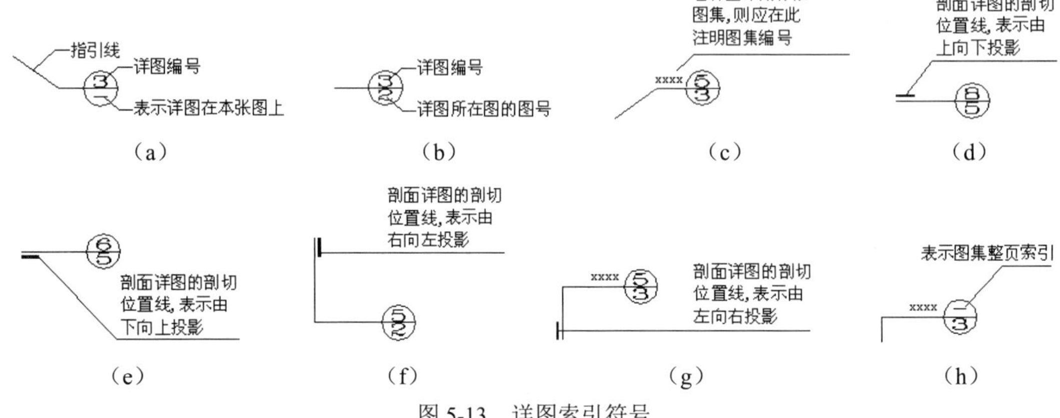

图5-13　详图索引符号

详图符号即详图的编号，用粗实线绘制，圆圈直径为14mm，如图5-14所示。

图5-14　详图符号

（2）引出线。

由图样引出一条或多条线段指向文字说明，该线段就是引出线。引出线与水平方向的夹角一般采用0°、30°、45°、60°、90°，常见的引出线形式如图5-15所示。图5-15（a）～图5-15（d）为普通引出线，图5-15（e）～图5-15（h）为多层构造引出线。使用多层构造引出线时，注意构造分层的顺序应与文字说明的分层顺序一致。文字说明可以放在引出线的端头（见图5-15（a）～图5-15（h）)，也可放在引出线水平段之上（见图5-15（i））。

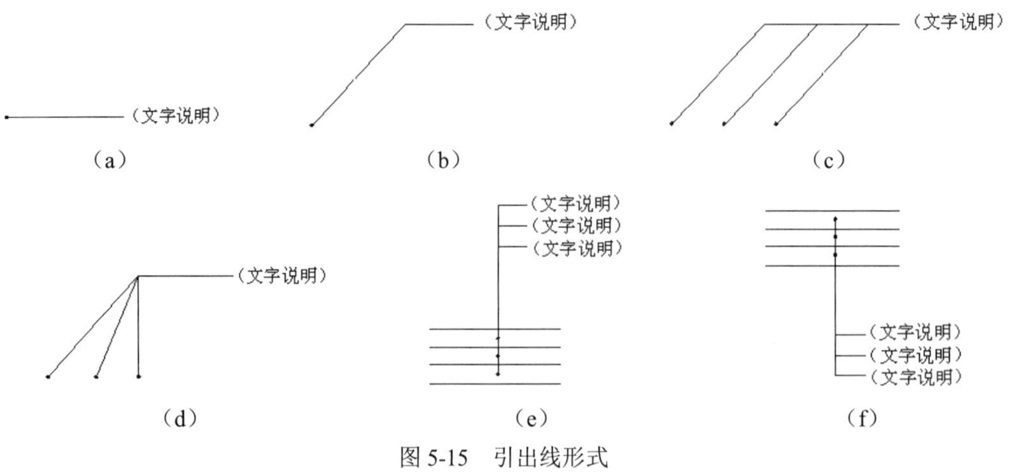

图5-15　引出线形式

Note

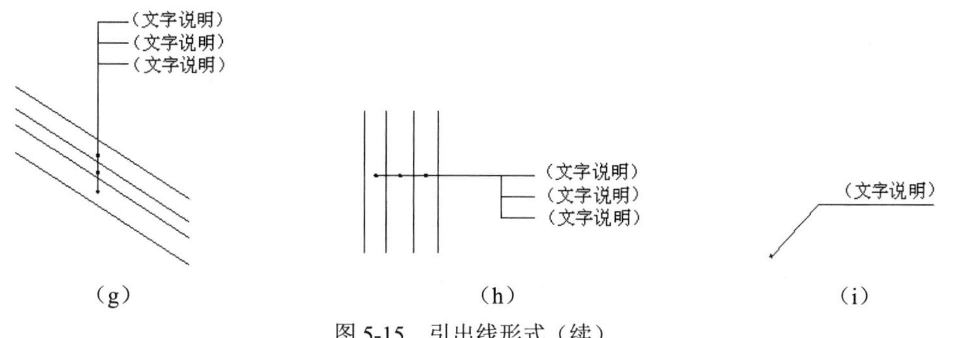

图 5-15　引出线形式（续）

（3）内视符号。

内视符号标注在平面图中，用于表示室内立面图的位置及编号，建立平面图和室内立面图之间的联系。内视符号的形式如图 5-16 所示。其中立面图编号可用英文字母或阿拉伯数字表示，黑色的箭头指向表示立面的方向；图 5-16（a）为单向内视符号，图 5-16（b）为双向内视符号，图 5-16（c）为四向内视符号，A、B、C、D 顺时针标注。

（a）　（b）　（c）

图 5-16　内视符号

其他符号图例统计如表 5-4 和表 5-5 所示。

表 5-4　建筑常用符号图例

符　　号	说　　明	符　　号	说　　明
3.600 3.600	标高符号，线上数字为标高值，单位为 m；下面的一个符号是在标注位置比较拥挤时采用	i=5%	表示坡度
1　A	轴线号	1/1　1/A	附加轴线号
1　1	标注剖切位置的符号，标数字的方向为投影方向，“1”与剖面图的编号“1-1”对应	2　2	标注绘制断面图的位置，标数字的方向为投影方向，“2”与断面图的编号“2-2”对应
	对称符号。在对称图形的中轴位置画此符号，可以省画另一半图形		指北针
	方形坑槽		圆形坑槽
	方形孔洞		圆形孔洞
@	表示重复出现的固定间隔，如“双向木格栅@500”	Ø	表示直径，如 Ø30

Note

续表

符　　号	说　　明	符　　号	说　　明
平面图 1:100	图名及比例	1 1:5	索引详图名及比例
宽×高或Φ 底(顶或中心)标高	墙体预留洞	宽×高或Φ 底(顶或中心)标高	墙体预留槽
	烟道		通风道

表 5-5　总图常用图例

符　　号	说　　明	符　　号	说　　明
	新建建筑物。粗线绘制 需要时，表示出入口位置▲及层数 X 轮廓线以±0.00 处外墙定位轴线或外墙皮线为准 需要时，地上建筑用中实线绘制，地下建筑用细虚线绘制		原有建筑物。细线绘制
	拟扩建的预留地或建筑物。中虚线绘制		新建地下建筑或构筑物。粗虚线绘制
	拆除的建筑物。用细实线表示		建筑物下面的通道
	广场铺地		台阶，箭头指向表示向上
	烟囱。实线为下部直径，虚线为基础。 必要时，可注写烟囱高度和上下口直径		实体性围墙
	通透性围墙		挡土墙。被挡土在“突出”的一侧
	填挖边坡。边坡较长时，可在一端或两端局部表示		护坡。边坡较长时，可在一端或两端局部表示
X323.38 Y586.32	测量坐标	A123.21 B789.32	建筑坐标
32.36(±0.00)	室内标高	32.36	室外标高

6. 常用材料符号

建筑图中经常应用材料图例来表示材料，在无法用图例表示的地方也采用文字说明。为了方便读

者学习，这里将常用的图例汇集在表 5-6 中。

表 5-6　常用材料图例

材料图例	说　明	材料图例	说　明
	自然土壤		夯实土壤
	毛石砌体		普通砖
	石材		砂、灰土
	空心砖		松散材料
	混凝土		钢筋混凝土
	多孔材料		金属
	矿渣、炉渣		玻璃
	纤维材料		防水材料 上下两种材料根据绘图比例大小选用
	木材		液体，须注明液体名称

7. 常用绘图比例

下面列出常用绘图比例，读者根据实际情况灵活使用。

（1）总图：1∶500，1∶1000，1∶2000。

（2）平面图：1∶50，1∶100，1∶150，1∶200，1∶300。

（3）立面图：1∶50，1∶100，1∶150，1∶200，1∶300。

（4）剖面图：1∶50，1∶100，1∶150，1∶200，1∶300。

（5）局部放大图：1∶10，1∶20，1∶25，1∶30，1∶50。

（6）配件及构造详图：1∶1，1∶2，1∶5，1∶10，1∶15，1∶20，1∶25，1∶30，1∶50。

5.2.3　建筑制图的内容及编排顺序

1. 建筑制图内容

建筑制图的内容包括总图、平面图、立面图、剖面图、构造详图和透视图、设计说明、图纸封面、图纸目录等方面。

2. 图纸编排顺序

图纸编排顺序一般应为图纸目录、总图、建筑图、结构图、给水排水图、暖通空调图、电气图等。对于建筑专业，一般顺序为目录、施工图设计说明、附表（装修做法表、门窗表等）、平面图、立面图、剖面图、详图等。

▶▶第 2 篇

精通篇

本篇将介绍建筑设计中总平面图、平面图、立面图、剖面图和详图的设计思路、理论依据和完整的 AutoCAD 实现过程。通过本篇的学习，读者将掌握建筑设计方法、理论及相应的 AutoCAD 制图技巧。

☑ 了解建筑设计的方法和特点

☑ 掌握建筑设计 CAD 制图操作技巧

绘制总平面图

无论是方案图、初设图还是施工图，总平面图都是必不可少的要件。由于总平面图设计涉及的专业知识较多，内容繁杂，因此常为初学者所忽视或回避。本章重点介绍应用AutoCAD 2024制作建筑总平面图的一些常用操作方法，至于相关的设计知识，特别是场地设计的知识，读者可以参看相关书籍。

☑ 总平面图的绘制概述
☑ 地形图的处理及应用
☑ 办公楼总平面图的绘制实例
☑ 办公楼总平面图的标注实例
☑ 某住宅小区总平面图的绘制实例

任务驱动&项目案例

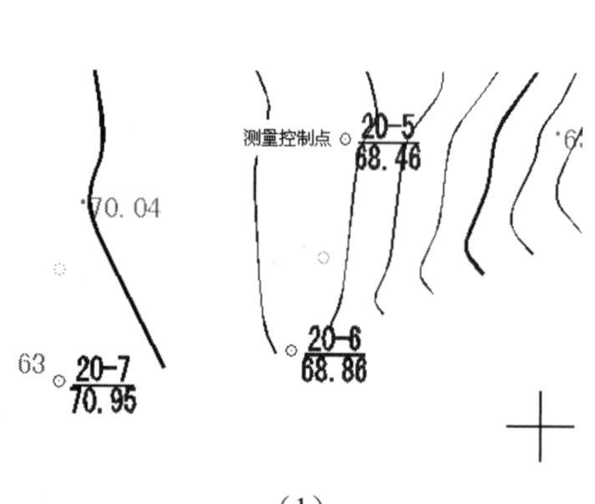

（1）

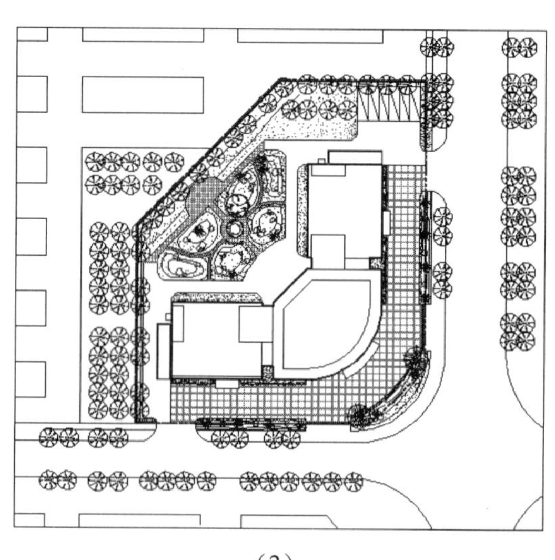

（2）

6.1 总平面图的绘制概述

在正式讲解总平面图绘制之前，本节简要介绍总平面图表达的内容和绘制总平面图的一般步骤。

6.1.1 总平面图的内容概括

总平面图用来表达整个建筑基地的总体布局，表达新建建筑物及构筑物位置、朝向及周边环境关系，这也是总平面图的基本功能。总平面图专业设计成果包括设计说明书、设计图纸及根据合同规定的鸟瞰图、模型等。总平面图只是设计图纸部分内容，在不同设计阶段，总平面图除了具备其基本功能外，表达设计意图的深度和倾向也有所不同。

在方案设计阶段，总平面图着重体现新建建筑物的体量大小、形状及与周边道路、房屋、绿地、广场和红线之间的空间关系，同时传达室外空间设计效果。因此，方案图在具有必要技术性的基础上，还强调艺术性。就目前情况来看，除了绘制 CAD 线条图，还需要对线条图进行套色、渲染处理或制作鸟瞰图、模型等。总之，设计者总在不遗余力地展现自己设计方案的优点及魅力，以在竞争中胜出。

在初步设计阶段，进一步推敲总平面图设计中涉及的各种因素和环节（如道路红线、建筑红线或用地界线、建筑控制高度、容积率、建筑密度、绿地率、停车位数及总平面布局、周围环境、空间处理、交通组织、环境保护、文物保护、分期建设等），推敲方案的合理性、科学性和可实施性，进一步准确落实各种技术指标，深化竖向设计，为施工图设计做准备。

在施工图设计阶段，总平面专业成果包括图纸目录、设计说明、设计图纸和计算书。其中，设计图纸包括总平面图、竖向布置图、土方图、管道综合图、景观布置图及详图等。总平面图是新建房屋定位、放线及布置施工现场的依据，因此必须详细、准确、清楚地表达出来。

6.1.2 总平面图的绘制步骤

一般情况下，在 AutoCAD 中总平面图的绘制步骤如下。

（1）地形图的处理。包括地形图的插入、描绘、整理、应用等。

（2）总平面图布置。包括建筑物、道路、广场、停车场、绿地、场地出入口布置等内容。

（3）各种文字及标注。包括文字、尺寸、标高、坐标、图表、图例等内容。

（4）布图。包括插入图框、调整图面等。

6.2 地形图的处理及应用

建筑设计的展开与建筑基地状况息息相关。建筑师一般通过以下两个方面来了解基地状况：一方面是地形图（或称地段图）及相关文献资料；二是实地考察。地形图是总平面图设计的主要依据之一，是总图绘制的基础。科学、合理、熟练地应用地形图是建筑师必备的技能。本节首先介绍地形图识读的常识，然后介绍在 AutoCAD 2024 中应用和处理地形图的方法和技巧。

6.2.1 地形图识读

建筑师需要能够熟练地识读反映基地状况的地形图，并在脑海里建立起基地状况的空间形象。地

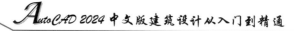

形图识读内容大致分为3个方面：一是图廓处的各种注记；二是地物和地貌；三是用地范围。下面简要介绍。

1. 各种注记

这些注记包括测绘单位、测绘时间、坐标系、高程系、等高距、比例、图名、图号等信息，如图6-1和图6-2所示。

一般情况下，地形图的纵坐标为X轴，指向正北方向，横坐标为Y轴，指向正东方向。地形图上的坐标称为测量坐标，常以50m×50m或100m×100m的方格网表示。地形图中标有测量控制点，如图6-3所示。施工图中需要借助测量控制点来定位房屋的坐标及高程。

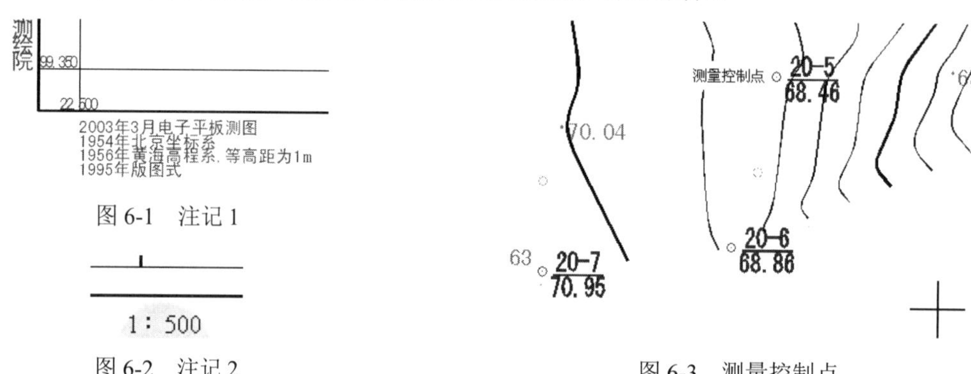

图6-1　注记1

图6-2　注记2

图6-3　测量控制点

2. 地物和地貌

（1）地物。

地物是指地面上人工建造或自然形成的固定性物体，如房屋、道路、水库、水塔、湖泊、河流、林木、文物古迹等。在地形图上，地物通过各种符号来表示。这些符号有比例符号、半比例符号和非比例符号。比例符号是将地物轮廓按地形图比例缩小绘制而成，如房屋、湖泊、轮廓等。半比例符号是指对于电线、管线、围墙等线状地物，忽略其横向尺寸，而纵向按比例绘制。非比例符号是指较小地物，无法按比例绘制，而用符号在相应位置标注，如单棵树木、烟囱、水塔等。各种地物表示方法示意图如图6-4所示。认识这些地物情况，便于在进行总图设计时综合考虑这些因素，合理处理好新建房屋与地物之间的关系。

（2）地貌。

地貌是指地面上的高低起伏变化。地形图上用等高线来表示地貌特征，因此，识读等高线是重点。对于等高线，有以下几个概念需要明确。

☑ 等高距：指相邻两条等高线之间的高差。

☑ 等高线平距：指相邻两条等高线之间的水平距离。距离越大，则坡度越平缓；反之则越陡峭。

☑ 等高线种类：等高线在地形图中一般可细分为4种类型，即首曲线、计曲线、间曲线和助曲线。首曲线为基本等高线，每两条首曲线之间相差一个等高距，用细线表示；计曲线是指每隔4条首曲线加粗的一条首曲线；间曲线是指两条首曲线之间的半距等高线；助曲线是指四分之一等高距的等高线。等高线种类如图6-5所示。

常见地貌类型有山谷、山脊、山丘、盆地、台地、边坡、悬崖、峭壁等。山谷与山脊的区别是，山脊处等高线向低处凸出，山谷处等高线向高处凸出。山丘与盆地的区别是，山丘逐渐缩小的闭合等高线海拔越来越高，而盆地逐渐缩小的闭合等高线海拔越来越低，如图6-6～图6-9所示。

Note

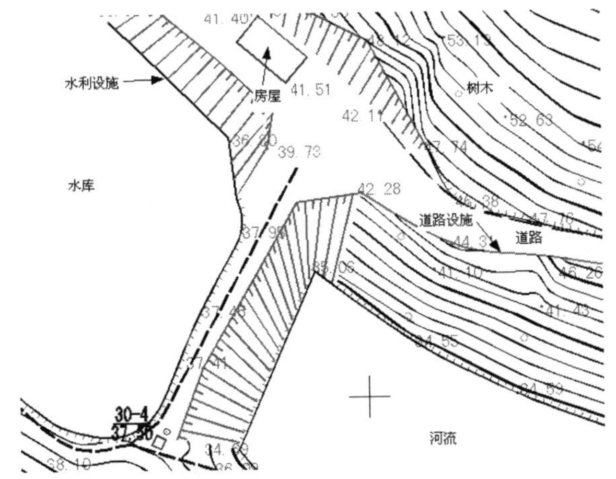

图 6-4　各种地物表示方法示意图

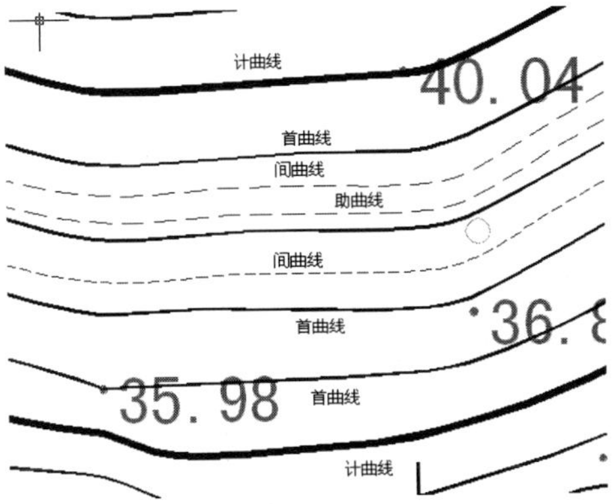

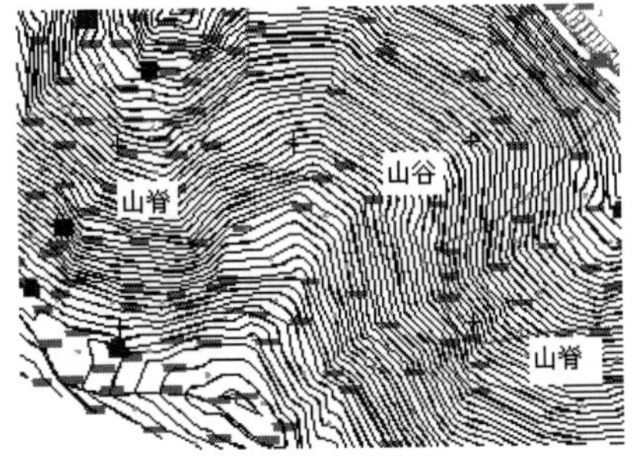

图 6-6　山脊、山谷地貌类型

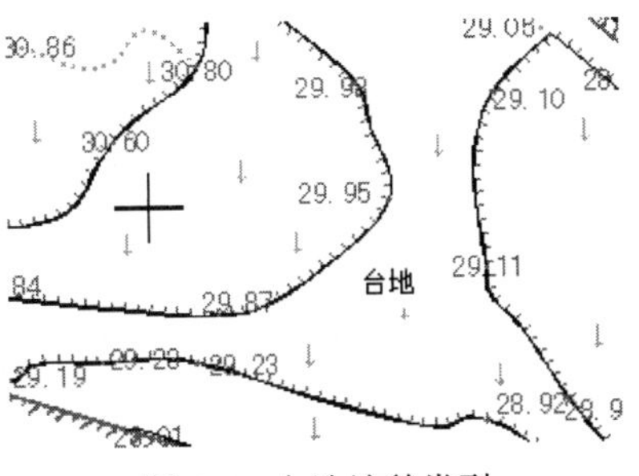

图 6-7　台地地貌类型

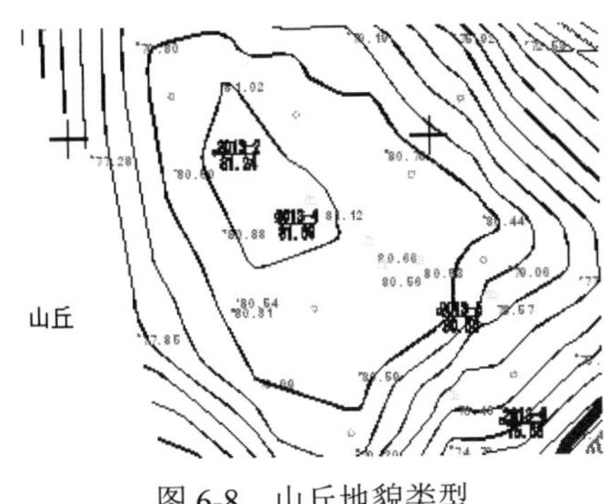

图 6-8　山丘地貌类型

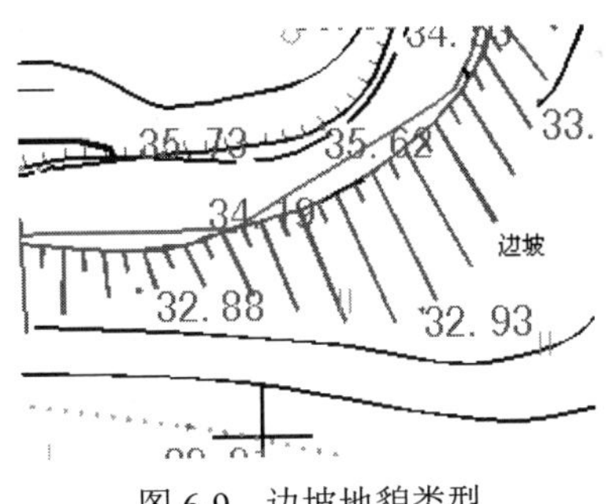

图 6-9　边坡地貌类型

图 6-5　等高线种类

3. 用地范围

建筑师手中得到的地形图（或基地图）中一般都标明了本建设项目的用地范围。实际上，并不是所有用地范围内都可以布置建筑物。在这里，关于场地界限的几个概念及其关系需要明确，也就是常说的红线及退红线问题。

（1）建设用地边界线。

建设用地边界线指业主获得土地使用权的土地边界线，也称为地产线、征地线，如图 6-10 所示的 ABCD 范围。用地边界线范围表明地产权所属，是法律上权利和义务关系界定的范围，但并不是所有用地面积都可以用来开发建设。如果其中包括城市道路或其他公共设施，则要保证它们的正常使用（图 6-10 中的用地界限内就包括了城市道路）。

Note

图 6-10　各用地控制线之间的关系

（2）道路红线。

道路红线是指规划的城市道路路幅的边界线。也就是说，两条平行的道路红线之间为城市道路（包括居住区级道路）用地。建筑物及其附属设施的地下、地表部分（如基础、地下室、台阶）等不允许突出道路红线。地上部分主体结构不允许突入道路红线，在满足当地城市规划部门的要求下，允许窗罩、遮阳、雨篷等构件突入，具体规定详见《民用建筑设计统一标准》（GB 50352—2019）。

（3）建筑红线。

建筑红线是指城市道路两侧控制沿街建筑物或构筑物（如外墙、台阶等）靠临街面的界线，又称建筑控制线。建筑控制线划定可建造建筑物的范围。由于城市规划要求，在用地界线内需要由道路红线后退一定距离确定建筑控制线，这就叫作红线后退。如果考虑到在相邻建筑之间按规定留出防火间距、消防通道和日照间距时，也需要由用地边界后退一定的距离，这叫作后退边界。在后退的范围内可以修建广场、停车场、绿化、道路等，但不可以修建建筑物。至于建筑突出物的相关规定，与道路红线相同。

在拿到基地图时，除了明确地物、地貌外，还要搞清楚其中对用地范围的具体限定，为建筑设计做准备。

6.2.2　地形图的格式、插入及处理

1. 地形图的格式简介

建筑师得到的地形图有可能是纸质地形图、光栅图像或 AutoCAD 的矢量图形电子文件。对于不同来源的地形图，计算机操作有所不同。

（1）纸质地形图。

纸质地形图是指测绘形成的图纸，首先需要将它扫描到计算机里形成图像文件（.tif、.jpg、.bmp 等光栅图像）。扫描时注意分辨率的设置，如果分辨率太小，那么在图纸放大打印时不能满足精度要求，出现马赛克现象。一般地，如果仅在计算机屏幕上显示，图像分辨率在 72 像素/厘米以上就能清晰显示，但如果用于打印，分辨率则需要 100 像素/厘米以上才能保证打印清晰度要求。在满足这个

Note

最低要求的基础上，则根据具体情况选择分辨率的设置。如果分辨率设置太高，图像文件太大，也不便于操作。扫描前后图像分辨率和图纸尺寸之间存在如下计算关系。

扫描分辨率（像素/厘米或英寸）×扫描区域图纸尺寸（厘米或英寸）=

图像分辨率（像素/厘米或英寸）×图像尺寸（厘米或英寸）

事先清楚扫描到计算机里的图像尺寸需要多大，相应的分辨率多高，反过来即可求出扫描分辨率。

说明：操作中必须注意分辨率单位“像素/厘米”与“像素/英寸”的区别，其本质是“1 厘米=0.3937 英寸”的换算关系，以免带来不必要的麻烦。

（2）电子文件地形图。

如果得到的地形图是电子文件，不论是光栅图像还是 DWG 文件，在 AutoCAD 中使用起来都比较方便。互联网上有一些小程序可以将光栅图像转为 DWG 文件，在某些情况下的确更方便一些，但也要视具体情况而定，如没有必要，不建议如此转换。

2. 插入地形图

如上所述，AutoCAD 中使用的地形图文件有光栅图像和 DWG 文件两种，下面分别介绍操作要点。

（1）建立一个新图层专门放置地形图。

（2）光栅图像的插入。通过“插入”菜单中的“光栅图像参照”命令来实现，如图 6-11 所示。

❶ 执行“光栅图像参照”命令，弹出“选择参照文件”对话框，找到需要插入的图形，单击“打开”按钮。要注意可以插入的文件类型，如图 6-12 所示。

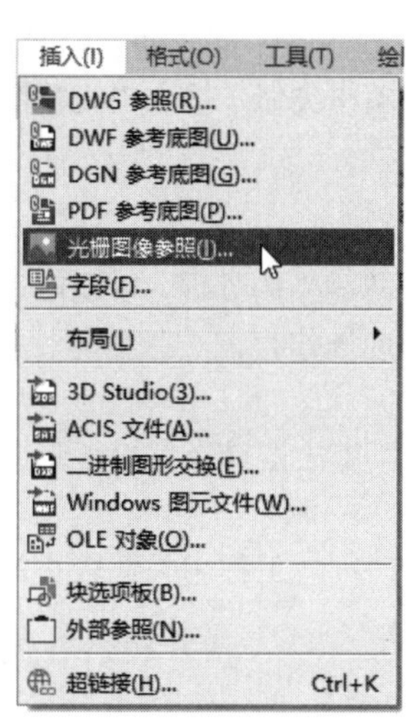

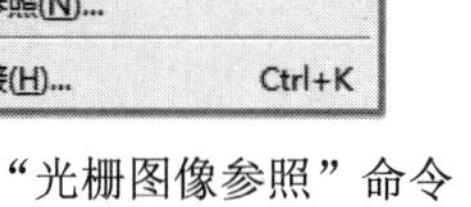

图 6-11　“光栅图像参照”命令

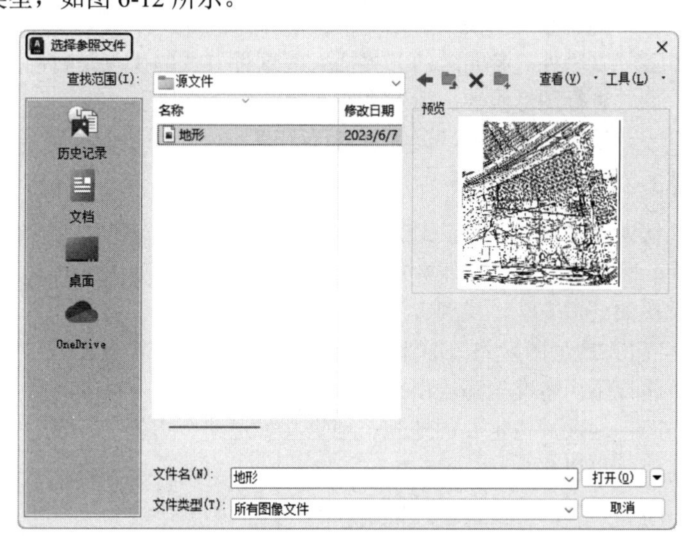

图 6-12　选择地形图文件

❷ 弹出“附着图像”对话框，在其中给出相应的插入点、缩放比例和旋转角度等参数，确定后插入图像，如图 6-13 所示。

❸ 在屏幕上点取插入点。如果缩放比例暂无法确定，可以先以原有大小插入，最后再调整比例，结果如图 6-14 所示。

❹ 比例调整。首先测定图片中的尺寸比例与 AutoCAD 中的长度单位比例相差多少，然后将它进行比例缩放，使得比例协调一致。建议将图片的比例调为 1∶1，即地形图上表示的长度是多少毫米，在 AutoCAD 中测量出的长度也就是多少毫米。

这样，就完成了地形图片的插入。

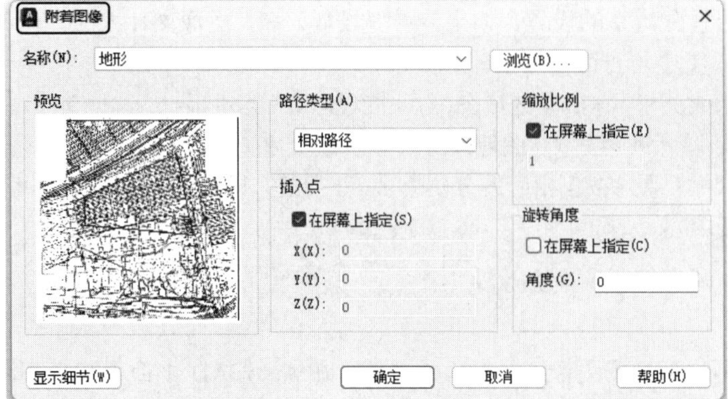

图 6-13　图像文件参数设置

图 6-14　插入后的地形图

说明： 可以借助“测量距离”命令来测定图片的尺寸大小。菜单栏中“测量距离”命令位于“工具”→“查询”→“距离”菜单下，命令别名为 DI。可以选中图片按 Ctrl+1 快捷键，在弹出的“特性”选项板中修改比例，还可以借助“比例”文本框右侧的快捷计算功能进行辅助计算。

（3）DWG 文件插入。对于 DWG 文件，一般有以下两种方式来处理。

☑ 直接打开地形图文件，另存为一个新的文件，然后在这个文件上进行后续操作。注意不要直接在原图上操作，以免修改后无法还原。

☑ 以“外部参照”的方式插入。这种方式的优点是暂用空间小，缺点是不能对插入的“参照”进行图形修改。插入“外部参照”命令位于“插入”菜单下，操作类似于插入“光栅图像”，这里不再赘述，读者可自己尝试。

3. 地形图的处理

插入地形图后，在正式进行总平面图布置之前，往往需要对地形图做适当的处理，以适应下一步工作。根据地形图的文件格式和工程地段的复杂程度的不同，具体的处理操作存在一些差异。下面介绍一般的处理方法，供读者参考。

（1）地形图为光栅图像。综合使用“直线”“样条曲线”“多段线”等绘图命令，以地形图为底图，将以下内容准确描绘出来。

☑ 地段周边主要的地貌、地物（如道路、房屋、河流、等高线等），与工程相关性较小的部分可以略去。

☑ 用地红线的范围，以及有关规划控制要求。

☑ 场地内需要保留的文物、古建筑、房屋、古树等地物，以及需保留的一些地貌特征。

接下来，可以将地形图所在图层关闭，留下简洁明了的地段图（见图 6-15），需要查看时再打开。如果地形图片用途不大，也可以将其删除。

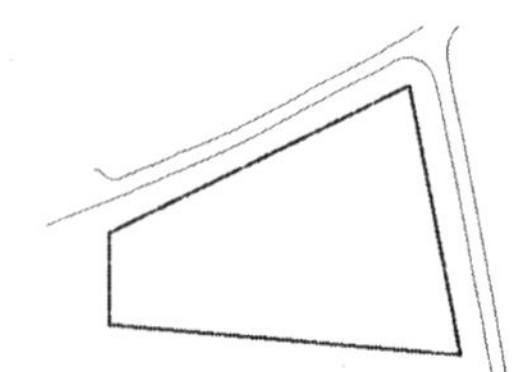

图 6-15　处理后的地段图

（2）地形图为 DWG 文件。可以直接将不必要的地物、地貌图形综合应用“删除”“修剪”等命令删除，留下简洁明了的地段图。如果地形特征比较复杂，修改工作量较大，也可以将红线和必要的地物、地貌特征提取出来，如同前面光栅图像描绘结果一样，完成总图布置后再考虑重合到原来位置上去。

说明： 插入光栅图像后，不能将原来的图片文件删除或移动位置，否则下次打开图形文件时，将无法加载图片，如图 6-16 所示。这一点，特别是在复制文件到其他地方时注意，需要

Note

将图片一同复制。

图 6-16　无法加载图片

6.2.3　地形图应用操作举例

在总图设计时，有可能遇到利用地形图求出某点的坐标、高程、两点距离、用地面积、坡度、绘制地形断面图和选择路线等操作。这些操作在图纸上较为麻烦，但在 AutoCAD 中却变得非常简单。

1. 求坐标和高程

（1）坐标。

为了便于坐标查询，事先在插入地形图后，将地形图中的坐标原点或地段附近具有确定坐标值的控制点移动到原点位置上。这样，将图上任意点在 AutoCAD 图形中的坐标加上地形图原点或控制点的测量坐标，就是该点在地形图上的测量坐标，具体操作如下。

❶ 移动地形图。选择“移动”命令，选中整个地形图，以地形图坐标原点或控制点作为移动的“基点”，在命令行中输入“0,0”，按 Enter 键完成，如图 6-17 所示。

❷ 查询坐标。首先用“点”命令在打算求取坐标的点上绘一个点，然后选中该点，按 Ctrl+1 快捷键调出“特性”选项板，从中查到点的坐标（见图 6-18），最后将该坐标值加上原点的初始坐标便是待求点的测量坐标。

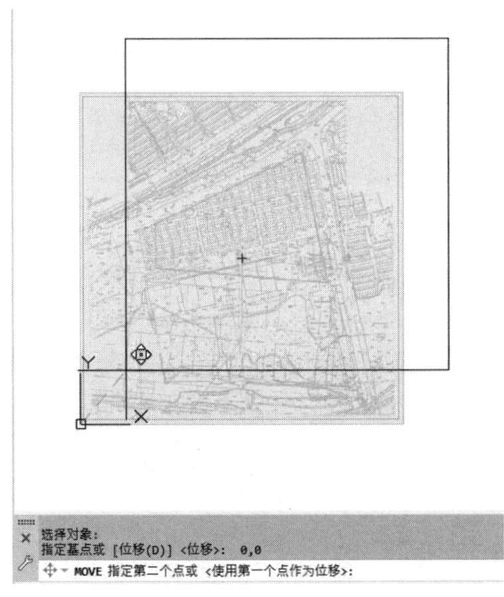

图 6-17　移动地形图

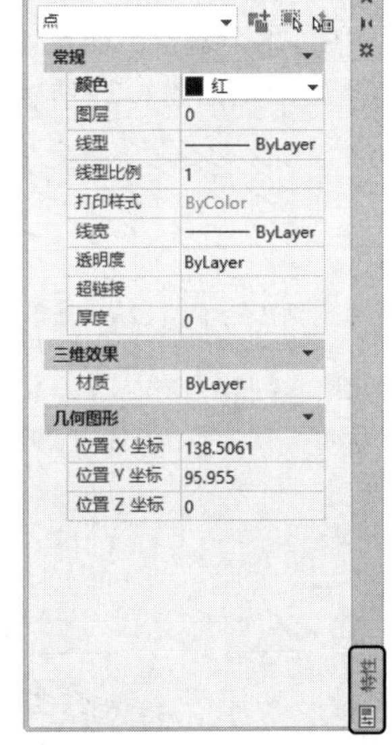

图 6-18　查到点的坐标

（2）高程。

等高线上的高程可以直接读出，而不在等高线上的点则需要通过内插法求得。在 AutoCAD 中可以根据内插法原理通过作图方法求高程。例如，求图 6-19 中 A 点的高程（等高距为 1m），操作步骤如下。

Note

❶ 用“点”命令在 A 点处绘制一个点。

❷ 单击“默认”选项卡“绘图”面板中的“构造线”按钮⤢，捕捉 A 点为第一点，然后拖曳鼠标捕捉相邻等高线上的“垂足”点 B 为通过点，绘制出一条过 A 点并垂直于相邻等高线的构造线 1，交另一侧等高线于 C，如图 6-20 所示。

❸ 由构造线 1 偏移 1（等高距）复制出另一条构造线 2；过点 B 做线段 BD 垂直于该构造线 2，如图 6-21 所示。

❹ 连接 CD。以 B 点为基点复制 BD 到 A 点，交 CD 于 E 点，如图 6-22 所示。用“距离查询”命令查出 AE 长度为 0.71，则 A 点高程为 57+0.71=57.71m。

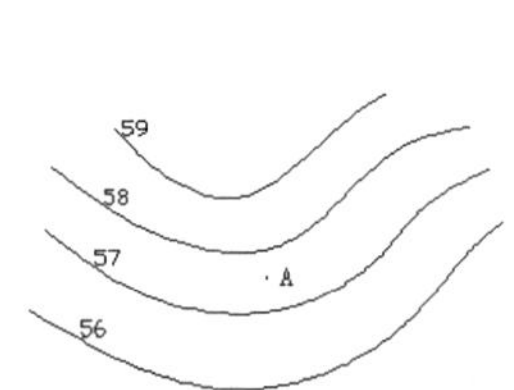

图 6-19　待求高程点 A

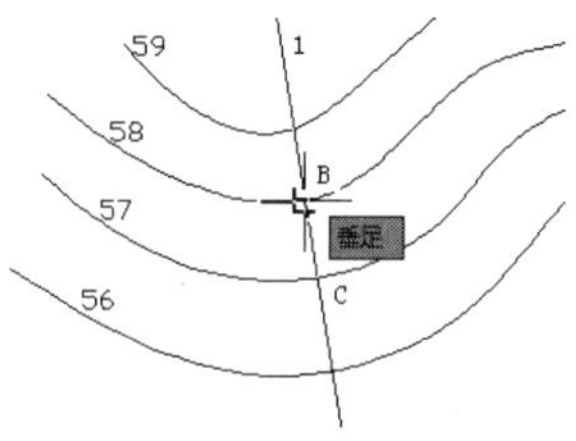

图 6-20　绘制构造线 1

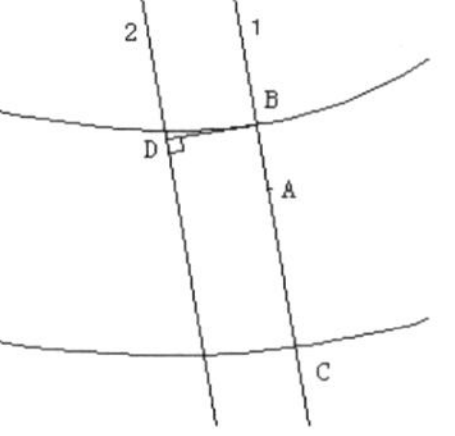

图 6-21　构造线 2 及线段 BD

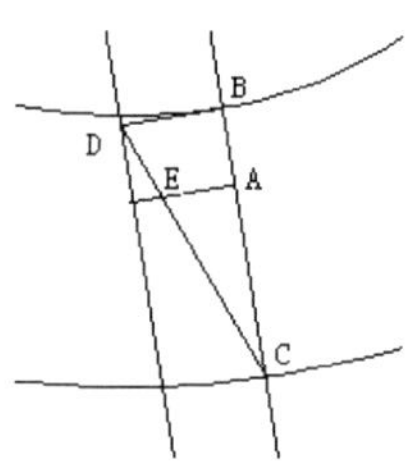

图 6-22　做出线段 AE

2. 求距离和面积

（1）求距离。

用“距离查询”命令 DIST（DI）查询。

（2）求面积。

用“面积查询”命令 AREA（AA）查询。

3. 绘制地形断面图

地形断面图可用于建筑剖面设计及分析。在 AutoCAD 中借助等高线来绘制地形断面图的方法如下（确定剖切线 AB，如图 6-23 所示）。

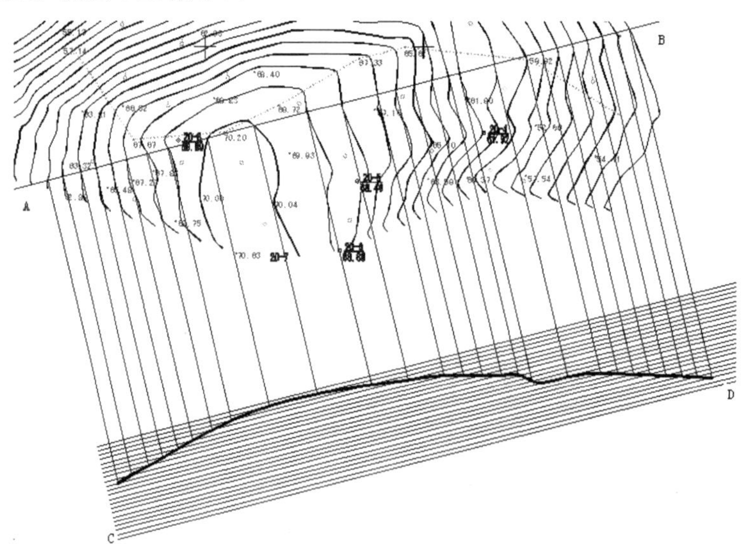

图 6-23　地形断面绘制示意图

视频讲解

（1）由 AB 复制出 CD。

（2）由 CD 依次偏移 1 个等高距，复制出一系列平行线。

（3）依次由剖切线 AB 与等高线的交点向平行线上做垂线。

（4）用样条曲线依次连接每个垂足，形成一条光滑曲线，即为所求断面。

总之，只要明白等高线的原理和 AutoCAD 的相关功能，即可活学活用，不拘一格。关于其他方面的应用，这里不再赘述，读者可自行尝试。

6.3　办公楼总平面图的绘制实例

就绘图工作而言，整理完地形图后，接下来就可以进行总平面图的布置。总平面布置包括建筑物、道路、广场、绿地、停车场等内容，必须着重处理好它们之间的空间关系及其与四邻、古树、文物古迹、水体、地形之间的关系。本节介绍在 AutoCAD 2024 中布置这些内容的操作方法和注意事项。在讲解中，主要以某综合办公楼方案设计总平面图为例，绘制流程如图 6-24 所示。

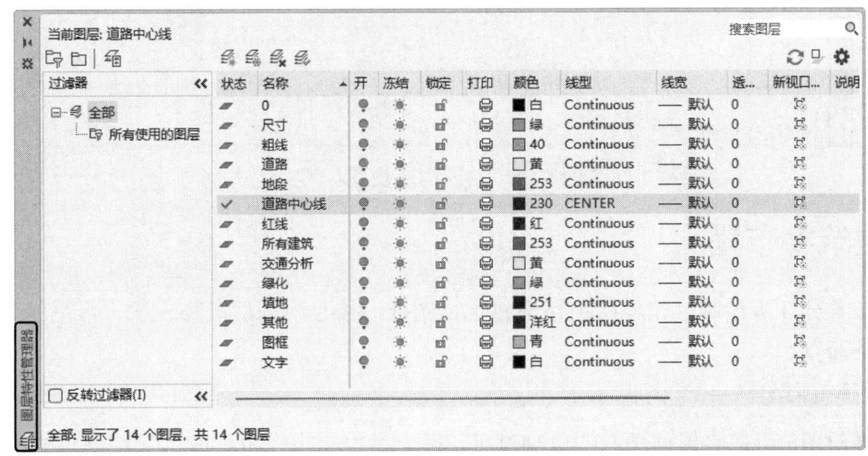

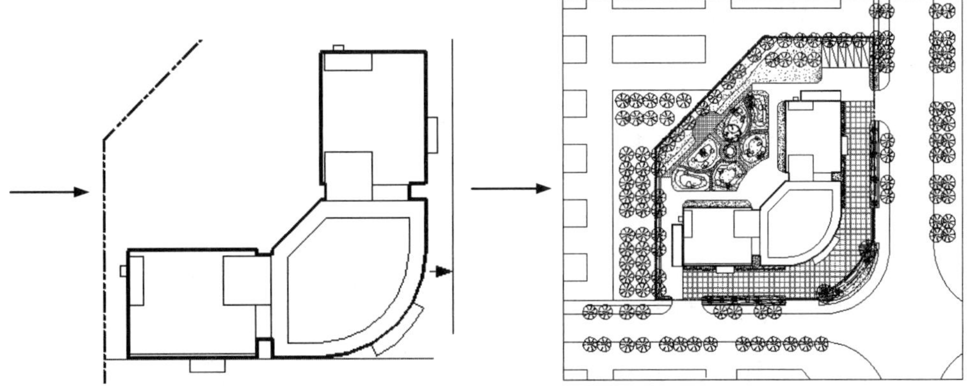

图 6-24　绘制总平面布置图的流程

6.3.1　单位及图层设置说明

鉴于总图中的图样内容与其他建筑图纸（平面图、立面图、剖面图）存在一些差异，在此有必要

对绘图单位及图层设置做简单说明。

1. 单位

虽然总图一般以米为单位标注尺寸，这里仍然将单位设置为毫米，以毫米为单位的实际尺寸绘制。

2. 图层

由于图样内容不一样，因此图层划分的内容也不一样。总体上仍然按照不同图样对象划分到不同的图层中的原则，其中酌情考虑线型、颜色的搭配和协调，如图 6-25 所示。

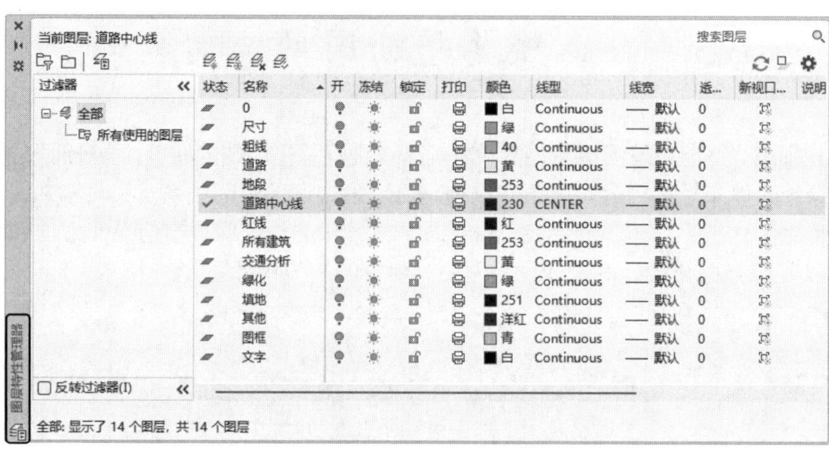

图 6-25　总图图层设置示例

6.3.2　建筑物布置

建筑物布置分 3 步绘制，首先绘制整理建筑物图样，接着绘制建筑物轮廓，最后给建筑物定位，完成建筑物的布置。

1. 整理建筑物图样

为了便捷绘图，可以将屋顶平面图复制过来，适当增绘一些平面正投影下看得到的建筑附属设施（如地面台阶、雨篷等）后，作为总图建筑物图样的底稿，然后将它做成一个图块，如图 6-26 所示。

2. 绘制建筑物轮廓

（1）绘制轮廓线。单击“默认”选项卡“绘图”面板中的“多段线”按钮，沿建筑周边将建筑物±0.00 标高处的可见轮廓线描绘出来，如图 6-27 所示。注意最后用多段线闭合用地面积，便于用它来查询建筑。

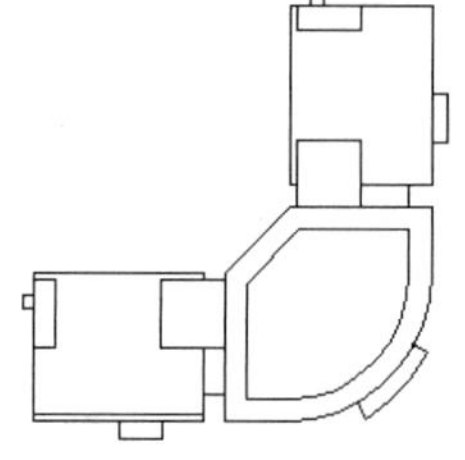

图 6-26　整理建筑物图样

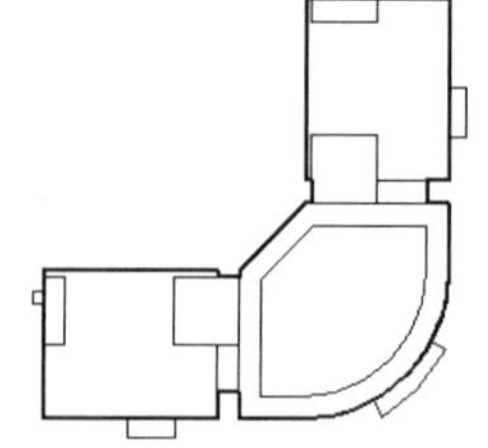

图 6-27　绘制轮廓线

（2）多段线加粗。单独把轮廓线加粗，加粗的方法有以下两种。

☑　调整全局宽度，操作是选中多段线，按 Ctrl+1 快捷键，打开“特性”选项板，调整其全局宽

度，如图 6-28 所示。由于其宽度值随出图比例的变化而变化，因此需要将它放大至出图比例所缩小的倍数。例如，出图比例为 1∶500，则 1mm 的线宽为 500。

☑ 为对象指定线宽，操作是将“特性”选项板中的线宽值设为需要宽度，如图 6-29 所示。该线宽值不会随比例变化。

> 说明：对于特殊的个别线条可以采用这种单独指定线宽的方式，一般情况下，线宽、线型、颜色等还是“随层”（ByLayer）比较好，否则修改起来非常麻烦。

3. 建筑物定位

常用的定位方式有两种：一种是相对距离法；另一种是坐标定位法。相对距离法是参照现有建筑物和构筑物、场地边界或围墙、道路中心线或边缘的位置，以纵横相对距离来确定新建筑的设计位置。这种方式比较简便，但精度较坐标定位法低，在方案设计阶段使用较多。坐标定位法是指依据国家大地坐标系或测量坐标系引出定位坐标的方法。对于建筑定位，一般至少应给出 3 个角点的坐标；当平面形式和平面图中各部分位置关系简单、外墙与坐标轴线平行时，也可以标注其对角坐标。为了便于施工测量及放线而设立的相对场地施工坐标系统，必须给出与国家坐标系之间的换算关系。

本节办公楼实例临街外墙面与街道平行，采用相对距离法定位，并以外墙定位轴线为定位的基准，操作步骤如下。

（1）分别由临街两侧的用地界线向场地内偏移 15000（外墙轴线到退红线的距离），得出两条辅助线，如图 6-30 所示。

（2）移动整理好的建筑图样，使它先与一条辅助线对齐，然后沿直线平移到另一条直线处，完成定位，如图 6-31 所示。

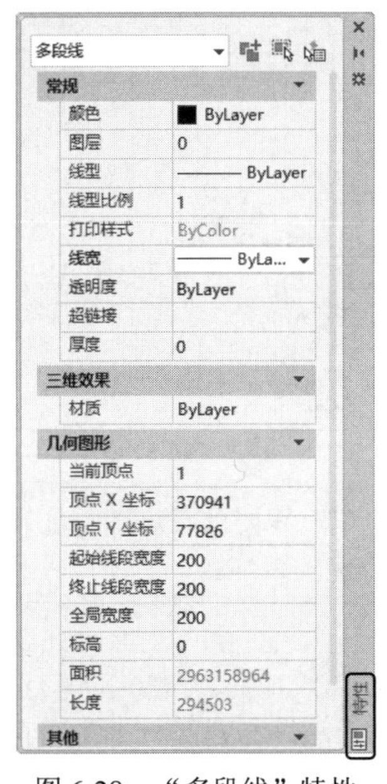

图 6-28 “多段线”特性

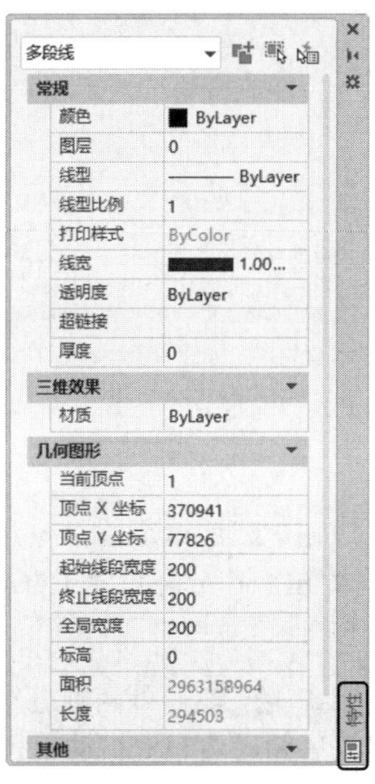

图 6-29 指定线宽

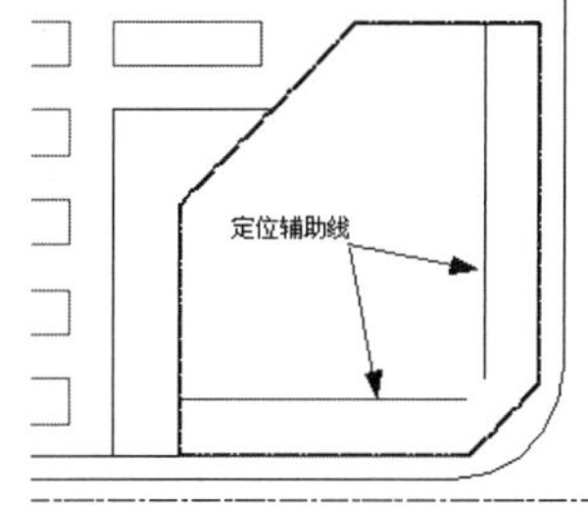

图 6-30 定位辅助线

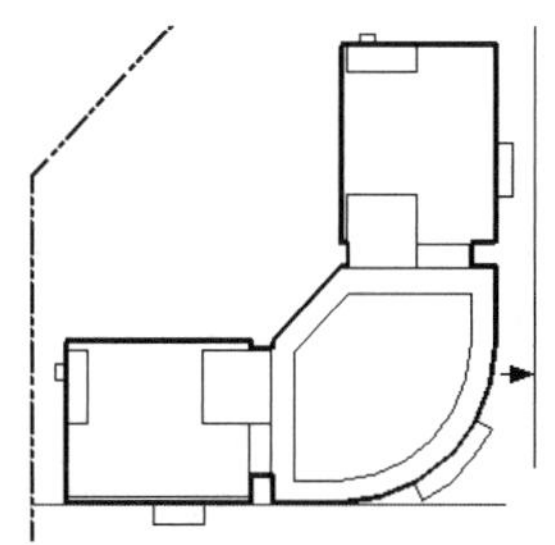

图 6-31 建筑定位

> 说明：将“对象捕捉”和“正交模式”打开，便于操作。
> 建筑轮廓线尺寸可以根据外墙轴线绘出，也可以根据外墙外轮廓绘出。在方案阶段，如果尚不能准确确定外墙的大小，可以外墙轴线为准表示轮廓的大小。具体绘图时，以哪个位置（轴线或墙面）来定位建筑物，必须在说明中注明。

视频讲解

Note

6.3.3 场地道路、广场、停车场、出入口、绿地等布置

完成建筑布置后，其余的道路、广场、停车场、出入口、绿地等内容都可以在此基础上进行布置。布置时可抓住 3 个要点：一是找准对场地布置起控制作用的因素；二是注意布置对象的必要尺寸及其相对距离关系；三是注意布置对象的几何构成特征，充分利用绘图功能。

本例布置结果如图 6-32 所示，起控制作用的因素是地下车库出入口、道路、广场和停车场，在此基础上再考虑绿地布置。只要场地设计充分，利用好辅助线，结合“移动”“复制”“镜像”“阵列”等命令来实施，难度是不大的。下面叙述其操作要点。

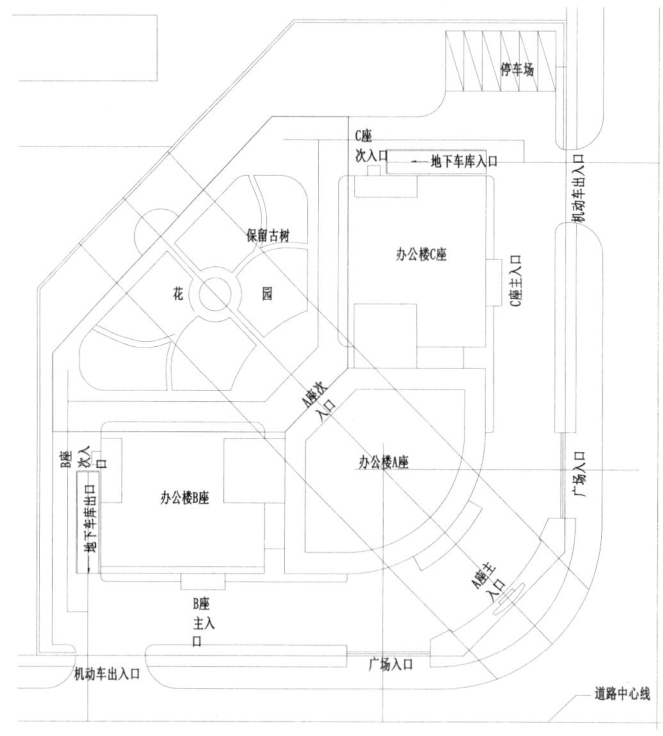

图 6-32　地下车库出入口、道路、广场、绿地、停车场等布置图

1. 地下停车库出入口布置

本实例地下停车库位置如图 6-32 中粗虚线所示范围，综合考虑机动车流线要求、场地特征及出入口坡道的宽度和长度等因素，将停车库出入口分开设置于办公楼 B、C 座的两端。

2. 广场、道路布置

（1）广场。本实例沿街面空地设置为广场，其内外两侧适当设置绿化带，广场上考虑机动车行走。

（2）道路布置。本实例打算沿建筑后侧周边布置机动车行车道路，在道路与建筑外墙之间考虑设置一定宽度的绿地隔离带。基于此打算，可先确定绿地隔离带的宽度，然后确定道路的宽度，完成车道的大致布置，如图 6-33 所示。

综合考虑人流、车流特点布置场地人流、车流出入口。结合一部分绿地的布置完成道路、广场边沿的绘制，如图 6-34 所示。

3. 停车场布置

在临近机动车上入口右侧布置地面停车场，主要供大车使用。

4. 绿地布置

以 45° 倾斜的平面对称轴线为中轴线，布置后院绿地花园。首先确定花园四周轮廓，再进行内部规划，最后进行倒角处理，完成绿地轮廓，同时也完成道路边沿的绘制。

5. 围墙布置

沿后侧用地界线后退 0.5m 布置围墙，如图 6-35 所示。围墙图例长线为粗实线，短线为细线。可以将用地界线偏移 500 复制出来后再修改，短线用“阵列”“偏移”等命令处理，最后建议将它做成图块。

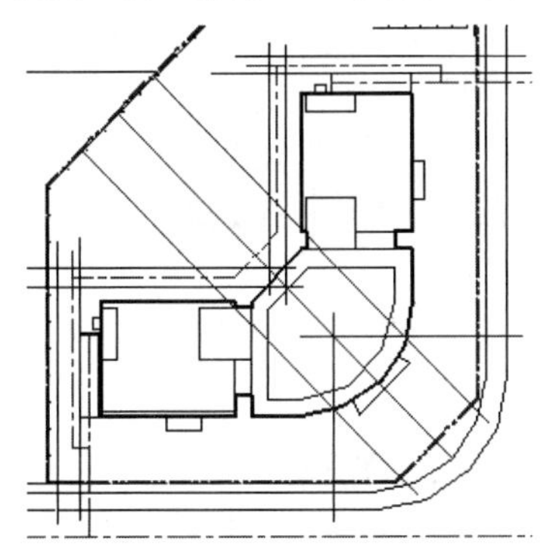

图 6-33　机动车道布置

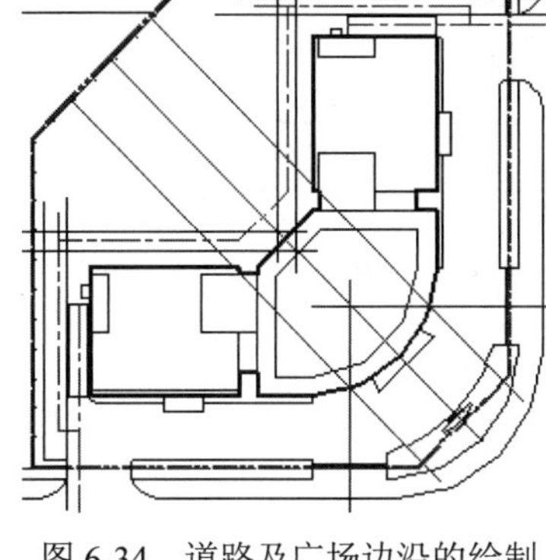

图 6-34　道路及广场边沿的绘制

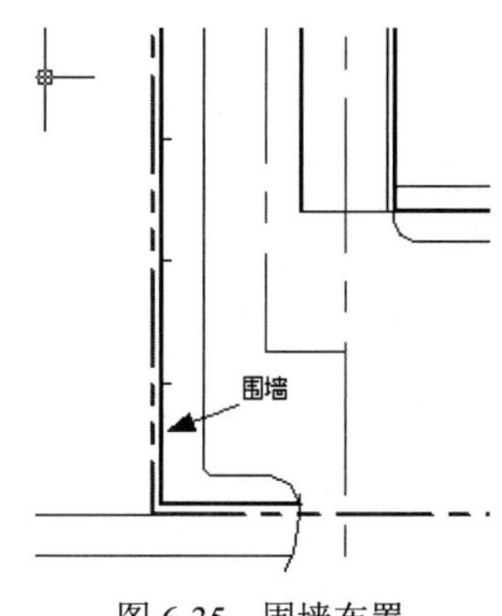

图 6-35　围墙布置

6. 绿化

在道路两侧、绿地上面布置各种绿化，注意乔木、灌木、花卉、草坪、小品之间的搭配。

（1）乔木和灌木。

从设计中心找到“资源包:\图库\建筑图库.dwg”，打开图块内容，里面有一部分绿化图块。找到所需的树种，选中该树种后，右击，在弹出的快捷菜单中选择“插入为块”命令，弹出“插入”对话框，给出相应比例，确定完成插入，如图 6-36 所示。同类树种可以通过“复制”“阵列”等操作来实现。

（2）绿篱。

如没有现成的绿篱图块，则可以用“修订云线”或“样条曲线”命令绘制，如图 6-37 所示。

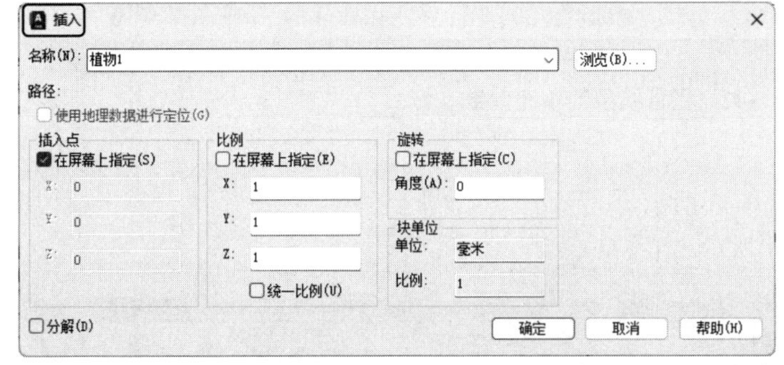

图 6-36　“插入”对话框

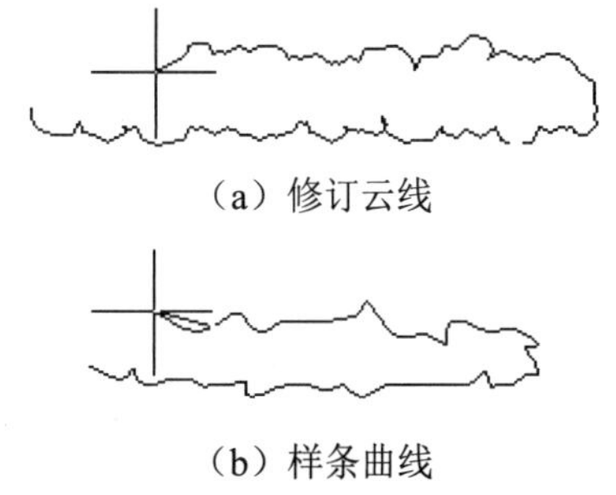

（a）修订云线

（b）样条曲线

图 6-37　绿篱绘制

（3）草坪。

草坪可以用“点”命令打点表示，也可以填充 GRASS 图案来完成，如图 6-38 所示。

7. 铺地

铺地一般采用图案填充来实现。本例铺地包括 3 个部分，即广场花岗岩铺地、人行道水泥砖铺地和人行道卵石铺地。

Note

视频讲解

（1）广场花岗岩铺地。

❶ 将填充区域边界不全的地方补全，如图 6-39 所示。

❷ 执行“图案填充”命令，网格纵横线条分两次完成，结果如图 6-40 所示。

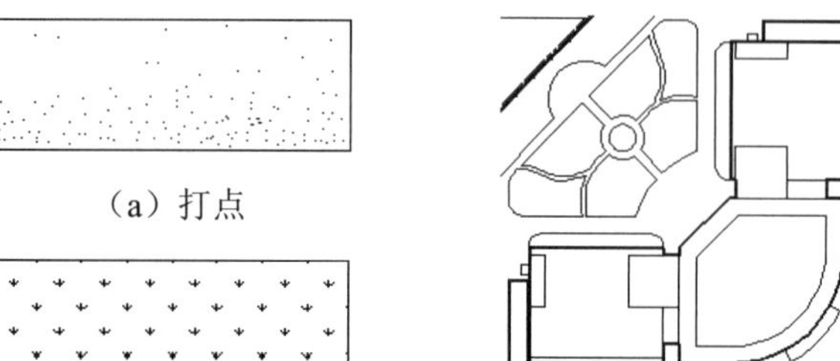

（a）打点

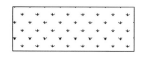

（b）图案填充

图 6-38 草坪绘制

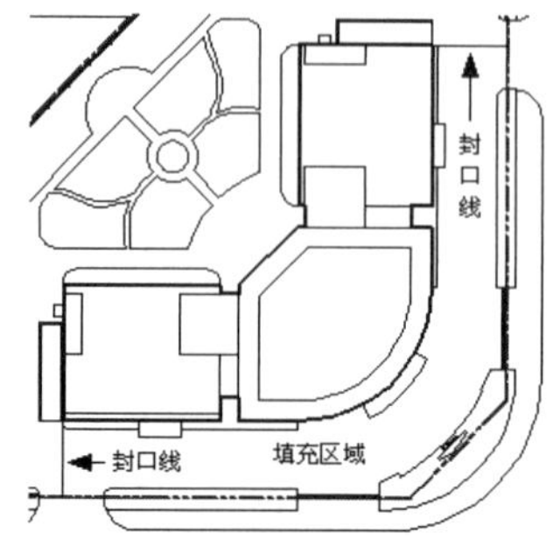

图 6-39 补全填充区域边界

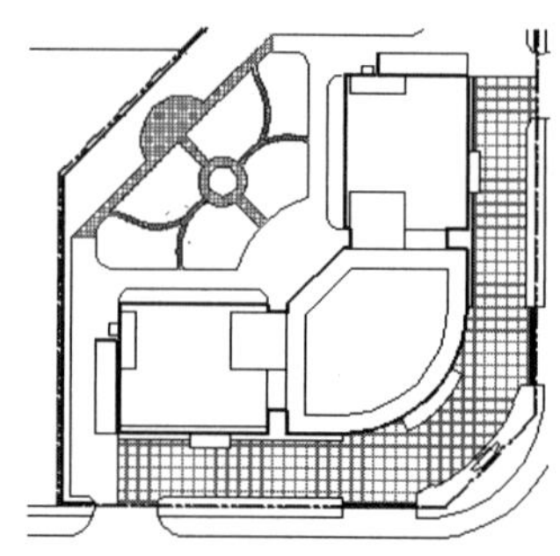

图 6-40 填充结果

❸ 水平线条的填充参数如图 6-41 所示。

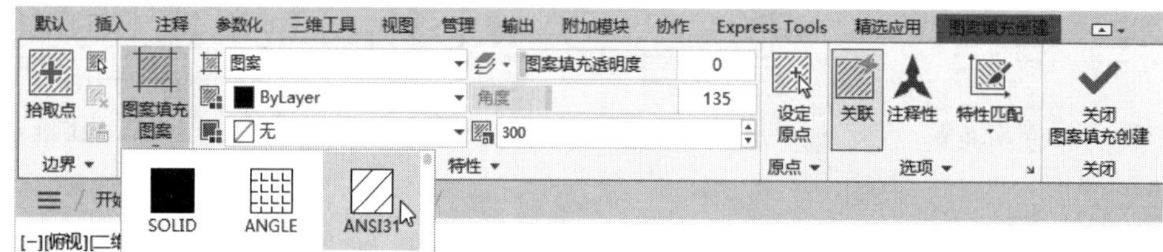

图 6-41 水平线条的填充参数

❹ 竖直线条的填充参数如图 6-42 所示。

图 6-42 竖直线条的填充参数

（2）人行道水泥砖铺地。

❶ 采用类似的方法填充，结果如图 6-43 所示。

❷ 水泥砖铺地的填充参数如图 6-44 所示。

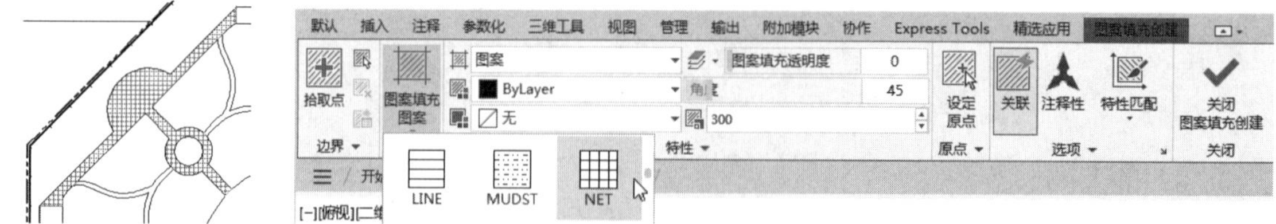

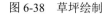

图 6-43 人行道水泥砖铺地

图 6-44 水泥砖铺地的填充参数

（3）卵石铺地。

❶ 卵石铺地如图 6-45 所示。

❷ 卵石铺地的填充参数如图 6-46 所示。

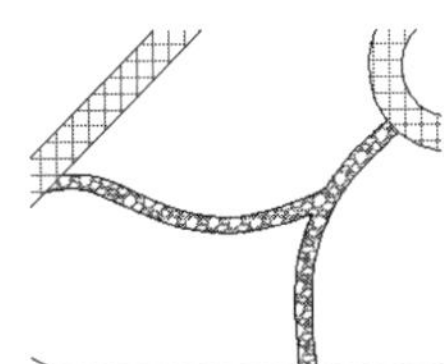

图 6-45　卵石铺地

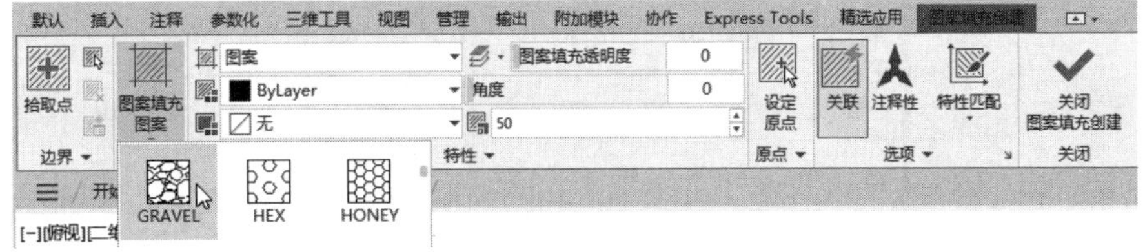

图 6-46　卵石铺地的填充参数

说明：在绘制道路、绿地轮廓线时，尽量将线条接头处封闭，这样有利于图案填充。虽然 AutoCAD 2024 允许用户设置接头空隙，但是对复杂边界有时会出错，而且会增加分析时间。

6.4　办公楼总平面图的标注实例

总平面图的标注内容包括尺寸、标高、坐标、文字标注、技术经济指标、图例、指北针、文字说明等内容，它们是总图中不可或缺的部分，涉及的新知识点包括复杂尺寸样式设置、图例制作、表格制作等。本节仍以前面综合办公楼为例，说明相关操作方法及注意事项，标注流程如图 6-47 所示。

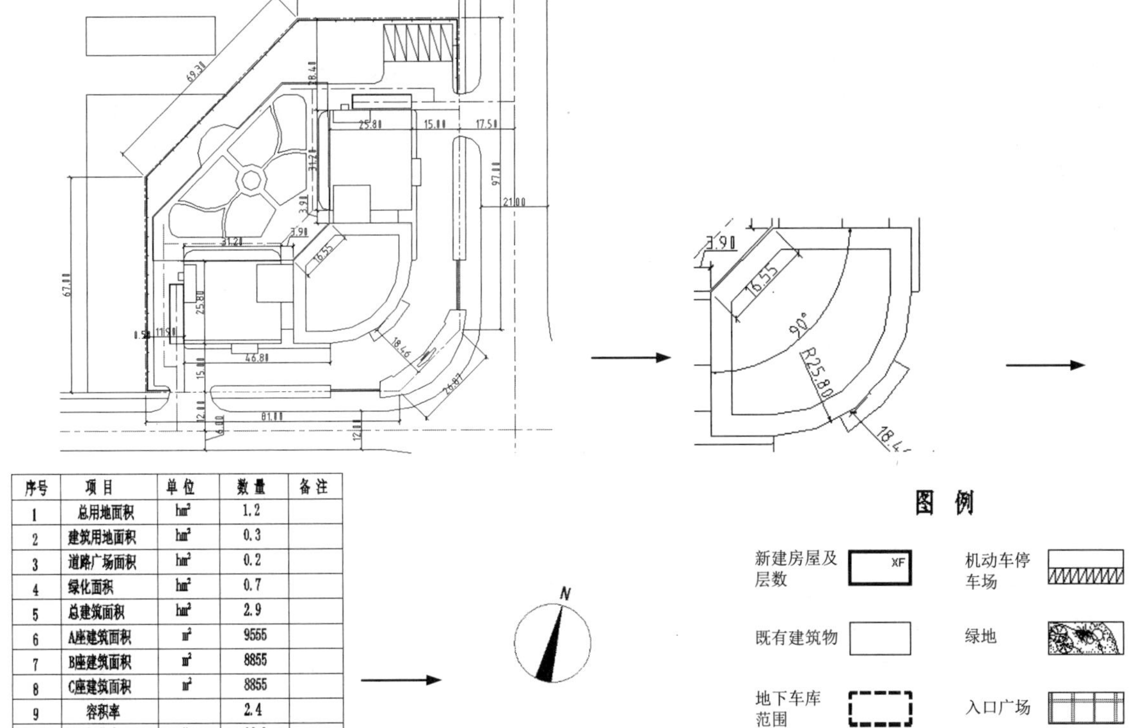

序号	项目	单位	数量	备注
1	总用地面积	hm²	1.2	
2	建筑用地面积	hm²	0.3	
3	道路广场面积	hm²	0.2	
4	绿化面积	hm²	0.7	
5	总建筑面积	hm²	2.9	
6	A座建筑面积	m²	9555	
7	B座建筑面积	m²	8855	
8	C座建筑面积	m²	8855	
9	容积率		2.4	
10	绿化率	%	36.3	
11	建筑密度	%	21	
12	停车位	个	203	

图 6-47　添加各种标注的流程

Note

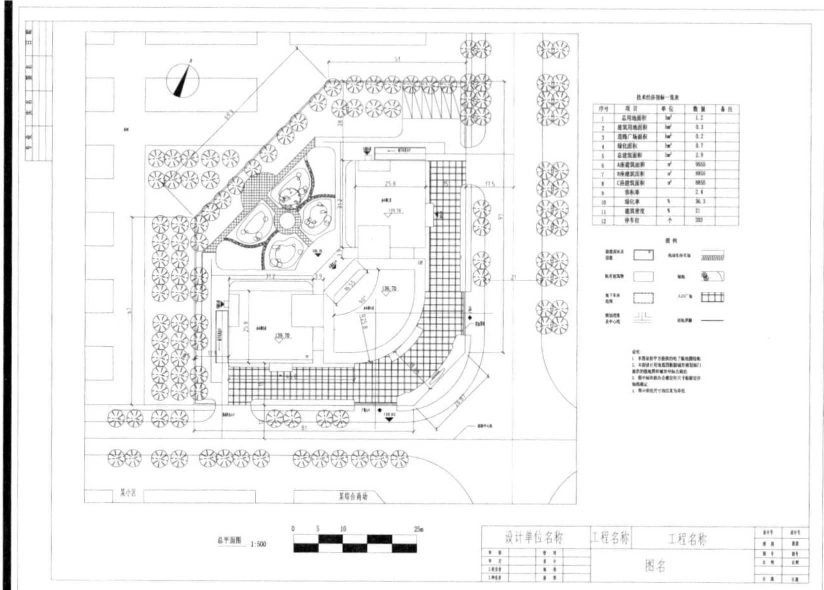

图 6-47　添加各种标注的流程（续）

6.4.1　尺寸、标高和坐标的标注

总平面图上的尺寸应标注新建房屋的总长、总宽及其与周围建筑物、构筑物、道路、红线之间的间距。标高应标注室内地坪标高和室外整平标高，它们均为绝对标高。室内地坪绝对标高即建筑底层相对标高±0.000 位置。此外，初步设计及施工图设计阶段总平面图中还需要准确标注建筑物角点测量坐标或建筑坐标。总平面图上测量坐标代号宜用 X、Y 表示；建筑坐标代号宜用 A、B 表示。坐标值为负数时，应注“-”号；为正数时，“+”号可省略。总图上尺寸、标高、坐标值以米（m）为单位，并应至少取至小数点后两位，不足时以“0”补齐。下面结合实例进行介绍。

1. 尺寸样式设置

对比第 4～6 章用过的尺寸样式，这里为总图设置的样式有一些不同之处。

☑　线性标注精度。

☑　测量单位比例因子。

☑　尺寸数字“消零”设置。

☑　全局比例因子。

☑　在同一样式中为尺寸、角度、半径、引线设置不同风格。

下面讲解具体设置过程及内容，读者要特别注意与前面相关内容的不同之处。

（1）新建总图样式。单击“默认”选项卡“注释”面板中的“标注样式”按钮，打开“标注样式管理器”对话框，单击“新建”按钮，打开“创建新标注样式”对话框，如图 6-48 所示，在原有样式基础上建立新样式，名称为“总图_500”。注意将“用于”下拉列表框设置为“所有标注”。

（2）修改“调整”选项卡。将“使用全局比例”改为 500，以适应 1∶500 的出图比例，如图 6-49 所示。

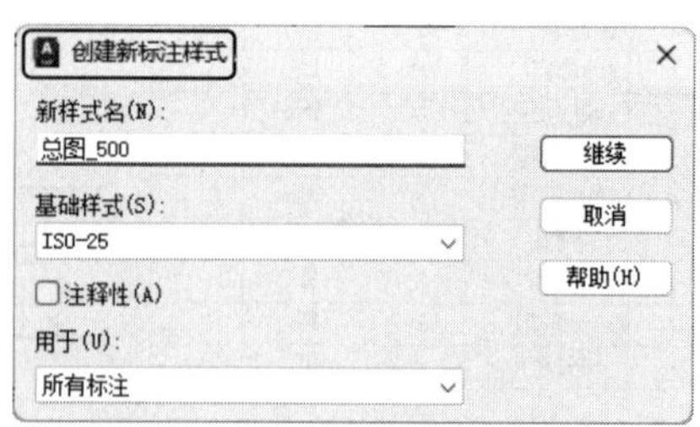

图 6-48　新建“总图_500”样式

（3）修改“主单位”选项卡。将线性标注精度调整为 0.00，以满足保留尺寸两位小数的要求；将“小数分隔符”设置为句点“.”；将“比例因子”设置为 0.001，以符合尺寸单位为米的要求，因为绘制尺寸为毫米；取消选中“消零”选项组中的复选框，可以为不足的小数点位数补 0，如图 6-50 所示。

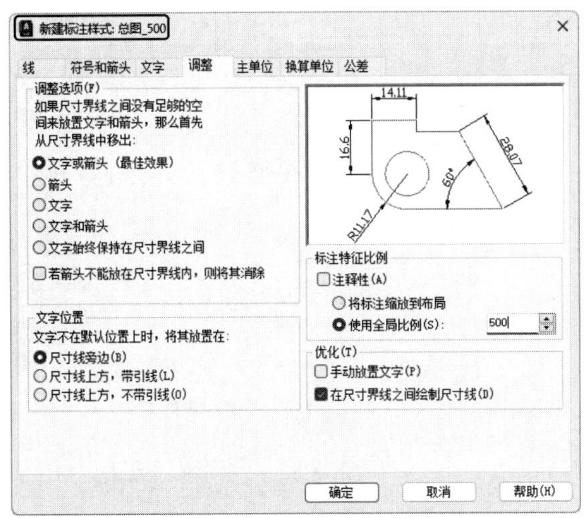

图 6-49　“调整”选项卡修改内容

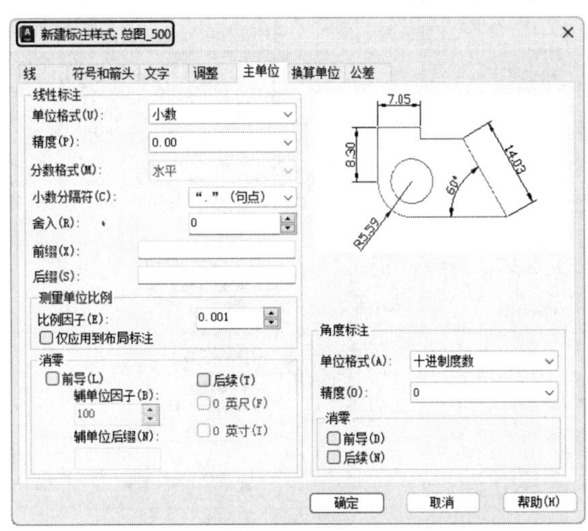

图 6-50　“主单位”选项卡修改内容

（4）建立半径标注样式。在“标注样式管理器”对话框中单击“新建”按钮，打开“创建新标注样式”对话框，以“总图_500”为基础样式，注意将“用于”下拉列表框设置为“半径标注”，建立“总图_500：半径”样式，然后单击“继续”按钮，如图 6-51 所示。

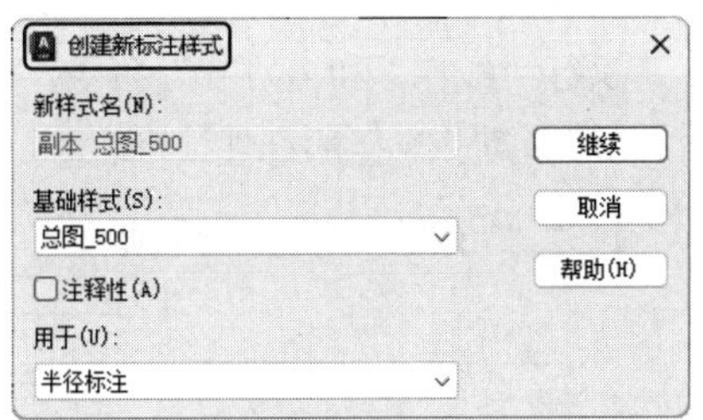

图 6-51　在“创建新标注样式”对话框中设置新样式

将这两个选项卡修改结束后，确定返回上一级对话框。

（5）半径标注样式设置。在“符号和箭头”选项卡中，将“第二个”箭头设置为“实心闭合”形状（见图 6-52），确定后完成设置。

（6）角度样式设置。采用与半径样式同样的操作方法建立角度，其修改内容如图 6-53 所示。

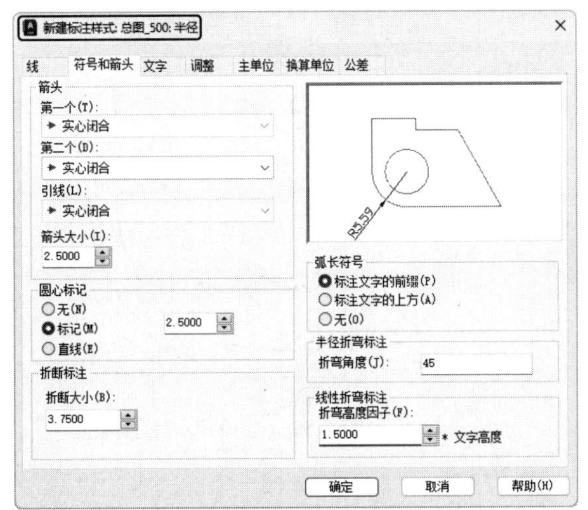

图 6-52　半径样式修改内容

图 6-53　角度样式修改内容

Note

（7）引线样式设置。建立引线样式，其修改内容如图 6-54 所示。

（8）完成后的“总图_500”样式如图 6-55 所示。

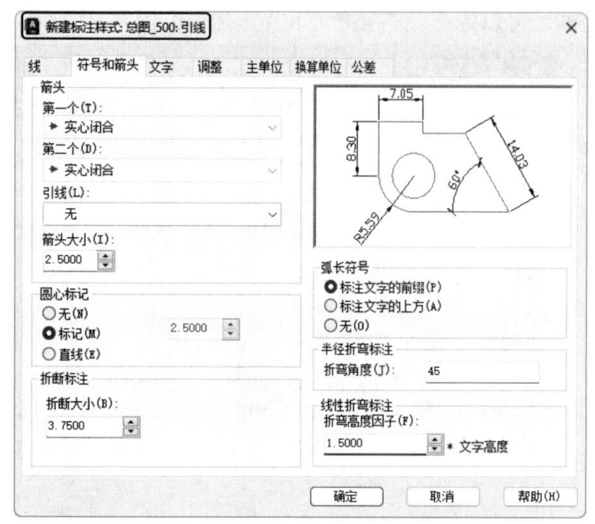

图 6-54　引线样式修改内容

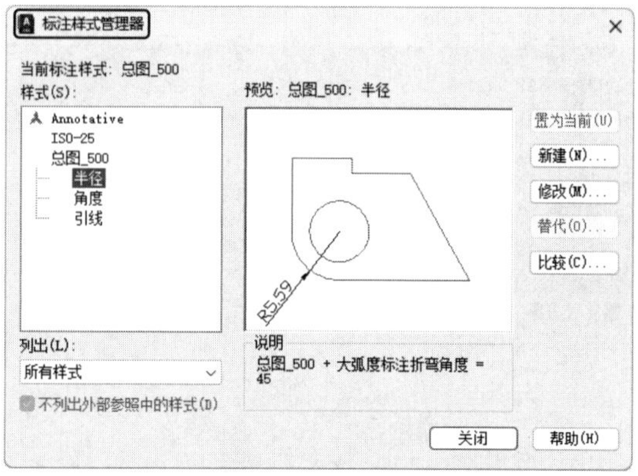

图 6-55　完成后的“总图_500”样式

2. 尺寸的标注

执行“线性”和“对齐”命令，对距离尺寸进行标注，如图 6-56 所示。

3. 角度、半径的标注

执行“角度”和“半径”命令，对角度、半径进行标注，如图 6-57 所示。

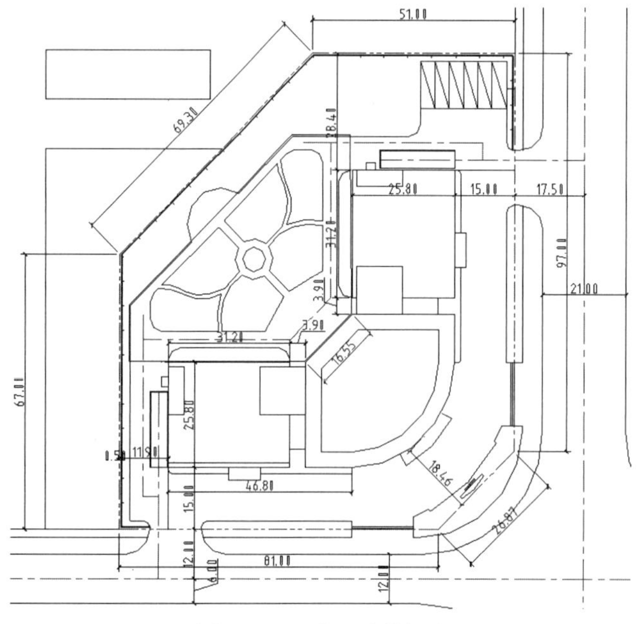

图 6-56　距离尺寸的标注

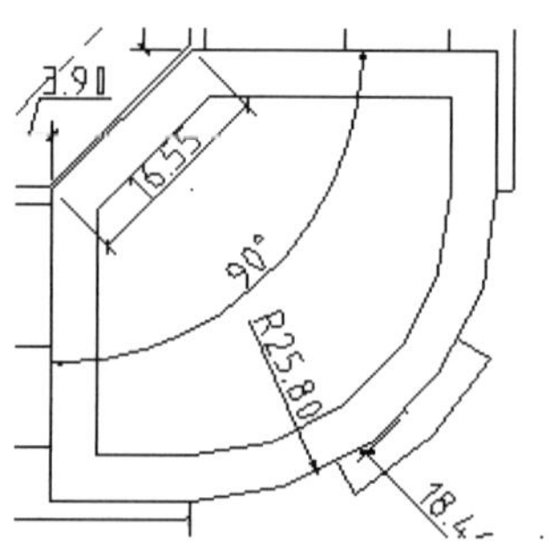

图 6-57　半径和角度的标注

4. 标高的标注

标高的标注利用事先做好的带标高属性的图块来标注。

视频讲解

（1）按 Ctrl+2 快捷键，打开设计中心，找到“资源包:\图库\标高.dwg”文件，打开图块内容，找到标高符号。

（2）双击图块或通过右键快捷菜单插入标高符号，设置缩放比例为 500，在命令行中输入相应的标高值完成标高标注，如图 6-58 和图 6-59 所示。

5. 坐标标注

本实例属方案图，可以不标注坐标，但是下面仍然简要说明坐标标注法。

（1）执行“直线”或“多段线”命令，由轴线或外墙面交点引出指引线，如图 6-60 所示。

图 6-58　室外标高　　图 6-59　室内标高　　图 6-60　坐标标注

（2）执行“单行文字”命令（DT ,*DTEXT），首先在横线上方输入横坐标，按 Enter 键后，在下一行输入纵坐标。

6.4.2　文字的标注

总图中的文字标注包括主要建筑物名称、出入口位置、其他场地布置名称、建筑层数及文字说明等。在 AutoCAD 2024 操作中，对于单行文字用“单行文字”（DT ,*DTEXT）注写，多行文字用“多行文字”（MT ,*MTEXT）注写。在初设图和施工图中，字体建议使用.shx 工程字，而在方案图中，为了突出图面艺术效果，可以酌情使用其他的规范字体，如宋体、黑体或楷体等。

6.4.3　统计表格的制作

总平面图中统计表格主要用于工程规模及各种技术经济指标的统计。例如，某住宅小区修建性规划总平面图中的“规划用地平衡表”“技术经济指标一览表”“公建项目一览表”3 个表格，如图 6-61～图 6-63 所示。

规划用地平衡表

项　目		面 积（ha）	百分比（%）	人均面积（m²/人）
规划可用地		2.7962	100	9.99
其中	住宅用地	1.517	54.3	5.42
	公建用地	0.408	14.6	1.46
	道路用地	0.282	10.1	1.01
	公共绿地	0.5892	21.0	2.10

图 6-61　规划用地平衡表

技术经济指标一览表

项　目		单 位	数 量	备　注
可建设用地面积		万平方米	2.7962	
规划总建筑面积		万平方米	10.612	
其中	规划住宅建筑面积	万平方米	9.683	
	配套公建建筑面积	万平方米	0.929	
容 积 率			3.795	
总建筑密度		%	29.6	
居住人口		人	2800	
居住户数		户	800	
人口毛密度		人/公顷	1001.4	
平均每户建筑面积		平方米/户	121	
绿 地 率		%	45.3	
日照间距			1:1.2	
停 车 率		%	0.8	
停 车 位		个	640	其中地下634个

图 6-62　技术经济指标一览表

公建项目一览表

编号	项　目	数量（处）	占地面积（平方米）	建筑面积（平方米）
1	会所及配套公建	1	1000	3000
2	底层商业	1	2100	6290
3	地下人防兼停车库	3	21000	21000

图 6-63　公建项目一览表

下面介绍 3 种表格制作的方法：一是传统方法；二是 AutoCAD 的表格绘制；三是 OLE 链接方法。

Note

1. 传统方法

传统方法是指用“直线”“偏移”“阵列”命令配合“修剪”“延伸”等命令绘制好表格后填写文字的方法。该方法在绘制表格时比较烦琐，但是能够根据需要随意绘制表格形式。该方法操作难度不大，读者可自行尝试。

2. 表格的绘制

（1）执行命令。单击“默认”选项卡“注释”面板中的“表格”按钮，或输入“TB,*TABLE”，弹出“插入表格”对话框，如图 6-64 所示。

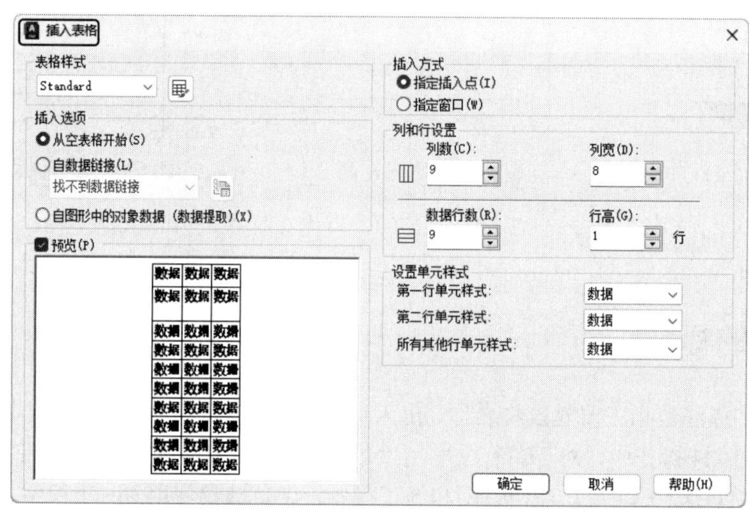

图 6-64 “插入表格”对话框

（2）创建表格样式。单击“插入表格”对话框中的“表格样式”按钮，弹出“表格样式”对话框，如图 6-65 所示。

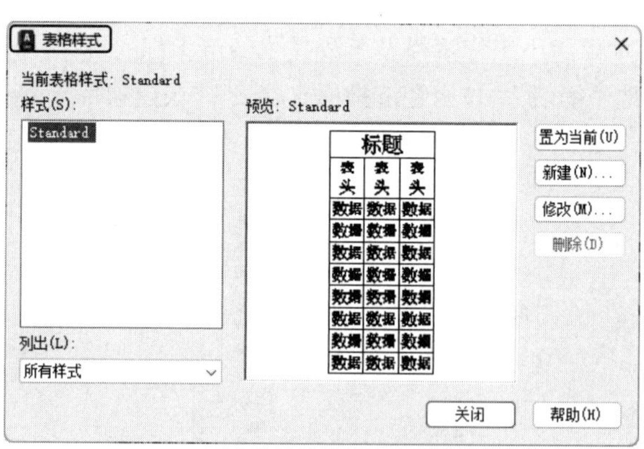

图 6-65 “表格样式”对话框

（3）单击“新建”按钮，创建“总图_500”样式，单击“继续”按钮，如图 6-66 所示。

（4）数据单元设置。数据单元设置如图 6-67 所示，关键注意文字高度、对齐、单元边距的设置（可能有问题，录动画时将水平和垂直间距设置为 500）。

（5）表头数据单元设置如图 6-68 所示。

（6）标题设置。一般情况下将标题书写在表格外，所以可以不用设置标题，如图 6-69 所示。

Note

创建新的表格样式
新样式名(N):
总图_500
继续
基础样式(S):
Standard
取消
帮助(H)

图 6-66　创建表格样式

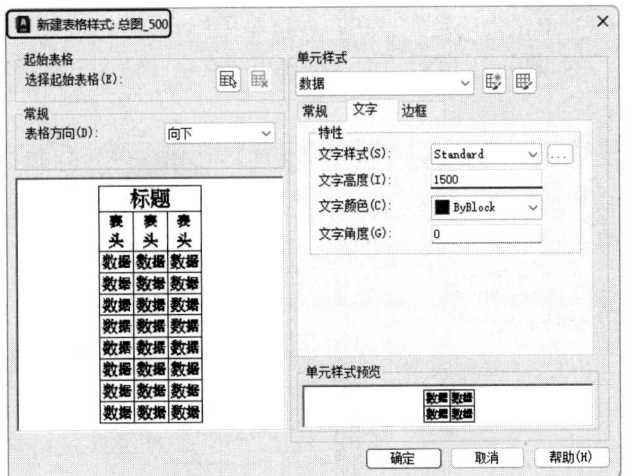

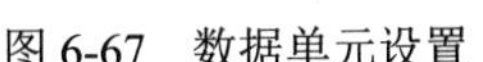

图 6-67　数据单元设置

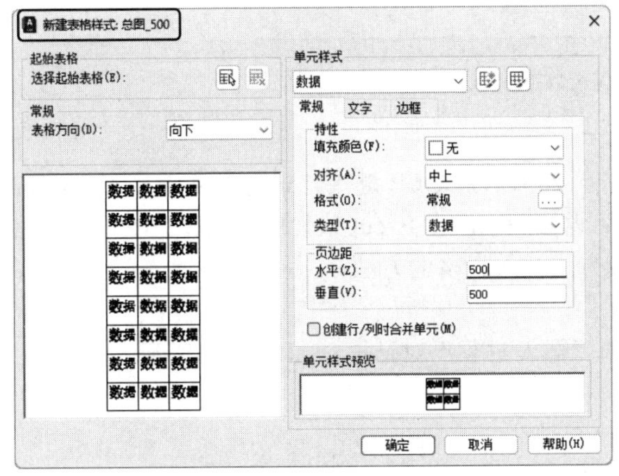

图 6-68　表头数据单元设置

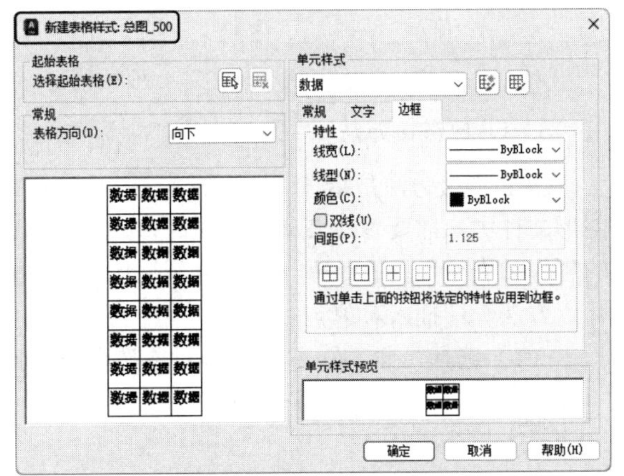

图 6-69　标题设置

（7）单击“确定”按钮返回“插入表格”对话框中，各项设置如图 6-70 所示。插入方式为“指定窗口”时则只需设置“列数”和“行高”，“列宽”和“数据行数”可在屏幕上拖曳鼠标来确定。

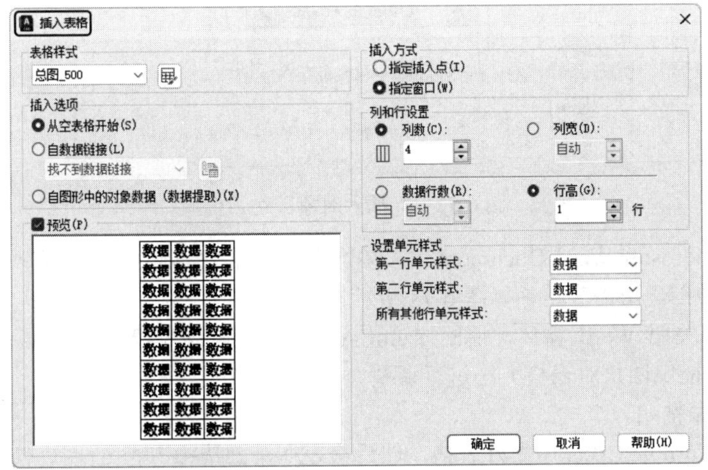

图 6-70　“插入表格”对话框设置

Note

（8）单击“确定”按钮，在屏幕上指定插入点，拖曳鼠标确定表格大小后，单击弹出文字输入窗口，如图 6-71 所示，依次输入相应文字。输入完一个单元格后，按 Tab 键可以切换到下一个单元格。

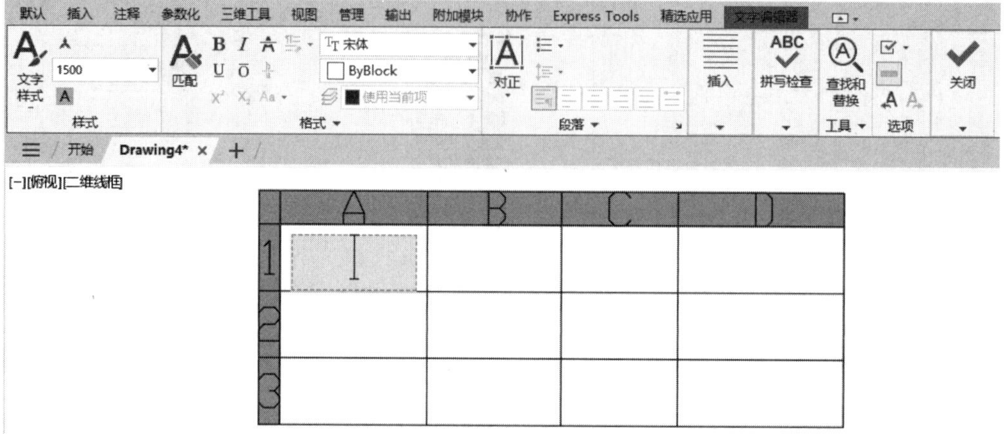

图 6-71　输入数据

3. OLE 链接方法

OLE 链接方法是指在 Word 或 Excel 中做好表格，然后通过 OLE 链接方式将表格插入 AutoCAD 图形文件中。需要修改表格和数据时，双击表格即可返回 Word 或 Excel 软件中。这种方法便于表格的制作和表格数据的处理。下面介绍采用 OLE 链接方式插入表格的方法。

方法一：插入对象。

（1）选择“插入”→“OLE 对象”命令，弹出“插入对象”对话框，如图 6-72 所示。

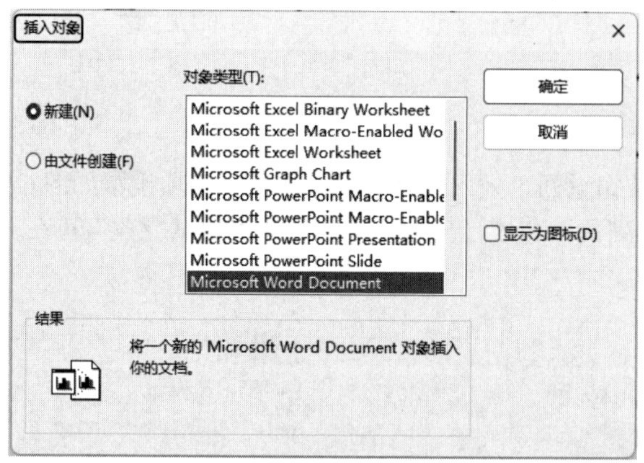

图 6-72　“插入对象”对话框

（2）选择“Microsoft Word Document”对象类型，单击“确定”按钮，打开 Microsoft Word 程序。在 Word 界面中创建所需表格，如图 6-73 所示。

（3）完成后，关闭 Word 窗口，返回 AutoCAD 界面，刚才所绘表格即显示在图形文件中，如图 6-74 所示。可以拖曳四角对表格大小进行调整。

方法二：复制和粘贴。

（1）首先在 Word 或 Excel 中做好表格，然后将表格全部选中，按 Ctrl+C 快捷键进行复制。

（2）返回 AutoCAD 中，按 Ctrl+V 快捷键进行粘贴。其他操作同方法一。

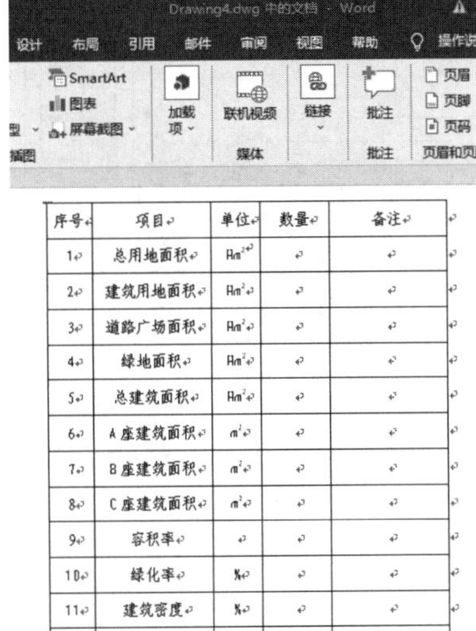

序号	项目	单位	数量	备注
1	总用地面积	hm²		
2	建筑用地面积	hm²		
3	道路广场面积	hm²		
4	绿地面积	hm²		
5	总建筑面积	hm²		
6	A 座建筑面积	m²		
7	B 座建筑面积	m²		
8	C 座建筑面积	m²		
9	容积率			
10	绿化率	%		
11	建筑密度	%		
12	停车位	个		

图 6-73　在 Word 中制作表格

序号	项 目	单 位	数 量	备 注
1	总用地面积	hm²	22	
2	建筑用地面积	hm²	22	
3	道路广场面积	hm²	22	
4	绿化面积	hm²	22	
5	总建筑面积	hm²	22	
6	A座建筑面积	m²	22	
7	B座建筑面积	m²	22	
8	C座建筑面积	m²	22	
9	容积率		3.1	
10	绿化率	%	36.3	
11	建筑密度	%	22	
12	停车位	个	22	

图 6-74　所绘表格显示在图形文件中

上述各种表格制作方法各有优缺点，读者可在实践中权衡使用。

6.4.4　图名、图例及布图

本节介绍办公楼总平面图的图名、图例及布图的 AutoCAD 绘制方法与技巧。

1. 图名及比例、比例尺、指北针或风向玫瑰图

（1）图名及比例、比例尺、指北针如图 6-75 所示。

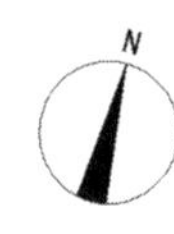

总平面图 1:500

图 6-75　图名及比例、比例尺、指北针

（2）图名的下画线为粗线，采用“多段线”命令绘制，然后在其特性中调整全局宽度。

（3）一般标注了比例后，比例尺可以不标注，但是考虑到方案图有时不按比例打印，特别是转入 Photoshop 等图像处理软件中套色时，出图比例容易改变，所以同时标上比例尺便于识别图形大小。

（4）总平面图一般按上北下南方向绘制。根据场地形状或布局，可向左或向右偏转，但不宜超过 45°，用指北针或风向玫瑰图表明具体方位。

2. 图例

综合应用绘图和文字等命令按如图 6-76 所示将补充图例制作出来，可以借助纵横线条来帮助排布整齐，也可以将图例组织到表格中去。

3. 布图及图框

（1）用一个矩形框确定场地中需要保留的范围（见图 6-77），然后将周边没必要的部分修剪或删除。

Note

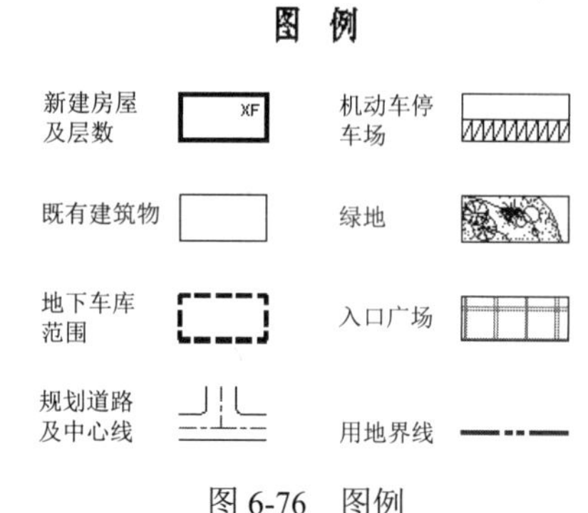

图 6-76 图例

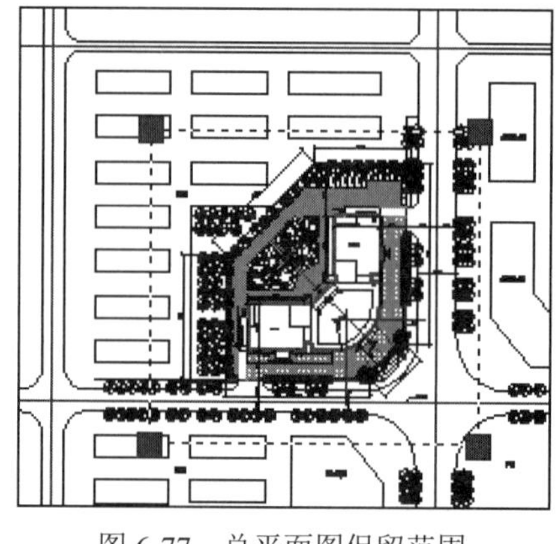

图 6-77 总平面图保留范围

（2）用“距离查询”命令测量保留的图面大小，然后除以 500，确定所需图框大小。

（3）插入图框，将图面中各项内容编排组织到图框内，结果如图 6-78 所示。

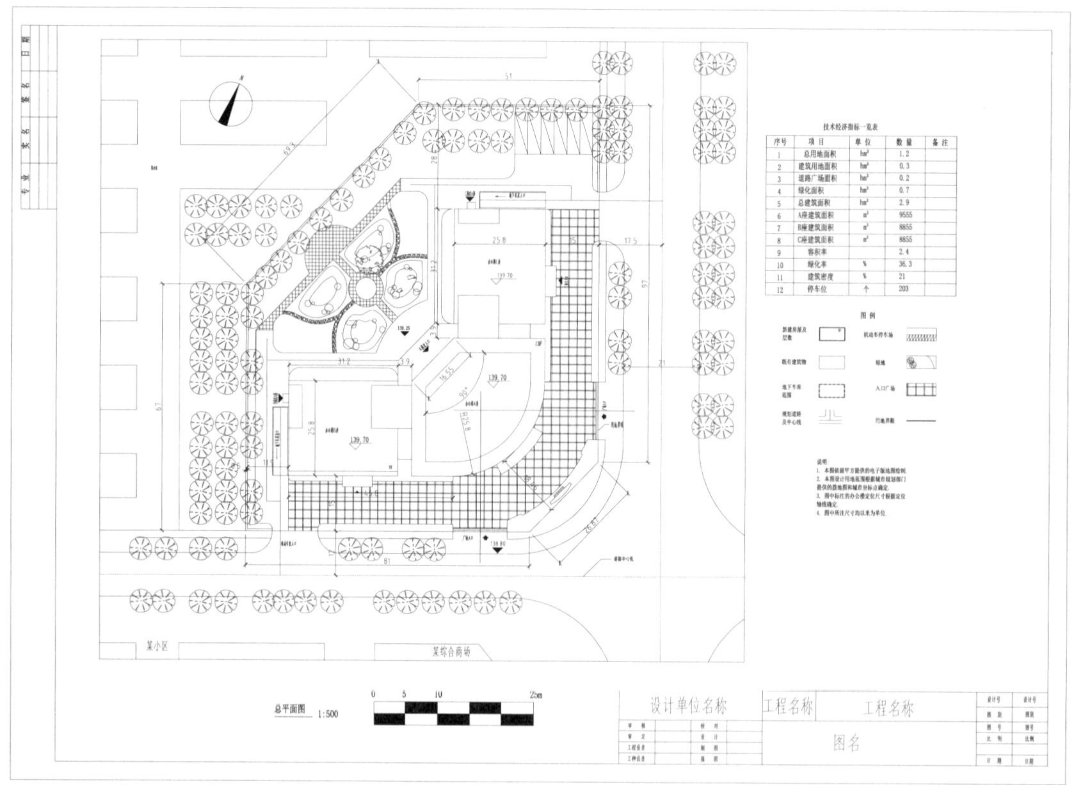

图 6-78 完成后的总平面图

6.5 某住宅小区总平面图的绘制实例

住宅小区是一座城市和社会的缩影，其规划与建设的质量和水平，直接关系到人们的身心健康，影响到社会的秩序和安宁，反映着居民在生活和文化上的追求，关系到城市的面貌。将居住与建筑、社会

生活品质相结合，可使住宅区成为城市的一道亮丽风景。为此，把自然中的精美、微妙而又富有朝气活力的旋转转折运用到设计的外形效果上，然后合理、有效地利用城市的有限资源，在“以人为本”的基础上，利用自然条件和人工手段创造一个舒适、健康的生活环境，使居民区与城市自然地融为一体。

建筑住宅小区时，要选择适合当地特点、设计合理、造型多样、舒适美观的住宅类型；为方便小区居民生活，住宅小区规划中要合理确定小区公共服务设施的项目、规模及其分布方式，做到公共服务设施项目齐全，设备先进，布点适当，与住宅联系方便。为适应经济的增长和人民群众物质生活水平的提高，规划中应合理确定小区道路走向及道路断面形式，步行与车行互不干扰，并且还应根据住宅小区居民的需求，合理确定停车场地的指标及布局。此外，住宅小区规划中还应满足居民对安全、卫生、经济和美观等要求，合理组织小区居民室外休息活动的场地和公共绿地，创造宜居住的生活环境。在绘图时，根据用地范围先绘制住宅小区的轮廓，然后合理安排建筑单体，设置交通道路，标注相关的文字尺寸。

住宅小区是不同的建筑群体，例如，住宅小区包含住宅区、配套学校、绿地、社区活动中心和购物中心等建筑群体；商业小区则包括写字楼、百货商场和娱乐中心等建筑群体。图 6-79～图 6-81 为国内常见的住宅小区的总平面规划图和三维效果图。

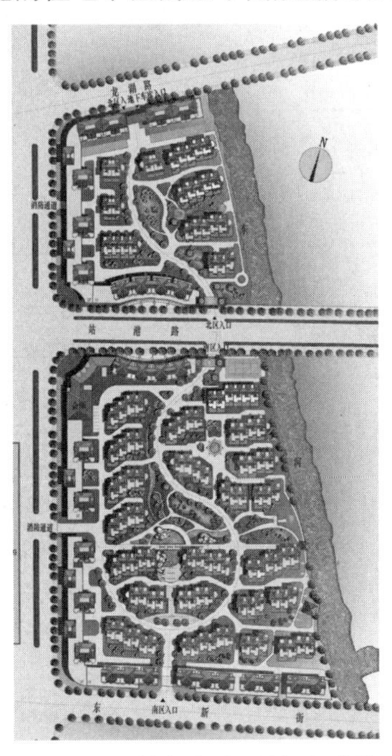

图 6-79　某住宅小区总平面图

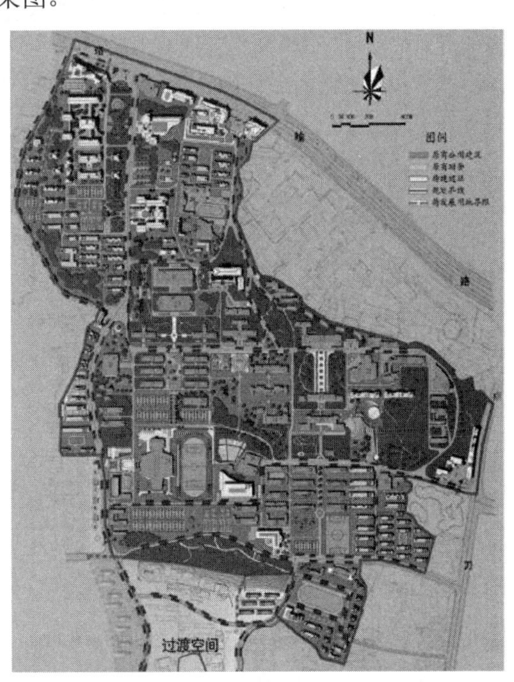

图 6-80　某大学校园小区总平面图

图 6-81　某住宅小区的总平面三维效果图

本节将介绍如图 6-82 所示的住宅小区建筑规划总平面图的 AutoCAD 绘制方法与相关技巧。

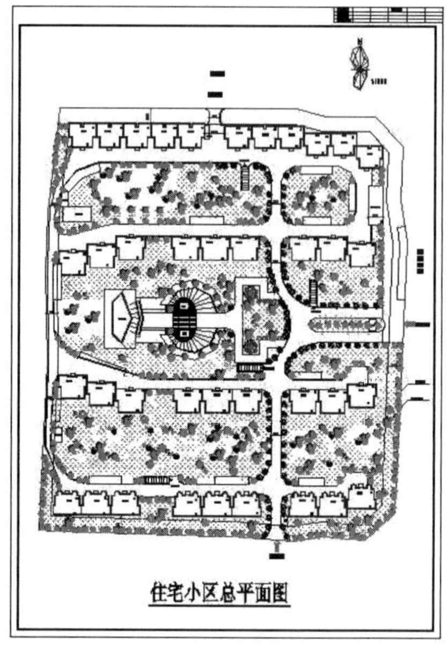

图 6-82　住宅小区建筑规划总平面图

绘制流程如图 6-83 所示。

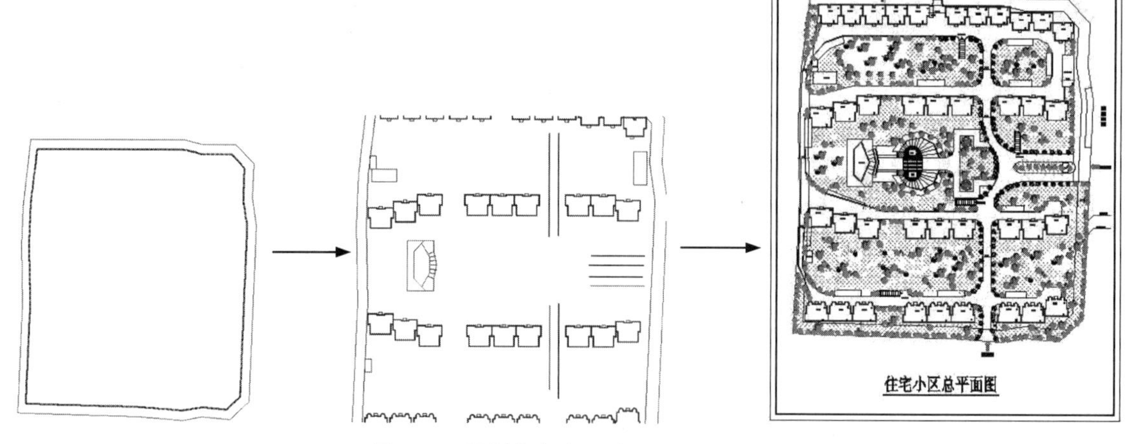

图 6-83　绘制住宅小区总平面图的流程

6.5.1　场地及建筑造型的绘制

本节介绍住宅小区场地和建筑单体的 AutoCAD 绘制方法及技巧。

（1）单击“默认”选项卡“绘图”面板中的“多段线”按钮，选取适当尺寸，绘制建设用地红线，如图 6-84 所示。

注意：根据建设基地的范围，绘制小区的总平面范围轮廓。

（2）单击“默认”选项卡“修改”面板中的“偏移”按钮⊆，指定适当偏移距离，绘制小区各个方向的建筑控制线，如图 6-85 所示。

注意： 因为每个方向建筑控制线之间的距离大小一样，所以可以采用偏移方法得到。

（3）选择住宅建筑单体户型（户型设计在此省略），如图 6-86 所示。

图 6-84　绘制建设用地红线

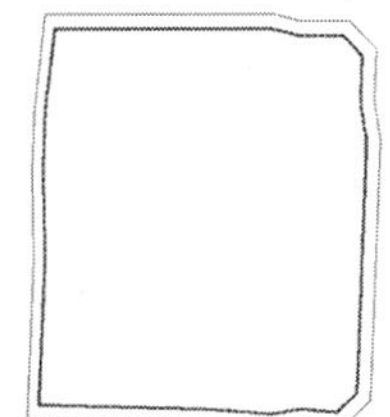

图 6-85　绘制建筑控制线

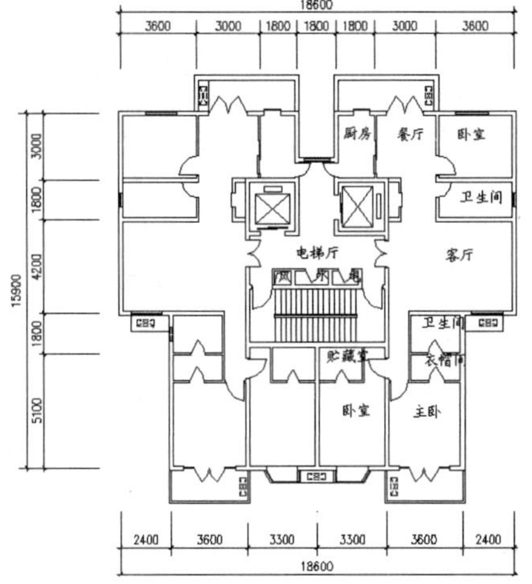

图 6-86　住宅建筑单体户型平面图

（4）按照所设计的住宅建筑单体户型平面，单击“默认”选项卡“绘图”面板中的“多段线”按钮⊃，勾画其外轮廓造型，如图 6-87 所示。

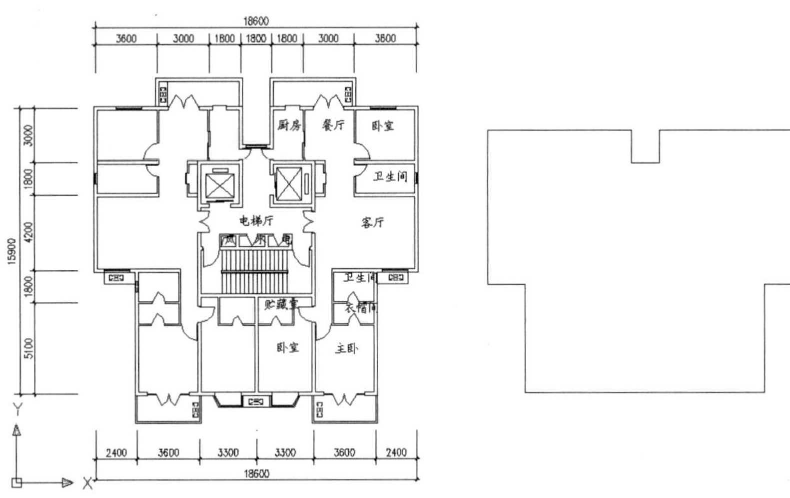

图 6-87　勾画户型外轮廓造型

（5）将户型建筑单体轮廓线复制到系统剪贴板上，如图 6-88 所示。

（6）将户型建筑单体轮廓粘贴到总平面图形中，如图 6-89 所示。

（7）按上述方法准备好需要的户型平面轮廓造型（户型 A、B、C、D 等），如图 6-90 所示。

（8）单击“默认”选项卡“修改”面板中的“复制”按钮 ，将户型 A 的轮廓复制到建设用地左上角建筑控制线内的位置处，如图 6-91 所示。

（9）将户型 B 建筑单体轮廓复制到建设用地的右上角位置处，如图 6-92 所示。

Note

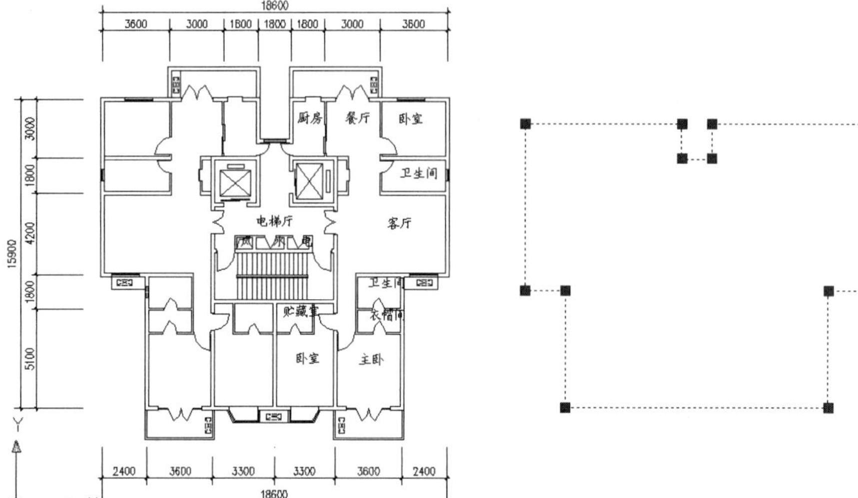

图 6-88　复制到剪贴板上

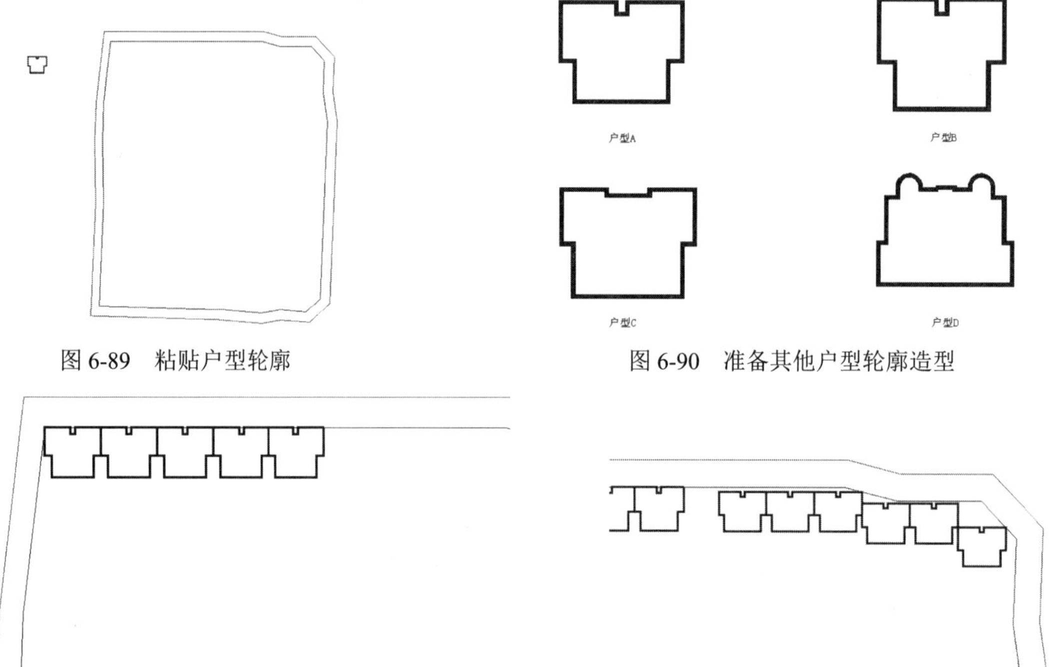

图 6-89　粘贴户型轮廓

图 6-90　准备其他户型轮廓造型

图 6-91　布置户型 A 建筑单体

图 6-92　布置户型 B 建筑单体

（10）复制户型 C 建筑单体轮廓，如图 6-93 所示。

注意： 按照国家相关规范，在满足消防、日照等间距要求的前提下，要与前面建筑单体保持合适的距离来布置户型 C 建筑单体，该户型按组团进行布置排列并适当变化。

（11）继续单击“默认”选项卡“修改”面板中的“复制”按钮和“移动”按钮，对户型 C 按 3 个建筑单体进行组团布置，如图 6-94 所示。

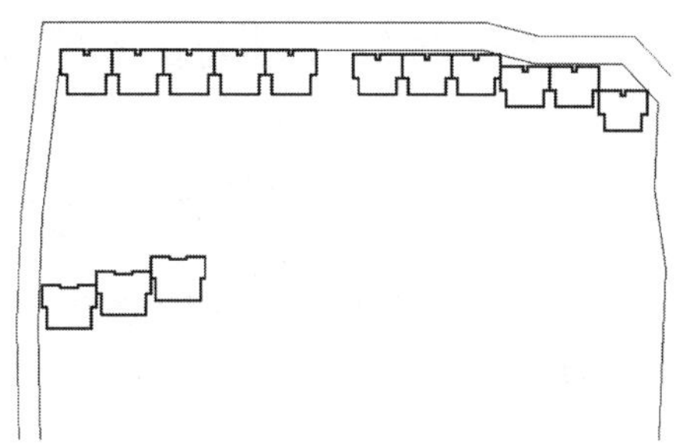

图 6-93　布置户型 C 建筑单体

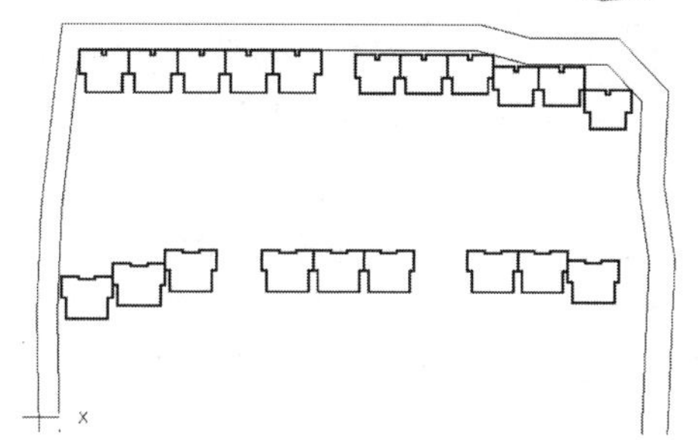

图 6-94　按 3 个单体组团布置

（12）组团布置新的一排户型 C 建筑单体，如图 6-95 所示。

注意： 在建设用地中下部位置，按与上一排建筑单体组团造型对称的方式，在满足消防、日照等间距要求的前提下，组团布置新的一排户型 C 建筑单体。

（13）在建设用地下部位置，满足消防、日照等间距要求的前提下，单击“默认”选项卡“修改”面板中的“复制”按钮和“移动”按钮布置户型 D 建筑单体造型，该建筑单体同样按 3 个单体组团进行布置，如图 6-96 所示。

（14）单击“默认”选项卡“绘图”面板中的“多段线”按钮，绘制每个住宅建筑单体的单元入口造型，如图 6-97 所示。

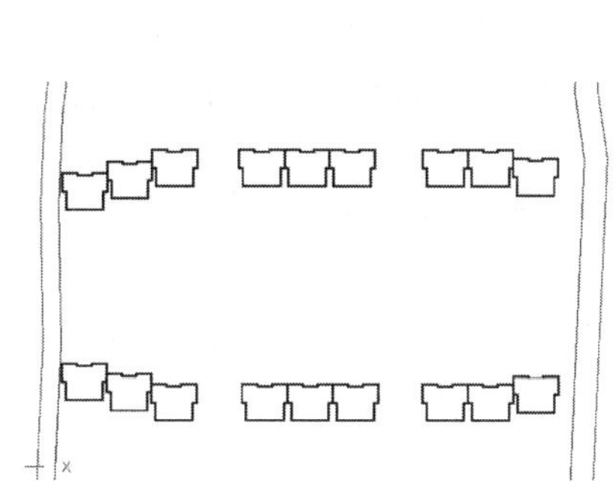

图 6-95　布置一排建筑单体组团

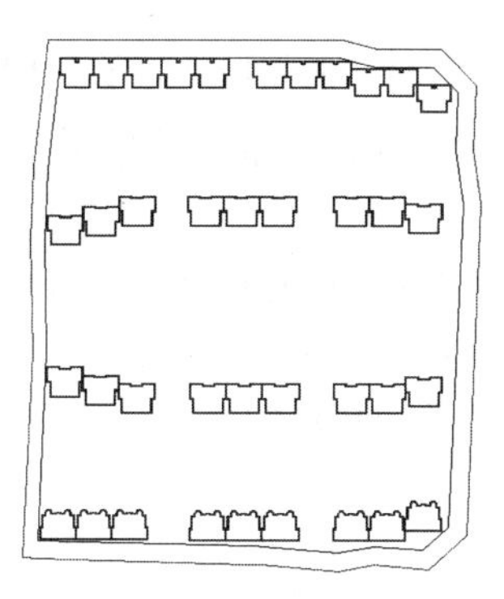

图 6-96　布置户型 D 建筑单体

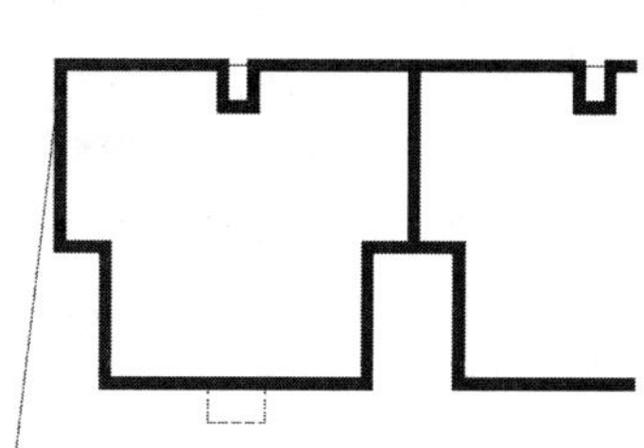

图 6-97　绘制单元入口造型

（15）单击“默认”选项卡“修改”面板中的“复制”按钮，复制得到其他单元入口造型，如图 6-98 所示。

（16）调整各个图形，完成总平面中住宅建筑单体的绘制，如图 6-99 所示。

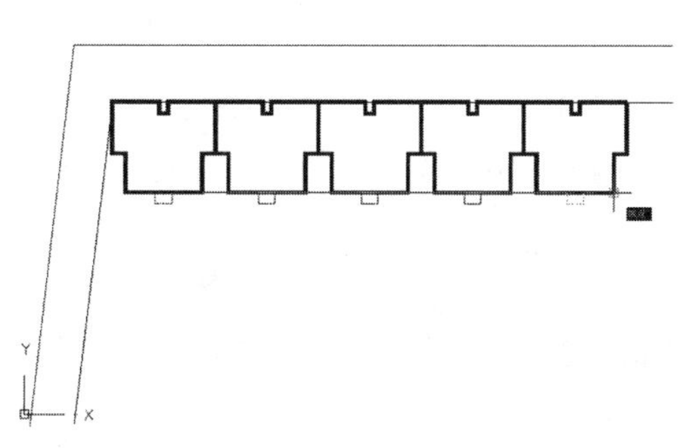

图 6-98　复制入口造型

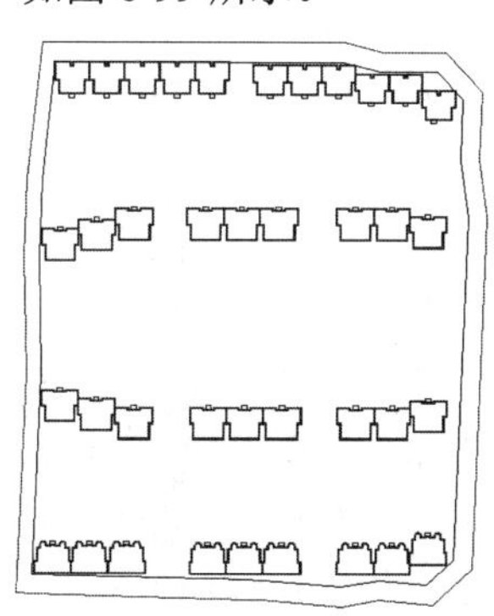

图 6-99　调整各个图形

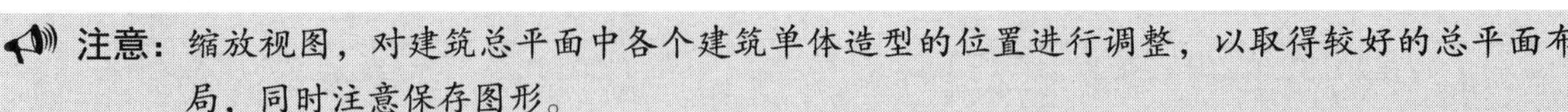

注意：缩放视图，对建筑总平面中各个建筑单体造型的位置进行调整，以取得较好的总平面布局，同时注意保存图形。

Note

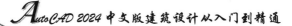

（17）在小区中部位置，单击“默认”选项卡“绘图”面板中的“矩形”按钮□，选取适当尺寸，绘制小区综合楼会所造型，如图 6-100 所示。

（18）单击“默认”选项卡“绘图”面板中的“直线”按钮╱，绘制会所内部图线造型，然后单击“默认”选项卡“修改”面板中的“镜像”按钮⚠，对刚刚绘制的图线进行镜像复制，如图 6-101 所示。

（19）单击“默认”选项卡“绘图”面板中的“圆弧”按钮⌒，绘制弧线造型，如图 6-102 所示。

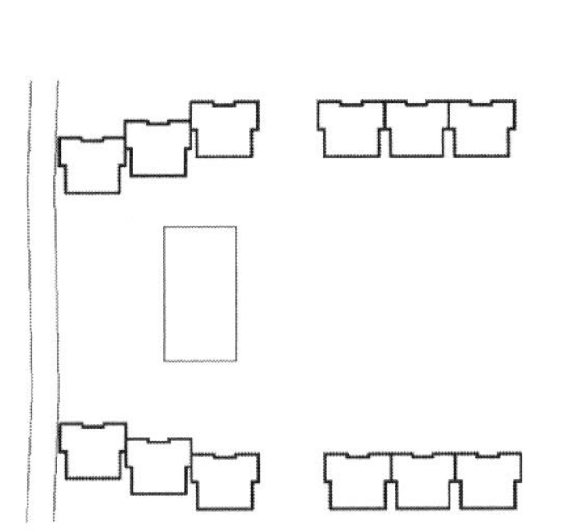

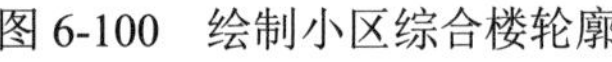

图 6-100　绘制小区综合楼轮廓

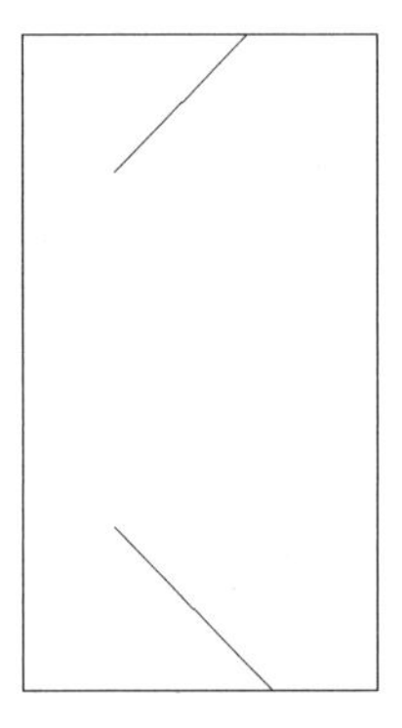

图 6-101　绘制内部图线

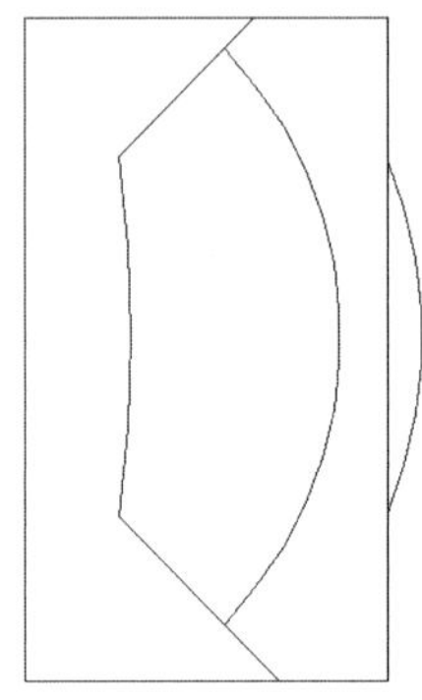

图 6-102　绘制弧线

（20）单击“默认”选项卡“绘图”面板中的“直线”按钮╱，绘制一条通过弧线圆心位置的直线，如图 6-103 所示。

（21）通过快捷菜单复制，方法是选中要旋转复制的图线，再单击小方框，使其变为红色，然后右击，在弹出的快捷菜单中选择“旋转”命令，结果如图 6-104 所示。

（22）单击“默认”选项卡“修改”面板中的“修剪”按钮✂，将多余的线条修剪掉，得到会所造型，如图 6-105 所示。

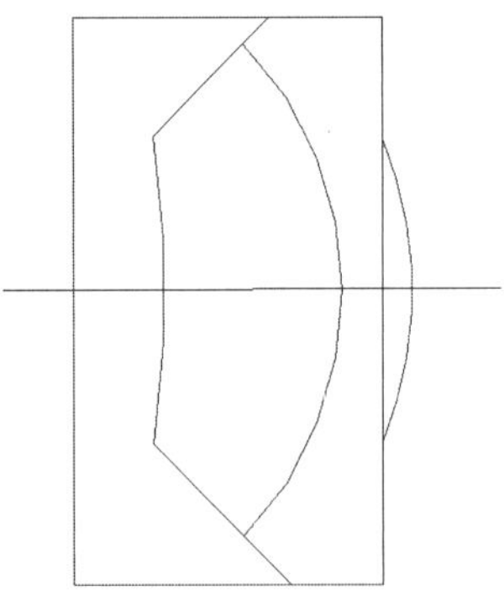

图 6-103　绘制直线

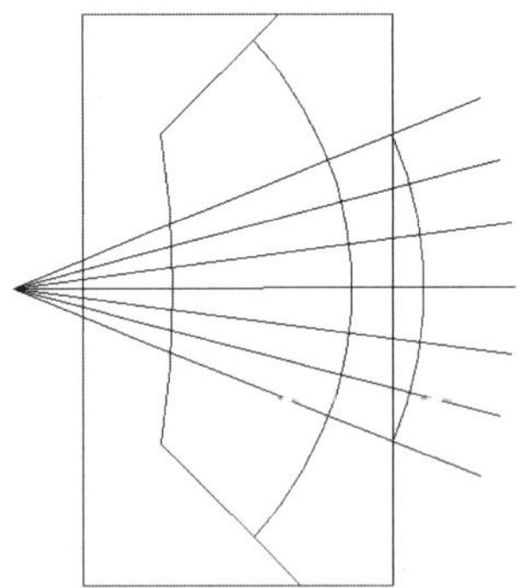

图 6-104　旋转复制直线

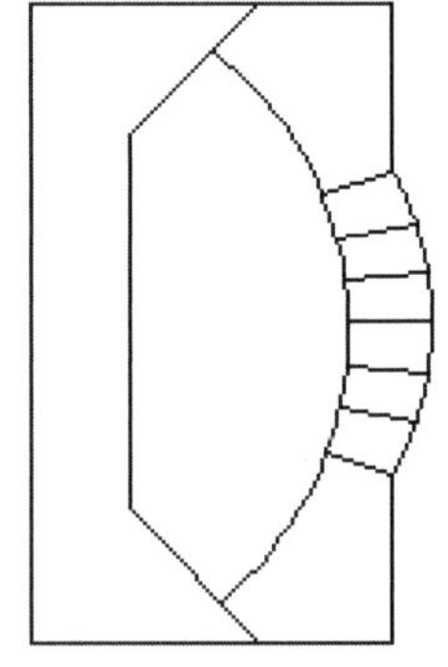

图 6-105　剪切后的图形

（23）单击“默认”选项卡“绘图”面板中的“矩形”按钮□，选取适当尺寸，绘制小区配套商业楼建筑造型，如图 6-106 所示。

（24）单击“默认”选项卡“绘图”面板中的“多段线”按钮⊃，绘制小区配套锅炉房、垃圾间等建筑造型，如图 6-107 所示。

注意：小区配套建筑有锅炉房、垃圾间和门房等。

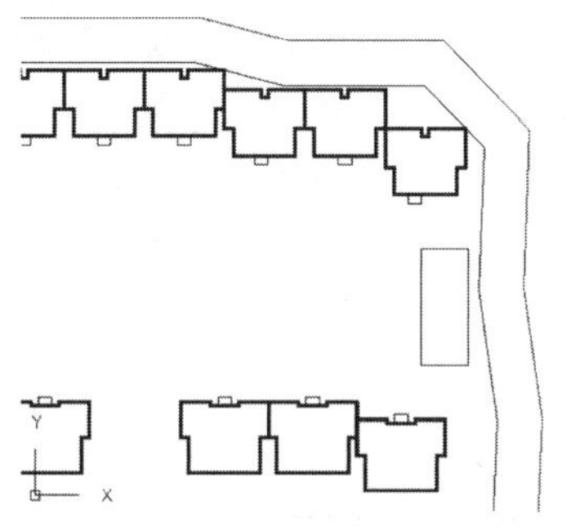

图 6-106　绘制配套商业楼造型

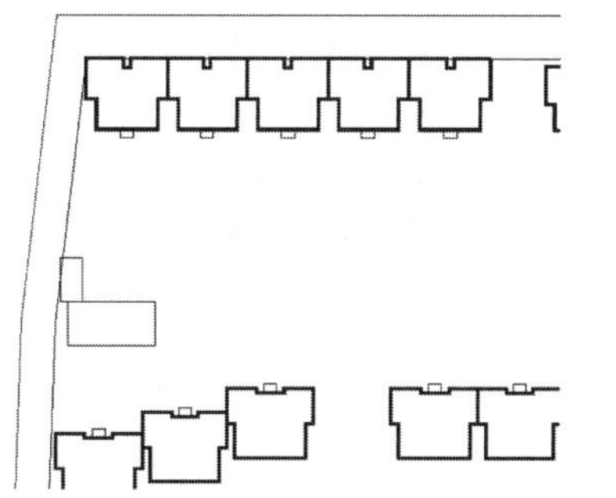

图 6-107　绘制锅炉房、垃圾间等造型

6.5.2　小区道路等图形的绘制

本节介绍住宅小区中的小区道路和地下车库入口等造型的 AutoCAD 绘制和设计方法。

（1）单击“默认”选项卡“绘图”面板中的“直线”按钮╱，创建小区主入口道路，分为两条道路，如图 6-108 所示。

（2）单击“默认”选项卡“绘图”面板中的“多段线”按钮⊃和“修改”面板中的“偏移”按钮⋐，从主入口道路向两侧创建小区道路，如图 6-109 所示。

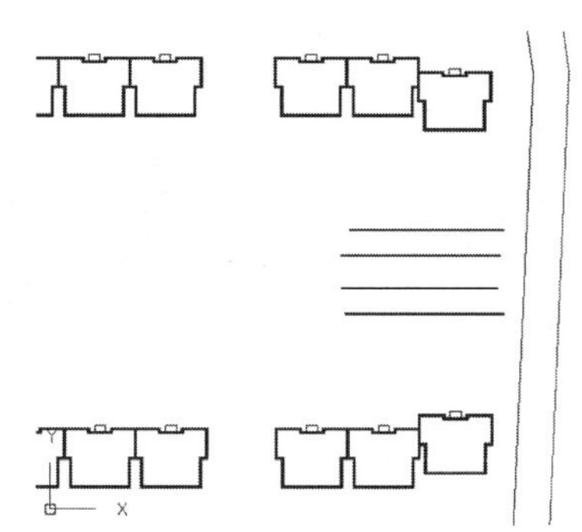

图 6-108　创建主入口道路

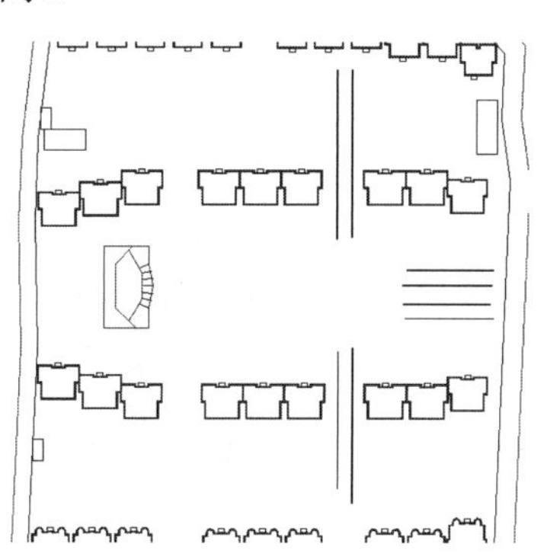

图 6-109　创建小区道路

（3）在小区上部组团范围，单击“默认”选项卡“绘图”面板中的“多段线”按钮⊃，创建组团内的道路轮廓，如图 6-110 所示。

（4）单击“默认”选项卡“修改”面板中的“圆角”按钮⌒，指定适当圆角半径对道路进行圆角，形成道路转弯半径，如图 6-111 所示。

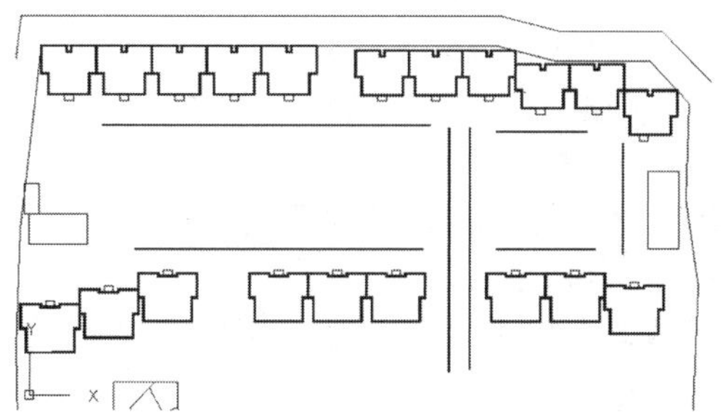

图 6-110　创建组团内的道路

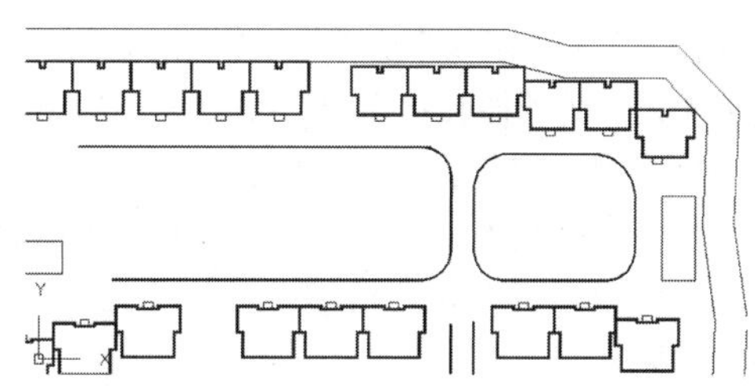

图 6-111　道路圆角

注意：道路转弯半径一般为 6m～15m。

Note

（5）在一些弧度大或多段弧度连续变化的地方，单击“默认”选项卡“绘图”面板中的“圆弧”按钮和“修改”面板中的“修剪”按钮，创建转弯半径造型，如图 6-112 所示。

（6）在小区道路尽端，单击“默认”选项卡“绘图”面板中的“多段线”按钮和“圆弧”按钮，绘制一个回车场造型，如图 6-113 所示。

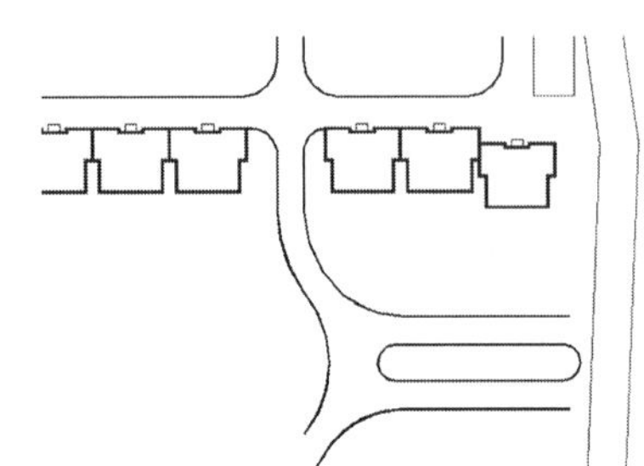

图 6-112 绘制多段变化弧线造型

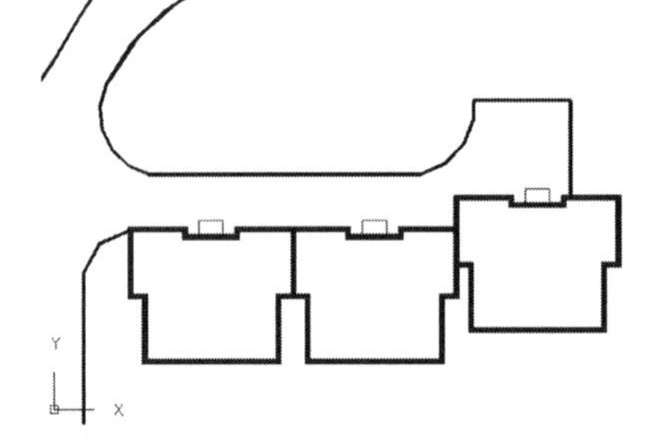

图 6-113 绘制回车场造型

（7）按上述方法，创建小区其他位置处的道路或组团道路，如图 6-114 所示。

（8）完成道路的绘制，如图 6-115 所示。

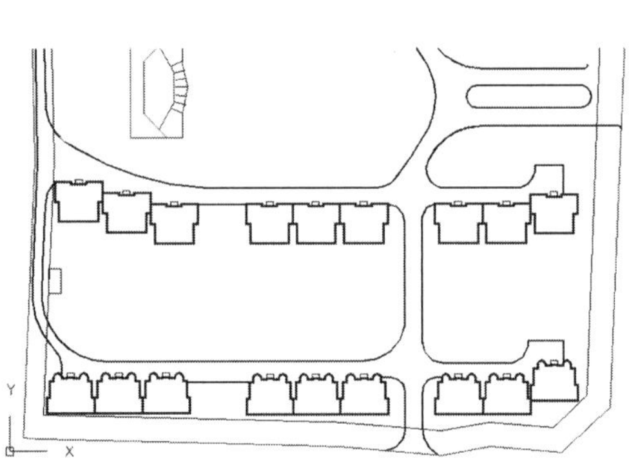

图 6-114 创建小区其他位置处的道路

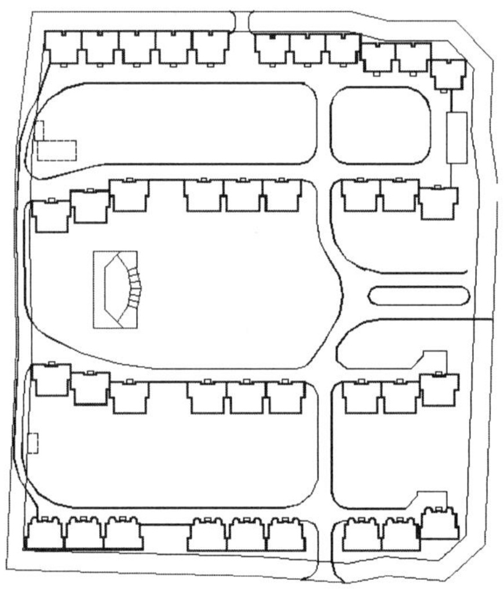

图 6-115 完成道路的绘制

（9）根据地下室的布局情况，单击“默认”选项卡“绘图”面板中的“多段线”按钮和“圆弧”按钮，在相应的地面位置处绘制地下车库入口造型，如图 6-116 所示。

（10）单击“默认”选项卡“绘图”面板中的“圆弧”按钮和“修改”面板中的“偏移”按钮，创建车库入口的顶棚弧线造型，如图 6-117 所示。

（11）按上述方法绘制其他位置处的地下车库出入口造型，并单击“默认”选项卡“修改”面板中的“修剪”按钮，对相应的道路线进行修改，如图 6-118 所示。

（12）单击“默认”选项卡“绘图”面板中的“多段线”按钮，创建地面汽车停车位轮廓，如图 6-119 所示。

注意：一个车位大小为 2500mm×6000mm。

（13）按每个组团有地面停车位的要求，单击“默认”选项卡“绘图”面板中的“多段线”按钮，

创建其他位置处的地面停车位造型，如图 6-120 所示。

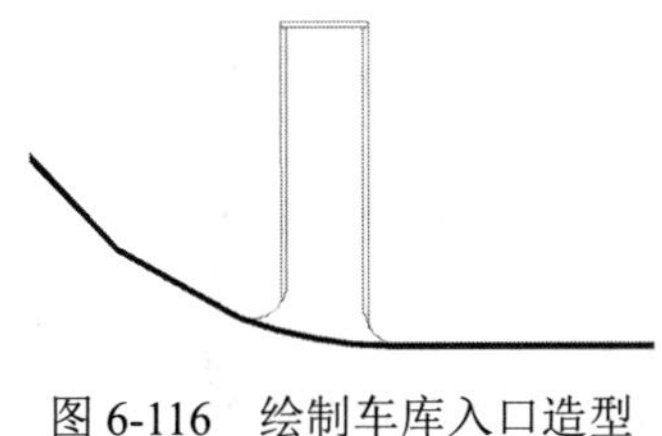

图 6-116　绘制车库入口造型

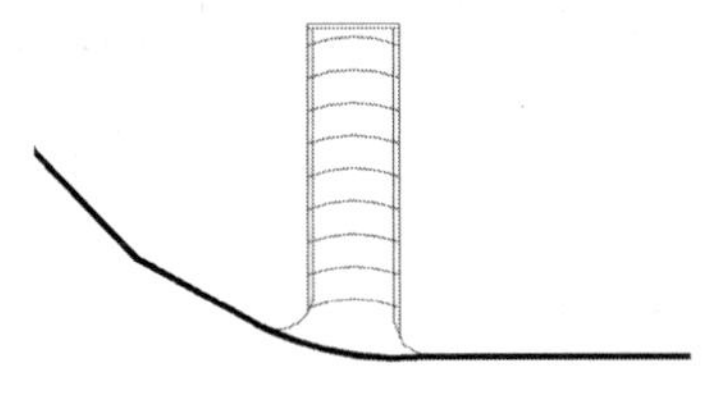

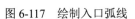

图 6-117　绘制入口弧线

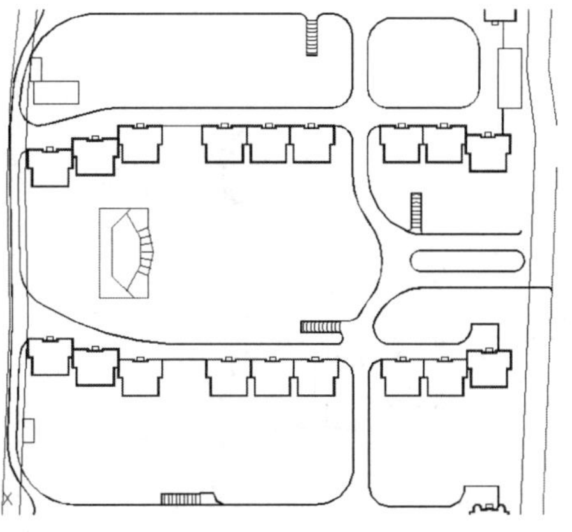

图 6-118　绘制其他位置处的车库出入口

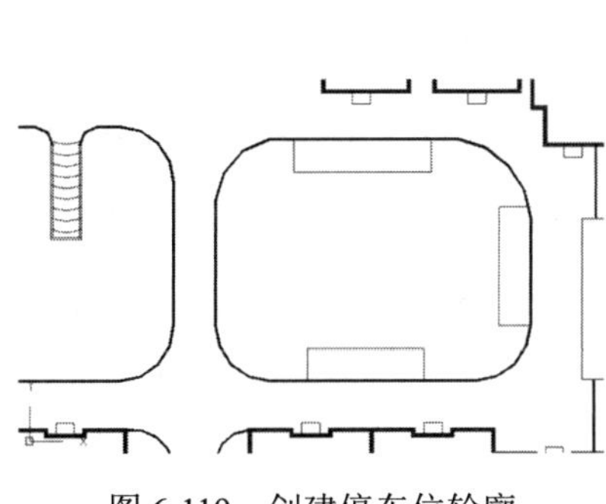

图 6-119　创建停车位轮廓

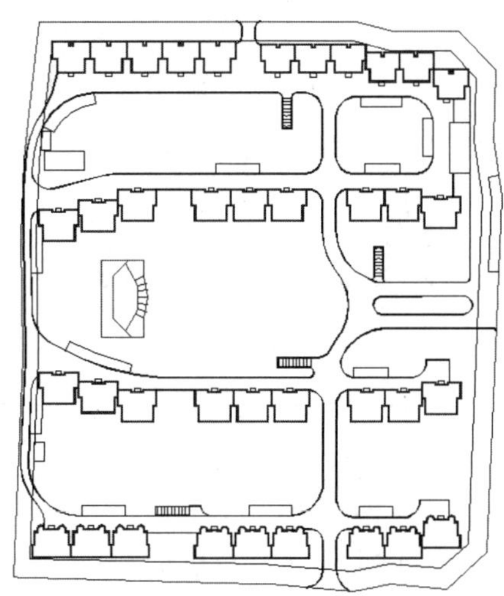

图 6-120　绘制其他位置处的停车位轮廓

6.5.3　标注文字和尺寸

本节介绍住宅小区中文字和尺寸标注的 AutoCAD 绘制方法和技巧。

（1）单击“插入”选项卡“块”面板“插入”按钮下拉菜单中的“最近使用的块”选项，插入一个风玫瑰造型图块，并单击“注释”选项卡“文字”面板中的“多行文字”按钮A，标注比例参数为 1∶1000，如图 6-121 所示。

注意：也可绘制指北针造型。

（2）单击“注释”选项卡“文字”面板中的“多行文字”按钮A，标注户型名称、楼层数及楼栋号，如图 6-122 所示。

（3）根据需要，单击“注释”选项卡“标注”面板中的“线性”按钮，标注相应位置的有关尺寸，如图 6-123 所示。

（4）单击“默认”选项卡“绘图”面板中的“多段线”按钮和“修改”面板中的“复制”按

Note

钮⁸⁸，创建小区入口指示方向的标志符号造型，如图 6-124 所示。

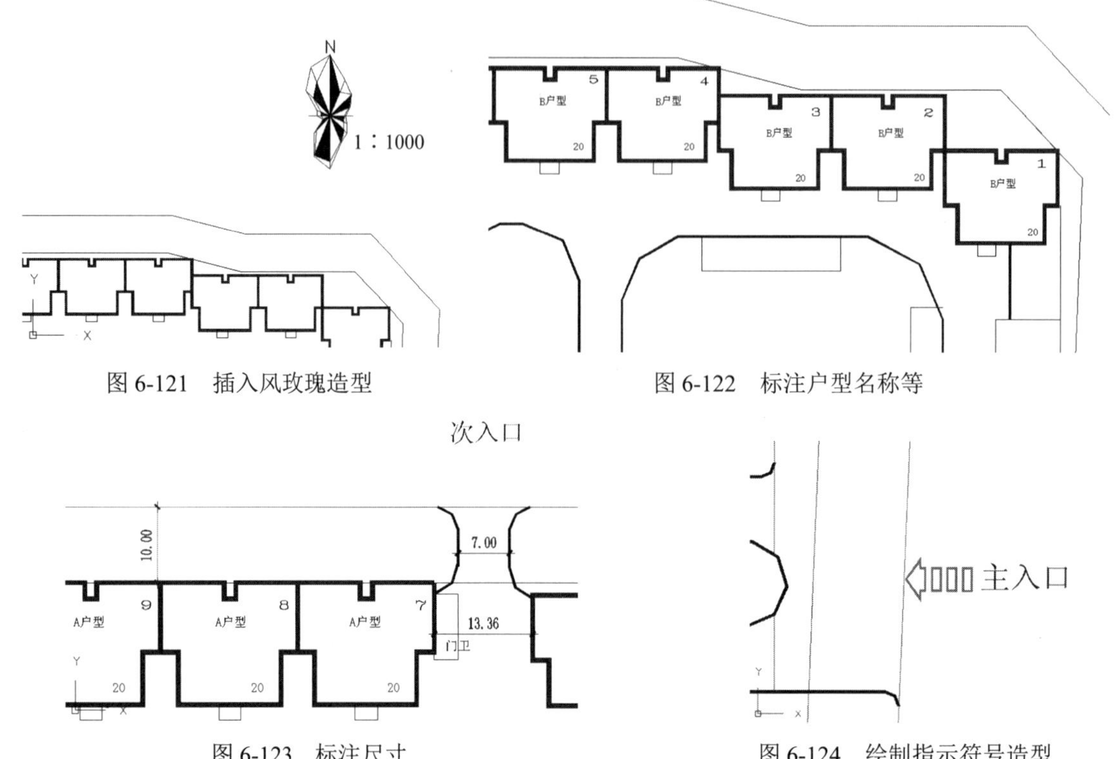

图 6-121　插入风玫瑰造型

图 6-122　标注户型名称等

图 6-123　标注尺寸

图 6-124　绘制指示符号造型

注意：其他入口标志可参照此方法来绘制。

（5）单击“注释”选项卡“文字”面板中的“多行文字”按钮 A，对图形进行图名标注等其他文字说明，如图 6-125 所示。

（6）绘制或插入图框造型并调整至适合的位置处，完成住宅小区建筑总平面图的初步绘制，如图 6-126 所示。

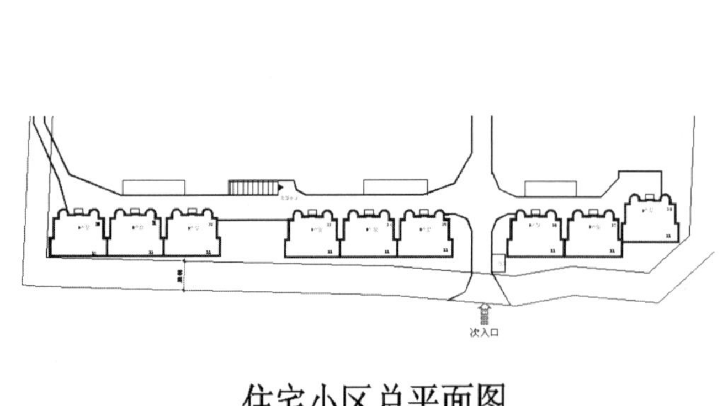

图 6-125　标注图名

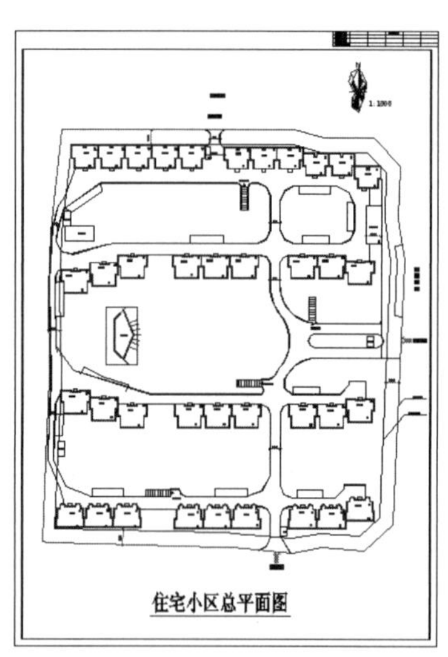

图 6-126　插入图框

视频讲解

Note

6.5.4　各种景观造型的绘制

住宅小区各项用地的布局要合理，要有完善的住宅和公共服务设施，有道路及公共绿地。为适应不同地区、不同人口组成和不同收入的居民家庭的要求，住宅区的设计要考虑经济的可持续发展和城市的总体规划，从城市用地、建筑布点、群体空间结构造型、改变城市面貌及远景规划等方面进行全局考虑，并融合意境创造、自然景观、人文地理、风俗习惯等总体环境，精心设计每部分的绿化景观，给人们提供一个方便、舒适、优美的居住场所。在绘图时，根据建设用地范围，除建筑用地外，合理安排人工湖、水景等景观，布置花草树木等绿化园林。

本节介绍住宅小区中各种园林绿化景观绘制及布置的 AutoCAD 设计方法，如水景或人工湖景观造型的绘制、园林绿化的布置等。

（1）绘制小区中部的水景环境景观造型。单击“默认”选项卡“绘图”面板中的“多段线”按钮、“修改”面板中的“偏移”按钮以及“拉伸”按钮，创建通道造型，如图 6-127 所示。

（2）单击“默认”选项卡“绘图”面板中的“圆”按钮，在通道内侧创建一个圆形，如图 6-128 所示。

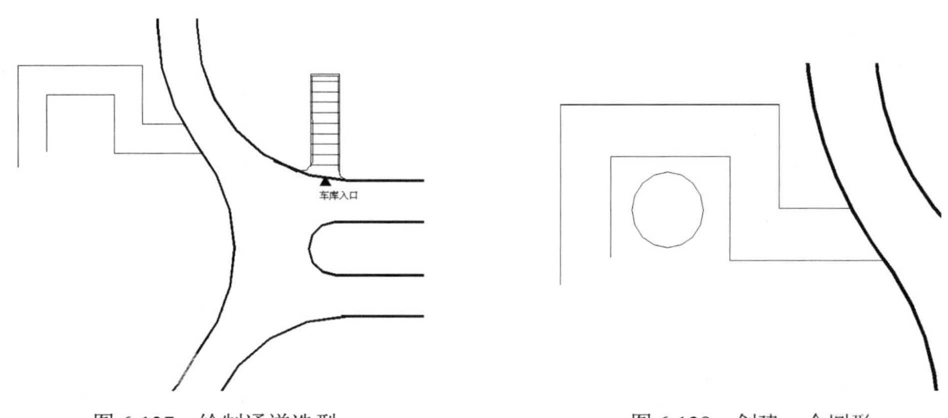

图 6-127　绘制通道造型　　　　图 6-128　创建一个圆形

（3）单击“默认”选项卡“修改”面板中的“镜像”按钮，对通道图形进行镜像复制，得到对称图形造型，如图 6-129 所示。

（4）单击“默认”选项卡“绘图”面板中的“圆弧”按钮，连接中间部分弧线段，如图 6-130 所示。

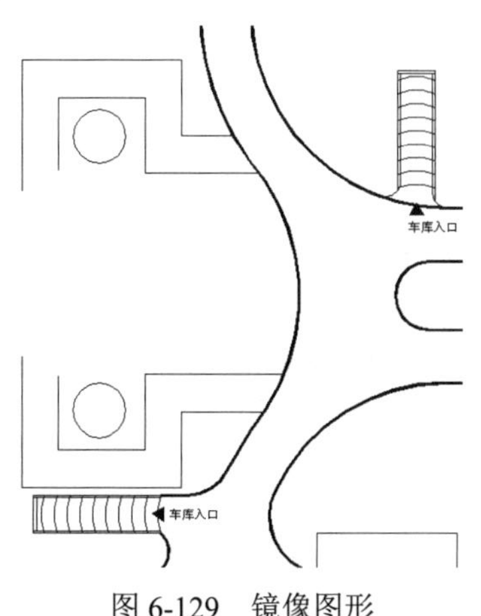

图 6-129　镜像图形

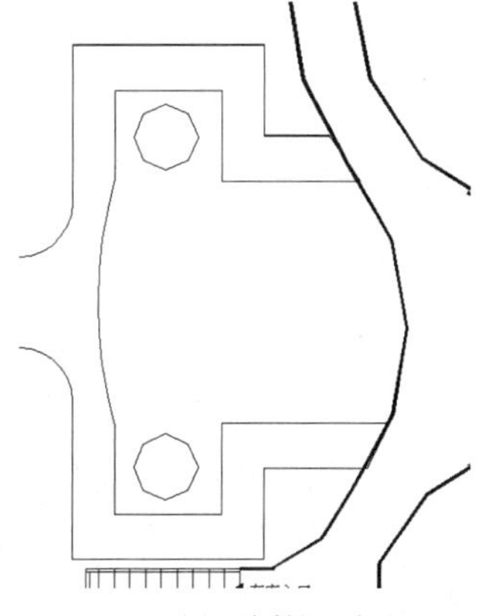

图 6-130　连接弧线段

Note

（5）单击“默认”选项卡“绘图”面板中的“圆”按钮、“直线”按钮及“修改”面板中的“修剪”按钮，绘制水景上侧造型，如图 6-131 所示。

（6）单击“默认”选项卡“绘图”面板中的“多边形”按钮和“修改”面板中的“偏移”按钮，在左端绘制正方形花池造型，如图 6-132 所示。

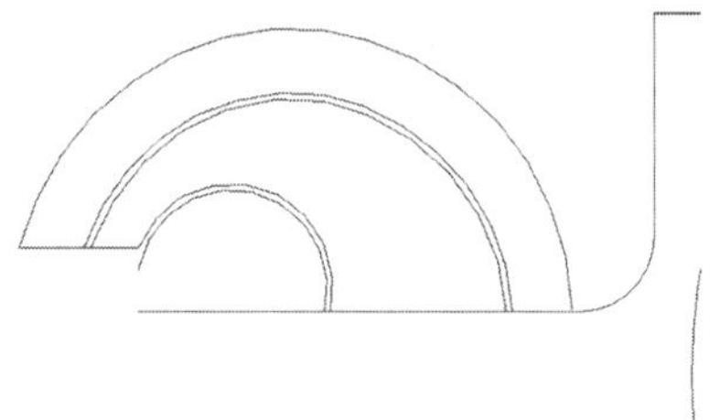

图 6-131　绘制水景上侧造型

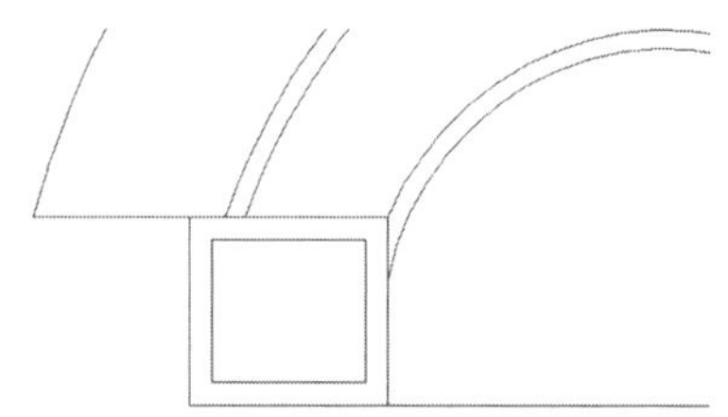

图 6-132　绘制正方形

（7）单击“默认”选项卡“绘图”面板中的“直线”按钮和“修改”面板中的“修剪”按钮，勾画放射状线条，如图 6-133 所示。

注意：不宜采用“射线”命令来绘制。

（8）单击“注释”选项卡“文字”面板中的“多行文字”按钮 A，在水景范围标注文字，然后单击“默认”选项卡“绘图”面板中的“图案填充”按钮，填充水景中的水波造型，如图 6-134 所示。

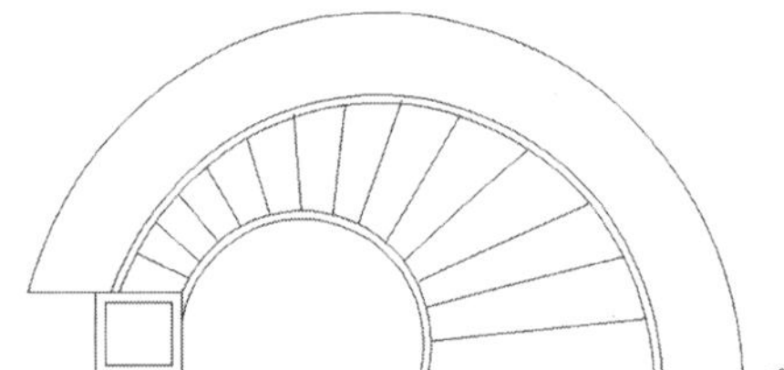

图 6-133　勾画放射线

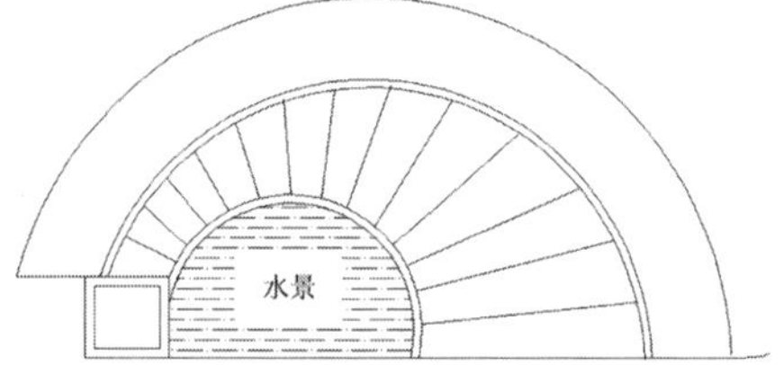

图 6-134　标注文字及填充水波造型

（9）单击“默认”选项卡“修改”面板中的“镜像”按钮，通过镜像的方式得到对称造型，如图 6-135 所示。

注意：不宜采用“复制”功能命令。

（10）单击“默认”选项卡“绘图”面板中的“直线”按钮和“修改”面板中的“偏移”按钮，在两个水景造型中间绘制连接图线造型，如图 6-136 所示。

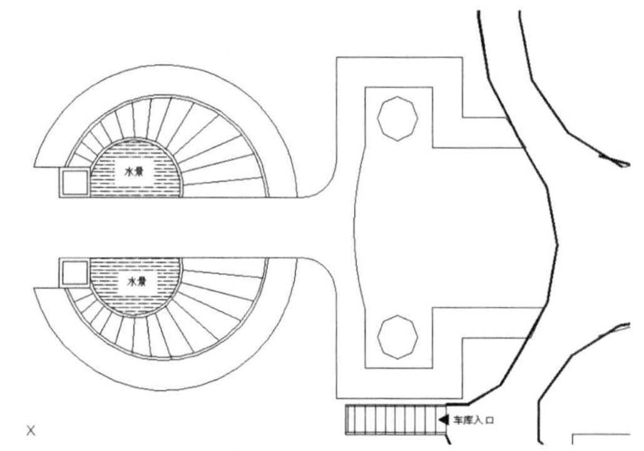

图 6-135　镜像水景造型

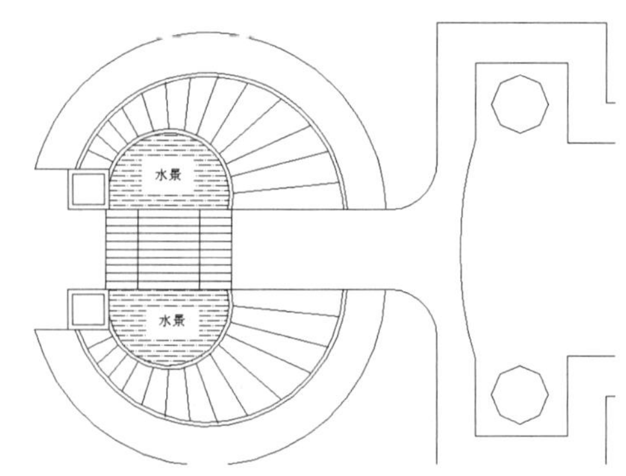

图 6-136　绘制水景连接图线

Note

（11）单击“默认”选项卡“绘图”面板中的“多段线”按钮和“圆弧”按钮，绘制水景造型与会所综合楼的连接图线，完成景观造型绘制，如图 6-137 所示。

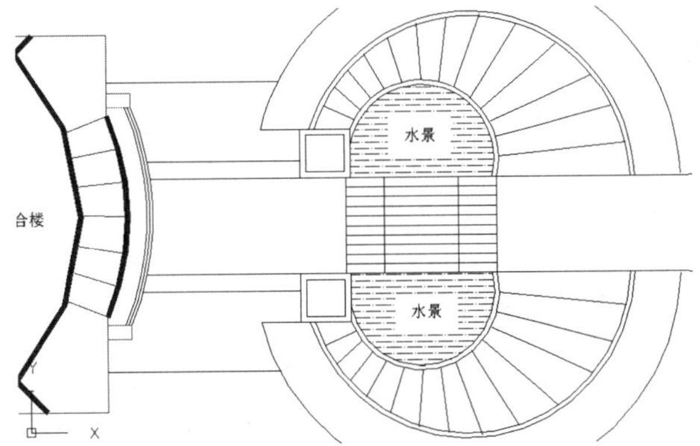

图 6-137　完成景观造型绘制

6.5.5　绿化景观布局的绘制

视频讲解

本节介绍住宅小区中绿化景观布局的 AutoCAD 绘制和设计方法。

（1）单击“插入”选项卡“块”面板“插入”按钮下拉菜单中的“最近使用的块”选项，插入花草效果图块，如图 6-138 所示。

> 注意：在已有的图形库中选择合适的花草造型并插入住宅小区建筑总平面图中，花草图块的绘制在此省略。

（2）单击“默认”选项卡“修改”面板中的“复制”按钮，对花草造型进行复制，如图 6-139 所示。

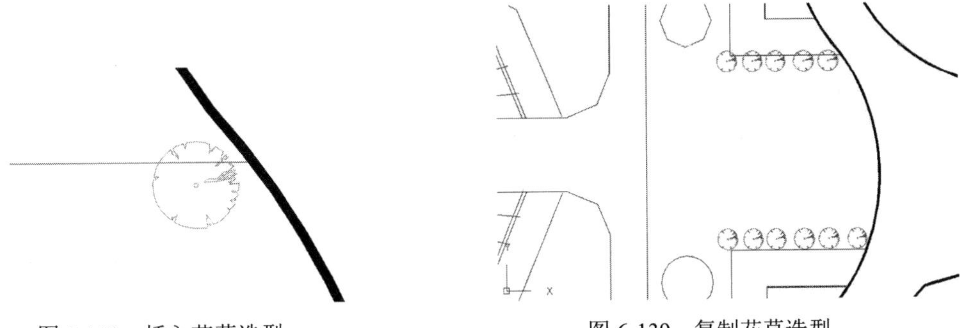

图 6-138　插入花草造型　　图 6-139　复制花草造型

（3）单击“插入”选项卡“块”面板“插入”按钮下拉菜单中的“最近使用的块”选项，选择另一种花草造型并将其插入住宅小区总平面图中，如图 6-140 所示。

> 注意：为使平面绿化效果丰富，必须布置几种造型不一样的花草造型。

（4）单击“默认”选项卡“修改”面板中的“复制”按钮，对该种花草造型进行复制，如图 6-141 所示。

（5）单击“插入”选项卡“块”面板“插入”按钮下拉菜单中的“最近使用的块”选项，再选择一种新的花草造型并将其插入图中进行布置，如图 6-142 所示。

（6）单击“默认”选项卡“修改”面板中的“复制”按钮，布置不同的花草造型，如图 6-143

所示。

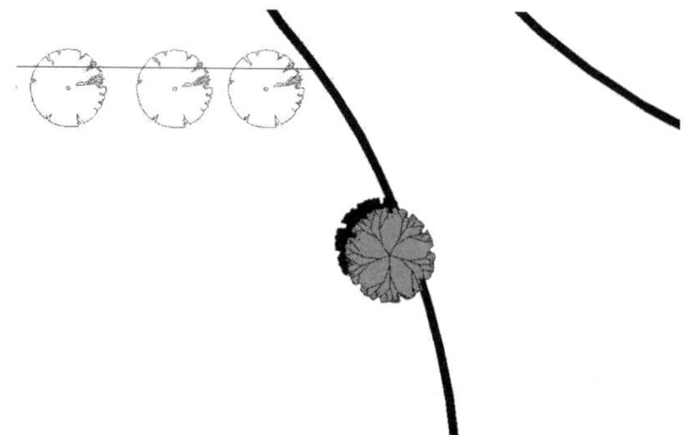

图 6-140　再插入花草新造型

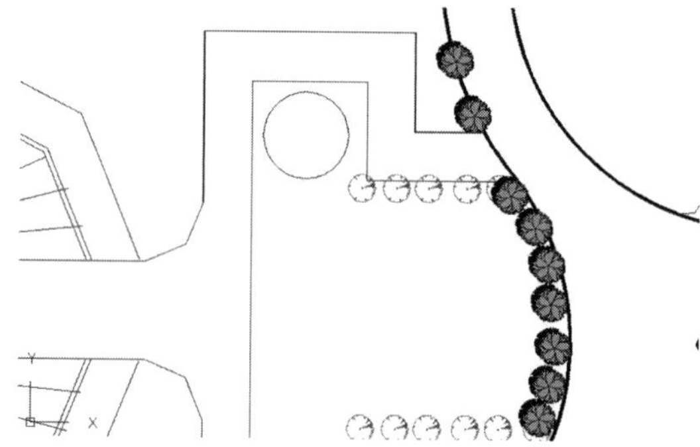

图 6-141　用插入的花草进行布置

图 6-142　插入新的造型

图 6-143　布置不同花草造型

（7）单击“插入”选项卡“块”面板“插入”按钮下拉菜单中的“最近使用的块”选项和“默认”选项卡“修改”面板中的“复制”按钮等，通过复制和组合不同花草造型，创建绿地不同的景观绿化效果，如图 6-144 所示。

注意： 在小区绿地及道路两侧，按上述方法，布置小区其他位置的园林绿化景观。布置花草时注意，既要有一定的规律，又要有一定的随机性。

（8）单击“默认”选项卡“绘图”面板中的“多段线”按钮，绘制草坪轮廓线，然后单击“默认”选项卡“绘图”面板中的“图案填充”按钮，填充草地的草坪效果如图 6-145 所示。

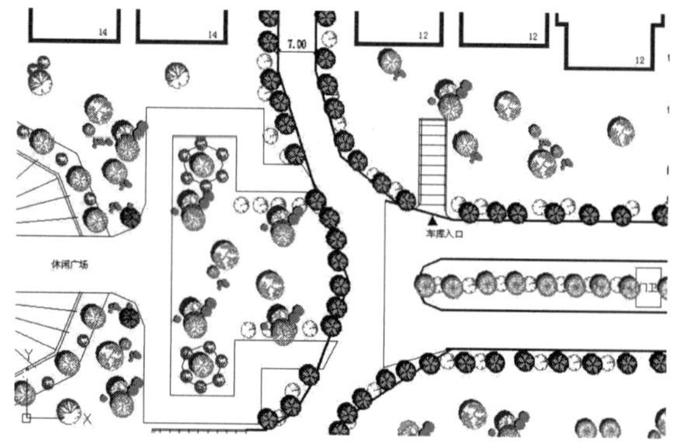

图 6-144　创建绿化效果

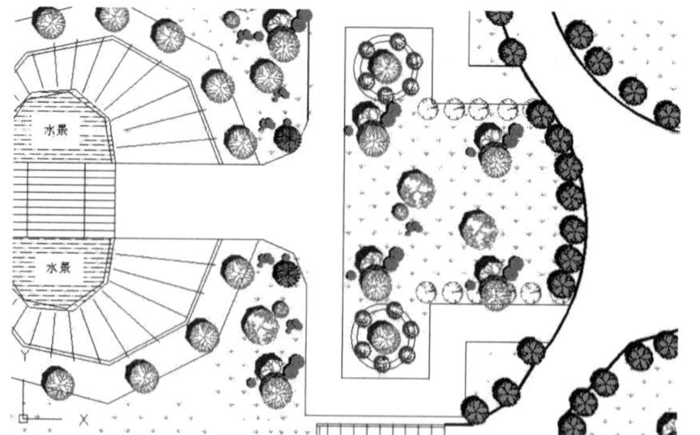

图 6-145　填充草坪效果

（9）布置其他位置的点状花草造型，如图 6-146 所示。

（10）完成小区总平面绿化景观的绘制，即总平面图绘制完成，如图 6-147 所示。

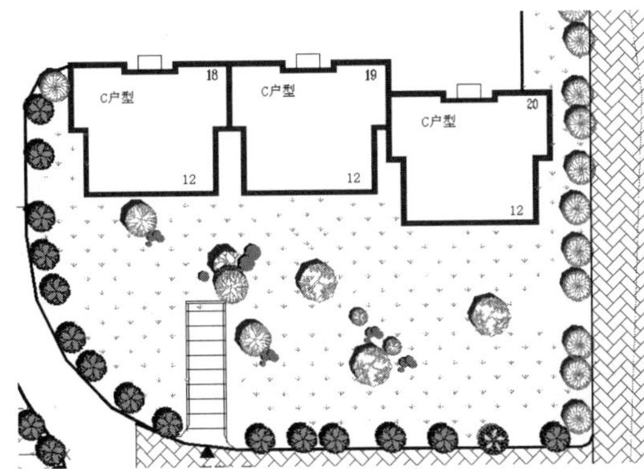

图 6-146　布置其他位置的点状花草造型

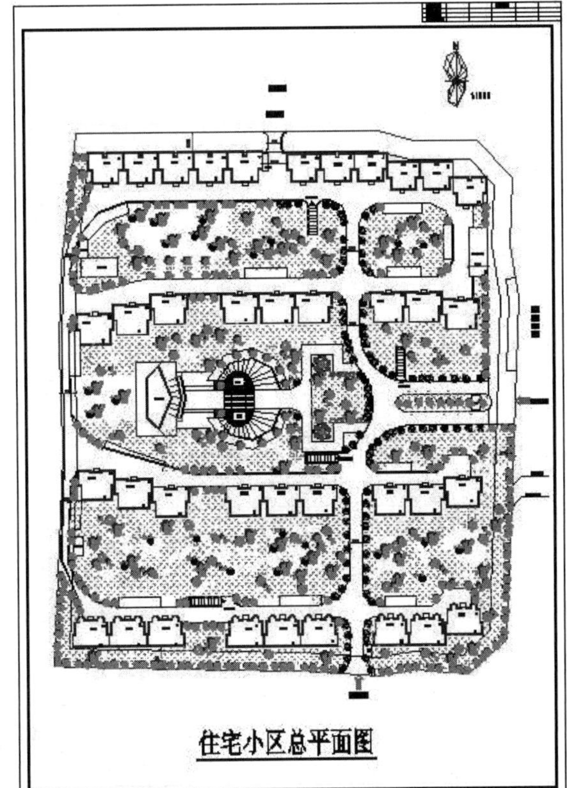

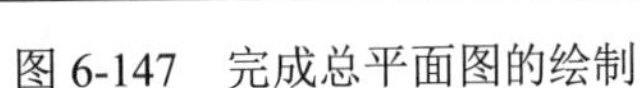

图 6-147　完成总平面图的绘制

6.6　操作与实践

通过本章的学习，读者对总平面图绘制的相关知识有了大致的了解，本节通过几个操作练习使读者进一步掌握本章知识要点。

6.6.1　绘制信息中心总平面图

1. 目的要求

本例要求读者通过练习进一步熟悉和掌握信息中心总平面图的绘制方法。通过本例操作，读者可以学会完成信息中心总平面图的整个绘制过程。信息中心总平面图的绘制结果如图 6-148 所示。

2. 操作提示

（1）绘图前准备。

（2）绘制辅助线网。

（3）绘制建筑与辅助设施。

（4）填充图案与文字说明。

Note

（5）标注尺寸。

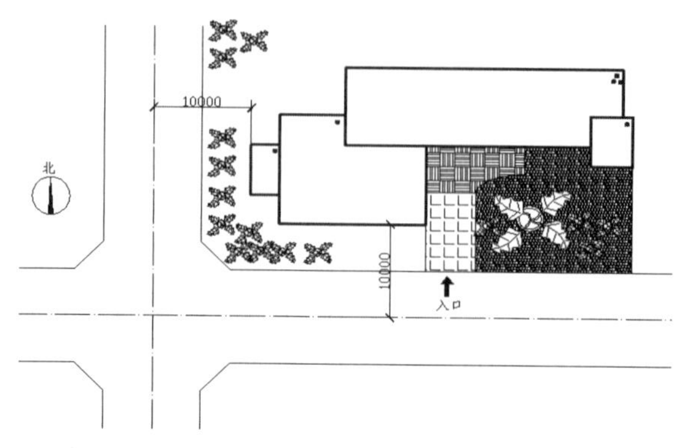

图 6-148　信息中心总平面图

6.6.2　绘制幼儿园总平面图

1. 目的要求

本例要求读者通过练习进一步熟悉和掌握幼儿园总平面图的绘制方法。通过本例操作，读着可以学会完成幼儿园总平面图整个绘制过程。幼儿园总平面图的绘制结果如图 6-149 所示。

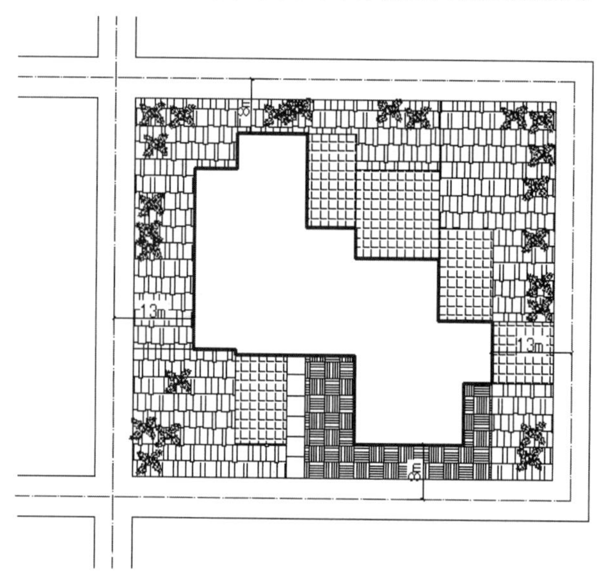

图 6-149　幼儿园总平面图

2. 操作提示

（1）绘图前准备。

（2）绘制辅助线网。

（3）绘制建筑与辅助设施。

（4）填充图案与文字说明。

（5）标注尺寸。

绘制建筑平面图

建筑平面图是建筑制图中的重要组成部分，许多初学者都是从绘制平面图开始的。在前面基本图元绘制的讲解中，涉及一些建筑平面图绘制操作的内容，但是没有展开讲解。本章将较全面地讲述在AutoCAD 2024中绘制建筑平面图的基本方法，为后面拓展计算机绘图技能打下良好的基础。为了达到这一目的，并能够更好地讲解建筑平面图绘制知识，我们选取比较有代表性的某别墅和宿舍楼设计图作为示例配合讲解。

☑ 绘制建筑平面图的概述

☑ 绘制某别墅平面图

☑ 绘制某宿舍楼平面图

任务驱动&项目案例

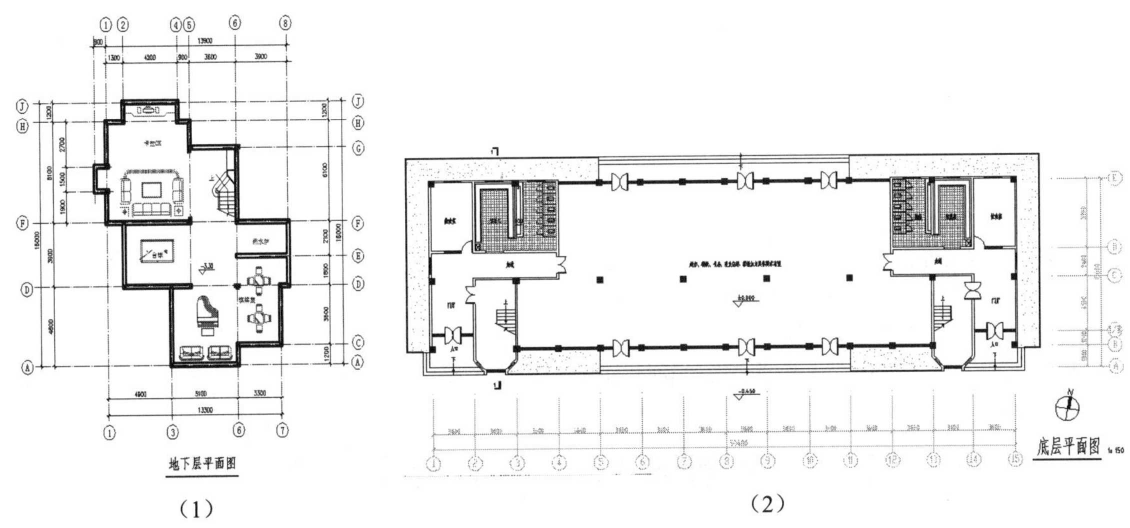

（1）　　　　（2）

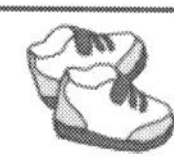

7.1 绘制建筑平面图的概述

Note

本节主要向读者介绍建筑平面图包含的内容、类型及绘制平面图的一般方法，为后面 AutoCAD 的操作做准备。

7.1.1 建筑平面图内容

建筑平面图是假设在门窗洞口之间用一水平剖切面将建筑物剖成两半，下半部分为在水平面上（H 面）的正投影图。在平面图中图形主要包括剖切到墙、柱、门窗、楼梯，以及看到的地面、台阶、楼梯等剖切面以下的构件轮廓。因此，从平面图中，可以看到建筑的平面大小、形状、空间平面布局、内外交通及联系、建筑构配件大小及材料等内容。为了清晰、准确地表达这些内容，除了按制图知识和规范绘制建筑构配件平面图形之外，还需要标注尺寸及文字说明、设置图面比例等。

7.1.2 建筑平面图类型

1. 按剖切位置不同分类

根据剖切位置不同，建筑平面图可分为地下层平面图、底层平面图、X 层平面图、标准层平面图、屋顶平面图、夹层平面图等。

2. 按不同的设计阶段分类

按不同的设计阶段分为方案平面图、初设平面图和施工平面图。不同阶段图纸表达深度不一样。

7.1.3 绘制建筑平面图的一般步骤

绘制建筑平面图的一般步骤如下。

（1）绘图环境的设置。

（2）轴线的绘制。

（3）墙线的绘制。

（4）柱的绘制。

（5）门窗的绘制。

（6）阳台的绘制。

（7）楼梯、台阶的绘制。

（8）室内的布置。

（9）室外周边景观（底层平面图）。

（10）尺寸、文字的标注。

根据工程的复杂程度，上面的绘图顺序可能有小范围调整，但总体顺序基本不变。

7.2 绘制某别墅平面图的实例

别墅是练习建筑绘图的理想实例。它建筑规模不大、不复杂，易被初学者接受，而且它包含的建

筑构配件是比较齐全的，所谓“麻雀虽小，五脏俱全”。本节以某别墅设计方案图作为示例（见图 7-1），和读者一起体验别墅平面图绘制的过程。

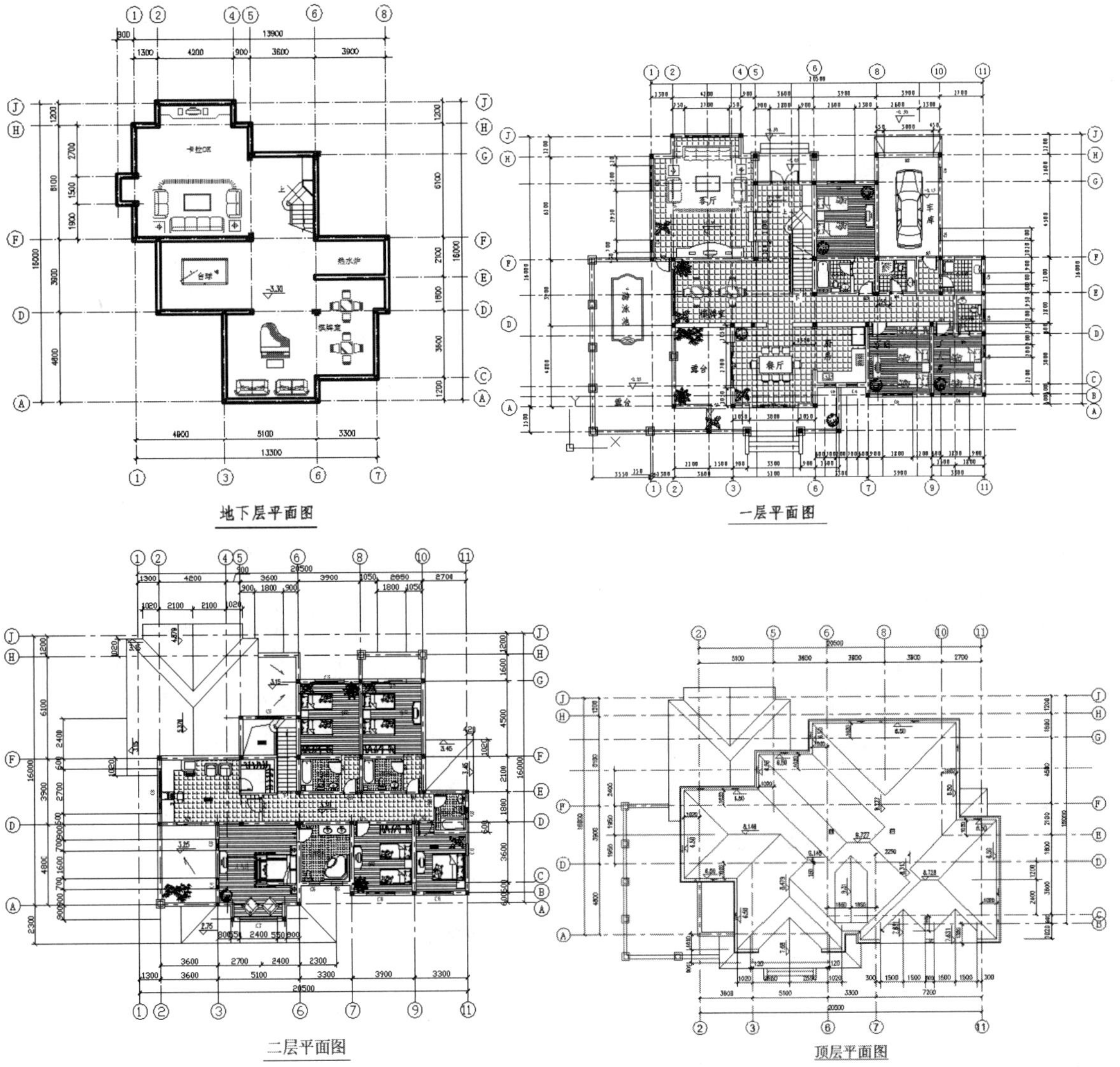

地下层平面图　　一层平面图

二层平面图　　顶层平面图

图 7-1　某别墅地下层、一层、二层、顶层平面图

7.2.1　实例简介

本实例别墅是设计建造于某城市郊区的一座独院别墅，砖混结构，地下一层、地上两层，共三层。地下层主要布置活动室；一层布置客厅、卧室、餐厅、厨房、卫生间、工人房、棋牌室、洗衣房、车库、游泳池；二层布置卧室、书房、卫生间、室外观景平台。

7.2.2　地下层平面图

下面介绍某别墅地下层平面图设计的相关知识及其绘图方法与技巧，绘制流程如图 7-2 所示。

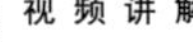

Note

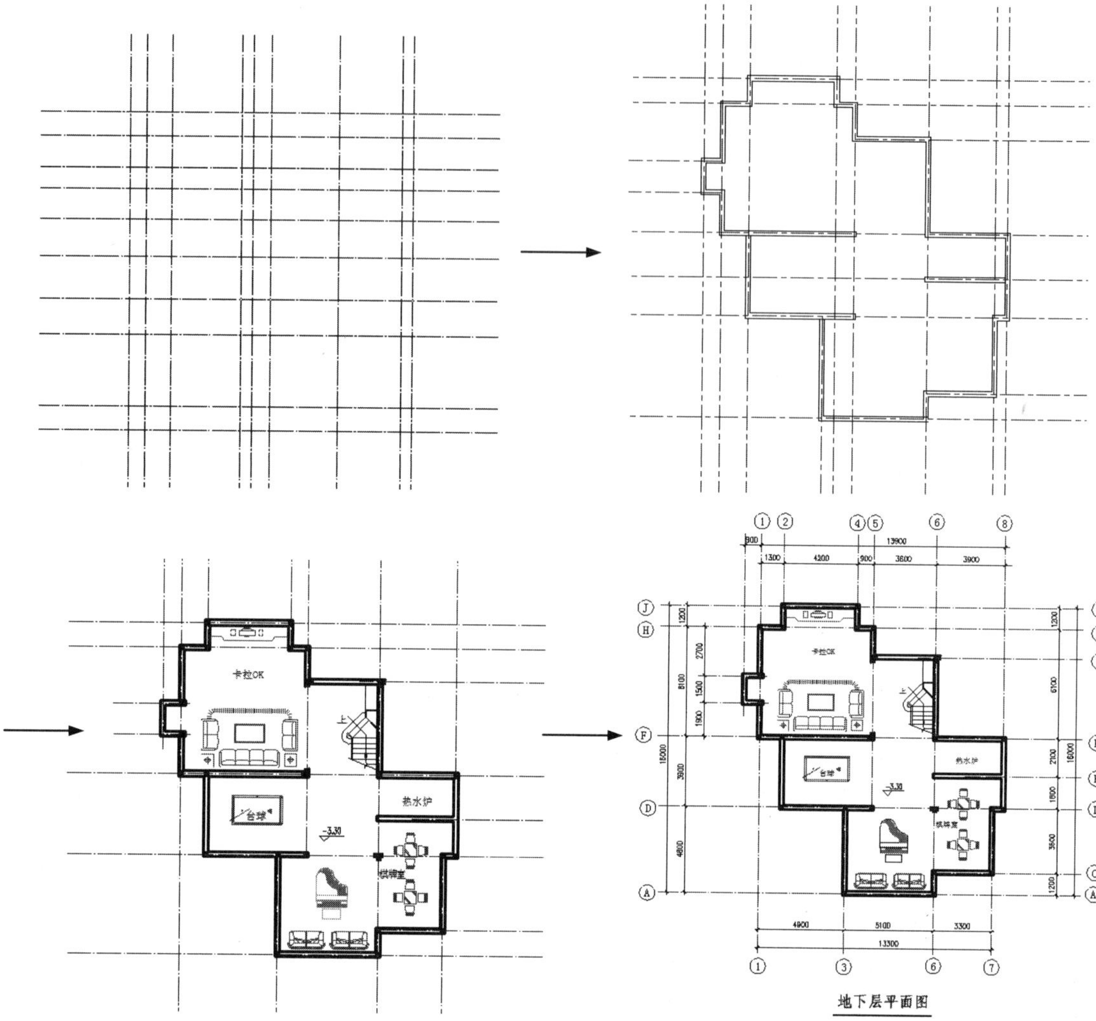

图 7-2　绘制地下层平面图的流程

1. 设置绘图环境

选择菜单栏中的“格式”→“单位”命令，打开“图形单位”对话框，如图 7-3 所示。设置长度“类型”为“小数”，“精度”为 0；设置角度“类型”为“十进制度数”，“精度”为 0；系统默认逆时针方向为正，将插入时的缩放单位设置为“毫米”。

2. 设置图形边界

在命令行中输入LIMITS，设置图幅尺寸为420000×297000。

3. 设置图层

单击“默认”选项卡“图层”面板中的“图层特性”按钮，弹出“图层特性管理器”选项板，单击“新建图层”按钮，创建“标注”“混凝土柱”“楼梯”等图层，然后修改各图层的颜色、线型和线宽等属性，结果如图 7-4 所示。

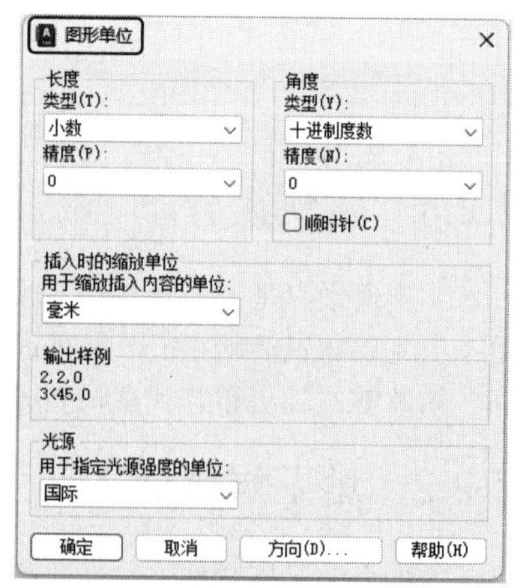

图 7-3　“图形单位”对话框

4. 绘制轴线网

（1）将“轴线”图层设置为当前图层。

（2）单击“默认”选项卡“绘图”面板中的“构造线”按钮，绘制一条水平构造线和一条竖直构造线，组成“十”字构造线，如图 7-5 所示。

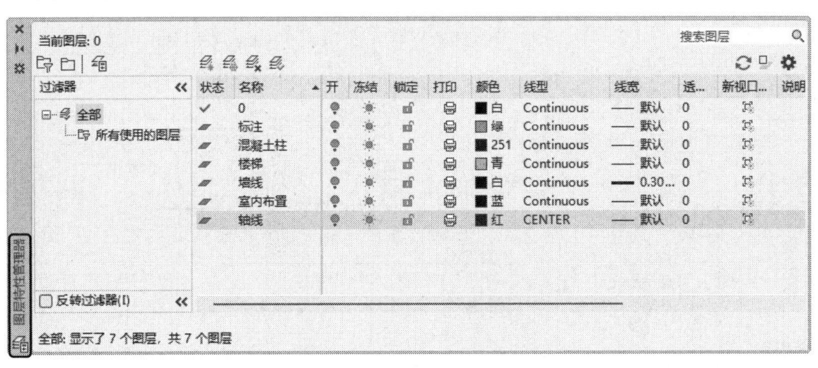

图 7-4　设置图层

图 7-5　绘制“十”字构造线

（3）单击“默认”选项卡“修改”面板中的“偏移”按钮，将水平构造线连续分别向上偏移，偏移后相邻直线间的距离分别为 1200、3600、1800、2100、1900、1500、1100、1600 和 1200，得到水平方向的辅助线；将竖直构造线连续分别向右偏移，偏移后相邻直线间的距离分别为 900、1300、3600、600、900、3600、3300 和 600，得到竖直方向的辅助线。

（4）单击“默认”选项卡“绘图”面板中的“矩形”按钮和“修改”面板中的“修剪”按钮，将轴线修剪，如图 7-6 所示。

5. 绘制墙体

（1）将“墙线”图层设置为当前图层。

（2）选择菜单栏中的“格式”→“多线样式”命令，弹出“多线样式”对话框，如图 7-7 所示。

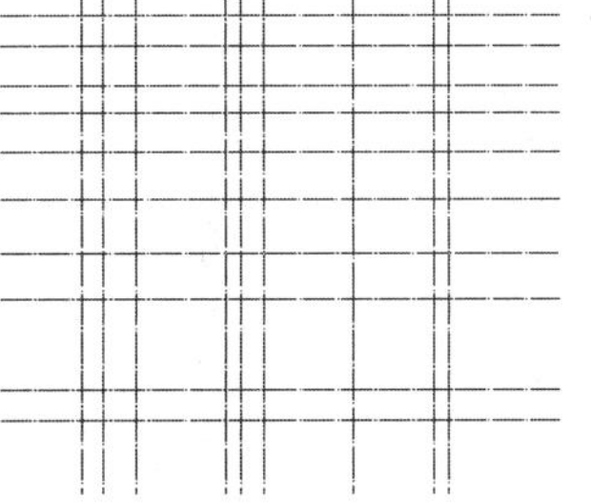

图 7-6　绘制轴线网

图 7-7　“多线样式”对话框

单击“新建”按钮，弹出“创建新的多线样式”对话框，在“新样式名”文本框中输入 240，如

图 7-8 所示。单击“继续”按钮，弹出“新建多线样式:240”对话框，将“图元”选项组中的元素偏移量设为 120 和−120，如图 7-9 所示。

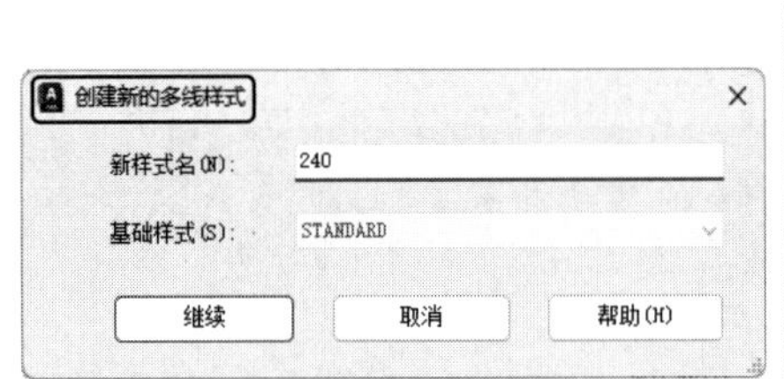

图 7-8 “创建新的多线样式”对话框

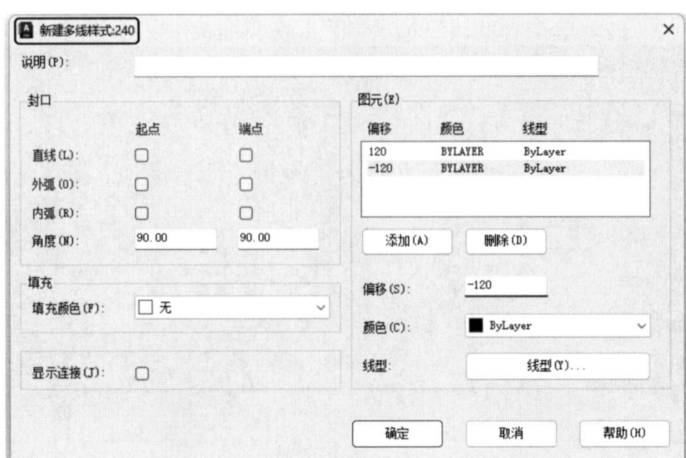

图 7-9 “新建多线样式:240”对话框

（3）单击“确定”按钮，返回“多线样式”对话框中，将多线样式“240”设为当前样式，完成“240”墙体多线的设置。

（4）选择菜单栏中的“绘图”→“多线”命令，根据命令行提示将“对齐方式”设为“无”，将“多线比例”设为 1，将“多线样式”设为 240，完成多线样式的调节。

（5）选择菜单栏中的“绘图”→“多线”命令，根据辅助线网格绘制墙线，如图 7-10 所示。

（6）单击“默认”选项卡“修改”面板中的“分解”按钮，将多线分解。单击“默认”选项卡“修改”面板中的“修剪”按钮和“绘图”面板中的“直线”按钮，对绘制的图形进行编辑，使全部墙体都是光滑连贯的，如图 7-11 所示。

（7）单击“默认”选项卡“修改”面板中的“修剪”按钮，对轴线进行修改。

6. 绘制混凝土柱和砖柱

（1）将“混凝土柱”图层设置为当前图层。

（2）将左下角的节点放大，单击“默认”选项卡“绘图”面板中的“矩形”按钮，捕捉内外墙线的两个角点作为矩形对角线上的两个角点，即可绘制出柱子边框，如图 7-12 所示。

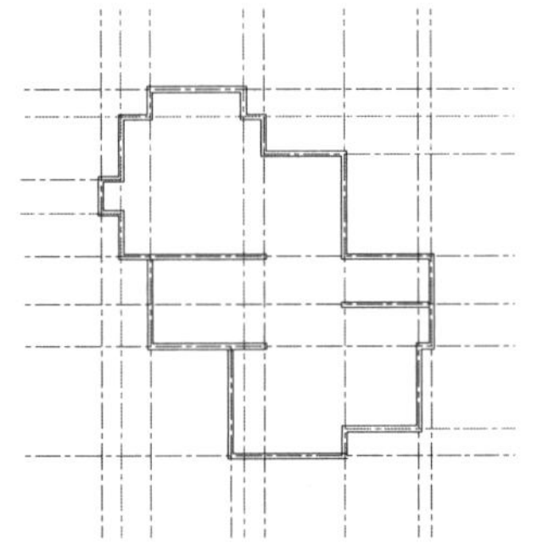

图 7-10 根据辅助线网格绘制墙线

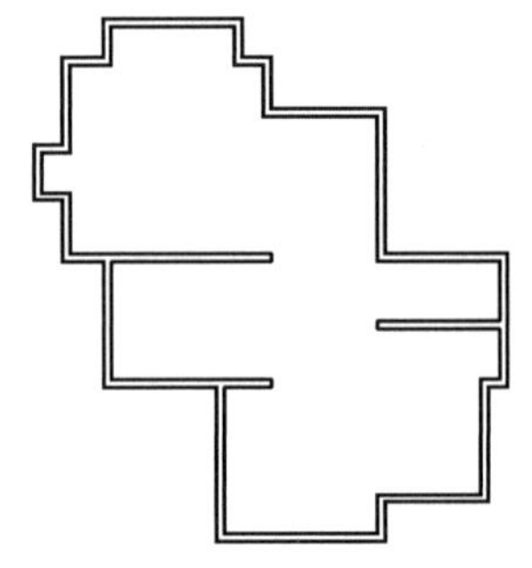

图 7-11 编辑墙线

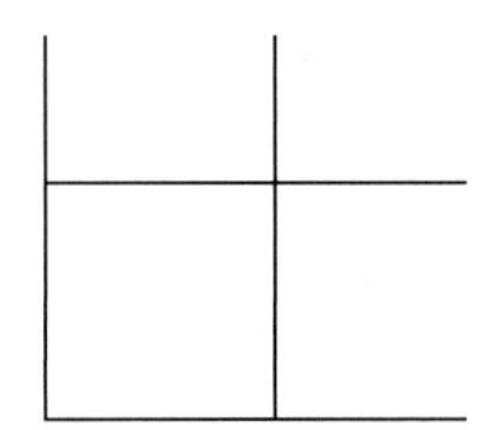

图 7-12 绘制矩形

（3）单击“默认”选项卡“绘图”面板中的“图案填充”按钮，弹出“图案填充创建”选项卡，设置参数，如图 7-13 所示。在柱子轮廓内单击，选择柱子选区，填充 SOLID 图案，如图 7-14

所示。

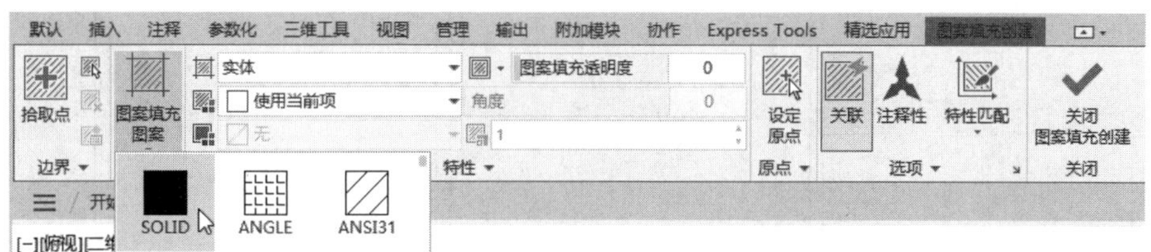

图 7-13 “图案填充创建”选项卡

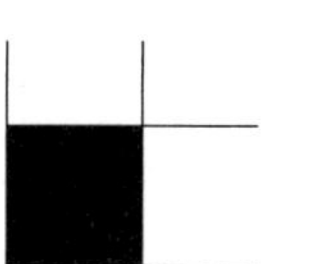

图 7-14 图案填充

（4）单击“默认”选项卡“修改”面板中的“复制”按钮，将柱子图案复制到相应的位置上。注意复制时灵活应用对象捕捉功能，这样非常便于定位，如图 7-15 所示。

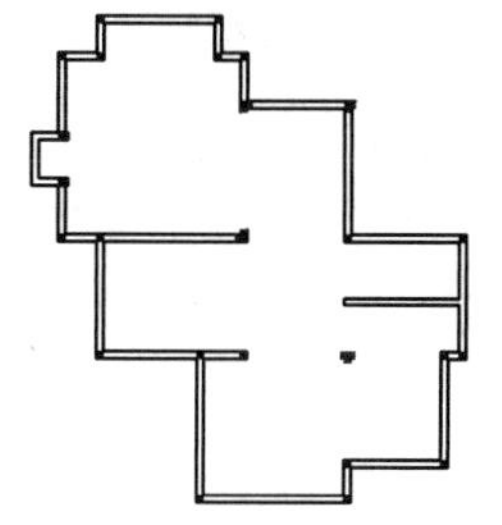

图 7-15 绘制混凝土柱

视频讲解

7. 绘制楼梯

（1）将“楼梯”图层设置为当前图层。

（2）单击“默认”选项卡“修改”面板中的“偏移”按钮，将楼梯间右侧的轴线向左偏移 720，将上侧的轴线向下依次偏移，偏移后相邻直线间的距离分别为 1380、290 和 600。单击“默认”选项卡“修改”面板中的“修剪”按钮和“绘图”面板中的“直线”按钮，将偏移后的直线进行修剪和补充，结果如图 7-16 所示。

（3）将楼梯承台位置的线段颜色设置为黑色，并将其线宽改为 0.6，如图 7-17 所示。

（4）单击“默认”选项卡“修改”面板中的“偏移”按钮，将内墙线向左偏移 1200，将楼梯承台的斜边向下偏移 1200，结果如图 7-18 所示。

（5）单击“默认”选项卡“绘图”面板中的“直线”按钮，绘制台阶边线，如图 7-19 所示。

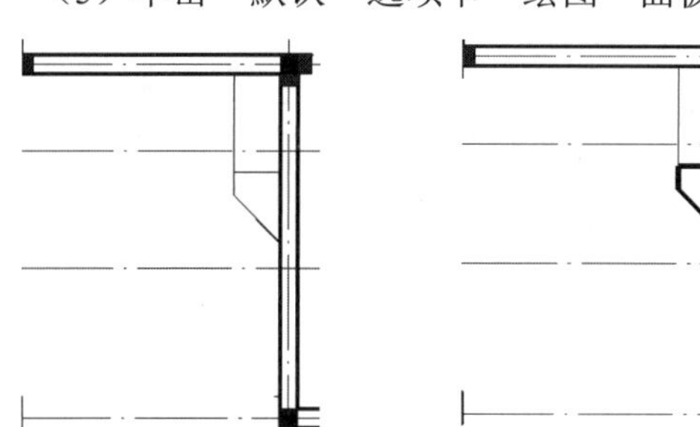

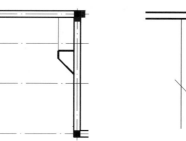

图 7-16 偏移轴线并修剪　图 7-17 修改楼梯承台线段

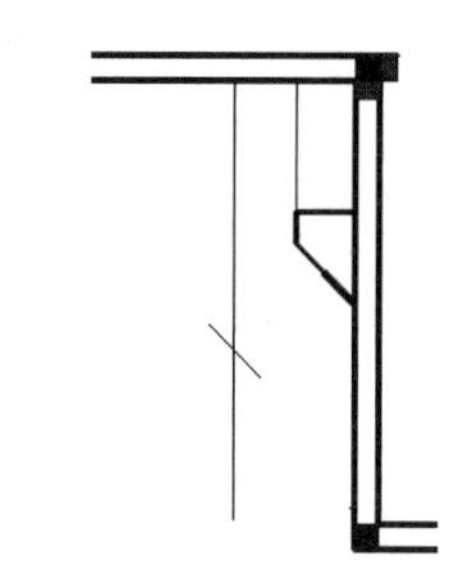

图 7-18 偏移直线

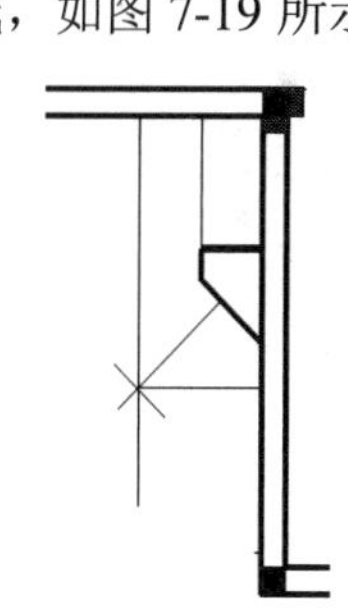

图 7-19 绘制台阶边线

（6）单击“默认”选项卡“修改”面板中的“偏移”按钮，将台阶边线分别向两侧偏移，偏移距离均为 250，完成楼梯踏步的绘制，结果如图 7-20 所示。

（7）单击“默认”选项卡“修改”面板中的“偏移”按钮，将楼梯边线向左偏移 60，绘制楼梯扶手，然后单击“默认”选项卡“绘图”面板中的“直线”按钮和“圆弧”按钮，细化踏步和扶手，如图 7-21 所示。

（8）单击“默认”选项卡“绘图”面板中的“直线”按钮，绘制倾斜折断线，然后单击“默认”选项卡“修改”面板中的“修剪”按钮，修剪多余线段，如图 7-22 所示。

（9）单击“默认”选项卡“绘图”面板中的“多段线”按钮和“注释”面板中的“多行文字”按钮 A，绘制楼梯箭头，完成地下层楼梯的绘制，如图 7-23 所示。

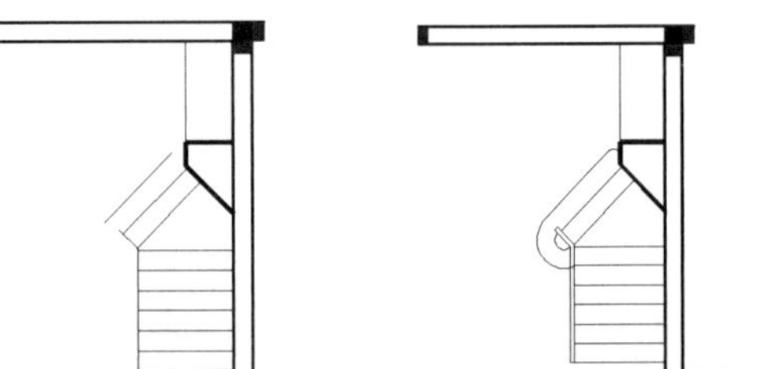

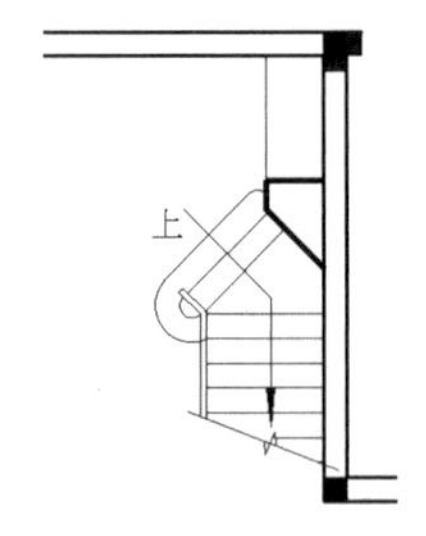

图 7-20　绘制的楼梯踏步　　图 7-21　绘制楼梯扶手　　图 7-22　绘制折断线　　图 7-23　绘制楼梯箭头

Note

视频讲解

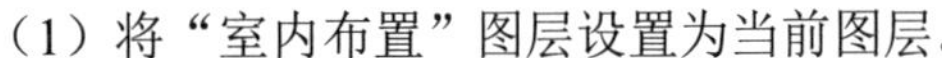

8. 室内布置

（1）将“室内布置”图层设置为当前图层。

（2）单击“视图”选项卡“选项板”面板中的“设计中心”按钮，弹出设计中心，在左侧的列表框中选择资源包中的“图库.dwg”，右侧的列表框中出现桌子、椅子、床、钢琴等室内布置样例，如图 7-24 所示，将这些样例拖曳到工具选项板的“建筑”选项卡中，如图 7-25 所示。

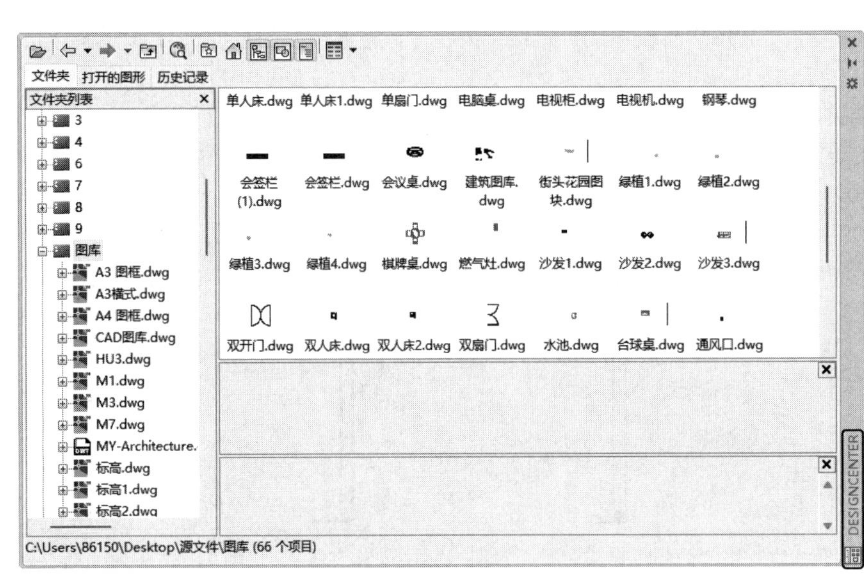

图 7-24　设计中心

图 7-25　工具选项板

（3）从工具选项板的“建筑”选项卡中双击“钢琴”图块。命令行提示与操作如下。

```
命令按钮：忽略块 钢琴 的重复定义。
指定插入点或[基点(B)/比例(S)/旋转(R)]：
```

确定合适的插入点和缩放比例，将钢琴放置在室内合适的位置处，如图 7-26 所示。

重复上述操作，将沙发、台球桌、棋牌桌等插入合适的位置处。

（4）单击“插入”选项卡“块”面板“插入”按钮下拉菜单中的“最近使用的块”选项，打开资源包中的“源文件\7\块\组合沙发.dwg”文件，将沙发插入客厅合适的位置处。重复“插入”命令，将“音箱”等其他图块插入合适的位置处，完成地下层平面图的室内布置，如图 7-27 所示。

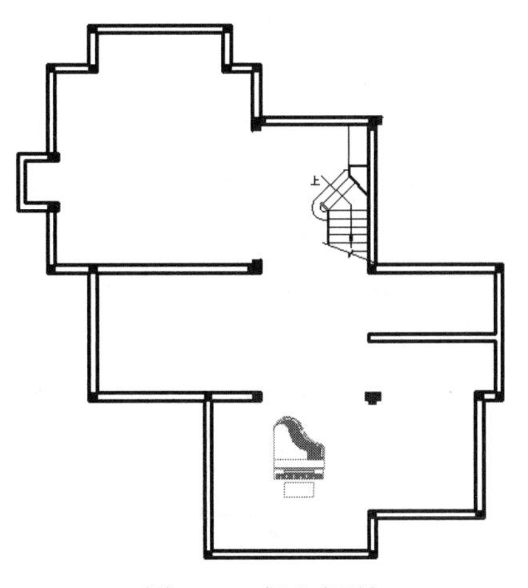

图 7-26　插入钢琴

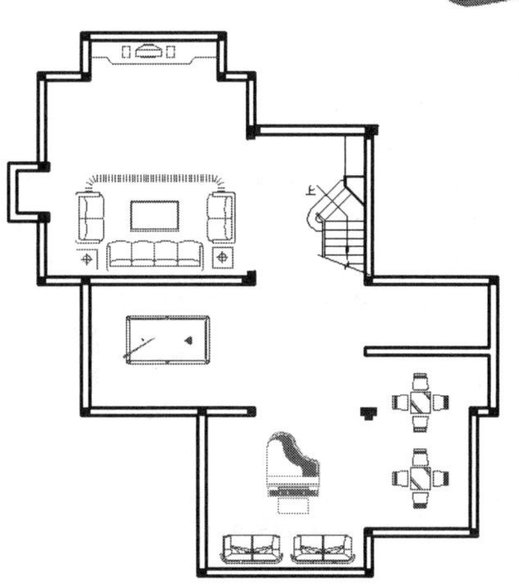

图 7-27　室内布置

视频讲解

9. 添加尺寸标注和文字说明

（1）将“标注”图层设置为当前图层。

（2）单击“默认”选项卡“注释”面板中的“多行文字”按钮A，对图形进行文字说明，主要包括房间及设施的功能用途等，如图 7-28 所示。

（3）单击“默认”选项卡“绘图”面板中的“直线”按钮╱和“注释”面板中的“多行文字”按钮A，标注室内标高，如图 7-29 所示。

图 7-28　添加文字说明

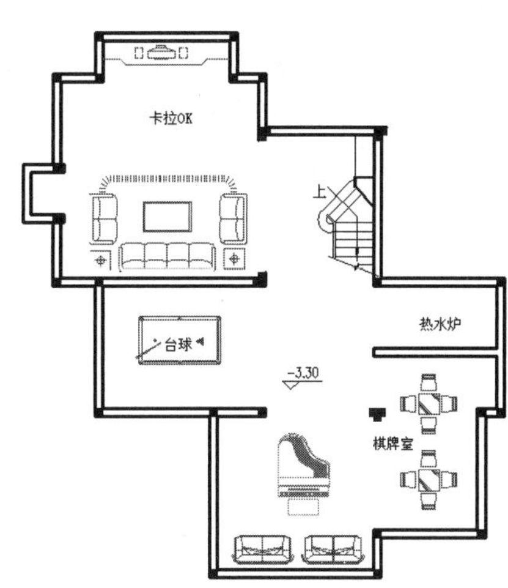

图 7-29　标注标高

（4）打开“轴线”图层，如图 7-30 所示。

（5）单击“默认”选项卡“注释”面板中的“标注样式”按钮，弹出“标注样式管理器”对话框，新建“地下层平面图”标注样式。选择“线”选项卡，设置“超出尺寸线”为 200；选择“符号和箭头”选项卡，设置箭头样式为“建筑标记”，设置“箭头大小”为 200；选择“文字”选项卡，设置“文字高度”为 300，设置“从尺寸线偏移”为 100。

（6）单击“注释”选项卡“标注”面板中的“线性”按钮和“连续”按钮，标注第一道尺寸，如图 7-31 所示。

（7）重复上述操作，对第二道尺寸和最外围尺寸进行标注，结果如图 7-32 和图 7-33 所示。

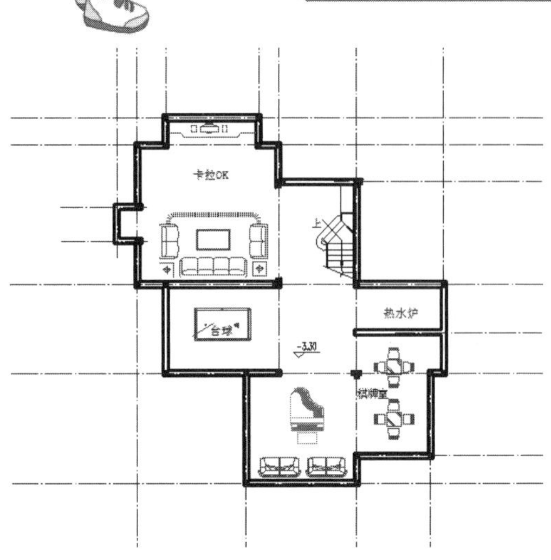

图 7-30　修改轴线网

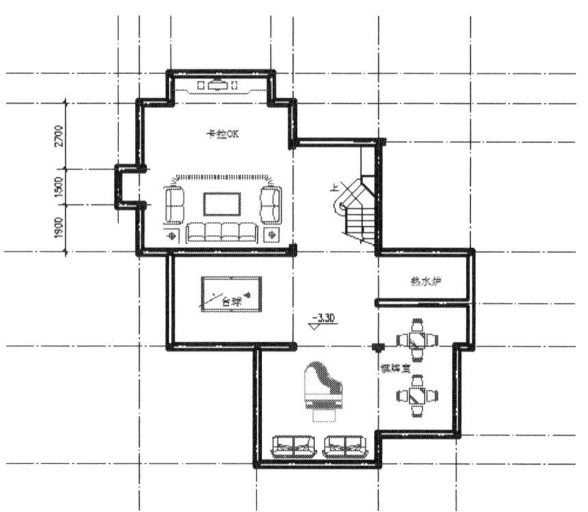

图 7-31　标注第一道尺寸

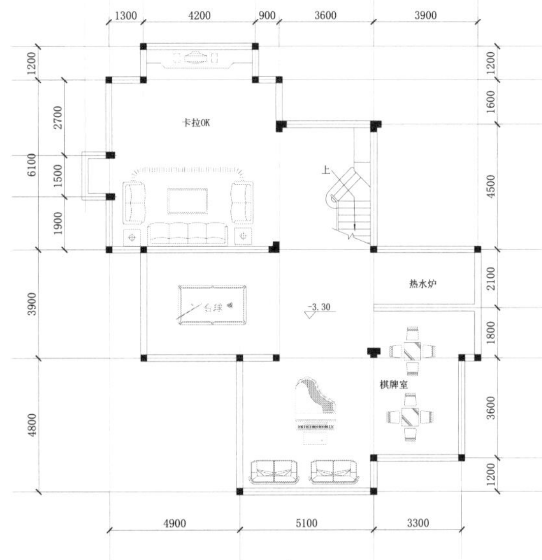

图 7-32　标注第二道尺寸

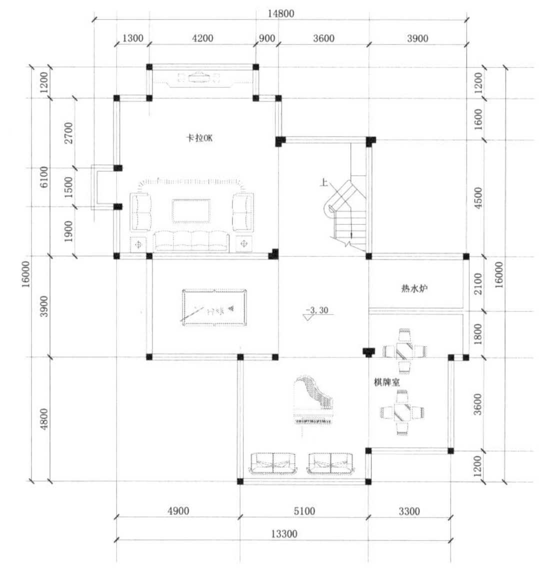

图 7-33　标注外围尺寸

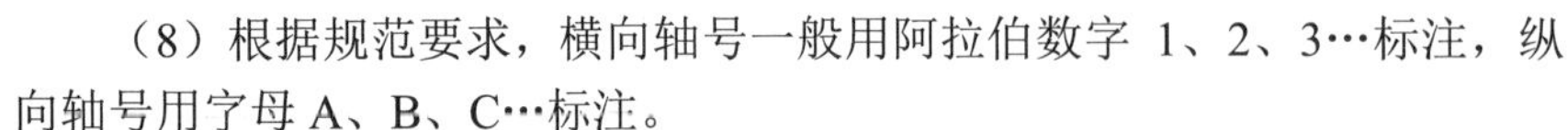

（8）根据规范要求，横向轴号一般用阿拉伯数字 1、2、3…标注，纵向轴号用字母 A、B、C…标注。

❶ 单击“默认”选项卡“绘图”面板中的“圆”按钮，在轴线端绘制一个直径为 600 的圆。

❷ 单击“默认”选项卡“注释”面板中的“多行文字”按钮A，在圆的中央添加一个数字“1”，字高为 300，如图 7-34 所示。

❸ 单击“默认”选项卡“修改”面板中的“复制”按钮，将该轴号图例复制到其他轴线端头，并修改圆内的数字，完成轴线号的标注，如图 7-35 所示。

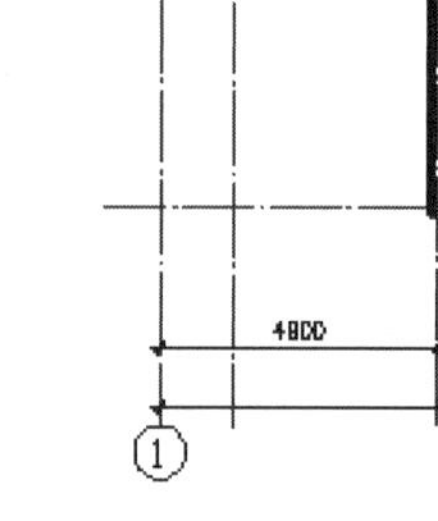

图 7-34　添加轴号 1

（9）单击“默认”选项卡“注释”面板中的“多行文字”按钮A，弹出“文字编辑器”选项卡，设置文字高度为 700，在文本区输入“地下层平面图”，并在文字下方绘

Note

制一条直线，完成地下层平面图的绘制，如图 7-36 所示。

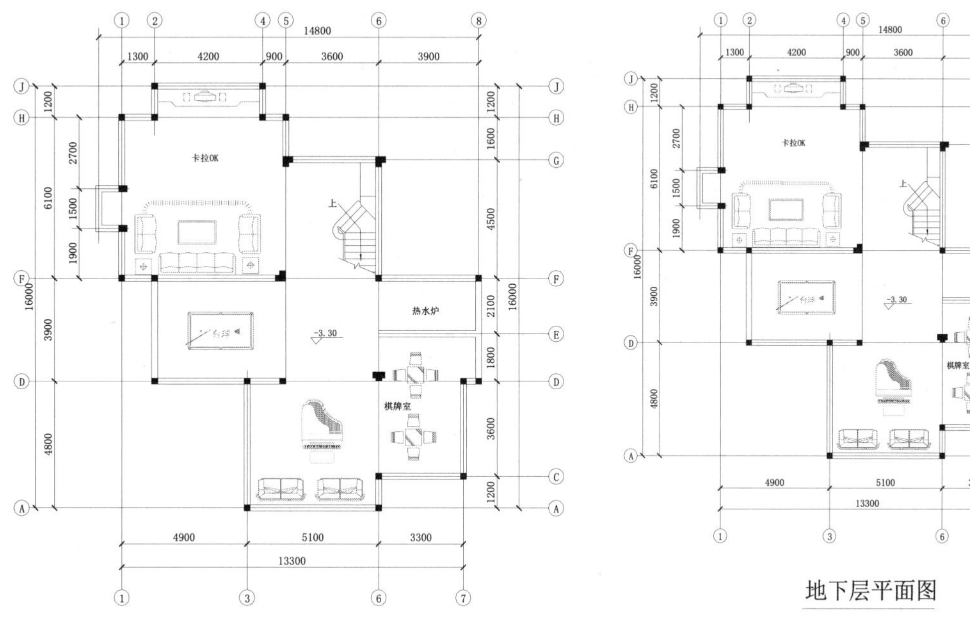

图 7-35　标注轴线号　　　图 7-36　完成的地下层平面图

7.2.3　一层平面图

视频讲解

下面介绍某别墅一层平面图设计的相关知识及其绘图方法与技巧，绘制流程如图 7-37 所示。

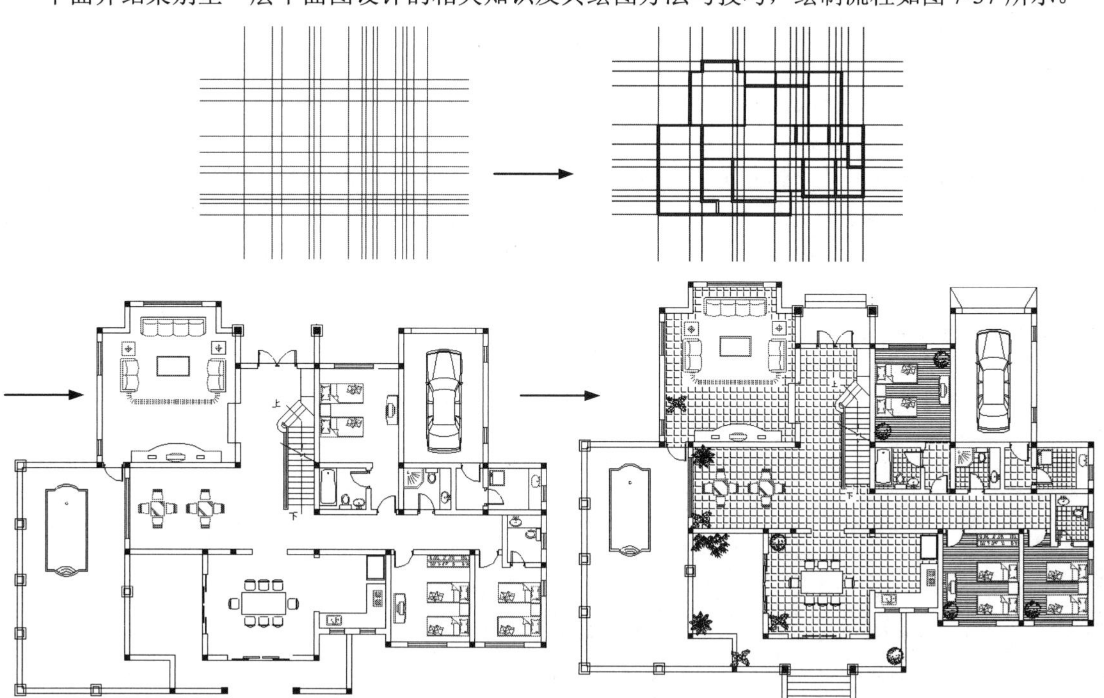

图 7-37　绘制一层平面图的流程

Note

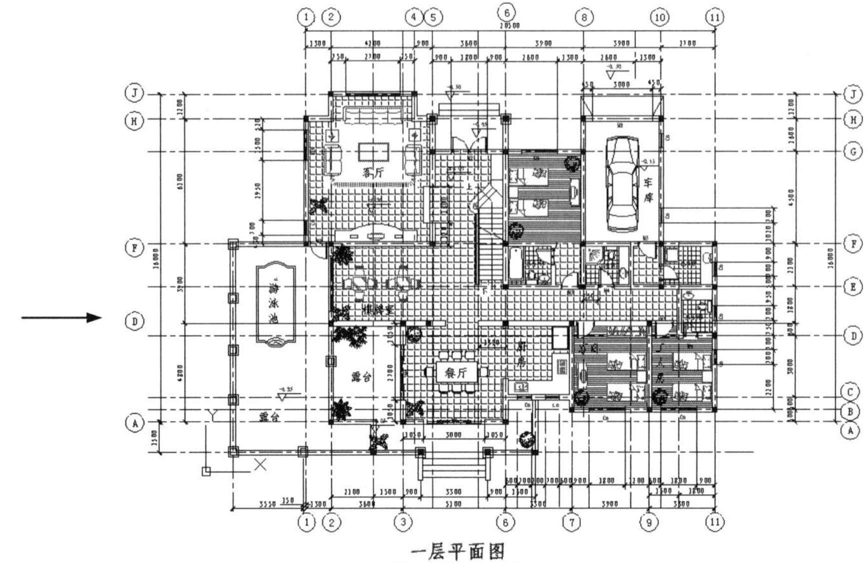

图 7-37　绘制一层平面图的流程（续）

1. 设置绘图环境

（1）在命令行中输入 LIMITS，设置图幅尺寸为 420000×297000。

（2）单击“默认”选项卡“图层”面板中的“图层特性”按钮，在弹出的“图层特性管理器”选项板中创建“标注”“混凝土柱”“楼梯”等图层，如图 7-38 所示。

2. 绘制轴线网

（1）将“轴线”图层设置为当前图层。

（2）单击“默认”选项卡“绘图”面板中的“构造线”按钮，绘制一条水平构造线和一条竖直构造线，组成“十”字构造线，如图 7-39 所示。

（3）单击“默认”选项卡“修改”面板中的“偏移”按钮，将水平构造线连续向上偏移，偏移后相邻直线间的距离分别为 1500、600、600、2700、900、1800、2100、4500、1600 和 1200，得到水平方向的辅助线；将竖直构造线连续向右偏移，偏移后相邻直线间的距离分别为 3700、1300、3600、600、900、3600、1700、700、900、600、2400、900、600、900 和 1800，得到竖直方向的辅助线。

（4）单击“默认”选项卡“绘图”面板中的“矩形”按钮和“修改”面板中的“修剪”按钮，修剪轴线，如图 7-40 所示。

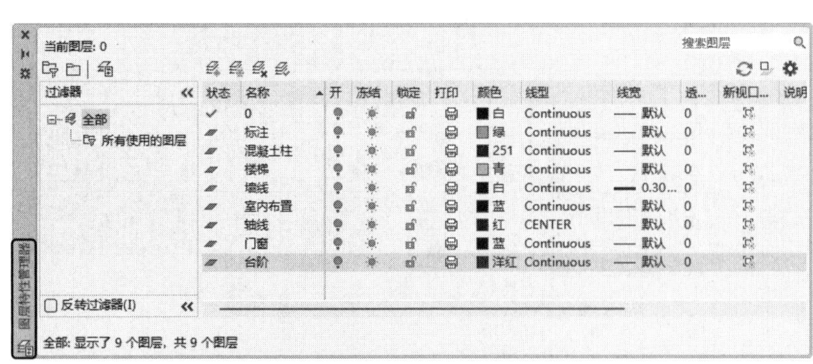

图 7-38　设置图层

图 7-39　绘制“十”字构造线

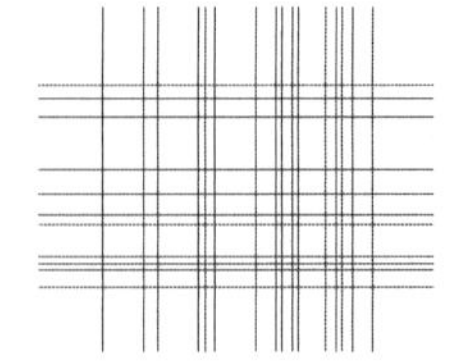

图 7-40　绘制轴线网

3. 绘制墙体

（1）将“墙线”图层设置为当前图层。

（2）选择菜单栏中的“格式”→“多线样式”命令，新建多线样式“240”，在“图元”选项组中设置元素偏移量为 120 和−120，将多线样式“240”设为当前样式，完成墙体多线的设置。

（3）选择菜单栏中的“绘图”→“多线”命令，在命令行中设置“对齐方式”为“无”，设置“比例”为 1，设置“当前多线样式”为 240。根据辅助线网格绘制外墙线，结果如图 7-41 所示。

（4）重复使用“多线”命令，根据辅助线网格绘制内墙线，如图 7-42 所示。

（5）重复使用“多线”命令，根据辅助线网格绘制围墙线，如图 7-43 所示。

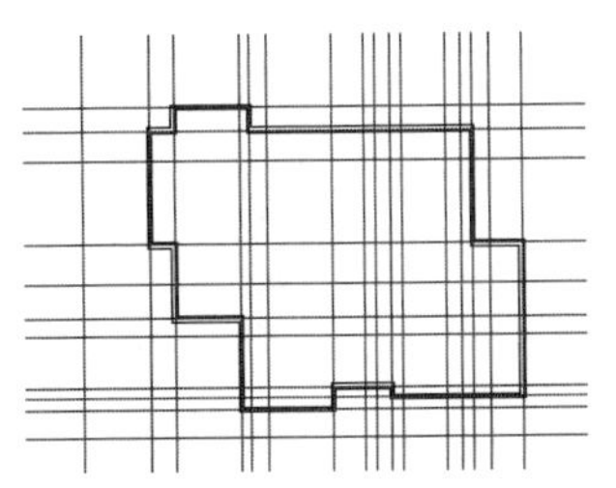

图 7-41　绘制外墙线

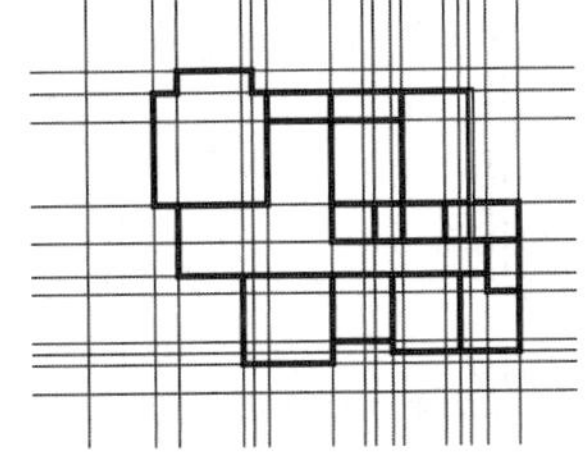

图 7-42　绘制内墙线

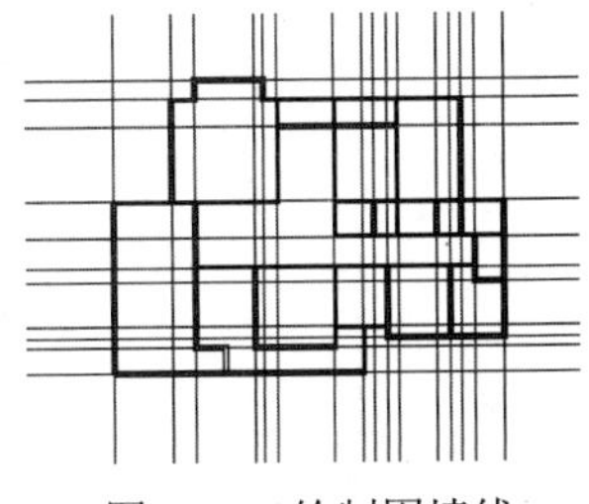

图 7-43　绘制围墙线

（6）单击“默认”选项卡“修改”面板中的“分解”按钮，将多线分解。

（7）隐藏轴线网。单击“默认”选项卡“修改”面板中的“修剪”按钮，修剪多余的线段；单击“默认”选项卡“绘图”面板中的“直线”按钮，连接墙线，如图 7-44 所示。

4. 绘制混凝土柱和砖柱

（1）将“混凝土柱”图层设置为当前图层。

（2）单击“默认”选项卡“绘图”面板中的“矩形”按钮，捕捉内外墙线的两个角点作为矩形对角线上的两个角点，绘制矩形；单击“默认”选项卡“绘图”面板中的“图案填充”按钮，在打开的对话框中选择 SOLID 图案填充矩形，完成混凝土柱的绘制；单击“默认”选项卡“修改”面板中的“复制”按钮，将混凝土柱图案复制到相应的位置处，如图 7-45 所示。

（3）单击“默认”选项卡“绘图”面板中的“矩形”按钮，捕捉左下角围墙线的角点，绘制边长为 300 的正方形；单击“默认”选项卡“修改”面板中的“偏移”按钮，将正方形向外侧偏移 100，完成砖柱的绘制；单击“默认”选项卡“修改”面板中的“复制”按钮，将砖柱图案复制到相应的位置处，如图 7-46 所示。

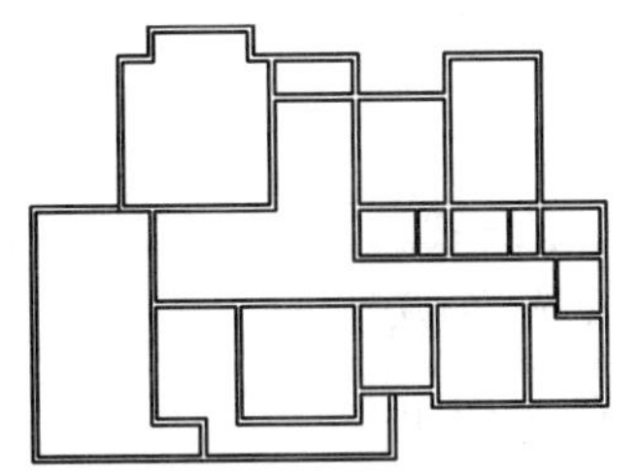

图 7-44　修改墙线

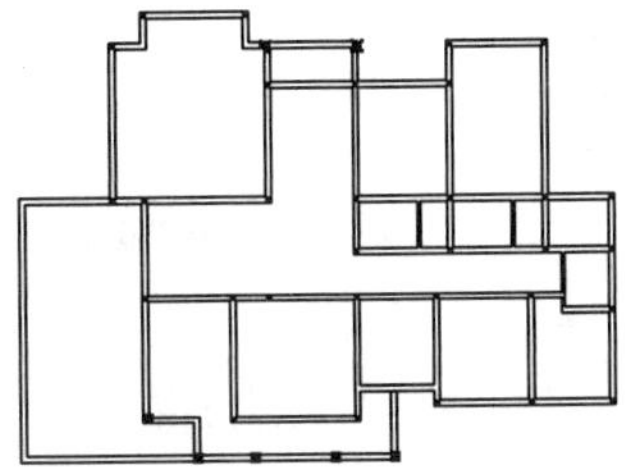

图 7-45　绘制的混凝土柱

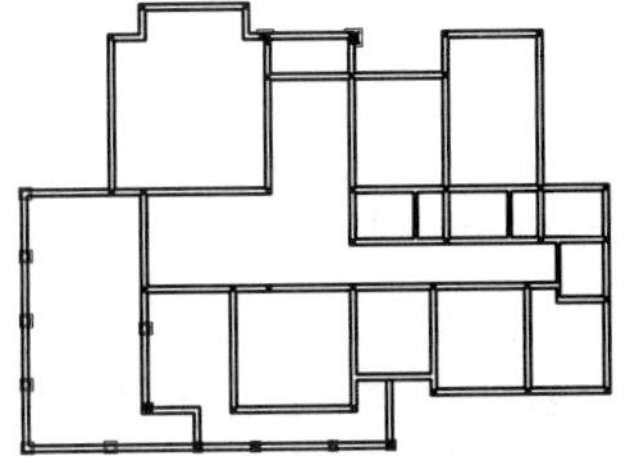

图 7-46　绘制的砖柱

5. 绘制门窗和台阶

（1）绘制门窗洞口。

❶ 将“门窗”图层设置为当前图层。

❷ 绘制洞口时，常以临近的墙线或轴线为参照来帮助确定洞口位置。现在以客厅北侧的窗洞为

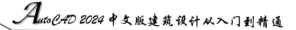

例，绘制洞口宽为 2700，位于该段墙体的中部，因此洞口两侧剩余墙体的宽度均为 750（到轴线）。打开“轴线”图层，将“墙线”图层设置为当前图层。单击“默认”选项卡“修改”面板中的“偏移”按钮⊆，将左侧墙的轴线向右偏移 750，将右侧轴线向左偏移 750，如图 7-47 所示。

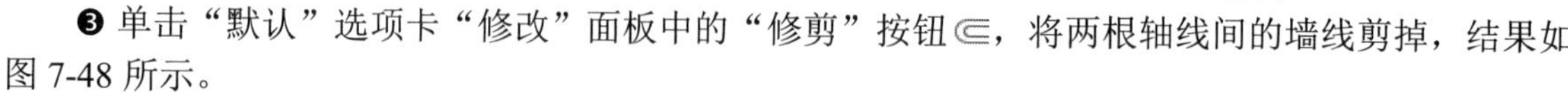

❸ 单击“默认”选项卡“修改”面板中的“修剪”按钮⊆，将两根轴线间的墙线剪掉，结果如图 7-48 所示。

Note

❹ 单击“默认”选项卡“绘图”面板中的“直线”按钮／，在墙体剪断处绘制直线以将其封口；单击“默认”选项卡“修改”面板中的“删除”按钮，将偏移后的两条轴线删除，得到的门窗洞口如图 7-49 所示。

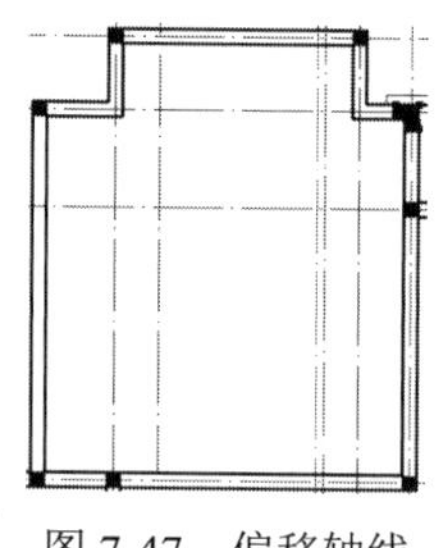
图 7-47　偏移轴线

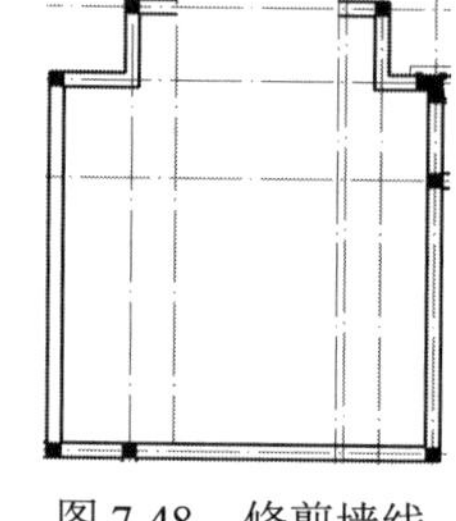
图 7-48　修剪墙线

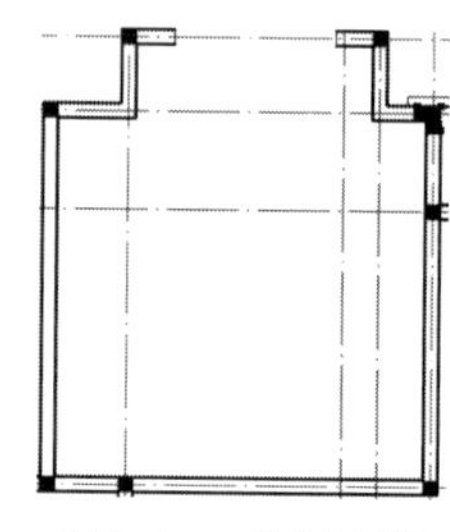
图 7-49　绘制直线

❺ 采用相同的方法，依照图中提供的尺寸绘制余下的门窗洞口，结果如图 7-50 所示。

（2）绘制窗。

视频讲解

❶ 选择菜单栏中的“格式”→“多线样式”命令，在弹出的“多线样式”对话框中单击“新建”按钮，在弹出的“创建新的多线样式”对话框中新建多线样式“窗”，单击“继续”按钮，打开“新建多线样式:窗”对话框，多线样式的设置如图 7-51 所示，单击“确定”按钮，返回“多线样式”对话框中，将“窗”多线样式设为当前样式。

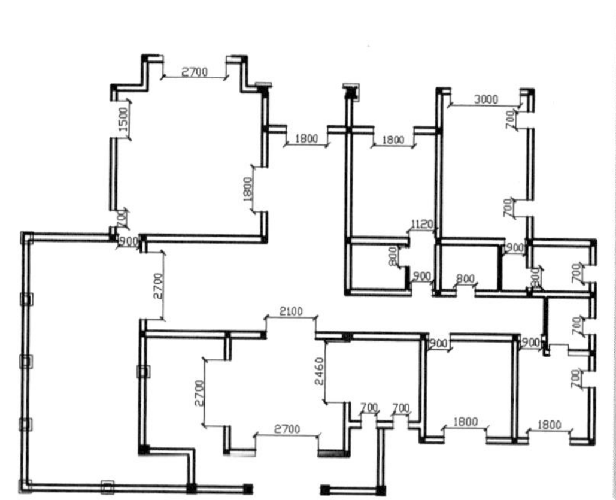

图 7-50　绘制其余门窗洞口

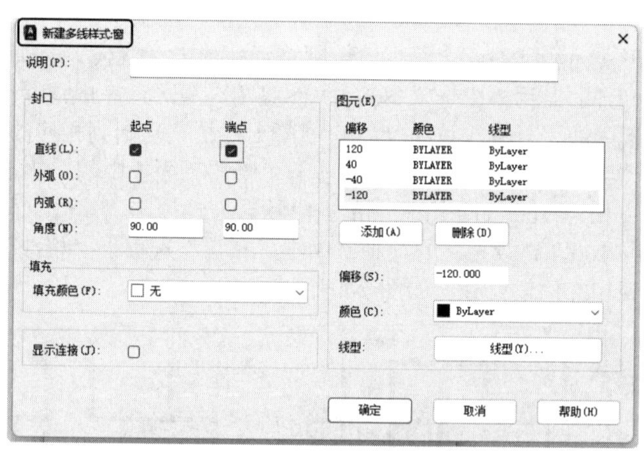

图 7-51　多线样式的设置

❷ 选择菜单栏中的“绘图”→“多线”命令，绘制窗。命令行提示与操作如下。

```
命令: _mline↙
当前设置: 对正=上, 比例=2000, 样式=窗
指定起点或 [对正(J)/比例(S)/样式(ST)]: J↙
输入对正类型 [上(T)/无(Z)/下(B)]<上>: Z↙
当前设置: 对正=无, 比例=1.00, 样式=窗
指定起点或 [对正(J)/比例(S)/样式(ST)]: S↙
输入多线比例 <20.00>: 1↙
```

```
当前设置：对正=无，比例=1.00，样式=STANDARD
指定起点或 [对正(J)/比例(S)/样式(ST)]：(单击客厅北侧窗洞口的左端点)
指定下一点：
指定下一点或 [放弃(U)]：(单击客厅北侧窗洞口的右端点)
```

完成客厅北侧窗的绘制，结果如图 7-52 所示。

重复使用“多线”命令绘制其余窗，最终完成窗的绘制，结果如图 7-53 所示。

（3）绘制门。

❶ 单击“默认”选项卡“绘图”面板中的“直线”按钮、“矩形”按钮、“圆弧”按钮，以及单击“默认”选项卡“修改”面板中的“偏移”按钮和“修剪”按钮，绘制门 M3，如图 7-54 所示。

❷ 单击“默认”选项卡“修改”面板中的“复制”按钮和“镜像”按钮，利用 M3 创建 M1，如图 7-55 所示。

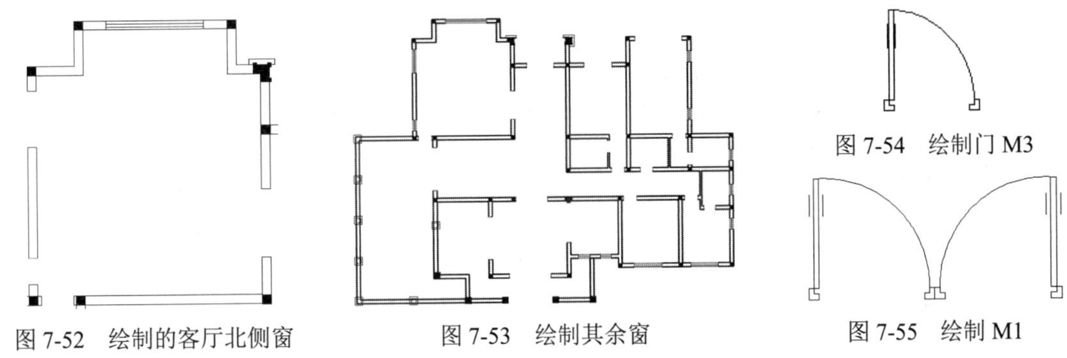

图 7-52　绘制的客厅北侧窗

图 7-53　绘制其余窗

图 7-54　绘制门 M3

图 7-55　绘制 M1

❸ 在命令行中输入 WBLOCK，弹出“写块”对话框，如图 7-56 所示，分别以 M3 和 M1 为对象，以左下角竖直线的中点为基点，定义 M3 和 M1 图块。

❹ 单击“插入”选项卡“块”面板中的“插入”按钮，在“插入”下拉菜单中（见图 7-57），选择 M1 图块，将其插入图中适当的位置处。

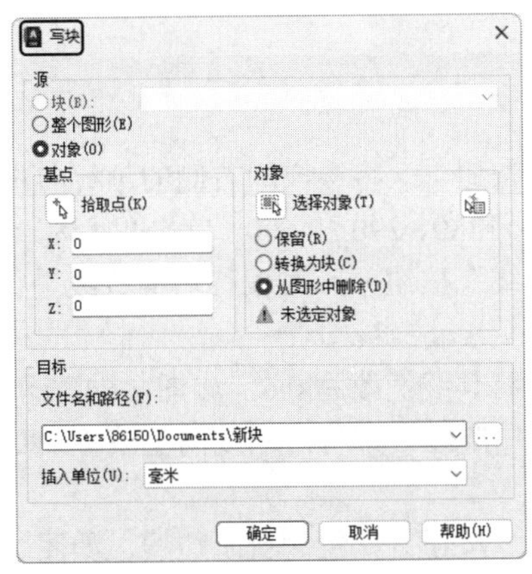

图 7-56　“写块”对话框

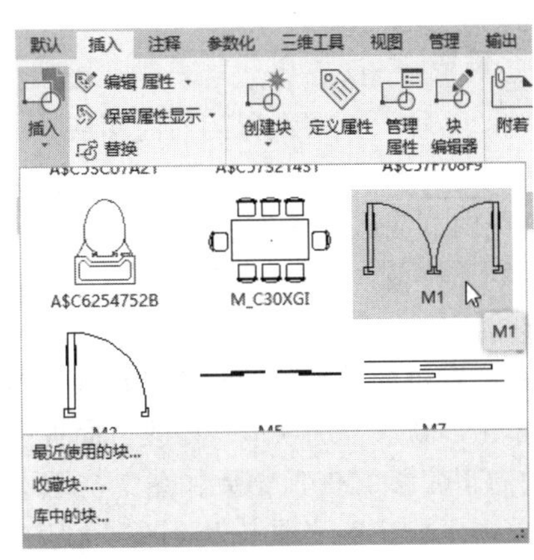

图 7-57　“插入”下拉菜单

❺ 单击“默认”选项卡“绘图”面板中的“直线”按钮，在门洞口绘制一条直线，结果如图 7-58 所示。

❻ 单击“默认”选项卡“绘图”面板中的“直线”按钮，绘制右上角房间的门 M2，如图 7-59 所示。

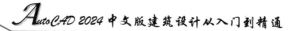

视频讲解

Note

❼ 单击“默认”选项卡“绘图”面板中的“直线”按钮╱，绘制M5，然后单击“插入”选项卡“块定义”面板中的“创建块”按钮和“块”面板中的“插入”按钮，将M5图块插入合适的位置处，如图7-60所示。

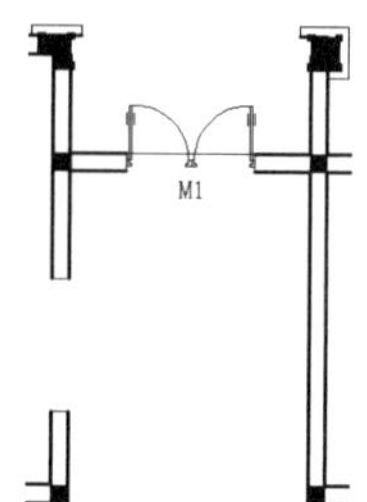

图7-58　插入M1图块并绘制直线

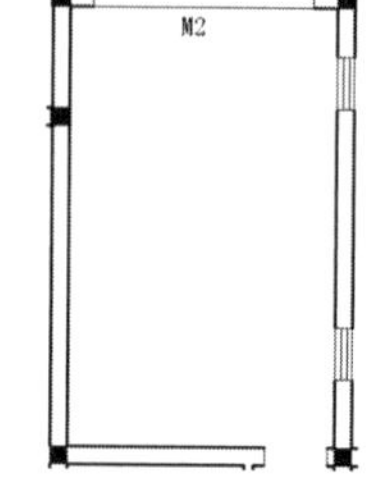

图7-59　绘制M2

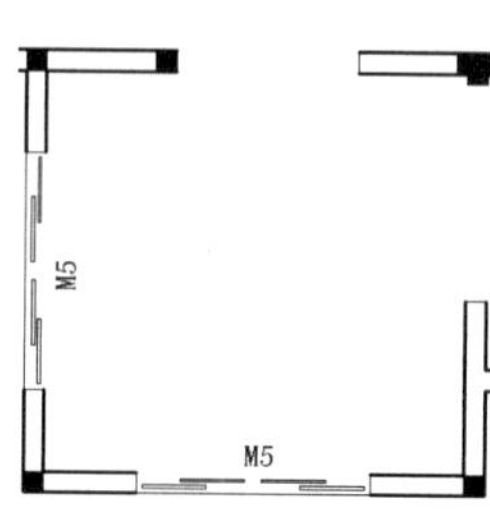

图7-60　绘制M5

（4）采用相同的方法绘制其他门图块，并将其插入合适的位置处，最终完成门的绘制，如图7-61所示。

（5）将“台阶”图层设置为当前图层。

（6）绘制室外台阶和坡道。单击“默认”选项卡“绘图”面板中的“直线”按钮╱，绘制室外台阶和坡道，台阶的踏步宽度为300，如图7-62所示。

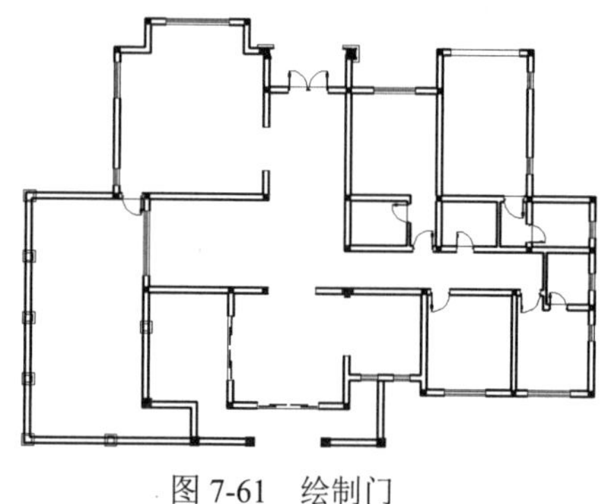

图7-61　绘制门

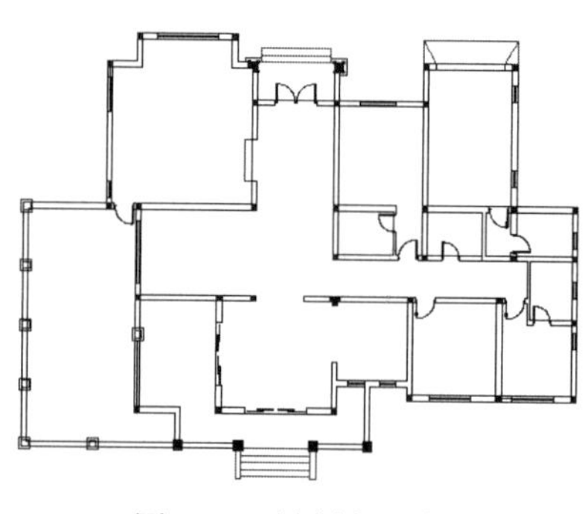

图7-62　绘制客厅台阶

视频讲解

6. 绘制楼梯

（1）将“楼梯”图层设置为当前图层。

（2）单击“默认”选项卡“修改”面板中的“偏移”按钮⊆，将楼梯间右侧的轴线向左偏移720；将上侧的轴线向下偏移，偏移后相邻直线间的距离分别为1380、290和600。单击“默认”选项卡“修改”面板中的“修剪”按钮和“绘图”面板中的“直线”按钮╱，对偏移后的直线进行修剪和补充，如图7-63所示。

（3）将楼梯承台位置处的线段颜色设置为黑色，并将其线宽改为0.6，如图7-64所示。

（4）单击“默认”选项卡“修改”面板中的“偏移”按钮⊆，将内墙线向左偏移1200，将楼梯承台的斜边向下偏移1200，结果如图7-65所示。

（5）单击“默认”选项卡“绘图”面板中的“直线”按钮╱，绘制台阶边线，如图7-66所示。

（6）单击“默认”选项卡“修改”面板中的“偏移”按钮⊆，将台阶边线分别向两侧偏移，偏移距离均为250，完成楼梯踏步的绘制，如图7-67所示。

（7）单击“默认”选项卡“修改”面板中的“偏移”按钮⊆，将楼梯边线分别向左偏移60、120和180，绘制楼梯扶手；单击“默认”选项卡“绘图”面板中的“直线”按钮╱和“圆弧”按钮，细化踏步和扶手，如图7-68所示。

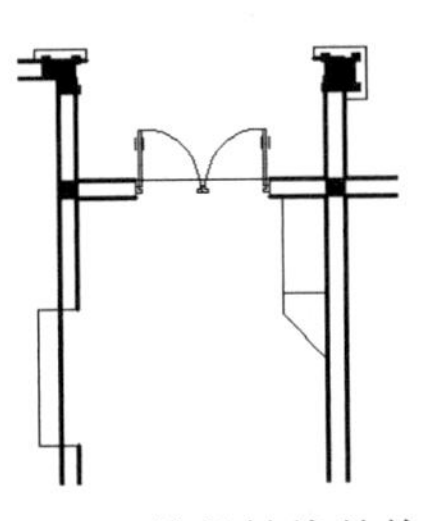

图 7-63　偏移轴线并修剪

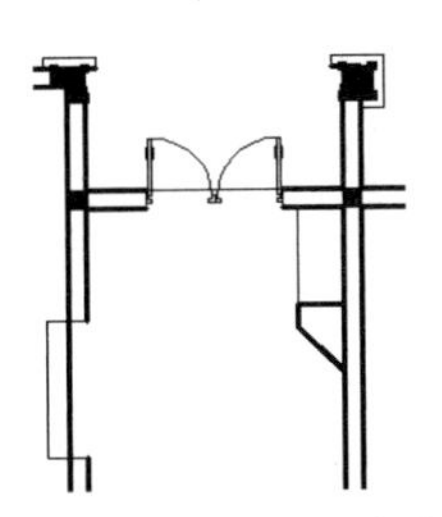

图 7-64　修改楼梯承台线段

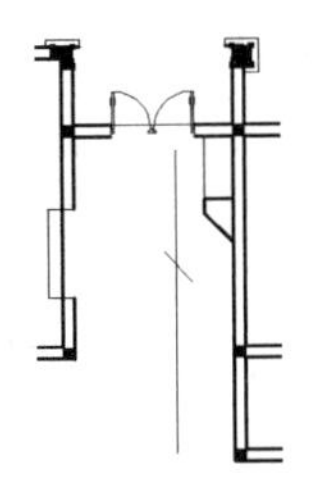

图 7-65　偏移直线

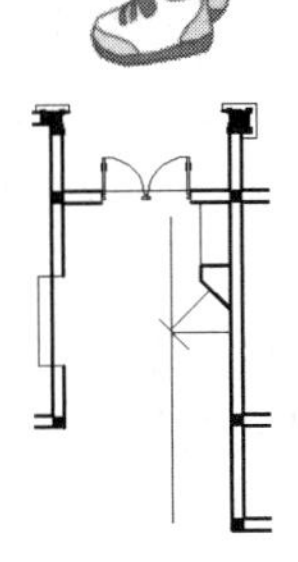

图 7-66　绘制台阶边线

（8）单击“默认”选项卡“绘图”面板中的“直线”按钮╱，绘制倾斜折断线，如图 7-69 所示。

（9）单击“默认”选项卡“绘图”面板中的“多段线”按钮和“注释”面板中的“多行文字”按钮 A，绘制楼梯箭头，完成一层楼梯的绘制，如图 7-70 所示。

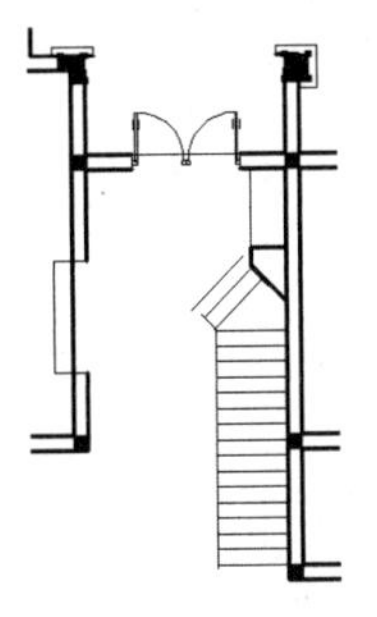

图 7-67　绘制的楼梯踏步

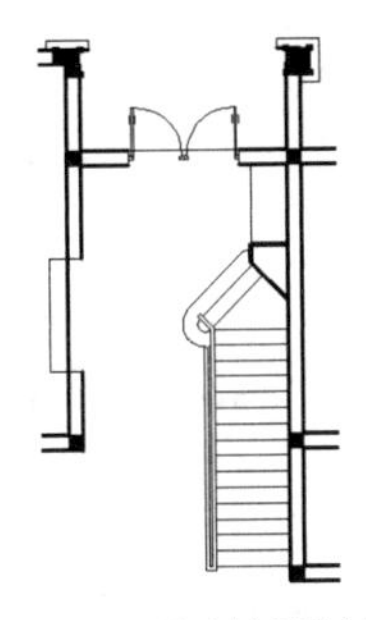

图 7-68　绘制楼梯扶手

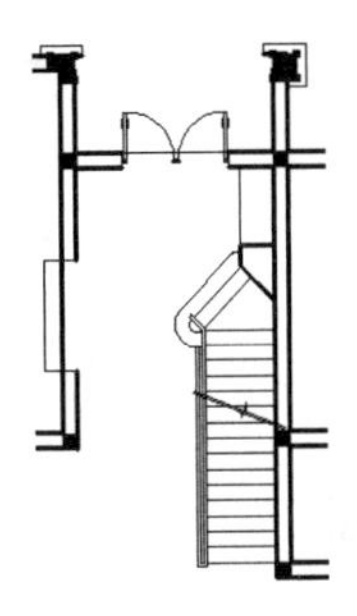

图 7-69　绘制折断线

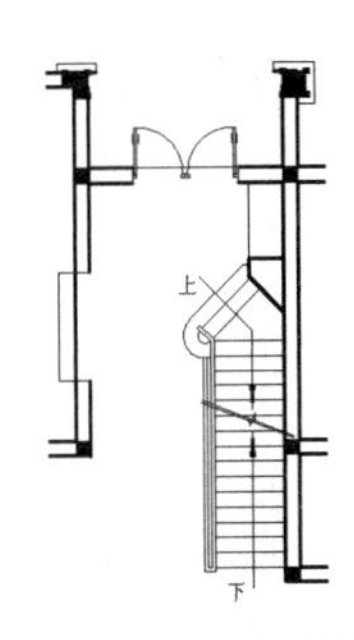

图 7-70　绘制楼梯箭头

7. 室内布置

（1）将“室内布置”图层设置为当前图层。

（2）单击“插入”选项卡“块”面板“插入”按钮下拉菜单中的“最近使用的块”选项，系统弹出“块”选项板，打开资源包中的“源文件\7\块\组合沙发.dwg”文件，如图 7-71 所示，将沙发插入客厅合适的位置处，如图 7-72 所示。

视频讲解

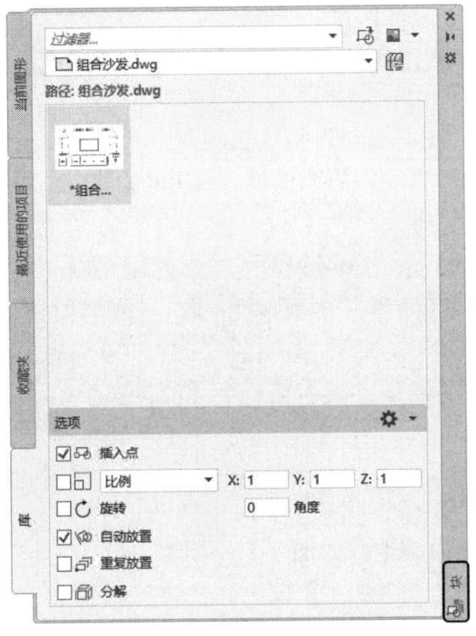

图 7-71　“块”选项板

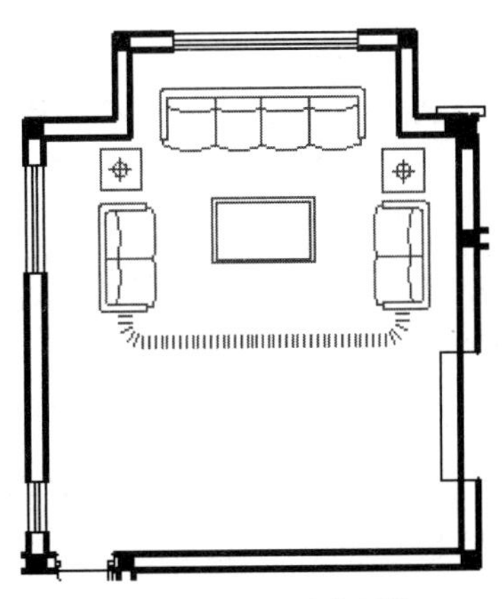

图 7-72　插入沙发图块

（3）重复“插入”按钮下拉菜单中的“最近使用的块”选项，将资源包中的“电视柜”文件插入客厅合适位置处，完成客厅的布置，如图 7-73 所示。

（4）其余房间的布置包括卧室、厨房、卫生间、工人房、洗衣房、车库等。基本布置方法与客厅相同。单击“插入”选项卡“块”面板“插入”按钮下拉菜单中的“最近使用的块”选项，在资源包的文件夹中找到相应的图块，然后将其插入合适的位置处，结果如图 7-74 所示。

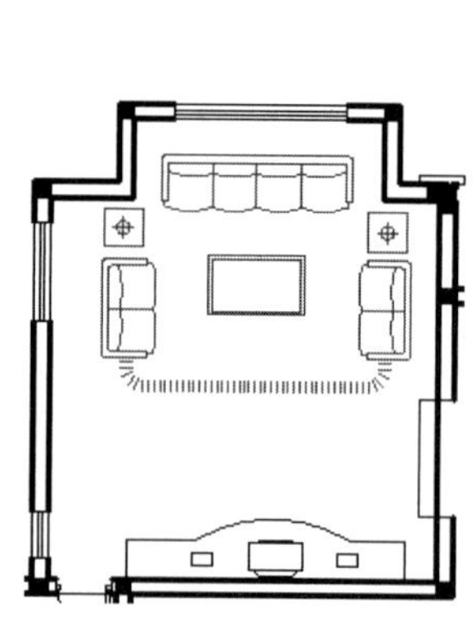

图 7-73　插入电视柜图块

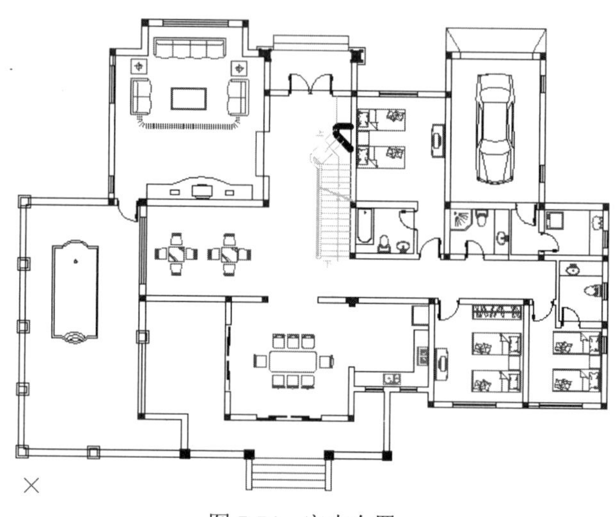

图 7-74　室内布置

8. 室内铺地

地面材料是需要在室内平面图中表示的内容之一。当地面做法比较简单时，只要求用文字对材料、规格进行说明，但是很多时候则要求用材料图例在平面图上直观地表示。本例中，在客厅、过道、棋牌室铺设 600×600 的黄色防滑地砖，在厨房、卫生间、洗衣房铺设 300×300 的防滑地砖，在卧室铺设 150 宽的强化木地板。

（1）单击“默认”选项卡“图层”面板中的“图层特性”按钮，在弹出的“图层特性管理器”选项板中新建“室内铺地”图层，并将该图层设置为当前图层。

（2）单击“默认”选项卡“绘图”面板中的“直线”按钮，把平面图中不同地面材料的分隔处用直线划分出来。

（3）单击“默认”选项卡“绘图”面板中的“图案填充”按钮，弹出“图案填充创建”选项卡，设置参数，如图 7-75 所示。在客厅区域选中该区域作为填充区域，按 Enter 键，完成客厅的室内铺地，如图 7-76 所示。

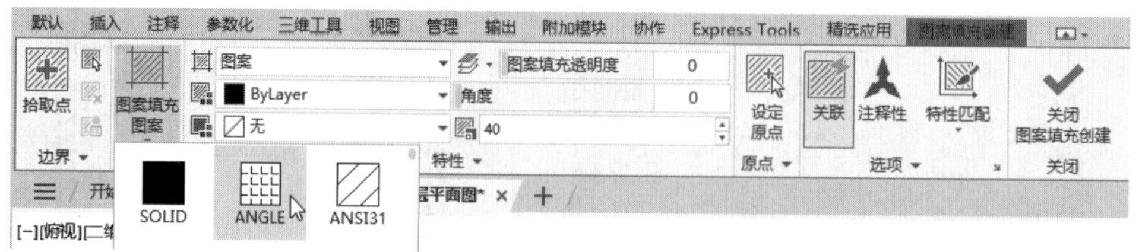

图 7-75　“图案填充创建”选项卡

（4）重复使用“图案填充”命令，填充其余室内铺地，如图 7-77 所示。

9. 室内装饰

（1）单击“默认”选项卡“图层”面板中的“图层特性”按钮，在弹出的“图层特性管理器”

选项板中新建“室内装饰”图层，并将该图层设置为当前图层。

（2）单击“插入”选项卡“块”面板“插入”按钮下拉菜单中的“最近使用的块”选项，在室内平面图适当的空白位置处布置一些盆景植物，作为点缀装饰，如图 7-78 所示。

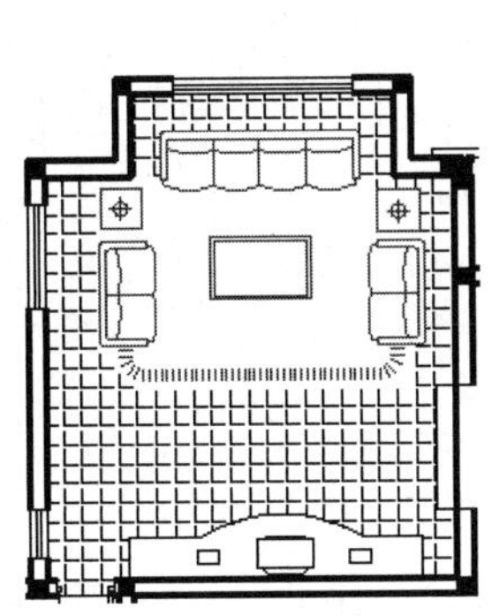

图 7-76　客厅铺地

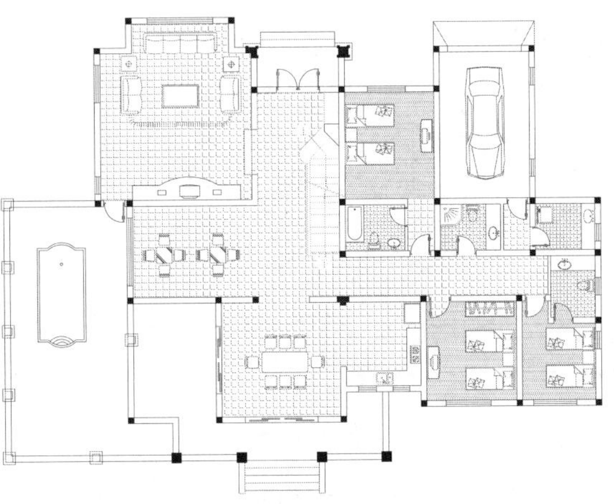

图 7-77　填充其余室内铺地

10. 添加尺寸标注和文字说明

视频讲解

（1）将“标注”图层设置为当前图层。

（2）单击“默认”选项卡“注释”面板中的“多行文字”按钮 A，对图形进行文字说明，主要包括房间及设施的功能用途等，结果如图 7-79 所示。

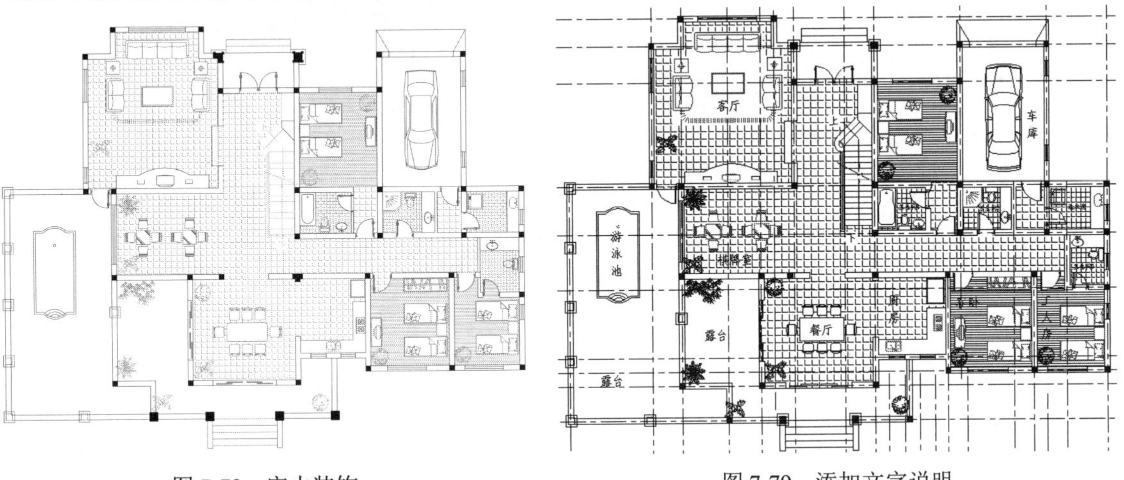

图 7-78　室内装饰　　　　图 7-79　添加文字说明

（3）单击“默认”选项卡“绘图”面板中的“直线”按钮╱和“注释”面板中的“多行文字”按钮 A，标注室内外标高，如图 7-80 所示。

（4）单击“默认”选项卡“注释”面板中的“多行文字”按钮 A，标注门窗，如图 7-81 所示。

（5）选择菜单栏中的“标注”→“标注样式”命令，弹出“标注样式管理器”对话框，新建“一层平面图”标注样式。选择“线”选项卡，设置“超出尺寸线”为 200；选择“符号和箭头”选项卡，设置箭头样式为“建筑标记”，设置“箭头大小”为 200；选择“文字”选项卡，设置“文字高度”为 300，设置“从尺寸线偏移”为 100。

（6）单击“注释”选项卡“标注”面板中的“线性”按钮和“连续”按钮，标注内部尺寸，

Note

视频讲解

如图 7-82 所示。

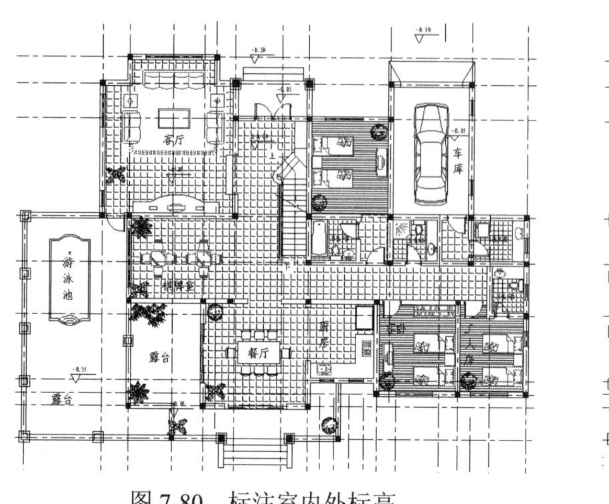

图 7-80　标注室内外标高

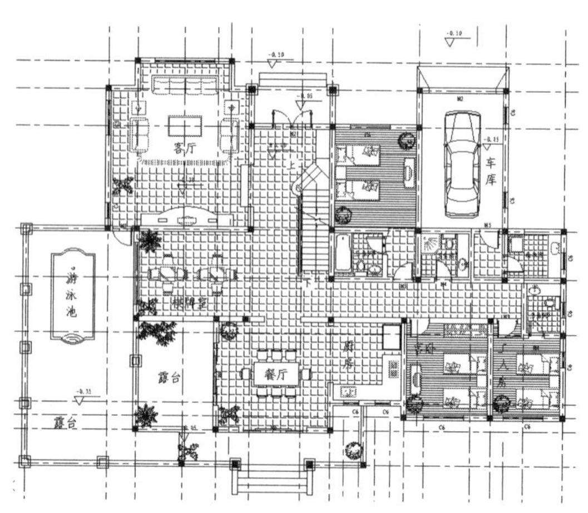

图 7-81　标注门窗

（7）重复上述操作，标注门窗尺寸，结果如图 7-83 所示；标注第一道轴线尺寸，如图 7-84 所示；标注第二道轴线尺寸，结果如图 7-85 所示；标注最外围轴线尺寸，如图 7-86 所示。

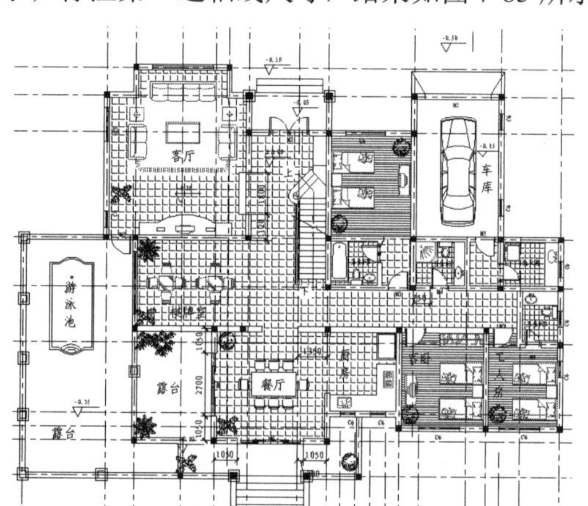

图 7-82　标注内部尺寸

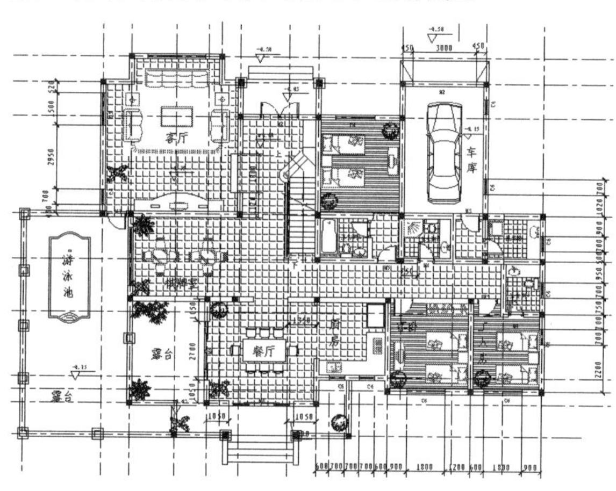

图 7-83　标注门窗尺寸

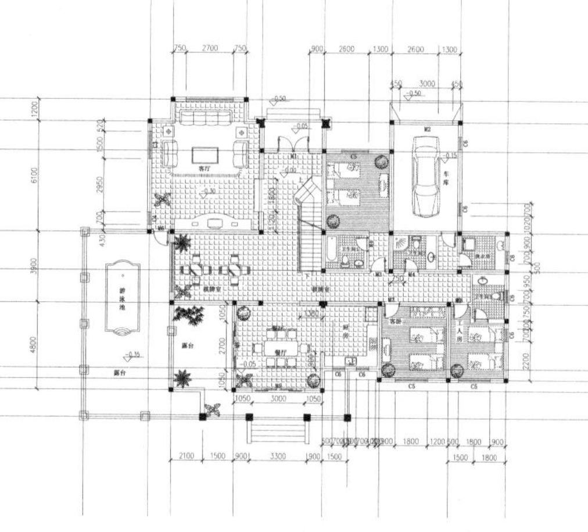
图 7-84　标注第一道轴线尺寸

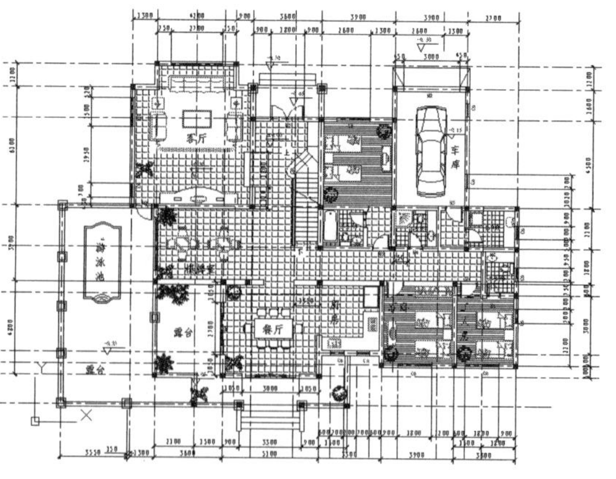

图 7-85　标注第二道轴线尺寸

（8）单击“默认”选项卡“绘图”面板中的“圆”按钮⊙，在轴线端绘制一个直径为 900 的圆；单击“默认”选项卡“注释”面板中的“多行文字”按钮A，在圆的中央标注一个数字“1”，字高为 500；单击“默认”选项卡“修改”面板中的“复制”按钮，将该轴号图例复制到其他轴线端头，并修改圆内的数字，如图 7-87 所示。

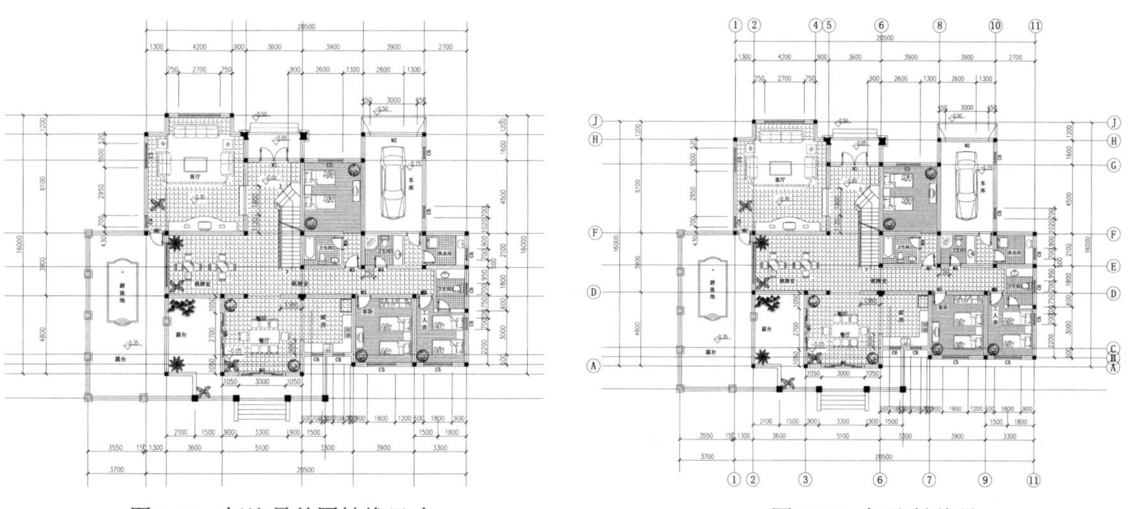

图 7-86　标注最外围轴线尺寸　　　　图 7-87　标注轴线号

（9）单击“默认”选项卡“注释”面板中的“多行文字”按钮A，弹出“文字编辑器”选项卡，设置文字高度为 700，输入文字“一层平面图”，并在文字下方绘制一条直线，完成一层平面图的绘制，如图 7-88 所示。

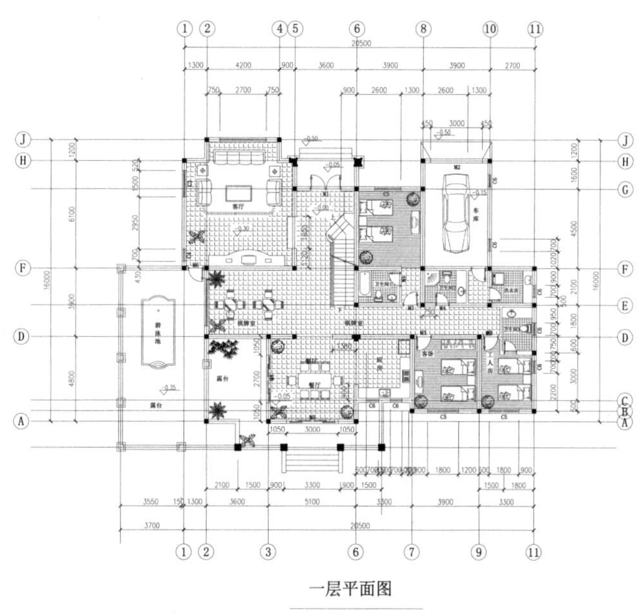

图 7-88　完成的一层平面图

7.2.4　二层平面图

下面介绍某别墅二层平面图设计的相关知识及其绘图方法与技巧，绘制流程如图 7-89 所示。

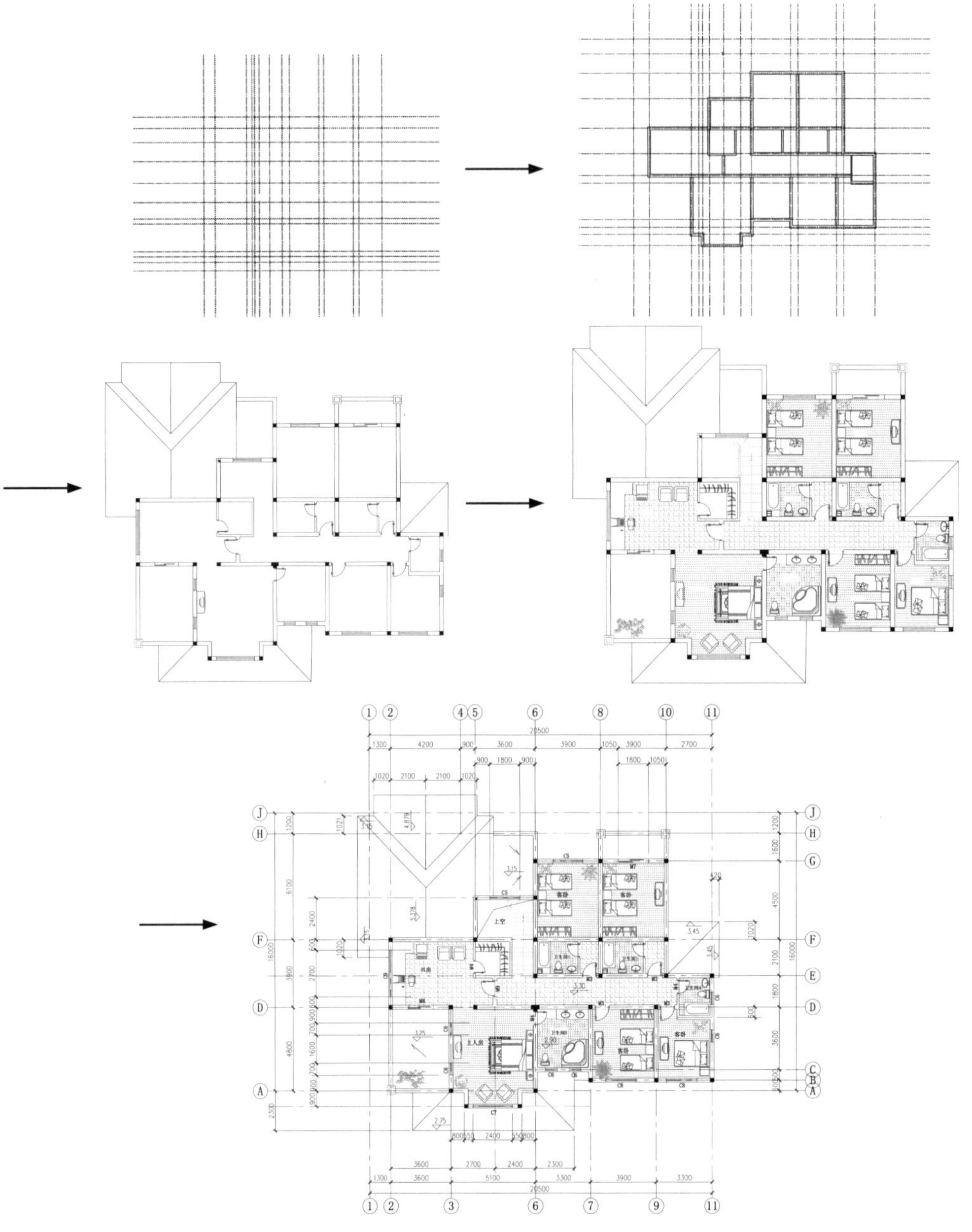

二层平面图

图 7-89　绘制二层平面图的流程

1. 设置绘图环境

（1）在命令行中输入 LIMITS，设置图幅尺寸为 420000×297000。

（2）单击“默认”选项卡“图层”面板中的“图层特性”按钮，在弹出的“图层特性管理器”选项板中创建“标注”“混凝土柱”“楼梯”等图层，结果如图 7-90 所示。

2. 绘制轴线网

（1）将“轴线”图层设置为当前图层。

（2）单击“默认”选项卡“绘图”面板中的“构造线”按钮，绘制一条水平构造线和一条竖直构造线，组成“十”字构造线，如图 7-91 所示。

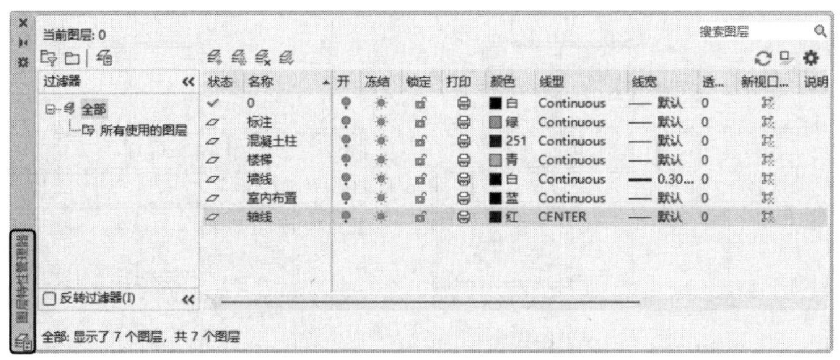

图 7-90　设置图层

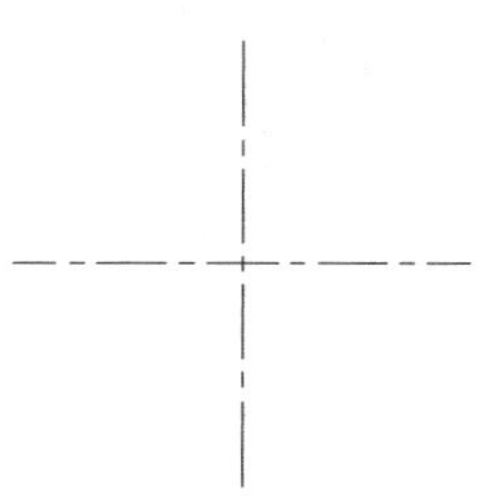

图 7-91　绘制“十”字构造线

（3）单击“默认”选项卡“修改”面板中的“偏移”按钮，将水平构造线连续向上偏移，偏移后相邻直线间的距离分别为 900、600、600、3000、600、1800、2100、2400、2100、1600 和 1200，得到水平方向的辅助线；将竖直构造线连续向右偏移，偏移后相邻直线间的距离分别为 1300、3600、600、320、580、1200、1480、920、3300、600、3300、600 和 2700，得到竖直方向的辅助线。

（4）单击“默认”选项卡“绘图”面板中的“矩形”按钮和“修改”面板中的“修剪”按钮，修剪轴线，如图 7-92 所示。

3. 绘制墙体

（1）将“墙线”图层设置为当前图层。

（2）选择菜单栏中的“格式”→“多线样式”命令，新建多线样式“240”，在“图元”选项组中设置元素偏移量分别为 120 和-120，将多线样式“240”设为当前样式，完成墙体多线的设置。

（3）选择菜单栏中的“绘图”→“多线”命令，在命令行中设置“对齐方式”为“无”，设置“比例”为 1，根据辅助线网格绘制外墙线，如图 7-93 所示；重复使用“多线”命令，根据辅助线网格绘制内墙线，如图 7-94 所示。

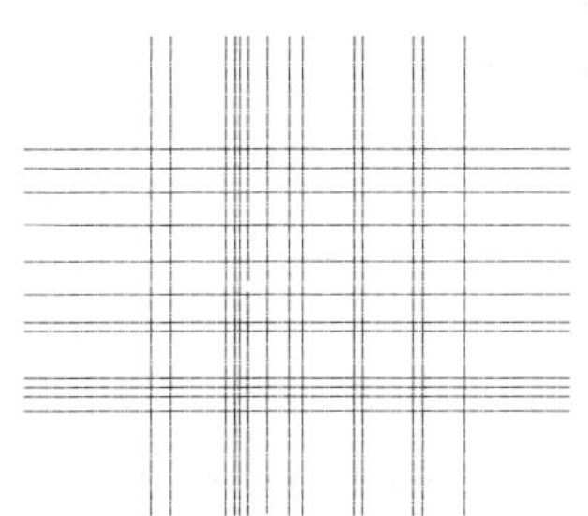

图 7-92　绘制轴线网

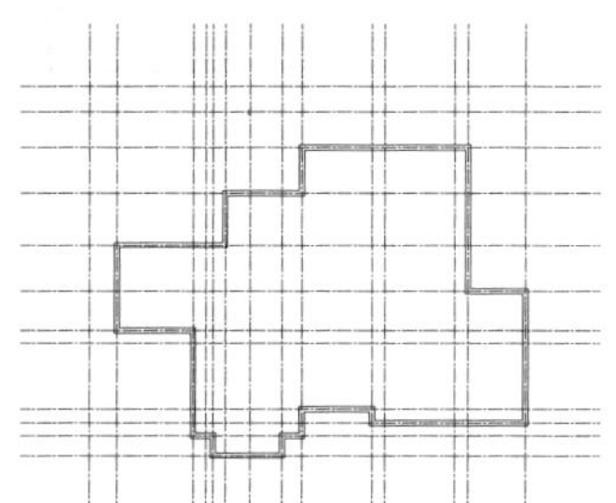

图 7-93　绘制外墙线

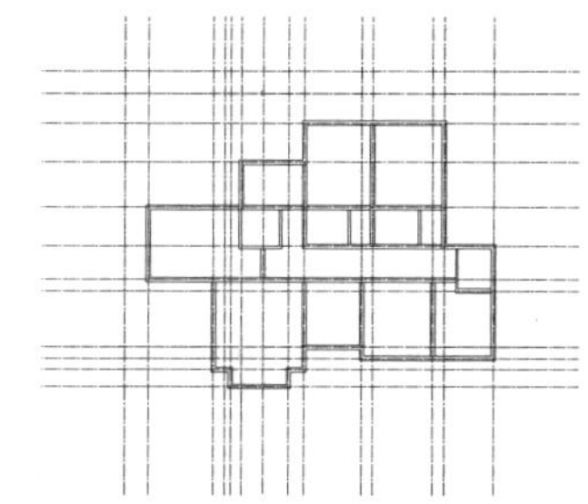

图 7-94　绘制内墙线

（4）单击“默认”选项卡“修改”面板中的“分解”按钮，将多线分解；单击“默认”选项卡“修改”面板中的“修剪”按钮和“绘图”面板中的“直线”按钮，修改墙线，如图 7-95 所示。

（5）选择菜单栏中的“绘图”→“多线”命令，根据辅助线网格绘制栏杆，如图 7-96 所示。

4. 绘制混凝土柱和砖柱

（1）将“混凝土柱”图层设置为当前图层。

（2）单击“默认”选项卡“绘图”面板中的“矩形”按钮，捕捉内外墙线的两个角点作为矩形对角线上的两个角点，绘制矩形；单击“默认”选项卡“绘图”面板中的“图案填充”按钮，在

Note

弹出的选项卡中选择 SOLID 图案填充矩形，完成混凝土柱的绘制；单击“默认”选项卡“修改”面板中的“复制”按钮，将混凝土柱图案复制到相应的位置处，如图 7-97 所示。

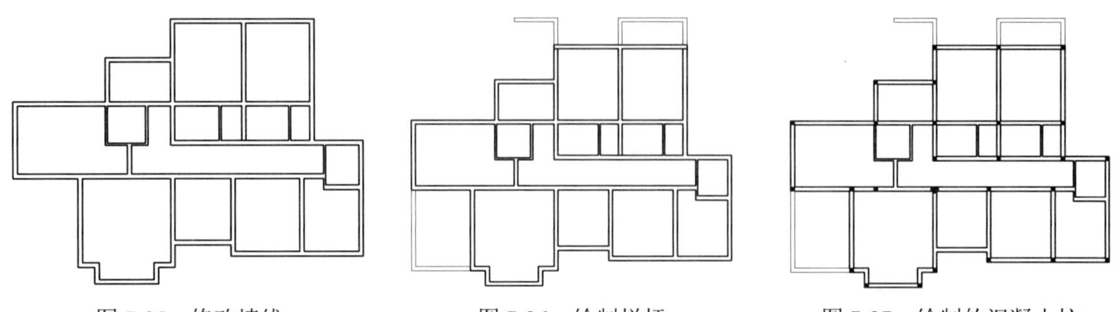

图 7-95　修改墙线　　图 7-96　绘制栏杆　　图 7-97　绘制的混凝土柱

（3）单击“默认”选项卡“绘图”面板中的“矩形”按钮，捕捉左下角围墙线的角点，绘制边长为 300 的正方形；单击“默认”选项卡“修改”面板中的“偏移”按钮，将正方形向外侧偏移 100，完成砖柱的绘制；单击“默认”选项卡“修改”面板中的“复制”按钮，将砖柱图案复制到相应的位置处，如图 7-98 所示。

5. 绘制门窗洞口

（1）单击“默认”选项卡“图层”面板中的“图层特性”按钮，在弹出的“图层特性管理器”选项板中新建“门窗”图层，并将其设置为当前图层。

（2）以临近的墙线或轴线作为距离参照，单击“默认”选项卡“修改”面板中的“偏移”按钮、“修剪”按钮和“绘图”面板中的“直线”按钮，依照图中提供的尺寸绘制门窗洞口，如图 7-99 所示。

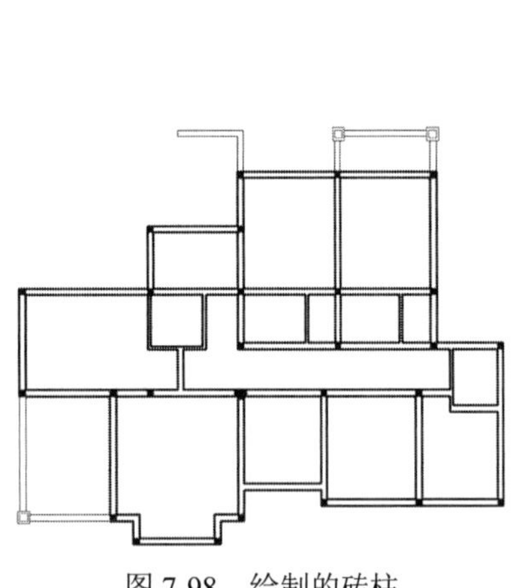

图 7-98　绘制的砖柱

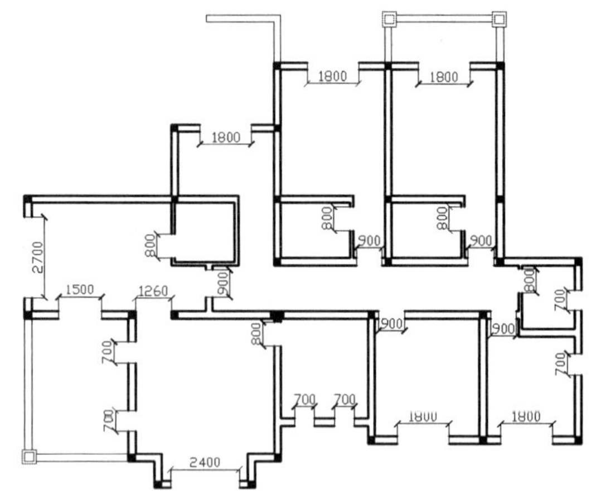

图 7-99　绘制门窗洞口

视频讲解

（3）选择菜单栏中的“格式”→“多线样式”命令，在弹出的“多线样式”对话框中单击“新建”按钮，在弹出的“创建新的多线样式”对话框中新建多线样式“窗”，单击“继续”按钮，打开“新建多线样式:窗”对话框，将多线样式设置为如图 7-100 所示，单击“确定”按钮，返回“多线样式”对话框中，将“窗”多线样式设置为当前样式。

（4）选择菜单栏中的“绘图”→“多线”命令，绘制如图 7-101 所示的窗。

（5）单击“默认”选项卡“绘图”面板中的“直线”按钮和“修改”面板中的“偏移”按钮、“修剪”按钮，绘制门 M7，如图 7-102 所示。

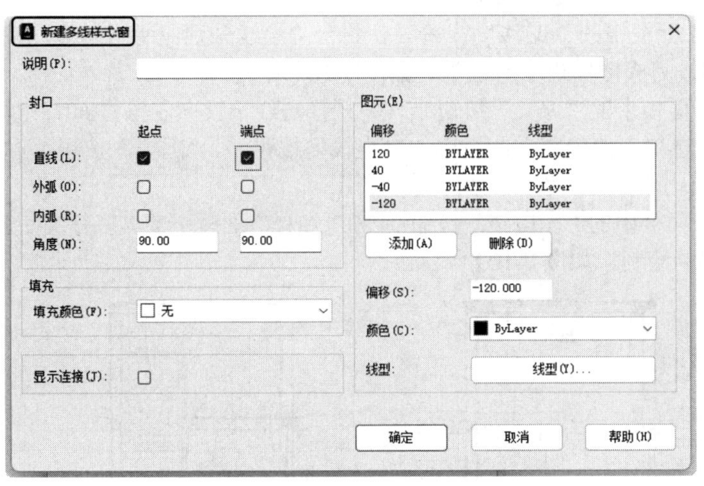

图 7-100　“新建多线样式”对话框

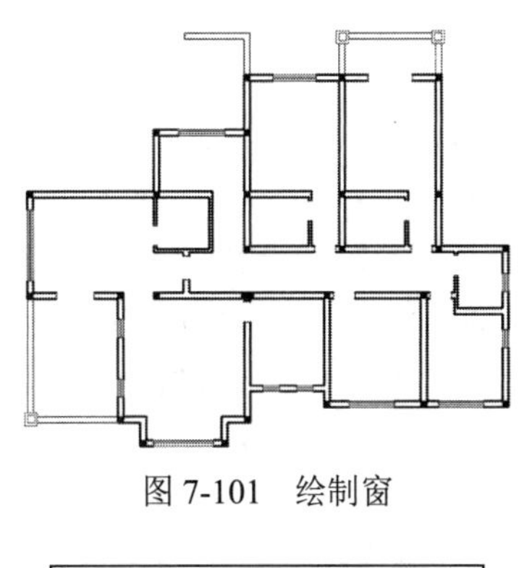

图 7-101　绘制窗

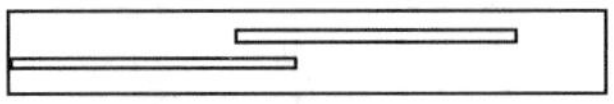

图 7-102　绘制门 M7

（6）在命令行中输入 WBLOCK，以门的左下角点为基点，定义 M7 图块。

（7）单击“插入”选项卡“块”面板“插入”按钮下拉菜单中的“最近使用的块”选项，将 M7 图块插入东北角房间的门洞口位置处，如图 7-103 所示。

（8）重复 WBLOCK 命令，绘制 M3、M4、M8、M9，并定义图块，将其插入合适的位置处，如图 7-104 所示。

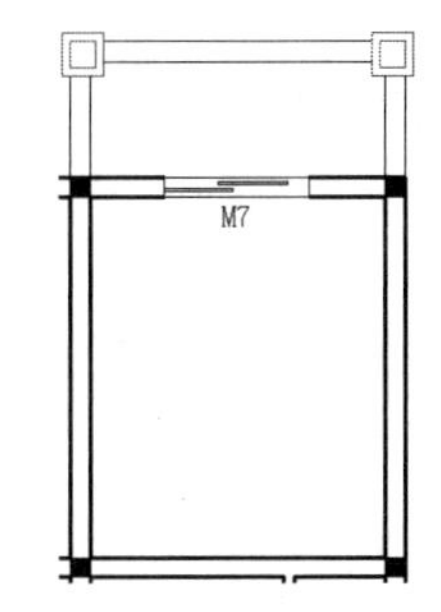

图 7-103　插入 M7 图块

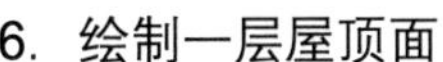

6. 绘制一层屋顶面

（1）单击“默认”选项卡“图层”面板中的“图层特性”按钮，在弹出的“图层特性管理器”选项板中新建“屋顶面”图层，并将其设置为当前图层。

（2）打开“轴线”图层，单击“默认”选项卡“修改”面板中的“偏移”按钮、“修剪”按钮和“绘图”面板中的“直线”按钮，绘制一层屋顶面，如图 7-105 所示。

7. 绘制楼梯

（1）将“楼梯”图层设置为当前图层。

（2）单击“默认”选项卡“修改”面板中的“偏移”按钮，将楼梯间右侧的墙线向左偏移 1200，并将偏移后的直线移至“楼梯”图层；单击“默认”选项卡“绘图”面板中的“直线”按钮，在与一层平面图相对应的位置处绘制休息平台的边线，如图 7-106 所示。

图 7-104　绘制门

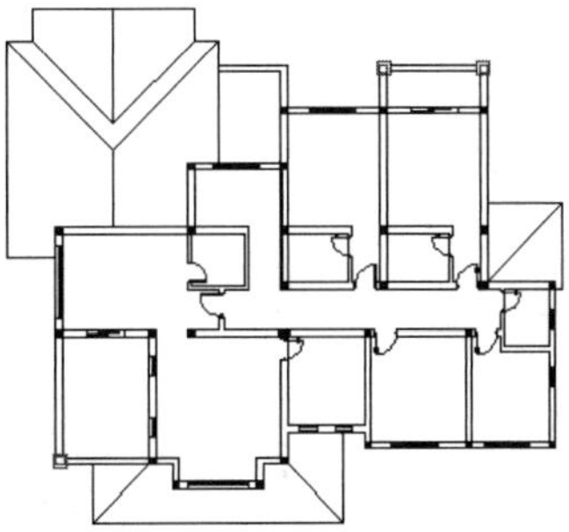

图 7-105　绘制一层屋顶面

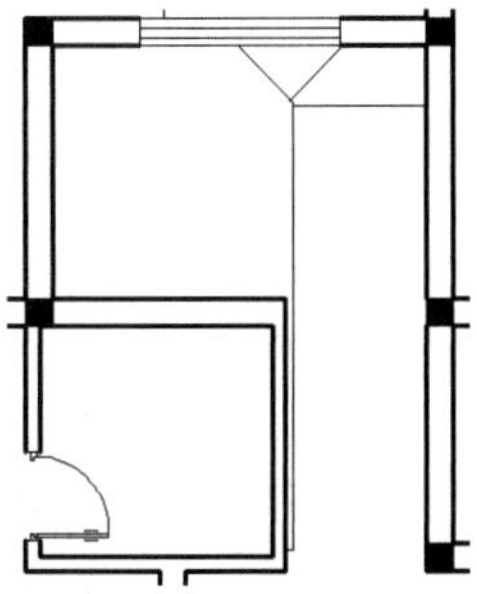

图 7-106　偏移直线

（3）单击“默认”选项卡“修改”面板中的“偏移”按钮⊆，将台阶边线分别向两侧偏移，偏移距离均为250，然后对图形进行修剪，完成楼梯踏步的绘制，如图7-107所示。

（4）单击“默认”选项卡“修改”面板中的“偏移”按钮⊆，将楼梯边线依次向左偏移60、120和180，绘制楼梯扶手；单击“默认”选项卡“绘图”面板中的“直线”按钮╱、“圆弧”按钮⌒和“修改”面板中的“修剪”按钮✂，细化踏步和扶手，如图7-108所示。

（5）单击“默认”选项卡“绘图”面板中的“多段线”按钮⊃和“注释”面板中的“多行文字”按钮A，绘制楼梯箭头，完成一层楼梯的绘制，如图7-109所示。

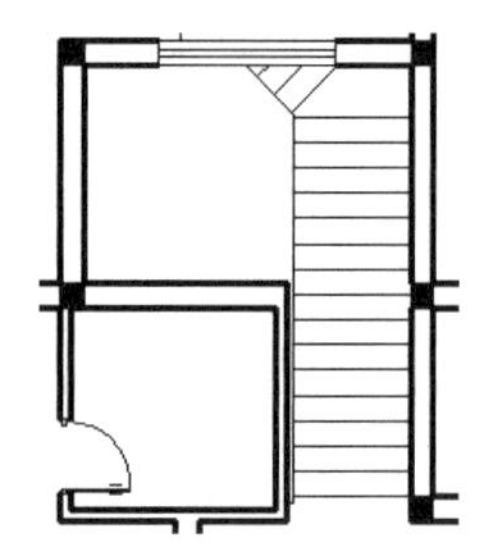

图7-107　绘制的楼梯踏步

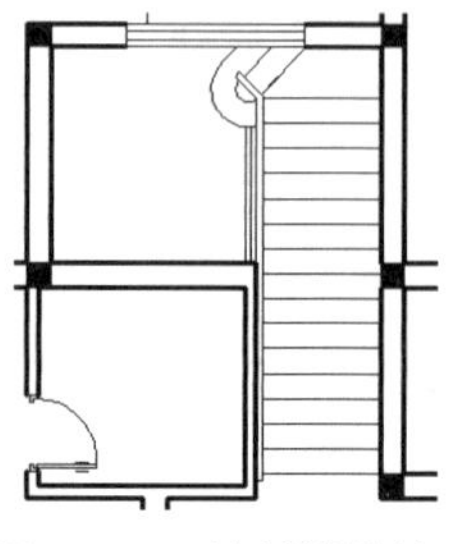

图7-108　绘制楼梯扶手

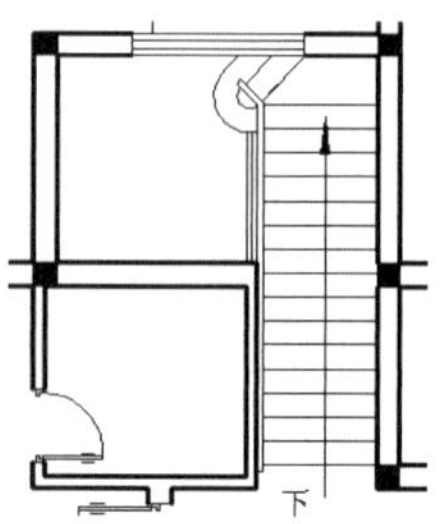

图7-109　绘制楼梯箭头

8. 室内布置

（1）将“室内布置”图层设置为当前图层。

（2）单击“插入”选项卡“块”面板“插入”按钮下拉菜单中的“最近使用的块”选项，利用与一层室内布置相同的方法布置二层平面图，如图7-110所示。

9. 室内铺地

在书房、过道铺设600×600的黄色防滑地砖，在卫生间铺设300×300的防滑地砖，在卧室铺设宽为150的强化木地板。

（1）单击“默认”选项卡“图层”面板中的“图层特性”按钮，在弹出的“图层特性管理器”选项板中新建“室内铺地”图层，并将该图层设置为当前图层。

（2）单击“默认”选项卡“绘图”面板中的“直线”按钮╱，把平面图中不同地面材料分隔处用直线划分出来。

（3）单击“默认”选项卡“绘图”面板中的“图案填充”按钮▨，填充室内铺地，如图7-111所示。

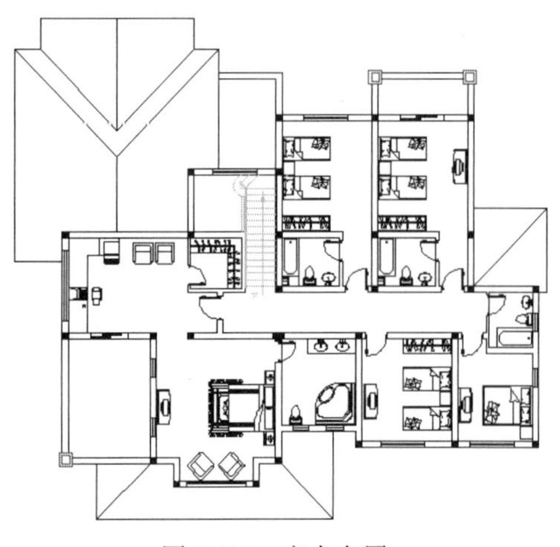

图7-110　室内布置

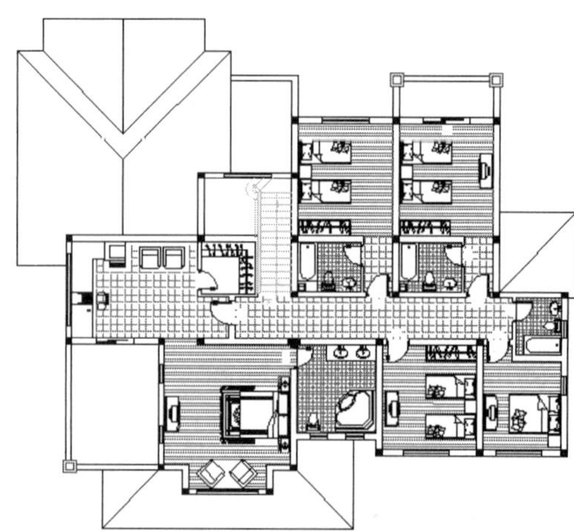

图7-111　室内铺地

Note

视频讲解

10. 室内装饰

（1）单击“默认”选项卡“图层”面板中的“图层特性”按钮，在弹出的“图层特性管理器”选项板中新建“室内装饰”图层，并将该图层设置为当前图层。

（2）单击“插入”选项卡“块”面板“插入”按钮下拉菜单中的“最近使用的块”选项，在室内平面图适当的空白位置处布置一些盆景植物，作为点缀装饰，如图 7-112 所示。

11. 添加尺寸标注和文字说明

（1）单击“默认”选项卡“图层”面板中的“图层特性”按钮，在弹出的“图层特性管理器”选项板中将“标注”图层设置为当前图层。

（2）单击“默认”选项卡“注释”面板中的“多行文字”按钮A，添加文字说明，主要包括房间及设施的功能用途等，如图 7-113 所示。

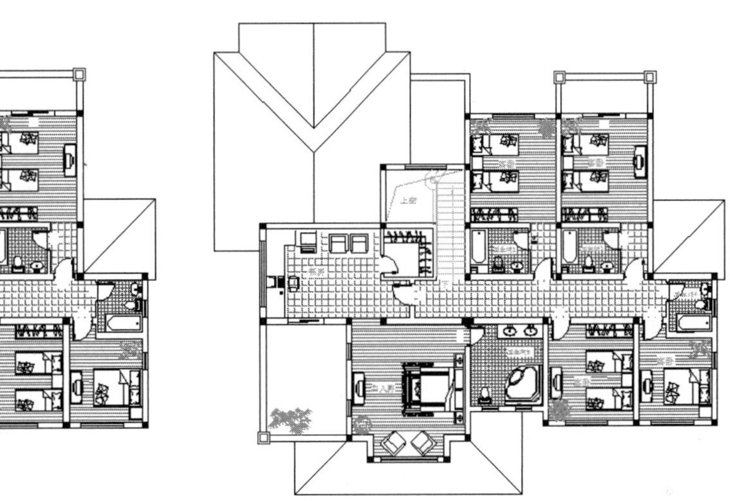

图 7-112　室内装饰

图 7-113　添加文字说明

（3）单击“默认”选项卡“绘图”面板中的“直线”按钮和“注释”面板中的“多行文字”按钮A，标注室内标高，如图 7-114 所示。

（4）单击“默认”选项卡“注释”面板中的“多行文字”按钮A，标注门窗，如图 7-115 所示。

视频讲解

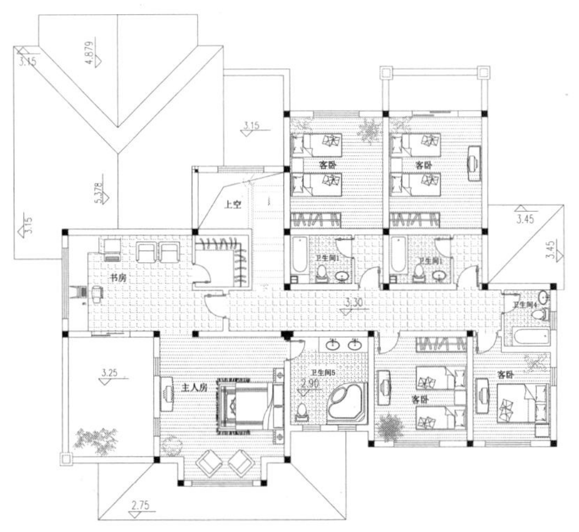

图 7-114　标注室内标高

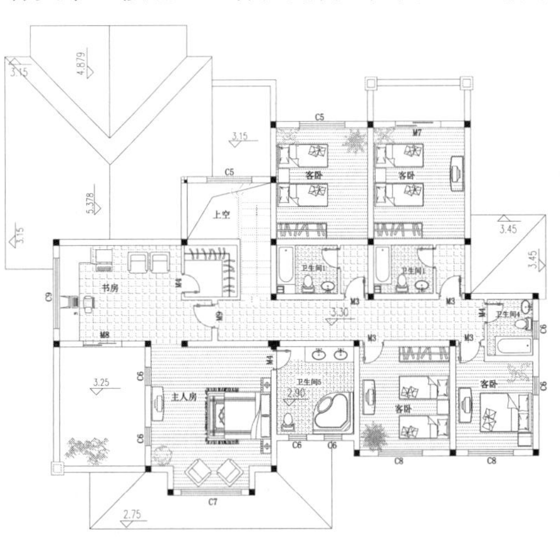

图 7-115　标注门窗

Note

（5）单击“默认”选项卡“绘图”面板中的“直线”按钮╱，标注一层屋顶斜面箭头，如图 7-116 所示。

（6）选择菜单栏中的“标注”→“标注样式”命令，弹出“标注样式管理器”对话框，新建“二层平面图”标注样式。选择“线”选项卡，设置“超出尺寸线”为 200；选择“符号和箭头”选项卡，设置“箭头方式”为“建筑标记”，设置“箭头大小”为 200；选择“文字”选项卡，设置“文字高度”为 300，设置“从尺寸线偏移”为 100。

（7）单击“注释”选项卡“标注”面板中的“线性”按钮├┤和“连续”按钮├┼┤，标注细部尺寸，如图 7-117 所示。

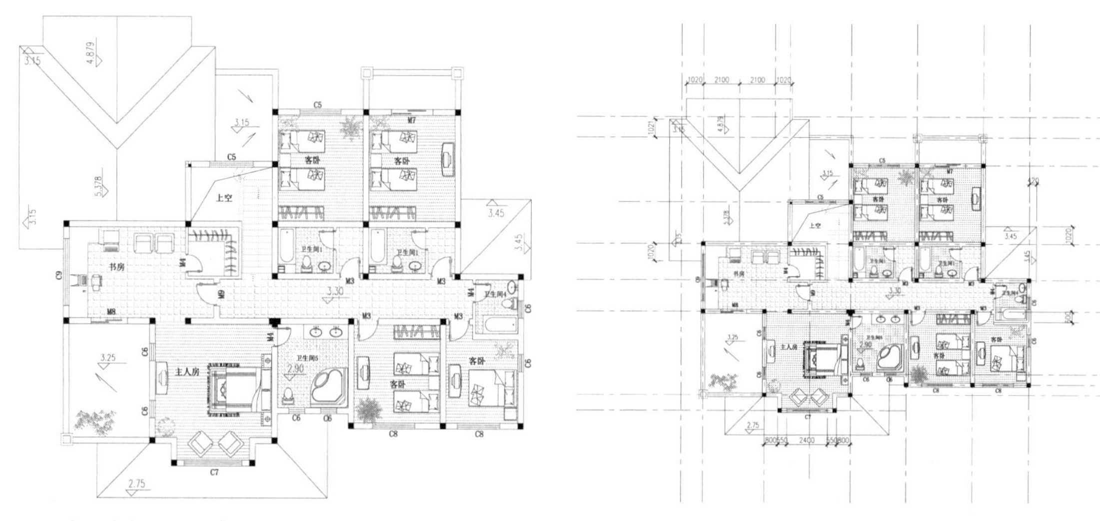

图 7-116　标注一层屋顶斜面箭头　　　　图 7-117　标注细部尺寸

（8）标注第一道轴线尺寸，结果如图 7-118 所示；标注第二道轴线尺寸，结果如图 7-119 所示；标注最外围轴线尺寸，结果如图 7-120 所示。

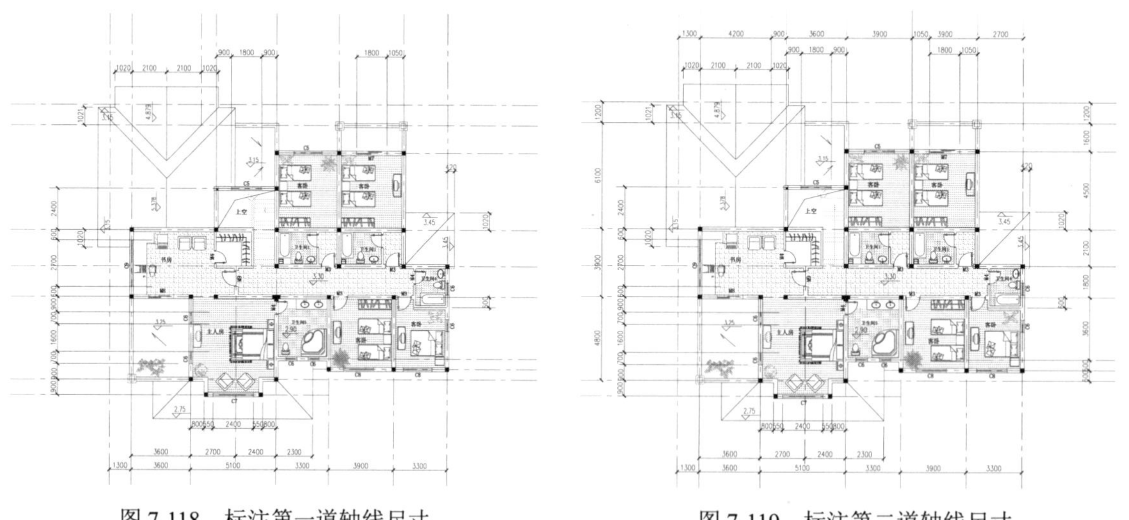

图 7-118　标注第一道轴线尺寸　　　　图 7-119　标注第二道轴线尺寸

（9）单击“默认”选项卡“绘图”面板中的“圆”按钮⊙，在轴线端绘制一个直径为 900 的圆；单击“默认”选项卡“注释”面板中的“多行文字”按钮 A，在圆的中央标注一个数字“1”，字高为

500；单击“默认”选项卡“修改”面板中的“复制”按钮，将该轴号图例复制到其他轴线端头，并修改圆内的数字，结果如图 7-121 所示。

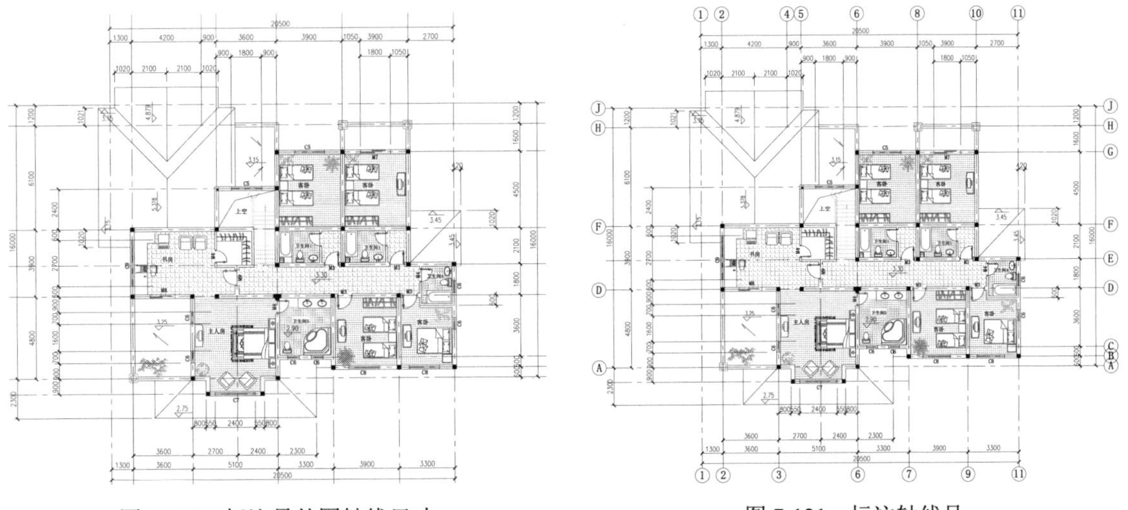

图 7-120　标注最外围轴线尺寸　　　　图 7-121　标注轴线号

（10）单击“默认”选项卡“注释”面板中的“多行文字”按钮 A，弹出“文字格式”对话框，设置文字高度为 700，输入文字“二层平面图”，并在文字下方绘制一条直线，最终完成二层平面图的绘制，结果如图 7-122 所示。

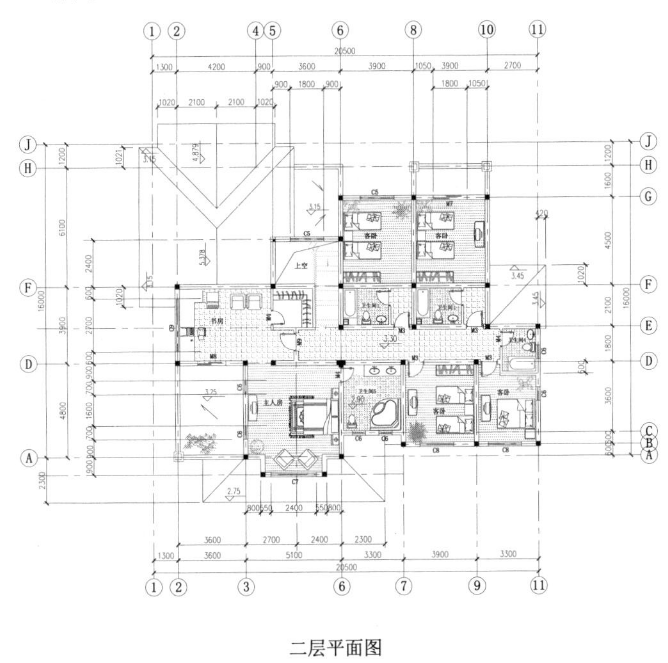

图 7-122　完成的二层平面图

7.2.5　顶层平面图

下面介绍某别墅顶层平面图设计的相关知识及其绘图方法与技巧，绘制流程如图 7-123 所示。

视频讲解

Note

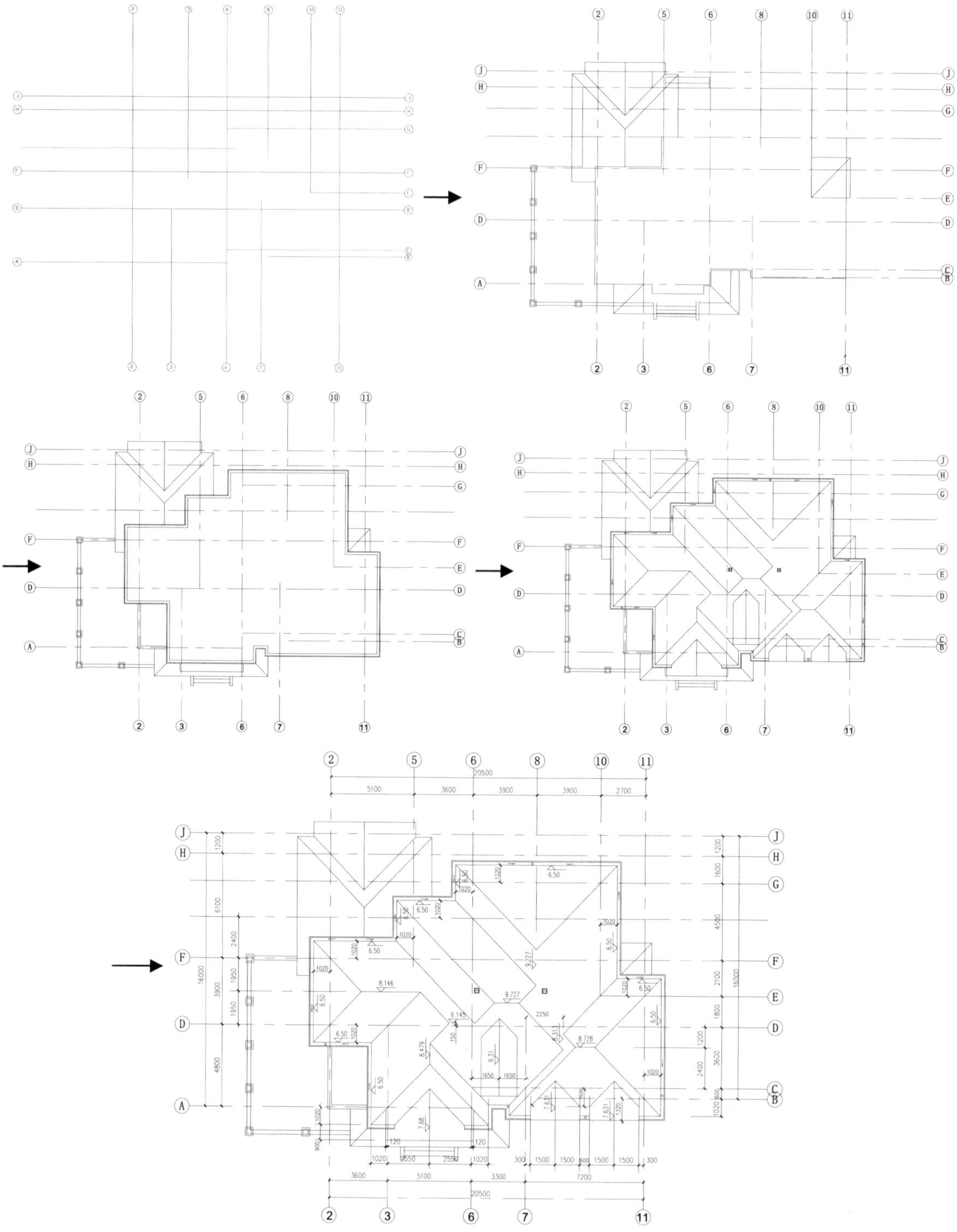

屋顶平面图

图 7-123　绘制顶层平面图的流程

1. 设置绘图环境

（1）在命令行中输入 LIMITS，设置图幅尺寸为 420000×297000。

（2）单击“默认”选项卡“图层”面板中的“图层特性”按钮，在弹出的“图层特性管理器”选项板中新建图层，并将“屋顶”图层设置为当前图层，如图 7-124 所示。

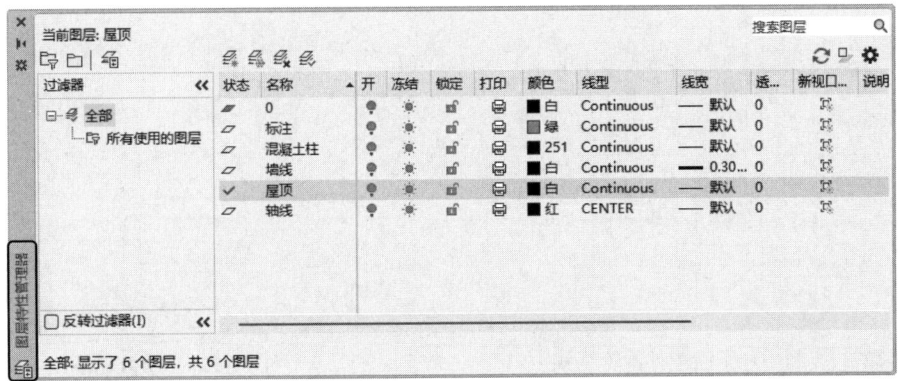

状态	名称	开	冻结	锁定	打印	颜色	线型	线宽	透...	新视口...	说明
	0					白	Continuous	—— 默认	0		
	标注					绿	Continuous	—— 默认	0		
	混凝土柱					251	Continuous	—— 默认	0		
	墙线					白	Continuous	—— 0.30...	0		
✓	屋顶					白	Continuous	—— 默认	0		
	轴线					红	CENTER	—— 默认	0		

图 7-124　图层设置

2. 绘制轴线网

打开前面绘制的“二层平面图.dwg”，利用“复制”和“粘贴”命令，复制二层平面图的轴线到顶层平面图，并单击“默认”选项卡“修改”面板中的“修剪”按钮对其进行修剪，如图 7-125 所示。

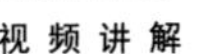

视频讲解

3. 绘制屋顶平面

（1）同理，复制一层平面图的外围轮廓线（包括围墙和台阶），如图 7-126 所示。

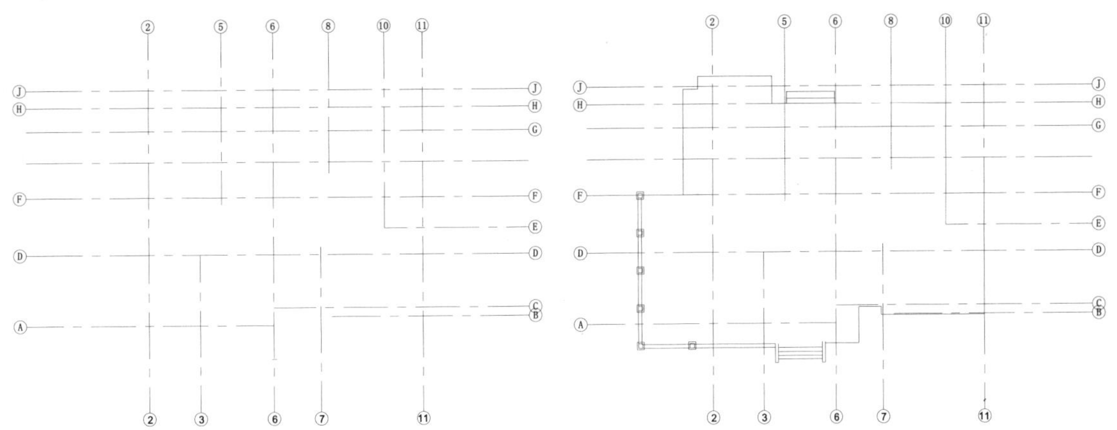

图 7-125　复制二层平面图轴线并修剪　　　图 7-126　复制一层平面图外围轮廓线

（2）同理，复制二层平面图的外围轮廓线（包括围墙和台阶），如图 7-127 所示。

（3）单击“默认”选项卡“绘图”面板中的“直线”按钮和“修改”面板中的“偏移”按钮、“修剪”按钮，修改轮廓线，如图 7-128 所示。

（4）单击“默认”选项卡“修改”面板中的“偏移”按钮，将修改后的屋顶轮廓线向外偏移 190 和 250；单击“默认”选项卡“绘图”面板中的“直线”按钮和“修改”面板中的“修剪”按钮，修改屋顶轮廓线，再修改轴线号颜色，如图 7-129 所示。

（5）单击“默认”选项卡“绘图”面板中的“圆”按钮和“直线”按钮，绘制泛水，如图 7-130 所示。

（6）单击“默认”选项卡“绘图”面板中的“直线”按钮，绘制屋脊线，如图 7-131 所示。

（7）单击“默认”选项卡“绘图”面板中的“直线”按钮，绘制天窗，如图 7-132 所示。

视频讲解

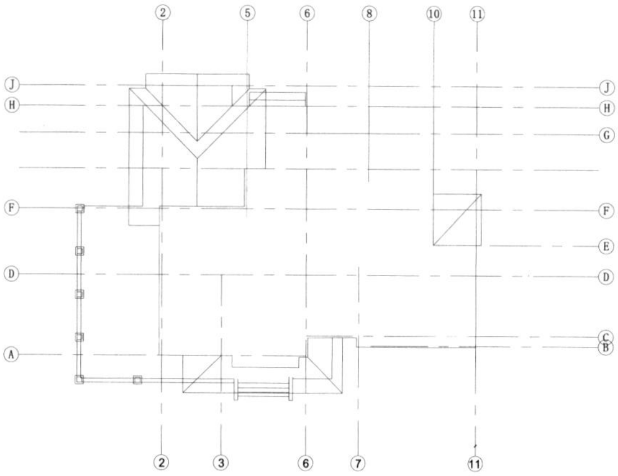

图 7-127　复制二层平面图外围轮廓线

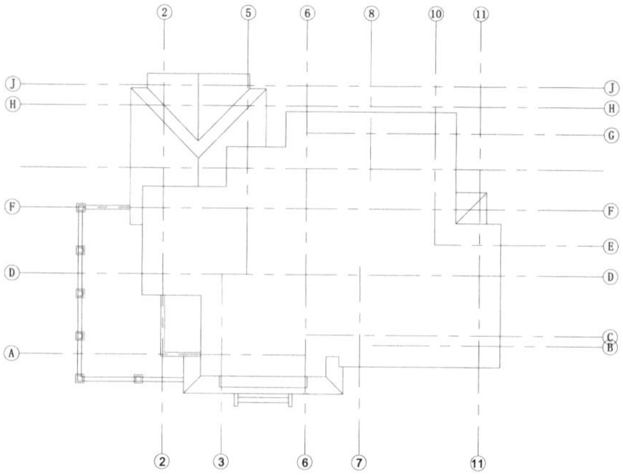

图 7-128　修改轮廓线

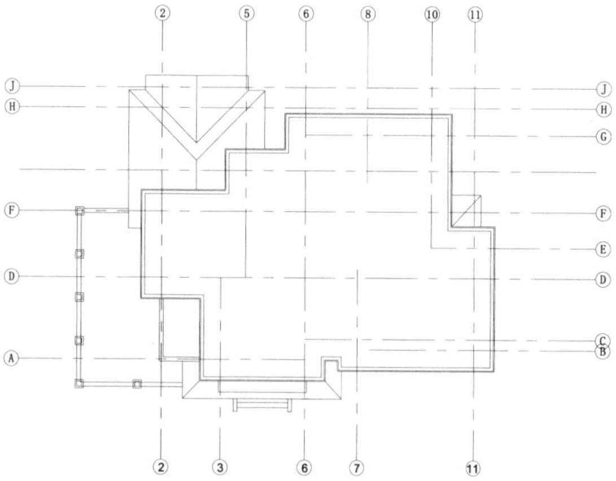

图 7-129　偏移并修改屋顶轮廓线

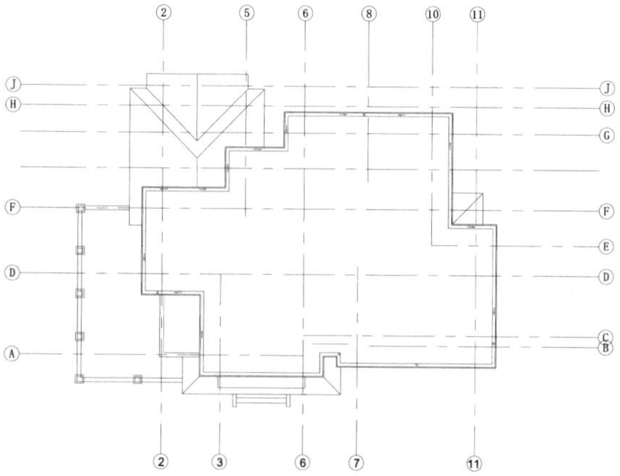

图 7-130　绘制泛水

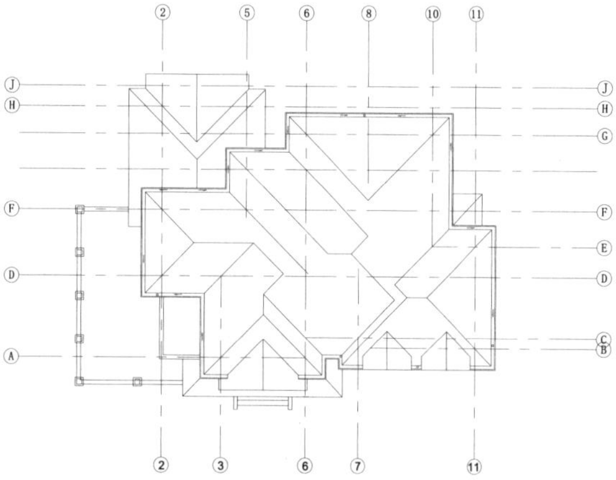

图 7-131　绘制屋脊线

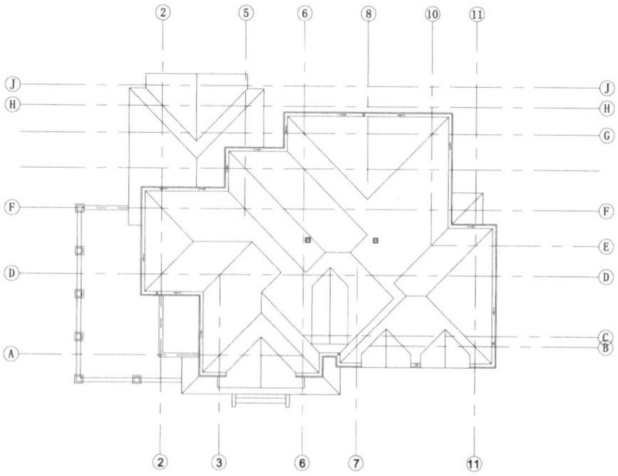

图 7-132　绘制天窗

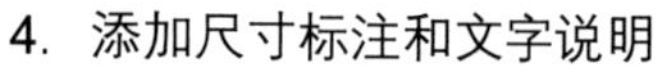

4. 添加尺寸标注和文字说明

（1）将“标注”图层设置为当前图层。

（2）单击“默认”选项卡“绘图”面板中的“直线”按钮╱和“注释”面板中的“多行文字”按钮A，标注屋顶标高，如图 7-133 所示。

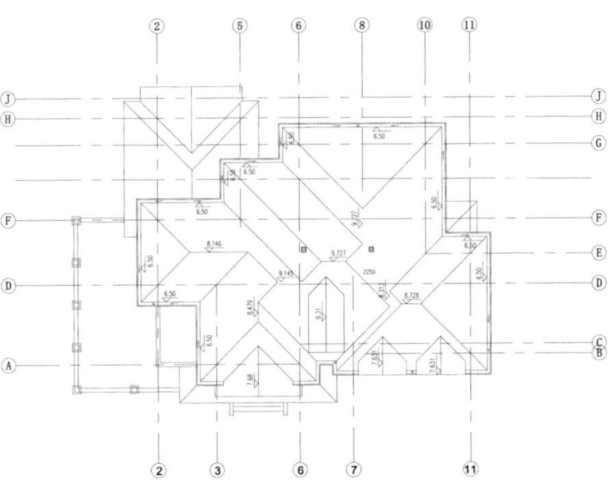

图 7-133　标注屋顶标高

（3）单击“注释”选项卡“标注”面板中的“线性”按钮和“连续”按钮，标注细部尺寸，结果如图 7-134 所示；标注第一道轴线尺寸，结果如图 7-135 所示；标注最外围轴线尺寸，结果如图 7-136 所示。

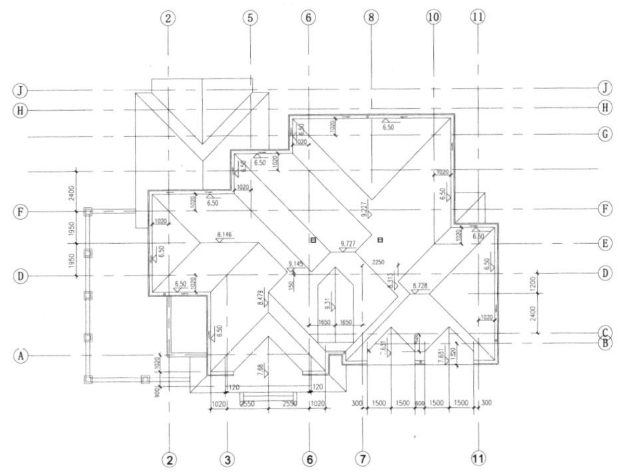

图 7-134　标注细部尺寸

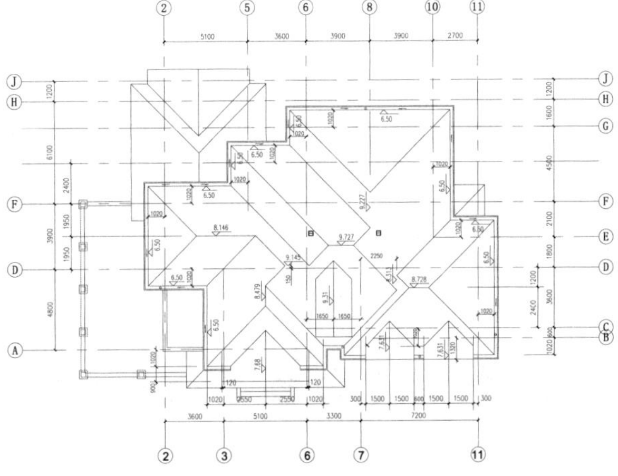

图 7-135　标注第一道轴线尺寸

Note

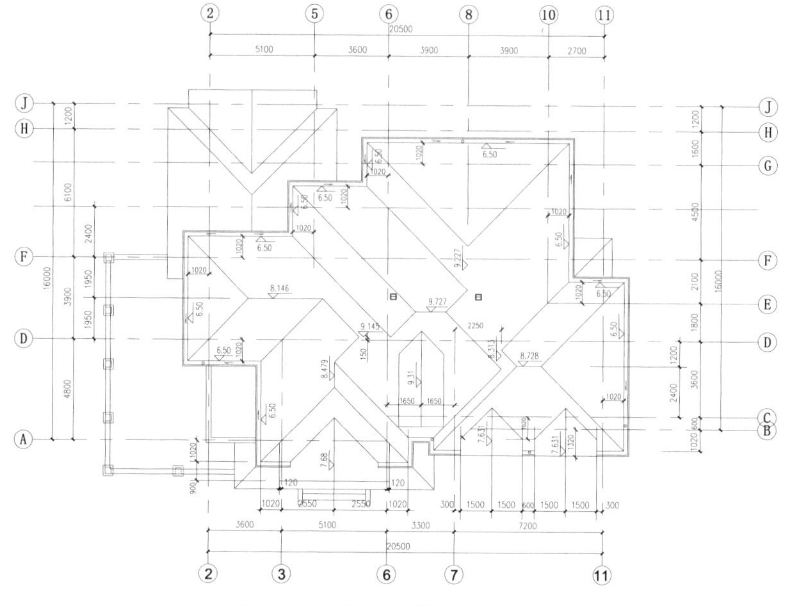

图 7-136　标注最外围轴线尺寸

（4）单击"默认"选项卡"注释"面板中的"多行文字"按钮 A，弹出"文字编辑器"选项卡，在其中设置文字高度为 700，输入文字"顶面平面图"，并在文字下方绘制直线，完成顶层平面图的绘制，结果如图 7-137 所示。

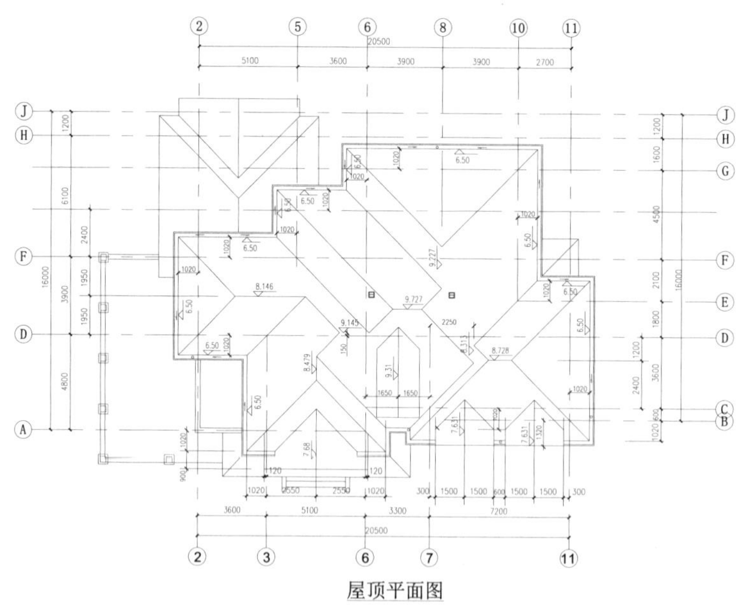

图 7-137　完成的顶层平面图

7.3　绘制某宿舍楼平面图的实例

7.2 节以别墅为例介绍了建筑平面图的绘制，但不够全面，尚存在一些常见图形内容、常用绘制

方法需要补充。因此，本节以某宿舍楼建筑平面图为例，让读者加强对这部分绘图知识的掌握。本节介绍 3 个平面图（底层、标准层、屋顶平面图）的绘制（见图 7-138），其中重点强调“阵列”和“镜像”等命令在平面布置组合中的应用。与前面重复的内容将被省略。

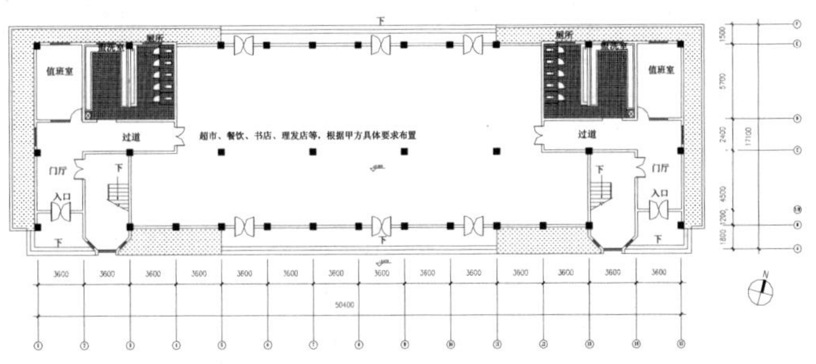

底层平面图1：500

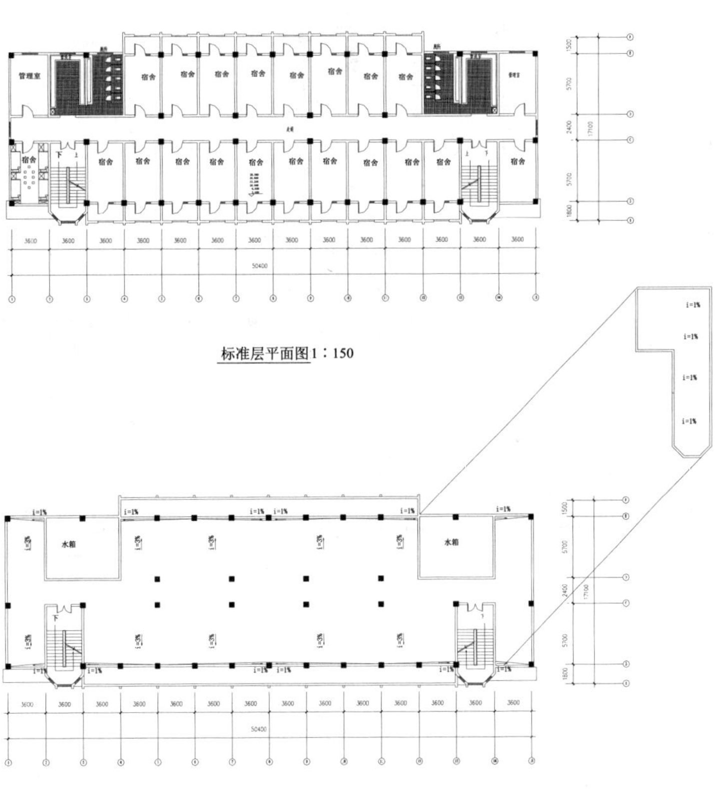

标准层平面图1：150

楼梯间、水箱屋顶平面图

图 7-138　某宿舍楼底层、标准层、屋顶平面图

7.3.1　实例简介

本实例为南方某高校内的通廊式学生宿舍楼，共 7 层，底层布置超市、餐饮、书店、理发店等服务设施，层高 3.6m；二至七层为宿舍，层高 3.2m。宿舍设有两个入口、两组楼梯、两组厕所及盥洗室。宿舍开间为 3.6m，进深为 5.7m，宿舍外设阳台。由于每间宿舍的结构及布置都是相同的，因此可以利用“阵列”“镜像”等命令快速绘制。

视频讲解

Note

7.3.2 底层平面图

下面介绍某宿舍楼底层平面图设计的相关知识及其绘图方法与技巧，绘制流程如图 7-139 所示。

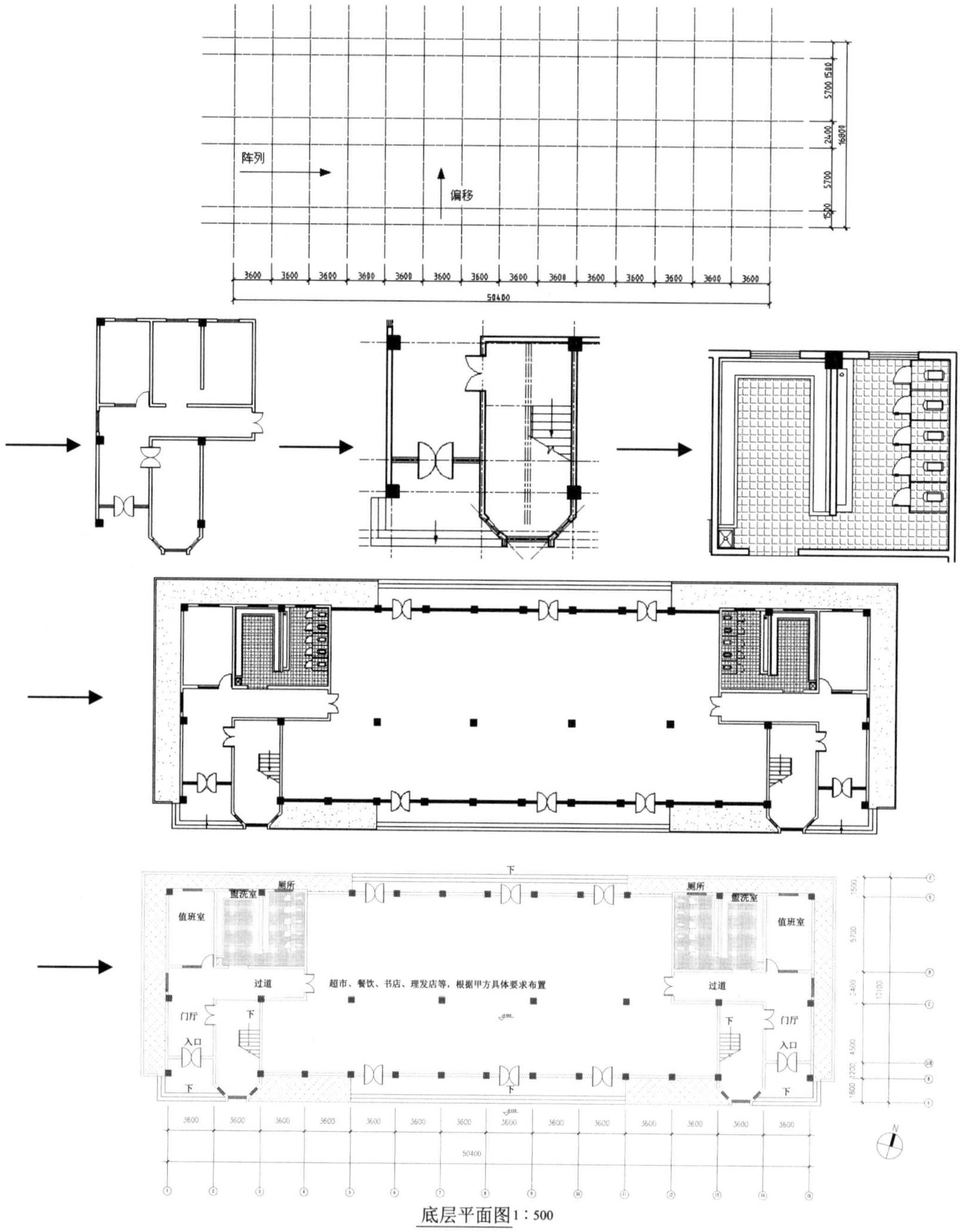

底层平面图1：500

图 7-139 绘制底层平面图的流程

在底层平面图中，重点是完成楼梯间、厕所、盥洗室、柱网的排布，然后对周边景观做简单的绘制。

Note

1. 绘图准备

打开 7.2 节的别墅平面图文件，将它另存为“底层平面图.dwg”，这样可以省去图层和尺寸样式的设置，以及常用图块的插入等步骤，比调用样板文件更方便。当然，要将别墅图中不用的内容尽量删除，避免占用大量的存储空间。

2. 轴线的绘制

由于该平面图定位轴线排布非常有规律，因此对于水平轴线，用“偏移”命令来完成，而对于竖向轴线，则用“阵列”命令一次即可绘制完成，如图 7-140 所示。

说明： *轴线两端应伸出一定距离，便于尺寸的标注。本例中伸出值为图面尺寸的 3cm 左右。*

3. 柱的布置

本例结构形式为现浇钢筋混凝土框架结构，因此布置钢筋混凝土柱后，再布置墙体。

（1）建立柱图块。设置“柱”图层为当前图层。由于暂不能明确确定柱截面的大小，因此根据经验取 500×500。绘制 500×500 的矩形，填充涂黑，建立图块，注意借助辅助线以矩形的中心点作为插入基点，如图 7-141 所示。

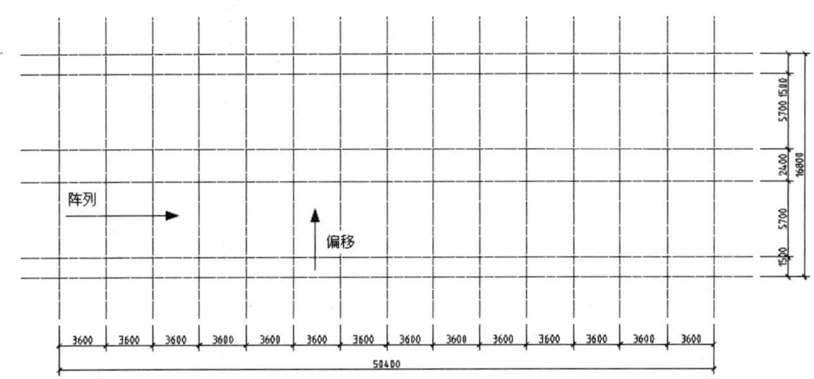

图 7-140　轴线的绘制

图 7-141　柱图块

（2）布置柱。首先完成第一列柱的布置，如图 7-142 所示。

（3）将这一列向右阵列，单击“默认”选项卡“修改”面板中的“矩形阵列”按钮，阵列对象为上述布置的 3 个柱，设置“行数”为 1，“列数”为 8，“列间距”为 7200，如图 7-143 所示。

4. 墙的布置

在底层平面图中，墙体布置的重点是入口、门厅、管理室、楼梯间、盥洗室、厕所，都集中在两端，因此只要做好一端，另一端可通过“镜像”命令来复制。下面叙述绘制要点。

（1）补充轴线。按如图 7-144 所示补充细部轴线，以便墙体定位。

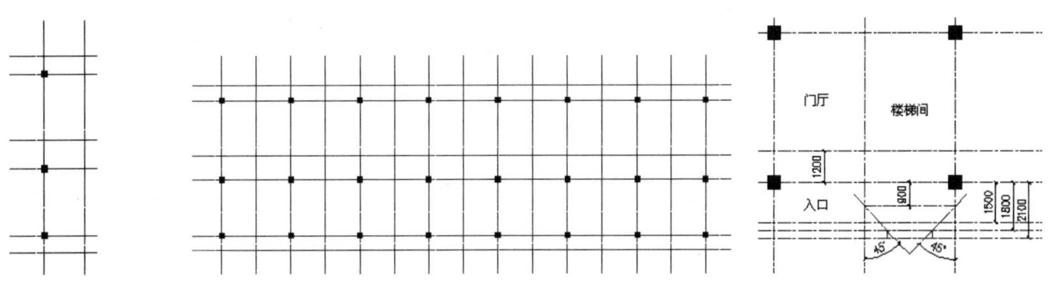

图 7-142　布置第一列柱　　图 7-143　完成柱的布置　　图 7-144　补充细部轴线

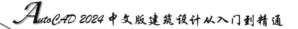

（2）绘制墙体。执行“多线”命令，设置比例为200，按如图7-145所示进行绘制。

（3）修整墙体。与前面的别墅不同，本宿舍楼墙体为填充墙，不参与结构承重，主要起分隔空间的作用，其中心线位置不一定与定位轴线重合，有时出现偏移一定距离的情况。本宿舍楼中外墙和走道两侧的隔墙厚度为200，均打算向外偏移150，使得墙外边缘与柱外边缘平齐，以获得较大的室内空间。实现这个效果的方法应该是多样的，比较简单的方法就是直接使用“移动”命令调整绘制的墙线的位置。

Note

首先移动外墙和走道两侧的隔墙，然后修整线头使连通正确，结果如图7-146所示。

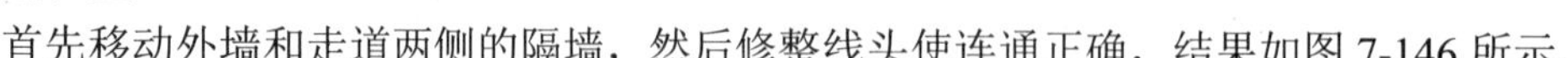

视频讲解

5. 门窗的布置

（1）借助辅助线确定门窗洞口位置，然后将洞口处的墙线修剪掉，并将墙线封口，如图7-147所示。将封口线设置到“墙线”图层上。

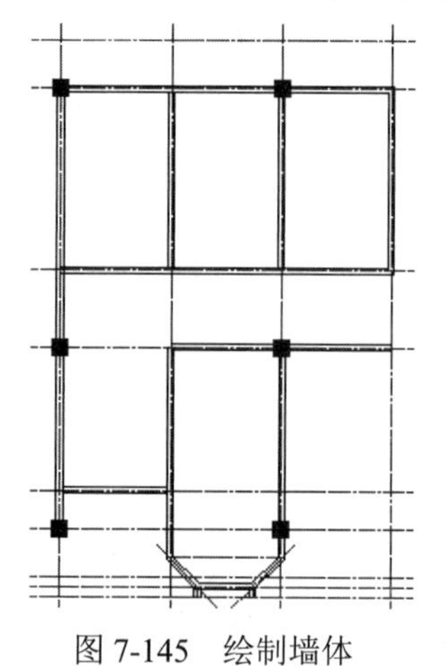
图7-145 绘制墙体

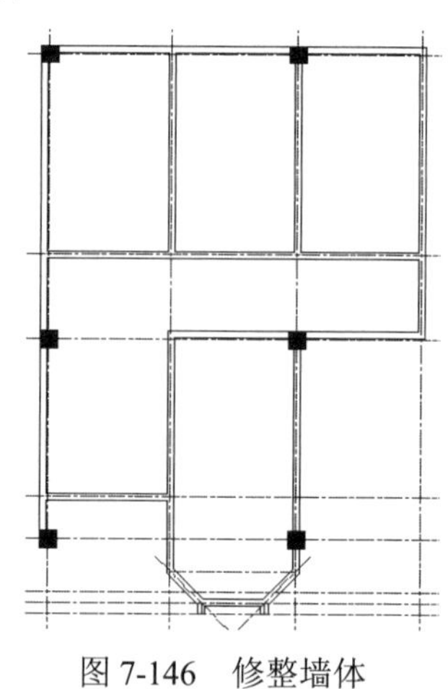
图7-146 修整墙体

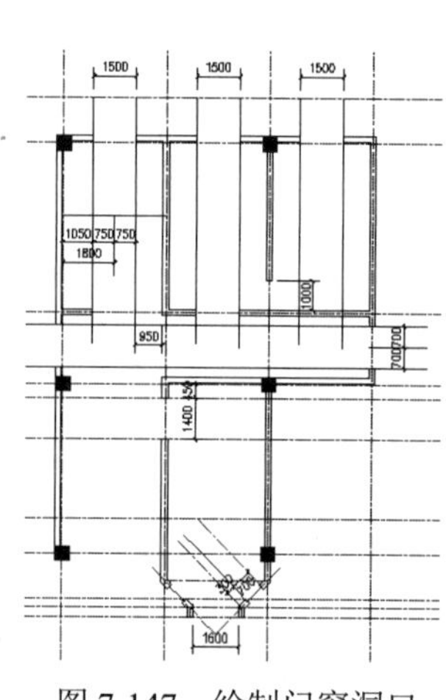

图7-147 绘制门窗洞口

（2）将“门窗”图层设置为当前图层，按如图7-148所示绘制门窗，绘制方法同前面的绘制方法，此处不再赘述。

视频讲解

6. 楼梯及台阶的绘制

底层层高3.6m，踏步高设计为150mm，宽为300mm，因此需要24级；此外，该楼梯设计为双跑（等跑）楼梯，其中梯段长度为11×300=3300mm，楼梯间净宽为3400mm，因此可设计梯段宽度为1600mm，休息平台宽度需要大于或等于1600mm。

据此楼梯尺寸，首先绘制出楼梯梯段的定位辅助线，如图7-149所示，然后按如图7-150所示绘制底层楼梯和入口台阶。

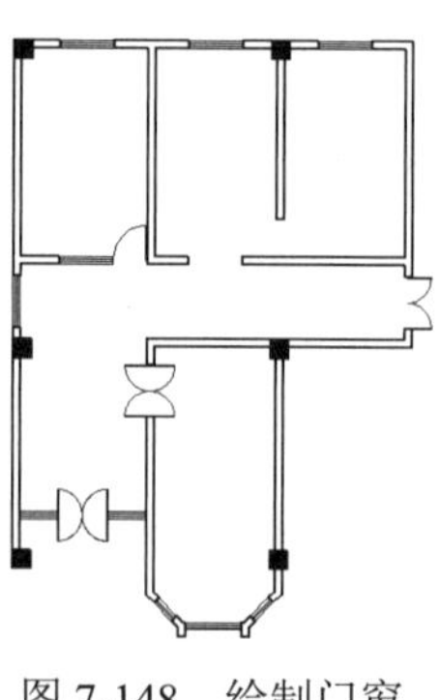
图7-148 绘制门窗

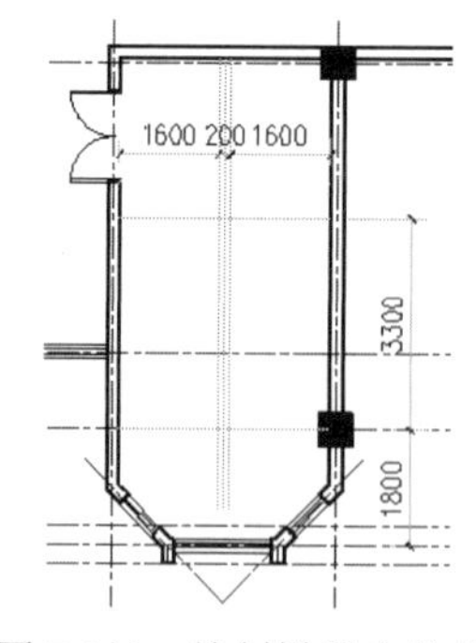

图7-149 绘制梯段定位线

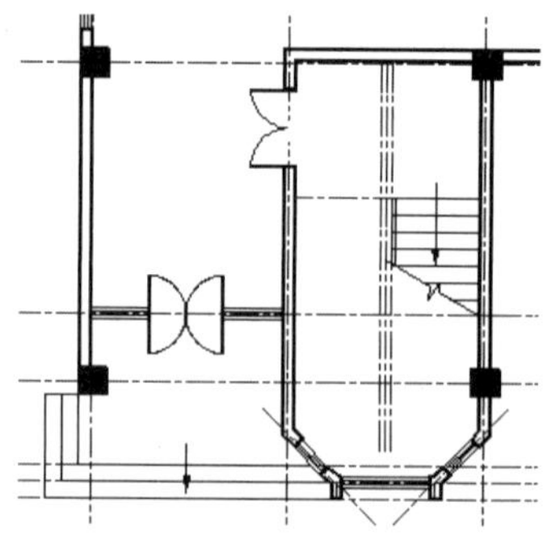
图7-150 绘制梯段及台阶

7. 盥洗室和厕所的布置

（1）绘制盥洗室。

❶ 首先用“多段线”命令沿盥洗室周边绘制一条多段线，并向内依次偏移 100、400、100 复制出排水槽和盥洗台边缘，如图 7-151 所示。

❷ 在盥洗台端部绘制 500×600 的洗涤池，洗涤池边厚 50，并把盥洗台端部封口，如图 7-152 所示。

（2）绘制厕所。

❶ 打开设计中心，找到“建筑图库.dwg”中的“厕所”图块，双击，输入旋转角度-90°，按如图 7-153 所示插入蹲位图形。

❷ 绘制小便槽，如图 7-154 所示。

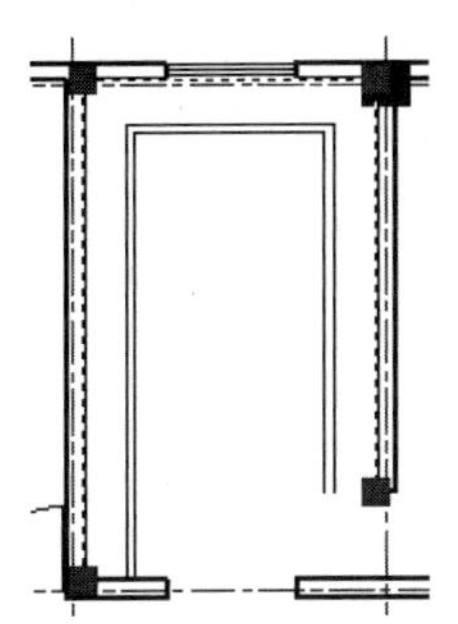

图 7-151　盥洗室的绘制 1

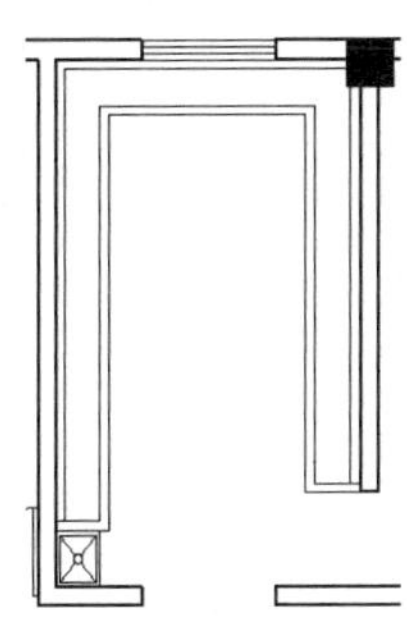

图 7-152　盥洗室的绘制 2

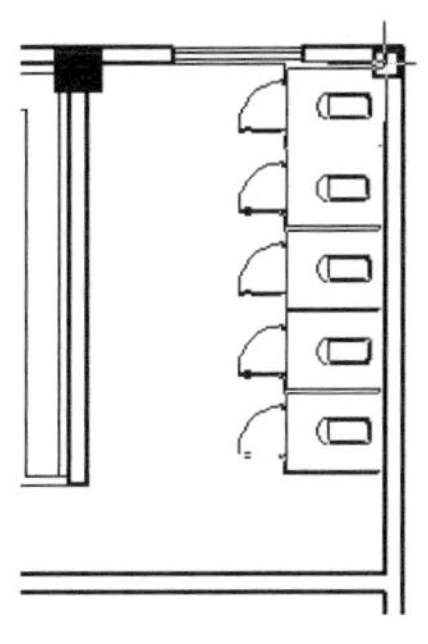

图 7-153　插入图块

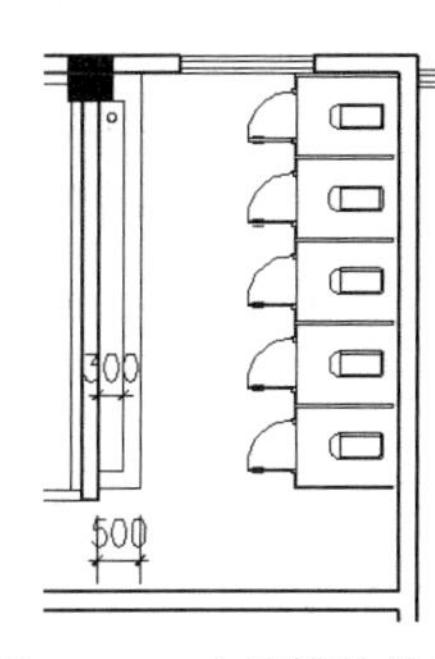

图 7-154　小便槽的绘制

（3）填充地面图案，如图 7-155 所示。

8. 完成底层平面

（1）镜像复制。将绘制好的一端镜像复制到另一端，如图 7-156 所示。

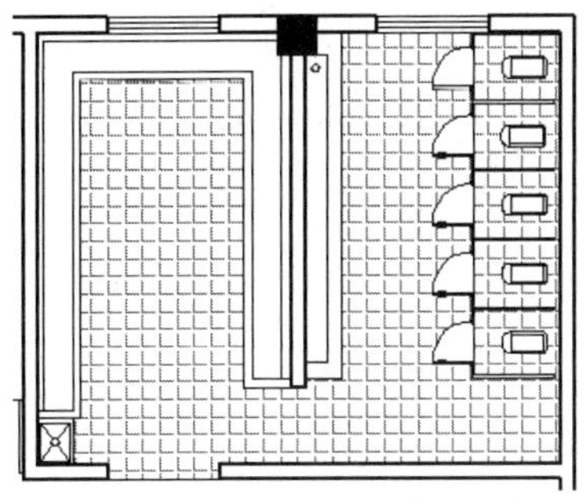

图 7-155　地面图案的填充

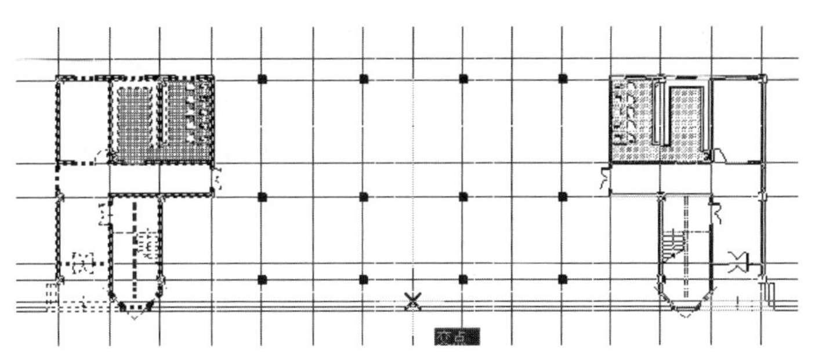

图 7-156　镜像复制

（2）补充柱的布置。在没有布置边柱的轴线交点上布置边柱。

（3）门窗的绘制。考虑底层的商业用途，先在剩余部分前后两侧拉通布置玻璃窗，并在适当的位置处布置玻璃门。

（4）台阶及草地。按图 7-157 所示布置台阶和草地，最终完成底层平面图的基本绘制。

9. 文字、尺寸的标注

考虑到本平面图的大小，现选取 1∶150 的出图比例，所以需要更改尺寸样式中的“全局比例”为 150。此外，图中文字字高也需要在原有基础（相对于 1∶100 的比例）上扩大 1.5 倍，结果如图 7-158 所示。

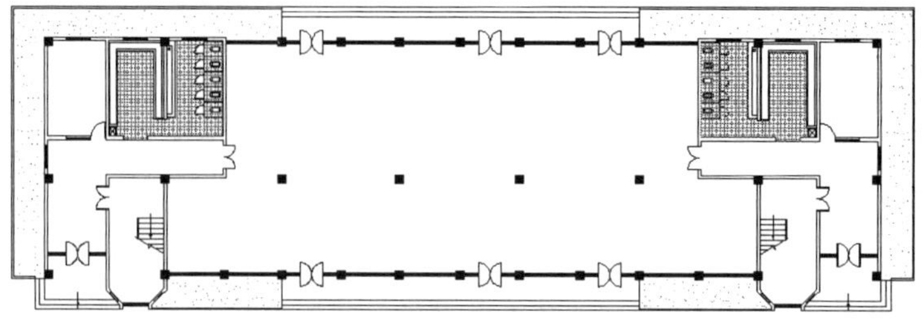

图 7-157　完成的底层平面图的绘制

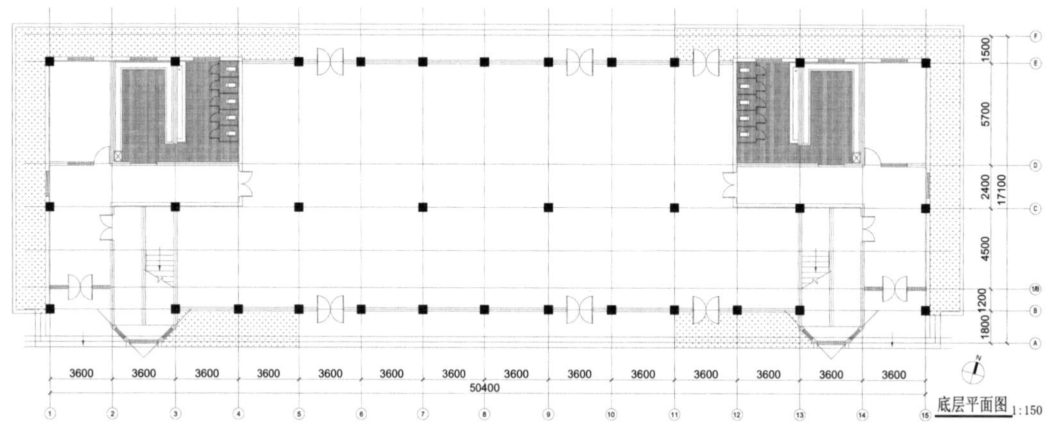

图 7-158　底层平面图

7.3.3　标准层平面图

视频讲解

下面介绍某宿舍楼标准层平面图设计的相关知识及其绘图方法与技巧，绘制流程如图 7-159 所示。

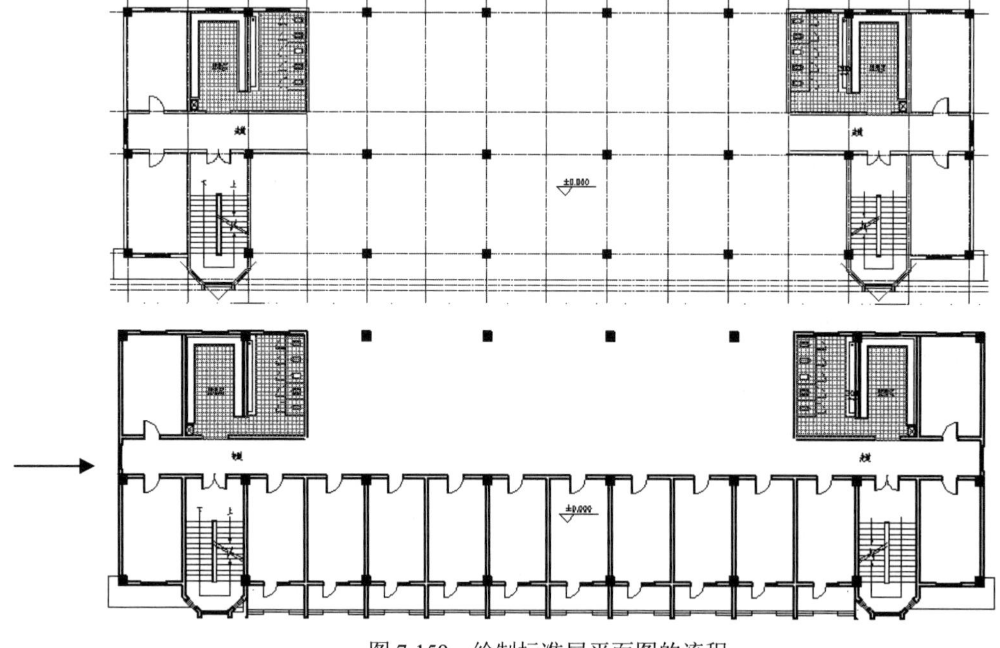

图 7-159　绘制标准层平面图的流程

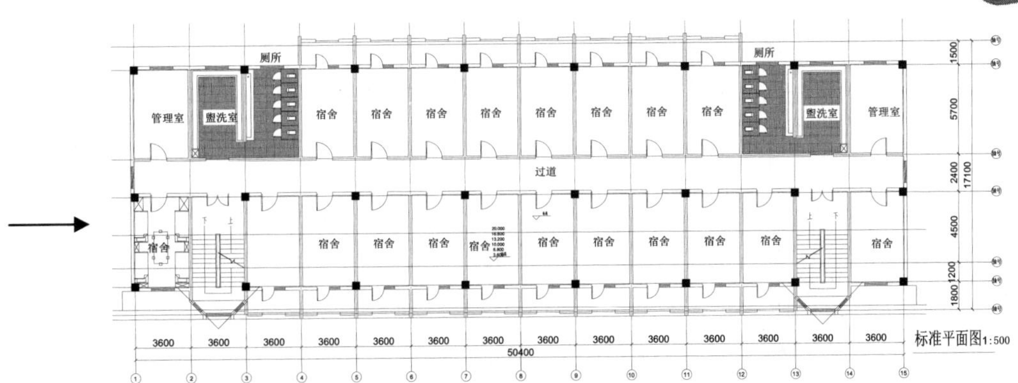

图 7-159　绘制标准层平面图的流程（续）

二至七层均为学生宿舍，布置相同，因此绘制一个标准层平面图。在布置标准层平面图时，由于每间宿舍的规格相同，因此只要绘制好一个，其他宿舍就可通过“矩形阵列”和“镜像”命令复制完成，非常便捷。

1. 复制并整理底层平面图

复制底层平面图到其正上方，并进行修改整理，结果如图 7-160 所示。

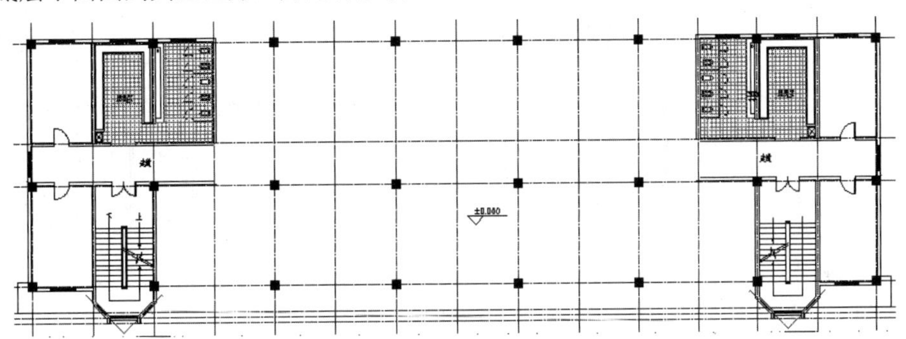

图 7-160　复制并整理的底层平面图

2. 宿舍的绘制

（1）墙线及门窗。通过复制楼梯间左侧的房间墙线和门窗来简化宿舍的绘制。

❶ 打断墙线。单击“默认”选项卡“修改”面板中的“打断于点”按钮，将墙线于 A 点打断，如图 7-161 所示。

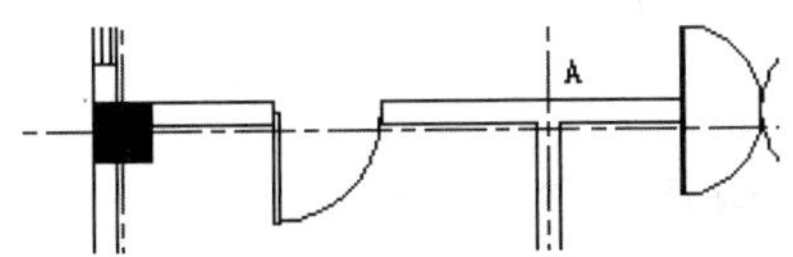

图 7-161　将墙线于 A 点打断

❷ 复制墙线及门窗。以 A 点为基点，B 点为第二点，复制墙线及门窗，如图 7-162 所示。

❸ 修改墙线及门窗。修改墙线及门窗，如图 7-163 所示；将右侧墙线延伸到阳台栏杆外 300，如图 7-164 所示；将窗改为门带窗，通向阳台的门洞宽为 800，窗宽为 700。将右侧墙线端部绘出一半是为了方便“阵列”复制。

（2）阳台。阳台进深为 1600mm（至阳台结构底板外边缘），每个阳台栏杆分 3 段，两边为金属栏杆，中间部分为实心栏板。首先，从门窗位置向下引出定位辅助线，然后绘制阳台栏杆、栏板，如

图 7-164 所示。

Note

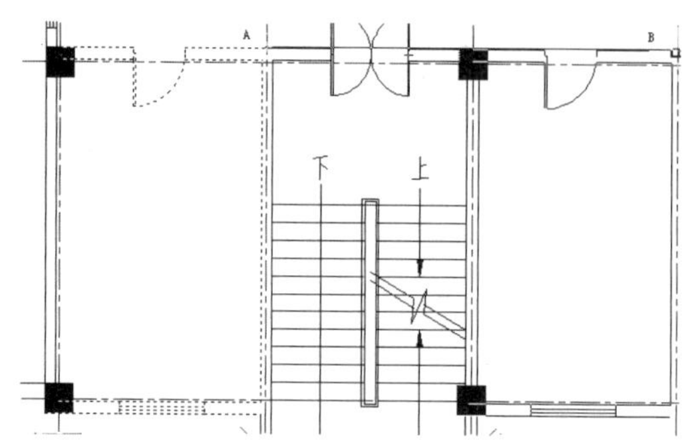

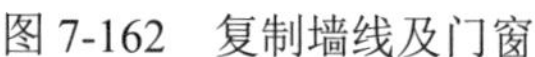

图 7-162　复制墙线及门窗

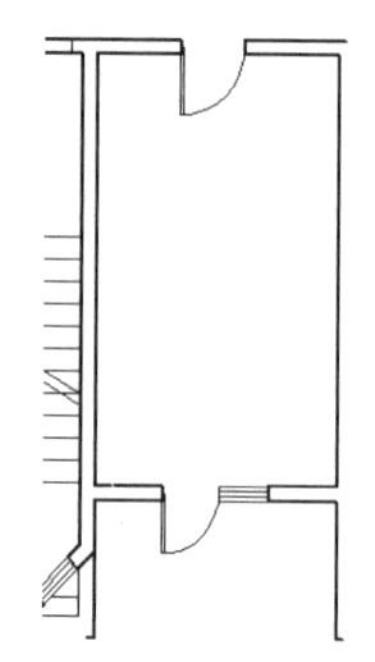

图 7-163　修改墙线及门窗

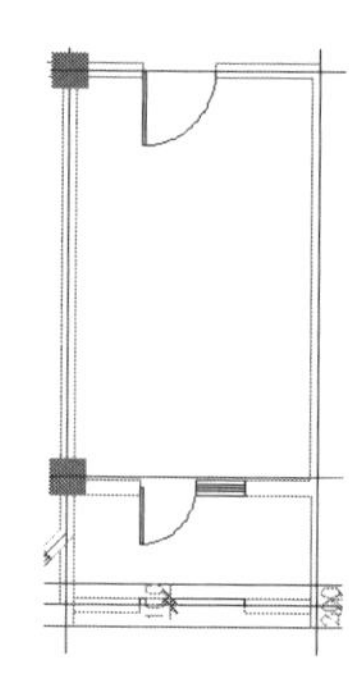

图 7-164　阳台

视频讲解

（3）复制房间。南侧房间通过“阵列”命令实现，北侧房间通过“镜像”命令完成。

❶ 南侧房间。选中房间图线（见图 7-165），单击“默认”选项卡“修改”面板中的“矩形阵列”按钮，设置“行数”为 1，“列数”为 10，“列间距”为 3600，完成南面宿舍的布置，结果如图 7-166 所示。

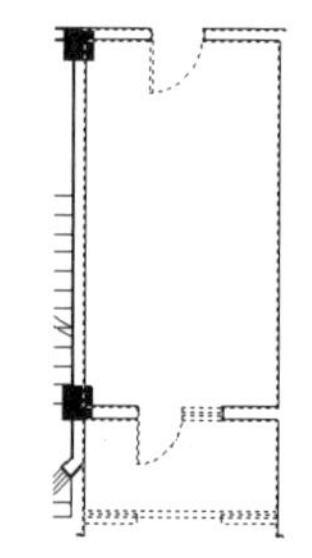

图 7-165　选中房间图线

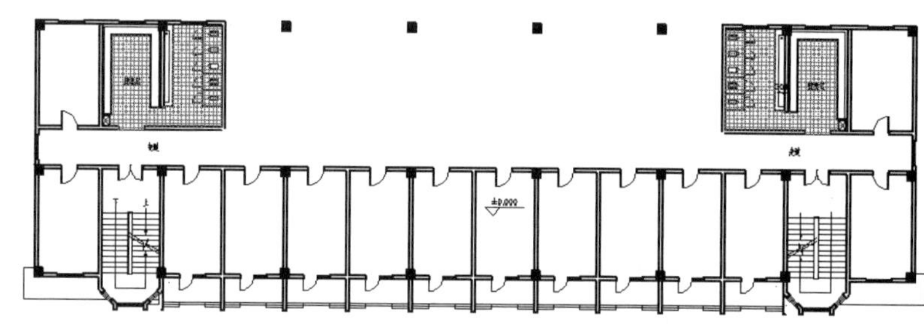

图 7-166　阵列结果

❷ 北侧房间。将南侧房间镜像到北侧，如图 7-167 所示。为了方便阵列，可以把“柱”关闭。另外，阵列时注意选择好镜像线。

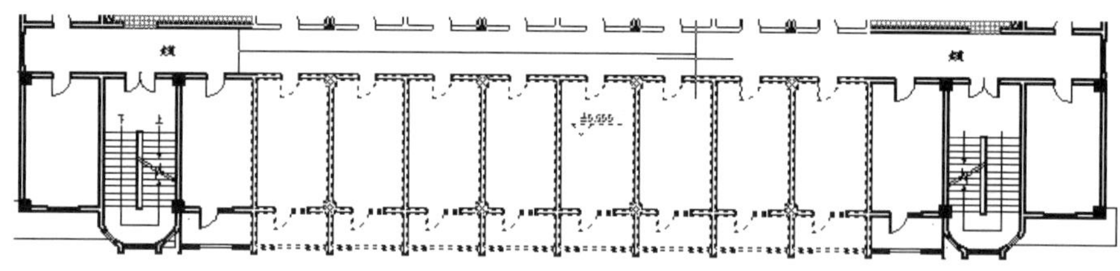

图 7-167　镜像房间

❸ 调整房间。由于南侧房间净深比北侧大 100，因此需要对镜像复制的房间进行修改。执行“拉伸”命令，如图 7-168 所示，选择房间图线，输入相对坐标“@0,-150”，确定完成。

❹ 南侧与楼梯间相接的阳台处的修改如图 7-169 所示。对其他交接不当之处也做相应修改。

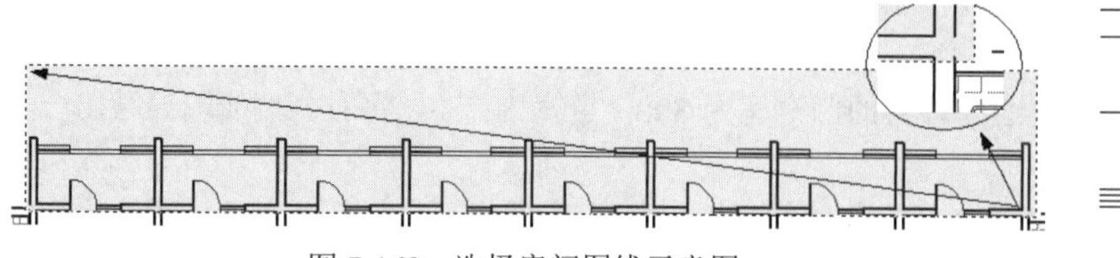

图 7-168　选择房间图线示意图

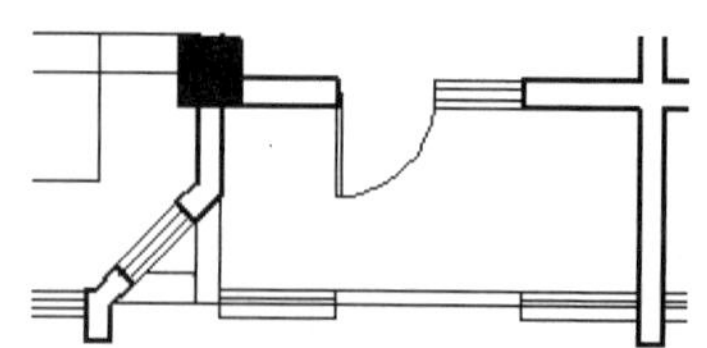

图 7-169　阳台的修改

（4）室内布置。室内布置内容包括 4 张双层床、2 个壁柜、4 个书架、1 张书桌。

❶ 确定定位辅助线。首先用"距离查询"命令查出宿舍室内净深为 5800，然后扣除两张床的长度 4000，剩余 1800 分别用于书架和壁柜。

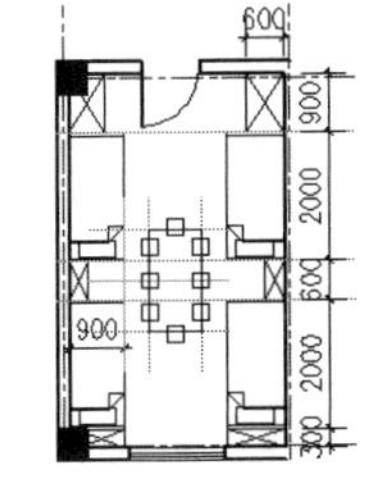

图 7-170 室内布置

> 说明：不需要对每间宿舍都进行室内布置，只要代表性地布置一间即可，其他的可用文字说明。

❷ 布置家具。插入单人床图块，在剩余位置绘制书架和壁柜，在中间位置绘制一张书桌，结果如图 7-170 所示。

3. 文字、尺寸的标注

在底层的基础上调整文字、尺寸的标注。房间名称的书写也可以用"阵列"命令来完成。另外需要注意的是，标准层标高的标注方法是把各层的标高按上下顺序累加在一起，结果如图 7-171 所示。

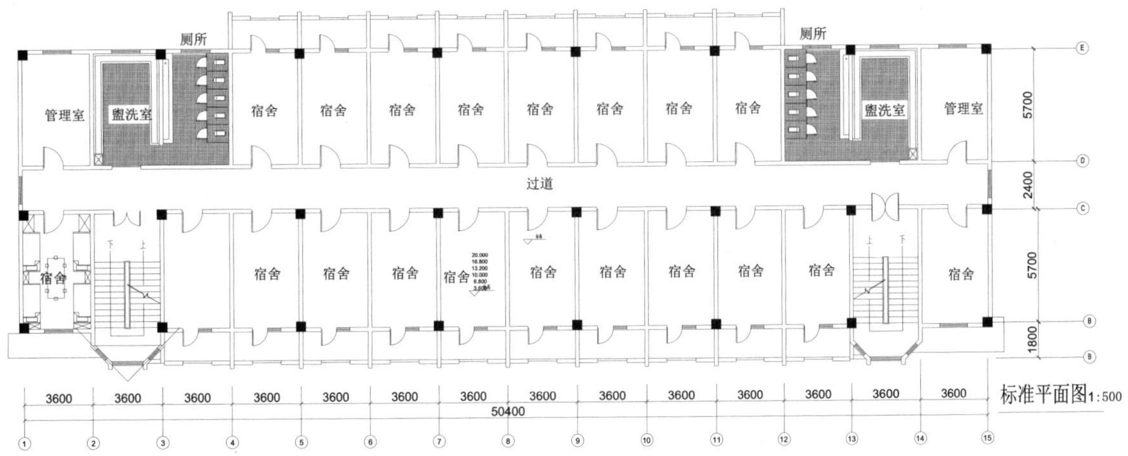

图 7-171 文字、尺寸的标注

> 说明：在进行墙线阵列之前，一定要把墙线整理好，尽量避免阵列后仍要做大量修改的情况。

7.3.4 屋顶平面图

下面介绍某宿舍楼屋顶平面图设计的相关知识及其绘图方法与技巧，绘制流程如图 7-172 所示。

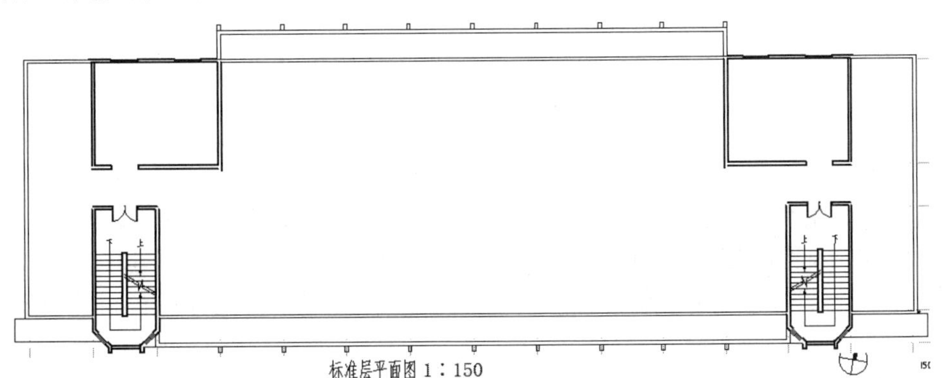

图 7-172 绘制屋顶平面图的流程

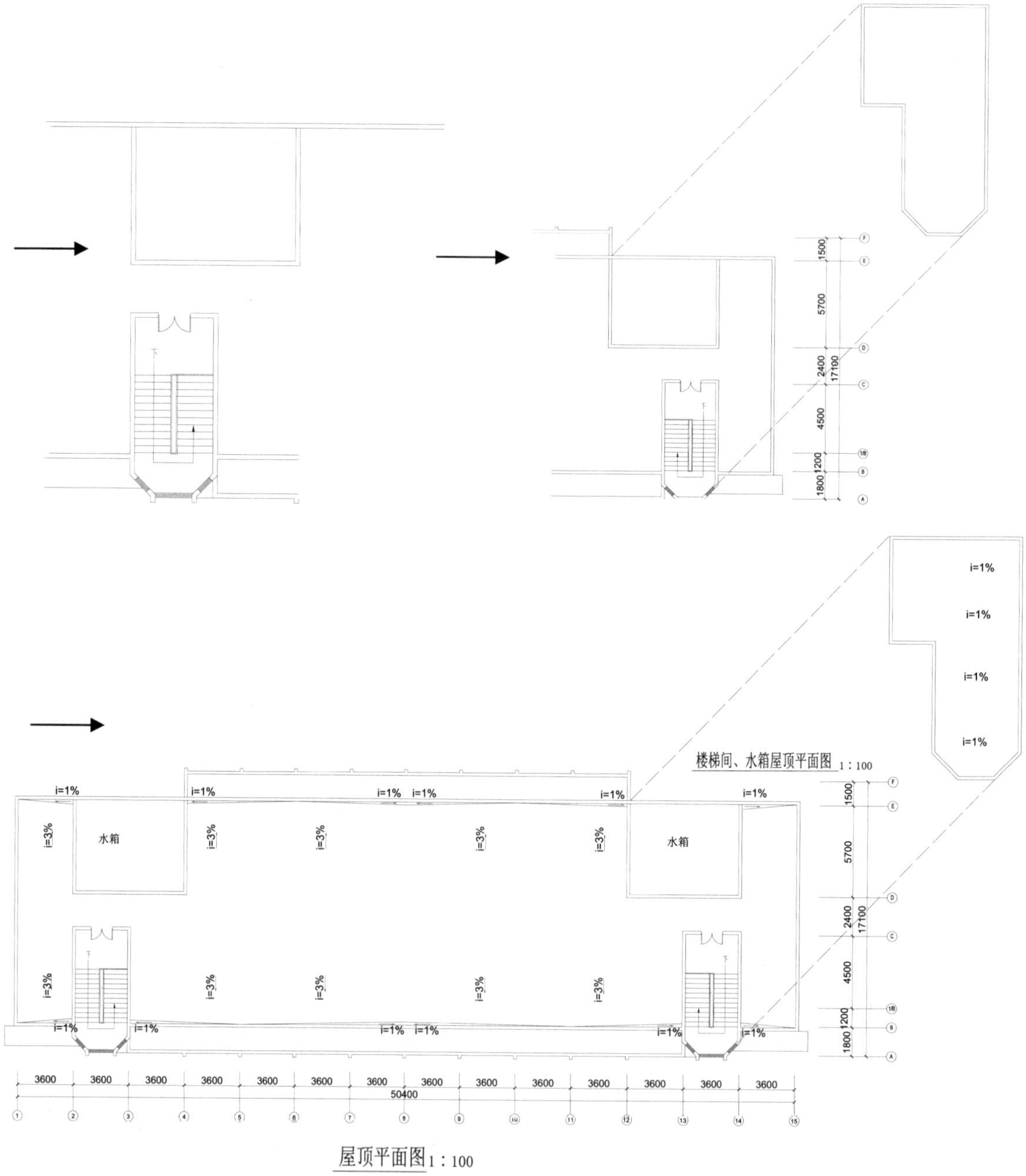

楼梯间、水箱屋顶平面图 1 : 100

屋顶平面图 1 : 100

图 7-172　绘制屋顶平面图的流程（续）

本实例屋顶绘制内容包括宿舍楼屋顶和楼梯间、水箱屋顶两个部分。宿舍楼屋顶可上人。两个楼梯均出屋面；水箱设置在盥洗室、厕所上方。另外，宿舍楼屋顶和楼梯间、水箱屋顶均采用有组织外排水形式。对于每一部分屋顶，其绘制内容又包括屋顶的形式和排水形式两部分。下面分别叙述其绘制要点。

1. 屋面形式的绘制

宿舍楼屋顶平面图的水平剖切位置设在出屋面楼梯间的中部，因此除了楼梯间、水箱需要表现被

剖切墙线、门窗等平面图内容外，其余的屋面形式和出屋面楼梯平面图形均为看线。楼梯间、水箱屋顶平面图亦均为看线。

（1）宿舍楼屋面的绘制。

❶ 将标准层平面图复制到其正上方，在“屋面”图层中沿房屋周边绘制女儿墙、阳台雨篷等看线内容，然后将楼梯间、盥洗室、厕所部分保留下来，将其他标准层图线内容删去，结果如图 7-173 所示。

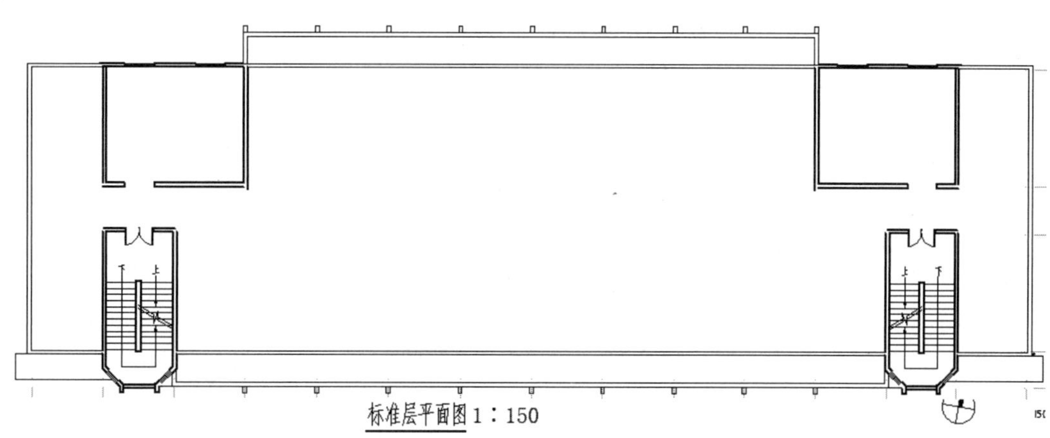

图 7-173　屋面的绘制

❷ 将残破楼梯间、水箱墙线进行修整，如图 7-174 所示。

（2）楼梯间、水箱屋面的绘制。

在宿舍楼屋顶平面图的基础上，分别由楼梯间、水箱的两个相对角点引出 45° 虚线，在斜上方适当位置处绘制楼梯间、水箱屋面，如图 7-175 所示。

视频讲解

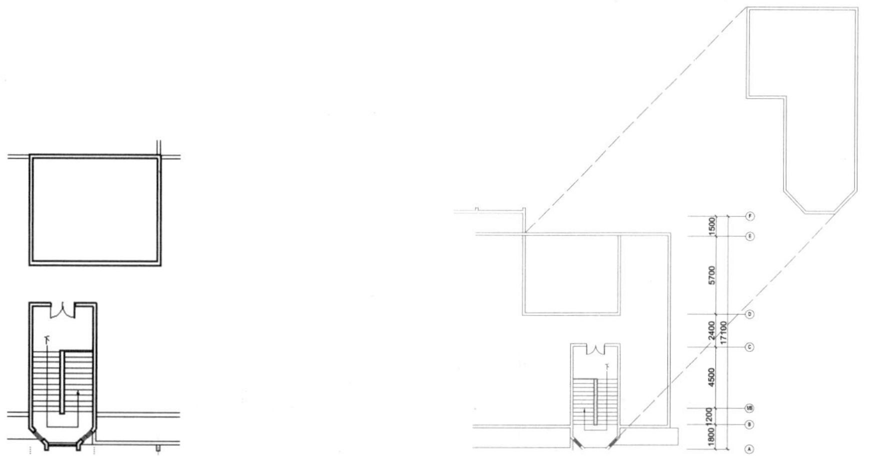

图 7-174　楼梯间、水箱的修整结果　　图 7-175　楼梯间、水箱屋面的绘制

2. 排水形式的绘制

本着屋面流水线路短捷、檐沟流水畅通、雨水口负荷适中的原则，宿舍楼屋面采用双坡有组织外排水形式，共设置 8 个落水口，屋面排水坡度为 3%，檐沟纵向排水坡度为 1%。楼梯间、水箱屋面采用单坡有组织排水，排水坡度为 1%。在绘制时，首先确定落水管位置，然后绘制屋面及檐沟分水线，最后绘制坡度符号及标注，屋顶平面图绘制结果如图 7-176 所示。

Note

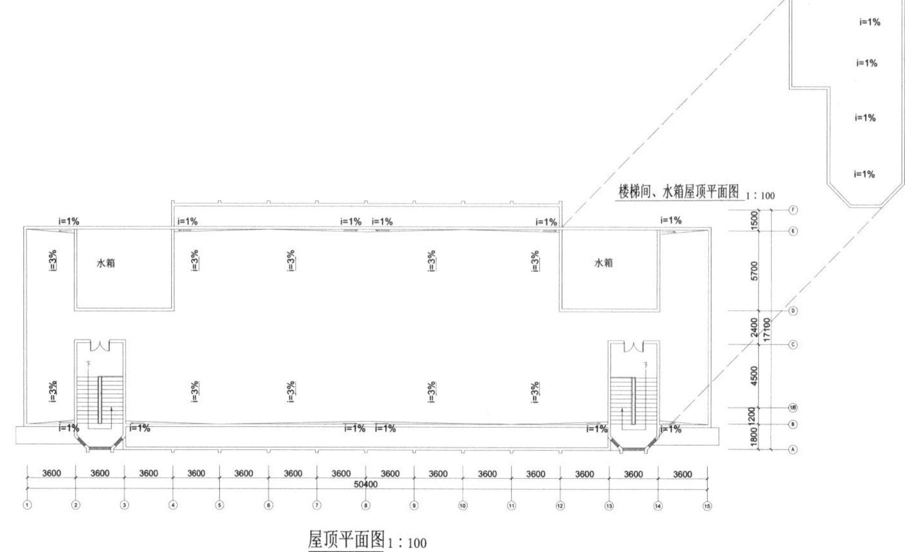

图 7-176　完成的屋顶平面图

7.4　操作与实践

通过本章的学习，读者对建筑平面图的绘制知识有了大致的了解。本节通过几个操作练习使读者进一步掌握本章知识要点。

7.4.1　绘制别墅首层平面图

1. 目的要求

本例要求读者通过练习进一步熟悉和掌握别墅首层平面图的绘制方法。通过本例的操作，读者可以学会完成别墅首层平面图的整个绘制过程。别墅首层平面图的绘制结果如图 7-177 所示。

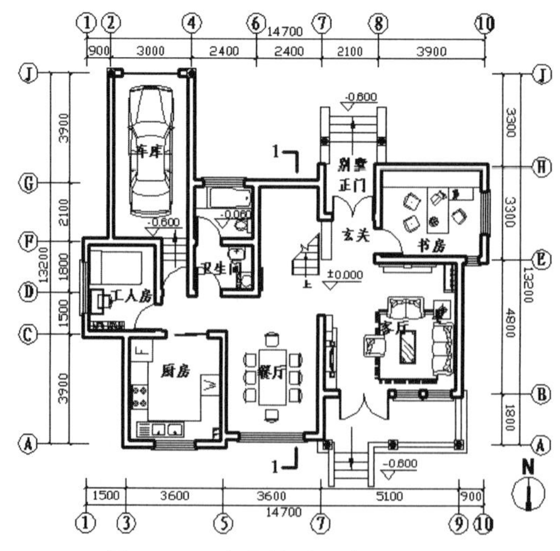

图 7-177　完成的别墅首层平面图

2. 操作提示

（1）绘图前准备。
（2）绘制定位辅助线。
（3）绘制墙线、柱子。
（4）绘制门窗、楼梯及台阶。
（5）绘制家具。
（6）标注尺寸、文字、轴号及标高。
（7）绘制指北针及剖切符号。

7.4.2 绘制别墅二层平面图

1. 目的要求

本例要求读者通过练习进一步熟悉和掌握别墅二层平面图的绘制方法。通过本例的操作，读者可以学会完成别墅二层平面图的整个绘制过程。别墅二层平面图的绘制结果如图 7-178 所示。

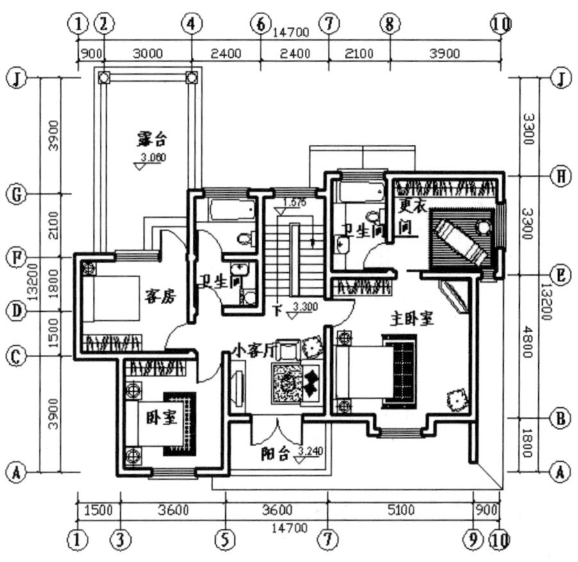

图 7-178　完成的别墅二层平面图

2. 操作提示

（1）绘图前准备。
（2）绘制定位辅助线。
（3）绘制墙线、柱子、门窗。
（4）绘制楼梯、阳台、露台及雨篷。
（5）绘制家具。
（6）标注尺寸、文字、轴号及标高。

7.4.3 绘制别墅屋顶平面图

1. 目的要求

本例要求读者通过练习进一步熟悉和掌握别墅屋顶平面图的绘制方法。通过本例操作，读者可以学会完成别墅屋顶平面图的整个绘制过程。别墅屋顶平面图的绘制结果如图 7-179 所示。

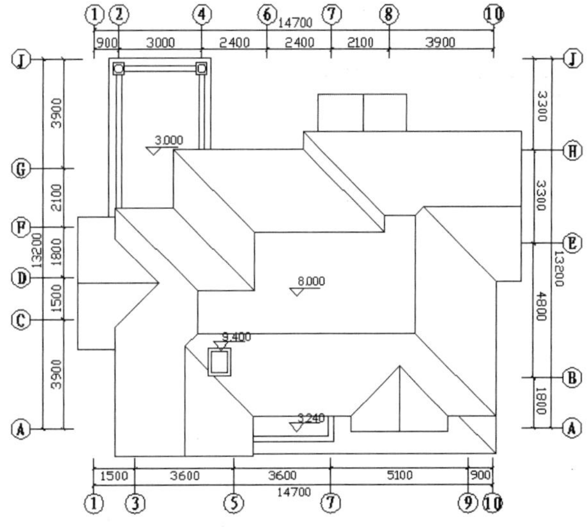

图 7-179　完成的别墅屋顶平面图

2. 操作提示

（1）绘图前准备。
（2）绘制定位辅助线。
（3）绘制屋顶平面。
（4）标注尺寸、轴号及标高。

绘制建筑立面图

在第 7 章讲述建筑平面图绘制的基础上，本章讲解在 AutoCAD 2024 中绘制建筑立面图的知识和方法。首先，8.1 节归纳建筑立面图的图示内容、命名方式、绘制步骤等基本知识，其次，8.2 节和 8.3 节分别以别墅和宿舍楼为例讲解绘制立面图的方法。别墅实例的讲解注重基本方法，宿舍楼实例的讲解注重快速绘制方法。

☑ 绘制建筑立面图的概述

☑ 绘制某别墅立面图

☑ 绘制某宿舍楼立面图

任务驱动&项目案例

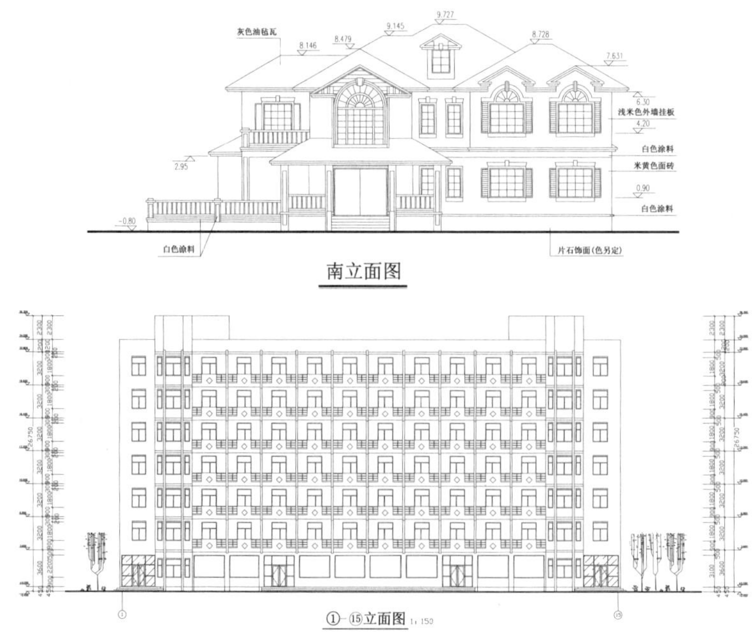

南立面图

①-⑮立面图 1:150

8.1　绘制建筑立面图的概述

本节向读者简要介绍建筑立面图的概念及图示内容、命名方式和一般绘制步骤，为下一步结合实例讲解 AutoCAD 操作做准备。

8.1.1　建筑立面图概念及图示内容

立面图是用直接正投影法对建筑各个墙面进行投影所得到的正投影图。一般地，立面图上的图示内容有墙体外轮廓及内部凹凸轮廓、门窗（幕墙）、入口台阶及坡道、雨篷、窗台、窗楣、壁柱、檐口、栏杆、外露楼梯、各种线脚等。从理论上讲，立面图上所有建筑构配件的正投影图均要反映在立面图上。实际上，一些比例较小的细部可以简化或用图例来代替。例如门窗的立面，可以在具有代表性的位置处仔细绘制出窗扇、门扇等细节，而同类门窗则用其轮廓表示即可。在施工图中，如果门窗不是引用有关门窗图集，则其细部构造需要绘制大样图来表示，这样就弥补了立面上的不足。

此外，当立面转折、曲折较复杂时，可以绘制展开立面图。圆形或多边形平面的建筑物，可分段展开绘制立面图。为了图示明确，在图名上均应注明“展开”二字，在转角处应准确表明轴线号。

8.1.2　建筑立面图的命名方式

建筑立面图命名的目的在于能够一目了然地识别其立面的位置。因此，各种命名方式都是围绕“明确位置”这个主题来实施。至于采取哪种方式，则因具体情况而定。

1. 以相对主入口的位置特征命名

以相对主入口的位置特征命名，则建筑立面图称为正立面图、背立面图、侧立面图。这种方式一般适用于建筑平面图方正、简单，入口位置明确的情况。

2. 以相对地理方位的特征命名

以相对地理方位的特征命名，建筑立面图常称为南立面图、北立面图、东立面图、西立面图。这种方式一般适用于建筑平面图规整、简单，而且朝向相对正南正北偏转不大的情况。

3. 以轴线编号命名

以轴线编号命名是指用立面起止定位轴线来命名，如①-⑥立面图、Ⓔ-Ⓐ立面图等。这种方式命名准确，便于查对，特别适用于平面较复杂的情况。

根据国家标准 GB/T 50104—2010，有定位轴线的建筑物，宜根据两端定位轴线号编注立面图名称。无定位轴线的建筑物可按平面图各面的朝向确定名称。

8.1.3　绘制建筑立面图的一般步骤

从总体上来说，立面图是在平面图的基础上引出定位辅助线确定立面图样的水平位置及大小，然后根据高度方向的设计尺寸确定立面图样的竖向位置及尺寸，从而绘制出一个个图样。因此，绘制建筑立面图的一般步骤如下。

（1）绘图环境的设置。

（2）确定定位辅助线。包括墙、柱定位轴线、楼层水平定位辅助线及其他立面图样的辅助线。

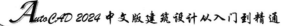

（3）立面图样的绘制。包括墙体外轮廓及内部凹凸轮廓、门窗（幕墙）、入口台阶及坡道、雨篷、窗台、窗楣、壁柱、檐口、栏杆、外露楼梯、各种线脚等内容。

（4）配景。包括植物、车辆、人物等。

（5）尺寸、文字的标注。

（6）线型、线宽的设置。

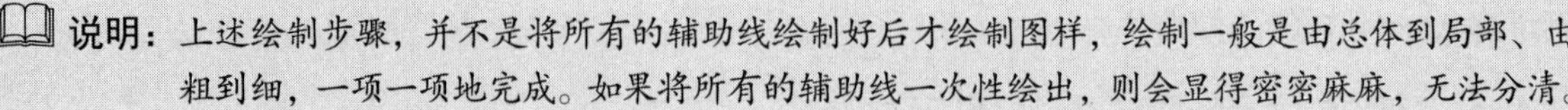
说明：上述绘制步骤，并不是将所有的辅助线绘制好后才绘制图样，绘制一般是由总体到局部、由粗到细，一项一项地完成。如果将所有的辅助线一次性绘出，则会显得密密麻麻，无法分清。

8.2 绘制某别墅立面图的实例

本节在第 7 章别墅平面图的基础上讲述立面图的绘制，重点讲解两个立面图，即南立面图和西立面图，如图 8-1 所示。其他立面图可以参照完成。本节重点知识包括由平面引出立面定位辅助线、立面门窗、楼梯、台阶、屋顶、栏杆的绘制，以及标注、线型等，注重基本方法的应用。

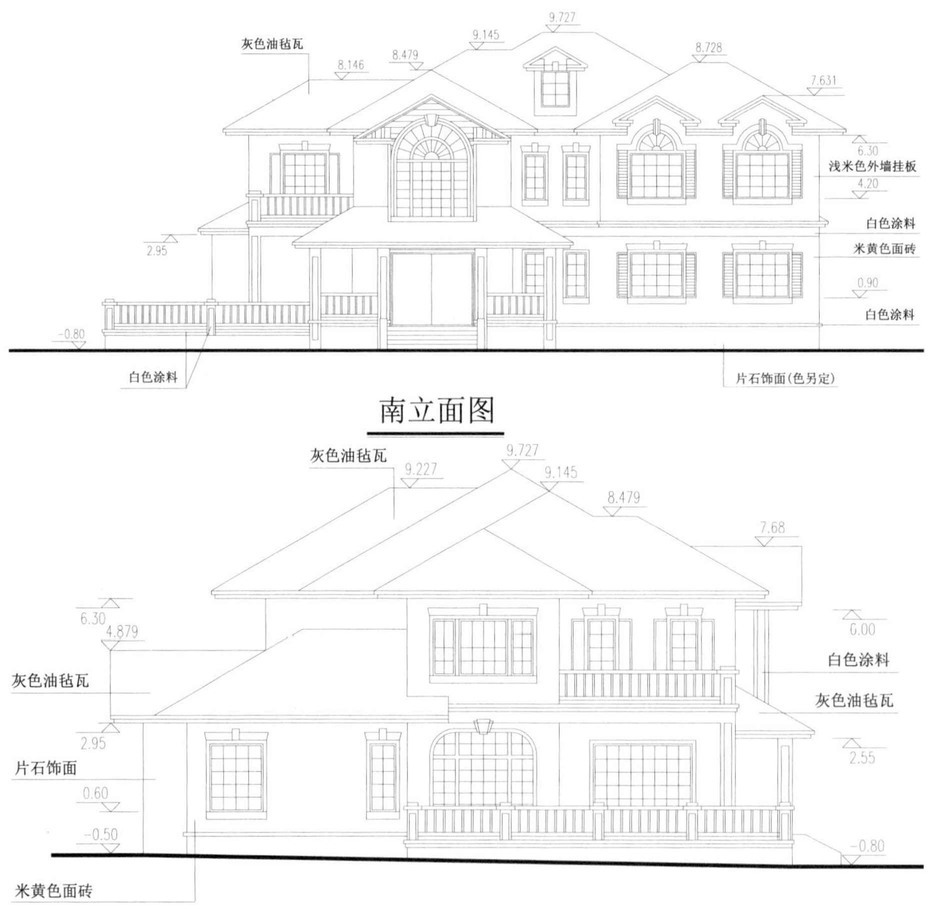

图 8-1　完成的某别墅立面图

8.2.1　绘图环境

Note

立面图可以在平面图所在的图形文件中绘制，也可以在另一个图形文件中绘制。当图形文件较大时，可选择后者。立面图绘图环境的基本设置（单位、图形界限等）与平面图相同。文字样式、尺寸样式则根据出图比例的大小来决定。若比例与平面图相同，则不必再设置新的样式。

关于立面图中图层的设置问题，目前没有一个统一标准。不同的绘图习惯，可能采用不同的图层设置。这里介绍笔者的设置方法，供读者参考。至少设置 3 个图层，即立面图样、粗线、中线（或者立面图样、立面轮廓、构件轮廓。图层名可自拟，以便于识别）。如果立面图较复杂还需要细分的话，可以增加诸如“立面门窗”“立面阳台”等图层。轴线、尺寸、文字等图层与平面图相同。立面图样图层用于放置所有立面细实线图样；粗线图层用来放置立面轮廓；中线图层用来放置突出立面的构配件轮廓，如门窗、台阶、壁柱轮廓等。在下面的实例讲解中，绘制就按这种方法进行。

8.2.2　绘制南立面图

视频讲解

下面介绍某别墅南立面图设计的相关知识及绘图方法与技巧，绘制流程如图 8-2 所示。

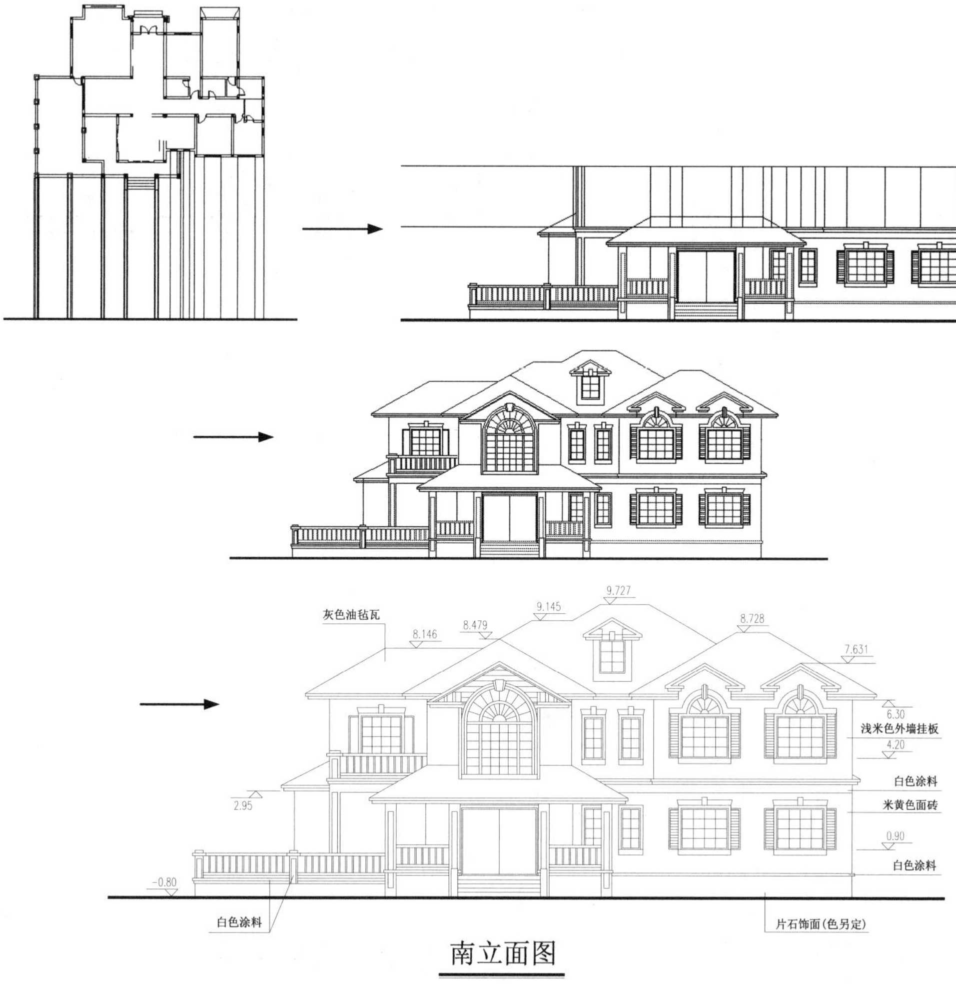

南立面图

图 8-2　绘制南立面图的流程

Note

1. 设置绘图环境

（1）在命令行中输入 LIMITS，设置图幅尺寸为 42000×29700。

（2）单击“默认”选项卡“图层”面板中的“图层特性”按钮，在弹出的“图层特性管理器”选项板中创建“立面”图层，图层参数采用默认设置。

2. 定位辅助线绘制

（1）将“立面”图层设置为当前图层。

（2）复制资源包“源文件\8\一层平面图.dwg”文件中的图形，并将暂时不用的图层关闭。单击“默认”选项卡“绘图”面板中的“多段线”按钮，在一层平面图下方绘制一条地平线，地平线上方必须留出足够的绘图空间。

（3）单击“默认”选项卡“绘图”面板中的“直线”按钮，由一层平面图向下引出定位辅助线，包括墙体外墙轮廓、墙体转折处，以及柱轮廓线等，如图 8-3 所示。

视频讲解

（4）单击“默认”选项卡“修改”面板中的“偏移”按钮，根据室内外高差、各层层高、屋面标高等确定楼层定位辅助线，如图 8-4 所示。

（5）复制资源包“源文件\8\二层平面图”文件中的图形，并将暂时不用的图层关闭。单击“默认”选项卡“绘图”面板中的“多段线”按钮，绘制二层竖向定位辅助线，如图 8-5 所示。

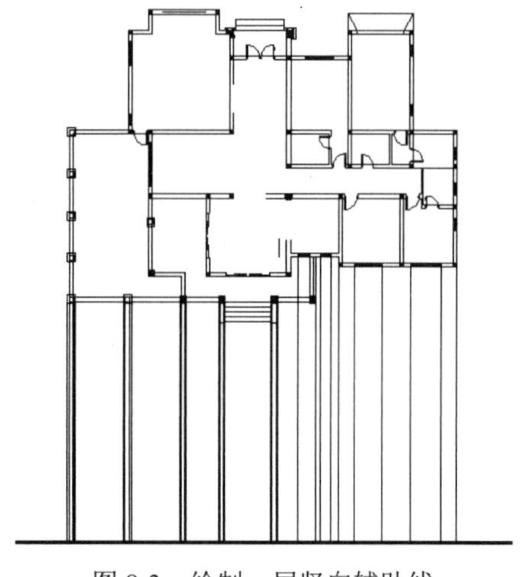
图 8-3　绘制一层竖向辅助线

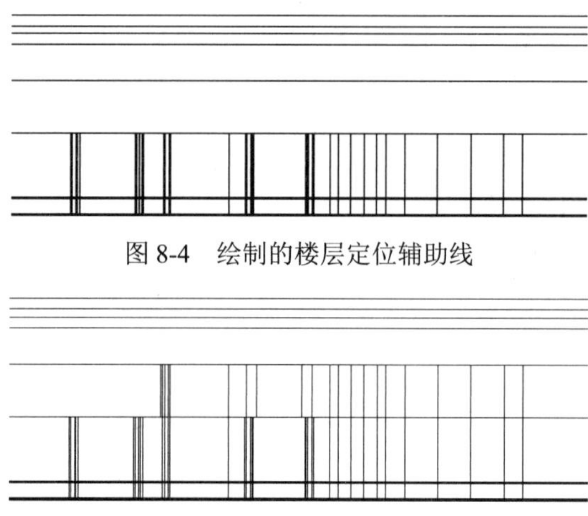
图 8-4　绘制的楼层定位辅助线

图 8-5　绘制二层竖向定位辅助线

3. 绘制一层立面图

视频讲解

（1）绘制台阶和门柱。

❶ 单击“默认”选项卡“绘图”面板中的“直线”按钮和“修改”面板中的“偏移”按钮，绘制台阶，台阶的踏步高度为 150，如图 8-6 所示。

❷ 根据门柱的定位辅助线，单击“默认”选项卡“绘图”面板中的“直线”按钮和“修改”面板中的“修剪”按钮，绘制门柱，如图 8-7 所示。

（2）绘制大门。

❶ 单击“默认”选项卡“修改”面板中的“偏移”按钮，将二层室内楼面定位线分别向下偏移 500 和 950，确定门的水平定位直线，如图 8-8 所示。

❷ 单击“默认”选项卡“绘图”面板中的“直线”按钮和“修改”面板中的“修剪”按钮，绘制门框和门扇，如图 8-9 所示。

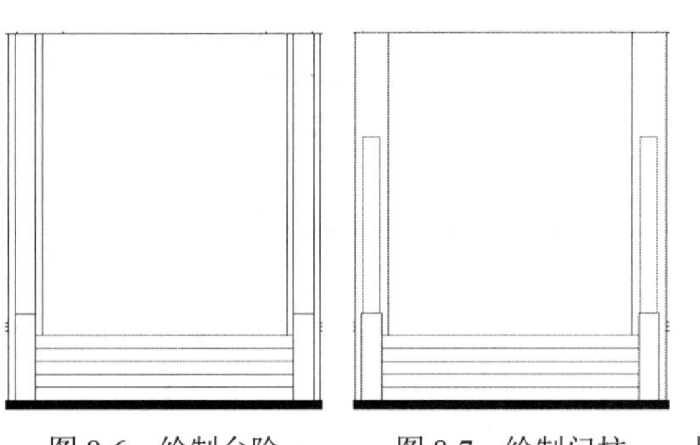

图 8-6 绘制台阶　　图 8-7 绘制门柱

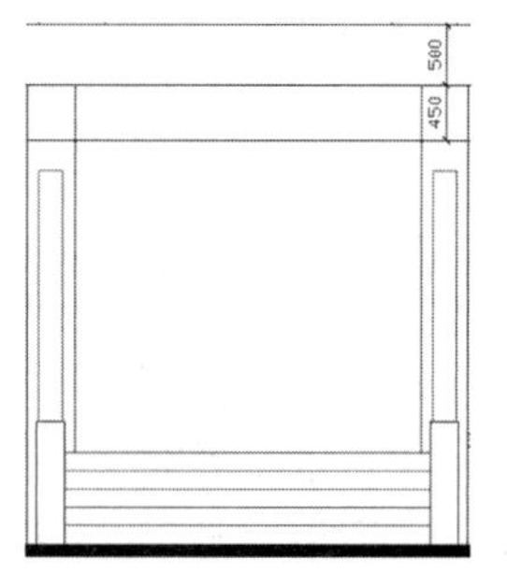

图 8-8 绘制门的水平定位直线

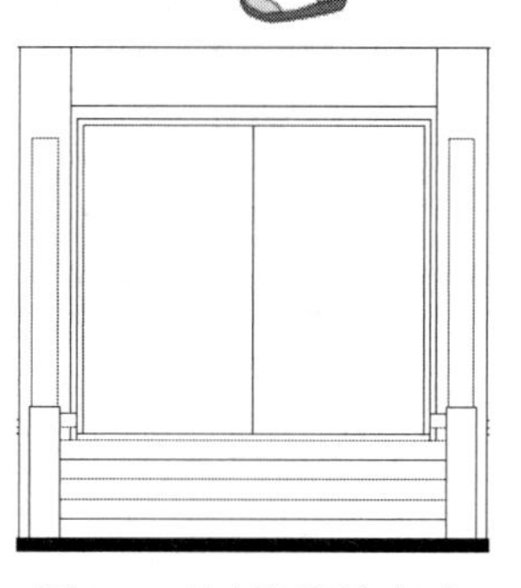

图 8-9 绘制门框和门扇

视频讲解

❸ 单击“默认”选项卡“修改”面板中的“修剪”按钮✂，修剪坎墙的定位辅助线，完成坎墙的绘制，结果如图 8-10 所示。

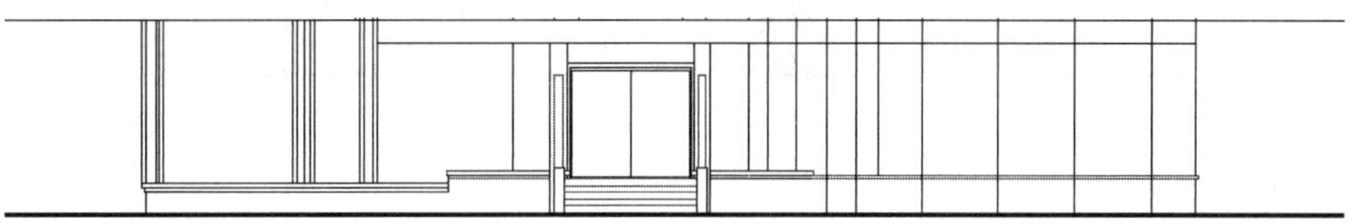

图 8-10 绘制坎墙

❹ 单击“默认”选项卡“修改”面板中的“修剪”按钮✂和“偏移”按钮⊆，根据砖柱的定位辅助线绘制砖柱，结果如图 8-11 所示。

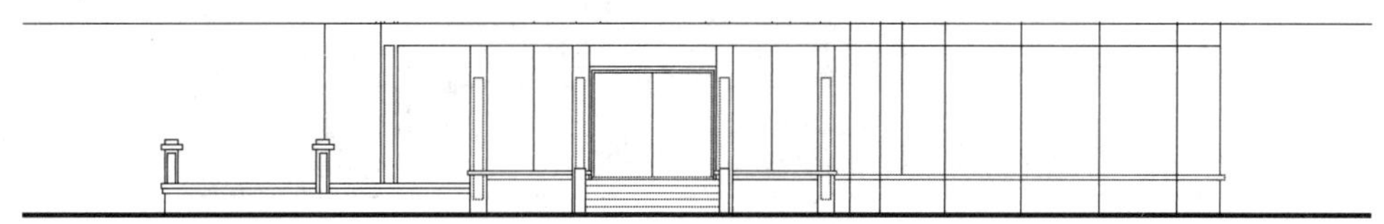

图 8-11 绘制砖柱

❺ 单击“默认”选项卡“修改”面板中的“偏移”按钮⊆，将坎墙线依次向上偏移 100、100、600 和 100；单击“默认”选项卡“绘图”面板中的“直线”按钮╱，绘制两条竖直线；单击“默认”选项卡“修改”面板中的“矩形阵列”按钮品，将竖直线阵列，完成栏杆的绘制，结果如图 8-12 所示。

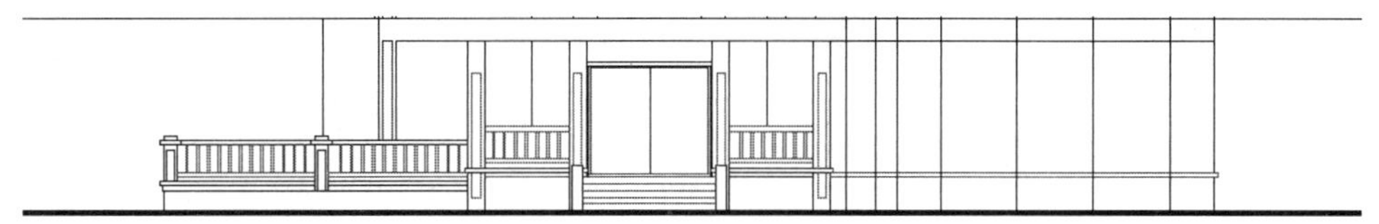

图 8-12 绘制的栏杆

❻ 单击“默认”选项卡“绘图”面板中的“直线”按钮╱及“修改”面板中的“偏移”按钮⊆和“修剪”按钮✂，绘制窗户，结果如图 8-13 所示。进一步细化窗户，绘制窗户的外围装饰，如图 8-14 所示。

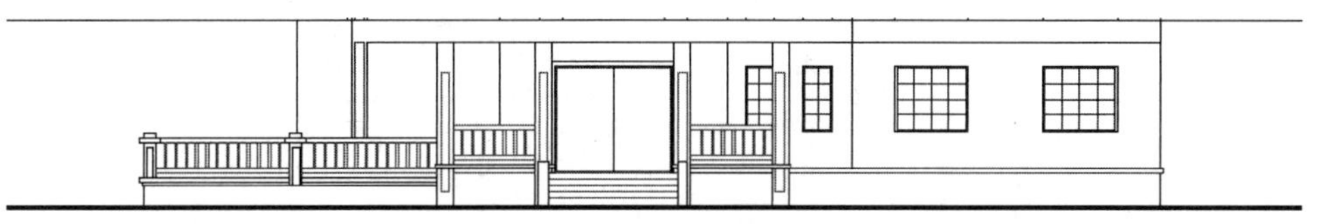

图 8-13 绘制窗户

Note

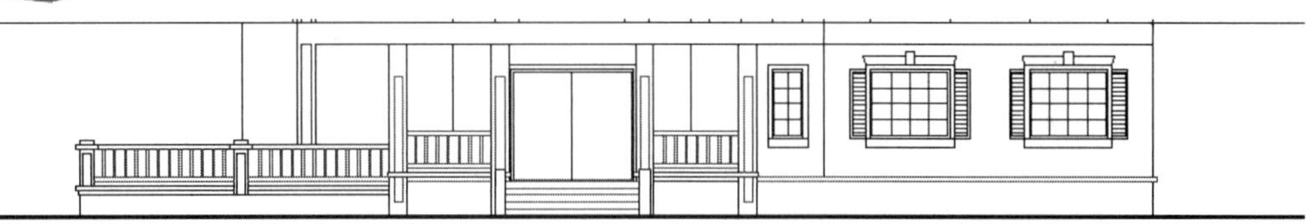

图 8-14　细化窗户

❼ 单击“默认”选项卡“绘图”面板中的“直线”按钮╱及“修改”面板中的“偏移”按钮⊆和“修剪”按钮✂，根据定位辅助直线绘制一层屋檐，完成一层立面图的绘制，如图 8-15 所示。

视频讲解

图 8-15　完成的一层立面图

4. 绘制二层立面图

视频讲解

（1）单击“默认”选项卡“修改”面板中的“修剪”按钮✂和“偏移”按钮⊆，根据砖柱的定位辅助线绘制砖柱，如图 8-16 所示。

图 8-16　绘制砖柱

（2）单击“默认”选项卡“修改”面板中的“复制”按钮೫，将一层立面图中的栏杆复制到二层立面图中，并对其进行修改，结果如图 8-17 所示。

图 8-17　绘制的栏杆

（3）单击“默认”选项卡“修改”面板中的“复制”按钮೫，将一层立面图中大门右侧的 4 个窗户复制到二层立面图中；单击“默认”选项卡“绘图”面板中的“直线”按钮╱，绘制左侧的窗户，结果如图 8-18 所示。

图 8-18　绘制左侧的窗户

（4）单击“默认”选项卡“绘图”面板中的“直线”按钮╱、“圆弧”按钮⌒及“修改”面板中的“偏移”按钮⊆等，细化二层窗户，结果如图 8-19 所示。

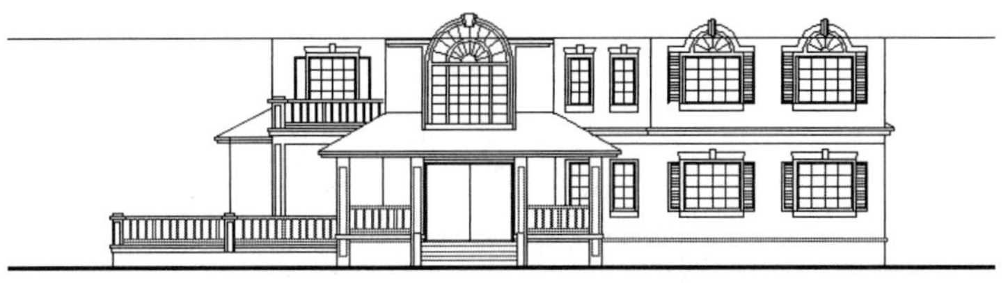

图 8-19　细化窗户的二层立面图

（5）单击“默认”选项卡“绘图”面板中的“直线”按钮╱及“修改”面板中的“偏移”按钮⊆和“修剪”按钮✂，根据定位辅助直线绘制二层屋檐，结果如图 8-20 所示。

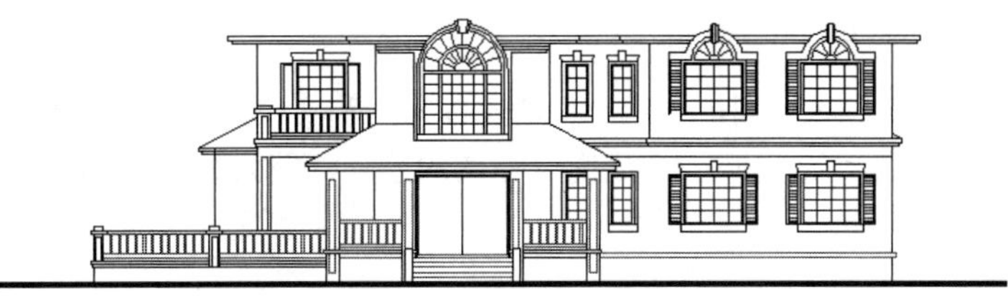

图 8-20　绘制二层屋檐

5. 绘制屋顶

（1）复制资源包“源文件\8\顶层平面图”文件中的图形，并将暂时不用的图层关闭。单击“默认”选项卡“绘图”面板中的“直线”按钮╱，绘制顶层竖向定位辅助线，结果如图 8-21 所示。

图 8-21　绘制顶层竖向定位辅助线

（2）根据定位辅助直线，单击“默认”选项卡“绘图”面板中的“直线”按钮╱及“修改”面板中的“偏移”按钮⊆和“修剪”按钮✂等，绘制屋顶轮廓线，结果如图 8-22 所示。

图 8-22　绘制屋顶轮廓线

视频讲解

Note

6. 绘制老虎窗

单击“默认”选项卡“绘图”面板中的“直线”按钮╱及“修改”面板中的“偏移”按钮⊂和“修剪”按钮✂等，根据定位辅助直线，绘制屋顶老虎窗，结果如图 8-23 所示。

图 8-23　绘制屋顶老虎窗

7. 添加文字说明和标注

单击“默认”选项卡“绘图”面板中的“直线”按钮╱和“注释”面板中的“多行文字”按钮A，对图形进行标注标高并添加文字说明，完成南立面图的绘制，结果如图 8-24 所示。

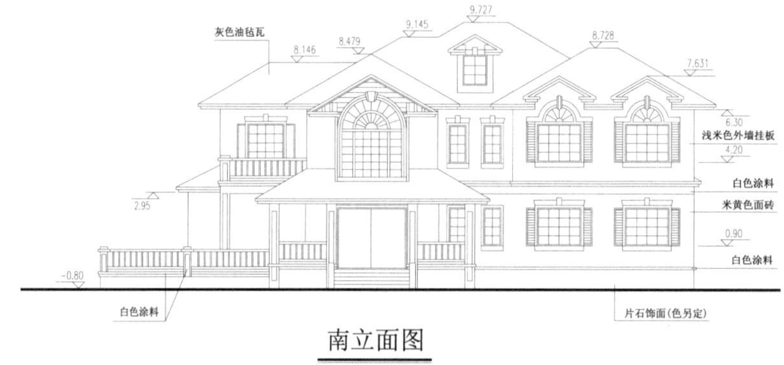

图 8-24　完成的南立面图

视频讲解

8.2.3　绘制西立面图

西立面图的绘制方法与南立面图的绘制方法相似，但也有不同的地方。下面重点说明绘制原则和操作要点，绘制流程如图 8-25 所示。

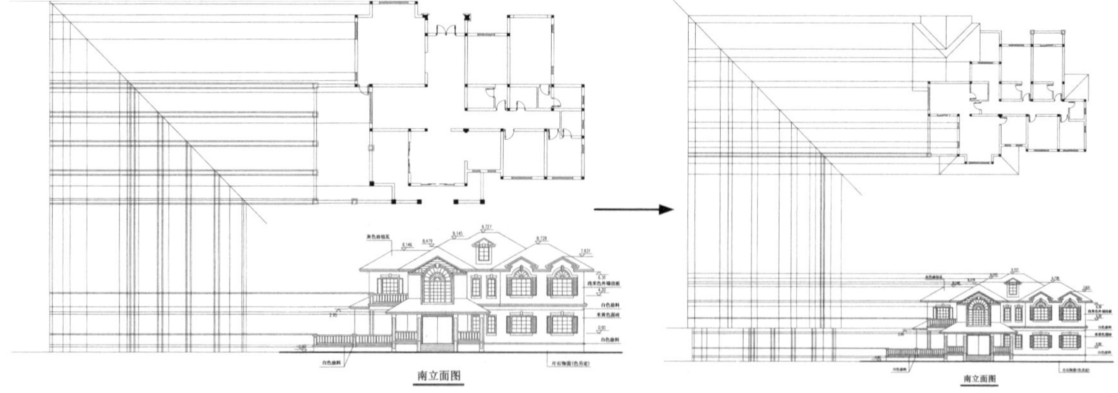

图 8-25　绘制西立面图的流程

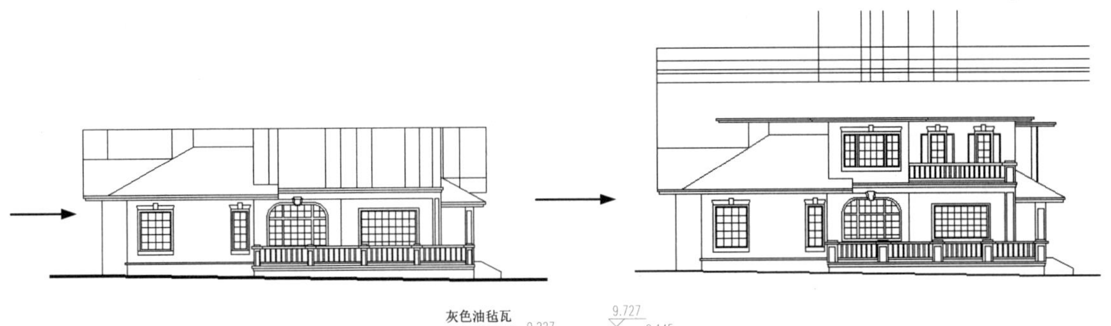

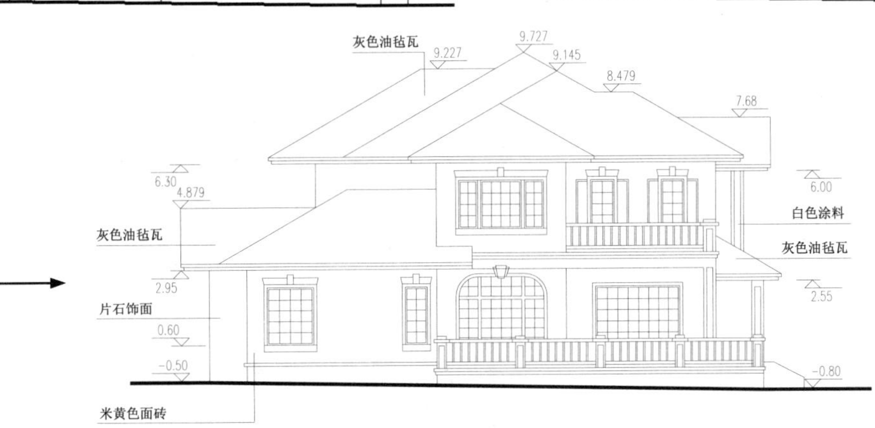

图 8-25　绘制西立面图的流程（续）

1. 绘制原则

前面已经完成了各层平面图和南立面图，在绘制西立面图时，尽量利用已有图形的便利条件，达到快速绘图、节省精力的目的。可利用的条件包括水平、竖直两个方向的尺寸限定；相同或相似的建筑构配件图样；相同或相似的尺寸、文字、配景等内容。读者事先可以结合工程情况做一个简单分析，得出下一步的绘制程序，从而有的放矢，事半功倍。

2. 设置绘图环境

（1）在命令行中输入 LIMITS，设置图幅尺寸为 420000×297000。

（2）单击“默认”选项卡“图层”面板中的“图层特性”按钮，在弹出的“图层特性管理器”选项板中创建“立面”图层，图层参数采用默认设置。

3. 绘制定位辅助线

（1）将“立面”图层设置为当前图层。

（2）复制资源包“源文件\8\一层平面图”和“源文件\8\南立面图”文件中的图形，并将暂时不用的图层关闭，然后将其粘贴到西立面图中。单击“默认”选项卡“绘图”面板中的“直线”按钮，在图形中引出多条横向直线；继续单击“默认”选项卡“绘图”面板中的“直线”按钮，绘制一条竖直线作为西立面图的最右边线；使用同样的方法向下绘制一条直线，并将其引至地平线上，然后在适当的位置处绘制一条倾斜角度为45° 的斜线，最后绘制西立面图的一层定位辅助线，结果如图 8-26 所示。

（3）复制资源包“源文件\8\二层平面图”文件中的图形，并将暂时不用的图层关闭，然后根据对应轴线关系将二层平面图粘贴到西立面图中，结果如图 8-27 所示。

（4）使用与步骤（2）同样的方法，单击“默认”选项卡“绘图”面板中的“直线”按钮，绘制西立面图二层定位辅助线，结果如图 8-28 所示。

Note

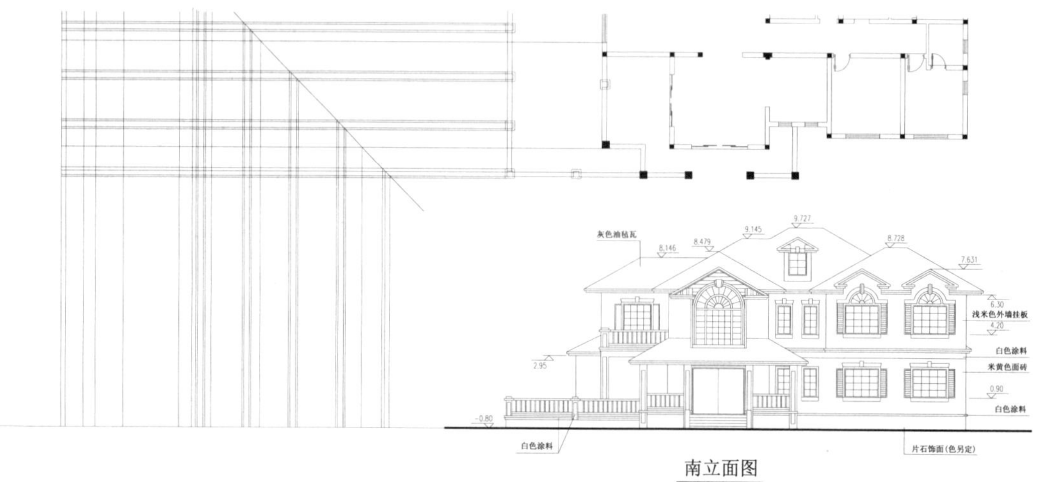

图 8-26 绘制一层定位辅助线

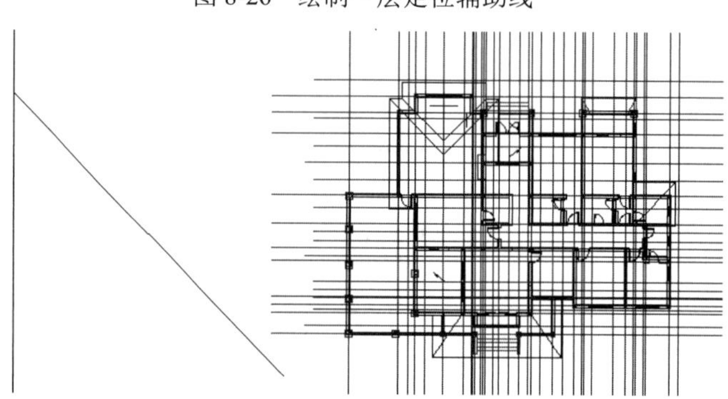

图 8-27 复制二层平面图

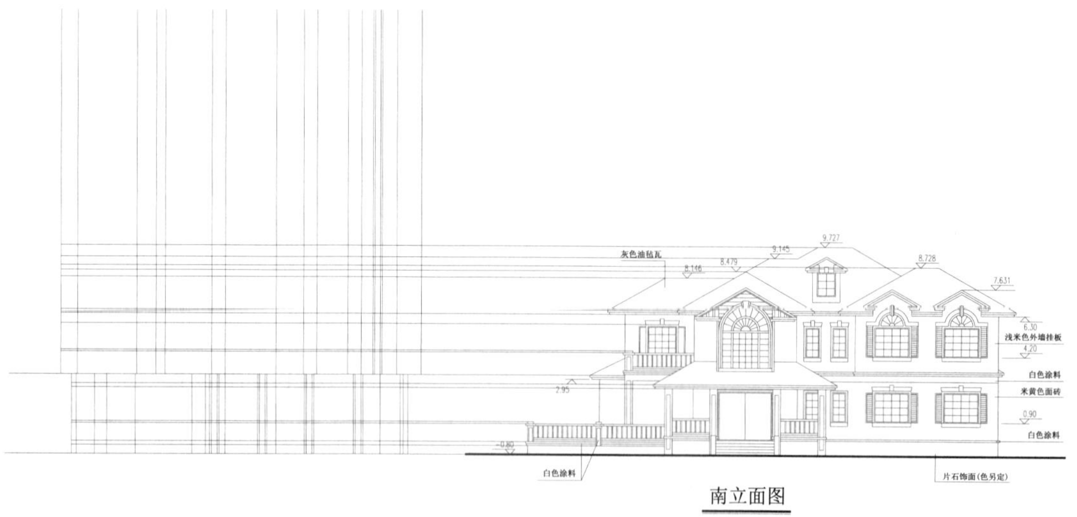

图 8-28 绘制二层定位辅助线

（5）单击“默认”选项卡“修改”面板中的“修剪”按钮，修剪一、二楼层定位辅助线，将多余的图形删除，然后将修剪后的二层定位辅助线移动到图中合适的位置处，最后单击“默认”选项卡“绘图”面板中的“多段线”按钮，绘制地平线，结果如图 8-29 所示。

4. 绘制一层立面图

（1）单击“默认”选项卡“绘图”面板中的“直线”按钮╱和“修改”面板中的“修剪”按钮✂，根据定位辅助线绘制坎墙和坡道，如图 8-30 所示。

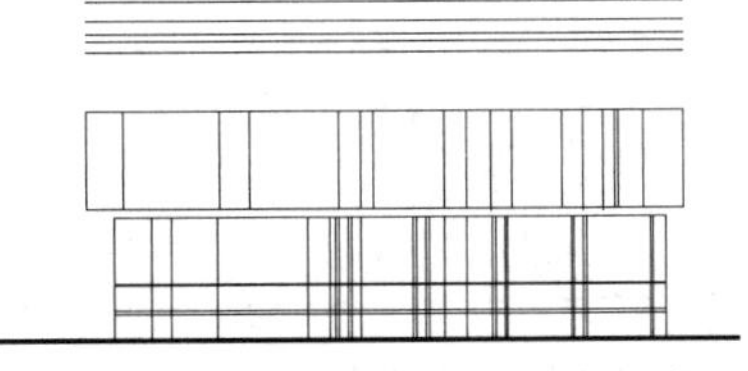

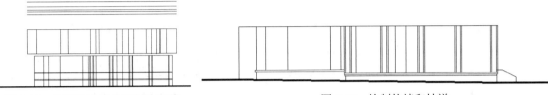

图 8-29　修剪辅助线并绘制地平线

图 8-30　绘制坎墙和坡道

（2）单击“默认”选项卡“修改”面板中的“复制”按钮，将南立面图中的砖柱复制到西立面图中的合适位置处，如图 8-31 所示。

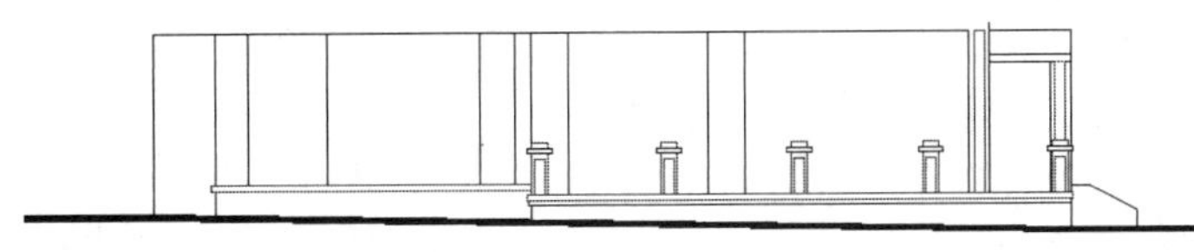

图 8-31　绘制砖柱

视频讲解

（3）单击“默认”选项卡“修改”面板中的“复制”按钮，将南立面图中的栏杆复制到西立面图中的合适位置处，并对其进行修改，如图 8-32 所示。

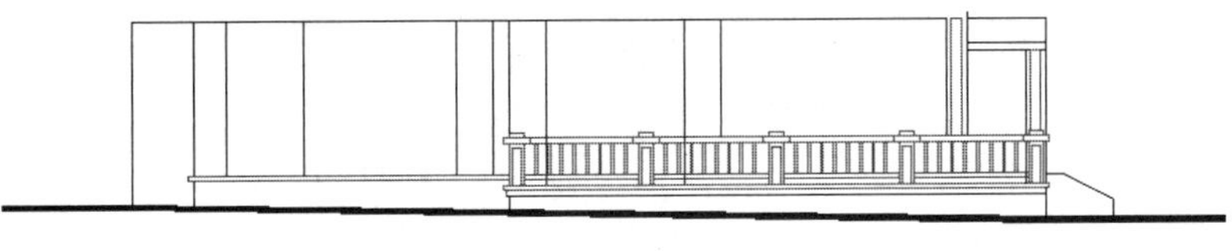

图 8-32　绘制栏杆

（4）采用与绘制南立面图相同的方法绘制门窗，如图 8-33 所示。

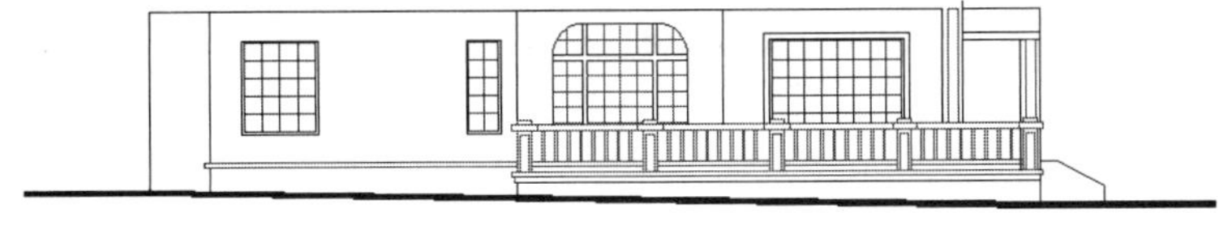

图 8-33　绘制门窗

（5）单击“默认”选项卡“修改”面板中的“偏移”按钮⊆和“修剪”按钮✂，根据定位辅助线绘制一层屋檐，完成一层立面图的绘制，如图 8-34 所示。

图 8-34　完成的一层立面图

5. 绘制二层立面图

（1）单击“默认”选项卡“修改”面板中的“复制”按钮，复制一层立面图中的砖柱到二层

视频讲解

Note

立面图中的合适位置处，如图 8-35 所示。

（2）单击“默认”选项卡“修改”面板中的“复制”按钮，将一层立面图中的栏杆复制到二层立面图中的合适位置处，并对其进行修改，如图 8-36 所示。

图 8-35 绘制的砖柱

图 8-36 绘制的栏杆

（3）采用与一层立面图相同的方法绘制窗户，结果如图 8-37 所示；将绘制的窗户细化，结果如图 8-38 所示。

图 8-37 绘制窗户

图 8-38 细化窗户

（4）单击“默认”选项卡“绘图”面板中的“直线”按钮及“修改”面板中的“偏移”按钮和“修剪”按钮，根据定位辅助直线绘制二层屋檐，如图 8-39 所示。

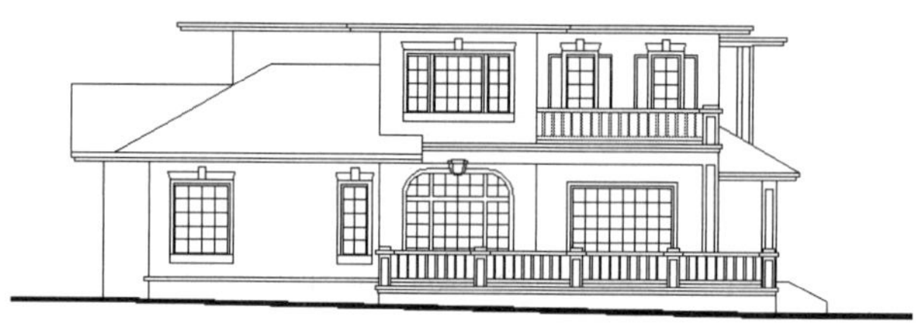

图 8-39 绘制二层屋檐

视频讲解

6. 绘制屋顶

复制资源包“源文件\8\顶层平面图”文件中的图形，并将暂时不用的图层关闭。单击“默认”选项卡“绘图”面板中的“直线”按钮，绘制顶层定位辅助线，如图 8-40 所示。

单击“默认”选项卡“绘图”面板中的“直线”按钮及“修改”面板中的“偏移”按钮和“修剪”按钮等，根据定位辅助直线绘制屋顶轮廓线，如图 8-41 所示。

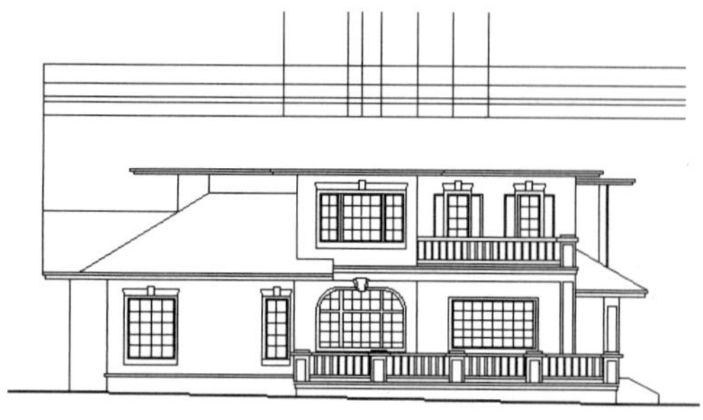

图 8-40 绘制顶层定位辅助线

图 8-41 绘制屋顶轮廓线

7. 添加文字说明和标注

单击“默认”选项卡“绘图”面板中的“直线”按钮╱和“注释”面板中的“多行文字”按钮A，对图形进行标注标高并添加文字说明，完成西立面图的绘制，结果如图 8-42 所示。

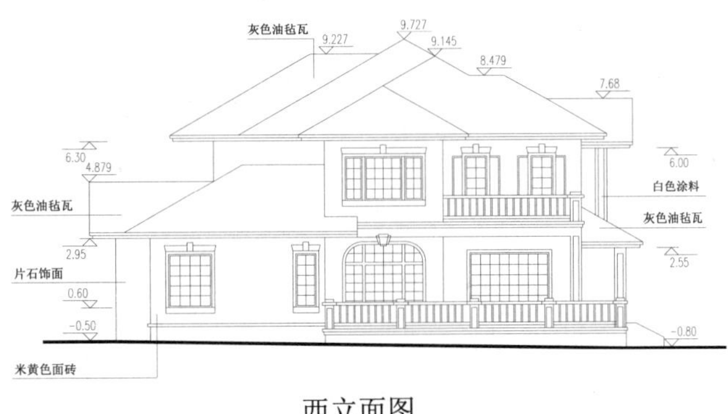

图 8-42　完成的西立面图

8.3　绘制某宿舍楼立面图的实例

视频讲解

8.2 节以别墅设计为例讲解了立面图绘制的方法，为了更全面地介绍 AutoCAD 中立面图绘制的方法，本节再以宿舍楼设计为例讲解立面图块制作及阵列在立面图绘制中的应用。本宿舍楼前后立面相似，均较复杂；左右立面相同，均较简单。因此，仅介绍正立面图即可。

分析发现，本宿舍楼立面左右对称，二至七层基本相同。因此只要绘制出左边一半，然后镜像复制到右边即可。在绘制左边一半时，完全可以将重复出现的图形做成块，然后对其进行阵列复制，绘制流程如图 8-43 所示。

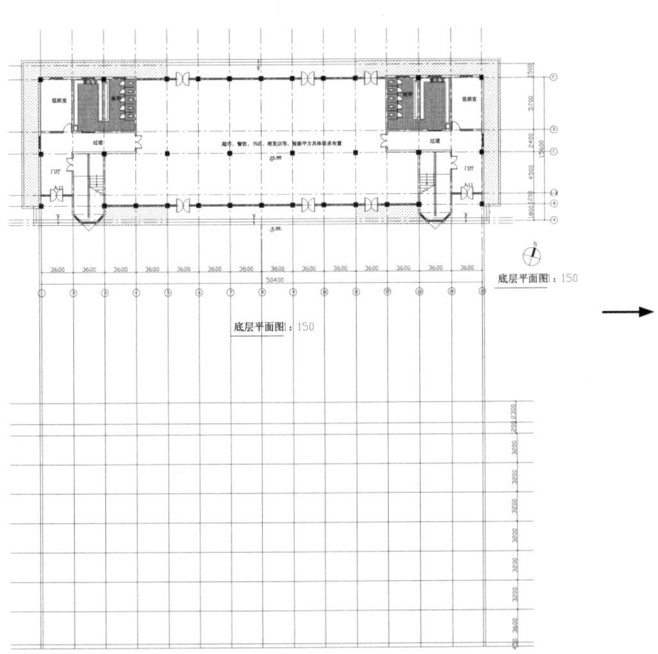

图 8-43　绘制某宿舍楼立面图的流程

Note

图 8-43　绘制某宿舍楼立面图的流程（续）

8.3.1　前期工作

按照 8.2 节讲解的立面图绘制方法绘制整个立面的雏形，包括地平线、各楼层层间线、最外轮廓线、横向定位轴线，如图 8-44 所示。可以将不作为立面图内容的定位轴线或辅助线放置在“辅助线”图层中，这样做的目的是便于下一步的工作。

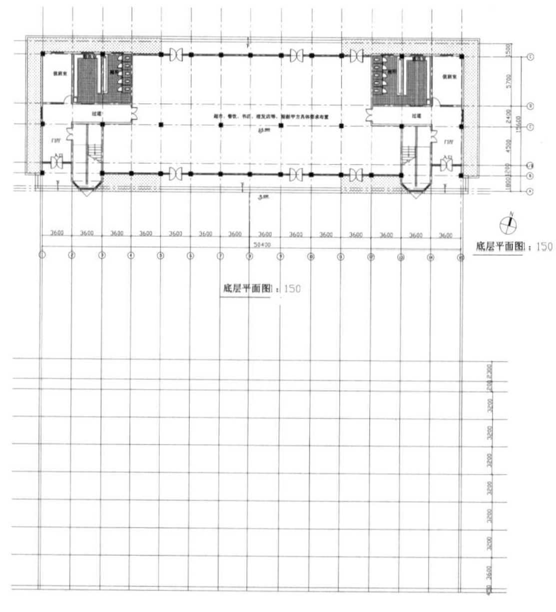

图 8-44　前期线条绘制

8.3.2　底层立面图的绘制

底层立面图包括 3 个部分，即入口、楼梯间及台阶、商店门窗。

1. 入口

（1）辅助线的绘制。首先，由地平线向上偏移出台阶踏步定位线；其次，由二层楼面线向下偏移 500（梁高），确定入口大小；第三，由平面图引出门柱、门洞水平尺寸定位线，为绘制入口构件做准备，如图 8-45 所示。

（2）入口门窗。为了获得较多的门厅采光，入口设玻璃门窗，如图 8-46 所示。绘制方法与前面相同，此处不再赘述。基本图线的绘制结束后，将其外轮廓线设置到“中粗线”图层中，这样在复制该门窗到其他位置时，就不必重复设置线型特性。

2. 楼梯间及台阶

视频讲解

首先绘制楼梯间室外立面的定位辅助线，然后按图 8-47 所示绘制窗户和台阶。窗户上方为 100 高的雨篷。注意将各建筑构件的轮廓线设置到“中粗线”图层。

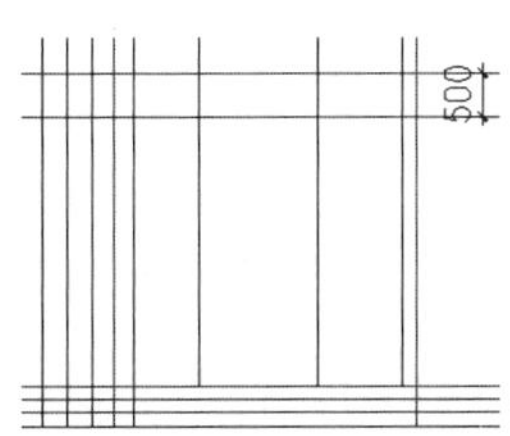

图 8-45　入口定位辅助线

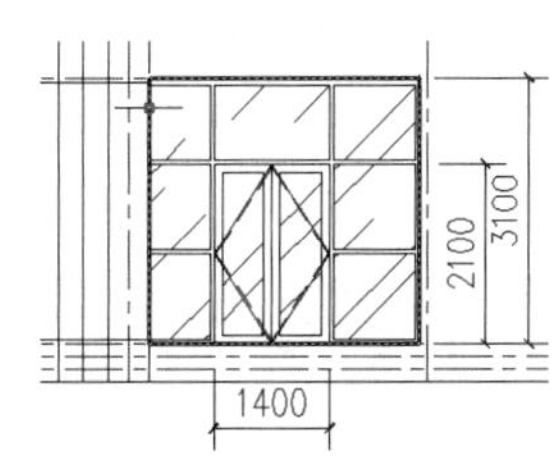

图 8-46　入口门窗

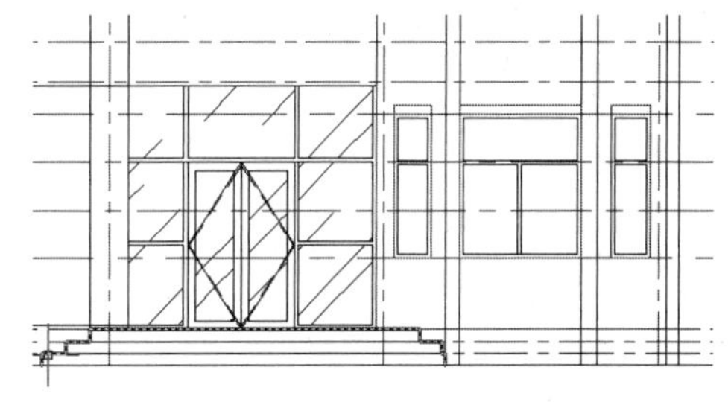

图 8-47　楼梯间及台阶

由于各层楼梯间的窗户均相同，因此可以将它做成块。

3. 商店门窗

视频讲解

在底层中部布置商店、书店、理发店、简单餐饮等服务设施，所以设计全玻璃门窗，这样既符合建筑个性，也能够获得大面积的采光。首先绘制一个开间的门窗，将轮廓线型设置好。然后将该门窗阵列复制到其余开间的门窗位置处，暂时布满一半立面即可。接着在开门的位置，将窗更改为门并绘出入口台阶，最终完成底层的绘制，结果如图 8-48 所示。

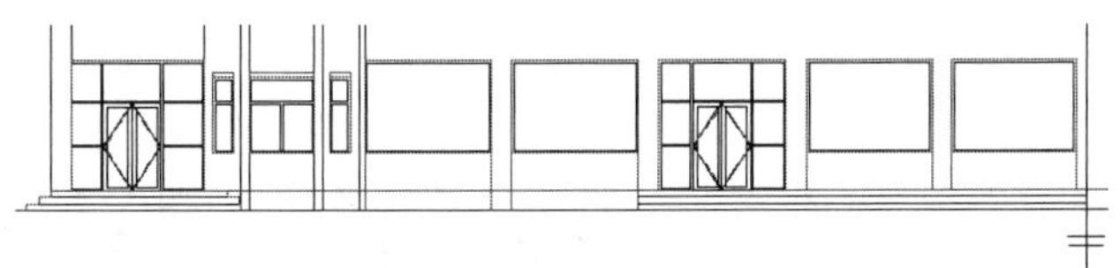

图 8-48　完成的底层立面

8.3.3　标准层立面图的绘制

1. 制作标准层立面单元

（1）制作标准层立面单元包括 3 项内容，即左端房间窗户、楼梯间窗户和宿舍阳台及窗户。参照立面绘制方法绘出左端房间窗户，楼梯间窗户可以通过复制底层得到，如图 8-49 所示。至于宿舍阳台及窗户，相对复杂，需要重点处理。

图 8-49　左端及楼梯间窗户

（2）绘制宿舍阳台及窗户，并设置线型，如图 8-50 所示。注意事先处理好阳台立面单元在阵列复制后上下、左右的接头问题，以便可以在阵列时一次性达到预想效果。对此，只要紧紧抓住图形相对定位轴线的关系，就不难处理了。

Note

视频讲解

（3）将阳台立面单元做成块，并先在二层内对该图块进行阵列复制，如图 8-51 所示。

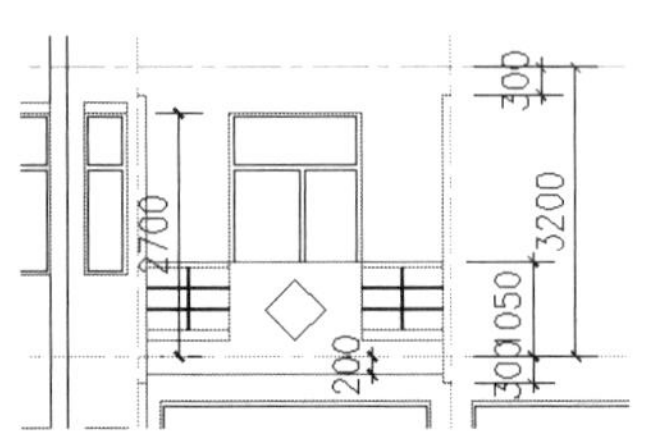

图 8-50 阳台立面单元

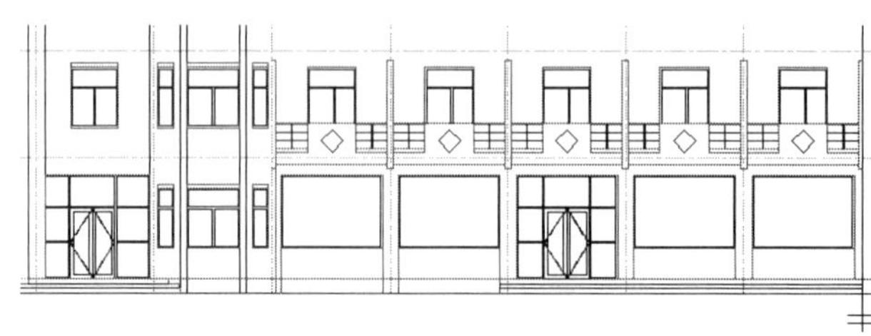

图 8-51 标准层立面单元

这样，就制作出了标准层的立面单元。

2. 阵列及镜像复制

（1）阵列复制。用“阵列”命令将标准层立面单元复制到其他楼层，如图 8-52 所示。

（2）镜像复制。首先将左边各楼层图样修改、补充完毕，然后将它们镜像复制到右侧，如图 8-53 所示。

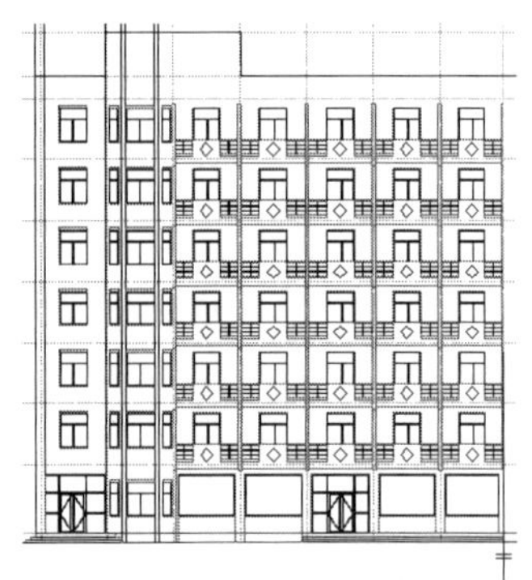

图 8-52 阵列复制

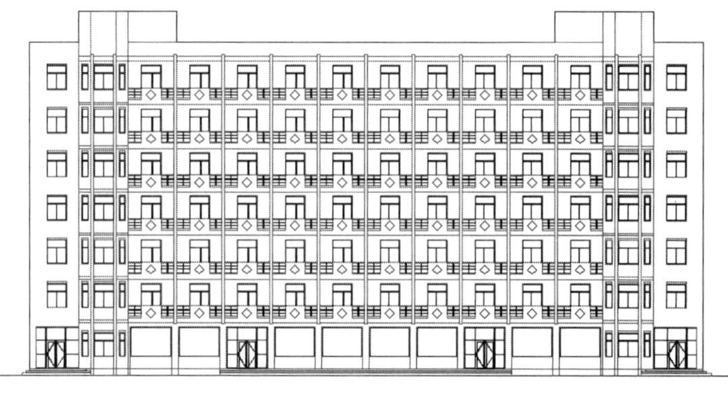

图 8-53 镜像复制

说明：如果执行“阵列”“镜像”复制操作后，发现立面图块单元存在需要修改的地方，可以双击任意图块，即可打开“编辑块定义”对话框，单击“确定”按钮，进入“块编辑器”选项卡，这时可以对其进行修改，如图 8-54 和图 8-55 所示。在“块编辑器”选项卡中编辑好后，单击上方的“保存块定义”按钮，然后单击“关闭块编辑器”按钮。这样所有相同的图块都一并得到了修改。这也正是创建立面图块的好处之一。

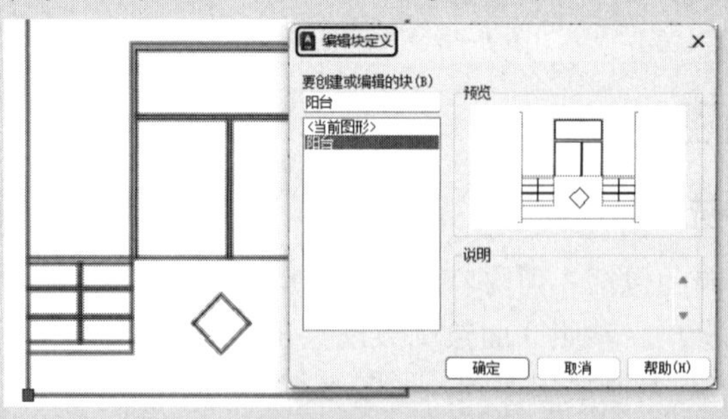

图 8-54 “编辑块定义”对话框

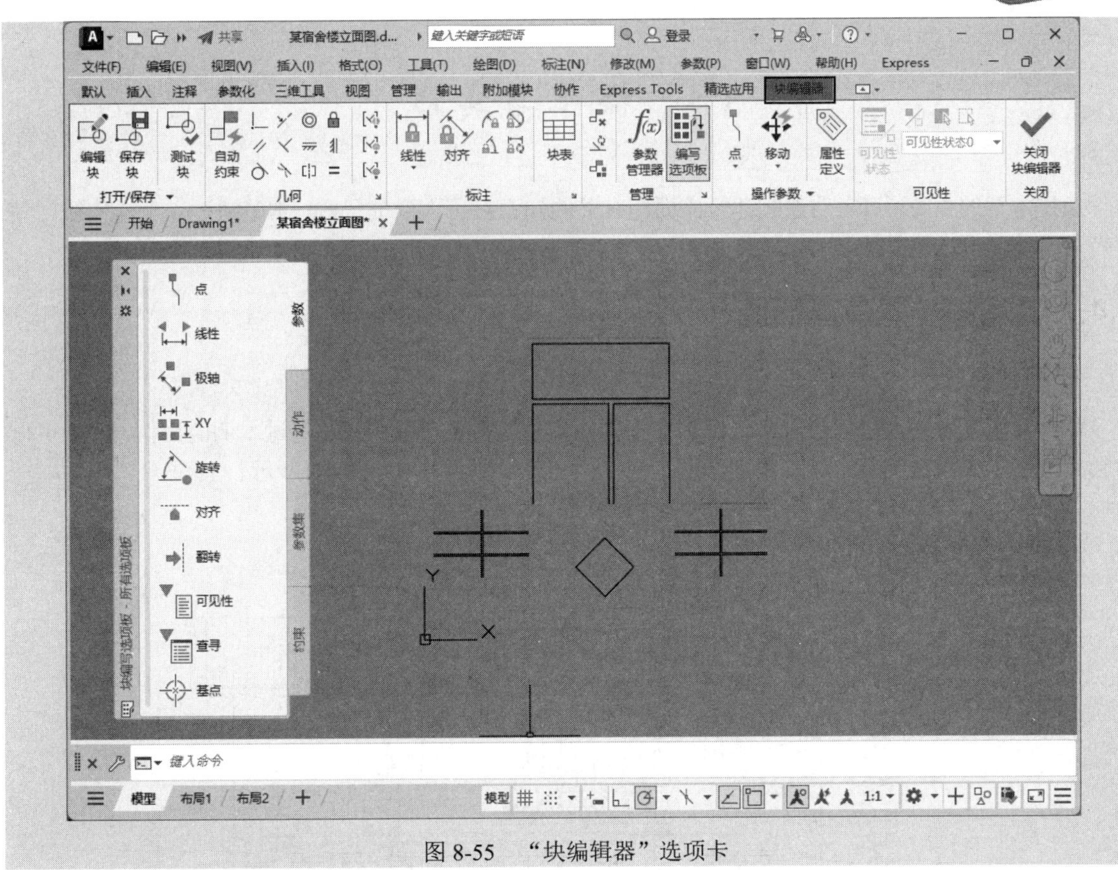

图 8-55　“块编辑器”选项卡

8.3.4　配景、标注文字及尺寸

从“建筑图库”文件中插入配景树木，完成配景。对于尺寸的标注，事先将两侧的水平定位辅助线的长度适当修剪一些，以便“快速标注”命令的使用，结果如图 8-56 所示。

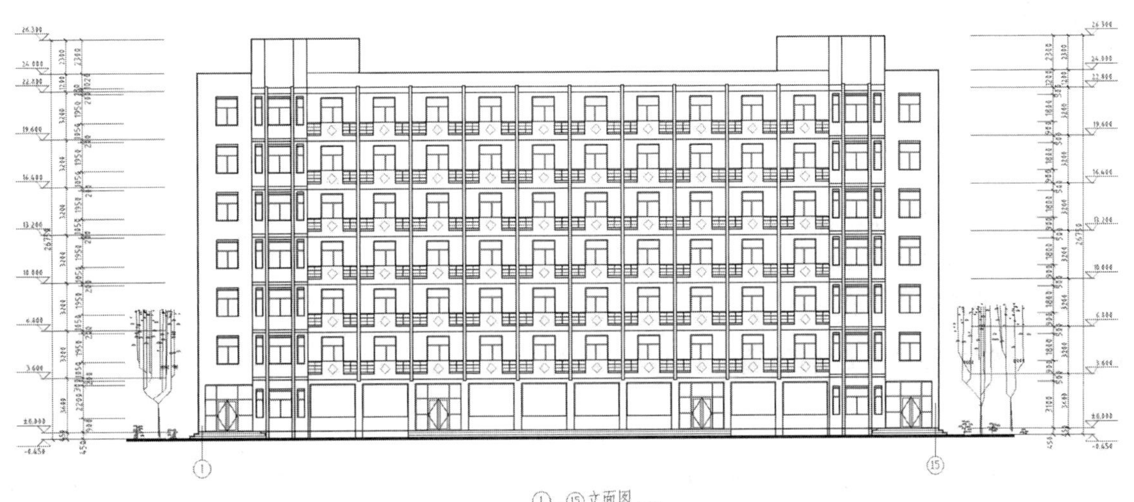

图 8-56　配景、标注文字及尺寸

Note

8.4 操作与实践

通过本章的学习，读者对绘制建筑立面图有关的知识有了大致的了解，本节通过 4 个操作练习使读者进一步掌握本章知识要点。

8.4.1 绘制别墅南立面图

1. 目的要求

本例要求读者通过练习进一步熟悉和掌握别墅南立面图的绘制方法。通过本例的操作，读者可以学会完成别墅立面图的整个绘制过程。别墅南立面图的绘制结果如图 8-57 所示。

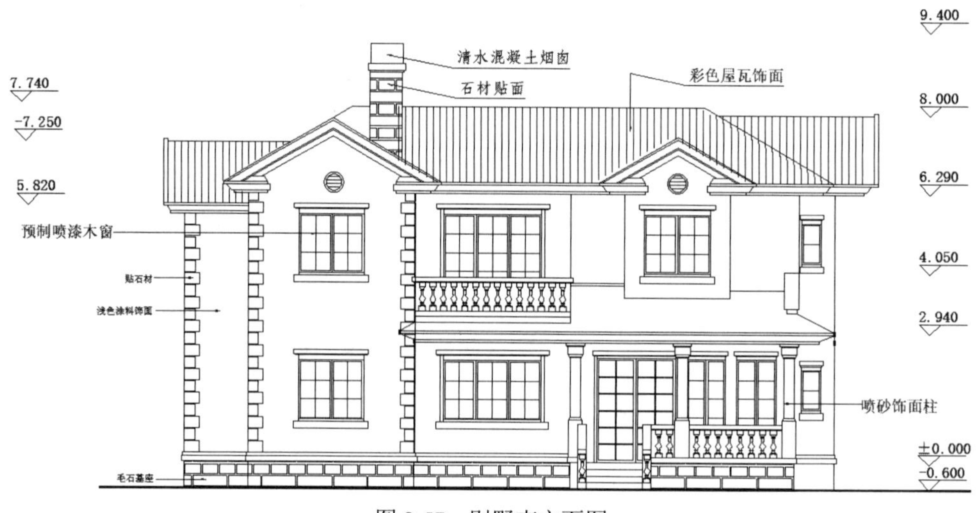

图 8-57　别墅南立面图

2. 操作提示

（1）绘图前准备。

（2）绘制室外地坪线、外墙定位线。

（3）绘制屋顶立面。

（4）绘制台基、台阶、立柱、栏杆、门窗。

（5）绘制其他建筑构件。

（6）标注尺寸及轴号。

（7）清理多余图形元素。

8.4.2 绘制别墅西立面图

1. 目的要求

本例要求读者通过练习进一步熟悉和掌握别墅西立面图的绘制方法。通过本例的操作，读者可以学会完成别墅西立面图的整个绘制过程。别墅西立面图的绘制结果如图 8-58 所示。

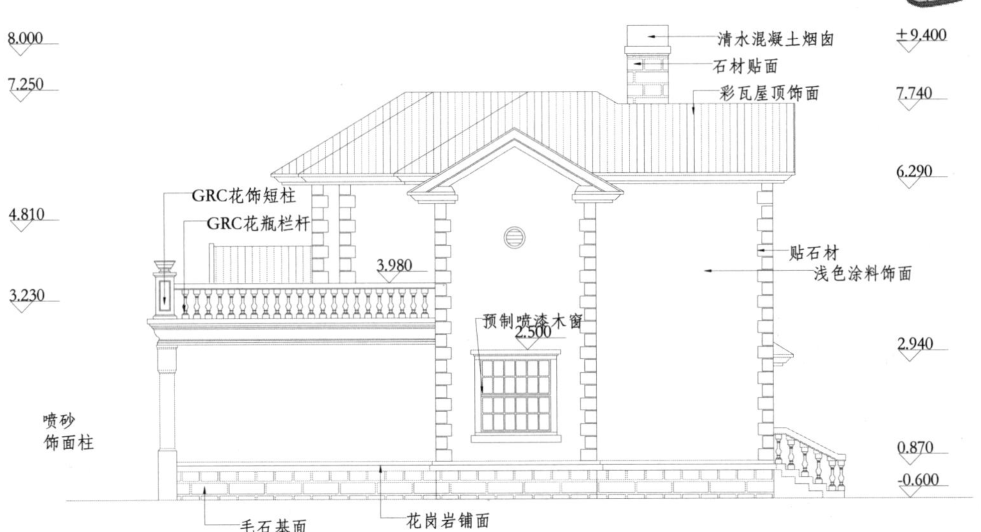

图 8-58　别墅西立面图

2. 操作提示

（1）绘图前准备。

（2）绘制地坪线、外墙、屋顶轮廓线。

（3）绘制台基、立柱、雨篷、台阶、露台、门窗。

（4）绘制其他建筑细部。

（5）标注立面。

（6）清理多余图形元素。

8.4.3　绘制别墅东立面图

1. 目的要求

本例要求读者通过练习进一步熟悉和掌握别墅东立面图的绘制方法。通过本例的操作，读者可以学会完成别墅东立面图的整个绘制过程。别墅东立面图的绘制结果如图 8-59 所示。

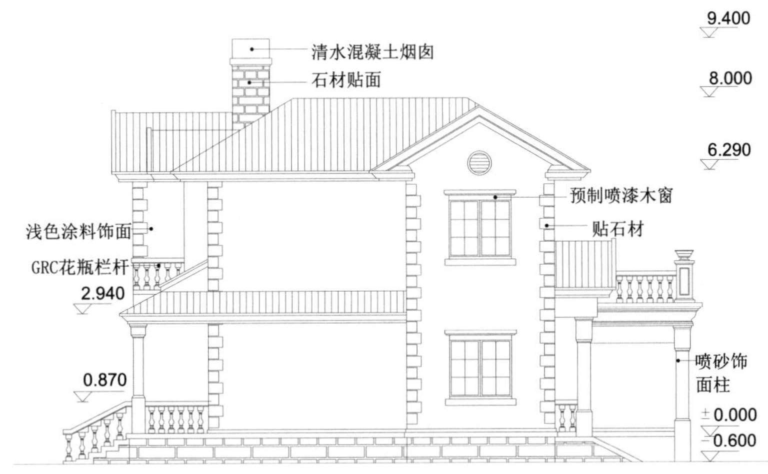

图 8-59　别墅东立面图

Note

2. 操作提示

（1）绘图前准备。

（2）绘制地坪线、外墙、屋顶轮廓线。

（3）绘制台基、立柱、雨篷、台阶、露台、门窗。

（4）绘制其他建筑细部。

（5）标注立面。

（6）清理多余图形元素。

8.4.4 绘制别墅北立面图

1. 目的要求

本例要求读者通过练习进一步熟悉和掌握别墅北立面图的绘制方法。通过本例的操作，读者可以学会完成别墅北立面图的整个绘制过程。别墅北立面图的绘制结果如图 8-60 所示。

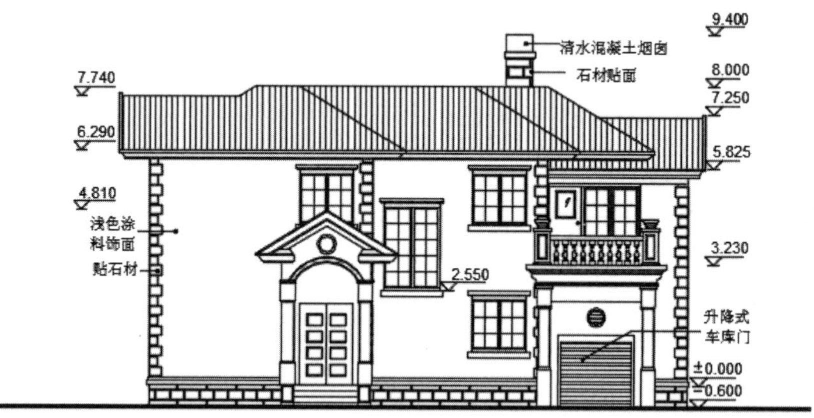

图 8-60　别墅北立面图

2. 操作提示

（1）绘图前准备。

（2）绘制地坪线、外墙、屋顶轮廓线。

（3）绘制台基、立柱、雨篷、台阶、露台、门窗。

（4）绘制其他建筑细部。

（5）标注立面。

（6）清理多余图形元素。

绘制建筑剖面图

剖面图是表达建筑室内空间关系的必备图样，是建筑制图中的一个重要环节，其绘制方法与立面图相似，主要区别在于剖面图需要表示被剖切构配件的截面形式及材料图案。在学习了绘制平面图、立面图的基础上学习剖面图的绘制会方便很多。在本章中，首先在9.1节介绍建筑剖面图的图示内容、剖切位置及投射方向、绘制步骤等基本知识，其次在9.2节、9.3节分别以别墅和宿舍楼为例讲解剖面图绘制的操作方法。与立面图讲解类似，别墅实例讲解注重基本方法，宿舍楼讲解注重快速绘制方法。

☑ 绘制建筑剖面图的概述

☑ 绘制某别墅剖面图

☑ 绘制某宿舍楼剖面图

任务驱动&项目案例

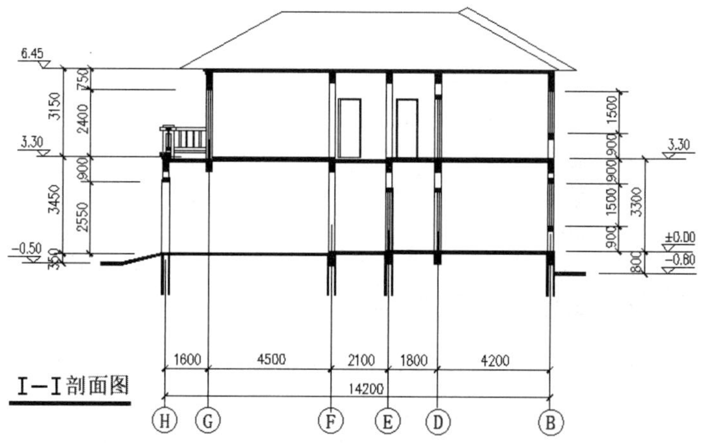

I—I剖面图

9.1　绘制建筑剖面图的概述

Note

本节向读者简要介绍建筑剖面图的概念及图示内容、剖切位置及投射方向、一般绘制步骤等基本知识，为下一步结合实例讲解 AutoCAD 操作做准备。

9.1.1　建筑剖面图概念及图示内容

剖面图是指用剖切面将建筑物的某一位置剖开，移去一侧后剩下一侧沿剖视方向的正投影图，用来表达建筑内部空间关系、结构形式、楼层情况及门窗、楼层、墙体构造做法等。根据工程的需要，绘制一个剖面图可以选择一个剖切面、两个平行的剖切面或两个相交的剖切面（见图 9-1）。对于两个相交剖切面的情形，应在图名中注明“展开”二字。剖面图与断面图的区别在于，剖面图除表示剖切到的部位外，还应表示沿投射方向看到的构配件轮廓（即“看线”）；而断面图只需要表示剖切到的部位。

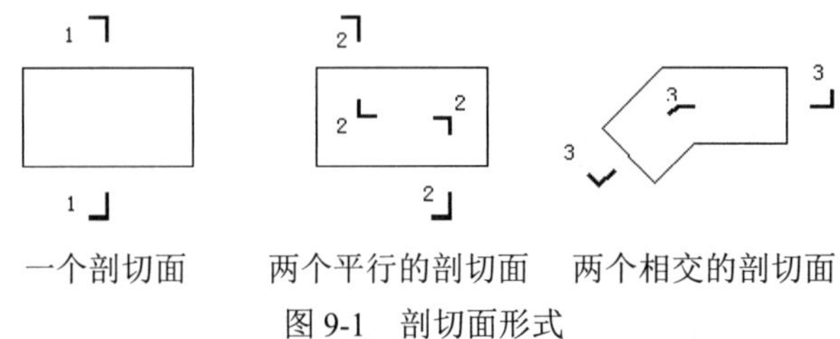

图 9-1　剖切面形式

不同的设计深度，图示内容有所不同。

方案阶段的重点在于表达剖切部位的空间关系、建筑层数、高度、室内外高差等。剖面图中应注明室内外地坪标高、楼层标高、建筑总高度（室外地面至檐口）、剖面编号、比例或比例尺等。如果有建筑高度控制，还需标明最高点的标高。

初步设计阶段需要在方案图基础上增加主要内外承重墙、柱的定位轴线和编号，更加详细、清晰、准确地表达建筑结构、构件（剖到或看到的墙、柱、门窗、楼板、地坪、楼梯、台阶、坡道、雨篷、阳台等）本身及相互关系。

施工图阶段在优化、调整、丰富初设图的基础上，图示内容最为详细。一方面是剖到和看到的构配件图样应准确、详尽、到位；另一方面是标注应详细。除了标注室内外地坪、楼层、屋面突出物、各构配件的标高外，还要标注竖向尺寸和水平尺寸。竖向尺寸包括外部三道尺寸（与立面图类似）和内部地坑、隔断、吊顶、门窗等部位的尺寸；水平尺寸包括两端和内部剖到的墙、柱定位轴线间尺寸及轴线编号。

9.1.2　剖切位置及投射方向的选择

根据规范规定，剖面图的剖切部位应根据图纸的用途或设计深度，在平面图上选择空间复杂、能反映全貌、构造特征及有代表性的部位来剖切。

投射方向一般宜向左、向上，当然也要根据工程情况而定。剖切符号标在底层平面图中，短线指向为投射方向。剖面图编号标在投射方向一侧，剖切线若有转折，应在转角的外侧加注与该符号相同的编号，如图 9-1 所示。

9.1.3　绘制剖面图的一般步骤

建筑剖面图一般在平面图、立面图的基础上，并参照平、立面图的绘制，其一般绘制步骤如下。

（1）设置绘图环境。

（2）确定剖切位置和投射方向。

（3）绘制定位辅助线。包括墙、柱定位轴线、楼层水平定位辅助线及其他剖面图样的辅助线。

（4）绘制剖面图样及看线。包括剖切到和看到的墙柱、地坪、楼层、屋面、门窗（幕墙）、楼梯、台阶及坡道、雨篷、窗台、窗楣、檐口、阳台、栏杆、各种线脚等内容。

（5）配景。包括植物、车辆、人物等。

（6）标注尺寸、文字。

至于线型、线宽的设置，则贯穿到绘图过程中。

9.2　绘制某别墅剖面图的实例

视频讲解

根据别墅方案的情况，选择 I-I 剖切位置，剖视方向向左。I-I 剖切位置中一层剖切线经过车库、卫生间、过道和卧室，二层剖切线经过北侧卧室、卫生间、过道和南侧卧室，绘制流程如图 9-2 所示。

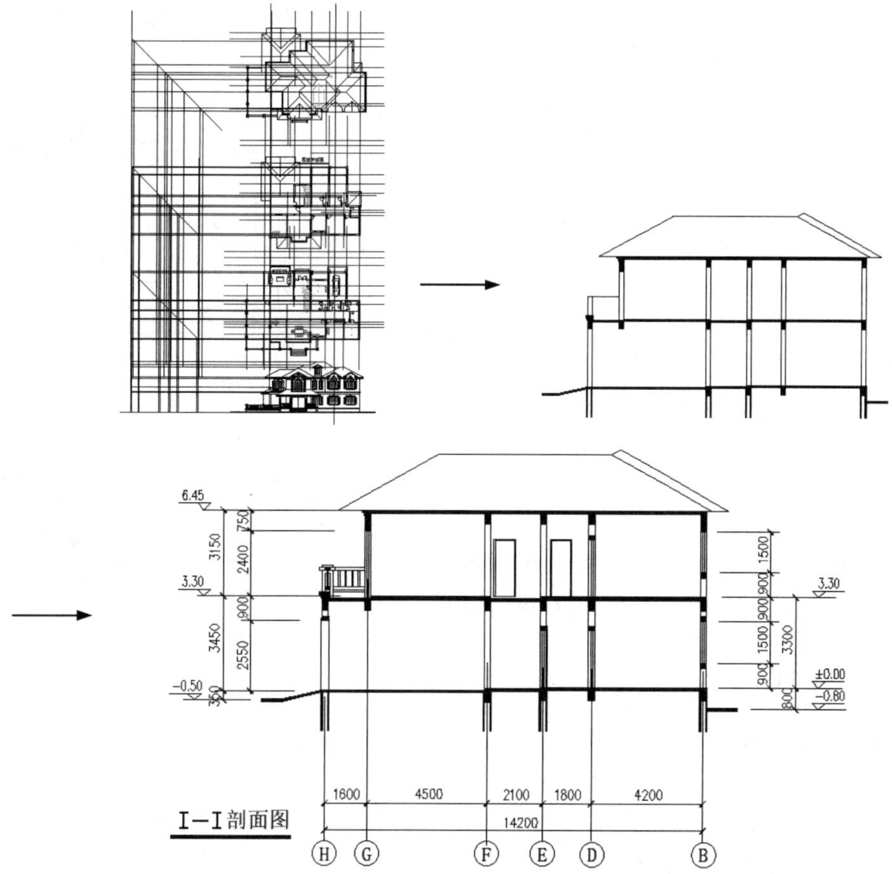

图 9-2　绘制某别墅剖面图的流程

Note

9.2.1 设置绘图环境

设置绘图环境是绘制任何一幅建筑图形都要进行的预备工作，这里主要设置图幅、创建图层。有些具体设置可以在绘制过程中根据需要来设置。

（1）在命令行中输入 LIMITS，设置图幅尺寸为 420000×297000。

（2）单击“默认”选项卡“图层”面板中的“图层特性”按钮，在弹出的“图层特性管理器”选项板中创建“剖面”图层，图层参数采用默认设置。

9.2.2 确定剖切位置和投射方向

根据别墅方案的情况，剖视方向向左。

为了便于从平面图中引出定位辅助线，单击“默认”选项卡“绘图”面板中的“构造线”按钮，在剖切位置画一条直线，如图 9-3 所示。

说明：采用构造线的目的在于它可以一次贯通多个平面，当需要利用其他楼层平面图时，则不需再绘制此线。

构造线

图 9-3　绘制构造线确定剖切位置

9.2.3 绘制定位辅助线

视频讲解

绘制建筑立面图必须要绘制墙体定位线，主要利用“直线”命令来完成。

（1）单击“默认”选项卡“图层”面板中的“图层特性”按钮，在弹出的“图层特性管理器”选项板中将“剖面”图层设置为当前图层。

（2）复制资源包“源文件\8”文件夹中的“一层平面图”“二层平面图”“顶层平面图”“南立面图”文件，并将暂时不用的图层关闭。为便于从平面图中引出定位辅助线，单击“默认”选项卡“绘图”面板中的“构造线”按钮，在剖切位置绘制一条构造线。

（3）单击“默认”选项卡“绘图”面板中的“直线”按钮，在立面图左侧同一水平线上绘制室外地平线，然后采用绘制立面图定位辅助线的方法绘制剖面图的定位辅助线，结果如图 9-4 所示。

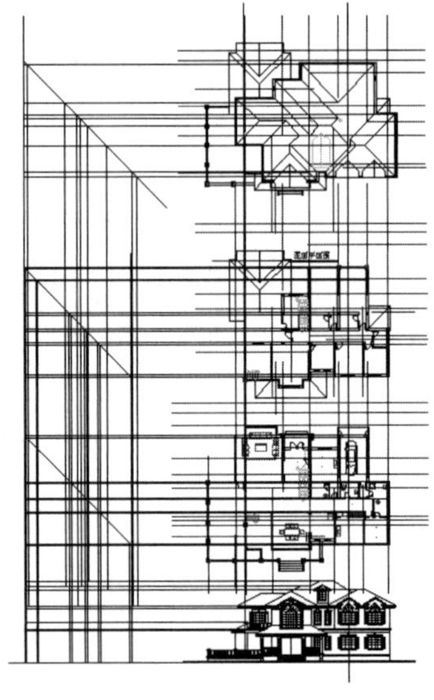

图 9-4　绘制定位辅助线

9.2.4 绘制剖面图

剖面图的绘制相对来说较为简单，直接采用直线、修剪、复制的方法绘制楼层的剖面。

（1）单击“默认”选项卡“绘图”面板中的“直线”按钮和“修改”面板中的“偏移”按钮，根据平面图中的室内外标高确定楼板层和地平线的位置，然后单击“默认”选项卡“修改”面板中的“修剪”按钮，将多余的线段修剪掉。

（2）单击“默认”选项卡“绘图”面板中的“图案填充”按钮，将室外地平线和楼板层填充

视频讲解

Note

为 SOLID 图案，结果如图 9-5 所示。

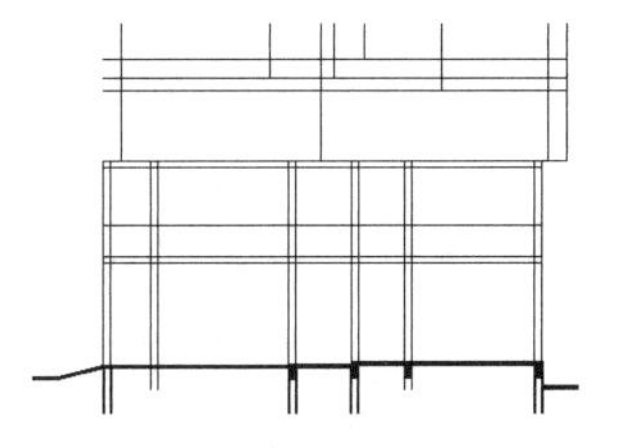

图 9-5　绘制室外地平线和一层楼板

（3）绘制二层楼板、屋顶楼板及屋顶轮廓辅助线。利用与前面相同的方法绘制二层楼板和屋顶楼板，如图 9-6 所示。

（4）单击“默认”选项卡“修改”面板中的“修剪”按钮✂，根据定位辅助线剪切出屋顶轮廓线，如图 9-7 所示。

（5）绘制墙体。单击“默认”选项卡“修改”面板中的“修剪”按钮✂，修剪墙线，然后设置修剪后的墙线线宽为 0.3，形成墙体剖面线，结果如图 9-8 所示。

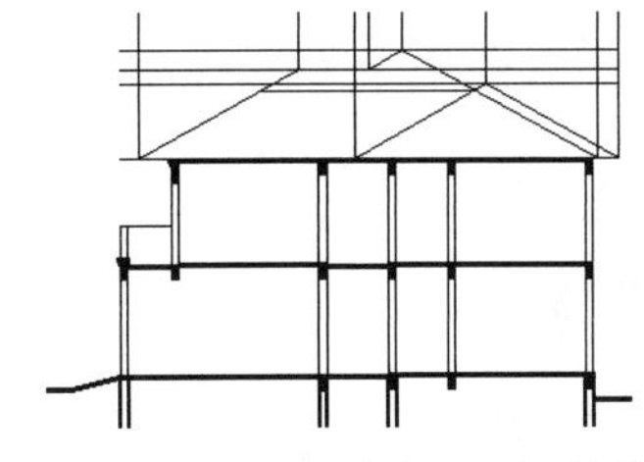

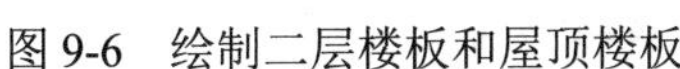

图 9-6　绘制二层楼板和屋顶楼板

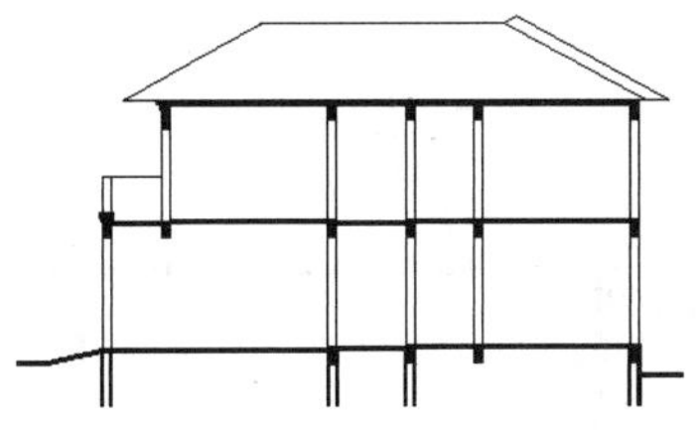

图 9-7　剪切屋顶轮廓线

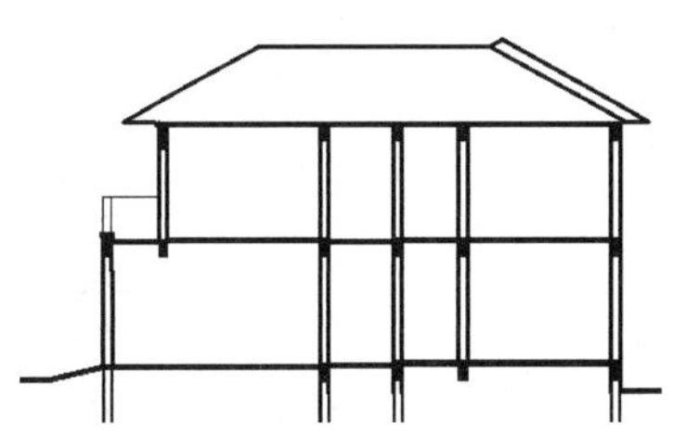

图 9-8　绘制墙体

（6）绘制门窗。单击“默认”选项卡“修改”面板中的“修剪”按钮✂，绘制门窗洞口，然后选择菜单栏中的“绘图”→“多线”命令，绘制门窗，绘制方法与平面图和立面图中绘制门窗的方法相同，结果如图 9-9 所示。

（7）绘制砖柱。单击“默认”选项卡“修改”面板中的“复制”按钮，将南立面图中的砖柱复制到剖面图中并对其进行修改，结果如图 9-10 所示。

（8）绘制栏杆。单击“默认”选项卡“修改”面板中的“复制”按钮，将南立面图中的栏杆复制到剖面图中并对其进行修改，结果如图 9-11 所示。

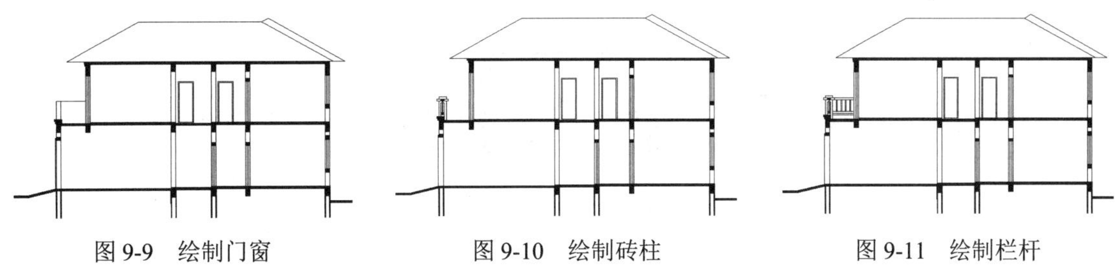

图 9-9　绘制门窗　　图 9-10　绘制砖柱　　图 9-11　绘制栏杆

9.2.5　添加文字说明和标注

视频讲解

最后为别墅剖面图添加尺寸标注和文字说明，主要包括标高和层高及总尺寸标注。

（1）单击“默认”选项卡“绘图”面板中的“直线”按钮╱和“注释”面板中的“多行文字”按钮A，对图形进行标注标高，结果如图 9-12 所示。

（2）单击“注释”选项卡“标注”面板中的“线性”按钮和“连续”按钮，标注门窗洞口尺寸、层高尺寸、轴线尺寸和总体长度尺寸，结果如图 9-13 所示。

（3）单击“默认”选项卡“绘图”面板中的“圆”按钮、“注释”面板中的“多行文字”按钮A和“修改”面板中的“复制”按钮，标注轴线号和文字说明，完成 I-I 剖面图的绘制，结果如图 9-14 所示。

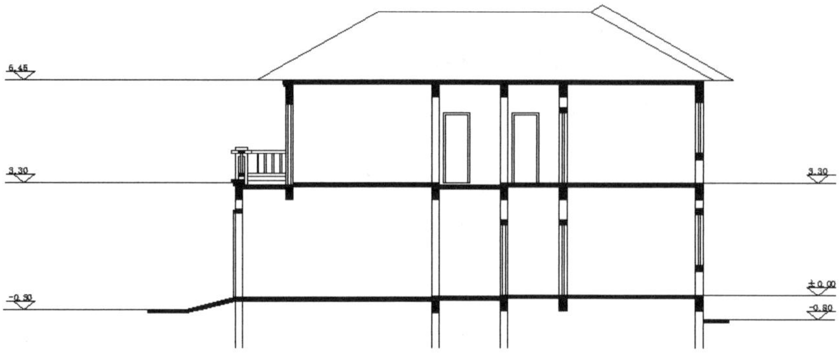

图 9-12　标注标高

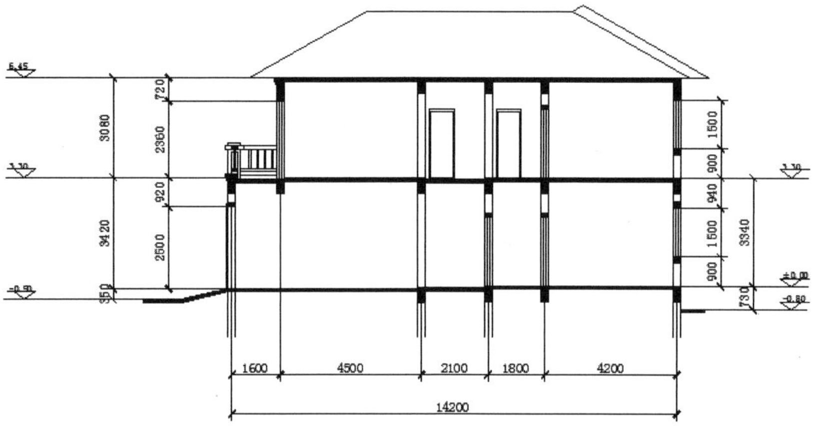

图 9-13　标注尺寸

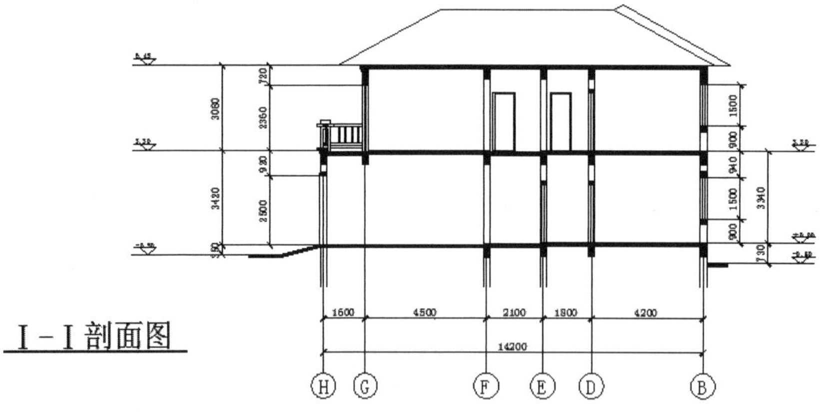

I－I 剖面图

图 9-14　完成的 I-I 剖面图

9.3　绘制某宿舍楼剖面图的实例

视频讲解

通过学习别墅剖面图的绘制，读者对在 AutoCAD 中绘制剖面图已有了一些了解。本节以宿舍楼剖面图为例，进一步讲解剖面图的绘制方法，强化剖面图的绘制技能。

宿舍楼剖面图绘制的难点是双跑楼梯剖面，它涉及楼梯构造的相关知识。因此本节重点讲解的内

Note

容是楼梯剖面图，其余简单内容将简而述之。通过进一步分析发现，该剖面图底层和顶层存在差异，其余各层均相同，因此只要分别绘制好底层、标准层、顶层剖面，该剖面图即可顺利完成，绘制流程如图 9-15 所示。

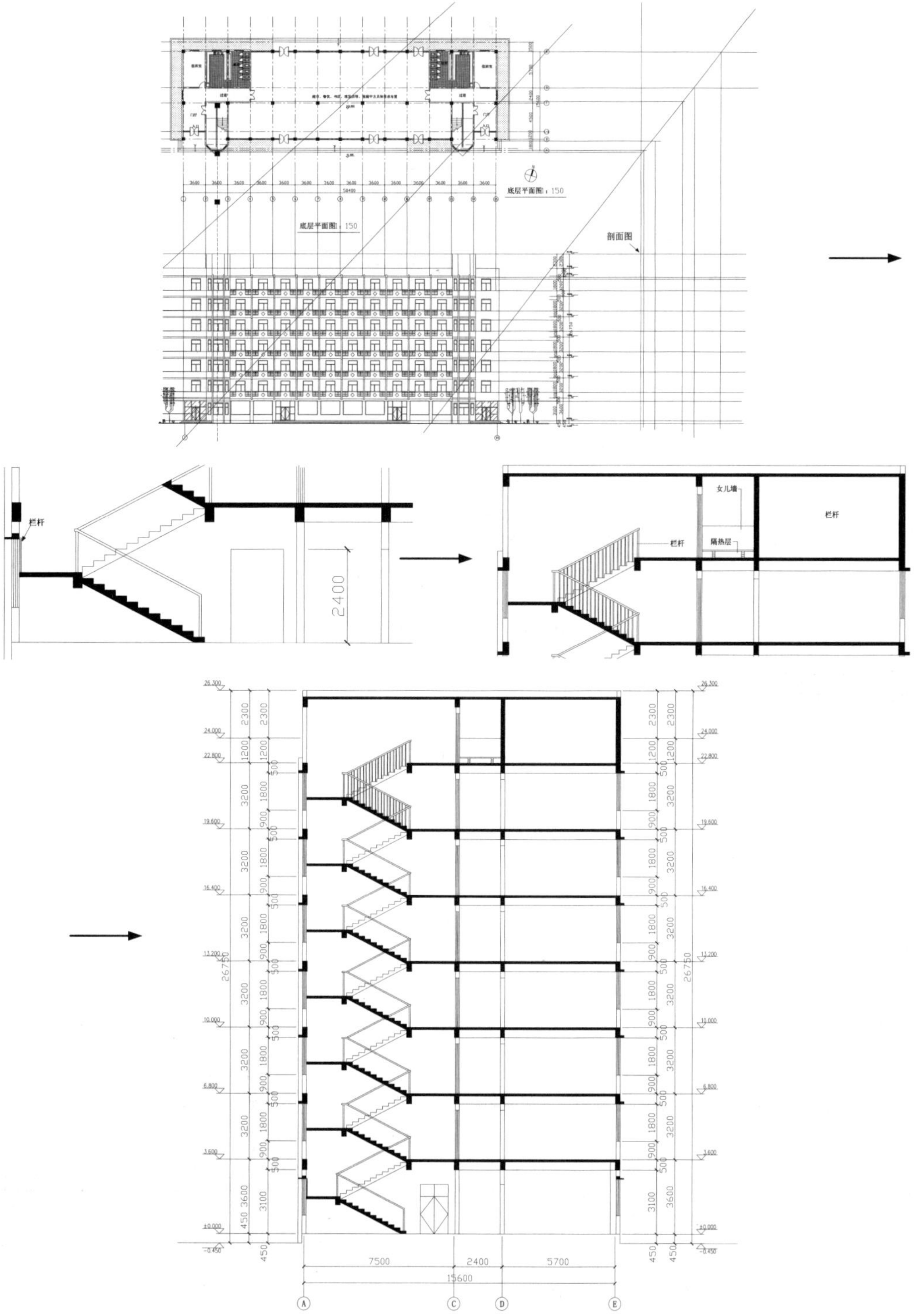

图 9-15　绘制某宿舍楼剖面图的流程

Note

9.3.1 前期工作

在立面图同一地平线位置上绘制 1-1 剖面图，采用前面提到的侧面正投影的绘制方法，引出水平方向的墙、柱定位轴线和竖直方向上的楼层、屋顶定位辅助线，并绘制剖切线，为下面逐项绘制做准备，如图 9-16 所示。

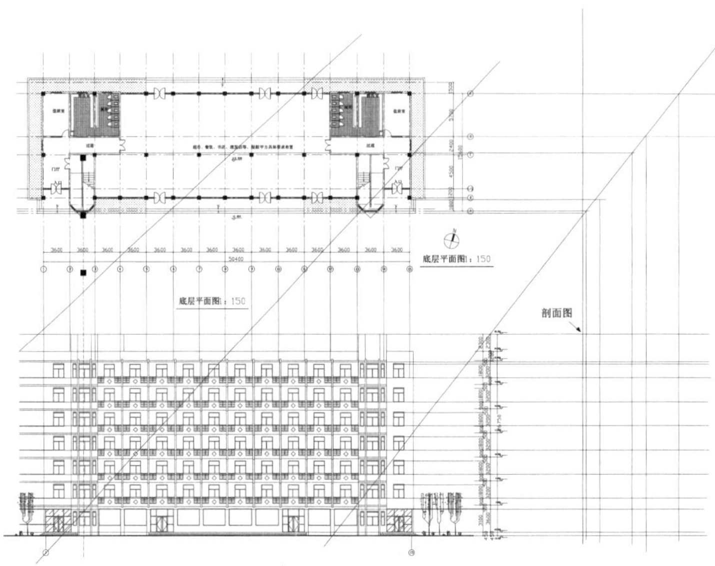

图 9-16 前期线条的绘制

视频讲解

9.3.2 绘制底层剖面图

底层剖面图的绘制分两个步骤进行：一是绘制墙柱、门窗、楼板；二是绘制楼梯间。

1. 绘制墙柱、门窗、楼板

借助辅助线绘制剖面墙柱、门窗、楼板图形，如图 9-17 所示。

2. 绘制楼梯间

底层层高为 3.6m，设为 24 级，踏步高为 150mm、宽为 300mm，为等跑楼梯。

首先绘制平台、梯段、踏步的定位辅助线，然后绘制平台、平台梁、梯段、踏步，最后绘制栏杆。

（1）辅助线的绘制。根据楼梯平台宽度、梯段长度绘制梯段定位辅助线 1、2，并绘制平台板横向定位辅助线 3，如图 9-18 所示。

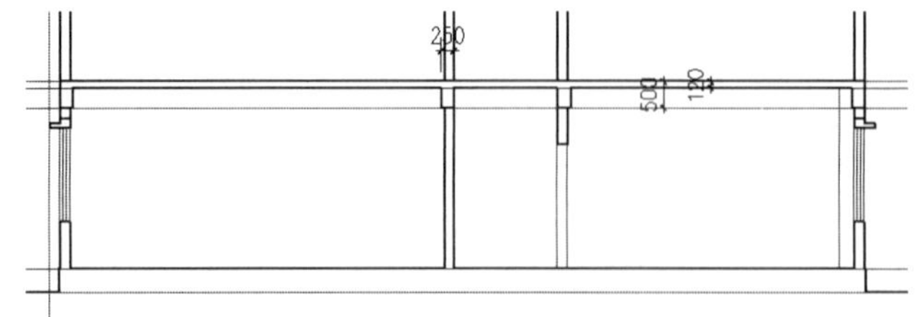

图 9-17 墙柱、门窗、楼板

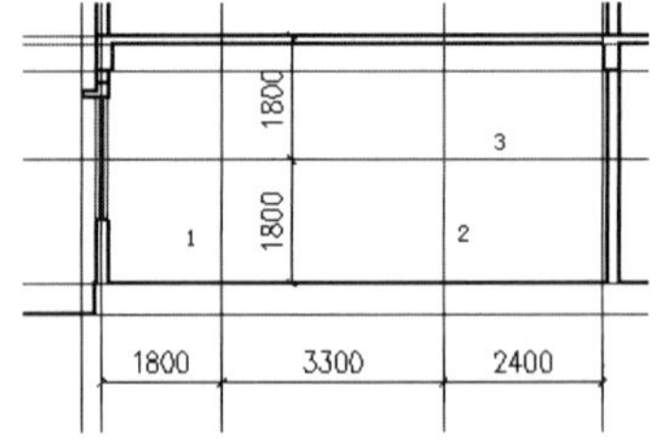

图 9-18 辅助线 1、2、3

（2）在绘制完成的辅助线的基础上绘制楼梯踏步定位网格，如图 9-19 所示。

视频讲解

Note

（3）平台板及平台梁的绘制。绘制上下两个位置的平台板及平台梁，如图 9-20 所示。

（4）梯段的绘制。用“多段线”命令绘制梯段。注意下面梯段为断面图，上面梯段为投射可见的轮廓，如图 9-21 所示。

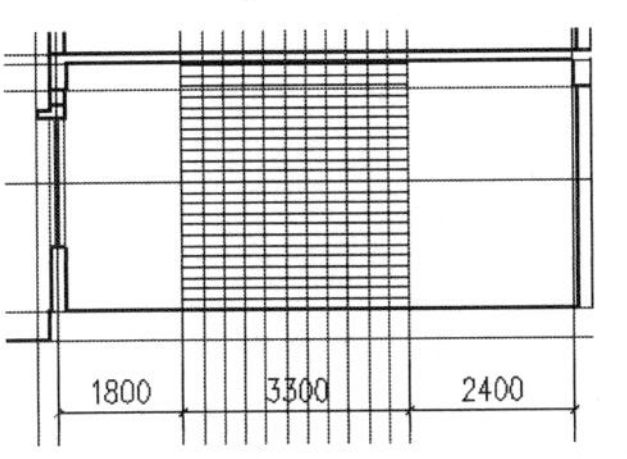

图 9-19　楼梯踏步定位网格

图 9-20　平台板及平台梁

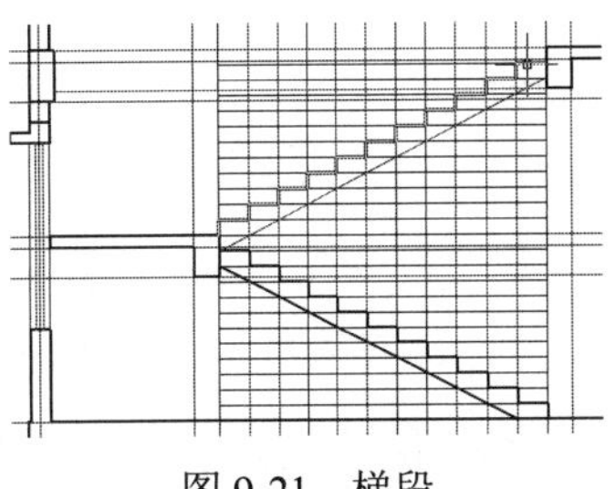

图 9-21　梯段

（5）栏杆的绘制。栏杆高度为 1050mm，应从踏步中心点量至扶手顶面。首先，可以借助 1050mm 高的短线确定栏杆的高度，然后用“构造线”命令绘制栏杆扶手上轮廓，如图 9-22 所示。

（6）用“偏移”命令绘制栏杆下轮廓，并初步绘制栏杆立杆和扶手转角轮廓，如图 9-23 所示。

（7）将图形中多余的线条修剪掉，完成栏杆的绘制，如图 9-24 所示。这只是栏杆整体轮廓，到顶层时，再详细绘制栏杆细部。

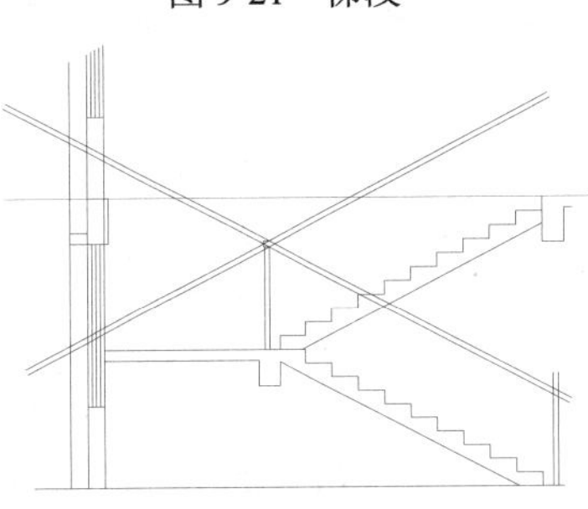

图 9-22　栏杆扶手上轮廓

视频讲解

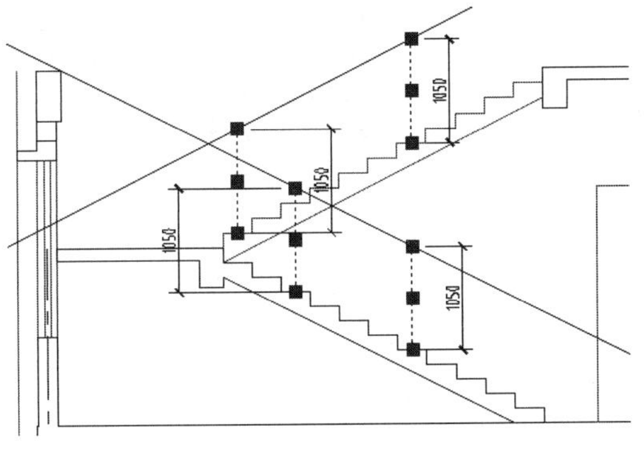

图 9-23　初绘扶手及立杆

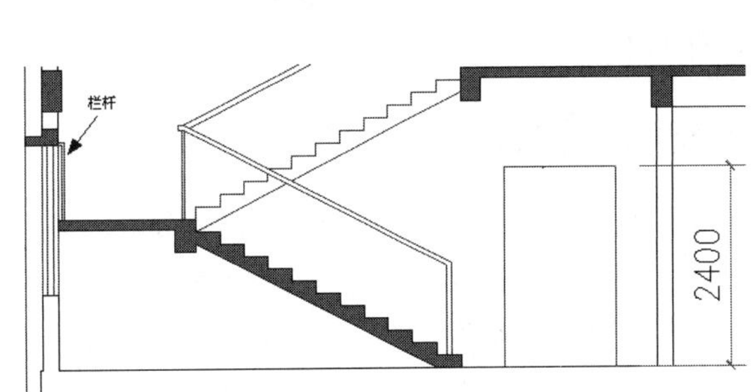

图 9-24　完成底层的绘制

（8）完成底层的绘制。由于楼梯平台处为窗户，因此需要在窗内设置防护栏杆。该楼梯间为封闭楼梯间，入口处设乙级防火门。最后将钢筋混凝土断面涂黑，完成底层绘制，如图 9-24 所示。

9.3.3　绘制标准层剖面图

标准层剖面图的绘制分 3 个步骤进行：一是绘制墙柱、门窗、楼板；二是绘制楼梯间；三是楼层组装。

1. 绘制墙柱、门窗、楼板

复制底层墙柱、门窗、楼板到二层上，并做适当修改，如图 9-25 所示。

2. 绘制楼梯间

标准层层高为 3.2m，设为 21 级，踏步高为 152mm、宽为 300mm，第一跑设为 10 级，第二跑设为 11 级。

Note

（1）辅助线的绘制。根据楼梯平台宽度、梯段长度绘制梯段定位铺助线，如图 9-26 所示。

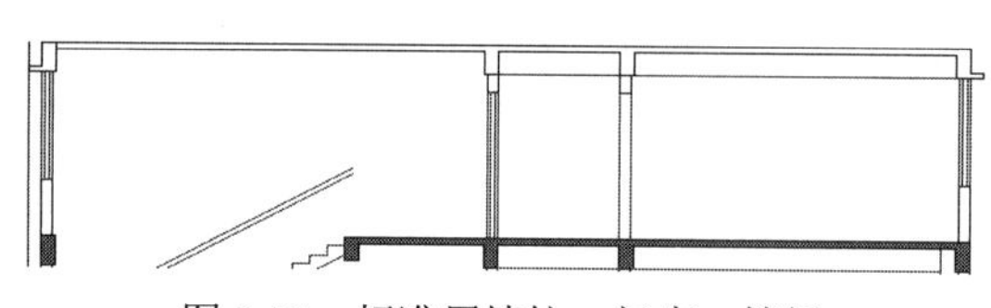
图 9-25　标准层墙柱、门窗、楼板

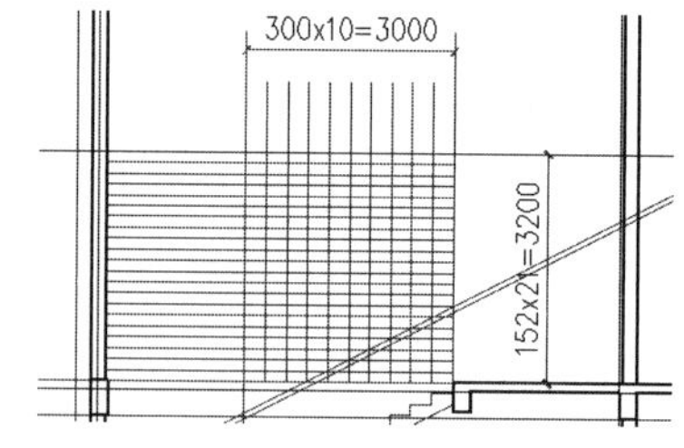

图 9-26　辅助线的绘制

（2）梯段的绘制。首先从第一级踏步开始绘制第一跑楼梯，到第 10 级时拉平绘制平台，然后绘制第二跑楼梯轮廓，如图 9-27 所示。

视频讲解

（3）完成底层的绘制。绘制栏杆，涂黑钢筋混凝土断面，结果如图 9-28 所示。

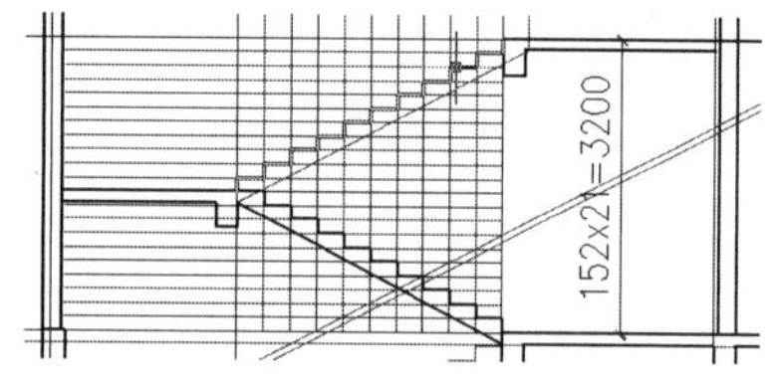

图 9-27　梯段的绘制

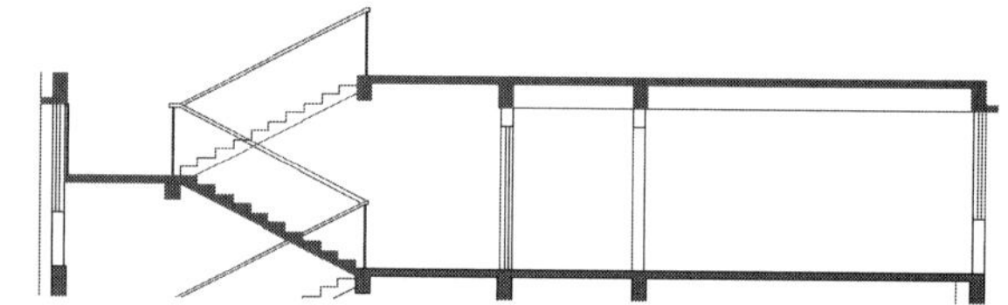
图 9-28　完成底层的绘制

3. 楼层组装

将标准层剖面做成图块，并向上阵列复制 7 个，结果如图 9-29 所示。

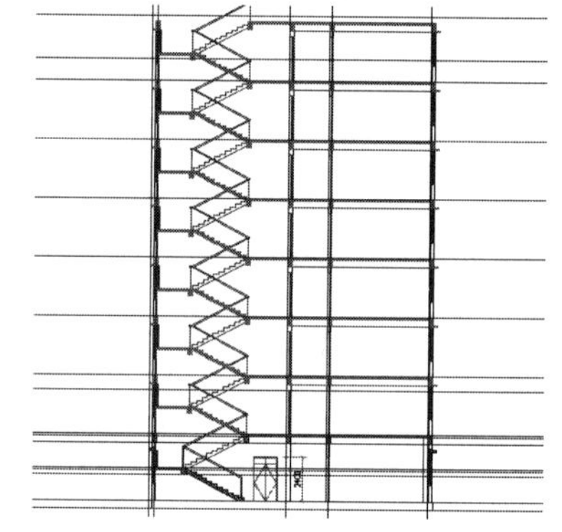
图 9-29　标准层阵列复制

9.3.4　绘制顶层剖面图

将刚才复制的第 7 个楼层图块进行分解，按出屋面楼梯间、屋面女儿墙、隔热层及水箱的要求进行修改，并在倒数第二层现有楼梯栏杆的基础上补充绘制横杆和立杆，以表现所有楼梯栏杆，结果如图 9-30 所示。

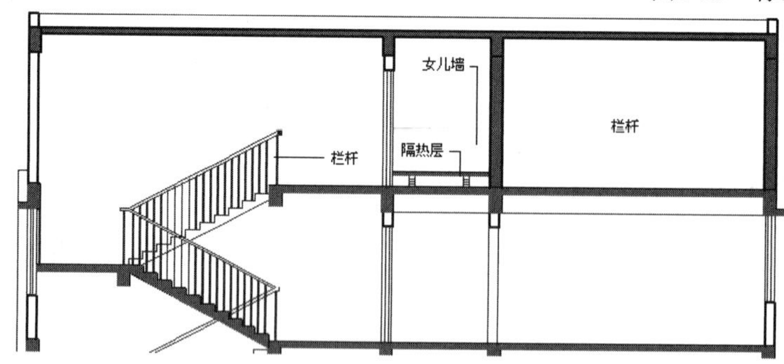

图 9-30　顶层的修改

9.3.5　文字及尺寸的标注

完成文字及尺寸的标注，结果如图 9-31 所示。

Note

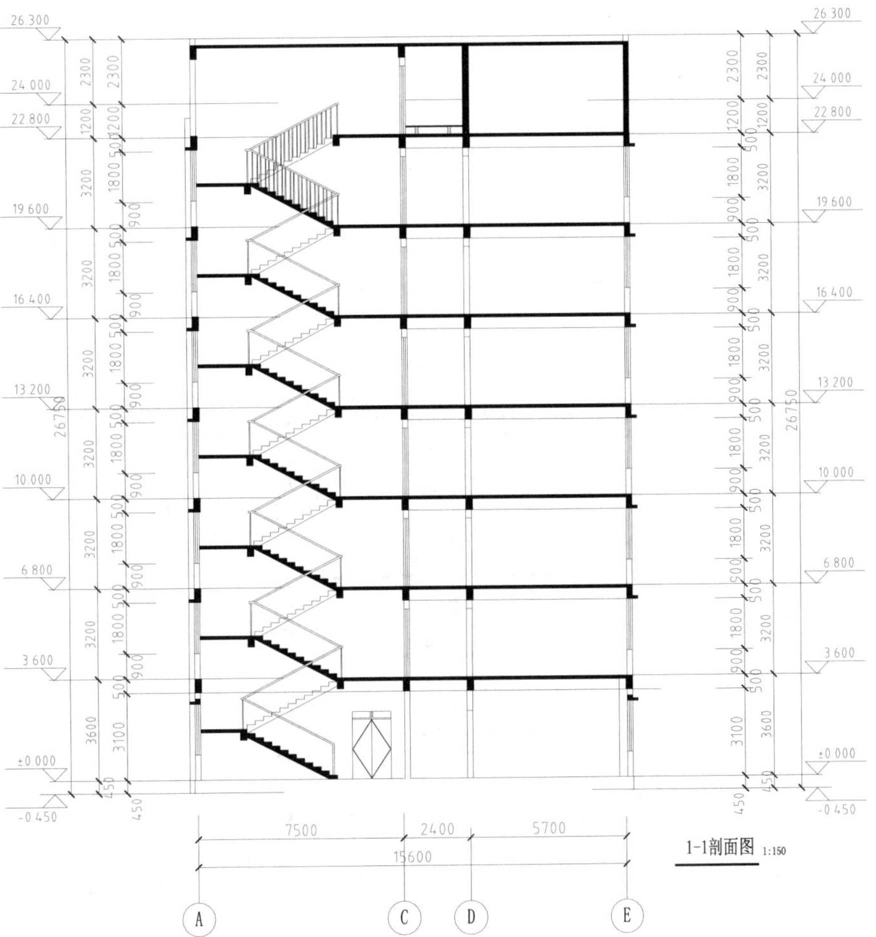

图 9-31　文字及尺寸的标注

9.4　操作与实践

9.4.1　绘制别墅 1-1 剖面图

1. 目的要求

本例要求读者通过一个别墅 1-1 剖面图的绘制练习，以进一步熟悉和掌握剖面图的绘制方法。通过本例的操作，读者可以学会完成别墅 1-1 剖面图的整个绘制过程。别墅 1-1 剖面图的绘制结果如图 9-32 所示。

2. 操作提示

（1）修改图形。

（2）绘制折线及剖面。

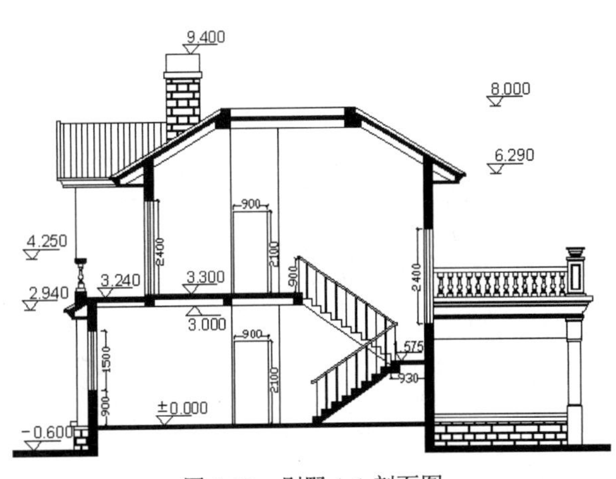

图 9-32　别墅 1-1 剖面图

（3）标注标高。

（4）标注尺寸及文字。

9.4.2 绘制居民楼剖面图

1. 目的要求

本例要求读者通过一个居民楼剖面图的绘制练习，以进一步熟悉和掌握剖面图的绘制方法。通过本例的操作，读者可以学会完成居民楼剖面图的整个绘制过程。居民楼剖面图的绘制结果如图 9-33 所示。

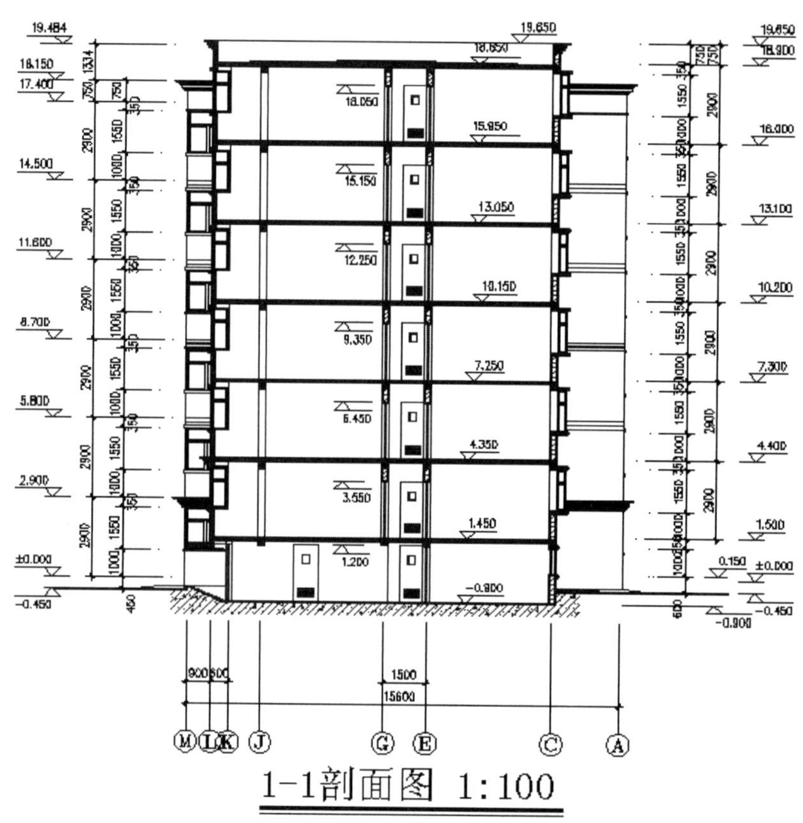

图 9-33 居民楼剖面图

2. 操作提示

（1）设置绘图参数。

（2）绘制底层剖面图。

（3）绘制标准层剖面图。

（4）绘制顶层剖面图。

绘制建筑详图

绘制建筑详图是绘制建筑施工图中的一项重要内容，与建筑构造设计息息相关。本章首先简要介绍建筑详图的基本知识，然后结合实例讲解在AutoCAD中绘制建筑详图的方法和技巧。本章涉及的实例有外墙身详图、楼梯间详图、卫生间放大图和门窗详图。

- ☑ 绘制建筑详图的概述
- ☑ 绘制外墙身详图
- ☑ 绘制楼梯间详图
- ☑ 绘制卫生间放大图和门窗详图
- ☑ 绘制门窗表及门窗立面大样图

任务驱动&项目案例

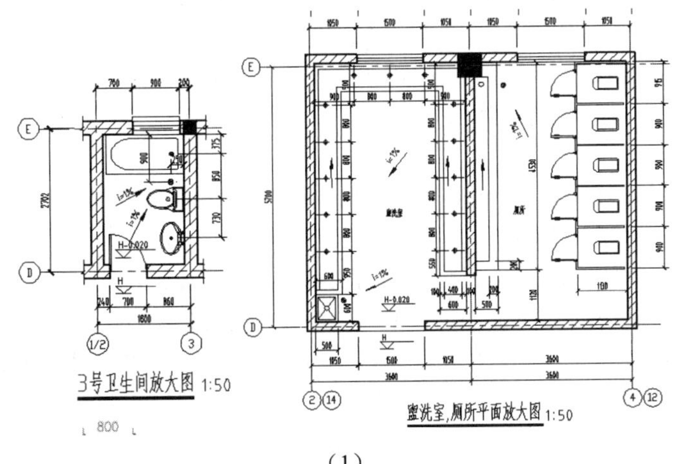

（1）

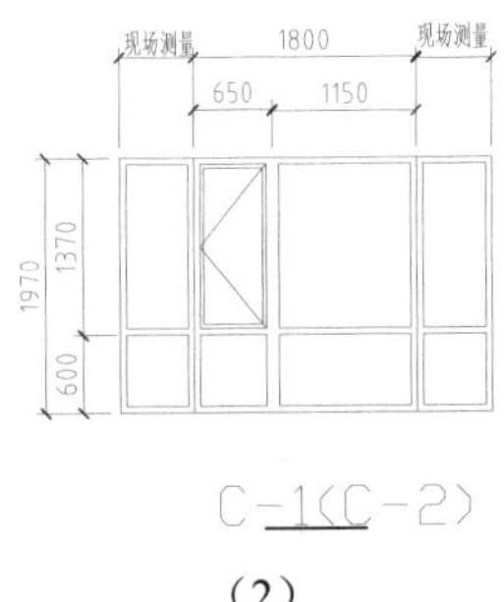

（2）

10.1 绘制建筑详图的概述

Note

在正式讲述 AutoCAD 建筑详图绘制之前，本节先简要介绍绘制详图的基本知识和绘制步骤。

10.1.1 建筑详图的概念及图示内容

前面介绍的平、立、剖面图均是全局性的图纸，由于比例的限制，不可能将一些复杂的细部或局部做法表示清楚，因此需要将这些细部、局部的构造、材料及相互关系采用较大的比例详细绘制出来，以指导施工。将这样的建筑图形称为详图，也称大样图。对于将局部平面（如厨房、卫生间）放大绘制的图形，习惯将它叫作放大图。需要绘制详图的位置一般有室内外墙节点、楼梯、电梯、厨房、卫生间、门窗、室内外装饰等构造详图或局部平面放大图。

内外墙节点一般用平面和剖面表示，常用比例为 1∶20。平面节点详图表示墙、柱或构造柱的材料和构造关系。剖面节点详图即常说的墙身详图，需要表示墙体与室内外地坪、楼面、屋面的关系，以及相关的门窗洞口、梁或圈梁、雨篷、阳台、女儿墙、檐口、散水、防潮层、屋面防水、地下室防水等构造做法。墙身详图可以从室内外地坪、防潮层处开始一路画到女儿墙压顶。为了节省图纸，在门窗洞口处可以断开，也可以重点绘制地坪、中间层、屋面处的几个节点，而将中间层重复使用的节点集中到一个详图中表示。节点编号一般由上至下编号。

楼梯详图包括平面、剖面及节点 3 部分。平面、剖面常用 1∶50 的比例绘制，楼梯中的节点详图可以根据对象大小酌情采用 1∶5、1∶10、1∶20 等比例。楼梯平面图与建筑平面图不同的是，楼梯平面图只需绘制楼梯及四面相接的墙体，而且楼梯平面图需要准确地表示楼梯间净空、梯段长度、梯段宽度、踏步宽度和级数、栏杆（栏板）的大小及位置，以及楼面、平台处的标高等。楼梯间剖面图只需绘制楼梯相关的部分，相邻部分可用折断线断开。选择在底层第一跑并能够剖到门窗的位置剖切，向底层另一跑梯段方向投射。尺寸需要标注层高、平台、梯段、门窗洞口、栏杆高度等竖向尺寸，并应标注室内外地坪、平台、平台梁底面的标高。水平方向需要标注定位轴线及编号、轴线尺寸、平台、梯段尺寸等。梯段尺寸一般用“踏步宽（高）×级数=梯段宽（高）”的形式表示。此外，在楼梯剖面上还应注明栏杆构造节点详图的索引编号。

电梯详图一般包括电梯间平面图、机房平面图和电梯间剖面图 3 部分，常用 1∶50 的比例绘制。平面图需要表示电梯井、电梯厅、前室相对定位轴线的尺寸及自身的净空尺寸，表示电梯图例及配重位置、电梯编号、门洞大小及开取形式、地坪标高等。机房平面需表示设备平台位置及平面尺寸、顶面标高、楼面标高及通往平台的梯子形式等内容。剖面图需要剖在电梯井、门洞处，表示地坪、楼层、地坑、机房平台的竖向尺寸和高度，标注门洞高度。为了节约图纸，中间相同部分可以折断绘制。

厨房、卫生间的放大图根据其大小可酌情采用 1∶30、1∶40、1∶50 的比例绘制。需要详细表示各种设备的形状、大小、位置及地面设计标高、地面排水方向及坡度等，对于需要进一步说明的构造节点，必须标明详图索引符号，或绘制节点详图，或引用图集。

门窗详图包括立面图、断面图、节点详图等内容。立面图常用 1∶20 的比例绘制，断面图常用 1∶5 的比例绘制，节点图常用 1∶10 的比例绘制。标准化的门窗可以引用有关标准图集，说明其门窗图集编号和所在位置。根据《建筑工程设计文件编制深度规定》（2016 年版），非标准的门窗、幕

墙必须绘制详图。如委托加工，必须绘制立面分格图，标明开取扇、开取方向，说明材料、颜色及与主体结构的连接方式等。

就图形而言，详图兼有平、立、剖面的特征，它综合了平、立、剖面绘制的基本操作方法，并具有自己的特点，只要掌握一定的绘图程序，难度应该不大。真正的难度在于对建筑构造、建筑材料、建筑规范等有关知识的掌握。

10.1.2　详图绘制的一般步骤

详图绘制的一般步骤如下。

（1）图形轮廓的绘制，包括断面轮廓和看线。

（2）材料图例的填充，包括各种材料图例选用和填充。

（3）图形的布置，包括建筑物、道路、广场、停车场、绿地、场地出入口布置等内容。

（4）符号、尺寸、文字等标注，包括设计深度要求的轴线及编号、标高、索引、折断符号和尺寸、说明文字等。

10.2　绘制外墙身详图的实例

本节以前面绘制的宿舍楼外墙身构造详图为例，为读者介绍详图的绘制方法。根据宿舍楼的具体情况，绘制上、中、下 3 个节点。第 1 个节点包括屋面防水、隔热层的做法和女儿墙压顶的做法；第 2 个节点包括楼面、阳台构造做法；第 3 个节点包括室内外地坪、防潮层、勒脚、踢脚等做法。绘制流程图如图 10-1 所示。

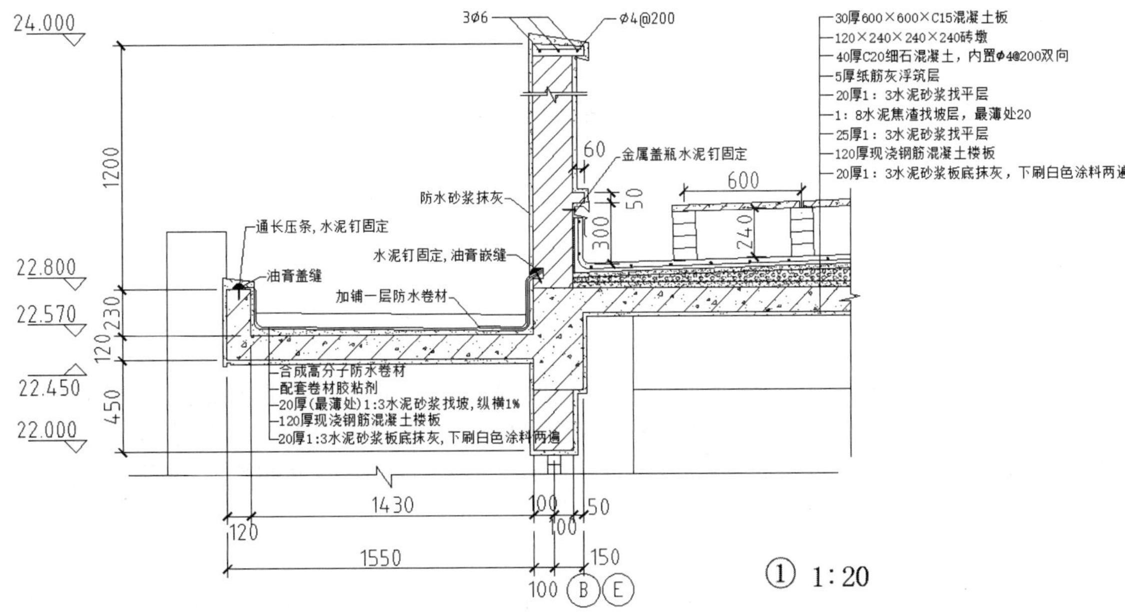

图 10-1　绘制外墙身详图的流程

Note

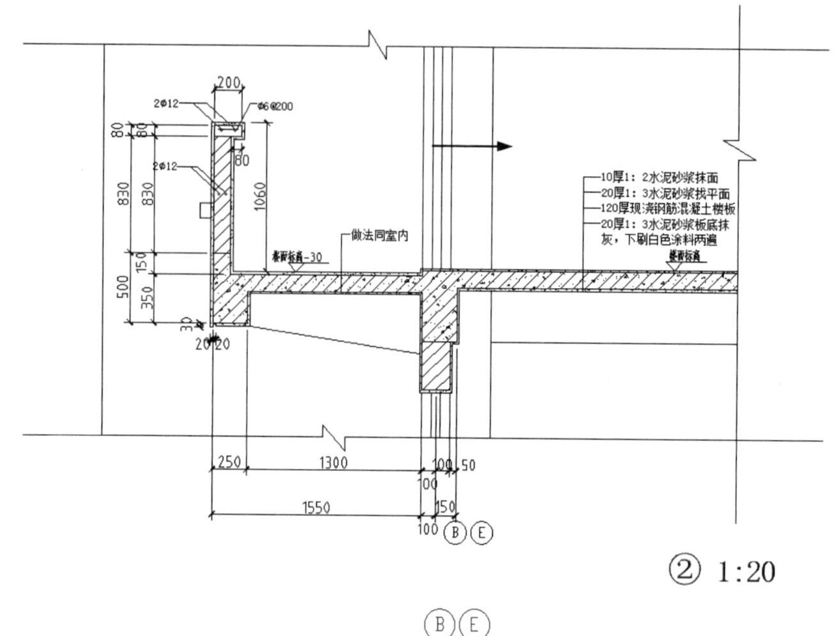

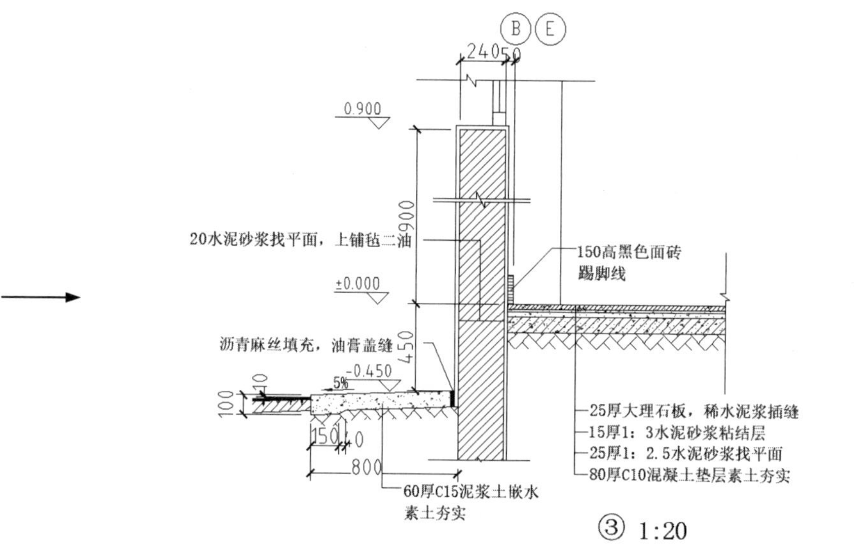

图 10-1　绘制外墙身详图的流程（续）

视频讲解

10.2.1　墙身节点①

在如图 10-1 所示的墙身节点①中，屋面防水采用刚性防水层，宿舍区屋顶雨水通过两侧挑檐（阳台上方）处的雨水管排走。隔热层为混凝土平板架空隔热层，架空高度为 240。绘制总体思路是，首先从剖面图中复制该节点部分图形，为详图的绘制做准备，然后在此图形的基础上做补充、修改、图案填充，最后完成各种标注。

1. 准备工作

（1）事先准备了宿舍楼的 2-2 剖面图（见图 10-2），剖切位置为阳台、宿舍门窗处，上面标有详图索引编号。

（2）将墙身节点①处的图形（包括定位轴线）复制到绘制详图的地方，如图 10-3 所示。

Note

（3）借助辅助界线将外围不需要的图线修剪掉，结果如图 10-4 所示。

2. 详图轮廓线的绘制

（1）屋面防水层的绘制。根据屋面各层构造厚度来绘制。

❶ 将楼板下轮廓线向下偏移 20，以绘制出板底抹灰层；将上轮廓线依次向上偏移 25、20、20、45，以绘制出防水层，如图 10-5 所示。

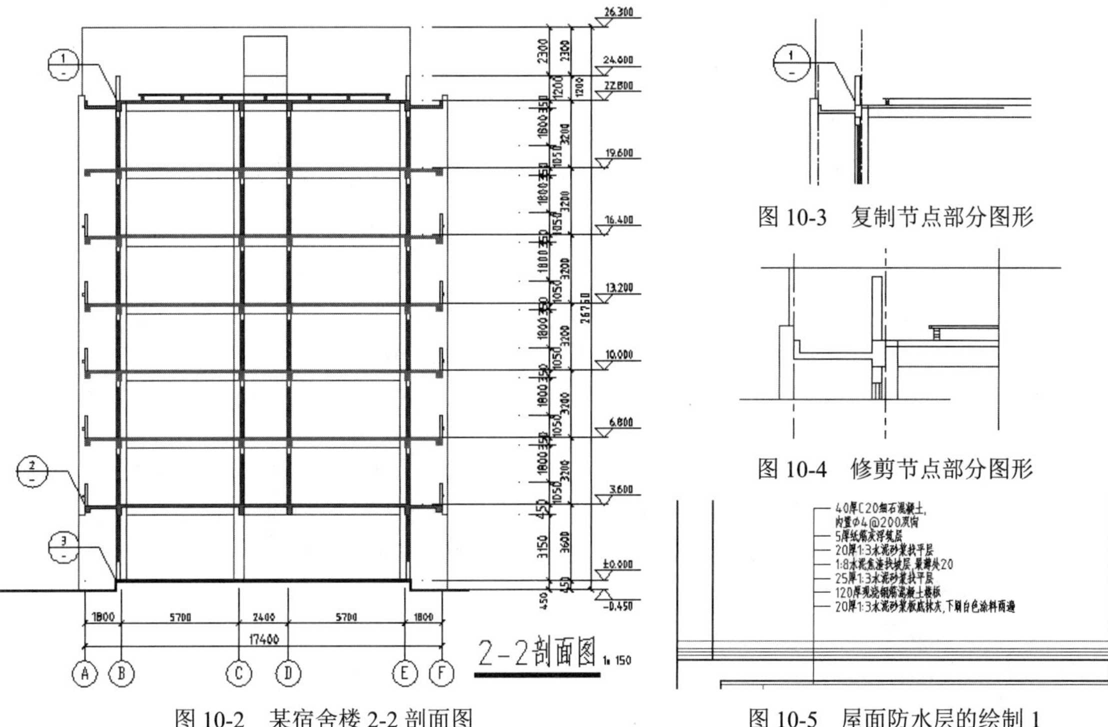

图 10-2　某宿舍楼 2-2 剖面图

图 10-3　复制节点部分图形

图 10-4　修剪节点部分图形

图 10-5　屋面防水层的绘制 1

❷ 单击“默认”选项卡“修改”面板中的“旋转”按钮 ↻，以如图 10-6 所示的点为基点将上面三根线逆时针旋转 1.7°，以满足屋面横向找坡 3%的要求。

（2）挑檐防水层的绘制。采用高分子卷材防水，也采用上述类似方法绘制，结果如图 10-7 所示。

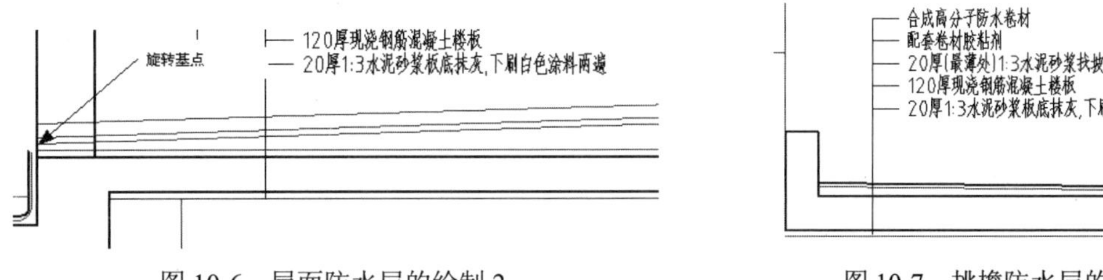

图 10-6　屋面防水层的绘制 2

图 10-7　挑檐防水层的绘制

说明：端部抹灰层绘成斜面，水泥砂浆找平层、防水卷材转角处做圆角处理。

（3）挑檐外边缘收头。挑檐外边缘采用通长压条压住，并用水泥钉固定，然后用油膏和砂浆盖缝，如图 10-8 所示。

（4）屋面泛水的绘制。该详图刚性防水层延伸至泛水，泛水高度为 300。泛水处防水层与女儿墙面间做沥青麻丝嵌缝，外盖金属板。绘制方法是，首先根据泛水高度和挑出的砖头大小绘制辅助线，

视频讲解

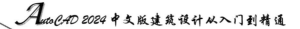

然后逐步细化、修剪、圆角，结果如图 10-9 所示。

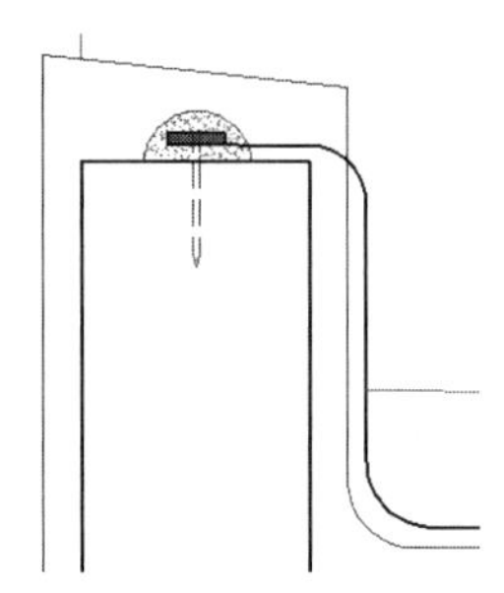

图 10-8　挑檐外边缘收头

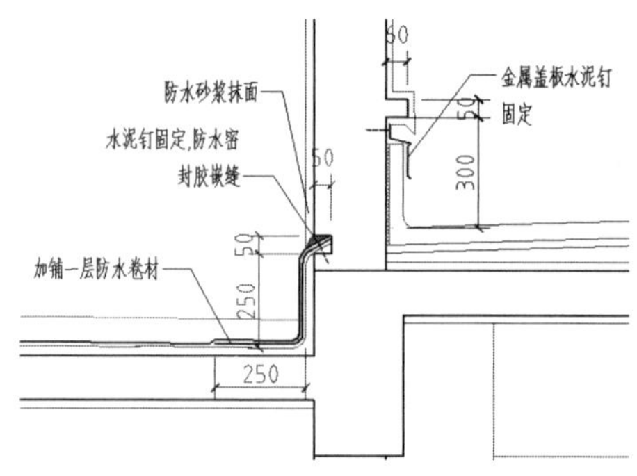

图 10-9　屋面和挑檐内侧泛水

（5）挑檐内侧泛水的绘制。首先借助辅助线绘制女儿墙上的凹槽，然后完善防水卷材的收头，结果如图 10-9 所示。注意在转角处加铺一层防水卷材。

（6）女儿墙压顶。首先绘制压顶的断面轮廓，然后绘制钢筋符号，如图 10-10 所示。注意抹灰层的形式，以便排水和滴水。

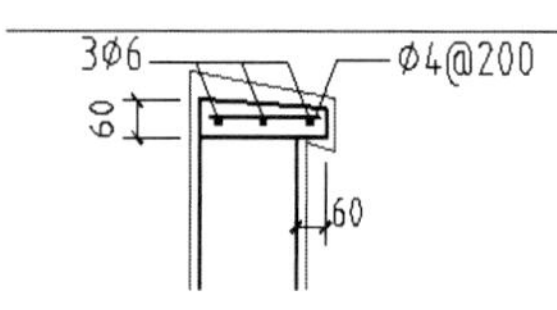

图 10-10　女儿墙压顶

（7）隔热层的绘制。该架空隔热间层净空高度为 240，采用 120×240×240 的砖墩支撑，上铺 30 厚 600×600 大小的 C15 混凝土板。架空层周边与女儿墙的间距为 500，以便空气流通。绘制方法是，首先将防水层轮廓线向上偏移，以绘制 30 厚的混凝土板，然后移动已有的砖墩到板下，用“阵列”命令做 600 间距的排布，最后将它们旋转 1.7°以适应坡度，并划分出混凝土板，结果如图 10-11 所示。

（8）完善详图轮廓线的绘制。

❶ 将墙、板各段抹灰层做交接处理，注意挑檐下端采用利于滴水的抹灰形式（滴水线）。

❷ 将周边多余的图线修剪掉，用“拉伸”命令将女儿墙缩短，并绘制折断线。

❸ 将刚性防水层上轮廓向下偏移 25，以绘制出钢筋图形，然后复制钢筋截面的涂黑圆点以排布于其上（首先沿水平方向阵列，然后整体旋转）。

❹ 参照剖面图线型设置标准，完善图线线型。

❺ 节点①详图轮廓线的绘制基本完毕，如图 10-12 所示。下面对详图进行图案填充。

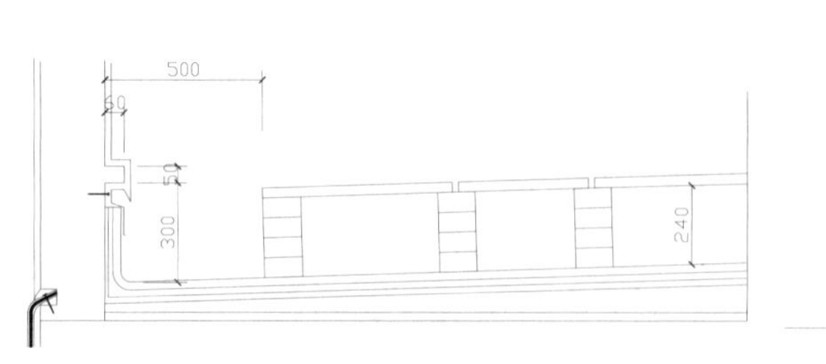

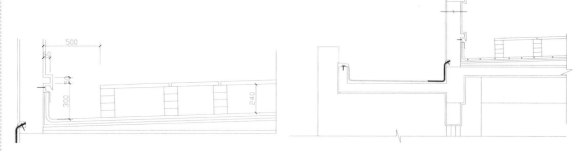

图 10-11　架空隔热间层

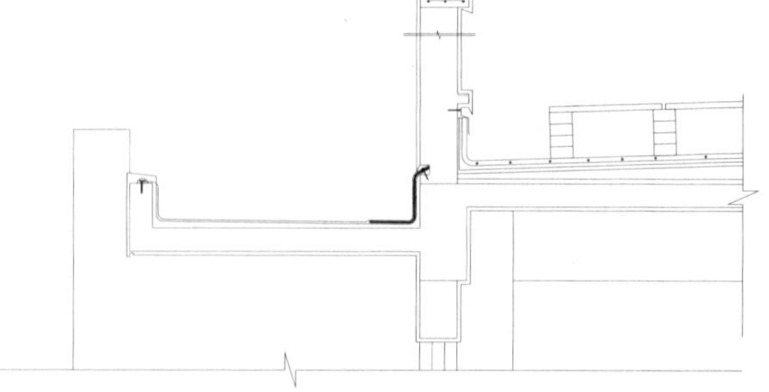

图 10-12　完成详图轮廓线的绘制

3. 图案填充

采用“图案填充”命令，依次填充各种材料图例，现将各种材料图例的填充参数罗列如下。

☑　砖墙：采用图 10-13 所示的砖墙图案来填充。

Note

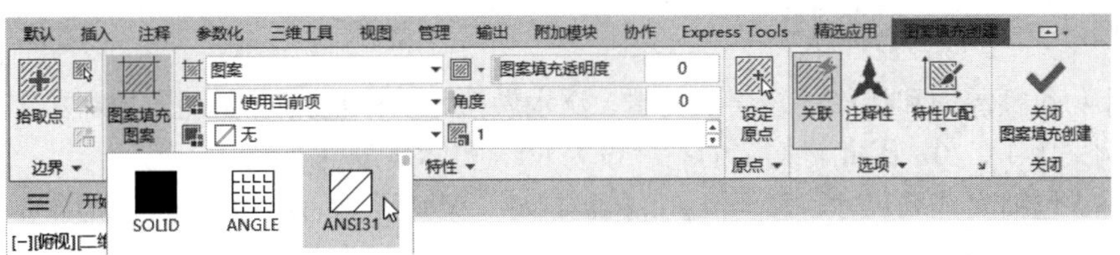

图 10-13　砖墙图例

☑　钢筋混凝土：采用如图 10-13 和图 10-14 所示的两个图案叠加来填充。

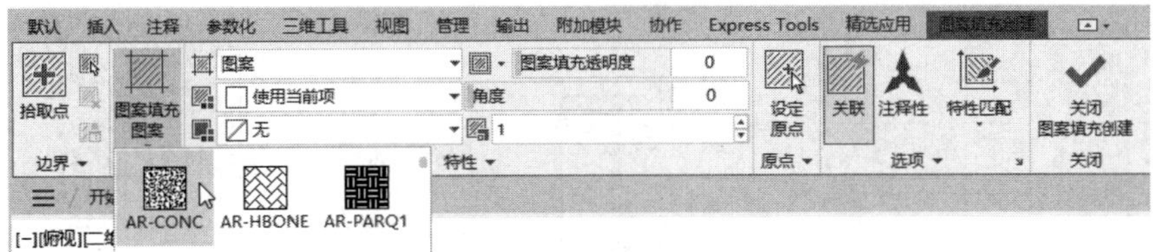

图 10-14　素混凝土图例

☑　砂浆抹灰：采用如图 10-15 所示的图案来填充。

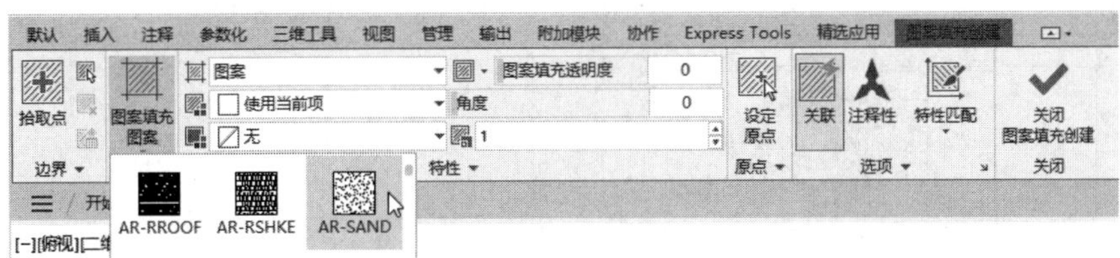

图 10-15　砂、灰土图例

☑　水泥焦找坡层：AutoCAD 2024 自带的图案中没有完全与水泥焦对应的图例，可以采用如图 10-15 和图 10-16 所示的两个图案叠加来填充，也可以手动绘制。

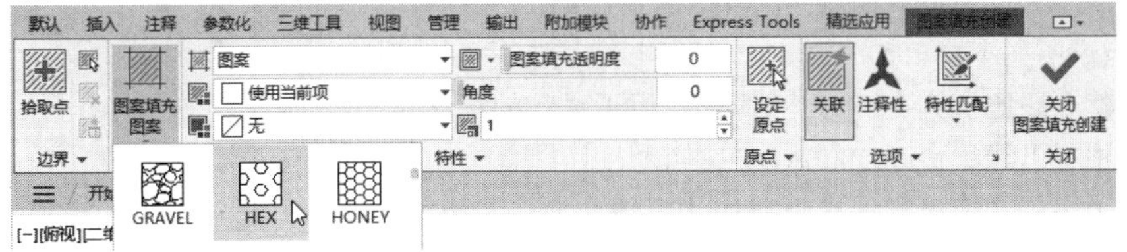

图 10-16　焦渣、矿渣图例

☑　防水卷材：可以采用粗线表示，结果如图 10-17 所示。

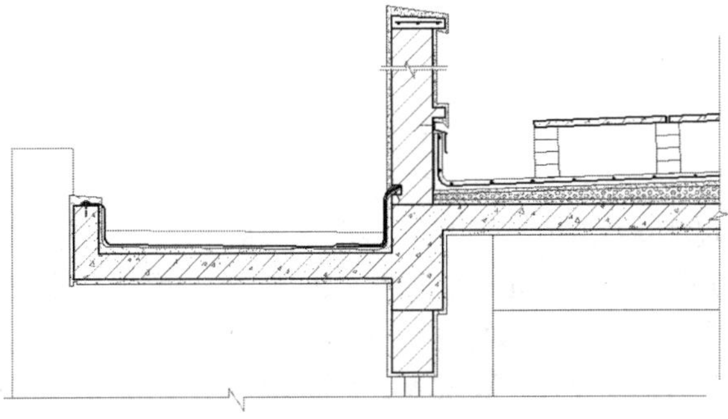

图 10-17　完成图案的填充

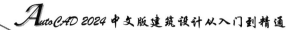

Note

视 频 讲 解

4. 文字、尺寸及符号的标注

☑ 文字：包括屋面和挑檐的多层次构造、泛水做法、挑檐收头做法、压顶做法说明。由于出图比例采用 1∶20，因此将文字的高度设为 60（实际高度为 3mm）。

☑ 尺寸：包括女儿墙尺寸、窗洞位置、挑檐尺寸、架空隔热间尺寸、泛水尺寸、加铺卷材尺寸、墙体相对轴线的尺寸等。

☑ 符号：包括轴线及轴线标号、详图标号及比例、屋面、窗洞上口、挑檐、女儿墙顶等标高，结果如图 10-18 所示。

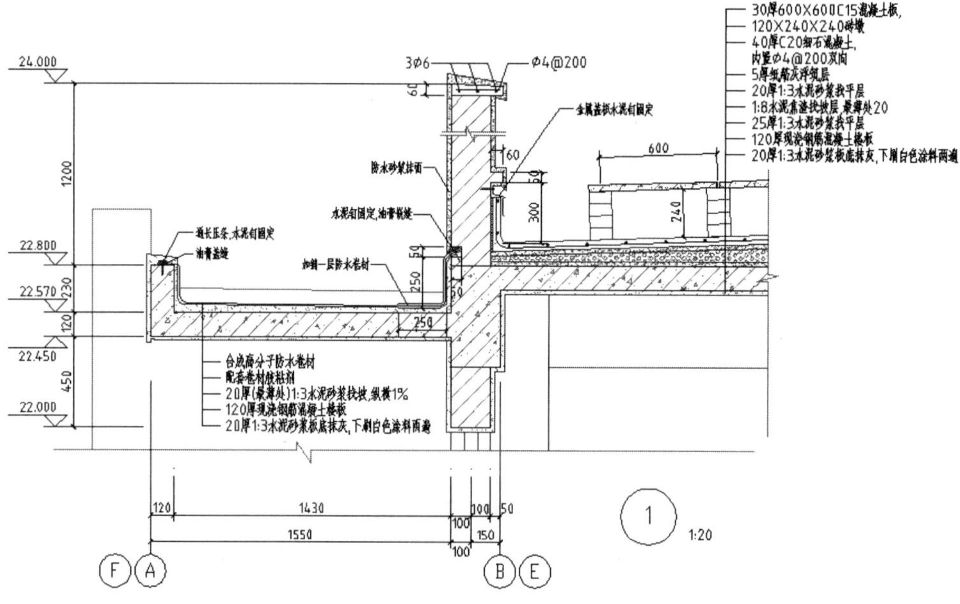

图 10-18 完成的各种标注

操作要点说明如下。

（1）新建全局比例为 20 的尺寸样式，用于详图的标注。

（2）单根引出线用命令 QLEADER 标注。

（3）对于多层构造引出线，可以用“直线”命令绘出第一层，并标注文字，再将该层阵列以绘制其他层，然后修改相应的文字。

（4）详图编号圆圈直径为 14mm，用粗线表示。详图与被索引图样在同一张图纸时，圆圈中标注阿拉伯数字的编号，如不在同一张图纸，则在圆圈中部画一条水平线，线上标注详图编号，线下标注被索引图纸的编号。

10.2.2 墙身节点②

墙身节点②主要包括墙体、门窗与楼板的关系、楼面做法、阳台地面做法、阳台栏杆做法等内容，如图 10-19 所示。本例室内及阳台地面做法相同，构造层次从下至上依次是 20 厚 1∶3 水泥砂浆抹灰，表面刷白色涂料两遍；120 厚现浇钢筋混凝土楼板；20 厚 1∶3 水泥砂浆找平层；10 厚 1∶2 水泥砂浆抹面。阳台板面标高比楼面低 30（一般低 30～50），防止雨水泛入室内。阳台栏杆（栏板）需要与阳台板牢固连接，具有足够的抗倾覆力，其做法是多种多样的，有许多标准图集可参照。为了绘图示例，笔者选取一个较简单的做法供读者参考。

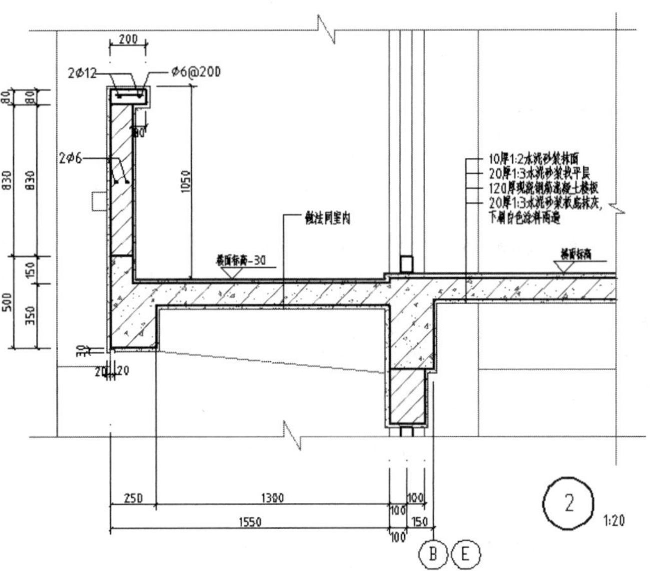

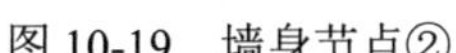
图 10-19　墙身节点②

墙身节点②的图形内容不复杂，可参照墙身节点①的绘制方法来完成，具体过程不再赘述。

10.2.3　墙身节点③

墙身节点③主要包括墙体与室内外地坪的关系、室内地坪的做法、散水做法、防潮层做法、内外墙装修等内容，如图 10-20 所示。本例室内外高差为 450，墙体为 240 厚黏土砖墙，墙下基础做法详见结构图。室内地坪构造层次从下至上依次是素土夯实；80 厚 C10 混凝土垫层；25 厚 1∶2.5 水泥砂浆找平层；15 厚 1∶3 水泥砂浆黏结层；25 厚大理石板，稀水泥浆擦缝。散水为 60 厚 C15 混凝土提浆抹面，置于夯实的素土上，排水坡度为 5%，与墙面接头处缝隙用沥青麻丝填实，然后用油膏盖缝。水平防潮层一般设置在标高为-0.06 的位置处。本例地面采用混凝土垫层，为密实材料，防潮层设在垫层范围内。室外勒脚采用 1∶2 水泥砂浆抹面，室内踢脚线采用 150 高黑色面砖拼贴。

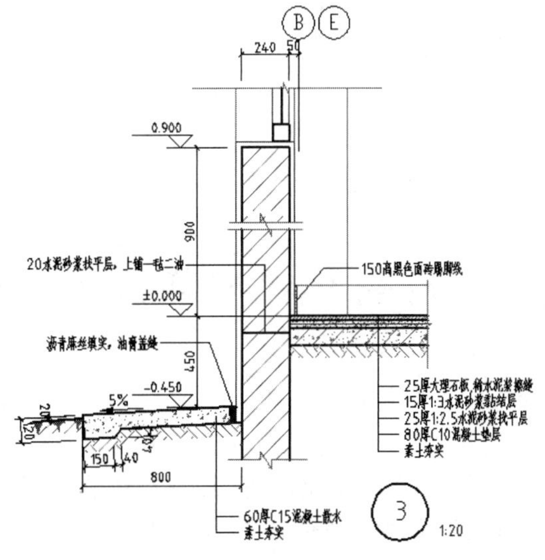

图 10-20　墙身节点③

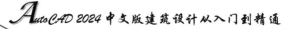

Note

绘制要点提示如下。

（1）轮廓线的绘制。室内地坪各层构造以及墙体抹灰用“偏移”命令绘制。室外散水需要形成5%的坡度，可以先水平绘制，然后做旋转。

（2）图案的填充。在本节点详图中，有3个新的材料图例需要说明。

❶ 大理石材，可以采用如图10-21所示的图案来填充。

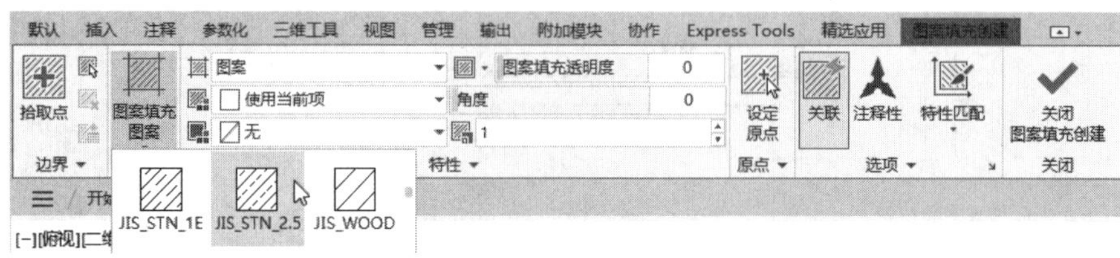

图10-21　石材图案

❷ 夯实土壤，可以采用如图10-22所示的图案来填充。

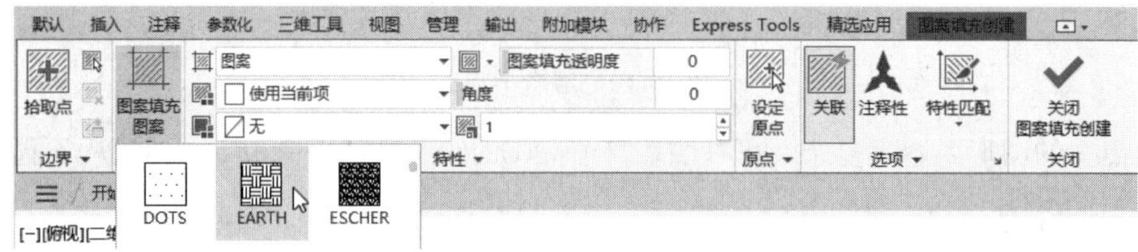

图10-22　夯实土壤图案

❸ 事先需要用“偏移”命令绘制图例下边缘，以形成封闭的填充区域。完成填充后，再将下边缘删除，如图10-23所示。

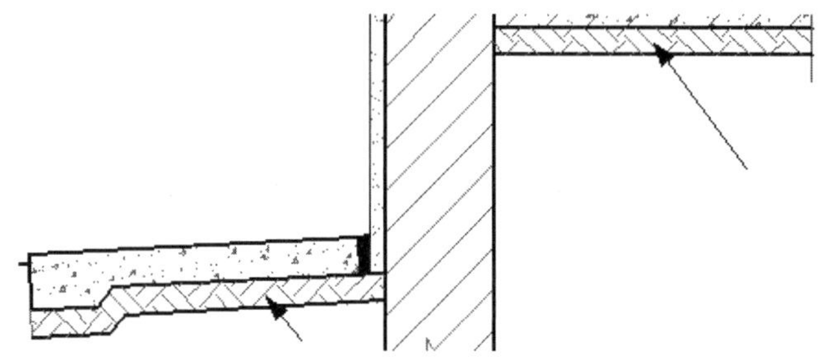

图10-23　夯实土壤图案的填充操作示意图

❹ 自然土壤，其中的斜线可以用“图案填充”命令来完成，其余图案手动绘制。

10.3　绘制楼梯间详图的实例

视频讲解

本节讲述宿舍楼楼梯间详图的绘制过程及绘制方法。楼梯间详图包括3部分，即平面图、楼面图和节点详图，但一般情况下，栏杆、扶手、踏步、防滑条等节点可选用标准图集中的做法，从而省去这部分的绘制。因此，下面重点介绍平面图和剖面图的制作。总体绘制思路是复制已完成的平、剖面图中的楼梯部分，然后进一步调整、细化，以达到详图的深度，绘制流程如图10-24所示。

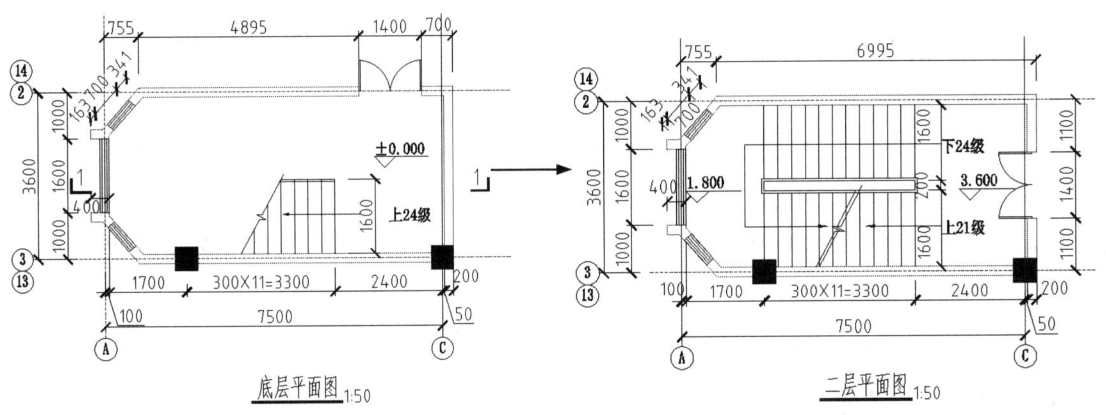

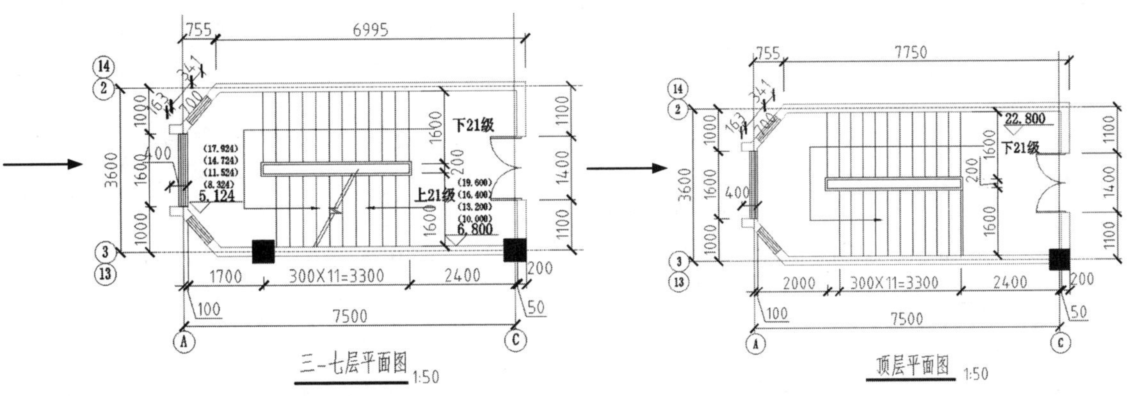

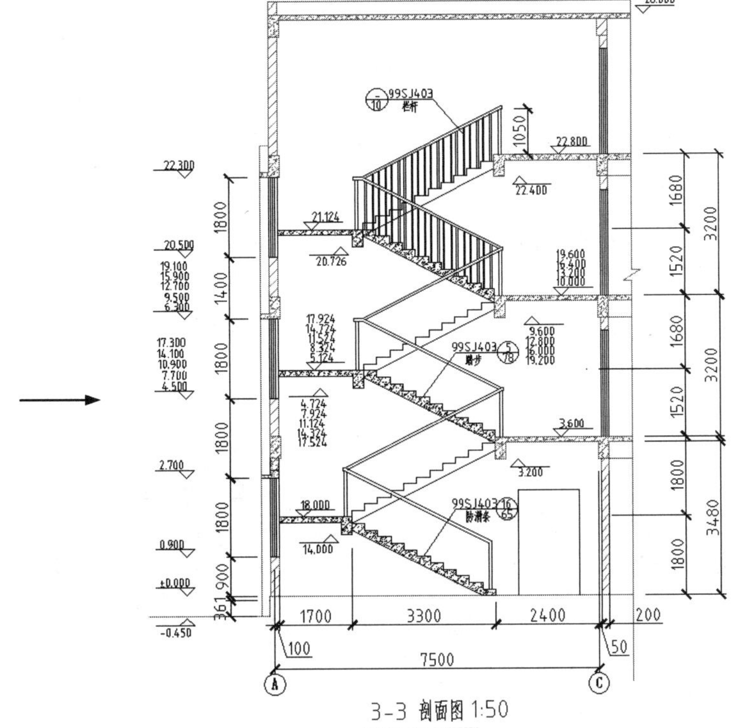

图 10-24 绘制楼梯间详图的流程

10.3.1 前期工作

绘制详图是需要做前期准备的，这里也不例外，前期工作主要包括复制楼梯平、剖面图，并对其进行调整。

（1）从已绘图纸中复制底层、中间层、顶层的楼梯平面图和剖面图，如图 10-25 所示。

（2）将 3 个楼梯平面旋转 90°，并将顶层剖面移至二层上面，正确连接，如图 10-26 所示。

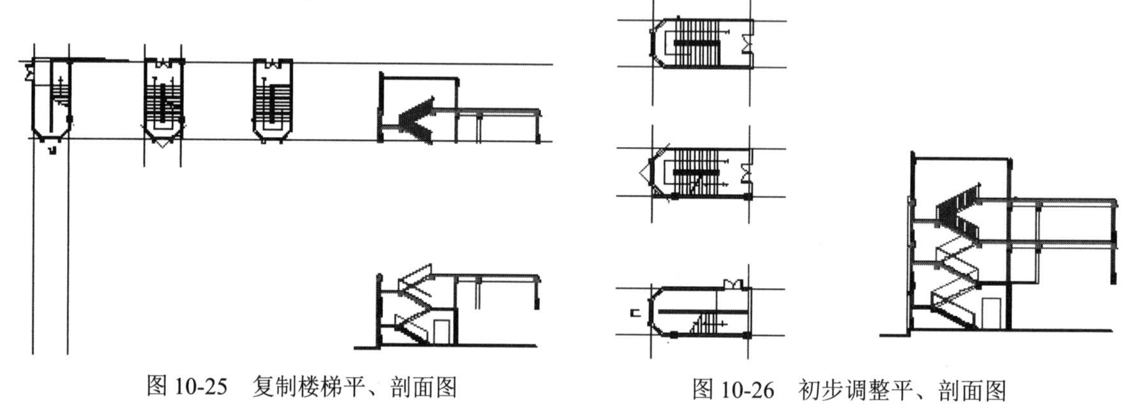

图 10-25　复制楼梯平、剖面图　　图 10-26　初步调整平、剖面图

10.3.2 平面图的制作

前期工作准备好之后，接下来对平面图进行绘制，其中包括图形修改和尺寸、符号及文字的标注。

1. 图形的修改

检查复制过来的平面图中墙体、梯段、踏步、级数、栏杆等构配件的尺寸、形状、位置是否符合详图设计深度的要求。如果存在不正确的地方，则将它修改正确，本例主要修改级数。另外，二层与三−七层平面有差异，需要增加一个平面，墙体填充后如图 10-27 所示。

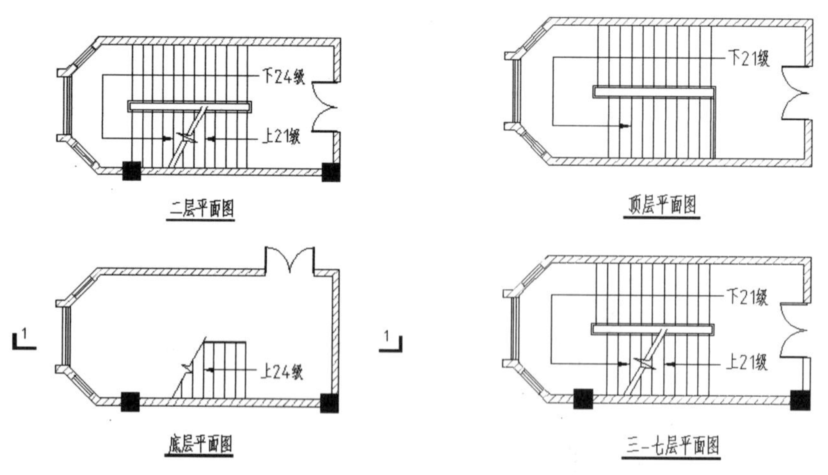

图 10-27　复制的楼梯平、剖面图

2. 尺寸、符号及文字的标注

楼梯平面图中尺寸的标注包括定位轴线尺寸及编号、墙柱尺寸、门窗洞口尺寸、梯段长和宽、平

台尺寸等；楼梯平面图中符号、文字的标注包括地面、楼面、平台标高、楼梯上下指引线及踏步级数、图名、比例等。标注结果如图 10-28～图 10-31 所示。

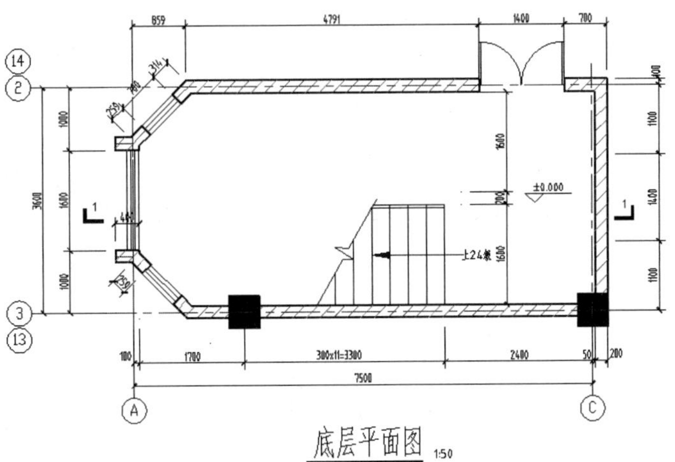

图 10-28　底层楼梯平面图

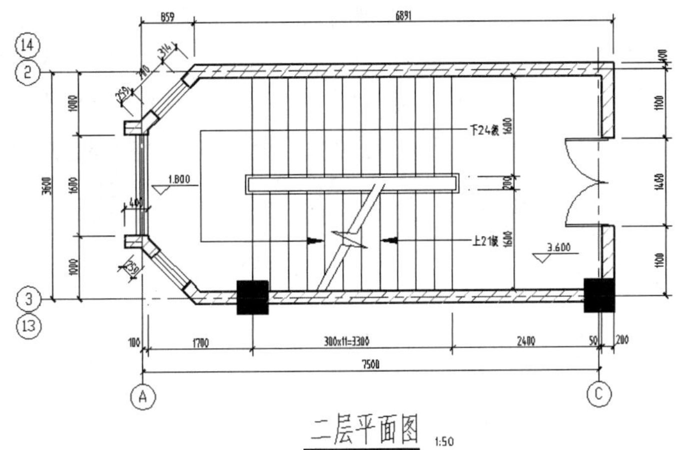

图 10-29　二层楼梯平面图

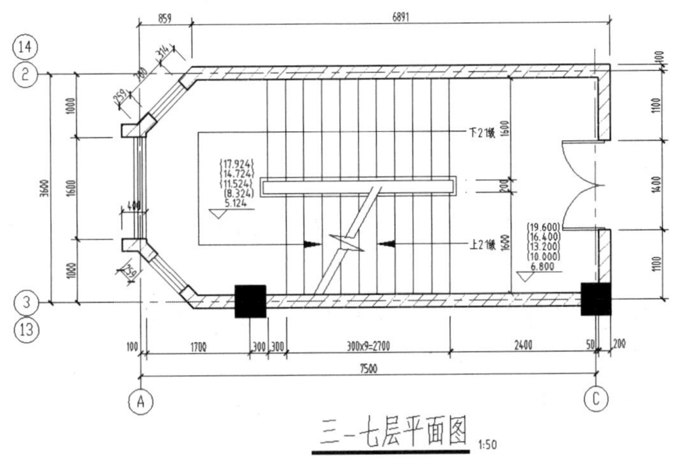

图 10-30　三-七层楼梯平面图

Note

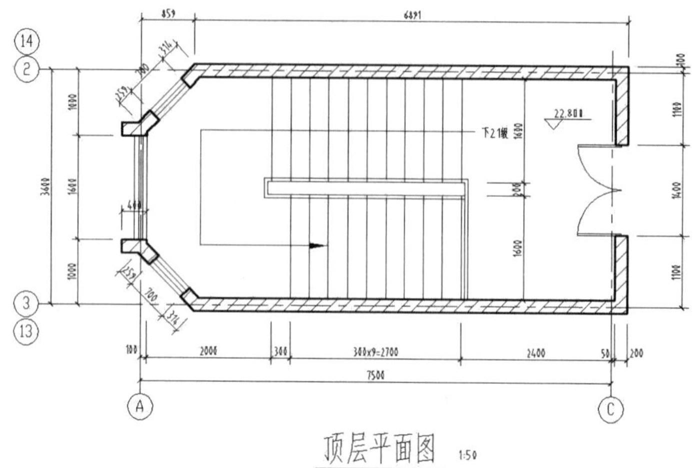

图 10-31　顶层楼梯平面图

操作要点提示如下。

（1）由于出图比例为 1∶50，因此注意采用相应的尺寸样式和字高。

（2）只要标注一个平面图，其余的平面图就可通过复制得到，并对其进行修改即可。

（3）梯段长度“踏步宽×级数=梯段长”的数字标注可以通过这样的方式实现：先将梯段长度尺寸标注出来，再将尺寸分解开，然后单独修改上面的文字，结果如图 10-32 所示。

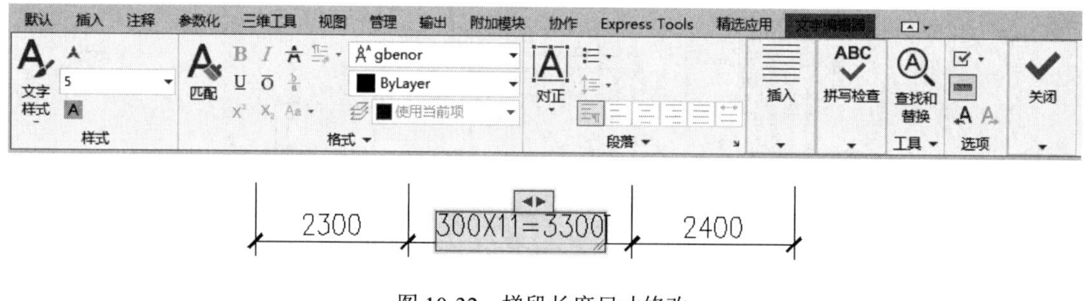

图 10-32　梯段长度尺寸修改

（4）注意图 10-30 中三~七层标高合并标注的方式。

（5）注意轴线编号合并标注的方式。

（6）注意底层剖切线的标注。

（7）楼梯平面图基本制作完毕。

10.3.3　剖面图的制作

剖面图的制作与平面图的制作不尽相同，包括图形的修改和尺寸、符号及文字的标注两步。

1. 图形的修改

同样地，先检查复制过来的楼梯剖面各部分是否符合施工图的深度要求，然后做修改、补充。就本例而言，修改操作如下。

（1）双击复制过来的二层楼梯剖面图块，进入“块编辑器”选项卡中，单击上方的“将块另存为”按钮，将图块另存一个图块名，然后修改，如果直接修改，那么原来 1-1 剖面图上的内容也随之被修改。

（2）在“块编辑器”选项卡中将标准层楼梯剖面图修改完毕，如图 10-33 所示，然后保存退出。

（3）删除楼梯剖面图中原来的标准层图块，插入修改后的图块并组装到相应的位置处。

（4）调整、修改底层、顶层图线，并完成剩余部分的图案填充，结果如图 10-34 所示。

图 10-33　修改完毕的“楼梯详图标准层”图块

2. 尺寸、符号及文字的标注

竖向尺寸包括各梯段高度、室内外地坪、门窗洞口高度、栏杆高度等；水平尺寸包括平台宽度、梯段长度、轴线距离等；标高位置包括室内外地坪、楼面、平台、平台梁底面、门窗洞上下口等；其他文字符号包括图名、比例、断面符号、楼梯细部构造索引符号和必要的文字说明等。本例标注结果如图 10-35 所示。

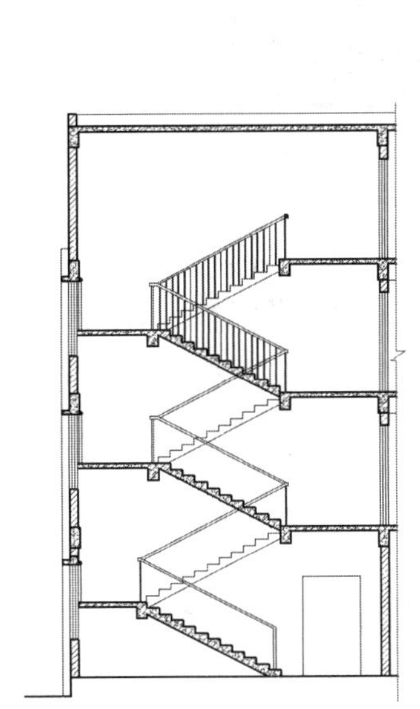

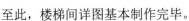

图 10-34　修改完毕的楼梯剖面图

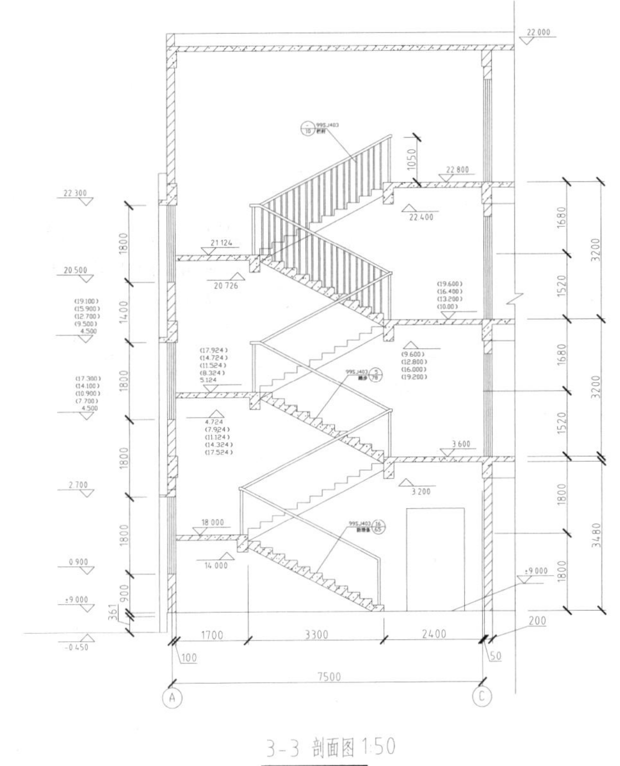

图 10-35　楼梯剖面图的标注结果

至此，楼梯间详图基本制作完毕。

10.4　绘制卫生间放大图、门窗和玻璃幕墙详图的实例

视频讲解

本节介绍用 AutoCAD 制作卫生间放大图和门窗详图的方法。制作的基本思路仍然是尽量考虑复制已有图形，再对其进行修改、添加、插入，以达到施工详图的深度，但也有自身特点。本节涉及的实例有别墅卫生间、宿舍楼厕所、盥洗室、门窗立面图、玻璃幕墙详图，绘制流程如图 10-36 所示。

Note

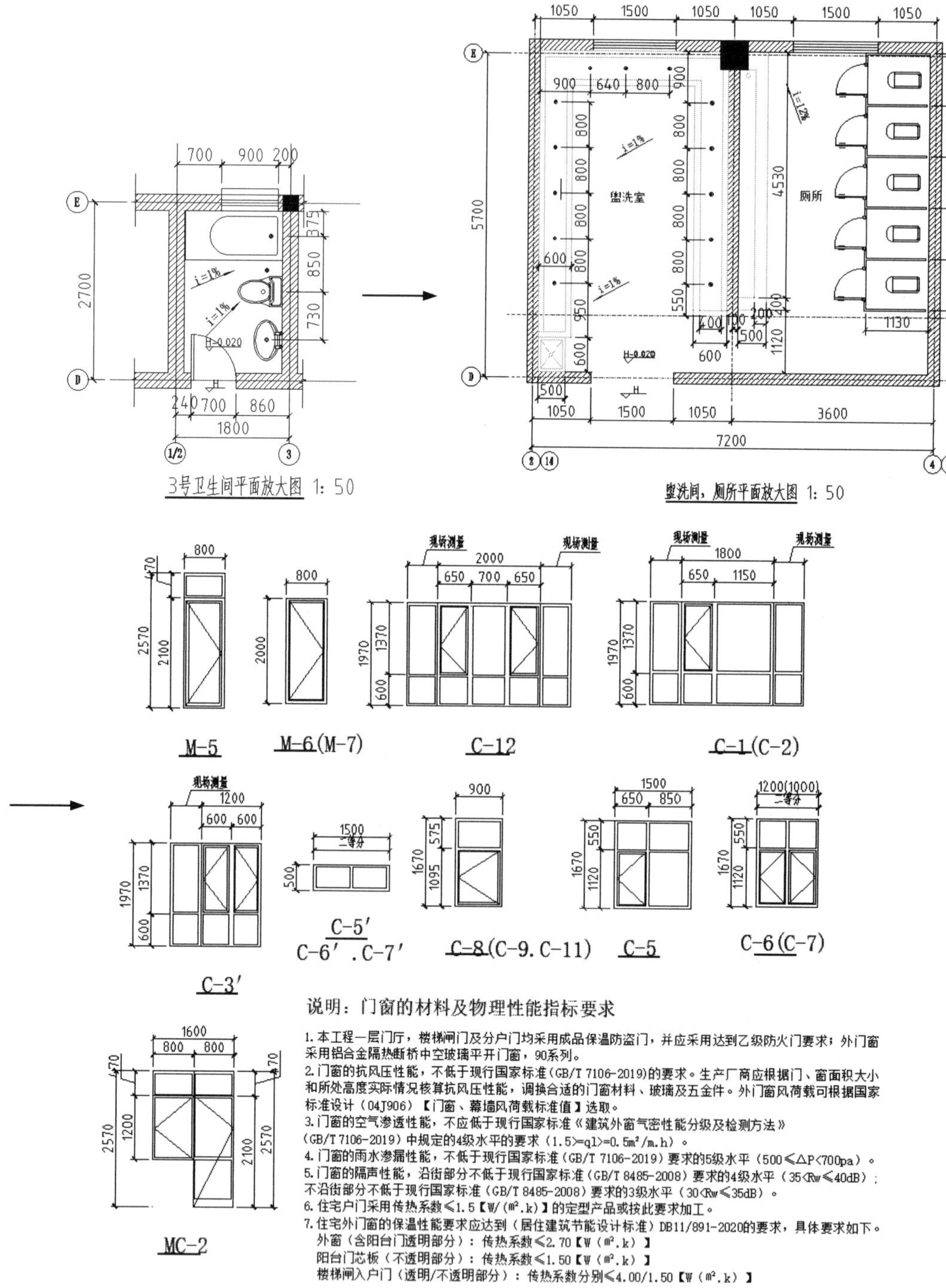

Note

3号卫生间平面放大图 1:50

盥洗间，厕所平面放大图 1:50

M-5　M-6(M-7)　C-12　C-1(C-2)

C-3′　C-5′/C-6′.C-7′　C-8(C-9.C-11)　C-5　C-6(C-7)

MC-2

说明：门窗的材料及物理性能指标要求

1.本工程一层门厅，楼梯闸门及分户门均采用成品保温防盗门，并应采用达到乙级防火门要求；外门窗采用铝合金隔热断桥中空玻璃平开门窗，90系列。

2.门窗的抗风压性能，不低于现行国家标准(GB/T 7106-2019)的要求。生产厂商应根据门、窗面积大小和所处高度实际情况核算抗风压性能，调换合适的门窗材料、玻璃及五金件。外门窗风荷载可根据国家标准设计（04J906）【门窗、幕墙风荷载标准值】选取。

3.门窗的空气渗透性能，不应低于现行国家标准《建筑外窗气密性能分级及检测方法》(GB/T 7106-2019)中规定的4级水平的要求（1.5>=ql>=0.5m²/m.h）。

4.门窗的雨水渗漏性能，不低于现行国家标准(GB/T 7106-2019)要求的5级水平（500≤ΔP<700pa）。

5.门窗的隔声性能，沿街部分不低于现行国家标准(GB/T 8485-2008)要求的4级水平（35<Rw≤40dB）；不沿街部分不低于现行国家标准(GB/T 8485-2008)要求的3级水平（30<Rw≤35dB）。

6.住宅户门采用传热系数≤1.5【W/(m².k)】的定型产品或按此要求加工。

7.住宅外门窗的保温性能要求应达到（居住建筑节能设计标准）DB11/891-2020的要求，具体要求如下。
外窗（含阳台门透明部分）：传热系数≤2.70【W（m².k）】
阳台门芯板（不透明部分）：传热系数≤1.50【W（m².k）】
楼梯闸入户门（透明/不透明部分）：传热系数分别≤4.00/1.50【W（m².k）】

图 10-36　绘制卫生间放大图和门窗详图的流程

10.4.1　卫生间放大图

为了识别、管理平面放大图，建立起放大图与放大位置的对应关系，制作之前应给放大对象编号，如“×号卫生间”“×号厨房”“×号楼楼梯”等。

1. 复制并修整平面

（1）别墅卫生间。以第 7 章别墅主卧室卫生间（3 号）放大图制作为例，首先将卫生间图样连同轴线复制出来；然后检查平面墙体、门窗位置及尺寸的正确性，调整内部洗脸盆、坐便器、浴缸等设备，使它们的位置、形状与设计意图和规范要求相符。接着确定地面排水方向和地漏位置，完成墙体材料图案填充，如图 10-37 所示。

（2）宿舍厕所、盥洗室。采用同样的方法处理宿舍厕所、盥洗室，如图 10-38 所示。

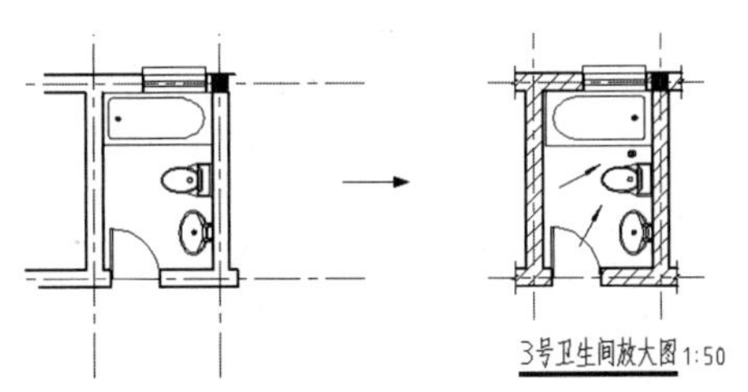

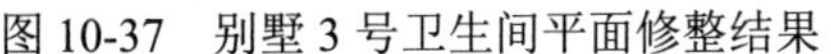

图 10-37　别墅 3 号卫生间平面修整结果

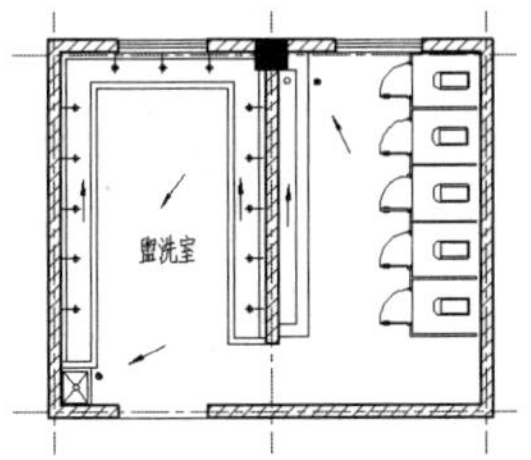

图 10-38　宿舍厕所、盥洗室平面修整结果

2. 各种标注

（1）别墅卫生间。标注的尺寸有轴线编号及尺寸、门窗洞口尺寸及洗脸盆、坐便器、浴缸、地漏定位尺寸；标注的符号、文字有地坪标高、地面排水方向及排水坡度、图名、比例、详图索引符号等。卫生间的标注结果如图 10-39 所示。

（2）宿舍厕所、盥洗室。标注的尺寸有轴线编号及尺寸、门窗洞口尺寸及厕所蹲位定位尺寸、盥洗台、洗涤池、小便槽、水龙头定位尺寸等，结果如图 10-40 所示。

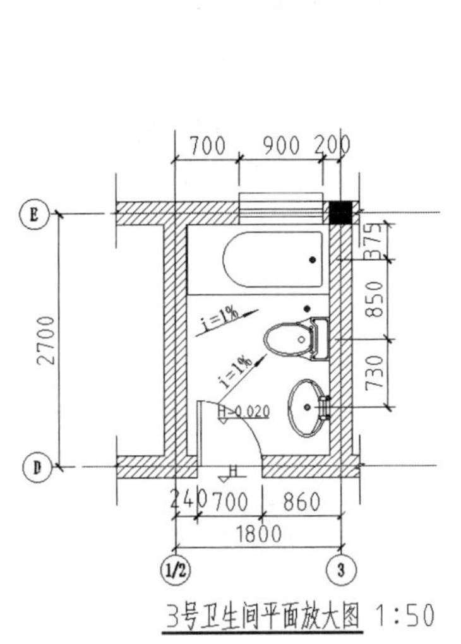

图 10-39　卫生间平面放大图

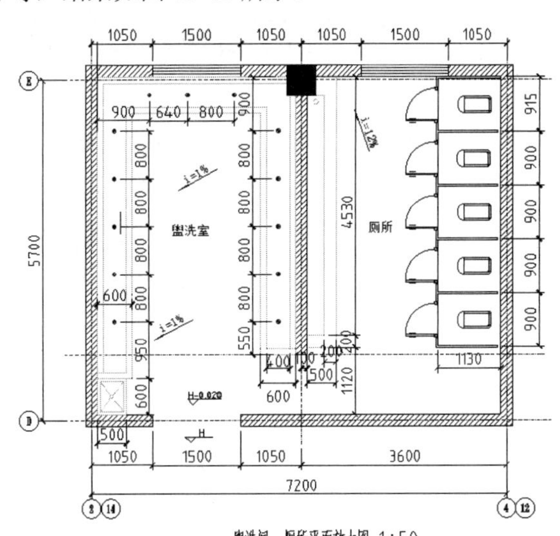

图 10-40　宿舍厕所、盥洗室平面放大图

10.4.2　门窗及玻璃幕墙详图

在施工图设计中，对门窗部分可以采用标准图集，而对非标准的门窗则绘制立面图，标明立面分格尺寸、开取扇和开取方向，说明材料、颜色及门窗性能要求，交给专门厂家进行深化设计并生产门窗产品。门窗立面图的制作如图 10-41 所示。玻璃幕墙也可参照此法操作。

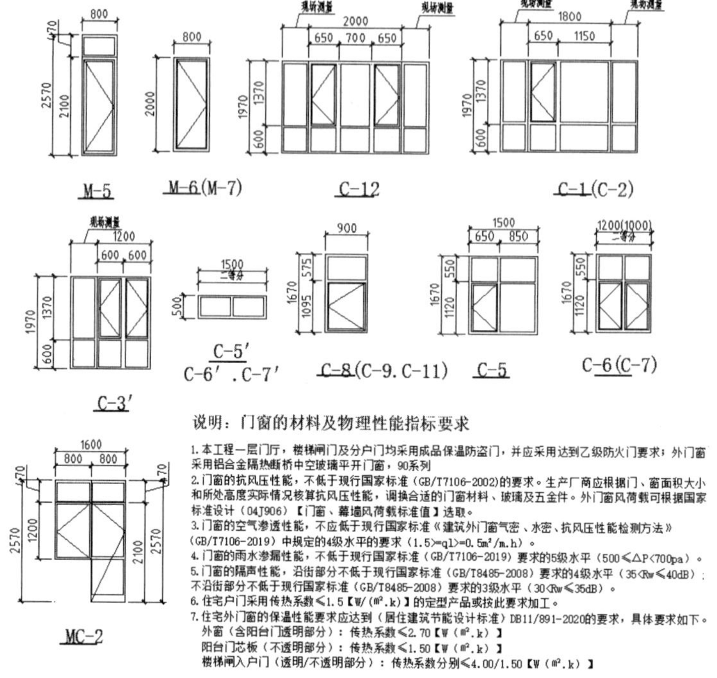

图 10-41　门窗立面图的制作示例

10.5　绘制门窗表及门窗立面大样图的实例

视频讲解

本节主要讲述门窗表及门窗立面大样图的绘制过程，结合前面章节所学知识完成展开立面的绘制，然后为其添加标注及图框，以完成门窗表及门窗立面大样图的绘制，绘制流程如图 10-42 所示。

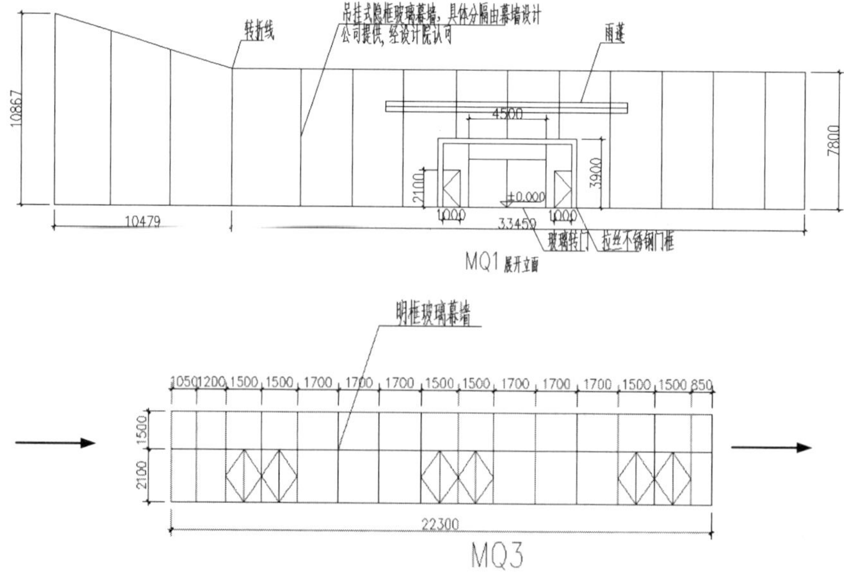

图 10-42　门窗表及门窗立面大样图绘制流程

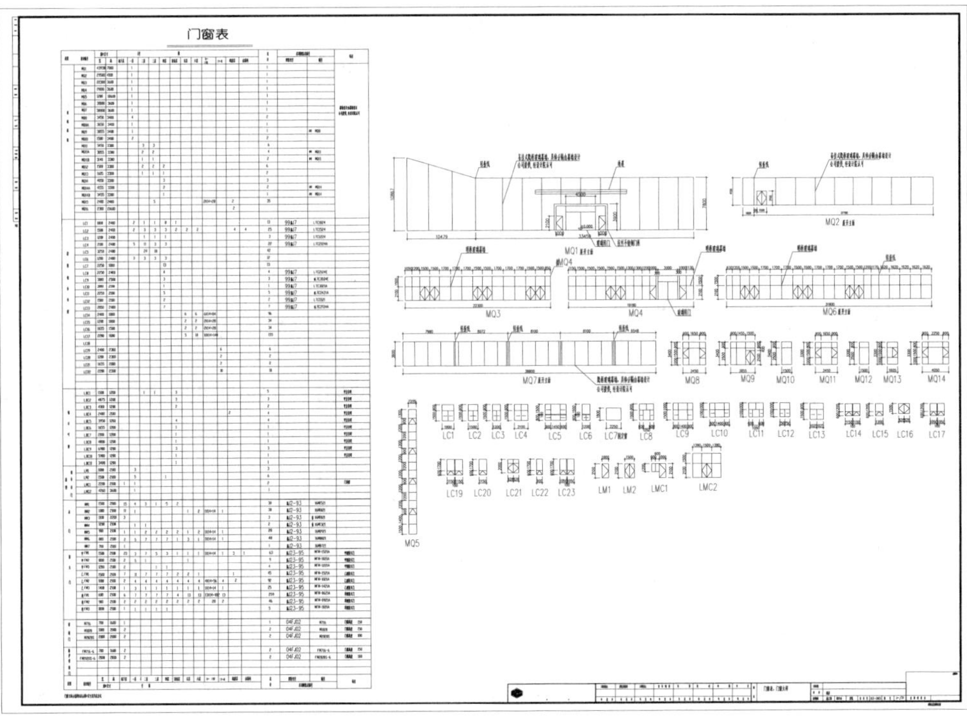

图 10-42　门窗表及门窗立面大样图绘制流程（续）

10.5.1　绘制 MQ1 展开立面图

为了更清楚地表达门窗的尺寸，需绘制展开立面图。

（1）单击“默认”选项卡“绘图”面板中的“直线”按钮╱，在图形空白位置处任选一点为直线起点，绘制一条长度为 43938 的水平直线，如图 10-43 所示。

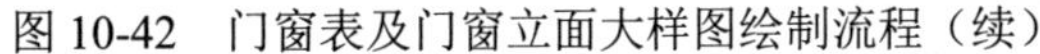

图 10-43　绘制水平直线 1

（2）单击“默认”选项卡“绘图”面板中的“直线”按钮╱，以步骤（1）中绘制的水平直线左端点为起点向上绘制一条长度为 10867 的竖直直线，如图 10-44 所示。

（3）单击“默认”选项卡“修改”面板中的“偏移”按钮⊆，选择左侧竖直直线为偏移对象，将其向右偏移，偏移距离分别为 3279、3600、3600、4136、3000、3000、3000、3000、3000、3000、3000、3000、3000、2323，如图 10-45 所示。

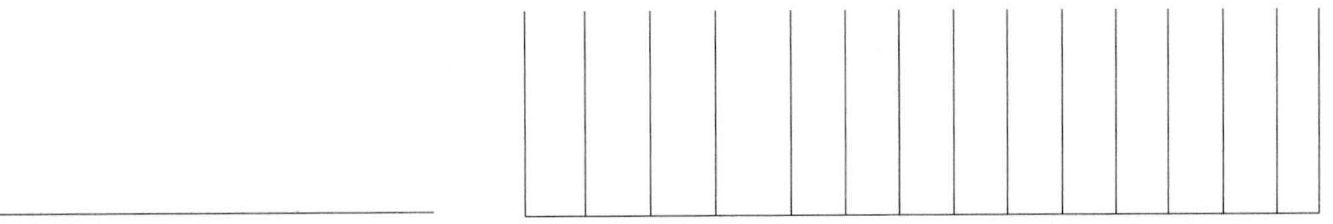

图 10-44　绘制竖直直线　　　图 10-45　偏移竖直直线

（4）单击“默认”选项卡“绘图”面板中的“直线”按钮╱，以右侧竖直直线上端点为起点向左绘制一条长度为 33459 的水平直线，如图 10-46 所示。

（5）单击“默认”选项卡“修改”面板中的“偏移”按钮⊆，选择步骤（4）中的绘制的水平直线为偏移对象，将其向下偏移，偏移距离为 3067，如图 10-47 所示。

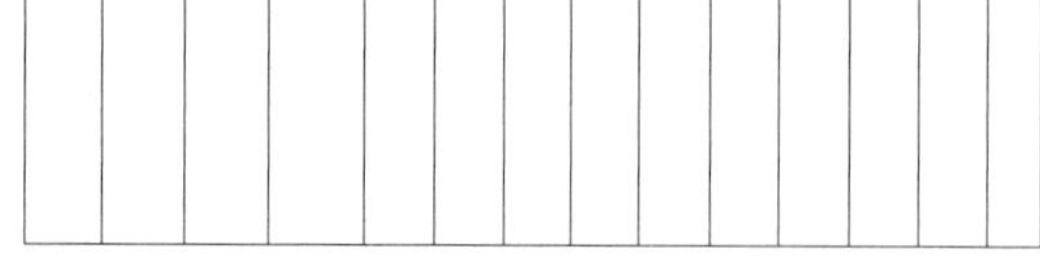
图 10-46　绘制水平直线 2

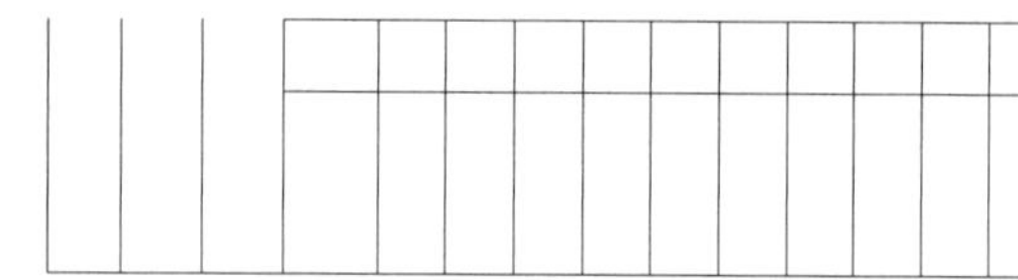
图 10-47　偏移水平直线

（6）单击“默认”选项卡“修改”面板中的“删除”按钮，选择顶部水平直线为删除对象，将其删除，如图 10-48 所示。

（7）单击“默认”选项卡“绘图”面板中的“直线”按钮，分别以步骤（6）图形中的左侧竖直直线的上端点和上方水平直线的左端点为直线的起点和端点，绘制一条斜向直线，如图 10-49 所示。

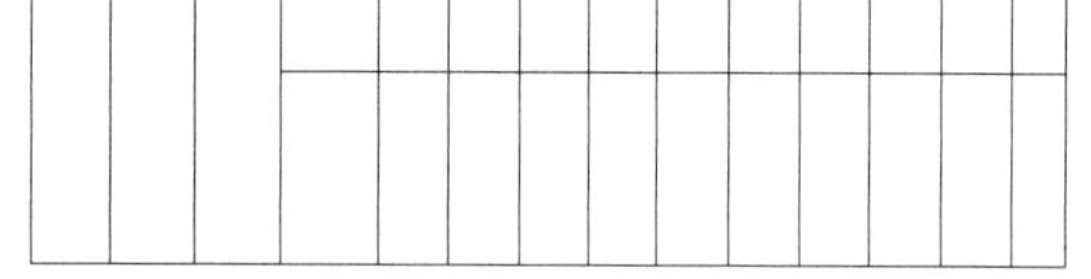
图 10-48　删除水平直线

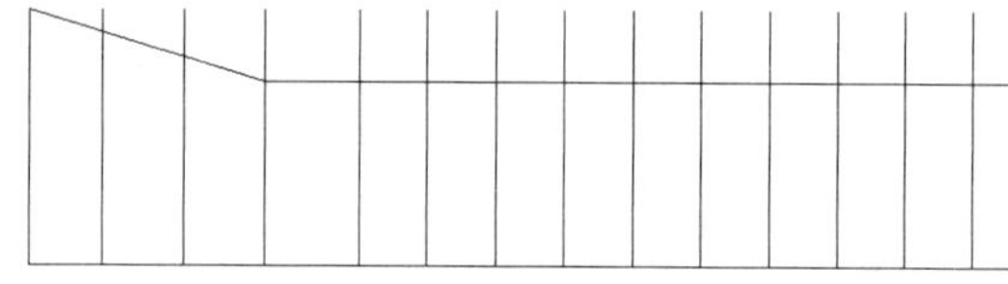
图 10-49　绘制斜向直线

（8）单击“默认”选项卡“修改”面板中的“修剪”按钮，将步骤（7）图形中的多余线段修剪掉，修剪后的图形如图 10-50 所示。

（9）单击“默认”选项卡“绘图”面板中的“矩形”按钮，在图形适当位置处绘制一个 14000×600 的矩形，如图 10-51 所示。

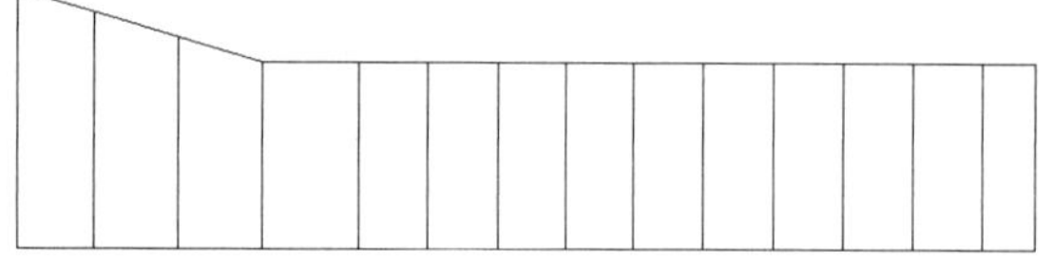
图 10-50　修剪线段

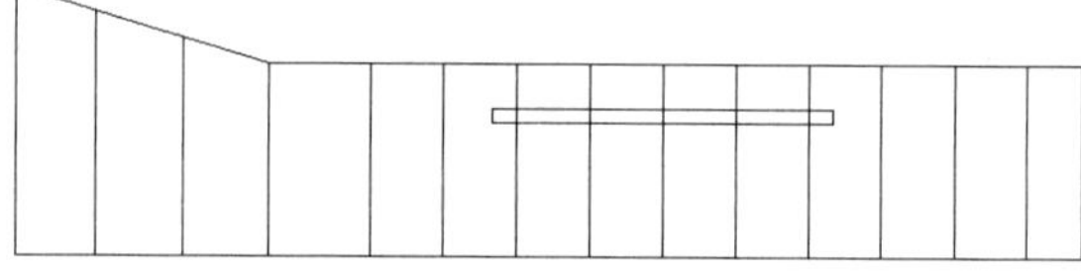
图 10-51　绘制矩形

（10）单击“默认”选项卡“绘图”面板中的“直线”按钮，以步骤（9）绘制的矩形左侧竖直直线中点为直线起点、矩形右侧竖直直线为端点，向右绘制一条直线，如图 10-52 所示。

（11）选择绘制的矩形及直线，然后右击，在弹出的快捷菜单中选择“特性”命令，在弹出的“特性”选项板中将线型修改为 HIDDEN，修改线型后的图形如图 10-53 所示。

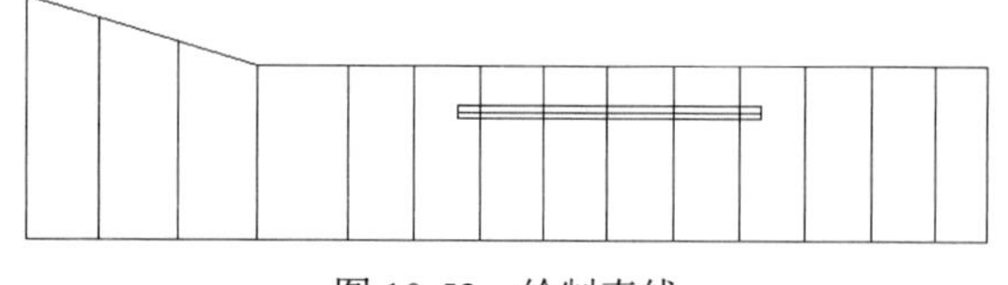
图 10-52　绘制直线

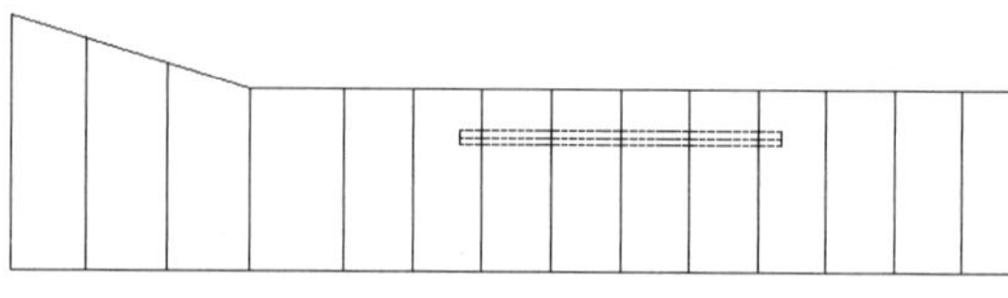
图 10-53　修改线型

（12）单击“默认”选项卡“绘图”面板中的“多段线”按钮，在修改线型后的矩形下方绘制连续多段线，如图 10-54 所示。

（13）单击“默认”选项卡“修改”面板中的“偏移”按钮⊆，选择步骤（12）绘制的连续多段线为偏移对象，将其向内偏移，偏移距离为 300，如图 10-55 所示。

Note

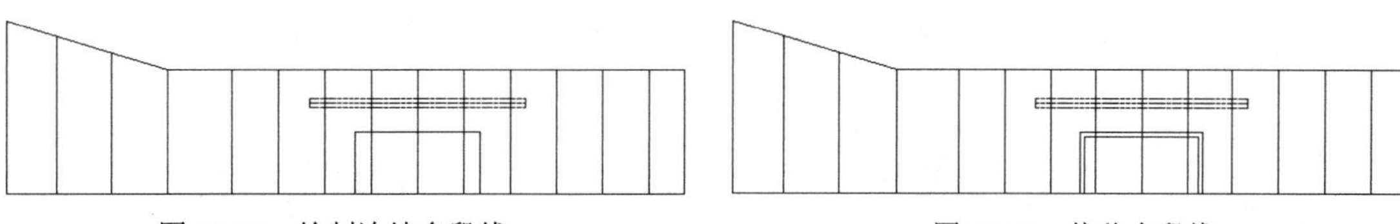

图 10-54　绘制连续多段线　　　　图 10-55　偏移多段线

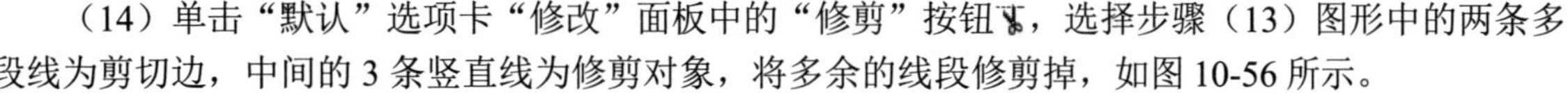

（14）单击“默认”选项卡“修改”面板中的“修剪”按钮，选择步骤（13）图形中的两条多段线为剪切边，中间的 3 条竖直线为修剪对象，将多余的线段修剪掉，如图 10-56 所示。

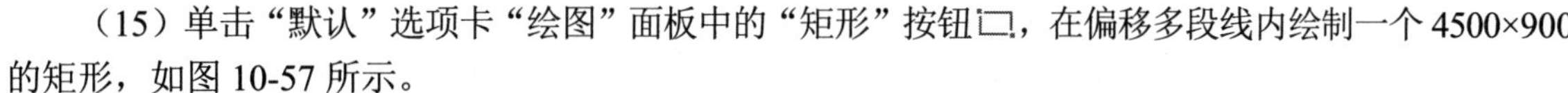

（15）单击“默认”选项卡“绘图”面板中的“矩形”按钮，在偏移多段线内绘制一个 4500×900 的矩形，如图 10-57 所示。

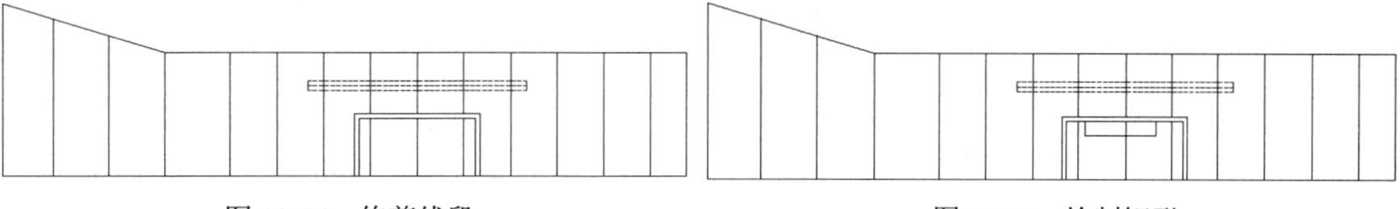

图 10-56　修剪线段　　　　图 10-57　绘制矩形

（16）单击“默认”选项卡“修改”面板中的“删除”按钮，选择图形内多余的线段为删除对象，对其进行删除处理，如图 10-58 所示。

（17）单击“默认”选项卡“绘图”面板中的“直线”按钮，以步骤（15）中绘制的矩形的左下角点为直线起点向下绘制一条竖直直线，如图 10-59 所示。

视频讲解

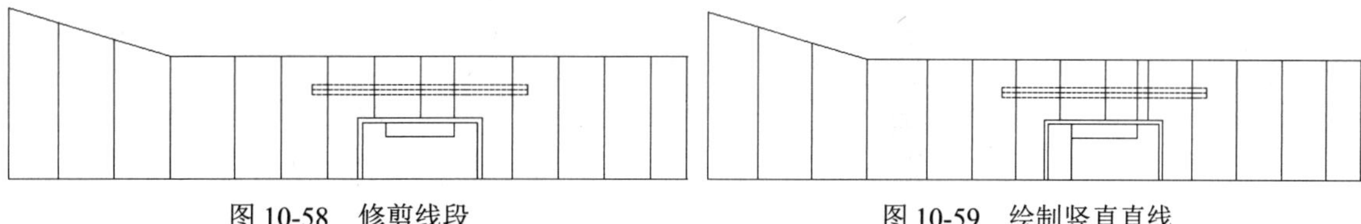

图 10-58　修剪线段　　　　图 10-59　绘制竖直直线

（18）单击“默认”选项卡“修改”面板中的“偏移”按钮，选择步骤（17）绘制的竖直直线为偏移对象，将其向右偏移，偏移距离分别为 2250、2250，如图 10-60 所示。

（19）单击“默认”选项卡“绘图”面板中的“矩形”按钮，以内部多段线下端点为矩形第一角点，绘制一个 1000×2100 的矩形，如图 10-61 所示。

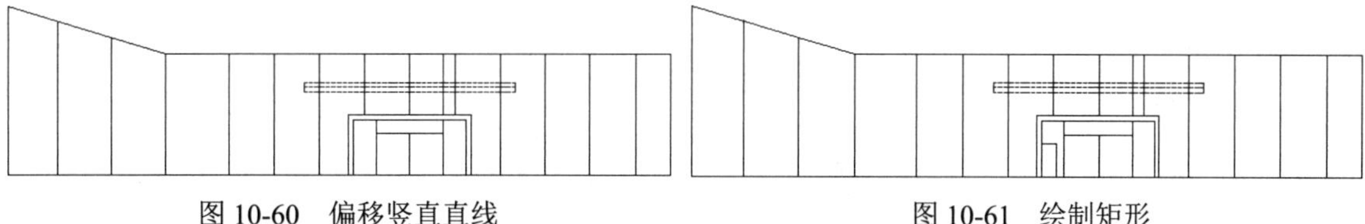

图 10-60　偏移竖直直线　　　　图 10-61　绘制矩形

（20）单击“默认”选项卡“绘图”面板中的“直线”按钮，以步骤（19）中绘制的矩形左侧竖直边的中点分别为两条直线的起点、右侧竖直边上端点和下端点分别为两条直线的端点，绘制两条斜向直线，如图 10-62 所示。

（21）单击“默认”选项卡“修改”面板中的“镜像”按钮，选择步骤（19）中绘制的矩形和步骤（20）中绘制的斜向直线为镜像对象，以多段线内部最中间的竖直直线为镜像线，将所选图形镜像复制，得到另一侧图形，如图 10-63 所示。

（22）单击“注释”选项卡“标注”面板中的“线性”按钮，为 MQ1 展开立面图添加细部尺

Note

寸标注，如图 10-64 所示。

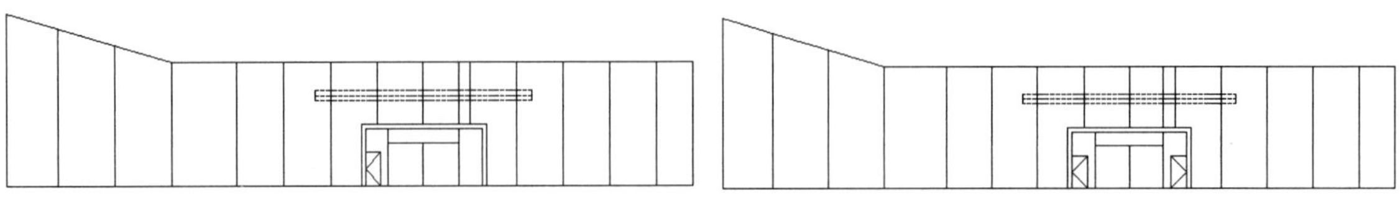

图 10-62　绘制斜向直线　　　　图 10-63　镜像图形

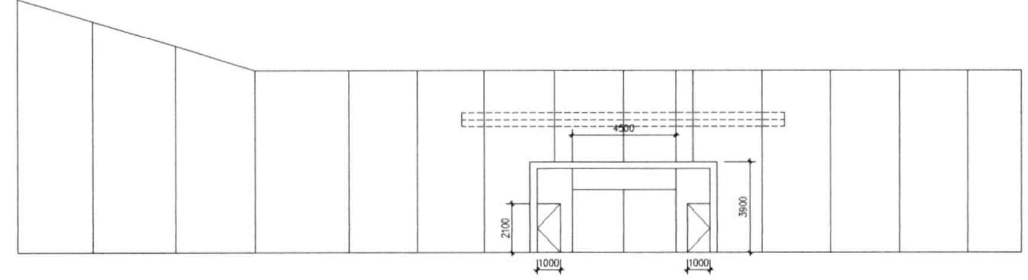

图 10-64　添加细部尺寸标注

（23）单击“注释”选项卡“标注”面板中的“线性”按钮⊢⊣，为图形添加第一道尺寸标注，如图 10-65 所示。

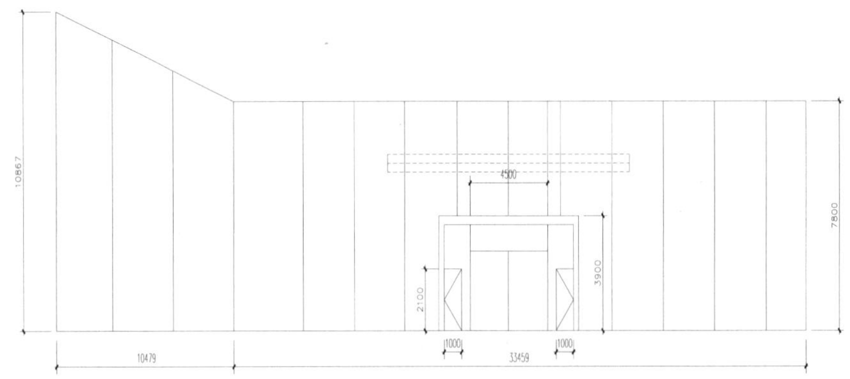

图 10-65　添加第一道尺寸标注

（24）单击“默认”选项卡“绘图”面板中的“直线”按钮和“注释”面板中的“多行文字”按钮 A，为图形添加文字说明，如图 10-66 所示。

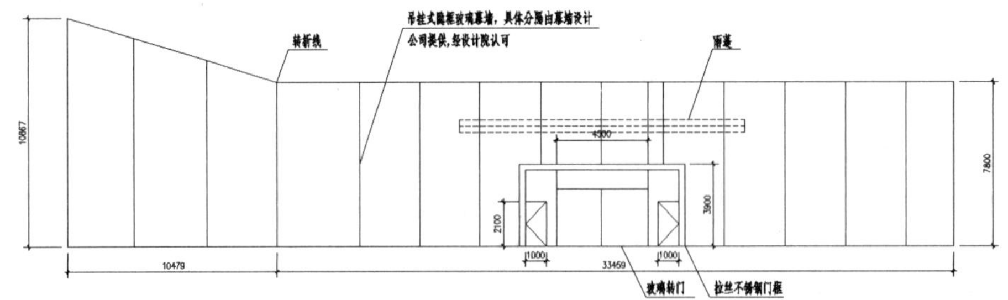

图 10-66　添加文字说明

视频讲解

10.5.2　MQ3 展开立面图

MQ3 展开立面图主要采用“矩形”“直线”“偏移”等简单的命令来绘制。

（1）单击“默认”选项卡“绘图”面板中的“矩形”按钮□，在图形空白位置任选一点为矩形的第一角点，绘制一个 22300×3600 的矩形，如图 10-67 所示。

图 10-67　绘制矩形

（2）单击“默认”选项卡“修改”面板中的“分解”按钮，选择步骤（1）中绘制的矩形为分解对象，按 Enter 键确认分解，即可将其分解为 4 条独立边。

（3）单击“默认”选项卡“修改”面板中的“偏移”按钮⊆，选择左侧竖直直线为偏移对象，将其向右偏移，偏移距离分别为 1050、1200、1500、1500、1700、1700、1700、1500、1500、1700、1700、1700、1500、1500，如图 10-68 所示。

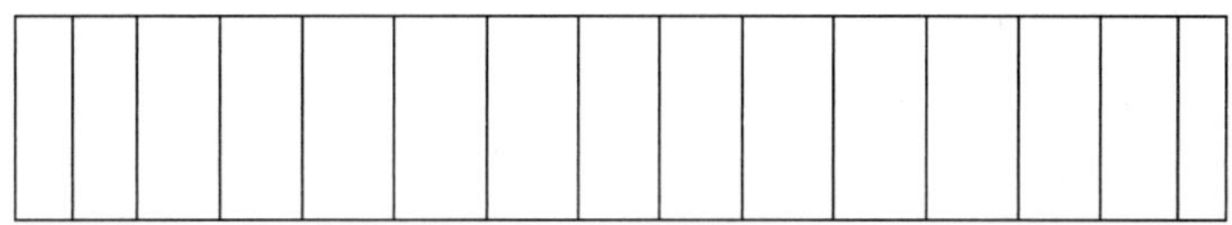

图 10-68　偏移线段 1

（4）单击“默认”选项卡“修改”面板中的“偏移”按钮⊆，选择顶部水平直线为偏移对象，将其向下偏移，偏移距离为 1500，如图 10-69 所示。

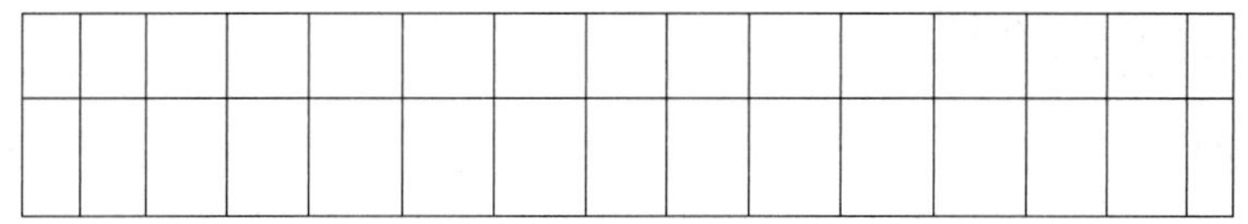

图 10-69　偏移线段 2

（5）单击“默认”选项卡“绘图”面板中的“直线”按钮／，在图形适当位置处绘制一条竖直直线和 4 条连续斜线，如图 10-70 所示。

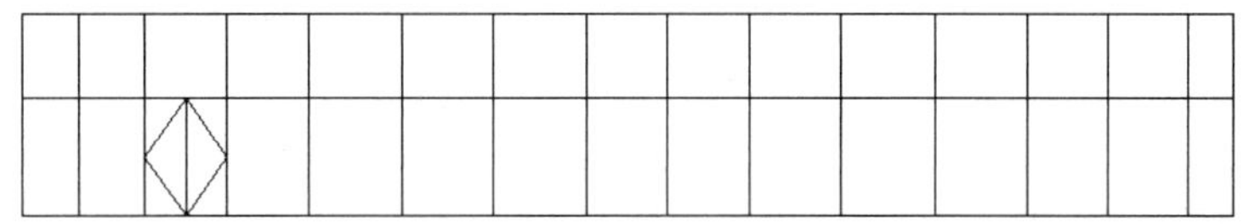

图 10-70　绘制线段

（6）单击“默认”选项卡“修改”面板中的“复制”按钮，选择步骤（5）中绘制的图形为复制对象，对其进行复制操作，如图 10-71 所示。

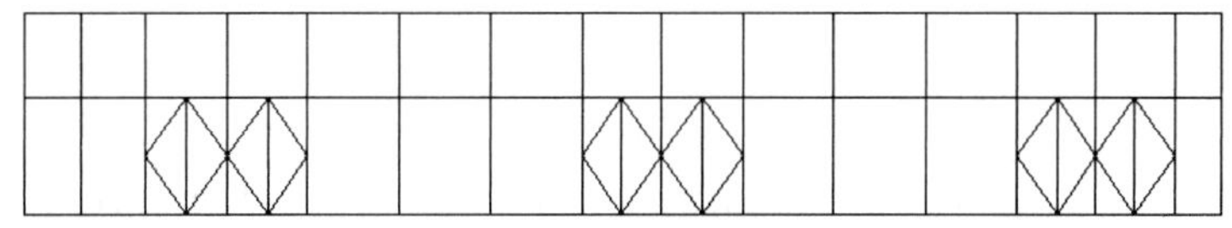

图 10-71　复制图形

（7）单击“注释”选项卡“标注”面板中的“线性”按钮├┤，为图形添加尺寸标注，如图 10-72 所示。

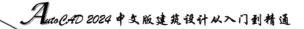

Note

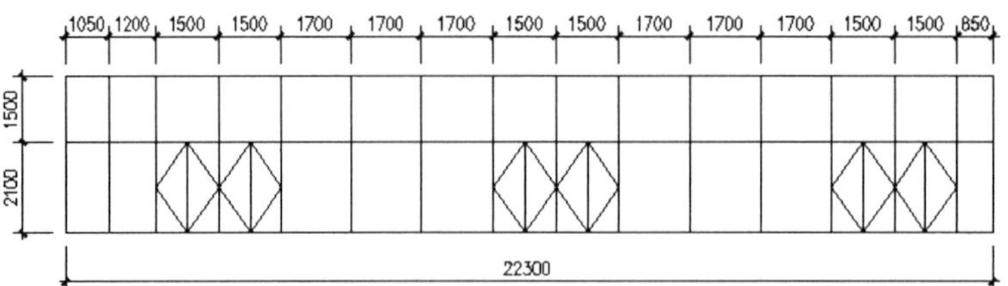

图 10-72　添加线性尺寸标注

（8）单击“默认”选项卡“绘图”面板中的“直线”按钮╱和“注释”面板中的“多行文字”按钮A，为图形添加文字说明，如图 10-73 所示。

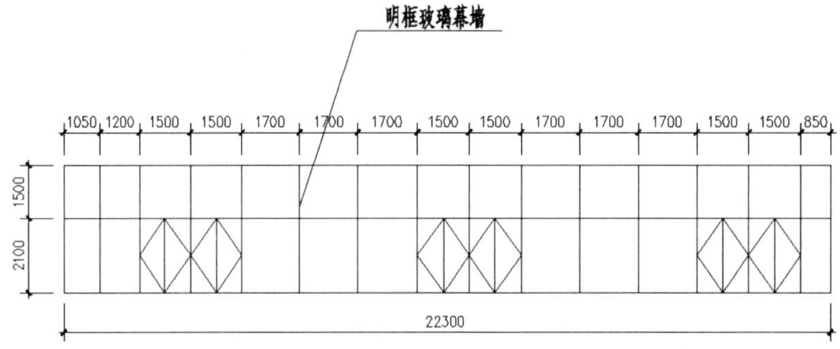

图 10-73　添加文字说明

10.5.3　LC1 展开立面图

LC1 展开立面图主要采用“矩形”“直线”“偏移”“标注”等简单的命令来绘制。

（1）单击“默认”选项卡“绘图”面板中的“矩形”按钮□，在图形空白区域任选一点为矩形第一角点，绘制一个 1800×2400 的矩形，如图 10-74 所示。

（2）单击“默认”选项卡“修改”面板中的“分解”按钮，选择步骤（1）中绘制的矩形为分解对象，按 Enter 键确认分解，即可将矩形分解为 4 条独立边。

（3）单击“默认”选项卡“修改”面板中的“偏移”按钮⊆，选择矩形左侧的竖直直线为偏移对象将其向右偏移，偏移距离为 900，如图 10-75 所示。

（4）单击“默认”选项卡“修改”面板中的“偏移”按钮⊆，选择步骤（1）中绘制的矩形顶部的水平直线为偏移对象，将其向下偏移，偏移距离为 900，如图 10-76 所示。

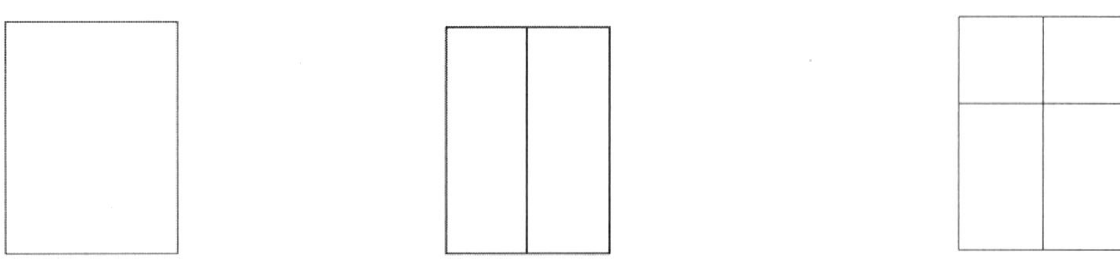

图 10-74　绘制矩形　　图 10-75　偏移矩形左侧的竖直直线　　图 10-76　偏移矩形顶部的水平直线

（5）单击“默认”选项卡“修改”面板中的“修剪”按钮，将中间竖直线的上半段修剪掉；单击“默认”选项卡“绘图”面板中的“直线”按钮╱，在绘制的图形内绘制指引箭头，完成 LC1 展开立面的绘制，如图 10-77 所示。

（6）单击“注释”选项卡“标注”面板中的“线性”按钮和“连续”按钮，为 LC1 添加尺

寸标注，如图 10-78 所示。

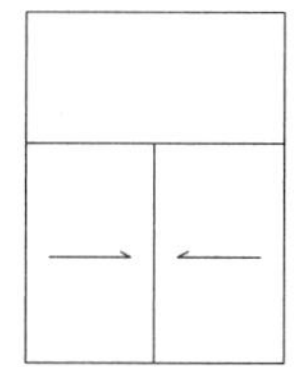

图 10-77　绘制指引箭头

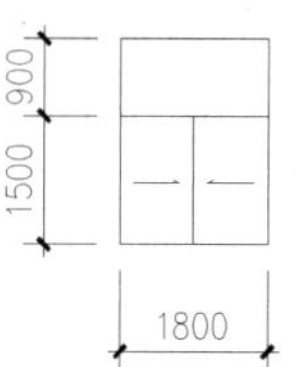

图 10-78　添加尺寸标注

利用上述方法完成剩余立面窗户展开立面图的绘制，如图 10-79 所示。

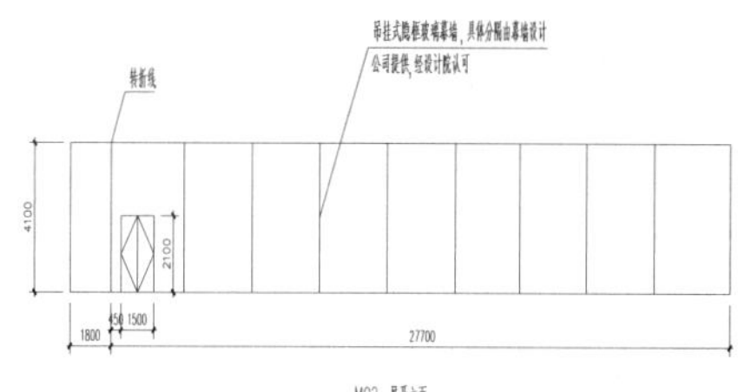

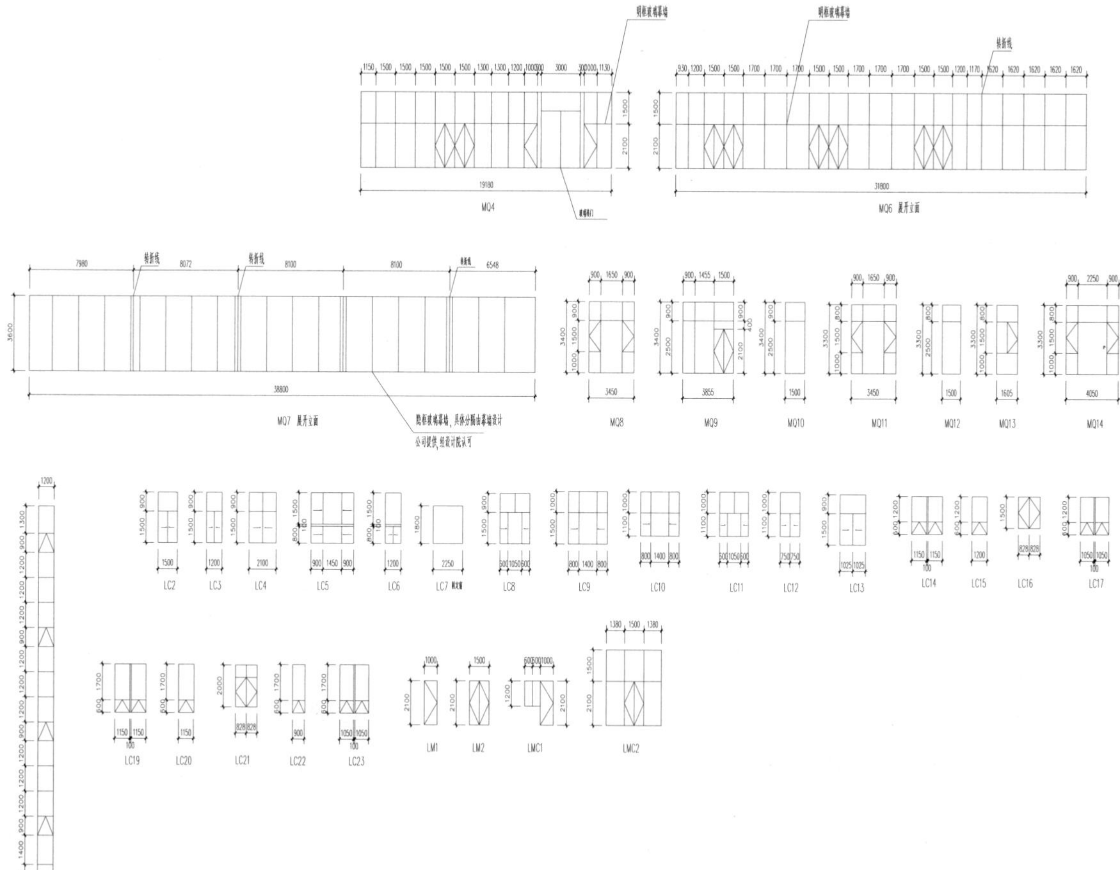

图 10-79　绘制的展开立面图

（7）单击“默认”选项卡“绘图”面板中的“矩形”按钮□，在图形左侧位置任选一点为矩形第一角点，绘制一个46955×95351的矩形，如图10-80所示。

（8）单击“默认”选项卡“绘图”面板中的“直线”按钮╱，在步骤（7）绘制的矩形内绘制多条分隔线，如图10-81所示。

图10-80　绘制矩形

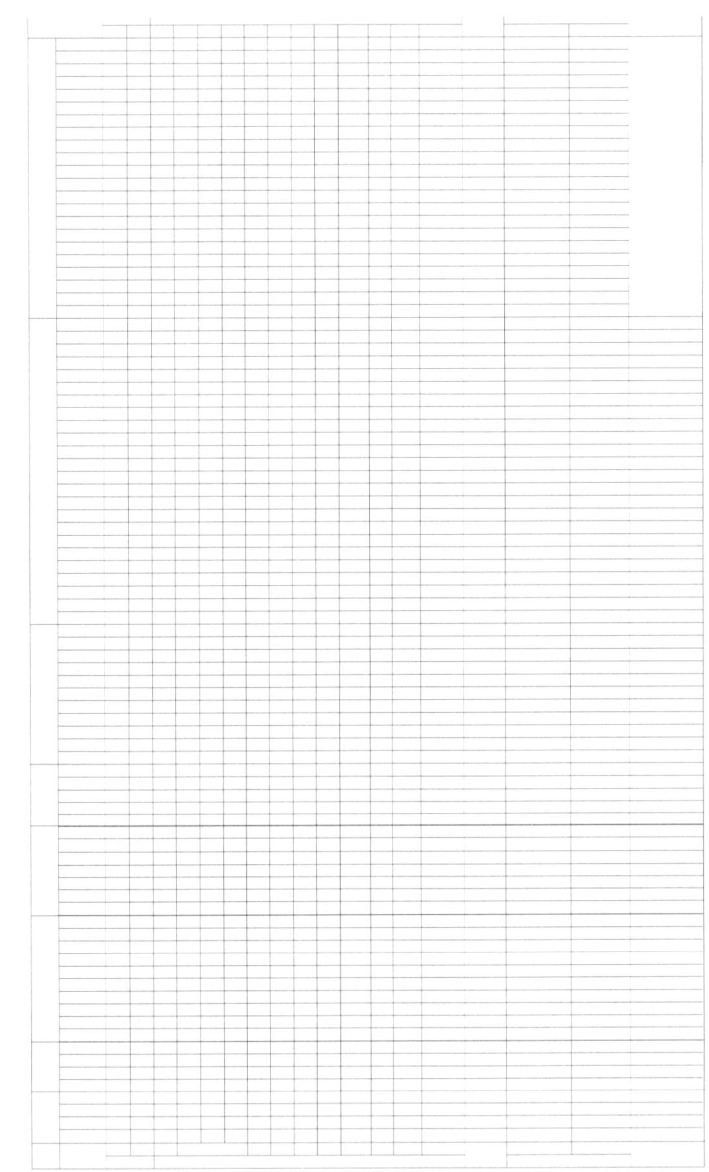

图10-81　绘制直线

（9）单击“默认”选项卡“注释”面板中的“多行文字”按钮A，在分隔线内添加文字，如图10-82所示。

（10）单击“插入”选项卡“块”面板“插入”按钮下拉菜单中的“最近使用的块”选项，弹出“块”选项板，单击“显示文件导航对话框”按钮，弹出“选择要插入的文件”对话框，选择“源文件/图块/图框”，将其插入图形中，完成门窗表及大样图的绘制。

类别	设计编号	洞口尺寸 宽	洞口尺寸 高	樘数 地下层	一层	二层	三层	四层	设备层	五层	六层	七~二十层	二十一层	机房层	水箱间	总计	采用图集及编号 图集代号	编号	备注
玻璃幕墙	MQ1	43938	7800		1											1			幕墙设计由幕墙设计公司提供，经设计院认可
	MQ2	29500	4100		1											1			
	MQ3	22300	3600		1											1			
	MQ4	19180	3600		1											1			
	MQ5	1200	18600		1											1			
	MQ6	31800	3600		1											1			
	MQ7	38800	3600		1											1			
	MQ8	3450	3400		4											2			
	MQ8A	3650	3400		1											1			
	MQ9	3855	3400		1											1		参考 MQ8	
	MQ10	1500	3400		2											2			
	MQ11	3450	3300			3	3									6			
	MQ11A	3855	3300			2	2									4		参考 MQ11	
	MQ11B	3140	3300			1	1									2		参考 MQ11	
	MQ12	1500	3300			2	2	2								6			
	MQ13	1605	3300			1	1	1								2			
	MQ14	4050	3300					3								3			
	MQ14A	4155	3300					2								2		参考 MQ14	
	MQ14B	3455	3300					1								1		参考 MQ14	
	MQ15	2400	2400				5					2X14=28		2		35			
	MQ16	2300	15600											2					
涂塑铝合金窗	LC1	1800	2400		2	1	1	8	1							13	99浙J7	LTC1824	
	LC2	1500	2400		2	3	3	3	2	2	2			4	4	25	99浙J7	LTC1524	
	LC3	1200	2400			1	1	1								3	99浙J7	LTC1224	
	LC4	2100	2400		5	11	3	3								22	99浙J7	LTC2124A	
	LC5	3250	2400			24	18									42			
	LC6	1200	2400		3	3	3	3								12			
	LC7	2250	1800					13								13			
	LC8	2250	2400					4								4	99浙J7	LTC2124E	
	LC9	3000	2500					3								3	99浙J7	仿LTC3024E	
	LC10	3000	2100					1								1	99浙J7	LTC3021A	
	LC11	2250	2100					5								5	99浙J7	仿LTC2421A	
	LC12	1500	2100					2								2	99浙J7	LTC1521	
	LC13	2050	2400					7								7	99浙J7	仿LTC2124A	
	LC14	2400	1800							6	6	6X14=84				96			
	LC15	1200	1800							2	2	2X14=28				34			
	LC16	1655	1500							2	2	2X14=28				34			
	LC17	2200	1800							5	10	10X14=140				155			
	LC18																		
	LC19	2400	2300										6			6			
	LC20	1200	2300										2			2			
	LC21	1655	2000										2			2			
	LC22	2200	2300										10			10			
铝百叶窗	LBC1	1500	1200			1	1		3							5			甲方自理
	LBC2	4075	1200						3							3			甲方自理
	LBC3	4180	1200						2							2			甲方自理
	LBC4	2400	2100											2		4			甲方自理
	LBC5	3950	1200						4							4			甲方自理
	LBC6	1655	1200						1							1			甲方自理
	LBC7	2100	1200						1							1			甲方自理
	LBC8	4800	1200						1							1			甲方自理
	LBC9	6900	1200						3							3			甲方自理
	LBC10	5900	1200						1							1			甲方自理
	LBC11	3480	1200						1							1			
涂塑铝合金门	LM1	1000	2100		3											3			
	LM2	1500	2100		5			1								6			
	LMC1	2200	2100	1	1											2			门连窗
	LMC2	4260	3600		1											1			
木门	MM1	1500	2100	15	4	3	1	5	2							30	浙J2-93	16M1521	
	MM2	1000	2100	11	1					1	2	1X14=14	1			30	浙J2-93	16M1021	
	MM3	1100	2200	3												3	浙J2-93	仿16M1021	
	MM4	1200	2100		1	1										2	浙J2-93	仿16M1321	
	MM5	900	2100	1	1	2	2	2	2	1	2	1X14=14	1			28	浙J2-93	16M0921	
	MM6	800	2100	2	5	7	7	7	1	3	1	1X14=14	1			48	浙J2-93	16M0821	
	MM7	700	2100	1												1	浙J2-93	16M0721	
防火门	甲FM1	1500	2100	23	3	7	5	3	1	1	1	1X14=14	1	3	1	63	浙J23-95	MFM-1521A	甲级防火门
	甲FM2	1000	2100	2	5	1				1						9	浙J23-95	MFM-1021A	甲级防火门
	甲FM3	1200	2100	2			1	1								4	浙J23-95	MFM-1221A	甲级防火门
	乙FM1	1500	2100	7	11	7	7	7	2	2	1			1		45	浙J23-95	MFM-1521A	乙级防火门
	乙FM2	1000	2100	2	4	4	4	4	4	4	4	4X14=56	4	2		92	浙J23-95	MFM-1021A	乙级防火门
	乙FM3	1400	2100	1	3	1	1	1	1	1	1	1X14=14	1			25	浙J23-95	MFM-1421A	乙级防火门
	丙FM1	600	2100	6	7	7	7	7	4	13	13	13X14=182	13			259	浙J23-95	MFM-0621A	丙级防火门
	丙FM2	900	2100	2	2	2	2	2	2	2	2	28	2			46	浙J23-95	MFM-0921A	丙级防火门
	丙FM3	1000	2100	1	1	1	1	1								5	浙J23-95	MFM-1021A	丙级防火门
密闭门	M716	700	1600	1												1	04FJ02	M716	门槛高度 150
	M1020	1000	2000	2												2	04FJ02	M1020	门槛高度 150
	M2020S	2000	2000	2												2	04FJ02	M2020S	门槛高度 180
防护密闭门	FM716-6	700	1600	2												2	04FJ02	FM716-6	门槛高度 150
	FM2020S-6	2000	2000	2												2	04FJ02	FM2020S-6	门槛高度 180
类别	设计编号	宽	高	地下层	一层	二层	三层	四层	设备层	五层	六层	七~二十层	二十一层	机房层	水箱间	总计	图集代号	编号	备注
		洞口尺寸		樘数													采用图集及编号		

门窗立面示意图仅表示洞口尺寸及开启方式

图 10-82　添加文字

10.6 操作与实践

通过本章的学习，读者对建筑详图的绘制知识有了大致的了解，本节通过 5 个操作练习使读者进一步掌握本章知识要点。

10.6.1 绘制别墅墙身节点 1

1. 目的要求

本例要求读者通过练习以进一步熟悉和掌握建筑详图的绘制方法。通过本例的操作，读者可以学会完成建筑详图的整个绘制过程。别墅墙身节点 1 的绘制结果如图 10-83 所示。

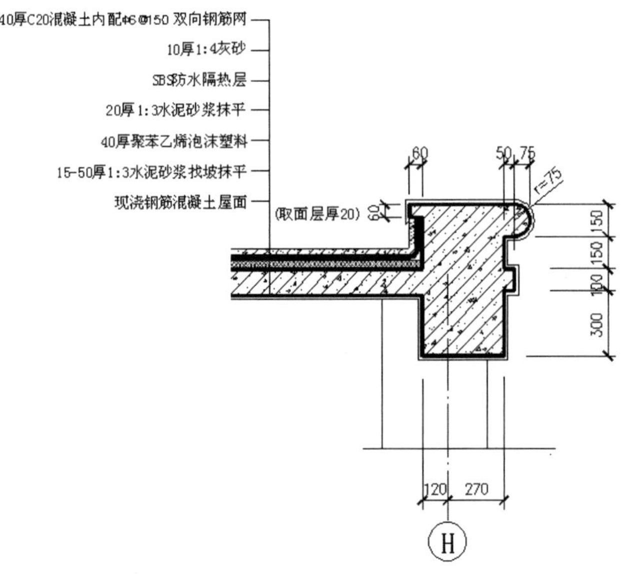

图 10-83 墙身节点 1

2. 操作提示

（1）绘制檐口轮廓。

（2）图案填充。

（3）标注尺寸和文字说明。

10.6.2 绘制别墅墙身节点 2

1. 目的要求

本例要求读者通过练习以进一步熟悉和掌握建筑详图的绘制方法。通过本例的操作，读者可以学会完成建筑详图的整个绘制过程。墙身节点 2 的绘制结果如图 10-84 所示。

2. 操作提示

（1）绘制墙体及一层楼板轮廓。

（2）绘制散水。

（3）图案填充。

（4）标注尺寸和文字说明。

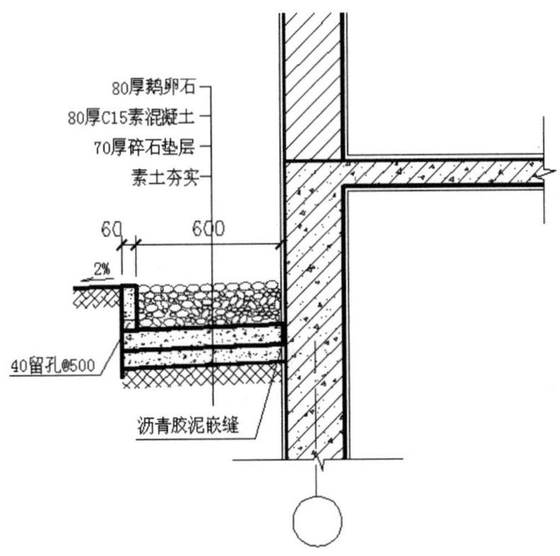

图 10-84　墙身节点 2

10.6.3　绘制别墅墙身节点 3

1. 目的要求

本例要求读者通过练习以进一步熟悉和掌握建筑详图的绘制方法。通过本例的操作，读者可以学会完成建筑详图的整个绘制过程。别墅墙身节点 3 的绘制结果如图 10-85 所示。

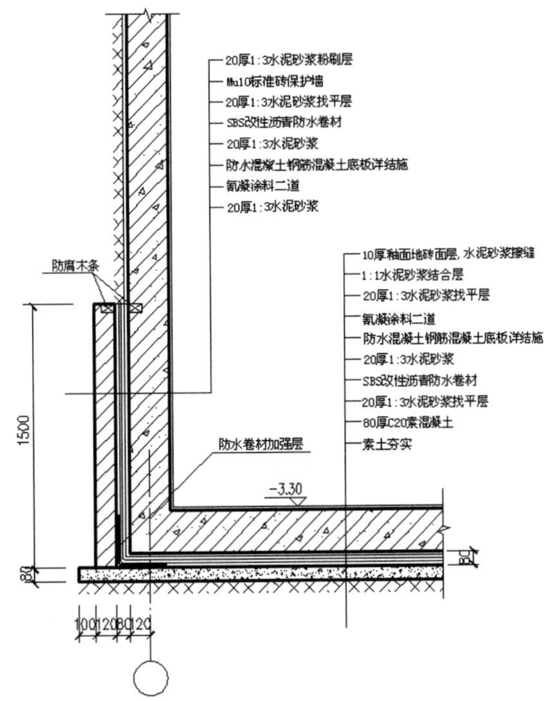

图 10-85　墙身节点 3

Note

2. 操作提示

（1）绘制墙体及一层楼板轮廓。
（2）绘制散水。
（3）图案填充。
（4）标注尺寸和文字说明。

10.6.4 绘制卫生间 4 放大图

1. 目的要求

本例要求读者通过练习以进一步熟悉和掌握建筑放大图的绘制方法。通过本例的操作，读者可以学会完成建筑放大图的整个绘制过程。卫生间 4 放大图的绘制结果如图 10-86 所示。

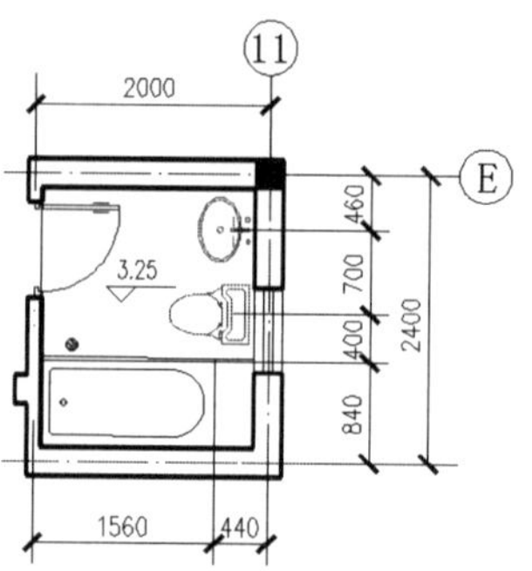

图 10-86 卫生间 4 放大图

2. 操作提示

（1）修改墙线。
（2）绘制放大图细部。
（3）标注尺寸和文字说明。

10.6.5 绘制卫生间 5 放大图

1. 目的要求

本例要求读者通过练习以进一步熟悉和掌握建筑放大图的绘制方法，如图 10-87 所示。通过本例的操作，读者可以学会完成建筑放大图的整个绘制过程。

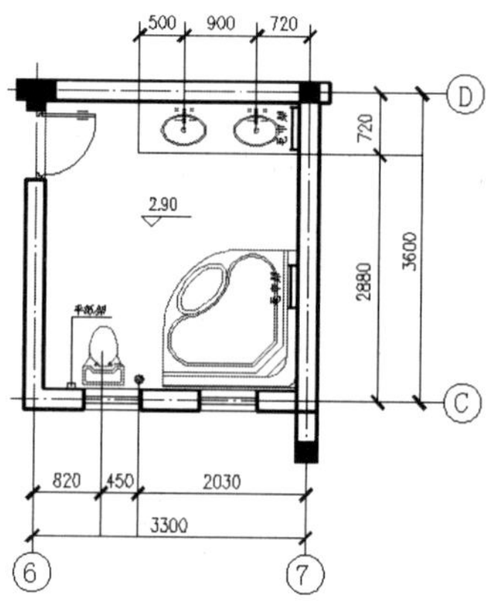

图 10-87 卫生间 5 放大图

2. 操作提示

（1）修改墙线。
（2）绘制放大图细部。
（3）标注尺寸和文字说明。

▶▶第 3 篇

综合篇

本篇将通过高层住宅综合实例，完整地介绍建筑施工图的绘制过程。通过本篇的学习，读者将掌握 AutoCAD 制图技巧和建筑设计思路。

☑ 了解施工图的设计思路

☑ 掌握 AutoCAD 绘图技巧

第11章 绘制高层住宅建筑施工图

本章将以高层住宅为例详细介绍建筑施工图 AutoCAD 的绘制方法与技巧。通过对本章的学习，并综合前面有关章节的建筑图绘图方法，读者可以进一步巩固相关的绘图知识和方法。

☑ 高层住宅建筑平面图

☑ 高层住宅建筑立面图

☑ 高层住宅建筑剖面图

☑ 高层住宅建筑详图

任务驱动&项目案例

18号楼南立面图 1：100

11.1　高层住宅建筑平面图

本节将以工程设计中常见的建筑平面图为例子，详细介绍建筑平面图 AutoCAD 的绘制方法与技巧。通过对本节的学习，并综合前面有关章节的建筑平面图的绘图方法，读者可以进一步巩固其相关的绘图知识和方法，全面掌握建筑平面图的绘制方法。

本节以板式高层住宅建筑作为建筑平面图绘制范例。目前，高层住宅成为市场主流，板式高层南北通透，便于采光与通风，户型方正，各套户型的优劣差距较小，而且各功能空间尺度适宜，得房率也较高，但是由于板式高层楼体占地面积大，在园林规划上容易产生缺憾。例如，大社区难逃兵营式、行列式的单调布局；在小区总占地面积中，楼体占地面积大，绿地相对较少等。点式高层虽然有公摊大、密度大、通风和采光易受楼体遮挡、多户共用电梯、难以保证私密性等缺点，但其优势也十分明显，如外立面变化丰富，更适合采用角窗、弧形窗等宽视角窗户，房型和价格多样化等。另外在小区的园林、景观方面，较之板式高层要活泼许多。板式高层和点式高层的界限正在日渐模糊。通过对居家舒适度的把握，开发商对板式高层和点式高层进行了诸多的创新，将板式高层与点式高层的优势演绎到了极致，这种结合的结果使户型更加灵活、合理。

下面介绍住宅平面空间的建筑平面图设计的相关知识及其绘图方法与技巧，绘制流程如图 11-1 所示。

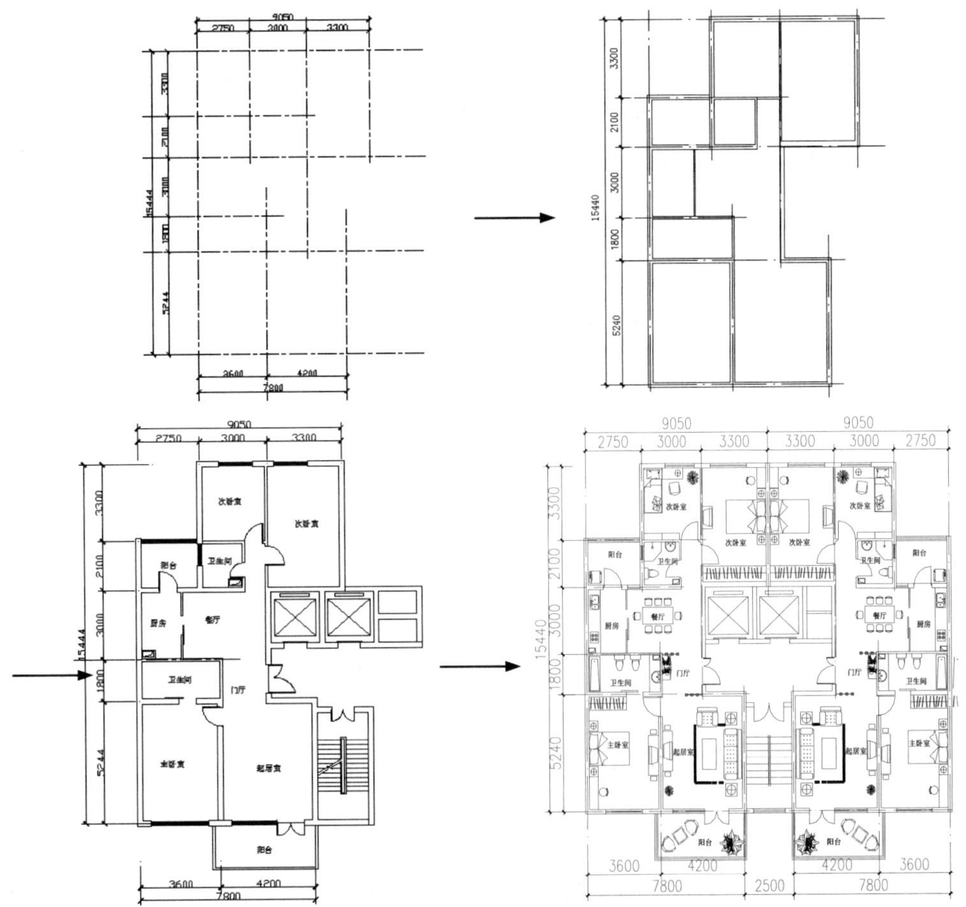

图 11-1　高层住宅建筑平面图绘制流程

Note

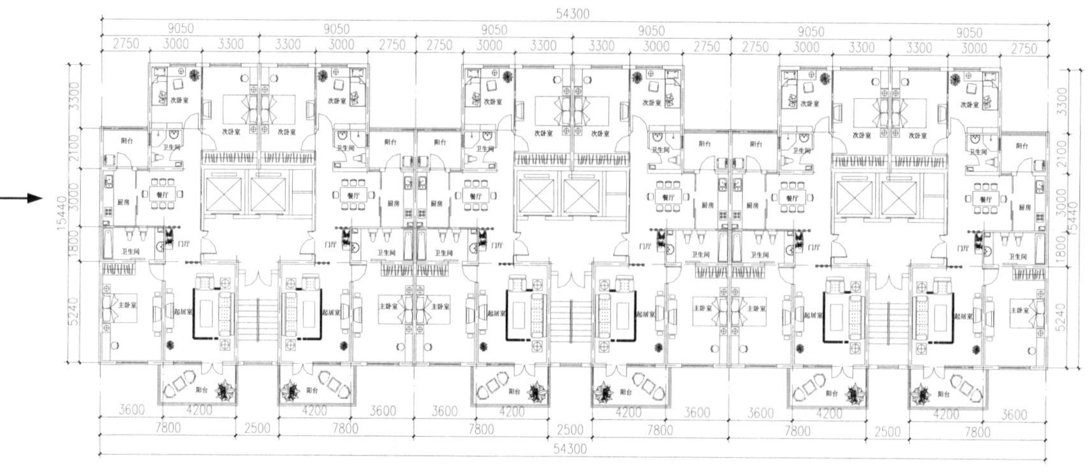

图 11-1　高层住宅建筑平面图绘制流程（续）

11.1.1　绘制建筑平面图墙体

视频讲解

在建筑平面图中，墙体用双线表示，一般采用轴线定位的方式，以轴线为中心，具有很强的对称关系，因此首先绘制轴线，接着绘制墙体。

1. 绘制轴线

（1）单击“默认”选项卡“绘图”面板中的“直线”按钮╱，绘制居室墙体的轴线，竖直轴线的长度为16000，水平轴线的长度为9200，如图11-2所示。

（2）单击“图层特性管理器”选项板中的线型，将轴线的线型由实线线型改为点画线线型，如图11-3所示。

> **注意：** 改变线型为点画线的方法是，先选择所绘的直线，然后在“对象特性”工具栏上单击“线型控制”下拉列表框的下拉按钮，在其中选择点画线，这样即可改变所选择的直线的线型，得到建筑平面图的轴线线型为点画线。若还未加载此种线型，则选择“其他”选项，先加载此种点画线线型。

（3）单击“默认”选项卡“修改”面板中的“偏移”按钮⊆，选择竖直轴线依次向右偏移，偏移距离分别为2750、3000和3300，选择偏移后的最右边轴线，向左侧偏移，偏移距离分别为1250、4200，完成竖直轴线的绘制，如图11-4所示。

（4）单击“默认”选项卡“修改”面板中的“偏移”按钮⊆，选择水平轴线，依次向上偏移，偏移距离分别为5250、1800、3000、2100和3300，完成水平轴线的绘制。。

图 11-2　绘制墙体轴线　　图 11-3　改变轴线的线型　　图 11-4　偏移轴线

> **注意：** 若某个轴线的长度与墙体实际长度不一致，可以使用STRETCH（拉伸）命令或快捷键进行调整。

（5）单击“默认”选项卡“修改”面板中的“修剪”按钮✂，根据居室开间或进深创建轴线，如图 11-5 所示。

（6）标注样式的设置应该与绘图比例相匹配。该平面图以实际尺寸绘制，并以 1∶100 的比例输出，选择“格式”→“标注样式”命令，弹出“标注样式管理器”对话框，对标注样式进行设置，如图 11-6～图 11-11 所示。

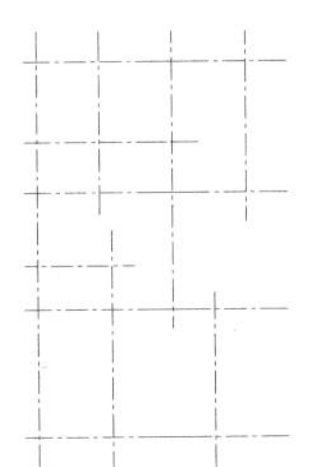

图 11-5　完成轴线的绘制

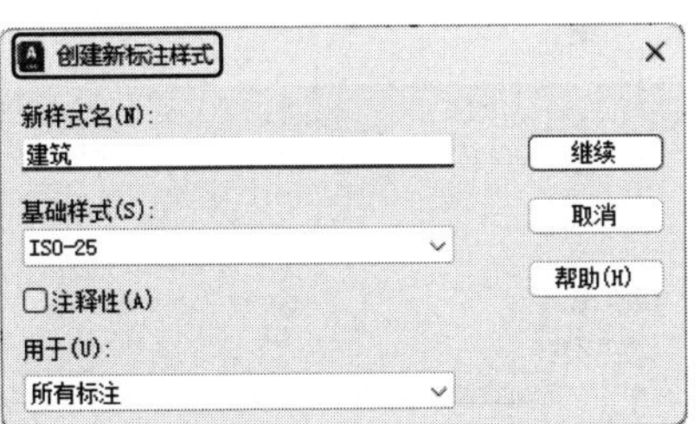

图 11-6　在“创建新标注样式”对话框中设置新样式

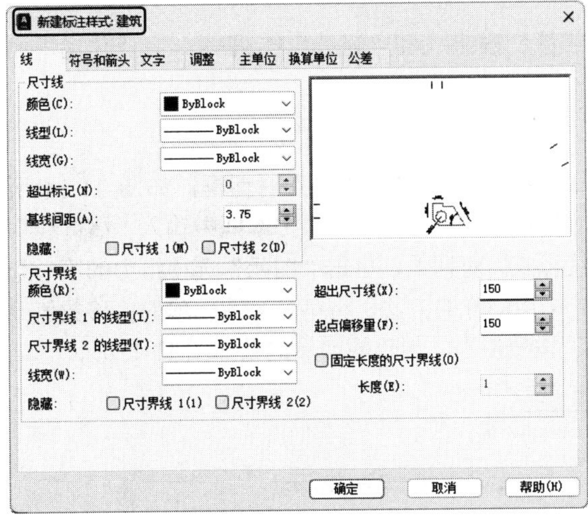

图 11-7　设置参数 1

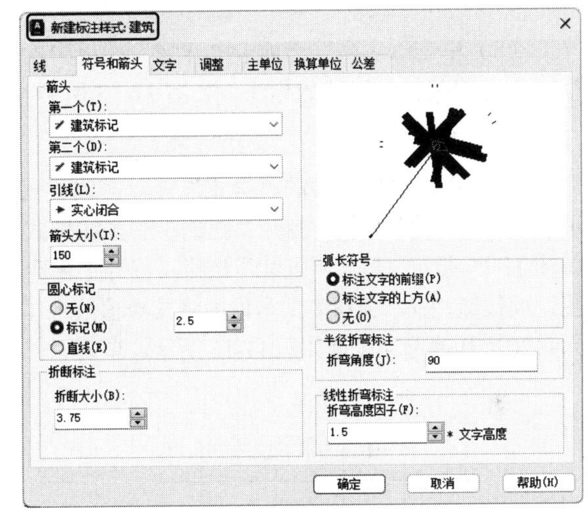

图 11-8　设置参数 2

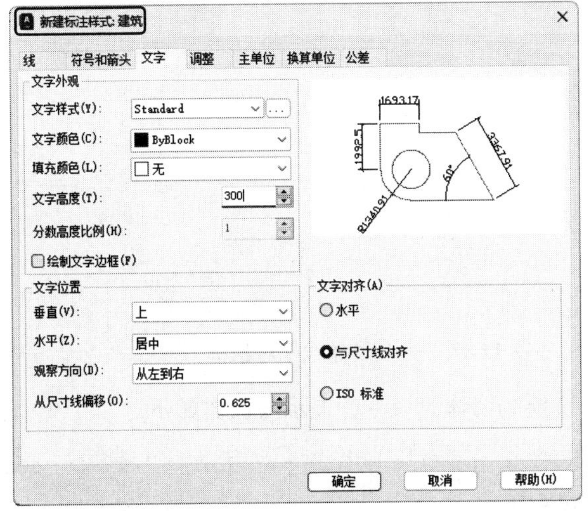

图 11-9　设置参数 3

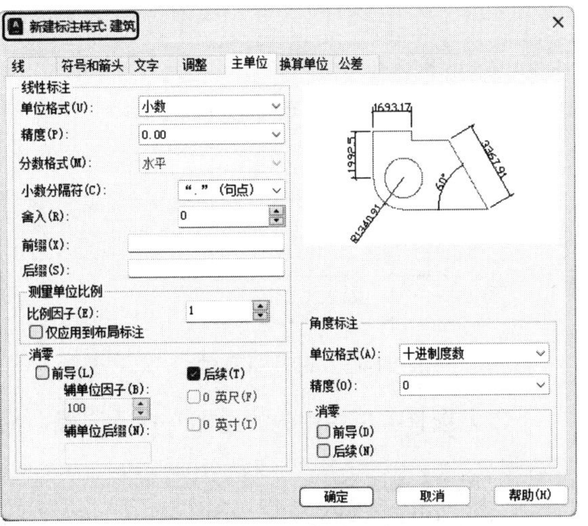

图 11-10　设置参数 4

Note

（7）单击“注释”选项卡“标注”面板中的“线性”按钮⊢⊣，对轴线尺寸进行标注，如图 11-12 所示。

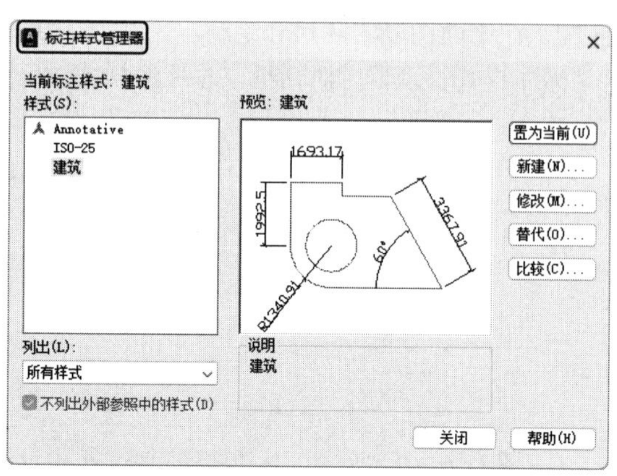

图 11-11　将“建筑”样式置为当前

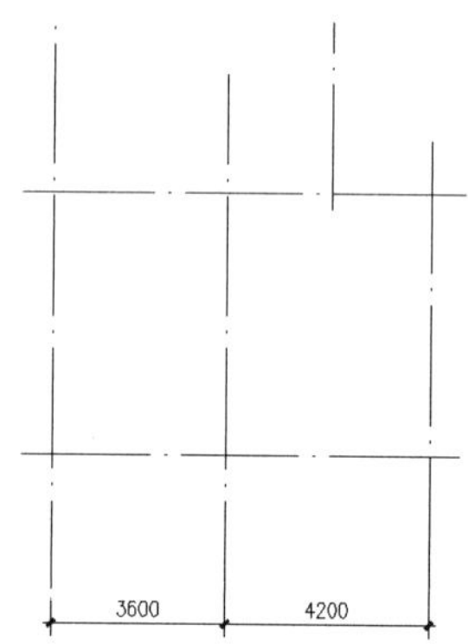

图 11-12　标注轴线

（8）单击“注释”选项卡“标注”面板中的“线性”按钮⊢⊣和“连续”按钮⊢⊢⊣，完成住宅平面空间所有相关轴线尺寸的标注，如图 11-13 所示。

2. 绘制墙体

（1）选择菜单栏中的“格式”→“多线样式”命令，打开“多线样式”对话框，如图 11-14 所示。单击“新建”按钮，打开“创建新的多线样式”对话框，在“新样式名”文本框中输入“墙体线”，如图 11-15 所示。单击“继续”按钮，打开“新建多线样式”对话框，单击“图元”选项组中的第一个图元项按钮，在“偏移”文本框中将其数值改为 120，采用同样的方法，将第二个图元项的偏移数值改为–120，其他选项设置如图 11-16 所示，单击“确定”按钮退出。创建的墙体造型如图 11-17 所示。

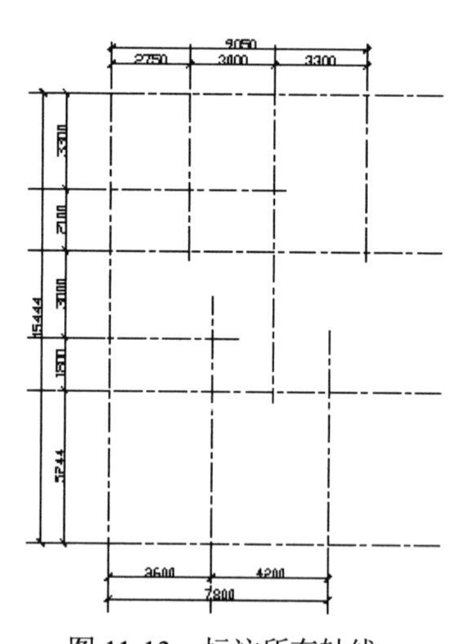

图 11-13　标注所有轴线

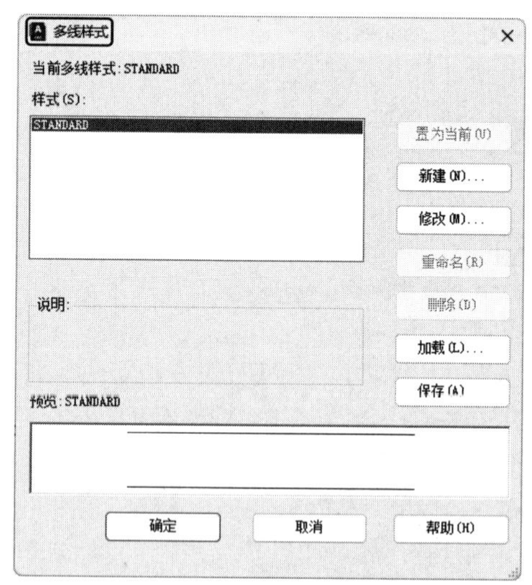

图 11-14　“多线样式”对话框

（2）选择菜单栏中的“绘图”→“多线”命令，绘制墙体。命令行提示与操作如下。

```
命令：MLINE↙
当前设置：对正=上，比例=20.00，样式=STANDARD
指定起点或 [对正(J)/比例(S)/样式(ST)]：S↙
```

```
输入多线比例 <20.00>: 1↙
当前设置: 对正=上, 比例=1.00, 样式=STANDARD
指定起点或 [对正(J)/比例(S)/样式(ST)]: J↙
输入对正类型 [上(T)/无(Z)/下(B)] <上>: Z↙
当前设置: 对正=无, 比例=1.00, 样式=STANDARD
指定起点或 [对正(J)/比例(S)/样式(ST)]:(在绘制的辅助线交点上捕捉一点)
指定下一点:(在绘制的辅助线交点上捕捉下一点)
指定下一点或 [放弃(U)]:(在绘制的辅助线交点上捕捉下一点)
指定下一点或 [闭合(C)/放弃(U)]:(在绘制的辅助线交点上捕捉下一点)
…
指定下一点或 [闭合(C)/放弃(U)]: C↙
```

图 11-15　“创建新的多线样式”对话框

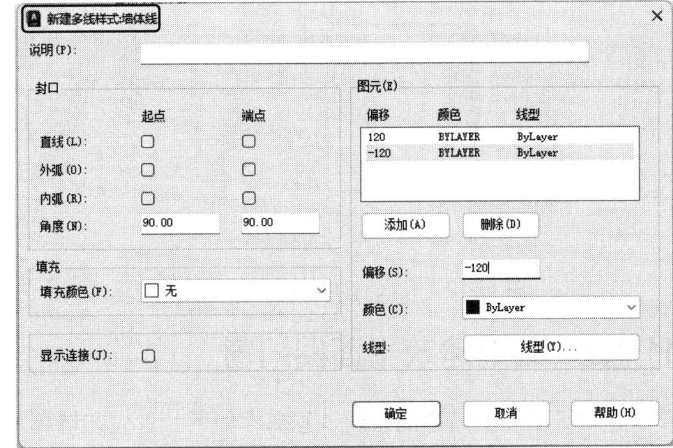

图 11-16　新建多线样式

注意：通常，将墙体厚度设置为 200mm。

（3）选择菜单栏中的“绘图”→“多线”命令，绘制其他位置的墙体，如图 11-18 所示。

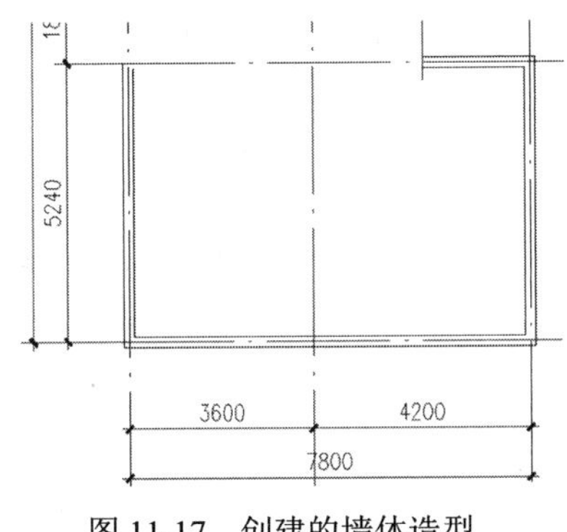

图 11-17　创建的墙体造型

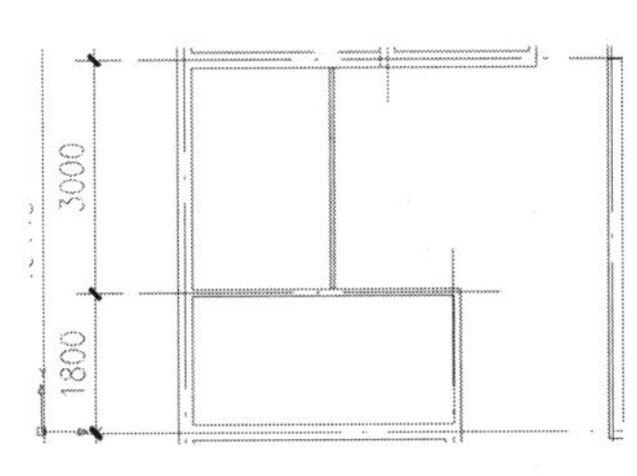

图 11-18　创建的隔墙

说明：对一些厚度比较薄的隔墙，如卫生间、过道等位置的墙体，通过调整多线的比例可以得到不同厚度的墙体造型。

（4）按照住宅各个房间的开间与进深，选择菜单栏中的“绘图”→“多线”命令，继续进行其他位置墙体的创建，最后完成整个墙体造型的绘制，如图 11-19 所示。

（5）单击“注释”选项卡“文字”面板中的“多行文字”按钮A，标注房间文字，最后完成整个建筑墙体平面图的绘制，如图 11-20 所示。

Note

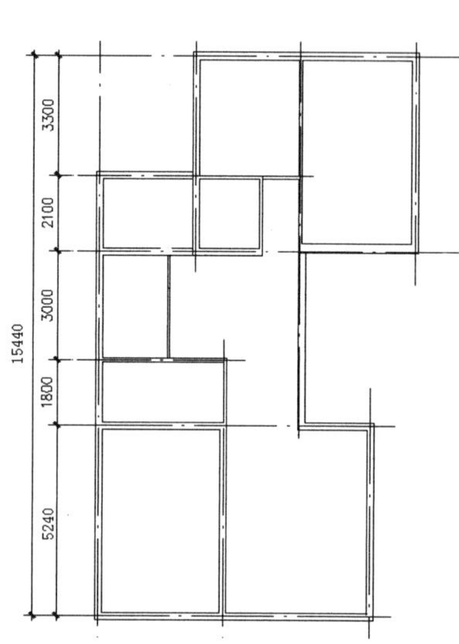

图 11-19　完成墙体造型的绘制

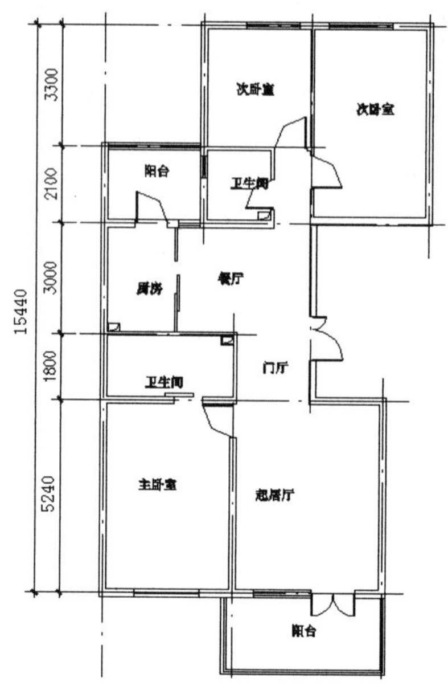

图 11-20　标注房间文字

11.1.2　绘制建筑平面图门窗

视频讲解

建筑平面图中门窗的绘制过程基本如下：首先在墙体相应位置绘制门窗洞口；接着使用“直线”“矩形”“圆弧”等命令绘制门窗基本图形；然后在相应门窗洞口处插入门窗，并根据需要进行适当调整，进而完成平面图中所有门和窗的绘制。

1. 绘制建筑平面图门窗

（1）单击“默认”选项卡“绘图”面板中的“直线”按钮╱和“修改”面板中的“偏移”按钮⊆，创建住宅平面空间的户门造型。按户门的大小绘制两条与墙体垂直的平行线确定户门宽度，如图 11-21 所示。

（2）单击“默认”选项卡“修改”面板中的“修剪”按钮，对线条进行剪切，得到户门的门洞，如图 11-22 所示。

（3）单击“默认”选项卡“绘图”面板中的“多段线”按钮，绘制户门的门扇造型，该门扇为一大一小的造型，如图 11-23 所示。

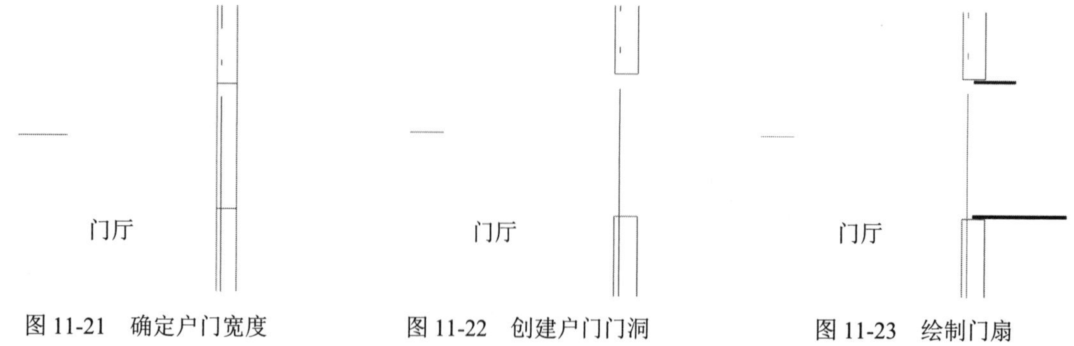

图 11-21　确定户门宽度　　图 11-22　创建户门门洞　　图 11-23　绘制门扇

（4）单击“默认”选项卡“绘图”面板中的“圆弧”按钮，绘制两段长度不一样的弧线，得到户门的造型，如图 11-24 所示。

（5）单击“默认”选项卡“绘图”面板中的“直线”按钮和“修改”面板中的“偏移”按钮，对阳台门联窗户的造型进行绘制，如图 11-25 所示。

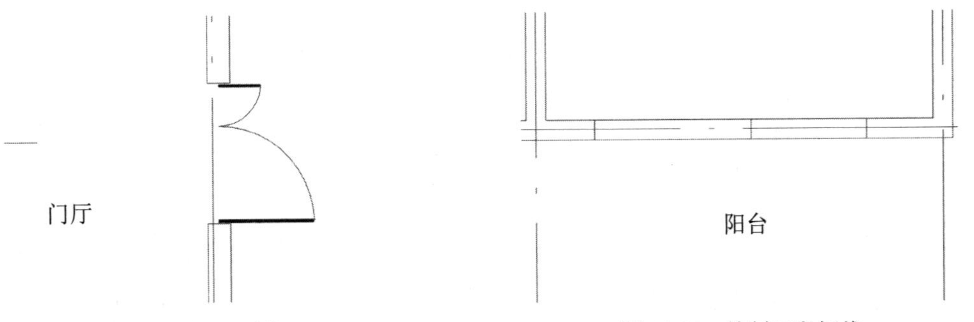

图 11-24 绘制两段弧线　　图 11-25 绘制三段短线

（6）单击“默认”选项卡“修改”面板中的“修剪”按钮，在门的位置处剪切边界线，得到门洞，如图 11-26 所示。

（7）单击“默认”选项卡“绘图”面板中的“多段线”按钮和“修改”面板中的“偏移”按钮，在门洞旁边绘制窗户造型，如图 11-27 所示。

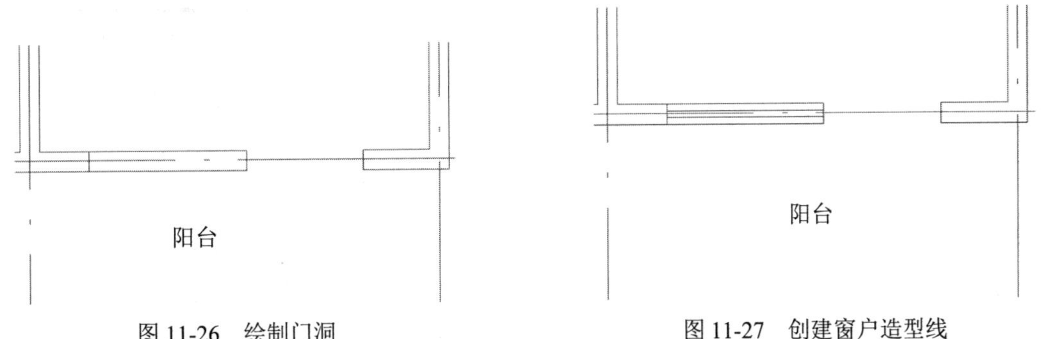

图 11-26 绘制门洞　　图 11-27 创建窗户造型线

2. 绘制建筑平面图对开门

（1）单击“默认”选项卡“绘图”面板中的“多段线”按钮，按门大小的一半绘制其中一扇门扇，如图 11-28 所示。

（2）单击“默认”选项卡“修改”面板中的“镜像”按钮，通过镜像得到阳台门扇造型，完成门联窗户造型的绘制，如图 11-29 所示。

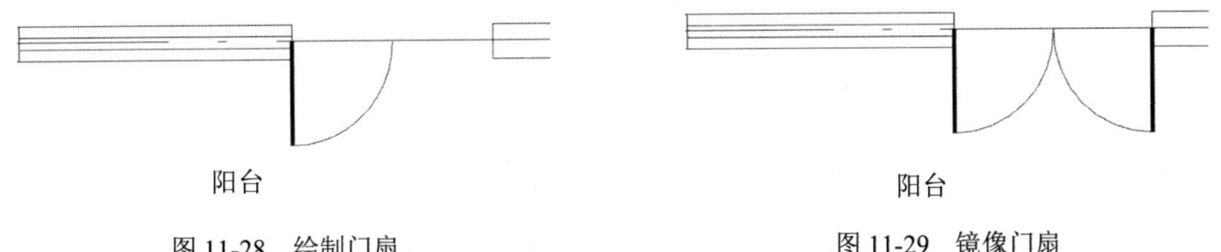

图 11-28 绘制门扇　　图 11-29 镜像门扇

3. 绘制建筑平面图推拉门窗

（1）单击“默认”选项卡“绘图”面板中的“直线”按钮和“修改”面板中的“偏移”按钮，

在餐厅与厨房之间绘制推拉门造型，先绘制门的宽度范围，如图 11-30 所示。

（2）单击“默认”选项卡“修改”面板中的“修剪”按钮，在门的位置处剪切边界线，得到门洞形状，如图 11-31 所示。

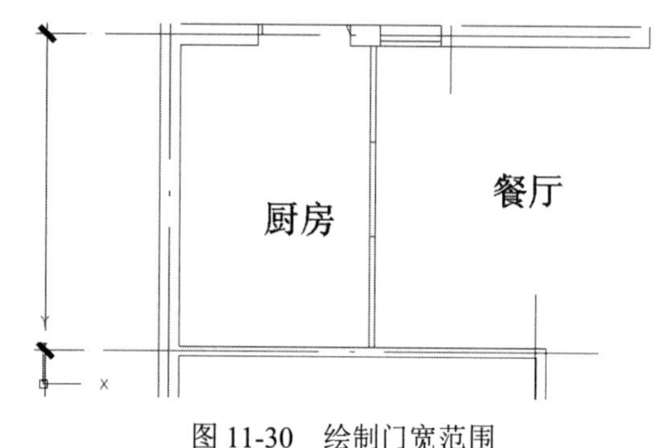

图 11-30　绘制门宽范围

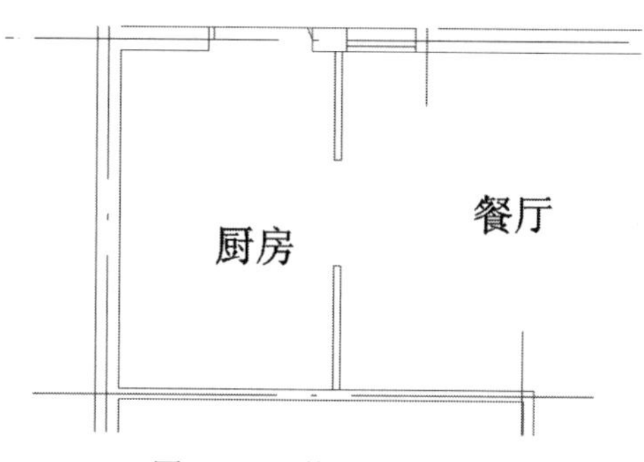

图 11-31　剪切形成门洞

（3）单击“默认”选项卡“绘图”面板中的“矩形”按钮，在靠餐厅一侧绘制矩形推拉门，如图 11-32 所示。

其他位置的门扇和窗户造型可参照上述方法来创建，完成效果如图 11-33 所示。

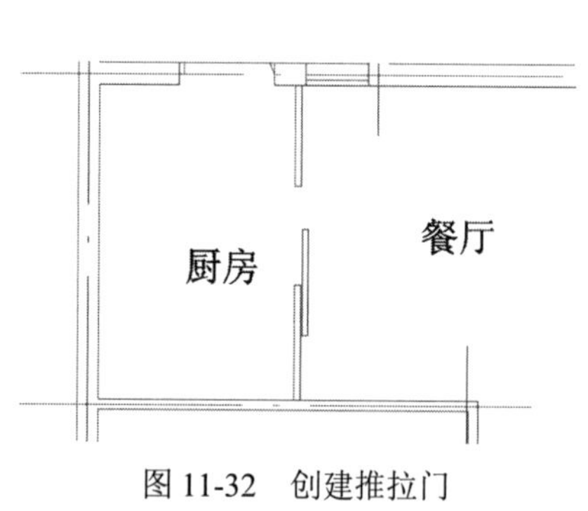

图 11-32　创建推拉门

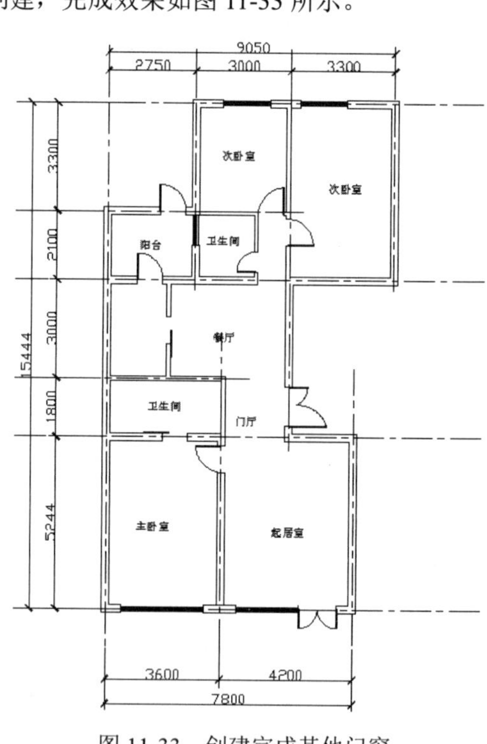

图 11-33　创建完成其他门窗

11.1.3　绘制楼梯、电梯间等建筑空间平面图

视频讲解

一般来说，在高层及中高层住宅中应安装电梯，但也应有楼梯走道，为人口疏散和应急使用。

1. 绘制建筑平面图楼梯间

（1）单击“默认”选项卡“绘图”面板中的“直线”按钮和“圆弧”按钮，绘制楼梯间的

墙体和门窗轮廓图形，如图 11-34 所示。

（2）单击“默认”选项卡“绘图”面板中的“直线”按钮╱和“修改”面板中的“偏移”按钮⋐，绘制楼梯踏步平面造型，如图 11-35 所示。

（3）单击“默认”选项卡“绘图”面板中的“直线”按钮╱和“修改”面板中的“修剪”按钮✂，勾画楼梯踏步折断线造型，如图 11-36 所示。

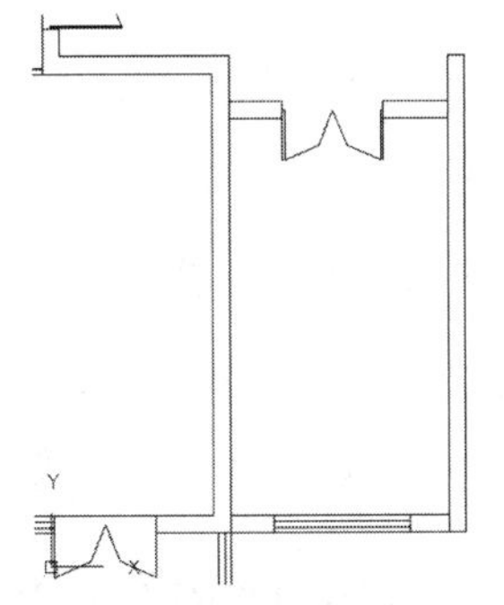

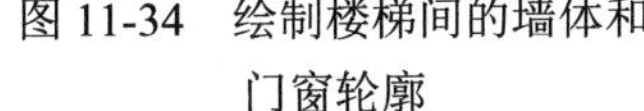

图 11-34　绘制楼梯间的墙体和门窗轮廓

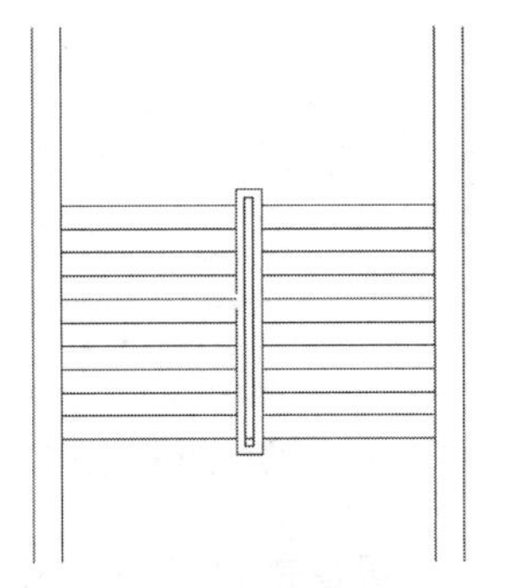

图 11-35　绘制楼梯踏步平面造型

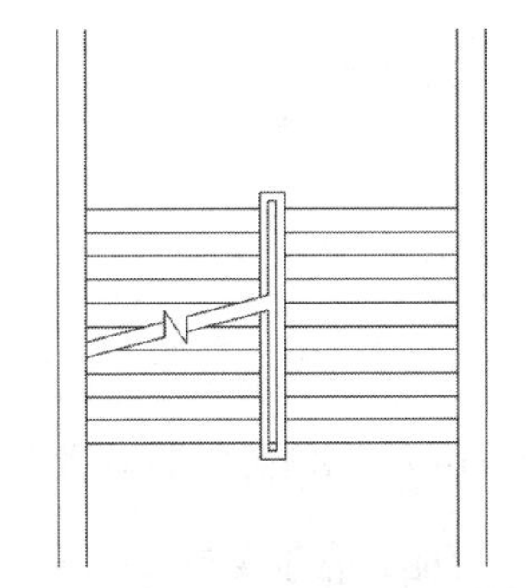

图 11-36　勾画楼梯踏步折断线造型

视频讲解

2. 绘制建筑平面图电梯间和卫生间通风道

（1）单击“默认”选项卡“绘图”面板中的“直线”按钮╱，绘制电梯井建筑墙体轮廓，如图 11-37 所示。

（2）单击“默认”选项卡“绘图”面板中的“直线”按钮╱和“矩形”按钮□，绘制电梯平面造型，如图 11-38 所示。

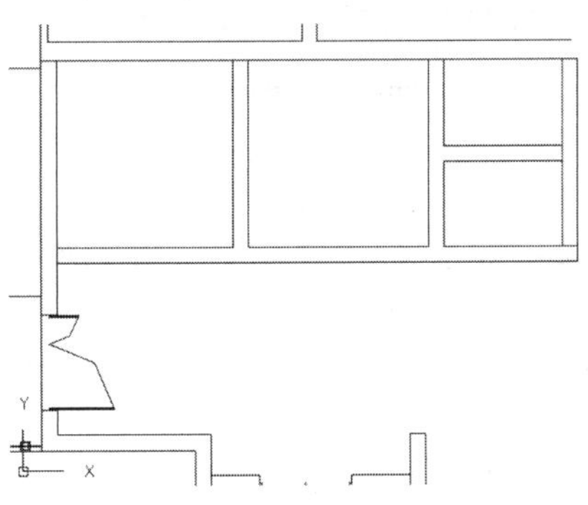

图 11-37　创建电梯井墙体轮廓

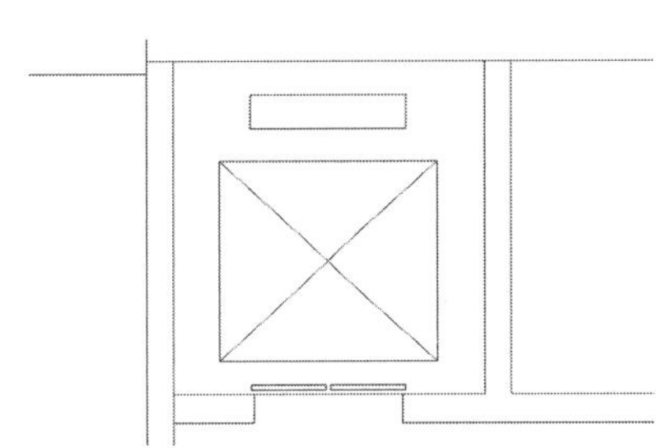

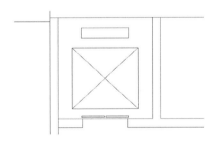

图 11-38　绘制电梯平面造型

（3）另一部电梯平面按相同的方法绘制，如图 11-39 所示。

（4）单击“默认”选项卡“绘图”面板中的“多段线”按钮⊃，绘制卫生间中的矩形通风道造型，如图 11-40 所示。

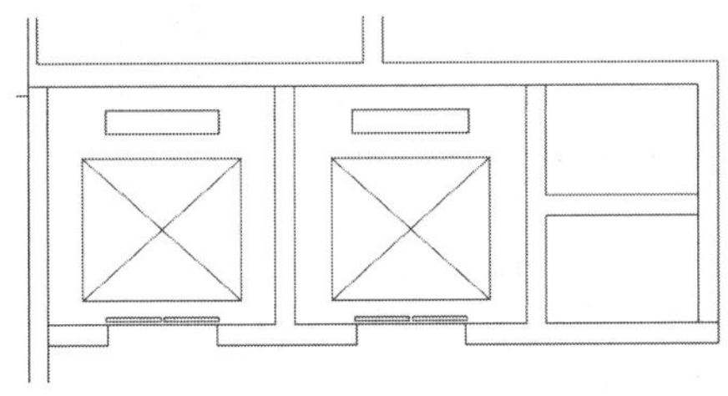

图 11-39　绘制另一部电梯

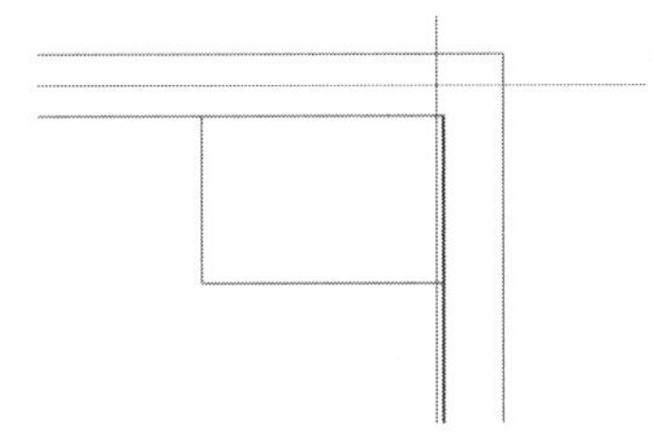

图 11-40　绘制通风道造型

Note

（5）单击“默认”选项卡“修改”面板中的“偏移”按钮⊆，将步骤（4）中绘制的矩形向内偏移，得到通风道墙体造型，如图 11-41 所示。

（6）单击“默认”选项卡“绘图”面板中的“多段线”按钮，在通风道内绘制折线造型，如图 11-42 所示。

（7）绘制其他管道造型，如图 11-43 所示。

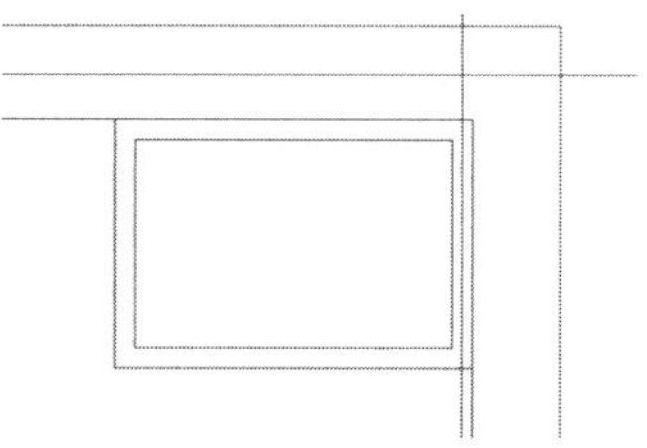

图 11-41　绘制通风道墙体造型

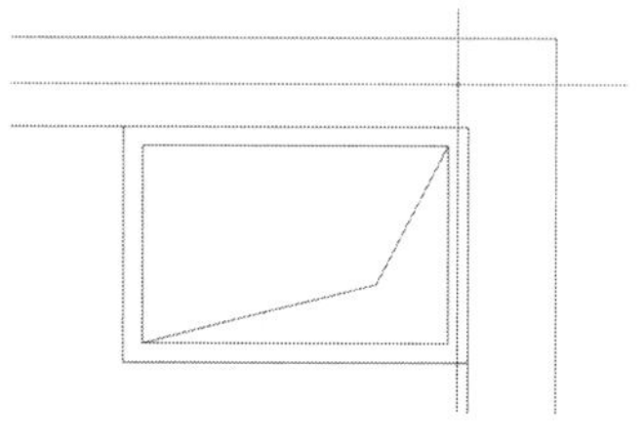

图 11-42　绘制通风道折线造型

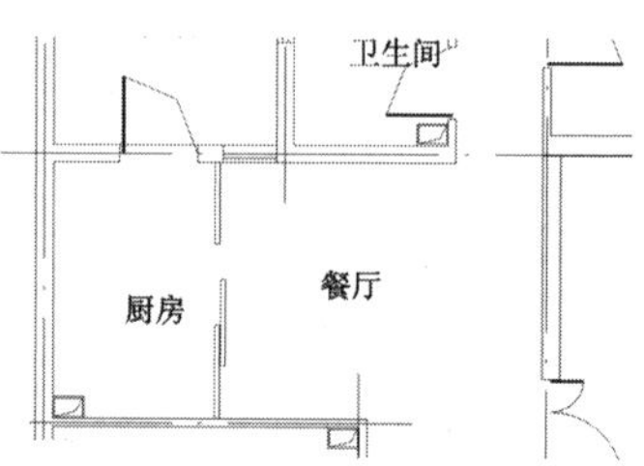

图 11-43　绘制其他管道造型

说明：按上述方法可以绘制其他卫生间和厨房的通风及排烟管道等造型轮廓，具体过程不再赘述。

3．绘制阳台外轮廓

（1）单击“默认”选项卡“绘图”面板中的“多段线”按钮，按阳台的大小绘制其外轮廓，如图 11-44 所示。

（2）单击“默认”选项卡“修改”面板中的“偏移”按钮⊆，将阳台外轮廓向内偏移，得到阳台及其栏杆造型效果，如图 11-45 所示。

综上所述，完成建筑平面图标准单元图形的绘制，如图 11-46 所示。

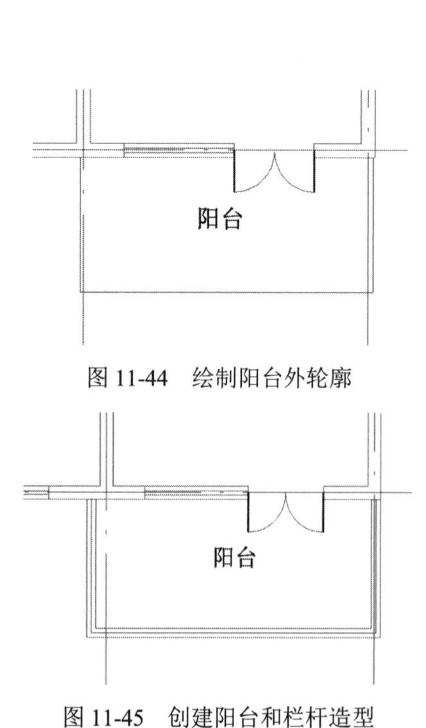

图 11-44　绘制阳台外轮廓

图 11-45　创建阳台和栏杆造型

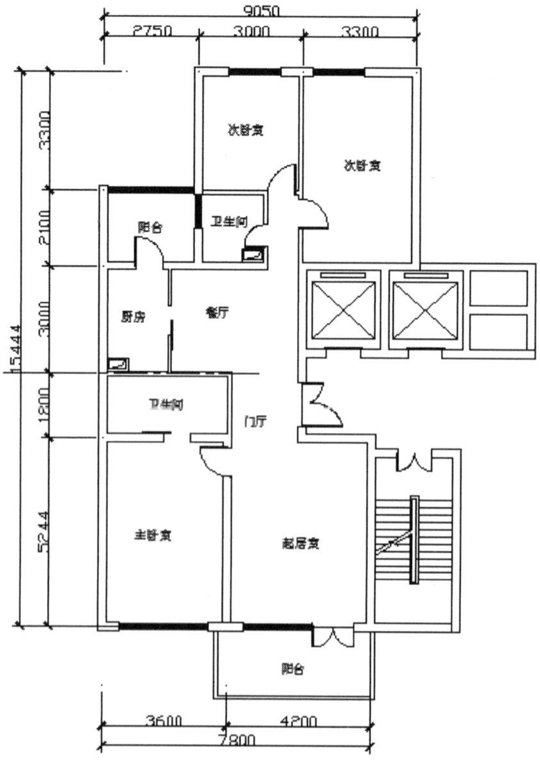

图 11-46　完成的建筑平面图标准单元图形

Note

11.1.4　建筑平面图家具的布置

在建筑平面图中，通常要绘制室内家具，以增强平面方案的视觉效果。不同功能类型的房间内所布置的家具也有所不同，对于这些类型和尺寸都不尽相同的室内家具，如果利用“直线”和“偏移”等简单的二维绘图命令和二维编辑命令一一绘制，不仅绘制过程烦琐，容易出错，而且浪费绘图者的时间和精力。因此，笔者推荐借助 AutoCAD 图库来完成平面家具的绘制。

（1）利用“窗口缩放”命令，局部放大起居室的平面图，如图 11-47 所示。

（2）单击“插入”选项卡“块”面板“插入”按钮下拉菜单中的“最近使用的块”选项，在起居室平面图上插入沙发等造型，如图 11-48 所示。

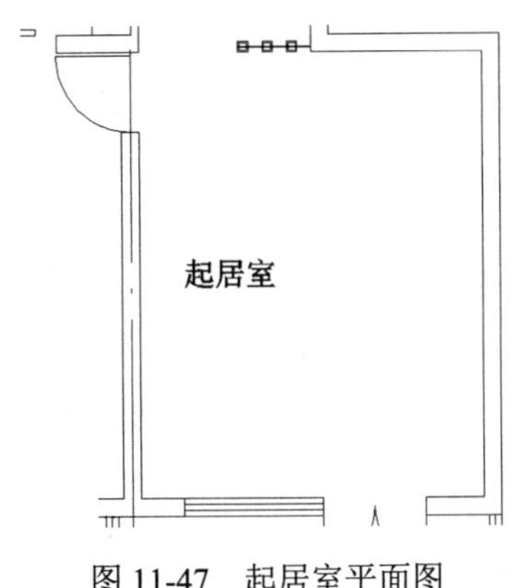

图 11-47　起居室平面图

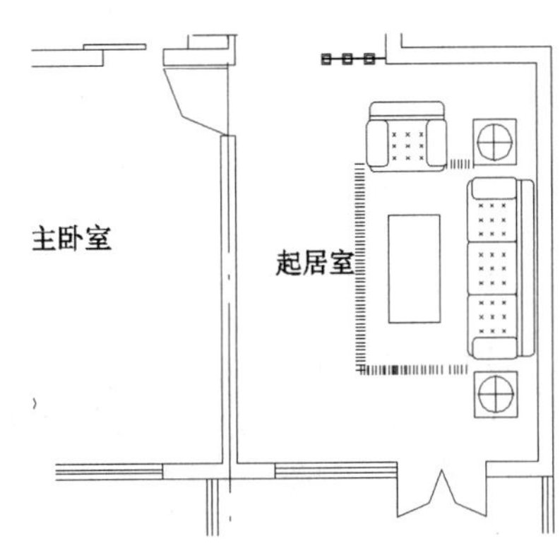

图 11-48　插入沙发

注意： 步骤（2）中插入的沙发造型包括沙发、茶几和地毯等综合造型。若沙发等家具的插入位置不合适，可以通过“移动”“旋转”等命令对其位置进行调整。

（3）单击“插入”选项卡“块”面板“插入”按钮下拉菜单中的“最近使用的块”选项，为客厅配置电视柜造型，如图 11-49 所示。

（4）单击“插入”选项卡“块”面板“插入”按钮下拉菜单中的“最近使用的块”选项，在起居室布置适当的花草予以美化，如图 11-50 所示。

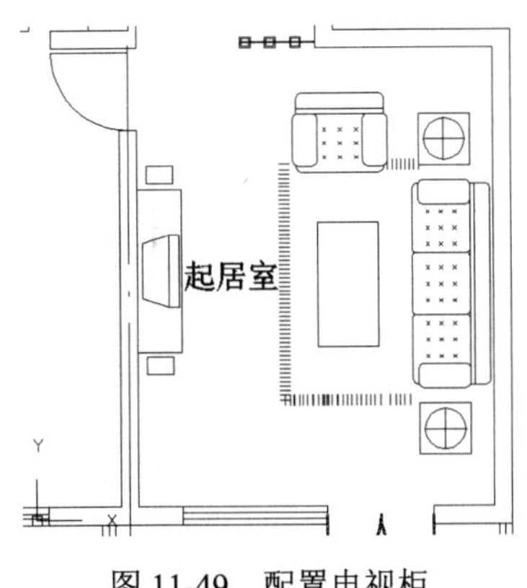

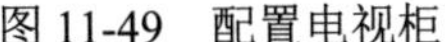

图 11-49　配置电视柜

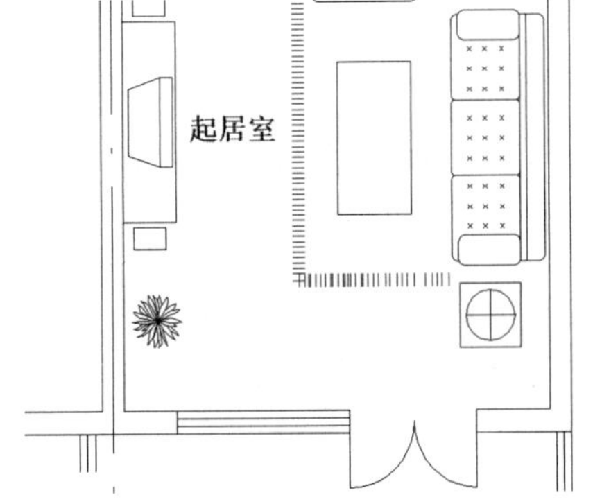

图 11-50　布置花草

（5）单击“插入”选项卡“块”面板“插入”按钮下拉菜单中的“最近使用的块”选项，在餐厅平面图上插入餐桌，如图 11-51 所示。

（6）单击“插入”选项卡“块”面板“插入”按钮下拉菜单中的“最近使用的块”选项，按相似的方法布置其他位置处的家具。

（7）单击“插入”选项卡“块”面板“插入”按钮下拉菜单中的“最近使用的块”选项，布置如卫生间的坐便器和洁身器等洁具设施，如图 11-52 所示。

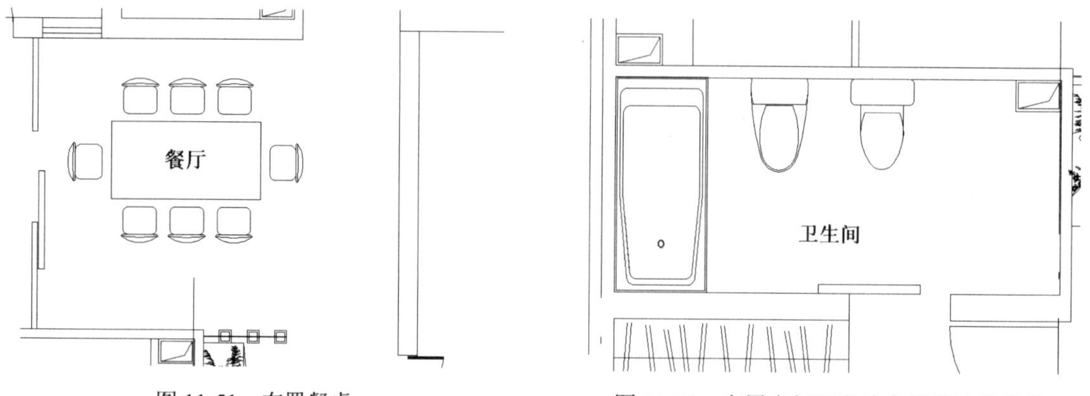

图 11-51　布置餐桌　　图 11-52　布置坐便器和洁身器等洁具设施

（8）继续进行家具布置，最终完成平面图家具的布置，如图 11-53 所示。

（9）单击“默认”选项卡“修改”面板中的“镜像”按钮，对布置好的家具进行镜像复制，得到标准单元平面图，如图 11-54 所示。

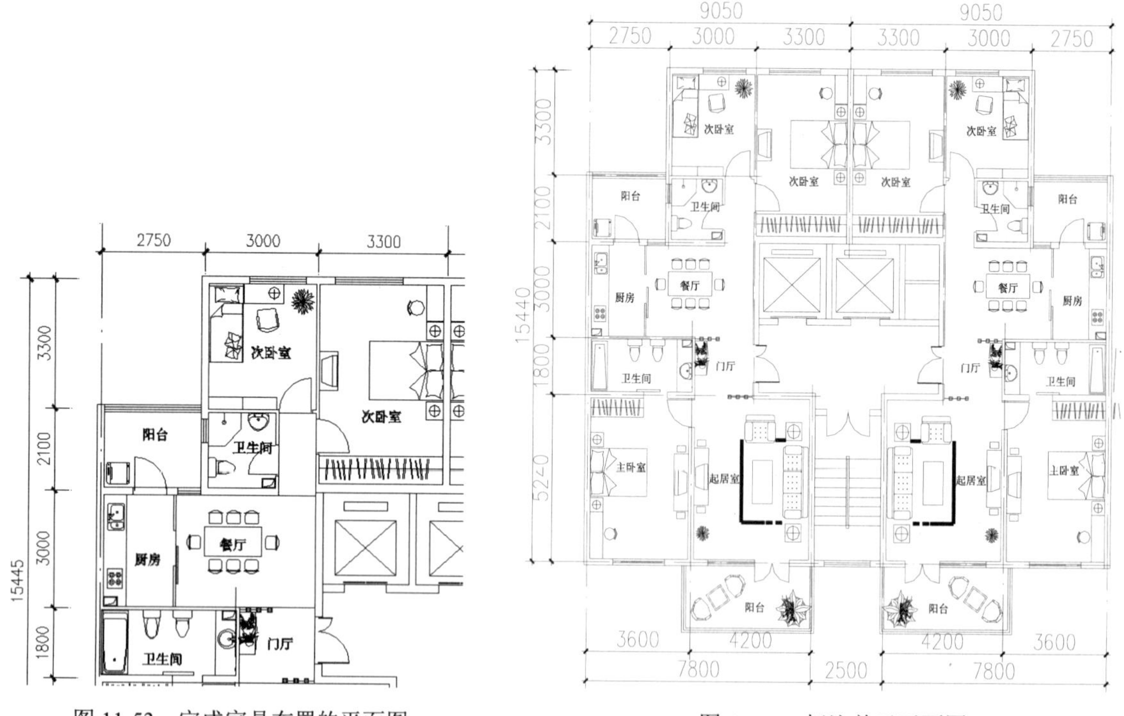

图 11-53　完成家具布置的平面图　　图 11-54　标注单元平面图

（10）单击“默认”选项卡“修改”面板中的“复制”按钮，对标准单元进行复制，得到整个建筑平面图，如图 11-55 所示。

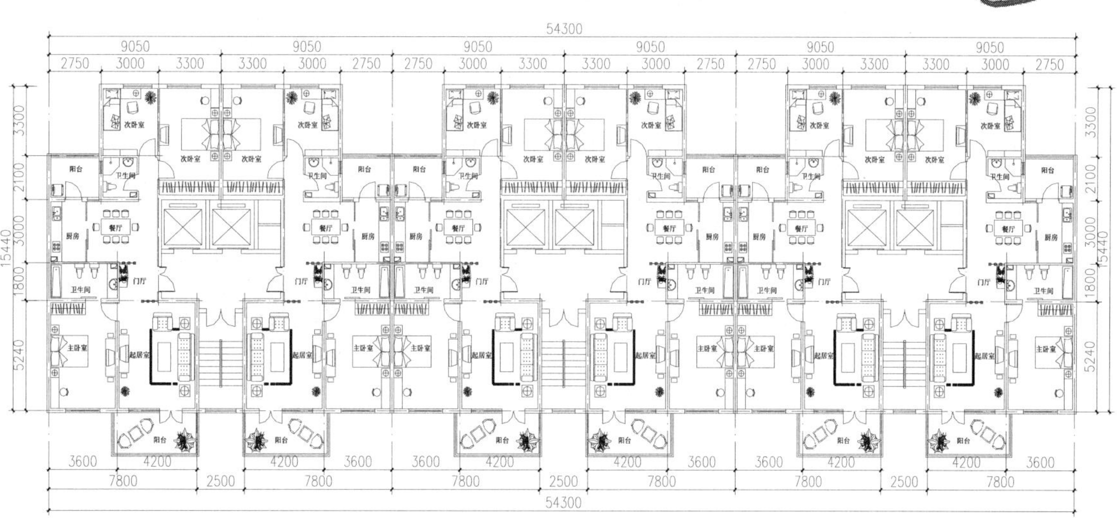

图 11-55　复制得到的建筑平面图

（11）标注轴线和图名等内容，相关方法可参阅前面有关章节介绍的方法，在此不再赘述，效果如图 11-56 所示。

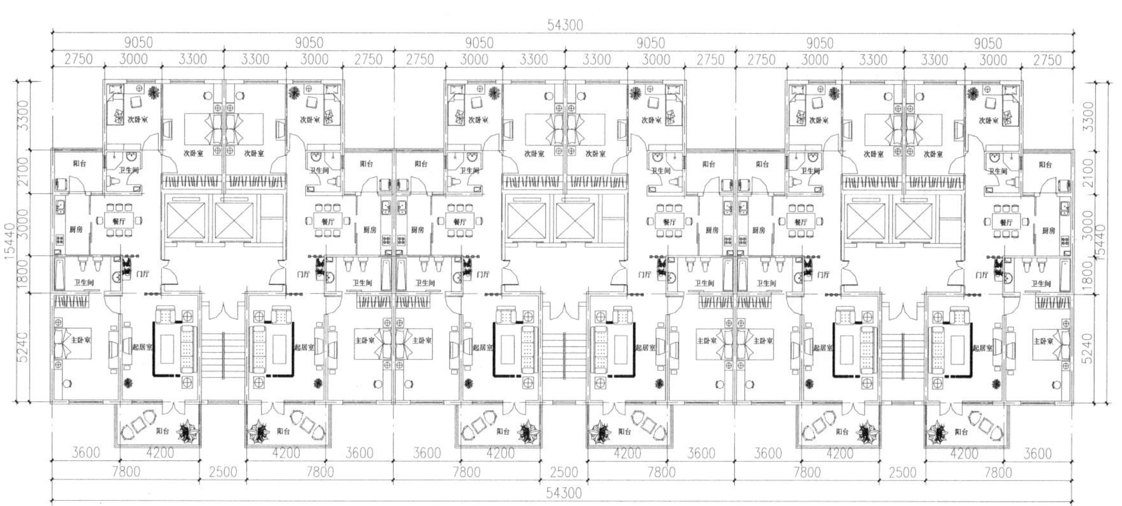

图 11-56　完成的高层住宅建筑平面图

11.2　高层住宅建筑立面图

本节将结合 11.1 节所介绍的建筑平面图，介绍住宅小区立面图的 AutoCAD 绘制方法与技巧。建筑立面图的主要绘制方法包括其立面主体轮廓的绘制、立面门窗造型的绘制、立面细部造型及其他辅助立面造型的绘制，另外还包括标准层立面图、整体立面图及细部立面图的处理等。通过本节的学习，结合前面相关章节建筑立面图的绘图方法，进一步巩固其相关绘图知识和方法，全面掌握建筑立面图的绘制方法。绘制流程如图 11-57 所示。

18号楼南立面图 1：100

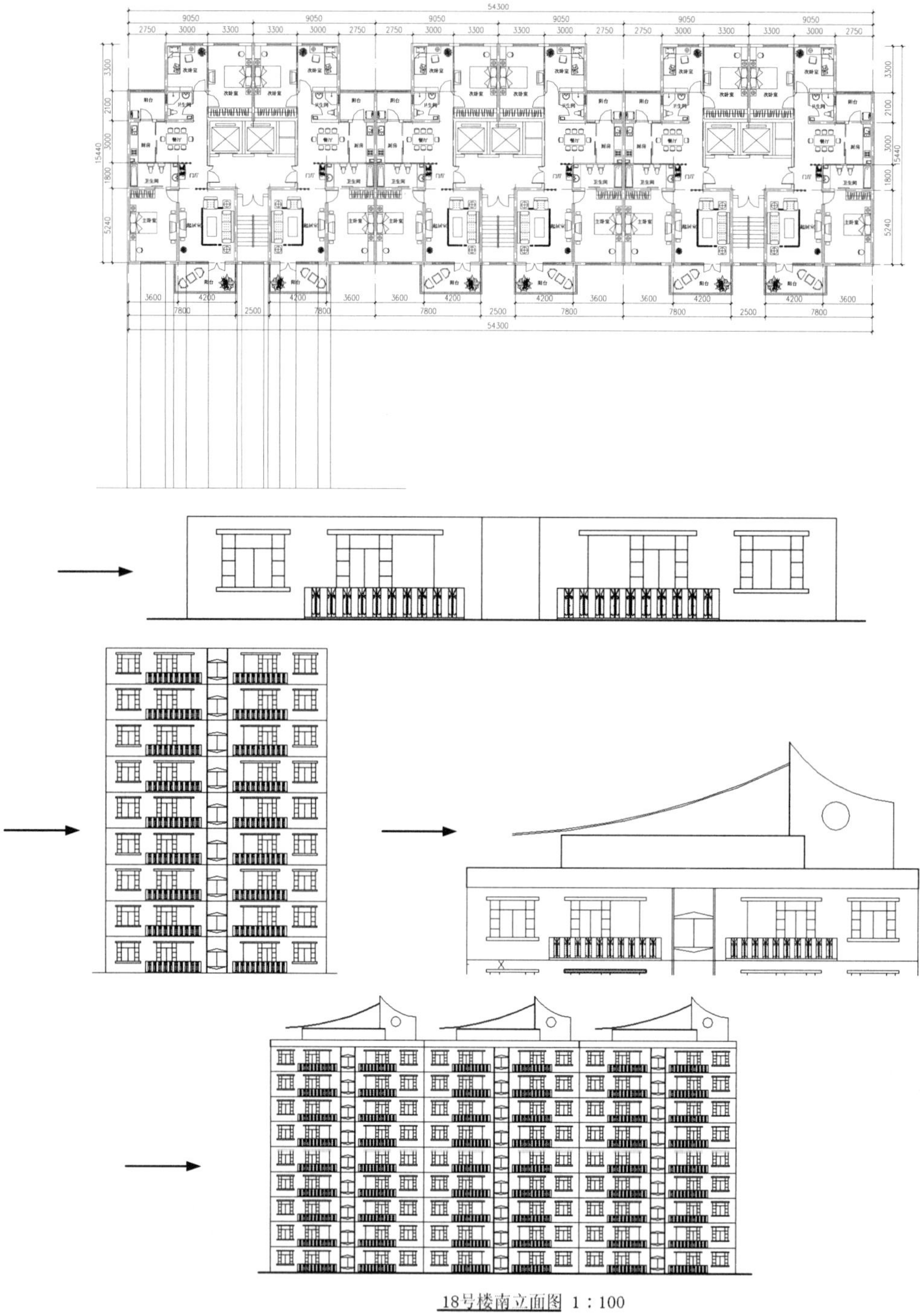

图 11-57 绘制高层住宅建筑立面图的流程

11.2.1 绘制建筑标准层立面图轮廓

立面图是在平面图的基础上引出定位辅助线确定立面图样的水平位置及大小，然后根据高度方向的设计尺寸确定立面图样的竖向位置及尺寸，从而绘制一个图样。

1. 绘制楼面线

（1）单击“默认”选项卡“绘图”面板中的“多段线”按钮，在标准层平面图对应的第一个单元下侧绘制一条地平线，如图 11-58 所示。

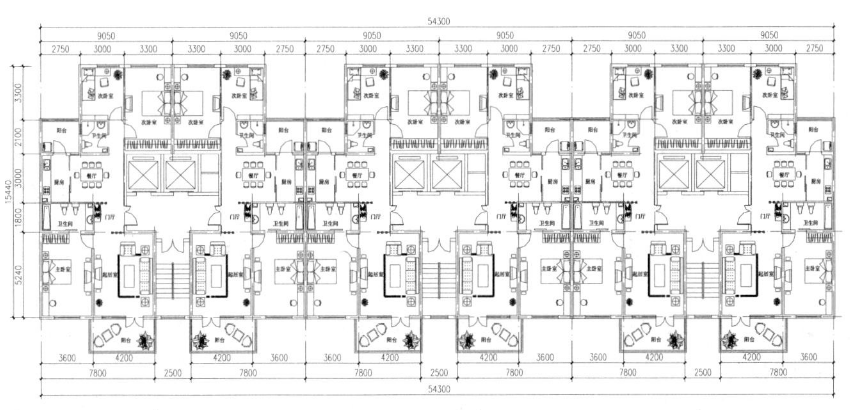

图 11-58 绘制建筑地平线

（2）由建筑平面图向地平线引出立面图对应线，单击“默认”选项卡“绘图”面板中的“直线”按钮，绘制外墙轮廓对应线，如图 11-59 所示。

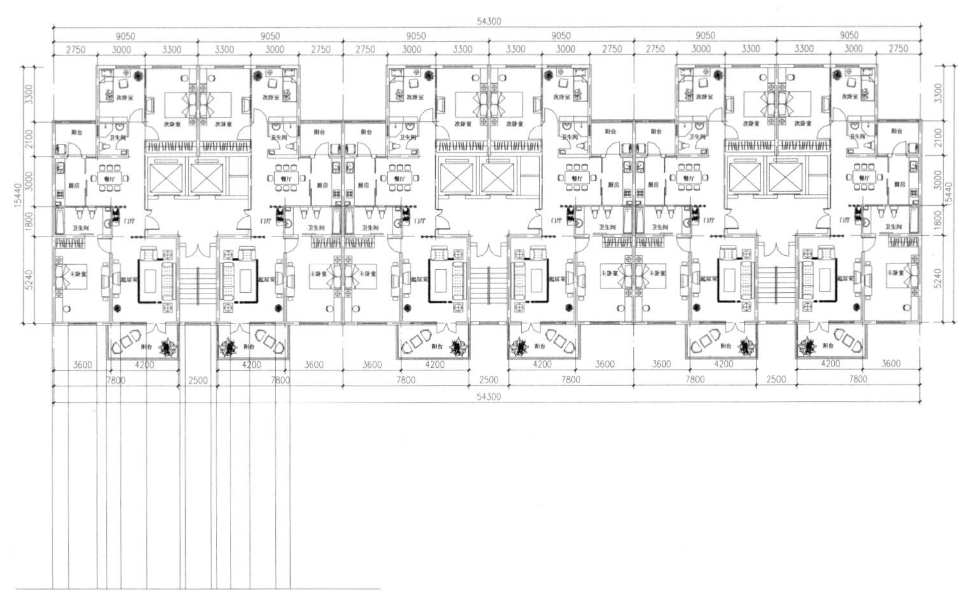

图 11-59 绘制外墙轮廓对应线

（3）单击“默认”选项卡“修改”面板中的“偏移”按钮，选择步骤（1）中绘制的地平线，将其向上偏移，偏移距离为 3000，得到二层楼面线。

（4）单击“默认”选项卡“修改”面板中的“修剪”按钮，将楼面线上方修剪掉，如图 11-60 所示。

注意： 将高层住宅楼层高度设计为 3.0m，先据此绘制与地平线平行的二层楼面线，然后对线条进行剪切，得到标准层的立面轮廓。

Note

2. 绘制立面图门窗

（1）单击“默认”选项卡“修改”面板中的“偏移”按钮⊆，选择地平线，将其向上偏移，偏移距离依次为1500、1900。在与地平线平行的方向创建立面图中的门窗高度轮廓线，如图11-61所示。

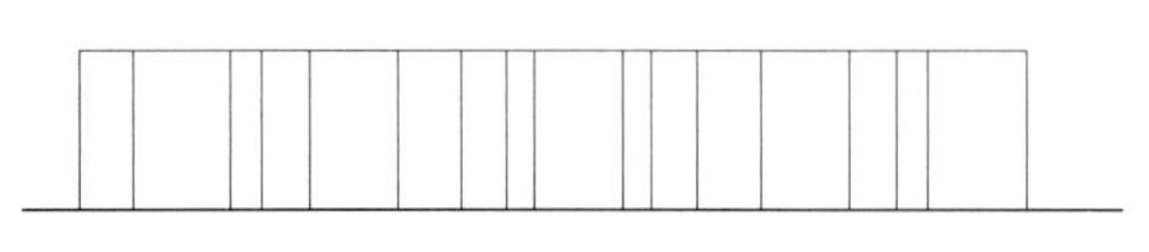

图11-60　绘制二层楼面

图11-61　生成立面图门窗

（2）单击“默认”选项卡“修改”面板中的“修剪”按钮✂，按照门窗的造型对图形进行修剪，如图11-62所示。

（3）单击“默认”选项卡“修改”面板中的“偏移”按钮⊆，选择窗户下方水平底边，将其向上偏移，偏移距离分别为435、435、435和435；选择窗户靠左的垂直边，将其向右偏移，偏移距离分别为435、435、435和435。根据立面图设计的整体效果，单击“默认”选项卡“修改”面板中的“修剪”按钮✂，对窗户立面图进行修剪，以实现分隔，如图11-63所示。

（4）单击“默认”选项卡“绘图”面板中的“多段线”按钮⊃，在门窗上下位置勾画窗台造型，如图11-64所示。

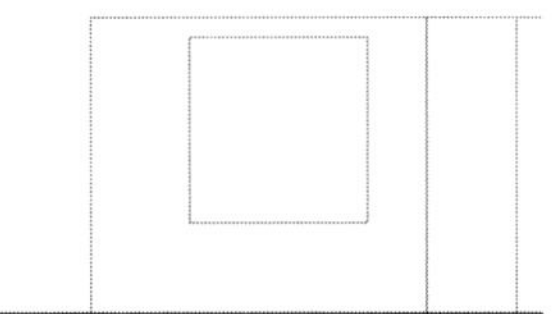

图11-62　对图形进行修剪

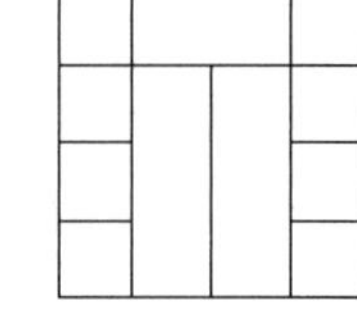

图11-63　绘制的窗户造型

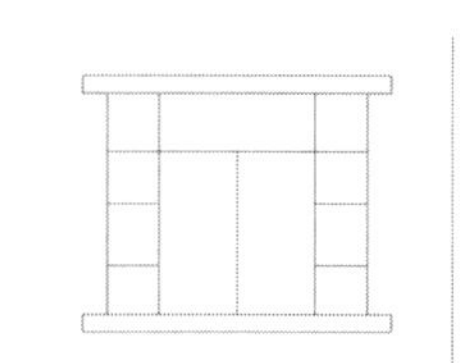

图11-64　勾画窗台造型

视频讲解

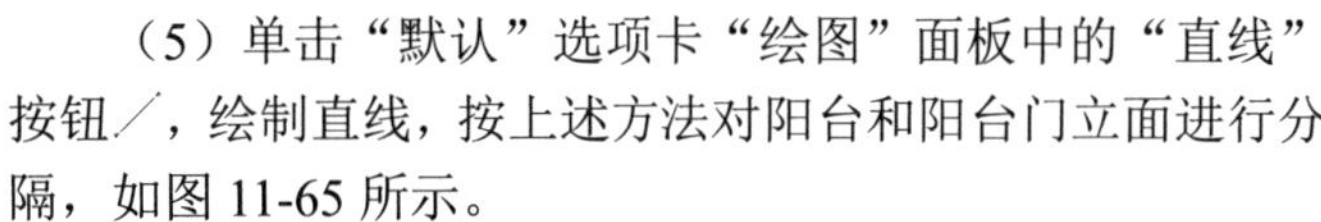

（5）单击“默认”选项卡“绘图”面板中的“直线”按钮╱，绘制直线，按上述方法对阳台和阳台门立面进行分隔，如图11-65所示。

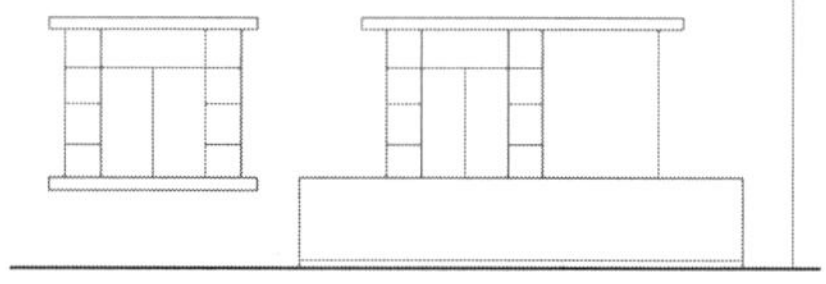

图11-65　绘制阳台及门造型

3. 绘制立面图阳台造型

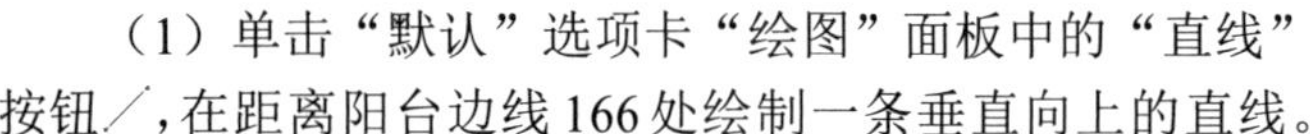

（1）单击“默认”选项卡“绘图”面板中的“直线”按钮╱，在距离阳台边线166处绘制一条垂直向上的直线。

（2）单击“默认”选项卡“修改”面板中的“偏移”按钮⊆，选择步骤（1）中绘制的直线，将其向右偏移，偏移距离分别为118、23和118，得到阳台垂直栏杆造型，如图11-66所示。

（3）单击“默认”选项卡“绘图”面板中的“圆弧”按钮⌒，绘制阳台栏杆细部造型，如图11-67所示。

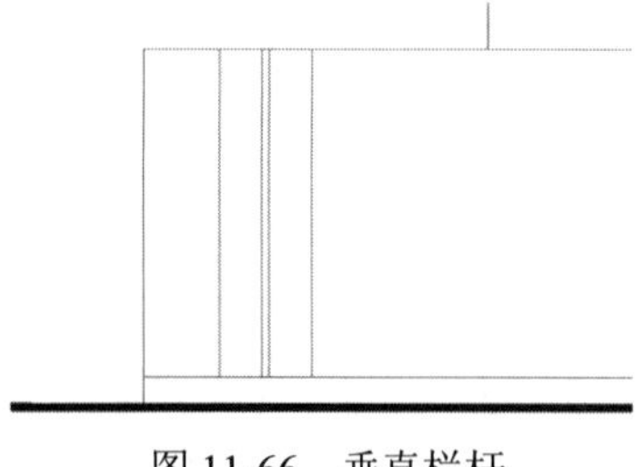

图11-66　垂直栏杆

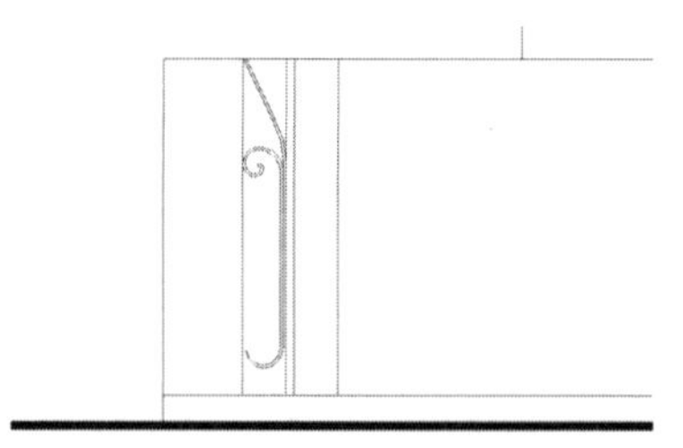

图11-67　绘制阳台栏杆细部造型1

（4）单击“默认”选项卡“修改”面板中的“镜像”按钮⚠，选择步骤（3）中绘制的图形，将其镜像复制，得到另一侧的阳台栏杆细部造型，如图 11-68 所示。

（5）单击“默认”选项卡“修改”面板中的“复制”按钮，选择步骤（4）中的图形，将其向右复制 9 个，位移量均为 500，以创建阳台栏杆，如图 11-69 所示。

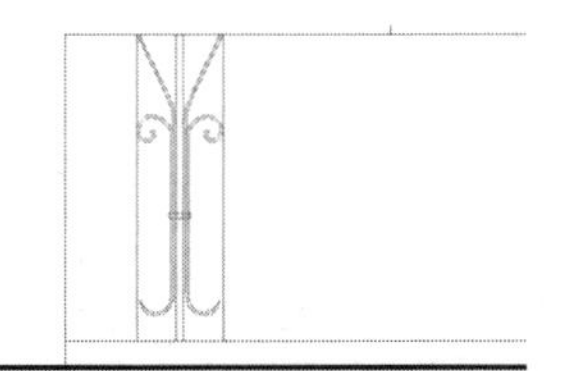

图 11-68　绘制阳台栏杆细部造型 2

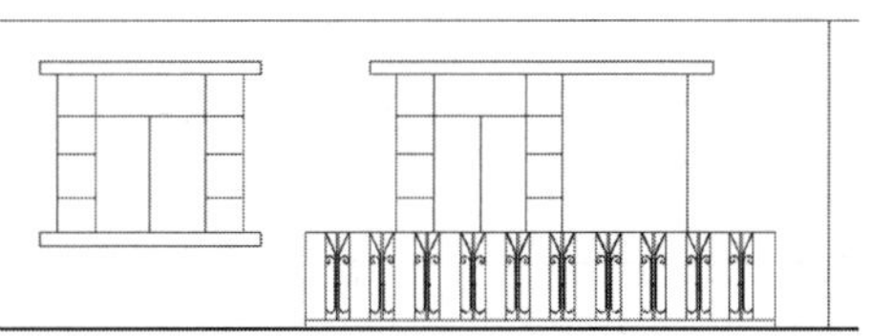

图 11-69　创建阳台栏杆

（6）另一侧的立面图按上述方法绘制，最终形成整个标准层的立面图，如图 11-70 所示。

（7）单击“默认”选项卡“修改”面板中的“偏移”按钮⊆，选择对称立面图左边的垂直直线，将其向右分别偏移 70、1620 和 70；选择地平线，将其分别向上偏移 491、247、10228 和 247。单击“默认”选项卡“绘图”面板中的“直线”按钮⁄，分别在绘制的直线最上方和最下方绘制对角线。单击“默认”选项卡“修改”面板中的“修剪”按钮，对图形进行修剪，完成电梯间窗户的绘制，如图 11-71 所示。

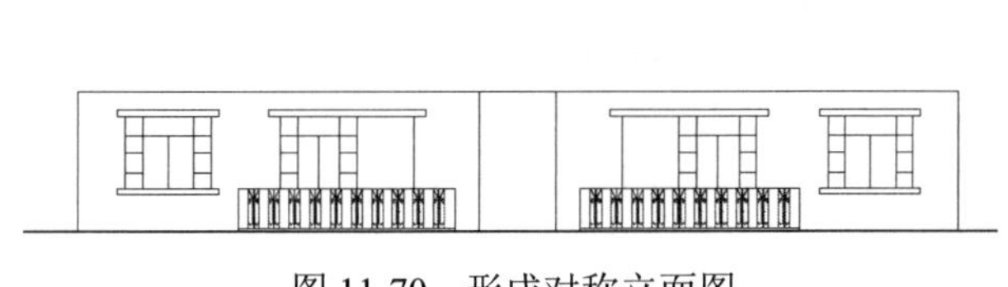

图 11-70　形成对称立面图

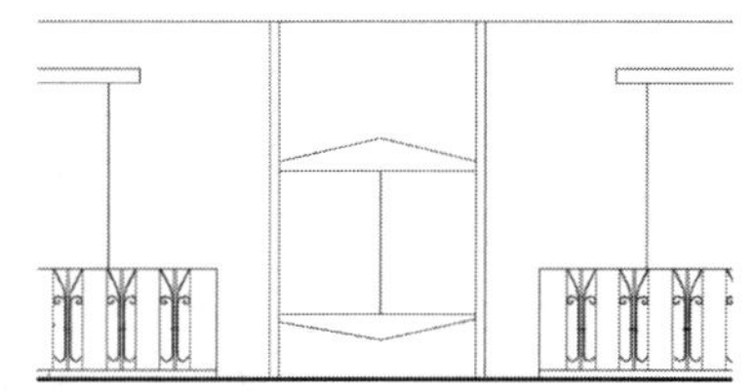

图 11-71　创建的电梯间窗户

（8）中间楼的窗户立面图同样按上述方式完成，此处不再赘述。

11.2.2　建筑整体立面图的创建

建筑立面图命名的目的在于能够一目了然地识别其立面的位置。

（1）单击“默认”选项卡“修改”面板中的“复制”按钮，将楼层立面图向上复制 8 个，得到高层住宅建筑的主体结构形体，如图 11-72 所示。

（2）单击“默认”选项卡“绘图”面板中的“直线”按钮⁄，在图形中适当选取一点，绘制水平距离为 10000、垂直距离为 1200 的直线，在绘制好的水平线上方选取一点，向上绘制长度分别为 3337、2553 的垂直直线，完成屋顶立面图轮廓的绘制，如图 11-73 所示。

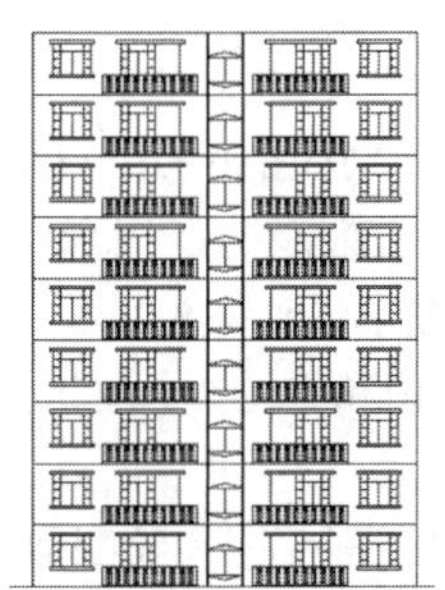

图 11-72　建立主体结构

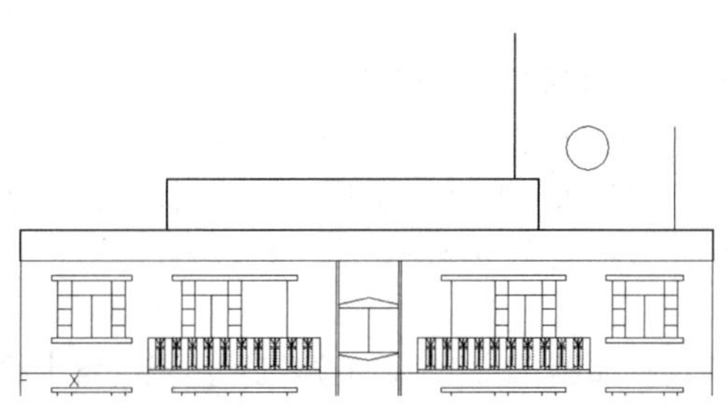

图 11-73　绘制的屋顶立面图轮廓

（3）单击“默认”选项卡“绘图”面板中的“圆弧”按钮⌒，在屋顶立面图中绘制弧线，形成屋顶造型，如图 11-74 所示。

（4）单击“默认”选项卡“修改”面板中的“复制”按钮，按单元数量复制单元立面图，以完成整体立面图的绘制，如图 11-75 所示。

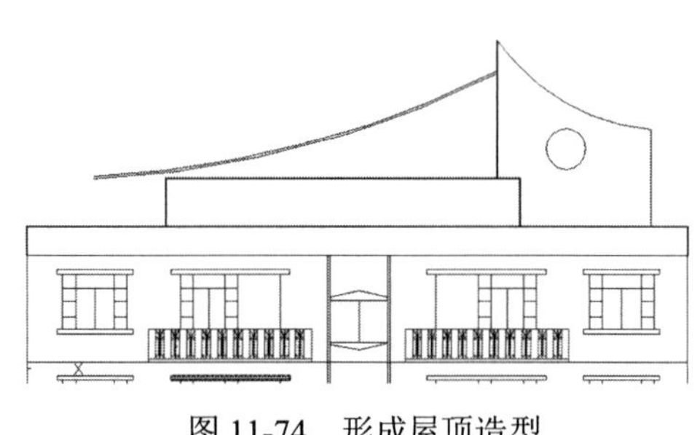

图 11-74　形成屋顶造型

图 11-75　复制单元立面图

（5）单击“默认”选项卡“绘图”面板中的“直线”按钮╱和“注释”选项卡“文字”面板中的“多行文字”按钮A，标注标高及文字，保存图形，如图 11-76 所示。

18号楼南立面图1：100

图 11-76　高层住宅立面图

注意： 高层住宅其他方向的立面图，如东立面图、西立面图等，按照正立面图的绘制方法建立，在此不再做详细的论述说明。

11.3　高层住宅建筑剖面图

本节将结合前面章节所讲述的建筑平面图和立面图的实例，介绍其剖面图的 AutoCAD 绘制方法与技巧。建筑剖面图形的主要绘制方法，包括楼梯剖面的轴线、墙体、踏步和尺寸标注、文字说明、标准层剖面、门窗剖面、整体剖面图，以及剖面细部等绘制方法。通过本设计案例的学习，并综合前面相关章节的建筑剖面图的绘图方法，读者可以进一步巩固相关绘图知识和方法，全面掌握建筑剖面图的绘制方法。

本节将讲述在如图 11-77 所示的建筑平面图位置上绘制高层住宅建筑剖面图，绘制流程如图 11-78 所示。

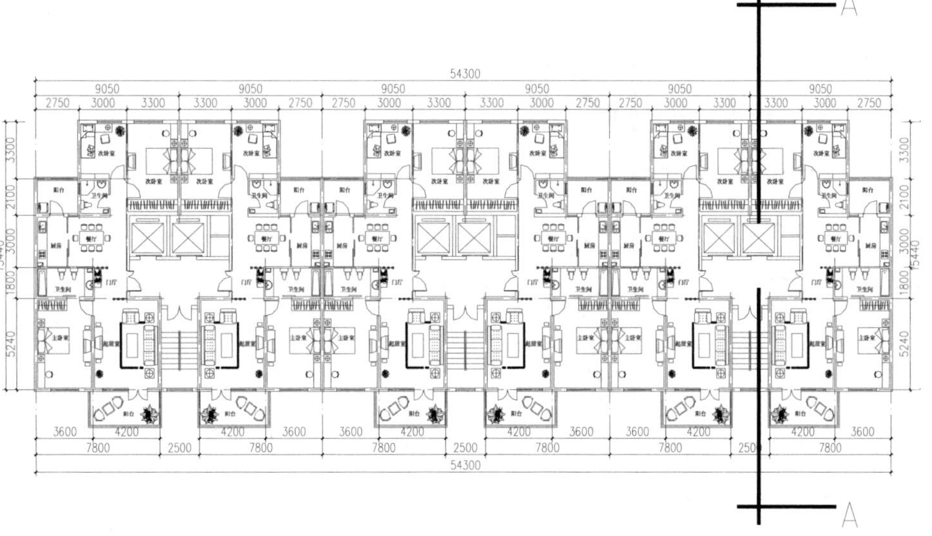

图 11-77　剖切位置

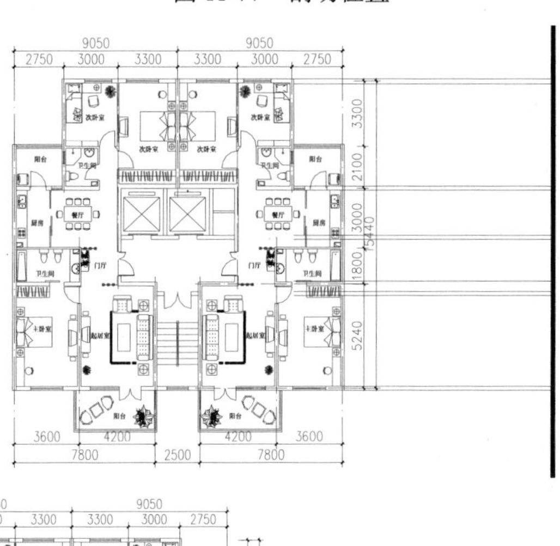

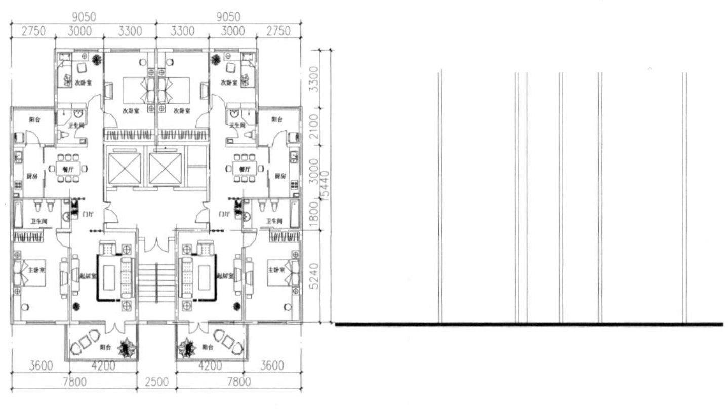

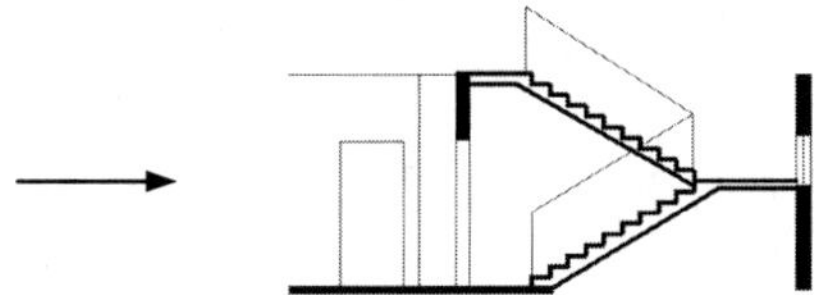

图 11-78　绘制高层住宅建筑剖面图的流程

Note

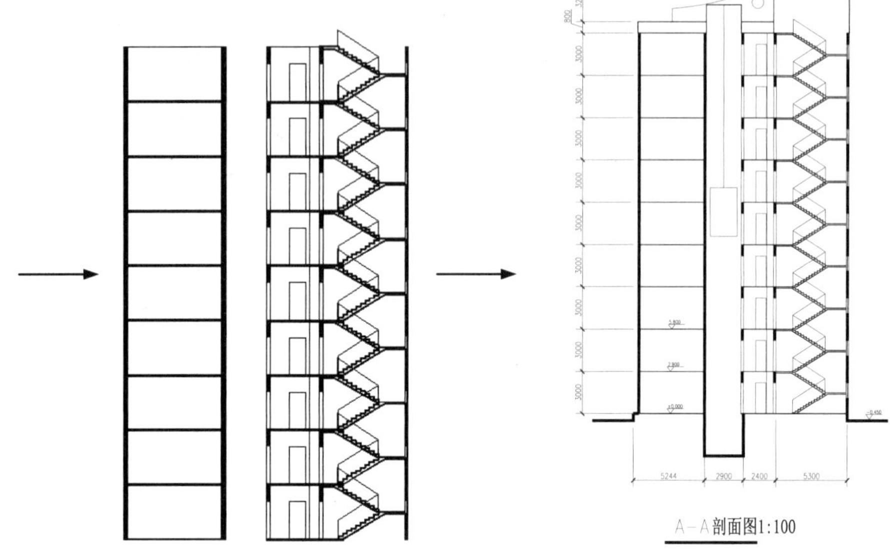

图 11-78　绘制高层住宅建筑剖面图的流程（续）

11.3.1　绘制剖面图建筑楼梯造型

建筑剖面图一般在平面图、立面图的基础上，并参照平面图、立面图来绘制。下面利用此方法绘制楼梯剖面图。

1. 绘制楼面线

视频讲解

（1）单击“默认”选项卡“绘图”面板中的“多段线”按钮，在平面图的右侧绘制一条长度为 42650 的多段线，如图 11-79 所示。

（2）在 A-A 剖切通过所涉及（能够看到）的墙体、门窗、楼梯等位置处，利用“直线”命令根据建筑平面图向地平线绘制其相应的轮廓线，如图 11-80 所示。

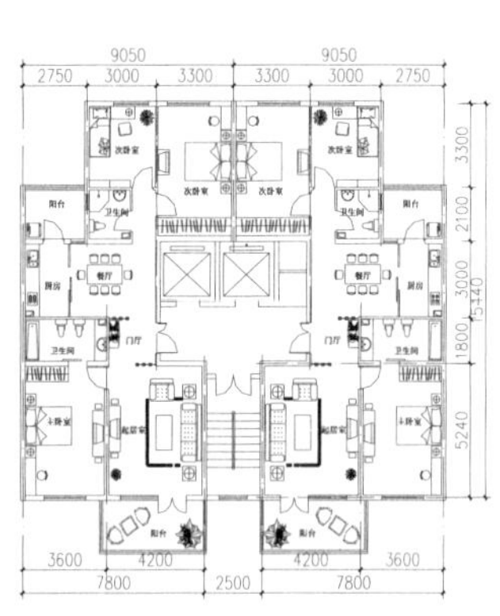

图 11-79　绘制垂直线

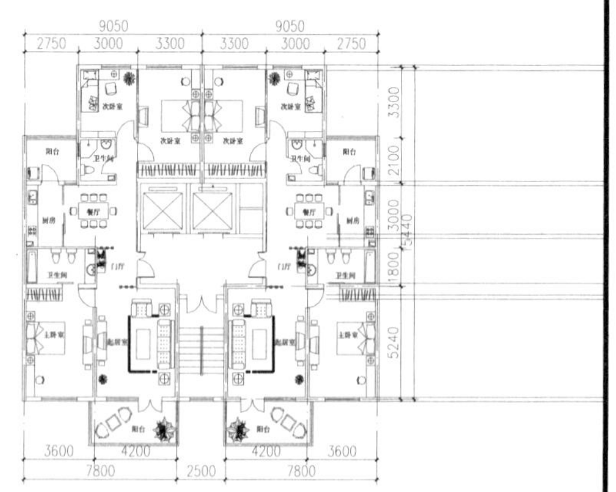

图 11-80　绘制相应线条

（3）单击“默认”选项卡“修改”面板中的“旋转”按钮，将所绘制的轮廓线旋转 90°，如图 11-81 所示。

（4）单击“默认”选项卡“修改”面板中的“偏移”按钮，多层住宅的楼层高度为 3.0m，选

择地平线，将其向上偏移 3m，因此在距地面线 3m 处绘制楼面轮廓线，如图 11-82 所示。

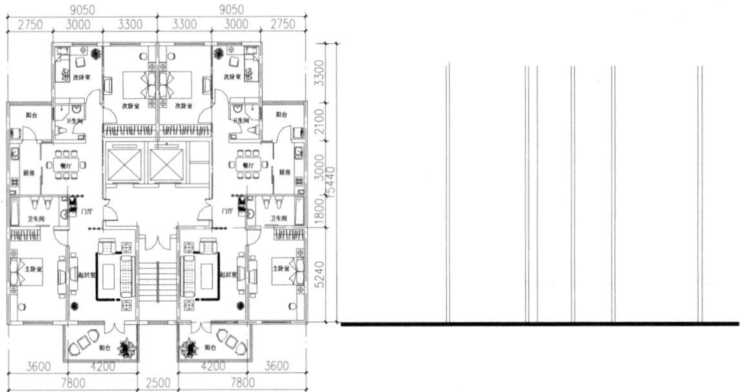

图 11-81　旋转轮廓线

（5）单击“默认”选项卡“修改”面板中的“修剪”按钮，对墙体和楼面轮廓线等进行修剪，如图 11-83 所示。

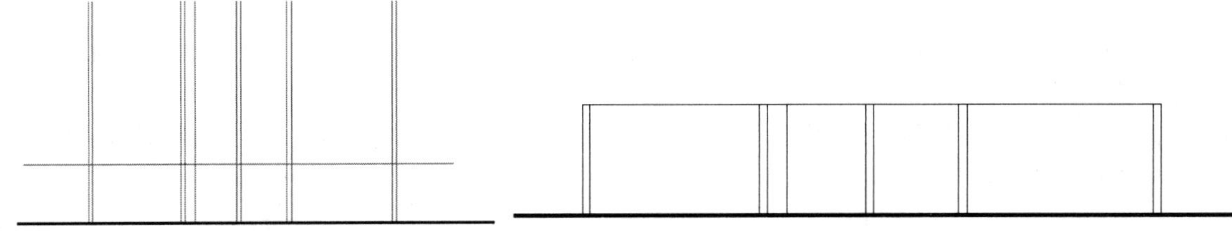

图 11-82　绘制楼面轮廓线　　　　图 11-83　修剪楼面轮廓线

（6）单击“默认”选项卡“修改”面板中的“镜像”按钮，对墙体和楼面轮廓线等进行镜像复制，如图 11-84 所示。

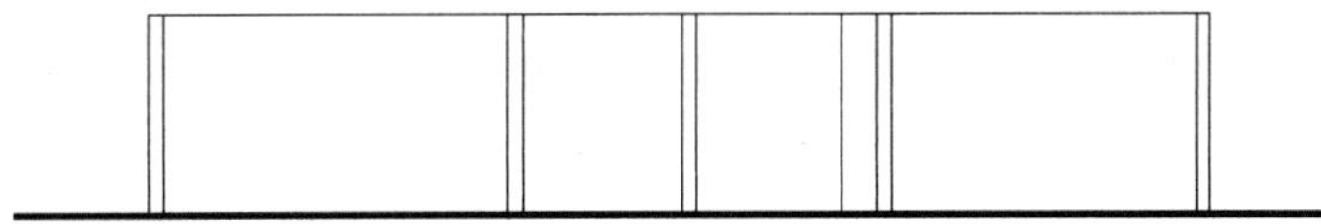

图 11-84　镜像楼面轮廓线

2. 绘制门窗

（1）单击“默认”选项卡“绘图”面板中的“直线”按钮和“修改”面板中的“编辑多段线”按钮，参照平面图、立面图中建筑门窗的位置与高度，在相应的墙体上绘制门窗轮廓线，如图 11-85 所示。

（2）单击“默认”选项卡“修改”面板中的“修剪”按钮，将中间部分楼的地面线条剪切掉，再利用“矩形”命令绘制矩形门洞轮廓，如图 11-86 所示。

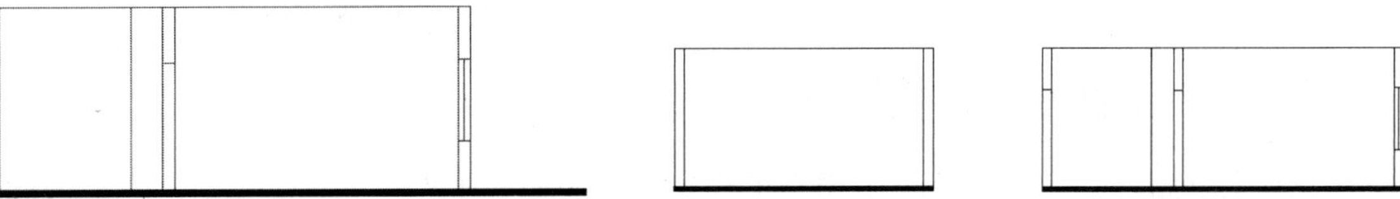

图 11-85　绘制剖面门窗　　　　图 11-86　形成门洞轮廓

Note

（3）单击“默认”选项卡“绘图”面板中的“矩形”按钮▭，绘制剖面图中可以看到的其他位置处的门洞造型，如图 11-87 所示。

（4）单击“默认”选项卡“绘图”面板中的“图案填充”按钮▦，填充剖面图中的墙体为黑色，如图 11-88 所示。

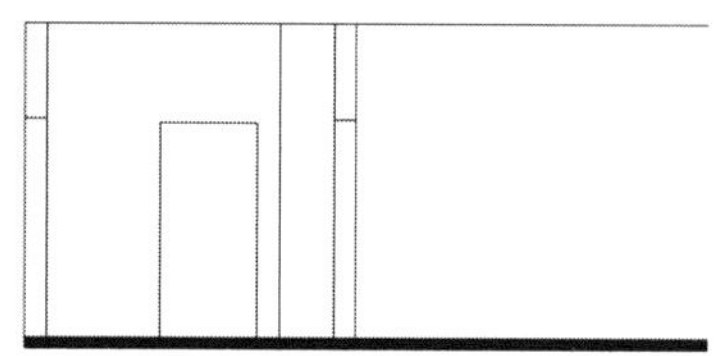

图 11-87　绘制其他位置门洞

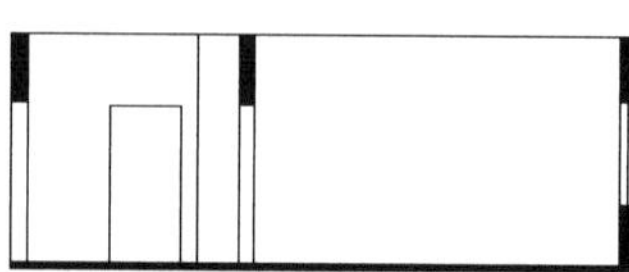

图 11-88　填充墙体

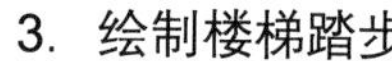

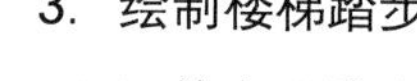

3. 绘制楼梯踏步

视频讲解

（1）单击“默认”选项卡“绘图”面板中的“多段线”按钮⊃，选取一点，绘制一个楼梯踏步图形，楼梯踏步为 250×145，如图 11-89 所示。

注意： 根据楼层高度，按每步高度小于 170mm 计算楼梯踏步和梯板的尺寸，然后按所计算的尺寸绘制其中一个梯段剖面轮廓线。

（2）单击“默认”选项卡“修改”面板中的“镜像”按钮⚠，对楼梯踏步进行镜像复制，得到上梯段的楼梯剖面，如图 11-90 所示。

（3）单击“默认”选项卡“绘图”面板中的“多段线”按钮⊃，在踏步下绘制楼梯板，得到完整的楼梯剖面结构图，如图 11-91 所示。

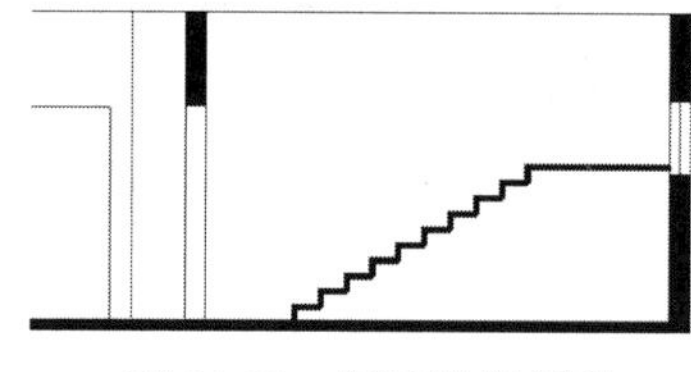

图 11-89　创建梯段剖面

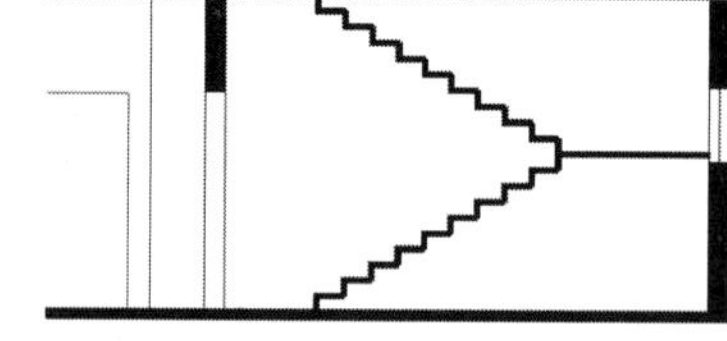

图 11-90　形成楼梯剖面

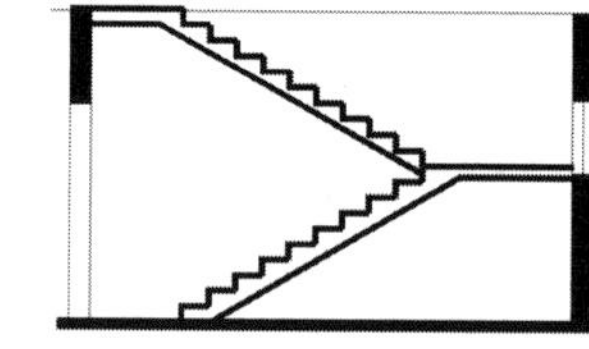

图 11-91　绘制楼梯板

（4）单击“默认”选项卡“绘图”面板中的“直线”按钮╱，绘制高为 900 的直线作为楼梯栏杆，如图 11-92 所示。

（5）单击“默认”选项卡“修改”面板中的“修剪”按钮✂，将楼梯间的部分楼板剪切掉，如图 11-93 所示。

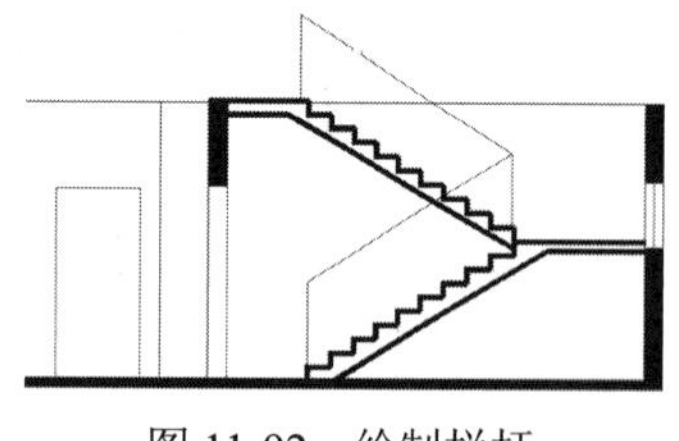

图 11-92　绘制栏杆

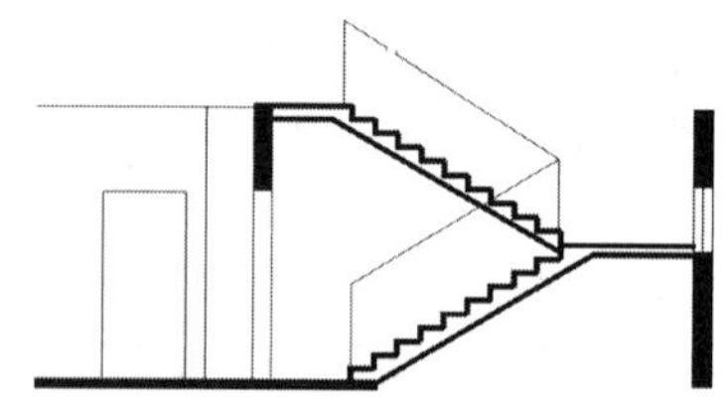

图 11-93　剪切楼板

视频讲解

11.3.2　绘制剖面图整体楼层图形

高层住宅剖面图的主要绘制思路为，首先在已绘制好的建筑楼梯剖面图的基础上利用简单的二维绘图命令和二维编辑命令绘制整体楼层图；接着在所绘制的剖面图中添加尺寸标注和文字说明。下面就按照这个思路绘制剖面图整体楼层。

（1）单击“默认”选项卡“修改”面板中的“复制”按钮，按照立面图中所确定的楼层高度复制楼层，得到 A-A 剖面图，如图 11-94 所示。

（2）单击“默认”选项卡“绘图”面板中的“多段线”按钮，在剖切位置顶层楼层绘制屋面结构体，如图 11-95 所示。

（3）单击“默认”选项卡“绘图”面板中的“多段线”按钮，在剖面图底部绘制电梯底坑剖面图，如图 11-96 所示。

（4）单击“默认”选项卡“绘图”面板中的“直线”按钮和“注释”选项卡“标注”面板中的“线性”按钮及“文字”面板中的“多行文字”按钮A，按楼层高度标注剖面图中的楼层标高及楼层和门窗的尺寸，如图 11-97 所示。

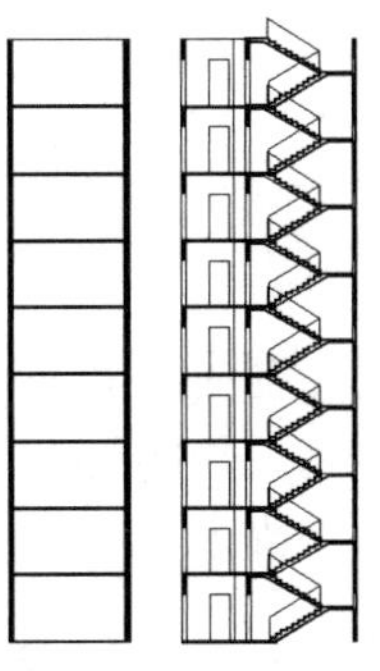
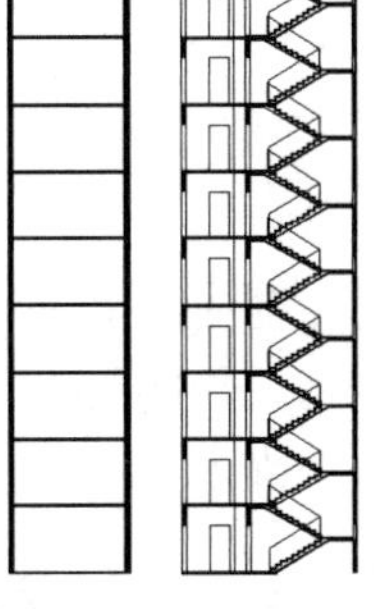

图 11-94　复制楼层

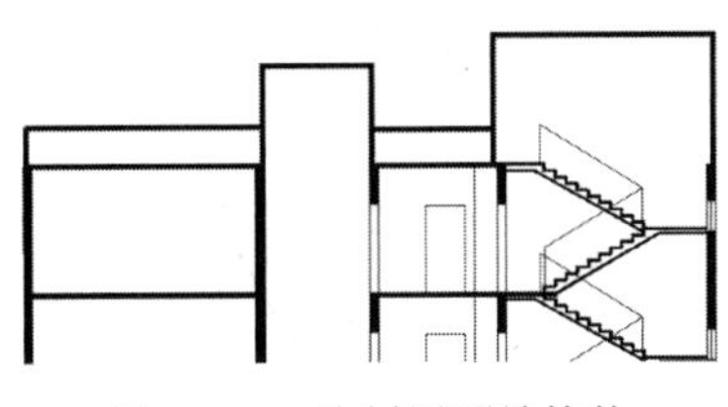

图 11-95　绘制屋面结构体

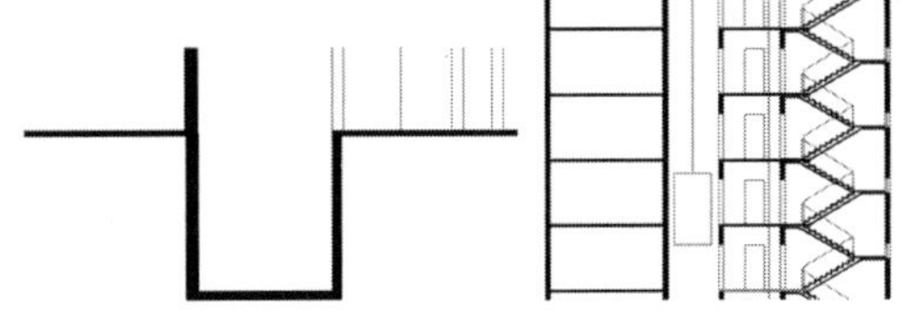

图 11-96　绘制电梯底坑剖面图

（5）缩放视图，检查多层住宅 A-A 剖面图的绘制情况，如图 11-98 所示。

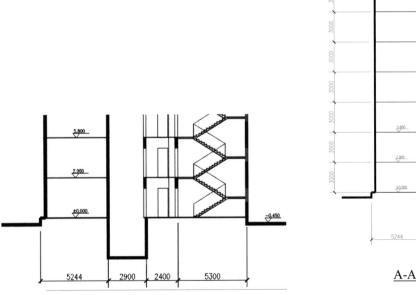

图 11-97　文字、尺寸的标注

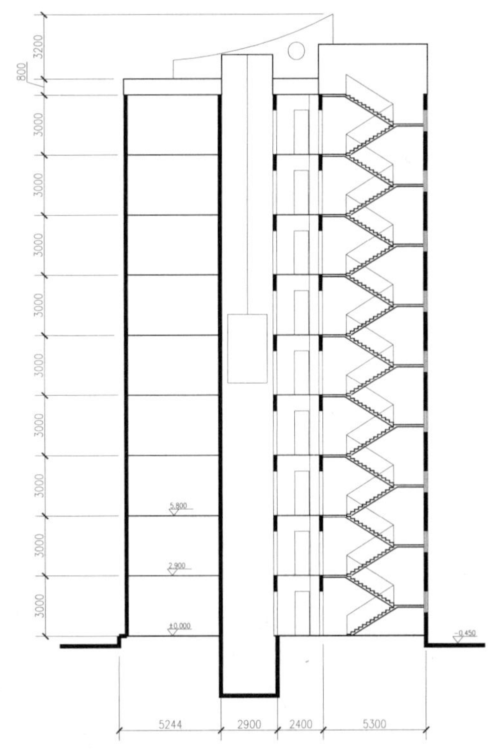

图 11-98　A-A 剖面图

11.4 高层住宅建筑详图

前面介绍的平面图、立面图、剖面图均是全局性的图纸，由于比例的限制，不可能将一些复杂的细部或局部做法表达清楚，因此需要将这些细部、局部的构造、材料及相互关系采用较大的比例详细绘制出来，以指导施工。

11.4.1 绘制楼梯踏步详图

视频讲解

本节以绘制楼梯踏步详图为例，讲述建筑详图的绘制方法，绘制流程如图 11-99 所示。

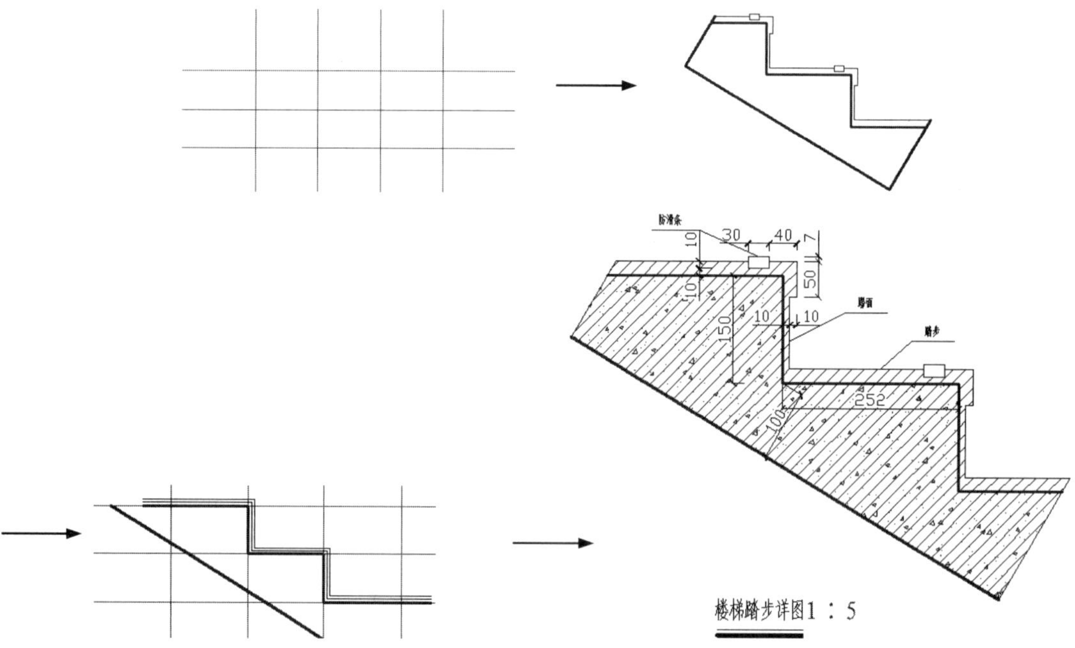

图 11-99　绘制楼梯踏步详图的流程

1. 设置绘图参数

（1）单击“默认”选项卡“图层”面板中的“图层特性”按钮，打开“图层特性管理器”选项板，单击“新建图层”按钮，新建“辅助线”图层，指定图层颜色为洋红色。

（2）继续新建“剖切线”图层，指定颜色为红色，线宽为 0.3mm；新建“楼梯细部”和“标注”图层，指定颜色为白色，其他设置采用默认设置。

（3）单击“默认”选项卡“注释”面板中的“标注样式”按钮，在弹出的“标注样式管理器”对话框中单击“修改”按钮，进入“修改标注样式：ISO-25”对话框。

（4）选择“符号和箭头”选项卡，在“箭头”选项组的“第一个”下拉列表框中选择“建筑标记”，在“第二个”下拉列表框中选择“建筑标记”，并设定“箭头大小”为 8。

（5）选择“文字”选项卡，设置“文字外观”选项组中的“文字高度”为 15，设置“文字位置”选项组中的“从尺寸线偏移”为 5，这样就完成了“文字”选项卡的设置。单击“确定”按钮，返回“标注样式管理器”对话框中，最后单击“关闭”按钮返回绘图区，完成标注样式的设置。

Note

2. 绘制辅助线

（1）将“辅助线”图层设置为当前图层。

（2）单击“默认”选项卡“绘图”面板中的“构造线”按钮，分别绘制一条竖直构造线和一条水平构造线，组成“十”字构造线网。

（3）单击“默认”选项卡“修改”面板中的“偏移”按钮，将水平构造线依次向下偏移 150，共偏移两次；竖直构造线依次向右偏移 252，共偏移 3 次，得到的辅助线网如图 11-100 所示。

3. 绘制楼梯踏步

（1）将“剖切线”图层设置为当前图层。

（2）单击“默认”选项卡“绘图”面板中的“直线”按钮，绘制楼梯踏步线；单击“默认”选项卡“绘图”面板中的“构造线”按钮，绘制一条通过两个踏步头的构造线，结果如图 11-101 所示。

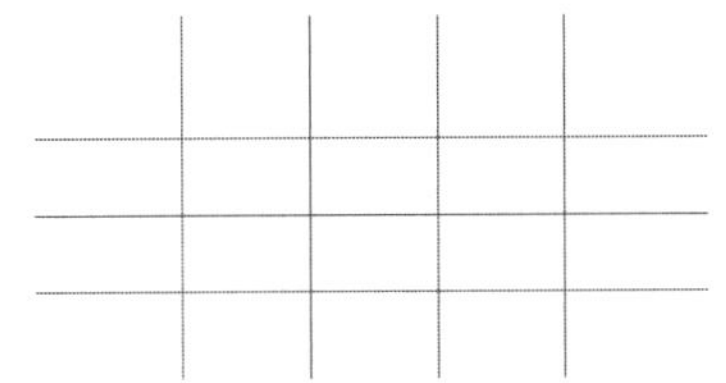

图 11-100　辅助线网

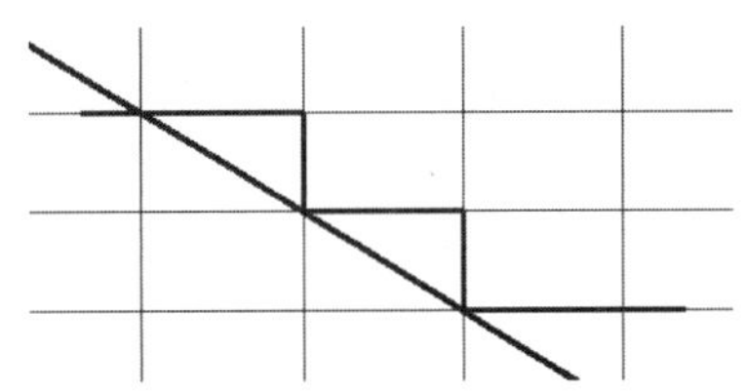

图 11-101　绘制辅助线和楼梯踏步

（3）单击“默认”选项卡“修改”面板中的“偏移”按钮，将构造线向下偏移 100；单击“默认”选项卡“修改”面板中的“删除”按钮，删除原来的构造线，结果如图 11-102 所示。

（4）将“楼梯细部”图层设置为当前图层。

（5）单击“默认”选项卡“绘图”面板中的“多段线”按钮，描出楼梯踏步；单击“默认”选项卡“修改”面板中的“偏移”按钮，将多段线连续向外偏移 10，共偏移两次，结果如图 11-103 所示。

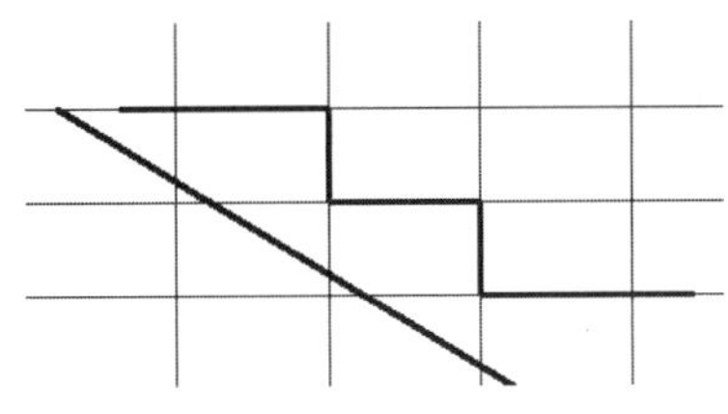

图 11-102　构造线偏移结果

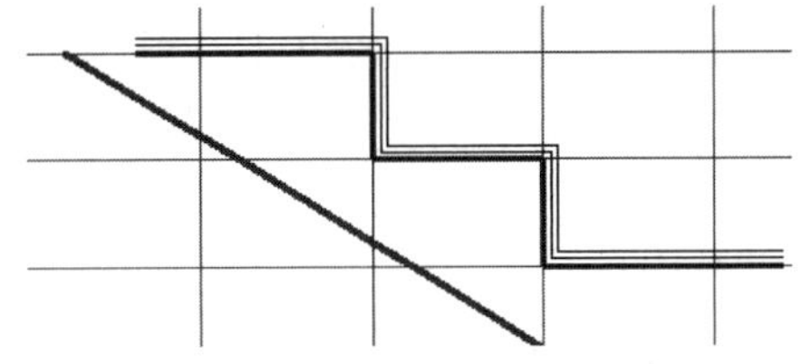

图 11-103　多段线处理结果

（6）单击“默认”选项卡“绘图”面板中的“直线”按钮，绘制楼梯踏步细部；单击“默认”选项卡“修改”面板中的“修剪”按钮，修剪掉多余的线条，得到踢脚和防滑条，绘制结果如图 11-104 所示。

（7）单击“默认”选项卡“修改”面板中的“复制”按钮，将防滑条复制到下一个踏步；单击“默认”选项卡“绘图”面板中的“直线”按钮，绘制两条直线垂直于台阶底部线；单击“默认”选项卡“修改”面板中的“修剪”按钮，修剪掉多余的线条，楼梯踏步的绘制结果如图 11-105 所示。

4. 图案填充

（1）将“标注”图层设置为当前图层。

（2）单击“默认”选项卡“绘图”面板中的“图案填充”按钮，在弹出的“图案填充创建”选项卡中选择填充图案为 AR-CONC，更改填充比例为 0.3，对楼梯踏步进行填充，填充结果如图 11-106

视频讲解

Note

所示。

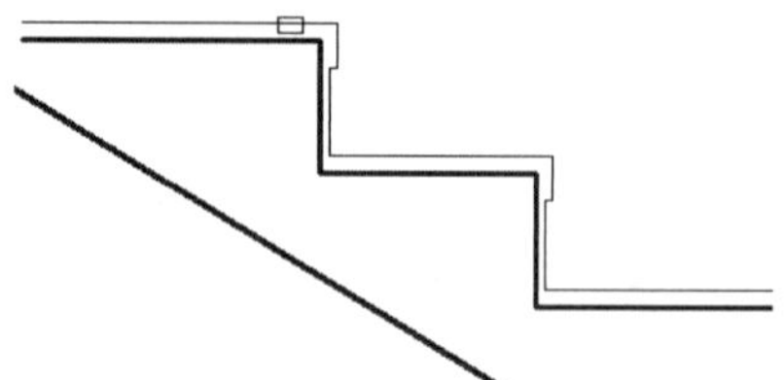

图 11-104　细化楼梯踏步

图 11-105　楼梯踏步的绘制结果

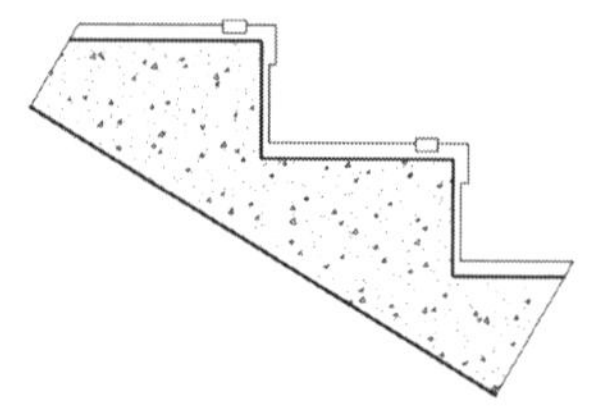

图 11-106　图案填充操作结果

（3）单击“默认”选项卡“绘图”面板中的“图案填充”按钮，在弹出的“图案填充创建”选项卡中选择填充图案为 ANSI31，更改填充比例为 4，对楼梯踏步进行填充，填充结果如图 11-107 所示。

5. 尺寸标注和文字说明

（1）单击“注释”选项卡“标注”面板中的“线性”按钮和“已对齐”按钮，对图形进行尺寸标注，标注结果如图 11-108 所示。

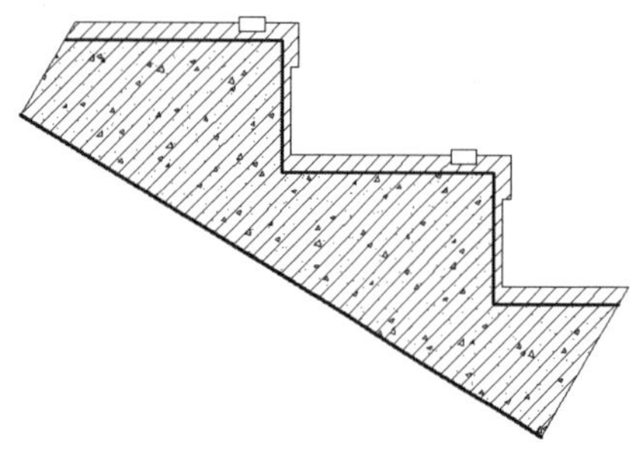

图 11-107　图案填充效果

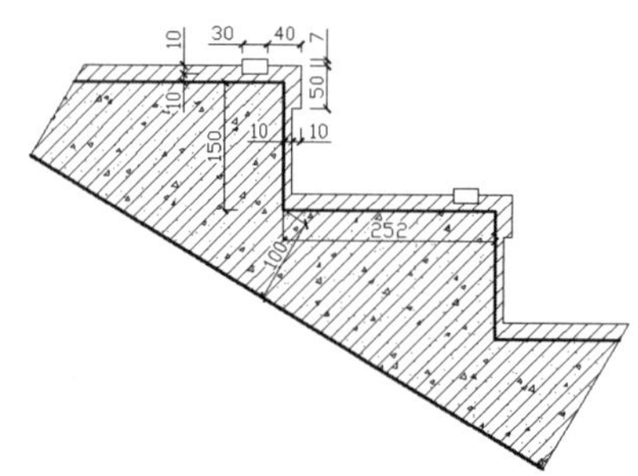

图 11-108　尺寸标注结果

（2）单击“默认”选项卡“绘图”面板中的“直线”按钮，在各处绘制出折线作为引出线；单击“注释”选项卡“文字”面板中的“多行文字”按钮 A，在引出线上标出“防滑条”“踏步”“踢面”等文字，指定字高为 15，在图的正下方标出“楼梯踏步详图 1∶5”文字，指定字高为 30；单击“默认”选项卡“绘图”面板中的“直线”按钮，在标题下方分别绘制一粗一细两条直线即可。最终，楼梯踏步详图的绘制结果如图 11-99 所示。

11.4.2　绘制建筑节点详图

视频讲解

下面介绍建筑节点详图的绘制方法与相关技巧，绘制流程如图 11-109 所示。

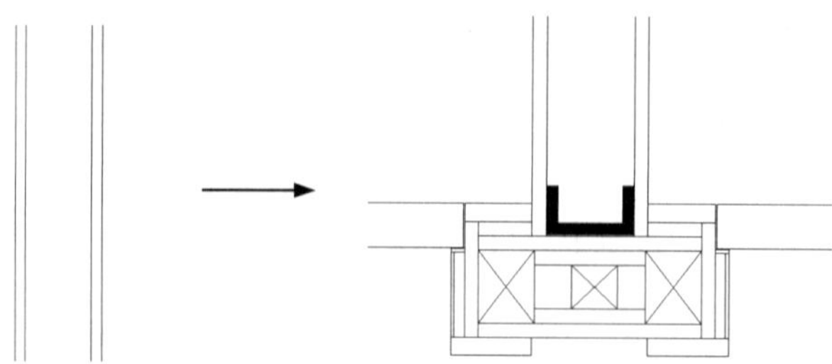

图 11-109　绘制建筑节点详图的流程

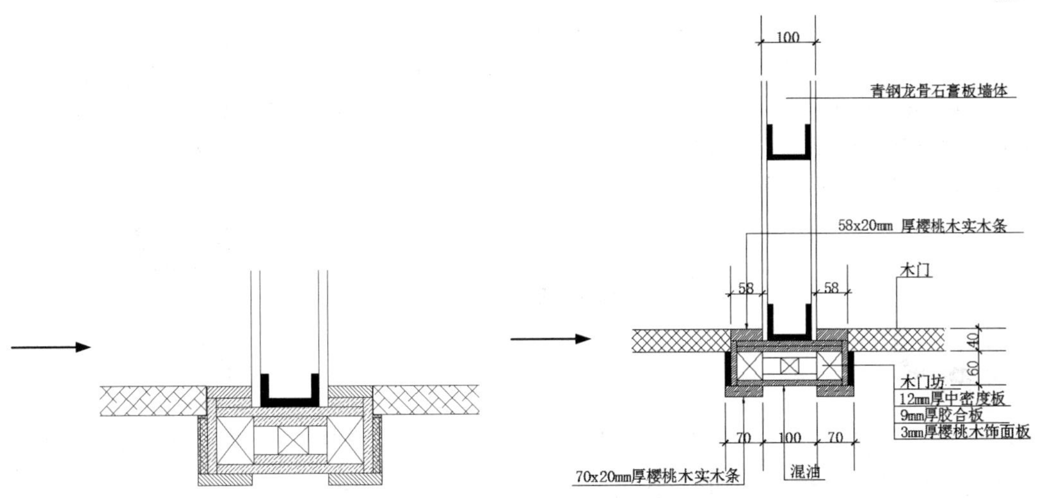

图 11-109　绘制建筑节点详图的流程（续）

1. 设置绘图参数

（1）新建 3 个图层，即“轮廓线”图层、“剖面线”图层和“标注”图层，分别指定相应的线型、线宽和颜色。

（2）单击“默认”选项卡“注释”面板中的“标注样式”按钮，打开“标注样式管理器”对话框，单击“修改”按钮，进入“修改标注样式：ISO-25”对话框。

（3）选择“符号和箭头”选项卡，在“箭头”选项组的“第一个”下拉列表框中选择“建筑标记”，在“第二个”下拉列表框中选择“建筑标记”，并设置“箭头大小”为 8。

（4）选择“文字”选项卡，设置“文字外观”选项组中的“文字高度”为 15，设置“文字位置”选项组中的“从尺寸线偏移”为 5，这样就完成了“文字”选项卡的设置。单击“确定”按钮，返回“标注样式管理器”对话框中，最后单击“关闭”按钮回到绘图区，完成标注样式的设置。

2. 绘制节点轮廓

（1）将“轮廓线”图层设置为当前图层，单击“默认”选项卡“绘图”面板中的“直线”按钮，绘制一条长为 476 的垂直直线；单击“默认”选项卡“修改”面板中的“偏移”按钮，选择绘制的直线，将其向右分别偏移 10、80 和 10，绘制中间的墙体轮廓，如图 11-110 所示。

图 11-110　绘制墙体轮廓

（2）单击“默认”选项卡“绘图”面板中的“直线”按钮，在墙体轮廓上选取一点，分别绘制竖直长度为 43、水平长度为 69 的直线；单击“默认”选项卡“绘图”面板中的“图案填充”按钮，填充图形，得到一个龙骨；单击“默认”选项卡“修改”面板中的“复制”按钮，将填充后的图形向上复制，得到另一个龙骨，完成龙骨轮廓造型的绘制，如图 11-111 所示。

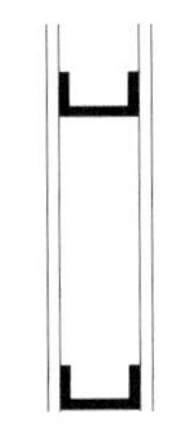

图 11-111　绘制的龙骨轮廓

（3）单击“默认”选项卡“绘图”面板中的“直线”按钮，在墙体轮廓左侧线上选取一点，向左绘制长度为 58 的直线，继续向下绘制长度为 15 的直线；单击“默认”选项卡“修改”面板中的“偏移”按钮，将水平直线向下偏移 15；单击“默认”选项卡“绘图”面板中的“直线”按钮，在龙骨下方绘制长度为 192 的直线；单击“默认”选项卡“修改”面板中的“偏移”按钮，将直线向下偏移 12。完成内侧细部构造做法，如图 11-112 所示。

Note

（4）单击“默认”选项卡“绘图”面板中的“直线”按钮╱，然后单击“默认”选项卡“修改”面板中的“偏移”按钮⊆和“修剪”按钮✂，继续逐层勾画不同部位的构造做法，将水平线向下偏移，偏移距离分别为10、30、10和10，将垂直线向右偏移，偏移距离分别为12、46和30，如图11-113所示。

（5）单击“默认”选项卡“绘图”面板中的“矩形”按钮□，绘制一个46×50的大矩形及一个34×30的小矩形，勾画外侧表面构造做法，如图11-114所示。

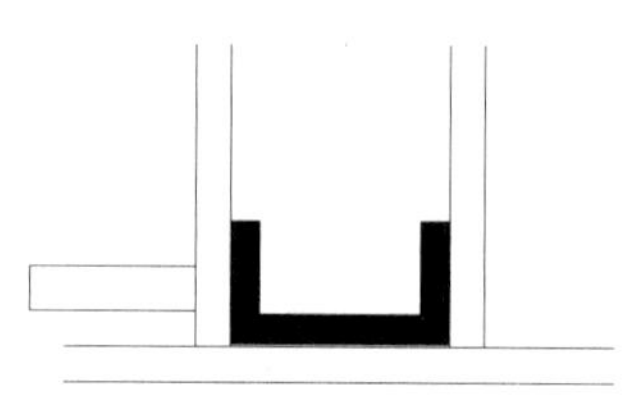

图11-112　完成的构造做法

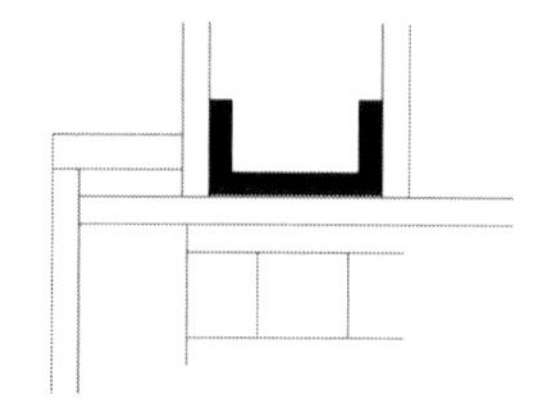

图11-113　勾画不同部位构造

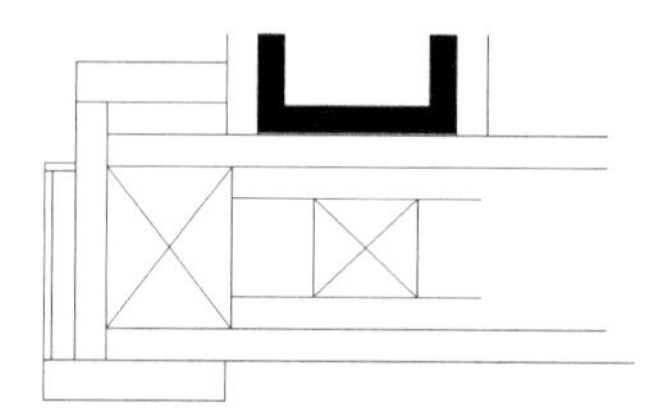

图11-114　勾画外侧表面构造做法

（6）单击“默认”选项卡“绘图”面板中的“直线”按钮╱，绘制门扇平面造型，如图11-115所示。

（7）单击“默认”选项卡“修改”面板中的“镜像”按钮⚠，对图形进行镜像复制，得到节点A的详图，如图11-116所示。

3. 填充及标注

（1）将“剖面线”图层设置为当前图层，单击“默认”选项卡“绘图”面板中的“图案填充”按钮▨，在弹出的选项卡中选择相应的图案填充材质，填充效果如图11-117所示。

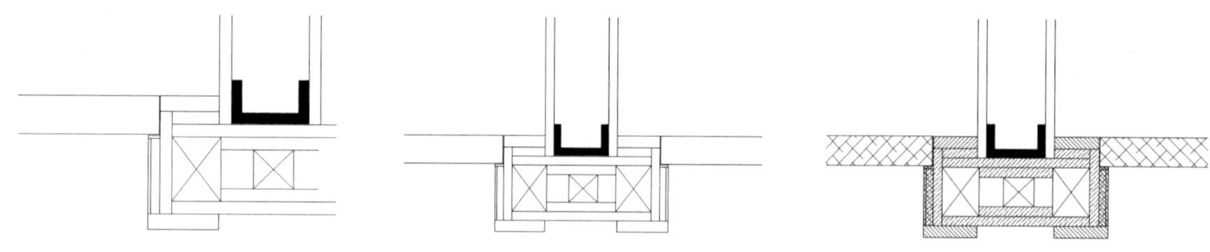

图11-115　绘制门扇造型　　图11-116　镜像图形　　图11-117　填充材质

（2）将“标注”图层设置为当前图层，单击“注释”选项卡“标注”面板中的“线性”按钮⊢，标注细部尺寸，如图11-118所示。

（3）单击“注释”选项卡“文字”面板中的“多行文字”按钮A，标注材质说明文字，如图11-119所示。

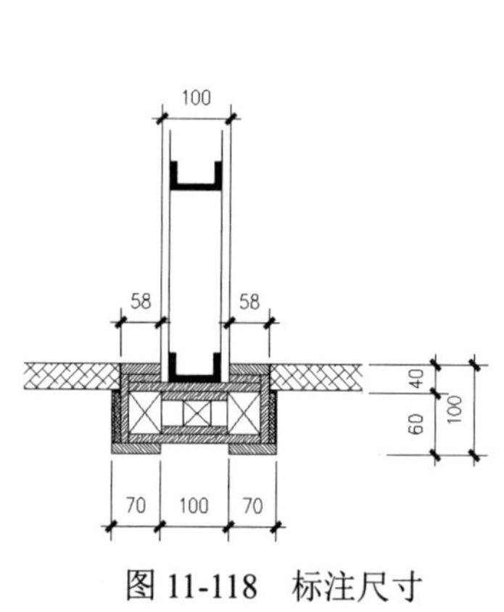

图11-118　标注尺寸

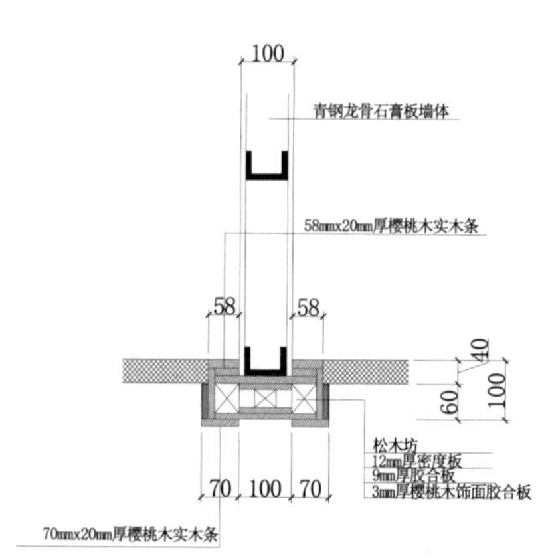

图11-119　标注说明文字

11.4.3　绘制楼梯剖面详图

本节以绘制楼梯剖面详图为例，讲述建筑详图的绘制方法和技巧，绘制流程如图 11-120 所示。

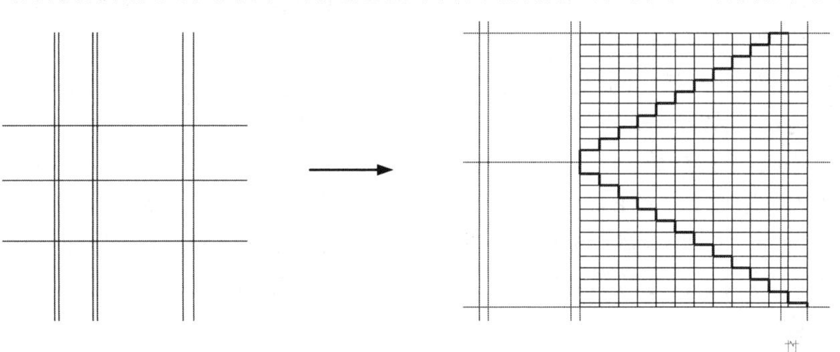

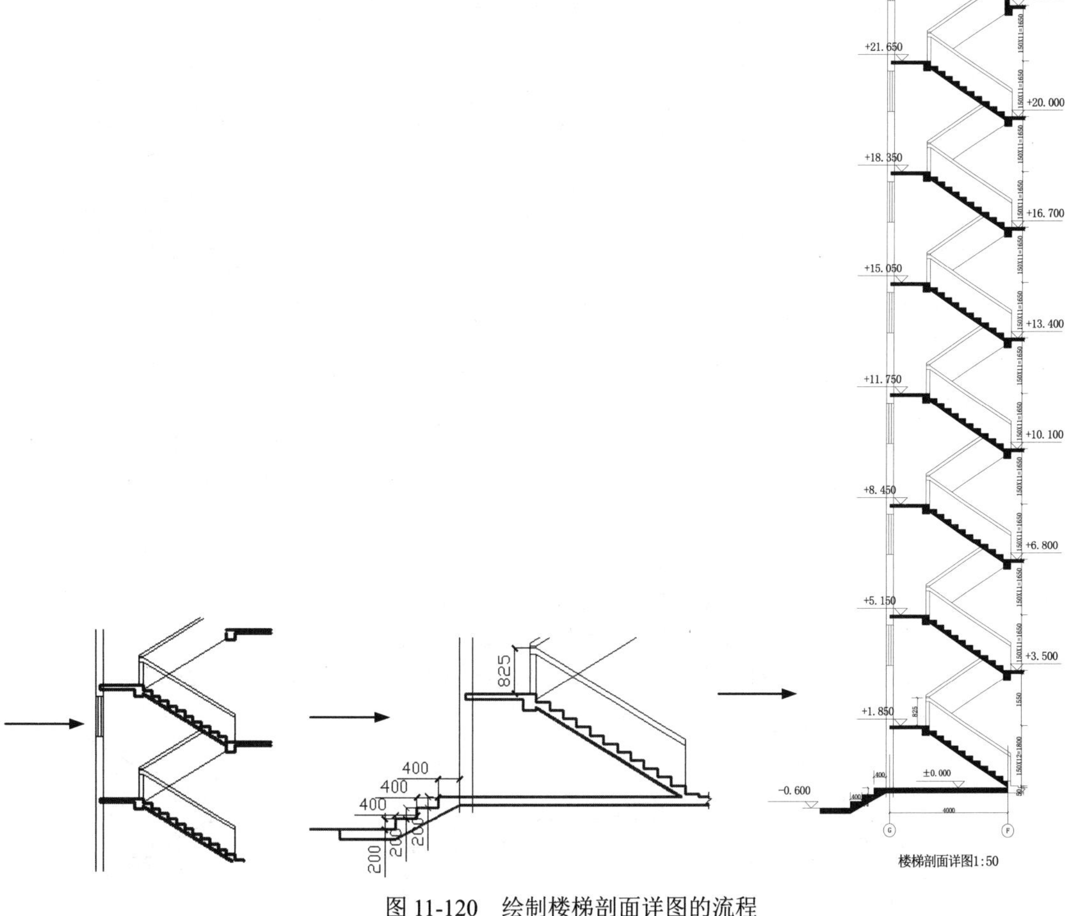

图 11-120　绘制楼梯剖面详图的流程

1. 绘制辅助线网

（1）单击“默认”选项卡“图层”面板中的“图层特性”按钮，打开“图层特性管理器”选项板，单击“新建图层”按钮，新建“辅助线”图层，指定图层颜色为洋红色，并将“辅助线”

图层设置为当前图层。

（2）单击“默认”选项卡“绘图”面板中的“构造线”按钮，在绘图区分别绘制一条竖直构造线和一条水平构造线，组成“十”字辅助线网格。单击“默认”选项卡“修改”面板中的“偏移”按钮，将水平构造线依次向上偏移 1850 和 1650；将竖直构造线依次向右偏移 120、1080、120、2680 和 344，得到的辅助线网如图 11-121 所示。

（3）绘制楼梯踏步辅助网格，网格大小为 252×150。单击“默认”选项卡“绘图”面板中的“直线”按钮，绘制一条水平线；单击“默认”选项卡“修改”面板中的“矩形阵列”按钮，选择水平线作为阵列对象，指定阵列行数为 25，列数为 1，行间距为-150，得到水平方向的辅助线。

（4）单击“默认”选项卡“绘图”面板中的“直线”按钮，绘制一条竖直线；单击“默认”选项卡“修改”面板中的“矩形阵列”按钮，指定阵列列数为 13，行数为 1，列间距为 252，选择竖直线作为阵列对象，得到竖直方向的辅助线。两次阵列的结果如图 11-122 所示。

2. 绘制底层楼梯

（1）新建“楼梯”图层，并将“楼梯”图层设置为当前图层。

（2）单击“默认”选项卡“绘图”面板中的“直线”按钮，根据网格线绘制楼梯踏步。最下层的楼梯踏步高只有 50，其他的高为 150。底层楼梯踏步绘制结果如图 11-123 所示。

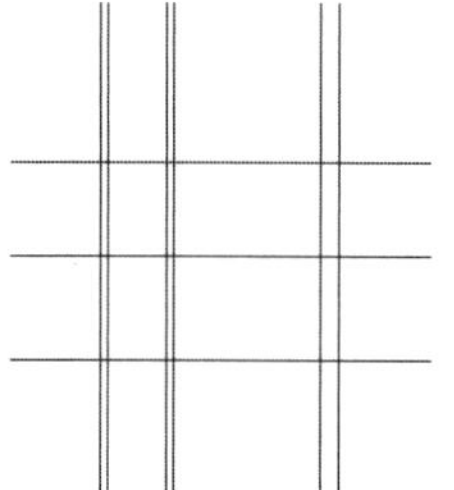
图 11-121　辅助线网

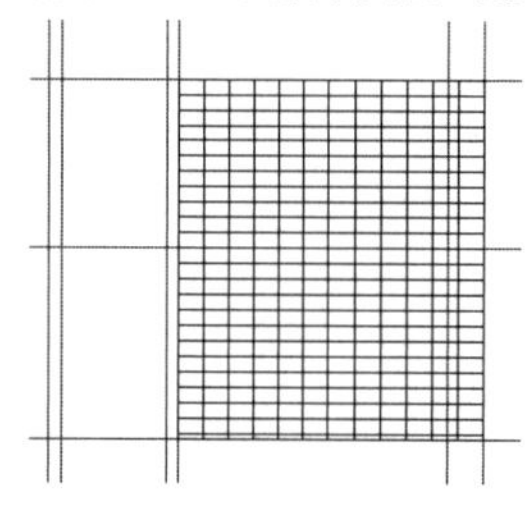
图 11-122　楼梯踏步辅助线网格

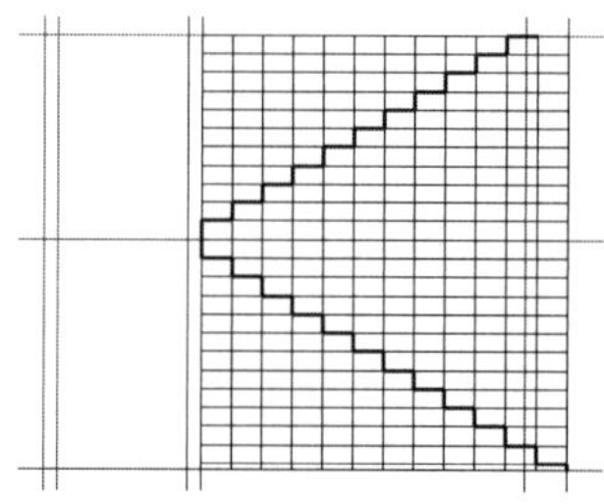
图 11-123　绘制底层楼梯踏步

（3）单击“默认”选项卡“绘图”面板中的“直线”按钮，绘制楼梯平台，楼梯平台厚度为 100。绘制结果如图 11-124 所示。

（4）单击“默认”选项卡“绘图”面板中的“直线”按钮，绘制楼梯梁宽为 240、高为 300；单击“默认”选项卡“修改”面板中的“修剪”按钮，修剪掉多余的线条即可。楼梯平台的绘制结果如图 11-125 所示。

（5）单击“默认”选项卡“绘图”面板中的“构造线”按钮，绘制构造线过楼梯两个踏步的相同位置，得到平行于楼梯踏步的楼梯底板线的构造线；单击“默认”选项卡“修改”面板中的“移动”按钮，将构造线向下移动，即可得到楼梯踏步的楼梯底板线；单击“默认”选项卡“修改”面板中的“修剪”按钮，修剪掉多余的线条即可。底层楼梯的绘制结果如图 11-126 所示。

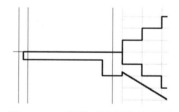

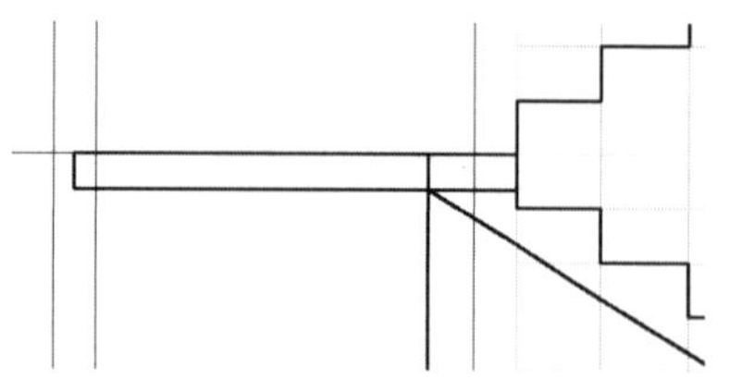
图 11-124　绘制楼梯平台

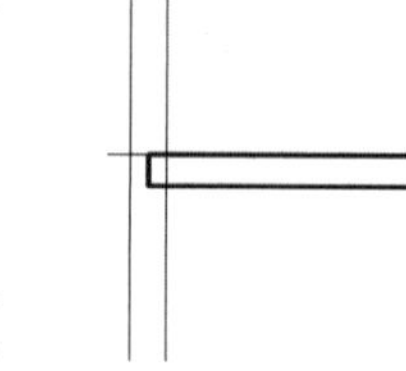
图 11-125　楼梯平台的绘制结果

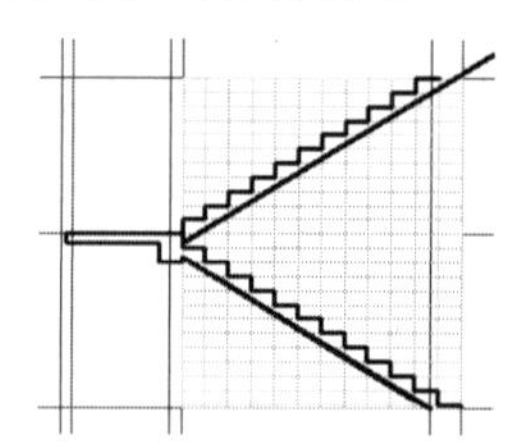
图 11-126　底层楼梯的绘制结果

3. 绘制标准层楼梯

（1）单击“默认”选项卡“修改”面板中的“复制”按钮，复制楼梯踏步和底板线，得到如

Note

视频讲解

图 11-127 所示的 3 段楼梯。

（2）单击“默认”选项卡“绘图”面板中的“直线”按钮，绘制楼梯平台处楼板和楼梯梁，结果如图 11-128 所示；单击“默认”选项卡“修改”面板中的“修剪”按钮，修剪掉多余的线条即可。

（3）单击“默认”选项卡“修改”面板中的“复制”按钮，从底层复制一个楼梯平台到标准层，结果如图 11-129 所示。

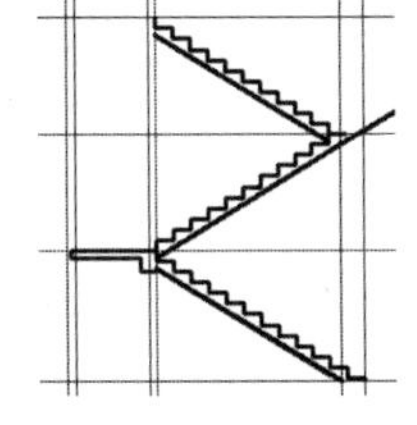

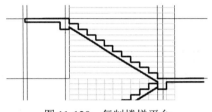

图 11-127　复制楼梯底板线和踏步

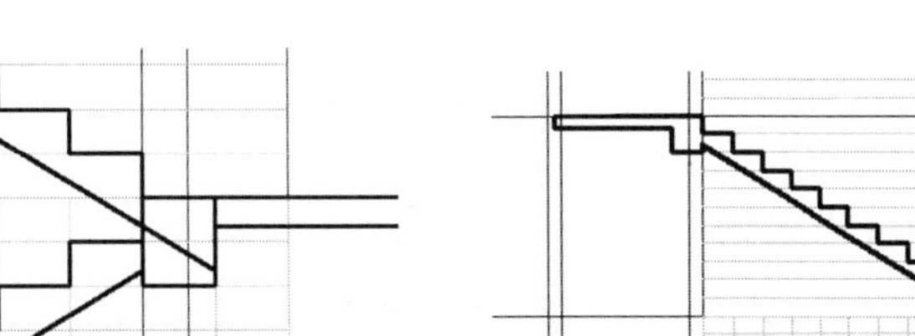

图 11-128　处理楼梯平台

图 11-129　复制楼梯平台

（4）单击“默认”选项卡“修改”面板中的“复制”按钮，从底层复制一段带阳台的楼梯，可以得到标准层的楼梯图，如图 11-130 所示。

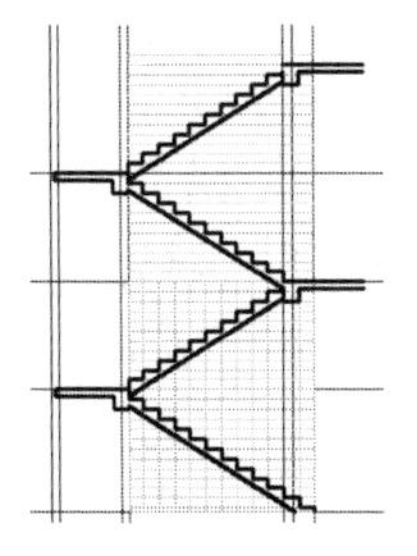

图 11-130　标准层楼梯的绘制结果

4. 绘制楼梯扶手

（1）将“楼梯扶手”图层设置为当前图层。

（2）单击“默认”选项卡“绘图”面板中的“直线”按钮，在左边按照辅助线绘制墙体和窗户。

（3）单击“默认”选项卡“绘图”面板中的“直线”按钮，过台阶面绘制高为 900 的竖直线，然后利用“复制”命令，将竖直线复制到各个台阶处。利用“构造线”命令分别绘制过竖直线上部端点的两条构造线，作为楼梯扶手，楼梯扶手高为 900，绘制结果如图 11-131 所示。

（4）单击“默认”选项卡“修改”面板中的“修剪”按钮，修剪掉多余的线条。楼梯扶手的绘制结果如图 11-132 所示。

（5）单击“默认”选项卡“修改”面板中的“矩形阵列”按钮，以标准层楼梯为阵列对象，设置阵列“行数”为 7，“列数”为 1，“行偏移”设定为 3300，将扶手阵列，结果如图 11-133 所示。

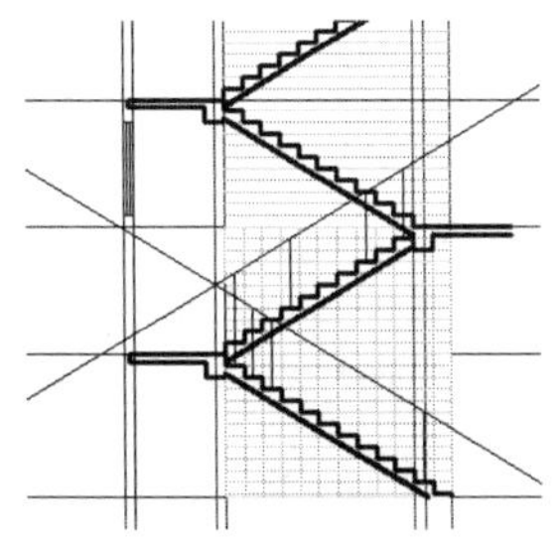

图 11-131　绘制楼梯扶手

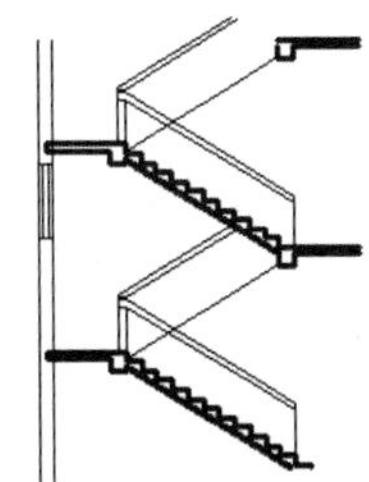

图 11-132　楼梯扶手的绘制结果

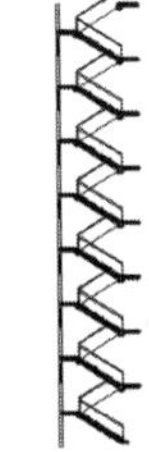

图 11-133　阵列操作结果

5. 细部调整

（1）单击“默认”选项卡“修改”面板中的“删除”按钮，删除顶层多余的楼梯段，然后利用“直线”命令绘制顶层扶手剖面，结果如图 11-134 所示。

Note

视频讲解

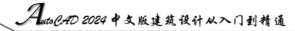

（2）单击“默认”选项卡“绘图”面板中的“直线”按钮╱，在底层绘制地面线，如图 11-135 所示。

（3）单击“默认”选项卡“绘图”面板中的“直线”按钮╱，绘制入口处台阶线，如图 11-136 所示。

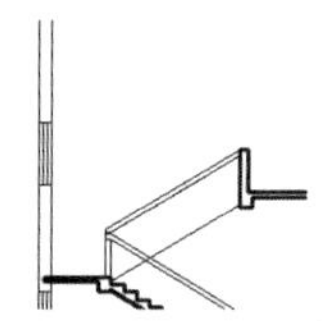

图 11-134　顶层楼梯绘制结果

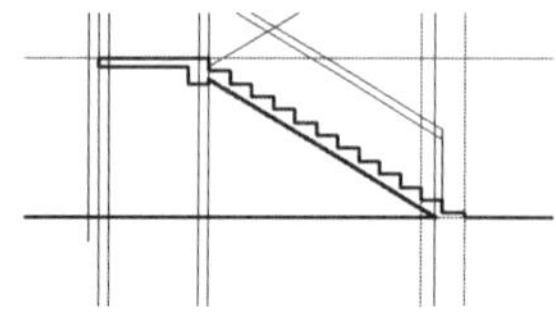

图 11-135　绘制地面线

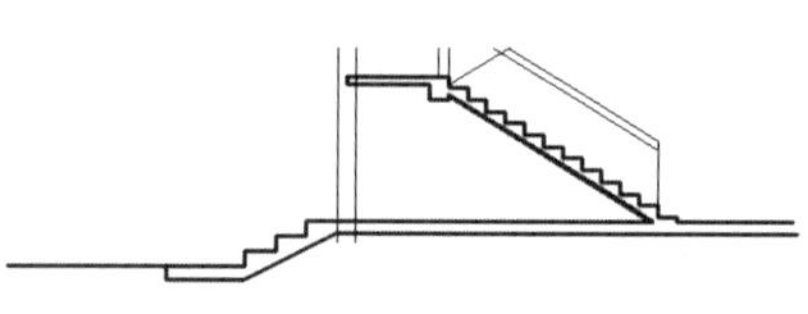

图 11-136　绘制入口处台阶线

（4）单击“默认”选项卡“绘图”面板中的“直线”按钮╱，绘制墙体的隔断线符号，如图 11-137 所示。

（5）单击“默认”选项卡“绘图”面板中的“直线”按钮╱，绘制楼板的隔断线符号，如图 11-138 所示。

（6）单击“默认”选项卡“修改”面板中的“复制”按钮，将步骤（4）和步骤（5）中绘制的两种隔断线符号复制到所有的隔断处。部分结果如图 11-139 所示。

视频讲解

6. 尺寸标注和文字说明

（1）单击“注释”选项卡“标注”面板中的“线性”按钮和“已对齐”按钮，对图形进行尺寸标注。部分尺寸标注结果如图 11-140 所示。

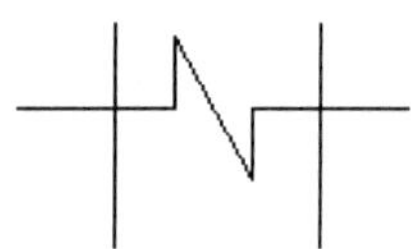

图 11-137　绘制墙体隔断线

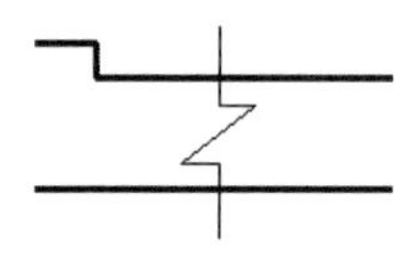

图 11-138　绘制楼板隔断线

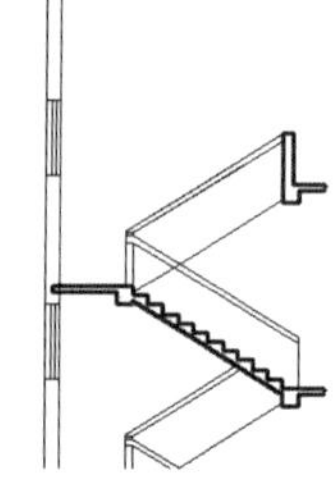

图 11-139　隔断线布置结果

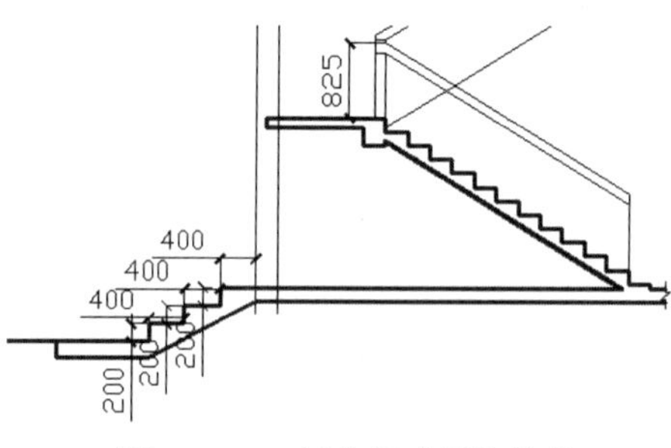

图 11-140　部分尺寸标注结果

（2）标注各个楼梯段的标高。单击“默认”选项卡“绘图”面板中的“直线”按钮╱，绘制一个标高符号；单击“默认”选项卡“修改”面板中的“复制”按钮，将标高符号复制到各个需要处；单击“默认”选项卡“注释”面板中的“多行文字”按钮A，在标高符号上方标出具体高度值；单击“默认”选项卡“绘图”面板中的“圆”按钮，绘制一个小圆作为轴线编号的圆圈；单击“默认”选项卡“注释”面板中的“多行文字”按钮A，在圆圈内标上文字 F，得到 F 轴的文字编号；单击“默认”选项卡“修改”面板中的“复制”按钮，复制一个轴线编号到 G 轴处，并双击其中的文字，将该文字改为 G。部分标高结果如图 11-141 所示。

（3）单击“默认”选项卡“绘图”面板中的“图案填充”按钮，分别对需要填充的各个部分进行实体填充操作，结果如图 11-142 所示。

（4）单击“注释”选项卡“文字”面板中的“多行文字”按钮A，在图形的正下方标注“楼梯剖面详图 1∶50”字样，完成楼梯剖面详图的绘制。

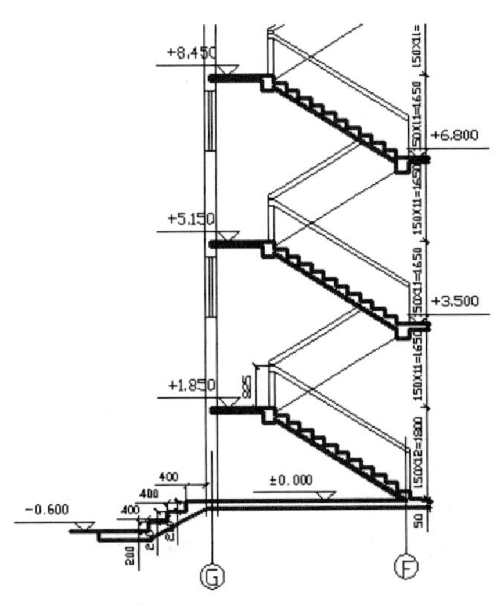

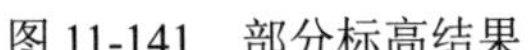

图 11-141　部分标高结果

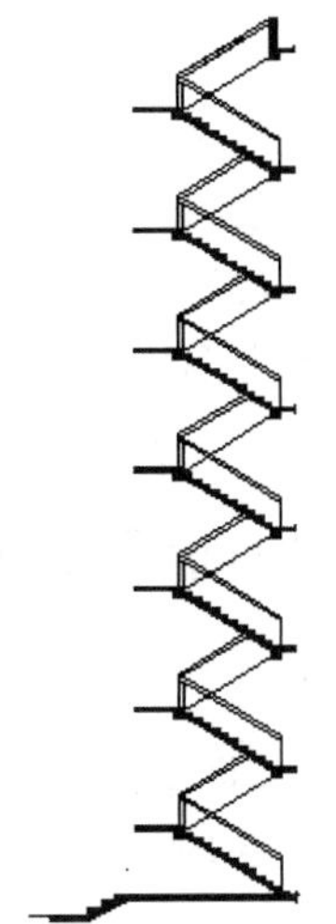

图 11-142　图案填充结果

11.5　操作与实践

通过本章的学习，读者对高层住宅绘制的有关知识有了大致的了解。本节通过 4 个操作练习使读者进一步掌握本章知识要点。

11.5.1　绘制别墅二层建筑平面图

1. 目的要求

本例要求读者通过练习以进一步熟悉和掌握平面图的绘制方法。通过本例的操作，读者可以学会完成别墅二层平面图的整个绘制过程。别墅二层建筑平面图的绘制结果如图 11-143 所示。

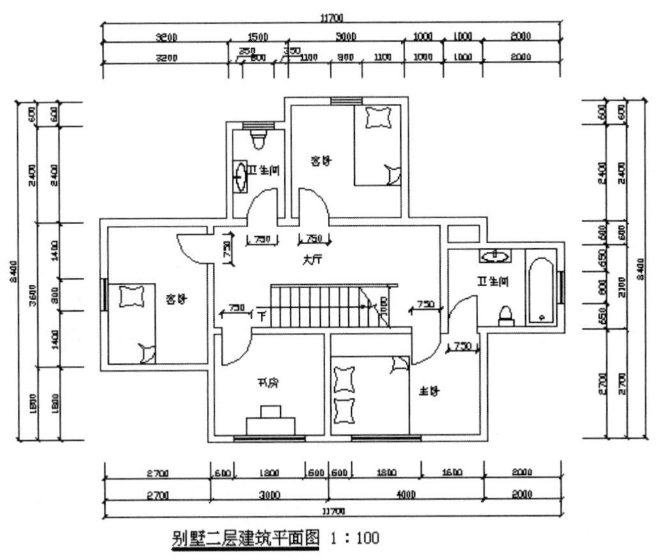

图 11-143　别墅二层建筑平面图

Note

2. 操作提示

（1）绘图前准备。
（2）绘制轴线。
（3）绘制墙线、门窗等。
（4）插入布置图块。
（5）标注尺寸、文字说明。

11.5.2 绘制别墅南立面图

1. 目的要求

本例要求读者通过练习以进一步熟悉和掌握立面图的绘制方法。通过本例的操作，读者可以学会完成别墅南立面图的整个绘制过程。别墅南立面图的绘制结果如图 11-144 所示。

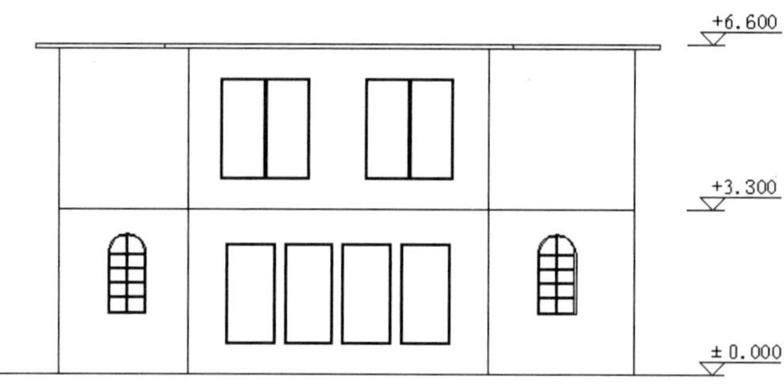

图 11-144 别墅南立面图

2. 操作提示

（1）绘制辅助线。
（2）绘制一层立面图。
（3）绘制二层立面图。
（4）整体修改。
（5）标注标高、图名。

11.5.3 绘制两室两厅户型剖面图

1. 目的要求

本例要求读者通过练习进一步熟悉和掌握剖面图的绘制方法。通过本例的操作，读者可以学会完成两室两厅户型剖面图的整个绘制过程。两室两厅户型剖面图的绘制结果如图 11-145 所示。

2. 操作提示

（1）绘制轮廓。
（2）博古架立面。
（3）电视柜立面。
（4）布置吊顶立面筒灯。
（5）绘制窗帘。

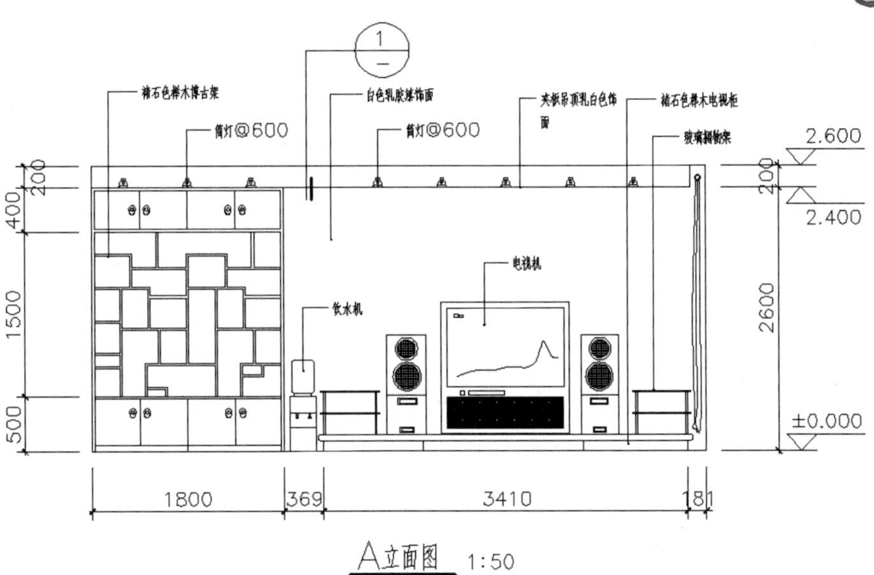

图 11-145　两室两厅户型剖面图

（6）调整图形比例。

（7）标注尺寸、标高、文字说明。

（8）标注其他符号。

11.5.4　绘制厨房家具详图

1. 目的要求

本例要求读者通过练习以进一步熟悉和掌握详图的绘制方法。通过本例的操作，读者可以学会完成厨房家具详图的整个绘制过程。厨房家具详图的绘制结果如图 11-146 所示。

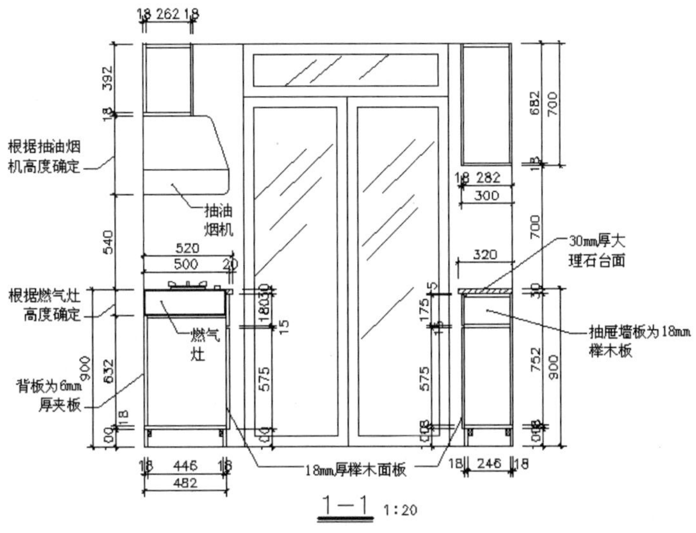

图 11-146　厨房家具详图

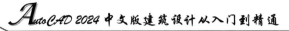

2. 操作提示

（1）引出尺寸控制线。

（2）完成家具详图的细部绘制。

（3）标注尺寸、文字及符号。

（4）设置线宽。